ENCYCLOPÉDIE-RORET.

TEINTURIER

ENCYCLOPÉDIE-ROQUET.

—

TEINTURIER

AVIS.

Le mérite des ouvrages de l'**Encyclopédie-Roret** leur a valu les honneurs de la traduction, de l'imitation et de la contrefaçon. Pour distinguer ce volume, il porte la signature de l'Éditeur, qui se réserve le droit de le faire traduire dans toutes les langues, et de poursuivre, en vertu des lois, décrets et traités internationaux, toutes contrefaçons et toutes traductions faites au mépris de ses droits.

Le dépôt légal de ce Manuel a été fait dans le cours du mois de septembre 1859, et toutes les formalités prescrites par les traités ont été remplies dans les divers États avec lesquels la France a conclu des conventions littéraires.

MANUELS-RORET.

NOUVEAU MANUEL COMPLET

DU

TEINTURIER

contenant

L'ART DE TEINDRE EN LAINE, SOIE, COTON, FIL, EN DRAP ET EN PIÈCE, SUR TOUTE ESPÈCE DE TISSUS SIMPLES OU MÉLANGÉS, ETC., ETC.; ET L'ART DE DÉGRAISSER, D'ENLEVER TOUTE ESPÈCE DE TACHES, RETEINDRE, REMETTRE A NEUF, LUSTRER, ETC., ETC.

Ouvrage d'une théorie et d'une pratique également faciles pour les ouvriers et pour les gens du monde.

PAR MESSIEURS

RIFFAULT, VERGNAUD, JULIA DE FONTENELLE et THILLAYE.

NOUVELLE ÉDITION,

Entièrement refondue et considérablement augmentée.

Par M. F. MALEPEYRE.

PARIS

A LA LIBRAIRIE ENCYCLOPÉDIQUE DE RORET,

RUE HAUTEFEUILLE, 12.

1860.

1859

AVERTISSEMENT

SUR CETTE NOUVELLE ÉDITION.

L'accueil flatteur que le public a bien voulu faire aux précédentes éditions de ce *Manuel du Teinturier*, nous imposait l'obligation d'apporter l'attention la plus scrupuleuse à la révision de tout l'ouvrage, et de n'y rien omettre des découvertes les plus nouvelles. C'est ce que nous avons fait avec le plus grand soin, en continuant de citer le nom du chimiste ou de l'ouvrier qui a découvert, ou spécialement expérimenté les procédés que nous recommandons, mais en nous assurant d'ailleurs que toutes les manipulations que nous indiquons sont d'une exécution facile et d'une réussite certaine, non-seulement pour d'habiles teinturiers, mais encore pour des ouvriers ordinaires, dans les moindres ateliers.

Nous avons conservé la division méthodique que nous avions adoptée dans la troisième édition et les éditions subséquentes, parce qu'elle nous a toujours paru celle qui se prête le mieux aux additions et aux changements que peuvent nécessiter les progrès de l'art de la teinture. C'est ainsi, par exemple, que l'audition importante de *l'emploi de la vapeur*, a trouvé sa place naturelle dans les dispositions principales de l'atelier.

Nous allons donner un exposé sommaire de la division de tout l'ouvrage, pour qu'on puisse en saisir l'ensemble ; mais nous renverrons pour les détails à la table d'ordre des matières, et pour la facilité des recherches, à la table alphabétique qui termine ce Manuel.

La *première partie* comprend la théorie de l'art ; elle fait connaître les couleurs, les matières colorantes, les mordants, le blanchiment, les apprêts ; enfin toutes les préparations des substances destinées à recevoir la teinture, pour les disposer à se combiner avec la couleur qu'on veut leur donner.

La *deuxième partie*, où se trouvent les dispositions convenables de l'atelier, tant pour l'outillage que pour l'emploi spécial de la vapeur aux opérations principales, comprend en outre les agents chimiques et les matières tinctoriales, avec tous les détails de leurs diverses préparations.

La *troisième partie*, qui comprend les teintures pour toute espèce de tissus, les divise en couleurs simples, couleurs composées et couleurs minérales ; nous y avons ajouté des indications suffisantes pour diriger le teinturier dans toutes les nuances auxquelles le caprice de la mode peut donner une vogue momentanée, ou qui lui sembleraient avantageuses à créer.

La *quatrième partie*, qui donne la théorie et les manipulations de l'art du dégraisseur, comprend la préparation, le choix et l'emploi des réactifs, suivant la nature des taches ; les moyens de rétablir les couleurs altérées ou détruites, et de remettre les étoffes à neuf.

En faisant un ouvrage entièrement neuf de ce Manuel, dont la première édition a été publiée en 1825, par feu M. Riffault, nous avons cru devoir conserver la description de *quelques-uns des plus anciens procédés*, afin qu'on soit à même, en les comparant aux nouveaux, de mieux apprécier les perfectionnements que la chimie apporte journellement aux manipulations du bel art de la teinture.

Nous n'ignorons pas qu'une critique irréfléchie a blâmé la conservation des vieilles formules, dans un ouvrage nouveau, mais nous les y laissons parce qu'elles ont été consacrées par une longue expérience, et comme des jalons marquant la route de toutes les améliorations ; jalons de sûreté contre une foule de *prétendus secrets*, et de *recettes merveilleuses* dont le moindre inconvénient est une complication que son charlatanisme seul dévoilera sans peine au teinturier qui aura profité, par la lecture de notre manuel, des notions chimiques applicables à son état, notions indispensables que nous nous sommes constamment appliqué à mettre à la portée des ouvriers.

Nous n'avons d'ailleurs omis jamais le moindre détail de manipulation, dès qu'il nous a paru de nature à assurer la réussite, en rendant un procédé, nouveau surtout, plus facile à saisir pour le teinturier le moins habitué au langage chimique.

Enfin, nous nous sommes fait un devoir de nous aider dans notre travail, pour le rendre aussi complet et aussi utile que possible, non-seulement des livres imprimés, mais encore des manuscrits et de tous les renseignements que nous avons pu nous procurer. C'est la marche que nous avons suivie dans les différents manuels qui ont paru jusqu'à ce jour sous notre nom. Mais en nous emparant ainsi des lumières des autres pour les approprier à notre expérience et à nos opinions personnelles, nous leur abandonnons volontiers les louanges de ce que le lecteur jugera bon dans notre livre, et nous nous réservons constamment le blâme de ce qu'il y pourra trouver à reprendre.

Dans un appendice rejeté à la fin du volume, nous avons réuni plusieurs travaux récents sur l'art de la teinture, et nous les avons classés à part, parce que, malgré leur mérite, tous n'ont pas encore reçu la sanction de l'expérience, et que d'autres qu'il a fallu développer pour les faire bien comprendre, auraient entravé la marche régulière des descriptions, ou bien parce qu'ils n'auraient pas pu entrer dans le cadre dans lequel nous avons été obligé de nous renfermer.

NOUVEAU MANUEL COMPLET

DU

TEINTURIER.

INTRODUCTION.

La riche variété des couleurs de la nature, en éveillant chez l'homme dont elle flatte la vue, le désir de les imiter, a dû faire naître les premiers essais de *l'art de la Teinture* qui, sans doute, remonte à la plus haute antiquité. Les sauvages eux-mêmes, après avoir choisi pour parure des plumes et des coquillages des couleurs les plus vives, ont tenté de reproduire ces brillantes couleurs naturelles par des peintures fixées sur la peau, et dont les impressions les plus riches, réservées à la vanité des chefs, servent à les faire distinguer, en attirant les regards de la multitude. Il est plus que probable que la nature offrant des substances colorantes dont l'application devint facile aux peuples les moins avancés en civilisation, ces couleurs d'abord imitées, furent ensuite perfectionnées par les nations plus policées, qui vinrent après eux. Nous voyons ainsi que les Gaulois préparèrent des couleurs, et qu'il s'établit chez eux quelques espèces de teintures qui ne furent pas dédaignées des Romains. L'art de la teinture a dû naturellement suivre les progrès de l'industrie ainsi que ceux du luxe.

Les Egyptiens, au rapport de Pline, avaient trouvé un moyen de teindre qui avait quelque analogie avec celui que nous employons pour le toiles peintes. Ce fut à l'époque de l'invasion d'Alexandre dans les Indes, qu'on y teignit de différentes couleurs les voiles de ses vaisseaux; d'où Pline conclut que ce fut aux Indiens que les Grecs empruntèrent l'art de teindre les toiles, qui leur avait été jusqu'alors inconnu.

D'après les belles couleurs que présentent les toiles des Indes, connues d'abord sous le nom de perses, parce que ce fut par le commerce avec la Perse qu'elles nous parvinrent, il y aurait lieu de croire que l'art de la teinture avait été porté dans l'Inde à un très-grand degré de perfection ; mais on voit dans le Traité sur les toiles peintes, par Dufay, où se trouve décrite la manière dont on les fabrique aux Indes et en Europe, que les procédés indiens, compliqués, longs et imparfaits, avaient été bientôt surpassés par l'industrie européenne, tant à raison de la correction du dessin que sous les rapports de la variété des nuances et de la simplification des manipulations.

Cependant l'Europe resta longtemps sans pouvoir égaler la vivacité de deux ou trois couleurs que les Indiens obtenaient de quelques substances colorantes particulières à leur pays, et qu'ils appliquaient, sans art, à peu de frais, toujours avec cette dextérité que donne une longue habitude.

Pourpre antique. — Parmi le petit nombre des substances tinctoriales connues dans l'antiquité, il convient surtout de distinguer celle que sir Humphry Davy désigne par l'*ostreum* des Romains, la pourpre des Tyriens et des Grecs, regardée chez ces peuples comme la plus belle couleur, et l'objet du luxe le plus recherché ; les procédés de cette teinture ont été mieux conservés dans les monuments historiques que ceux des couleurs obtenues par d'autres substances colorantes.

Pourpre de Tyr. — La pourpre, si célèbre parmi les anciens, dit le docteur Edward Bancroft, dans ses recherches expérimentales sur la physique des couleurs permanentes, paraît avoir été trouvée à Tyr, environ douze siècles avant l'ère chrétienne : cette découverte fameuse dans l'antiquité, de la pourpre de Tyr, contribua beaucoup à l'opulence de cette ville si renommée. On tirait cette teinture d'un coquillage univalve (*murex*) dont il y a deux espèces. Vitruve assure que la couleur différait suivant le pays d'où provenait le coquillage ; que sa couleur était plus foncée et approchait davantage du violet dans les pays du nord, tandis qu'elle était plus rouge dans les contrées méridionales : il ajoute qu'on préparait la couleur en battant l'animal avec des instruments de fer ; puis, après avoir séparé la liqueur pourpre du reste de l'animal, on la mêlait avec un peu de miel. Suivant Bancroft, le coquillage se pêchait sur les bords de la Méditerranée ; on faisait des incisions à la gorge de l'animal, ou bien on le broyait tout entier, et on le tenait ensuite pendant plusieurs jours en dissolution dans de l'eau et du sel, en renfermant le mélange dans des vases de plomb.

Prix de la pourpre à Rome, au temps d'Auguste. — La très-petite quantité de liqueur que l'on retirait de chaque coquillage fournissant la pourpre, et la longueur du procédé de teinture, dont les opérations duraient au moins dix jours, avaient fait monter la pourpre à un si haut prix, que du temps d'Auguste, on ne pouvait avoir pour 1,000 deniers (environ 700 francs de notre monnaie) une livre de laine teinte en pourpre de Tyr. Cette précieuse teinture fut presque partout un attribut de la haute naissance et des dignités. La pourpre servait de décoration aux premières magistratures de Rome, jusqu'à ce que les empereurs se fussent réservé le droit de la porter; bientôt elle devint le symbole de leur inauguration; et enfin la peine de mort fut décrétée contre ceux qui auraient osé porter la pourpre, même en la couvrant d'une autre teinture.

Nuances de la pourpre antique. — Comme on employait différentes méthodes pour teindre avec le suc de la pourpre, on obtenait ainsi une grande variété de couleurs de pourpre que l'on distinguait par différents noms : la pourpre de Tyr avait, suivant Pline, la couleur du sang coagulé; la pourpre améthyste avait celle de la pierre de ce nom; une autre pourpre ressemblait à la violette.

Il paraît que quelques-unes de ces espèces de pourpre conservaient pendant très-longtemps leur couleur, car Plutarque fait remarquer, dans la vie d'Alexandre, que les Grecs trouvèrent dans le trésor du roi de Perse une grande quantité de pourpre dont la beauté n'était pas altérée, quoiqu'elle eût 190 ans d'ancienneté.

Buccins; coquillages marins fournissant la pourpre antique. — Le docteur Bancroft raconte qu'en 1683, un homme qui gagnait sa vie en Irlande à marquer du linge avec une belle couleur cramoisie qu'il obtenait d'un coquillage marin, trouva après quelques recherches, sur les côtes des comtés de Sommerset et de Galles, une grande quantité de buccins qui donnaient une couleur visqueuse blanchâtre lorsqu'on ouvrait une petite veine près de la tête de l'animal; des marques faites avec cette liqueur prenaient, au contact de l'air, une couleur d'un vert tendre, qui passait ensuite par degrés, lorsqu'on l'exposait au soleil, à un pourpre très-beau et durable.

Jussieu, en 1799, trouva, sur les côtes occidentales de la France, un petit buccin semblable au limaçon des jardins, et l'année suivante, Réaumur observa sur les côtes du Poitou ce même coquillage en grande abondance. Le même naturaliste trouva en 1736, sur les côtes méridionales, la *purpura*, seule espèce de murex qu'on connaisse maintenant. Tous ces coquillages fournissent un liquide qui possède, dans un degré plus ou moins éminent, les propriétés dont il vient d'être parlé.

Le secret de la pourpre antique, de la pourpre dé Tyr, n'est pas perdu. — On peut conclure des découvertes que nous venons de citer, ainsi que l'a fait le docteur Bancroft, que nous avons tout le secret de la pourpre de Tyr; et par conséquent, l'opinion de ceux qui regardaient cette couleur, si fameuse par sa beauté, comme perdue, n'était pas fondée. Les coquillages qui fournissaient la liqueur colorante de la pourpre existent probablement avec autant d'abondance qu'autrefois, et ils ont été suffisamment désignés pour qu'on puisse les reconnaître; en effet, indépendamment de ceux qu'on a trouvés dans l'Amérique méridionale, jouissant de toutes les propriétés décrites par Pline, ainsi que par plusieurs autres anciens, et dont il est dit dans l'*Histoire philosophique et politique du commerce des Indes*, qu'on fît quelque emploi dans ces contrées pour teindre en coton, il fut découvert de semblables coquillages en 1686, sur les côtes d'Angleterre, et depuis, on en rencontra une espèce aux Antilles. Réaumur a fait plusieurs expériences sur les buccins trouvés par lui sur les côtes du Poitou. Duhamel en a fait aussi sur le suc colorant du coquillage qui doit porter le nom de pourpre, et qu'il a trouvé en abondance sur les côtes de Provence. Il a observé, ainsi que Réaumur l'avait déjà remarqué dans le suc colorant du buccin, que ce suc, d'abord blanc, prend une couleur vert-jaunâtre, qui se fonce en tirant au bleu; qu'enfin on le voit rougir, et, qu'en moins de vingt minutes, il devient d'une couleur pourpre très-vive et très-foncée; or, la couleur pourpre des anciens avait ces caractères.

L'art moderne de la teinture fournit des couleurs plus belles et moins chères que la pourpre antique. — Si nous négligeons de nous procurer la pourpre des anciens, si l'on n'a pas cherché à tirer parti des expériences que quelques modernes ont faites avec succès à cet égard, c'est que l'art de la teinture nous a enrichis de couleurs plus belles et moins chères. Il est vrai que la découverte du Nouveau-Monde nous a procuré la connaissance de plusieurs substances tinctoriales, telles que la cochenille, le Bois de Brésil, le campêche, le rocou; mais c'est à l'art de préparer l'alun et la dissolution d'étain, qui ravivent un grand nombre de substances colorantes et les font briller d'un nouvel éclat, que nous devons surtout la supériorité de nos teintures.

La découverte de l'orseille fut faite par hasard, vers l'an 1300, par un négociant de Florence : ayant remarqué que l'urine donnait une belle couleur à une espèce de mousse, il fit des essais, et apprit à préparer l'orseille. Il tint pendant longtemps cette découverte secrète.

Premiers ouvrages imprimés sur l'art de la teinture. — Comme tous les autres arts, enfants de la civilisation, l'art de la teinture continua à être cultivé avec succès en Italie. C'est à Venise, en 1429, que parut le premier recueil des procédés employés dans les teintures, sous le nom de *Maraviglia dell' arte dei tintori*, dont il se fit une nouvelle édition en 1510. Un certain *Giovan Venture Rosetti*, ayant voyagé dans les différentes parties de l'Italie et des pays voisins où les arts avaient commencé à renaître, pour s'instruire des procédés qu'on y suivait dans les ateliers de teinture, donna, sous le nom de *Plictho*, un recueil qui, selon Bischoff, est le premier où l'on ait rapproché les différents procédés de teinture, et qui doit être regardé comme le premier mobile de la perfection à laquelle a été porté depuis l'art de la teinture devenu maintenant un art chimique; mais, comme dans *Plictho*, il n'est parlé ni de la cochenille ni de l'indigo, il paraît probable que ces deux substances colorantes n'étaient pas encore en usage en Italie.

Les Gobelins; l'art de la teinture introduit en France. — Pendant longtemps, quelques villes de l'Italie, Venise particulièrement, possédèrent presque exclusivement cet art des teintures, qui contribuait à la prospérité de leurs manufactures et de leur commerce : mais cet art industriel qui a toujours procuré de grandes richesses aux pays qui l'ont cultivé avec succès, ne s'introduisit en France que plus tard et peu à peu. Ce fut GILLES GOBELIN qui, le premier, établit un atelier de teinture dans le lieu qui porte encore actuellement son nom. On regarda cette entreprise comme tellement téméraire, qu'on donna à l'établissement le nom de *Folie-Gobelin*, et le succès qu'elle eut fut un grand sujet d'étonnement et d'émulation pour nos aïeux.

Découverte de l'écarlate, par la dissolution d'étain; usage de l'indigo proscrit en Angleterre sous le règne d'Elisabeth. — La découverte de la teinture en écarlate doit faire époque dans l'art de la teinture, non-seulement par l'éclat qui caractérise cette belle couleur, mais encore par celui que l'on procure, au moyen du même procédé, à plusieurs autres couleurs.

La cochenille était connue depuis peu de temps en Europe, lorsque l'on découvrit le procédé de l'écarlate par la dissolution d'étain. On raconte qu'en 1630, Corneil Debbrel observa, par un mélange accidentel, l'éclat donné par la dissolution d'étain à l'infusion de cochenille.

L'usage de l'indigo, cette précieuse acquisition pour la teinture, fut d'abord proscrit en Angleterre sous le règne d'Elisabeth, et depuis en Saxe; ce ne fut qu'avec beaucoup de peine que l'on parvint à l'établir, tant l'industrie s'affranchit difficilement des entraves.

Encouragements donnés en France à l'art de la teinture; savants français ayant perfectionné l'art de la teinture. — A cette même époque, où l'on proscrivait l'indigo en Angleterre et en Saxe, l'administration, chargée en France, de la surveillance des arts et manufactures, s'occupant du soin de faire fleurir l'industrie française, eut recours aux moyens les plus sûrs et les plus efficaces pour y parvenir, ceux de répandre l'instruction et les lumières.

Dufay, Hellot, Macquer, ont été successivement chargés de s'occuper de la perfection de l'art de la teinture, et leurs travaux ont puissamment contribué à ses progrès. Dufay fut le premier qui fit des recherches sur la nature des parties colorantes, et sur la force par laquelle elles adhèrent aux étoffes. Il examina quelques procédés, et il établit les épreuves es plus sûres que l'on pût trouver alors pour déterminer, d'une manière prompte et usuelle, la bonté d'une couleur.

Hellot publia une description méthodique des procédés que l'on exécute dans la teinture en laine; c'est peut-être encore le meilleur ouvrage qu'on ait sur cet objet. Macquer a décrit avec exactitude, dans un traité spécial, la teinture de la soie, il a fait connaître les combinaisons du principe colorant du bleu de Prusse; il a cherché à en appliquer l'usage à la teinture, il a donné un procédé pour communiquer à la soie des couleurs vives par le moyen de la cochenille.

Toutes ces recherches contribuèrent efficacement aux progrès de l'art de la teinture en France. Anderson attribue à la perfection des teintures la supériorité que quelques manufactures françaises ont conservée sur celles des nations qui possèdent cependant les plus belles laines; et dans son *History of Commerce*, M Home dit que c'est à l'Académie des sciences que les Français doivent la supériorité qu'ils ont dans plusieurs arts, notamment dans celui de la teinture.

Les chimistes français depuis ce temps, en contribuant puissamment aux progrès de la science générale de la chimie, ont fait faire un pas immense à l'art de la teinture; aussi les industriels de tous les pays rattacheront désormais avec reconnaissance à cet art important et qui exerce tant d'influence sur la prospérité du commerce, les noms depuis longtemps célèbres de Berthollet, Chaptal et Vauquelin, auxquels se sont joints, il y a quelque temps déjà, ceux de MM. Vitalis et Chevreul et, plus récemment, ceux de MM. Persoz et de Gonfreville.

PREMIÈRE PARTIE.

Théorie de l'Art de la teinture; Couleurs et Matières colorantes; Mordants; Préparations des substances destinées à recevoir la teinture, pour les disposer à se combiner avec la matière colorante; Blanchiment; Apprêts, gommes et empois.

CHAPITRE PREMIER.

THÉORIE, COULEURS ET MORDANTS.

§ 1. NOTIONS GÉNÉRALES SUR LA THÉORIE DE L'ART DE LA TEINTURE.

L'art de la teinture consiste à fixer sur des étoffes de différentes espèces, toutes les couleurs, ainsi que leurs dégradations avec l'infinie variété des nuances que l'on désire, de manière à ce qu'elles ne puissent pas être altérées facilement par ceux des agents à l'action desquels elles doivent se trouver habituellement exposées. L'air, et surtout la lumière du soleil, sont les causes les plus ordinaires de l'altération des couleurs; altération qui d'ailleurs est en partie plus ou moins prompte, et plus ou moins complète, suivant l'adhésion plus ou moins forte de la matière colorante à l'étoffe.

Comme il ne peut y avoir d'autre cause qui puisse faire adhérer une matière colorante quelconque, sur quelque étoffe que ce soit, qu'une attraction durable entre les deux substances, il doit s'ensuivre qu'il n'y aura qu'un petit nombre de matières teignantes capables de s'attacher d'une manière indélébile ou forte, par simple application.

L'art de la teinture est donc un art chimique où les affinités jouent le plus grand rôle.

Le fait général le plus remarquable de cet art consiste dans les différents degrés de facilité avec lesquels des substances animales et végétales attirent et retiennent la matière colorante, ou plutôt, dans le degré de facilité avec lequel le teinturier trouve qu'il peut les teindre avec toute couleur quelconque qu'il a l'intention de leur donner.

On voit, par ce fait seul, qu'un tissu de même substance homogène, offre par conséquent toujours plus de facilité à prendre une nuance uniforme, qu'un tissu composé de substances différentes. Le premier soin du teinturier doit donc être d'examiner tout d'abord (et par un essai préalable, au besoin), non-seulement la substance apparente du tissu qu'on lui donne à teindre, mais aussi la trame cachée de ce tissu.

Ainsi, par exemple, *la laine* est naturellement si bien disposée à se combiner avec la matière colorante, qu'elle n'exige que peu de préparation pour la soumettre immédiatement au procédé de teinture ; c'est-à-dire, qu'il ne s'agit que de la nettoyer en lui enlevant une partie grasse appelée le *suint*, qui est contenue dans la toison. Pour cette opération du dégraissage de la laine, l'emploi d'une liqueur alcaline est nécessaire ; mais comme les alcalis altèrent le tissu de la laine, il ne faut se servir que d'une dissolution très-faible ; car s'il y avait dans cette dissolution plus d'alcali présent que ce qui est suffisant pour convertir le *suint* en *savon*, cet alcali attaquerait la laine elle-même. On fait donc généralement usage d'urine putréfiée, comme étant d'un prix moins élevé, et comme contenant un alcali volatil qui, en s'unissant avec la graisse, la rend soluble dans l'eau.

La *soie*, au contraire, quand on la retire du cocon, est recouverte d'une espèce de vernis, qu'ordinairement on considère comme n'étant soluble ni dans l'eau, ni dans l'alcool, parce qu'il n'abandonne rien ni à l'un ni à l'autre de ces liquides ; on est donc dans l'usage de faire bouillir la soie avec un alcali pour lui enlever son vernis du cocon. Mais dans cette opération, il faut prendre bien plus de précautions qu'avec la laine, parce que la soie elle-même est aisément corrodée ou décolorée. On fait communément emploi de beau savon ; encore même cet emploi est-il préjudiciable, dit-on ; et la soie blanche de la Chine qu'on suppose avoir été préparée sans savon, a un lustre supérieur à celui de la soie d'Europe, qui perd environ le quart de son poids, dans l'opération qui la dépouille de son vernis.

Ainsi l'on comprend qu'il est nécessaire, pour disposer les substances destinées à recevoir la teinture à se combiner avec la matière colorante, de leur faire subir un apprêt ou un blanchiment. Quelles que soient au reste ces préparations préalables, elles semblent destinées à atteindre un double but : 1º rendre l'étoffe qu'il s'agit de teindre aussi nette que possible, afin que le liquide colorant puisse être bien absorbé, et la matière colorante adhérer aux moindres parties des surfaces intérieures ; 2º donner à l'étoffe une blancheur suffisante pour qu'elle réfléchisse mieux la lumière, et que les teintes de la matière colorante puissent ainsi devenir plus pures et plus brillantes.

Quelques-unes des préparations, cependant, quoique considérées simplement comme préliminaires, constituent réellement en partie les procédés de teinture eux-mêmes. Dans un grand nombre de cas, une matière est appliquée à l'étoffe à laquelle elle adhère, et par l'application d'une autre matière convenable, le teinturier produit la couleur qu'il désire obtenir. Ainsi par exemple, on pourrait teindre une pièce de coton en noir en la plongeant dans de l'encre ; mais la couleur ne serait ni bonne ni solide, parce que les molécules de matière précipitée formées de l'oxyde de fer et de l'acide de noix de galle, sont déjà solidifiées trop grossièrement, soit pour entrer dans le coton, soit pour y adhérer avec quelque degré considérable de force ; le gallate de fer n'est pour ainsi dire qu'interposé entre les surfaces des filaments. Mais si le coton, trempé d'abord dans une infusion de noix de galle, et alors séché, est plongé ensuite dans une dissolution de proto-sulfate de fer (couperose verte), ou autre sel ferrugineux, l'acide des noix de galle étant étendu partout à travers le corps du coton, recevra les molécules d'oxyde de fer à l'instant même de leur passage de leur état fluide, (*dissoutes*), à celui de précipitées (*solides*), au moyen de quoi la matière noire de l'encre recouvre parfaitement le coton, en s'appliquant en contact serré avec la surface de ses plus petites fibres. Cette teinture sera donc, non-seulement plus intense, mais aussi plus adhérente et plus durable.

On a donné le nom de *mordants* à celles des substances qui s'appliquent préalablement aux pièces d'étoffe, afin de leur faire prendre ensuite la nuance ou teinture que l'on désire.

Lorsque le mordant est appliqué sur la totalité d'une pièce d'étoffe, et que cette pièce est ensuite plongée dans la teinture, elle reçoit une teinte sur toute l'étendue de sa surface ; mais si le mordant n'est appliqué que sur quelques parties de la pièce d'étoffe, la teinture ne prendra que sur ces parties seulement ; dans le premier cas, le procédé est celui de la teinture proprement dite ; dans le second cas, le procédé est celui de l'impression en laine, en soie, en coton, en calicots, ou même en tissus mélangés.

Dans l'art de l'impression de ces pièces d'étoffe, on mêle ordinairement le mordant avec de la gomme ou avec de l'amidon, et on l'applique au moyen de blocs ou moules de bois, gravés en relief, ou de plaques de cuivre, ou de cylindres; quant aux couleurs, leurs teintes sont produites par immersion dans des vaisseaux remplis avec des compositions convenables. Les teinturiers appellent ce dernier liquide le *bain*. Au reste, l'art d'imprimer donne lieu à un grand nombre de procédés, au moyen desquels le mordant, ou simple ou composé, produit son effet.

Le mordant employé pour produire sur les toiles imprimées les rouges de différentes nuances, se prépare en faisant dissoudre, dans 4 kilog. d'eau chande, 1 kil. 400 d'alun et 433 grammes d'acétate de plomb; à quoi l'on ajoute 60 grammes de potasse, et ensuite 60 grammes de craie réduite en poudre.

Dans ce mélange, l'acide sulfurique de l'alun se combine avec le plomb de l'acétate, et cette combinaison se précipite parce qu'elle est insoluble, tandis que la matière argileuse de l'alun s'unit avec l'acide acétique, séparé par l'acétate de plomb. Le mordant consiste donc dans un acétate alumineux, et les petites quantités de craie et d'alcali servent à neutraliser tout acide dégagé, qui pouvait être contenu dans le liquide.

On obtient plusieurs avantages en changeant ainsi l'acide de l'alun : 1º L'alumine est plus facilement dégagée de l'acide acétique dans les procédés subséquents, qu'elle ne l'eût été de l'acide sulfurique ; 2º cet acide faible occasionne moins d'inconvénients, quand il vient à être séparé de la terre ; 3º l'acétate d'alumine, n'étant pas susceptible de cristalliser comme le sulfate de cette terre, ne se sépare pas ou ne se *caille* pas en séchant sur la face des blocs ou moules destinés à imprimer, quand cet acide est mêlé avec de la gomme ou de l'amidon.

Lorsque le dessin a été imprimé, en transportant le mordant de la face des blocs, moules ou cylindres, sur la toile, on met celle-ci dans un bain de garance, en prenant les précautions convenables pour que toute la pièce soit régulièrement exposée à ce liquide. Dans ce bain, la pièce devient d'une couleur rouge, mais plus foncée dans les places où le mordant avait été appliqué ; car de la terre argileuse avait auparavant abandonné l'acide acétique pour se combiner avec la toile, et cette combinaison sert d'intermède pour fixer la matière colorante de la garance, de la même manière que l'acide des noix de galle, dans le premier exemple, fixait les molécules d'oxyde de fer.

Dans cet état de la pièce de toile, l'imprimeur en calicots n'a donc plus qu'à se guider lui-même d'après la différence entre une couleur fixe et une couleur fugitive. Il fait donc bouillir la pièce dans une eau mêlée de son, et il l'expose sur le pré. La fécule du son enlève une partie de la couleur, et l'action du soleil et de l'air la rendent plus propre à se combiner avec la même substance.

Dans d'autres cas, l'attraction élective de l'étoffe à teindre a une action plus marquée. On prépare pour les laines un mordant très-ordinaire, en faisant dissoudre ensemble de l'alun et du tartre : ni l'une ni l'autre de ces substances n'est décomposée ; mais on peut les recouvrer par cristallisation en évaporant la liqueur. La laine est reconnue capable de décomposer une dissolution d'alun et de se combiner avec la terre ; mais il paraît que la présence de l'acide sulfurique dégagé, tend à altérer la laine, que ce mode de traitement la rend fort rude au toucher, effet qui n'est pas produit sur les cotons et les toiles parce qu'elles ont moins d'attraction pour la terre. La laine décompose aussi l'alun dans un mélange d'alun et de tartre ; mais dans ce cas il n'y a plus de dégagement d'acide sulfurique, comme étant immédiatement neutralisé par l'alcali du tartre.

L'attraction des oxydes métalliques, pour un grand nombre de substances colorantes, est si grande, qu'ils abandonnent les acides qui les tenaient en dissolution, et sont précipités à l'état de combinaison avec ces substances. On a aussi reconnu par expérience que ces oxydes sont fortement disposés à se combiner avec les substances animales ; d'où il suit que, dans beaucoup de cas, ils servent de mordants ou de moyen d'union entre les particules colorantes et les substances animales. Les couleurs que prennent les composés d'oxydes métalliques et de molécules colorantes sont alors le produit de la couleur particulière de ces molécules et de celle qui est propre à l'oxyde métallique.

§ 2. NOTIONS GÉNÉRALES SUR LA THÉORIE DES COULEURS ET DES MATIÈRES COLORANTES.

Il y a des couleurs simples, naturelles ou factices ; il en est qui, dues au mélange de celles-ci, sont dès lors composées. Les couleurs composées ou formées par la réunion de divers rayons simples, colorés, diffèrent essentiellement des couleurs simples qui, vues par le prisme, retiennent leur simplicité, tandis que toutes les couleurs composées, vues par le prisme, décèlent leur composition. Ainsi, le vert produit naturellement par les rayons de cette couleur, n'éprouve aucune décomposition par le prisme ; il a le caractère d'une couleur simple et primitive ; mais le vert composé artificiellement se sépare en jaune et en bleu.

Quoique le vert qu'on fait en teinture soit dû, le plus habituellement, au mélange du jaune et du bleu, on ne doit pas regarder tous les verts comme une combinaison de deux espèces de parties colorantes; l'oxyde vert de cuivre peut ne pas être dû à des molécules de nature différente, et le vert des plantes est sans doute produit par une substance homogène, de même que la plupart des nuances qui existent dans la nature : cette couleur doit donc son origine, quelquefois à des rayons simples, et quelquefois à une réunion de rayons différents; un grand nombre d'autres couleurs sont dans le même cas.

Les parties colorantes forment diverses combinaisons, et elles s'appliquent, soit seules, soit combinées préliminairement avec d'autres substances, à la laine, à la soie, au lin, et au coton. L'art de la teinture consiste à se servir des affinités des parties colorantes, pour les extraire, les dissoudre, les étendre et les appliquer aux substances que l'on teint, puis enfin pour les incorporer et les y fixer.

L'on a cherché à expliquer la cause des couleurs et la nature des parties colorantes; on a voulu aussi classer ces parties colorantes en extractives et résineuses, inorganiques et organiques, minérales et végétales, mais l'on s'est toujours éloigné ainsi de la véritable théorie, de celle qui n'est que le résultat de l'observation.

Bergman paraît être le premier qui ait complétement rapporté aux principes chimiques les phénomènes de la nature : ayant teint de la laine et de la soie dans une dissolution d'indigo par l'acide sulfurique très-étendu d'eau, il explique les effets qu'il a observés dans cette opération. Il les attribue à la précipitation causée par l'affinité plus grande qui se trouve entre la laine ou la soie et les molécules bleues, qu'entre ces mêmes molécules et l'eau acidulée. Il remarque que cette même affinité de la laine est assez puissante pour dépouiller entièrement la liqueur des parties colorantes, mais que l'affinité plus faible de la soie, l'empêchant de s'emparer de la totalité des parties colorantes, affaiblit ou diminue seulement la proportion de ces parties dans le bain. Bergman prouve ainsi que de ces affinités différentes dépendent et la solidité de la couleur et l'intensité qu'elle peut prendre.

Cette manière de voir de Bergman est, suivant Berthollet, la véritable manière d'envisager les phénomènes de la teinture, qui ne sont en effet autre chose que des phénomènes chimiques.

Toutes les modifications diverses dont les couleurs et les

matières colorantes peuvent être susceptibles, soit à froid, soit à chaud, sont analogues à ce qu'on observe dans les autres combinaisons chimiques : habituellement d'ailleurs elles sont sujettes à une altération particulière par l'action de l'air et de la lumière, mais quelquefois, au contraire, elles en reçoivent un éclat nouveau ou une nuance différente. Il y a aussi des agents qui, après s'être unis avec les parties colorantes, altèrent la couleur qu'ils ont d'abord produite, la font passer au jaune et finissent par la détruire.

Le teinturier devra donc retenir, comme résultats généraux de ces observations que :

1º Les molécules colorantes ont des affinités dont les effets se combinant avec ceux de leur constitution, forment les différences qui les distinguent entre elles;

2º Les molécules colorantes s'unissent directement avec l'étoffe ou seulement par le secours d'un intermède; mais l'étoffe a des rapports différents avec elle selon sa nature;

3º Les molécules colorantes, en se combinant avec la substance de l'étoffe, éprouvent une altération qui modifie leur couleur, outre la modification qui résulte de la nuance propre à la substance avec laquelle elles s'unissent;

4º Les molécules colorantes varient, non-seulement entre elles par ces dispositions différentes, mais encore par les changements ultérieurs qu'elles peuvent subir par l'action des autres substances et par celle de l'air, de la chaleur et de la lumière.

Nous ne développerons pas davantage ici ces notions théoriques que nous aurons soin de rappeler avec l'extension convenable, à mesure que nous en ferons l'application pratique aux opérations diverses de l'art des teintures, parmi lesquelles on distingue quelquefois, sous la dénomination de *teintures substantives*, l'indigo et le pastel, qui n'exigent pas de mordant, tandis que l'on comprend sous le nom de *teintures subjectives* toutes celles qui ne peuvent être fixées que par un mordant.

§ 3. NOTIONS GÉNÉRALES SUR LA THÉORIE DES MORDANTS.

On a donné le nom de *mordants* à des substances qui s'appliquent préalablement aux pièces d'étoffe, afin de leur faire prendre ensuite la teinture que l'on désire, ou afin d'en varier la nuance; ainsi, les mordants servent d'intermèdes entre les parties colorantes et les substances que l'on teint, soit pour faciliter leur combinaison, soit pour la modifier en même temps.

Parmi les *mordants*, on pourrait classer sous la dénomination d'*altérants*, les ingrédients qui ne sont employés que dans la vue de modifier ou de changer une nuance.

Hellot, Macquer et plusieurs autres chimistes anciens, avaient adopté une théorie ridicule relativement à l'apprêt ou à la préparation qu'on donne aux étoffes pour les disposer à recevoir la teinture ; ils appliquaient à l'action des mordants une doctrine non moins bizarre. C'est à Bergman, et à Berthollet surtout, qu'on doit d'avoir ramené toutes les opérations de la teinture aux grandes voies des affinités, et d'avoir ainsi posé les bases de la véritable théorie chimique de l'art de la teinture.

Suivant les principes mis en avant par ces deux chimistes, et maintenant adoptés par les chimistes de tous les pays, nous pouvons considérer les mordants comme des intermèdes d'union et d'affinité entre le principe colorant et l'étoffe.

Jusqu'ici les mordants dont on a fait principalement usage sont de trois espèces, savoir : ceux à base d'*alumine*, ceux à base d'*étain* et ceux à base de *fer*.

Les mordants à base d'alumine sont l'alun (sulfate d'alumine et de potasse, ou d'ammoniaque, ou même de soude) et l'acétate d'alumine impur (acétate d'argile, et mordant de rouge ou de jaune).

Les mordants *stannifères*, c'est-à-dire à base d'étain, sont les muriates (chlorures et hydrochlorates).

Les mordants ferrugineux sont les couperoses vertes et les pyrolignites (sulfate, nitrate, acétate de fer), et quelques dissolutions ferrugineuses.

Pour les mordants à base d'alumine, il vaut mieux ne jamais employer l'alun directement ; car en décomposant l'alun par le sucre de saturne, ou sucre de plomb (acétate de plomb), on obtient un acétate d'alumine dont l'usage est préférable à celui de l'alun ; l'alumine en est plus facilement dégagée, et l'acide mis ainsi en liberté est moins susceptible d'agir sur l'étoffe.

Dans tous les mordants à base d'étain, les affinités de l'oxyde d'étain pour les principes colorants dont il rehausse la vivacité des couleurs sont très-marquées.

Quant aux mordants à base de fer, les affinités de l'oxyde de fer avec les étoffes sont plus prononcées encore qu'avec l'étain, et l'oxyde de fer se combine avec elles d'une manière indélébile ; mais comme cet oxyde est naturellement coloré, on ne s'en sert que pour former des couleurs composées; sa couleur est tellement rude, quand on l'emploie seul, comme principe colorant, qu'il devient nécessaire de l'adoucir en faisant tremper les étoffes colorées en rouge dans une dissolution d'alun saturée de potasse.

L'oxyde de cuivre peut être employé comme mordant, surtout pour la teinture en noir, dans laquelle on l'emploie communément avec le fer. L'oxyde de cuivre, employé seul, est un mordant en usage dans la teinture en jaune sur le coton.

La *chaux* et tous les *sels calcaires* peuvent être considérés comme autant de mordants. Il est vrai qu'ils rembrunissent les rouges; mais ils avivent les bleus et donnent de la fixité à toutes les couleurs.

Les meilleurs mordants sont ceux qui ont une affinité très-marquée, tant avec le principe colorant qu'avec l'étoffe; et c'est cette propriété qui a fait préférer l'alun aux autres sels; mais comme assez généralement l'alun a plus d'affinité avec les principes colorants qu'avec l'étoffe, on commence par appliquer ce mordant sur les étoffes où il attire et fixe ensuite la couleur.

Ainsi, en règle générale, le mordant qu'on applique sur une étoffe commence par exercer son action sur l'étoffe pour parvenir à s'y fixer; il attire ensuite le principe de la couleur, puis enfin il le retient avec plus ou moins de force.

Il faut donc, d'après ce qui vient d'être dit, que lorsqu'une étoffe acquiert, par le moyen d'un sel alumineux, les propriétés qui dépendent de l'alumine, elle puisse décomposer le sel et se combiner avec son alumine, pendant que l'acide qui la tenait en dissolution se sépare et reste dans le bain; mais il ne faut pas conclure de là qu'aucune portion de l'acide ne reste en combinaison avec l'étoffe, et qu'elle n'y puisse pas avoir ainsi quelque influence sur la couleur.

La nécessité du lavage des étoffes, soit après qu'elles ont été passées au mordant de l'alun, soit après leur teinture subséquente, tient à des faits chimiques que le teinturier ne doit jamais perdre de vue : c'est que l'étoffe ne prend en alun que la dose qui convient à son affinité; de sorte que lorsqu'une étoffe est alunée, on la passe à l'eau pour enlever la portion d'alun qui ne s'est pas fixée; sans cette précaution, cet alun resterait dans le bain et se chargerait de principe colorant au préjudice de l'étoffe. C'est encore pour cela qu'on lave l'étoffe après sa teinture; on enlève par ce moyen toute la partie colorante qui s'est déposée sur l'étoffe, sans y adhérer, après que les affinités de l'alun ont été remplies et saturées par le principe colorant.

Affinités et avantages des mordants et des oxydes métalliques. — Nous avons dit que les meilleurs mordants sont ceux qui ont une affinité très-marquée, tant avec le principe colorant qu'avec l'étoffe. Or, l'affinité des mordants avec l'étoffe est quelquefois si prononcée, qu'il suffit de présenter l'étoffe à leur dissolution pour qu'elle s'en imprègne de suite.

Les avantages que doit présenter un mordant, c'est de bien fixer la couleur et de lui donner un bel éclat ; le teinturier devra donc toujours choisir le mordant qui réunira ces deux avantages au plus haut degré.

Quant aux *oxydes métalliques*, ils ont avec plusieurs parties colorantes une telle affinité, qu'ils abandonnent les acides qui les tenaient en dissolution, pour se précipiter en se combinant avec elles.

D'un autre côté, tous les oxydes ont la propriété de se combiner avec les substances animales, et l'on peut former ces différentes combinaisons en mêlant un alcali saturé de substance animale avec les dissolutions métalliques.

On en peut conclure que tous les oxydes ont de la disposition à se combiner avec les substances animales, quoiqu'ils diffèrent cependant beaucoup à cet égard.

L'oxyde d'étain l'emporte sur tous les autres, par la propriété de se fixer avec les étoffes de laine et de soie, mais particulièrement avec les premières. Il abandonne facilement l'acide qui le tient en dissolution pour se combiner avec ces étoffes ; de sorte qu'il suffit d'imprégner la laine ou la soie de dissolution d'étain, quoique après cela on lave l'étoffe avec soin ; ce qui n'arrive pas avec quelques autres dissolutions métalliques.

L'affinité des oxydes pour les substances de nature végétale paraît beaucoup moins forte que celle qu'ils ont pour les substances animales ; d'où il suit que les dissolutions métalliques sont peu propres à servir de mordants aux couleurs du coton et du lin.

Résumé théorique applicable au choix et à l'emploi des mordants. — On voit donc, d'après tout ce qui précède : 1º que les acides et les alcalis ne sont pas propres à servir de mordant, c'est-à-dire d'intermède convenable, offrant à la teinture tous les points d'union désirables entre les étoffes et les substances colorantes.

2º Que de toutes les substances terreuses, c'est l'alumine qui possède éminemment les propriétés des mordants, par son affinité tant avec les substances colorantes qu'avec les étoffes, et par sa faible adhérence aux acides.

Lorsque les parties colorantes ont précipité un oxyde d'un dissolvant, celui-ci a ordinairement le pouvoir de dissoudre une portion de la combinaison de la substance colorante avec l'oxyde, et la liqueur reste colorée, quoique la précipitation soit facilitée et rendue plus complète par la présence de l'étoffe. Les effets dépendent donc en partie, non-seulement des proportions, mais encore de l'espèce d'acide qui sert de dissolvant à l'oxyde. Cette observation s'applique aux acides qui tiennent l'alumine en dissolution ; mais les acides, les alcalis, les dissolutions métalliques, et même les sels neutres peuvent servir d'altérant.

Les substances terreuses, les acides métalliques, les principes astringents des végétaux et les huiles fixes, sont employés également comme mordants. On voit donc ainsi, qu'en variant les mordants, on arrive à multiplier beaucoup les nuances que l'on peut obtenir d'une même substance, surtout en faisant coopérer les altérants pour modifier ou pour changer les teintes ; il suffit même de varier la méthode par laquelle on les applique.

Enfin, les procédés auxquels est soumise successivement une étoffe, pour remplir le but que l'on se propose, déterminent quelquefois le choix de la dissolution du mordant et de la manière de l'appliquer.

Mordants simples et composés. — Nous nommerons *mordants composés* tous ceux qui ne sont pas susceptibles de donner couleur sans le concours des matières colorantes animales et végétales. Ce sont ceux à base d'alumine et d'étain, souvent même ceux à base de fer ; mais comme le fer n'est pas toujours dans ce cas, nous le rangerons parmi les *mordants simples* avec le manganèse et le cuivre dont les oxydes fournissent des corps colorés aux tissus des ligneux, nous comprendrons également, parmi les mordants simples, le plomb et le mercure qui forment aussi des matières colorantes lorsqu'ils sont unis à d'autres substances colorantes ; et nous traiterons de ces mordants simples dans un chapitre spécial.

CHAPITRE II.

PRÉPARATIONS; BLANCHIMENT ET APPRÊTS.

—

§ 4. PRÉPARATION DES SUBSTANCES DESTINÉES A RECEVOIR LA TEINTURE, POUR LES DISPOSER A SE COMBINER AVEC LA MATIÈRE COLORANTE.

Principes généraux. — Les étoffes destinées à recevoir la teinture, quand ce sont des *étoffes simples*, sont habituellement : *toute laine, toute soie, tout coton, tout lin, tout chanvre*; mais les *étoffes composées* varient à l'infini dans leur mélange de *laine et soie, lin et laine, coton et soie, chanvre et coton*; quelquefois même toutes ces substances sont employées dans une même étoffe composée qui offre dès lors le plus de difficultés à l'art du teinturier. Nous nous occuperons donc d'abord des préparations ou apprêts des étoffes simples, c'est-à-dire entièrement composées, tramés et tissus, d'une seule substance; mais les principes que nous allons donner suffiront ensuite pour combiner et modifier l'apprêt, suivant la nature des substances qui entreront en nombre plus ou moins grand dans la trame et le tissu d'une étoffe.

La laine et la soie sont des *substances animales*; le coton, le lin et le chanvre sont des *substances végétales*. Cette distinction est très-importante pour la teinture, car ce qui fait différer principalement, dans leur composition, les substances animales des substances végétales, c'est que les substances animales contiennent abondamment un principe particulier, l'azote, qui ne se trouve qu'en petite quantité dans quelques substances végétales.

Il s'ensuit que la distillation des substances animales produit beaucoup d'ammoniaque, qui est un composé d'azote et d'hydrogène; tandis que la distillation des substances végétales donne peu ou point d'ammoniaque, mais fournit ordinairement beaucoup d'acide, à raison de l'oxygène ou de l'hydrogène qu'elles contiennent.

On retire des substances animales, par la distillation, beaucoup d'huile dont le principe dominant est l'hydrogène; les substances végétales n'en fournissent pas quelquefois une quantité sensible. Les substances animales peuvent produire de l'acide hydrocyanique, qui est une combinaison d'azote, d'hydrogène et de carbone; les substances végétales ne donnent naissance à cet acide qu'autant qu'elles contiennent de l'azote.

Enfin la combustion des substances animales est accompagnée d'une odeur pénétrante due à l'ammoniaque et à l'huile qui se forment, et qui échappent à l'inflammation; elles sont sujettes à la putréfaction, dans laquelle il se produit de l'ammoniaque comme dans la distillation par l'union plus intime de l'azote et de l'hydrogène, au lieu que les substances végétales subissent une fermentation, soit spiritueuse (*alcoolique*), soit acide.

Les alcalis, qui sont de puissants dissolvants de la matière animale, ou la corrodent, ou se combinent avec elle jusqu'à ce qu'ils en soient saturés, et ils perdent par là leur causticité; on ne peut donc employer qu'avec beaucoup de réserve les alcalis dans les procédés par lesquels on teint les substances animales, ce qu'on n'a point à redouter lorsqu'on opère sur les substances végétales.

Les acides nitrique et sulfurique (l'eau-forte et l'huile de vitriol) ont aussi beaucoup d'action sur les substances animales. L'acide nitrique les décompose, en dégage l'azote, produisant ainsi de l'acide carbonique et de l'acide oxalique avec une partie de l'hydrogène et une partie du charbon. L'acide sulfurique agit sur les matières animales en les dégageant du gaz inflammable, ainsi que du gaz azote très-probablement, et met les autres principes à l'état charbonneux.

La soie paraît se rapprocher un peu des substances végétales par une disposition moins grande à se combiner avec les parties colorantes, comme aussi par une plus grande résistance à l'action des alcalis et à celle des acides; mais quoique les alcalis et les acides exercent sur la soie une action moins vive que sur la laine, il faut néanmoins en faire usage avec beaucoup de précaution, parce que l'éclat des couleurs qu'on désire dans la soie paraît dépendre du poli de sa surface, et qu'il n'y faut pas porter atteinte.

Le coton résiste mieux que le lin et le chanvre à l'action des acides, et l'on parvient difficilement à le détruire par l'acide nitrique; cependant, à l'aide de la chaleur, la décomposition a lieu, et il se forme de l'acide oxalique.

Le teinturier ne doit jamais perdre de vue que toutes les espèces de préparations, blanchiment et apprêts, ne sont que des opérations préliminaires destinées à dépouiller les tissus des substances solubles et insolubles qui s'empareraient de la couleur au détriment de la partie fixe et solide.

LAINE.

Laine. — C'est la partie chevelue, filamenteuse, qui recouvre la peau des moutons et de quelques autres animaux, tels que les chèvres du Cachemire ou du Thibet, les castors, les lamas et les vigognes.

Les laines, indépendamment des qualités qui les distinguent suivant les différentes espèces d'animaux qui les fournissent, se divisent en deux grandes classes; les *laines de toison*, qui proviennent de la tonte annuelle des animaux, et les *laines mortes*, qu'on n'enlève de la peau des animaux qu'après la mort de ceux-ci.

La laine de toison, comme la laine morte, est naturellement enduite d'une espèce de graisse qu'on appelle le *suint*, qui est contenue dans la toison, et dont il faut la nettoyer. Mais comme cette partie grasse et savonneuse ou suint, qui rend la laine imperméable à l'eau, la préserve en même temps des teignes, on a soin de ne l'en dépouiller que lorsqu'on a le projet de la teindre ou de la filer.

Le *suint*, cette substance grasse qui sert d'enduit aux brins de laine brute, et qui en forme les 35 à 45 centièmes en poids, est un composé de savon à base de potasse, joint à du carbonate, de l'acétate, et un peu d'hydrochlorate de potasse, avec un sel à base de chaux et une substance odorante, indépendamment des débris des emboîtements externes du poil. Dans le lavage de la laine, c'est-à-dire dans le dessuintage, ce savon se dissout et entraîne tous les autres sels avec lui. Il s'ensuit que les eaux de lavage sont excellentes pour un lavage subséquent, et que leur bonne qualité augmente à chaque nouvelle opération. On a calculé, ajoute M. Raspail, auquel nous empruntons les observations précédentes sur le suint de la laine, que le suint provenant du lavage de toutes les laines récoltées en France, est capable de servir d'engrais à 150,000 hectares de terre.

Le teinturier comprendra facilement ainsi pourquoi toute opération de teinture sur laine doit être précédée par le dessuintage, car sans cette opération préliminaire indispensable, le moindre lavage d'une étoffe en enlèverait la couleur.

On sépare le suint de la laine en toison, soit par l'eau pure, soit par l'eau aiguisée de sous-carbonate d'ammoniaque, soit par l'urine ammoniacale. Vauquelin a reconnu que le suint était composé : 1º d'un savon à base de potasse; 2º d'un peu de carbonate de potasse; 3º d'acétate de potasse; 4º de chaux; 5º d'une très-petite quantité d'hydrochlorate de potasse; 6° d'une matière animale. Ainsi, le suint est formé de matières solubles et de matières insolubles : celles qui sont solubles proviennent en grande partie de l'humeur de la transpiration plus ou moins modifiée par l'oxygène de l'air atmosphérique. La matière insoluble provient en partie du sol, et dès lors elle est accidentelle.

La *matière soluble* se compose :

De savon *potassique* (à base de potasse, qui en fait la plus grande partie) ;

De carbonate de potasse (petite quantité) ;

D'acétate de potasse (quantité notable) ;

D'hydrochlorate de potasse, chlorure de potassium (trace) ;

De chaux unie probablement à l'acide sulfurique ;

D'une matière odorante d'origine animale ;

La *matière insoluble* est formée :

De sous-carbonate de chaux (*carbonate calcique*) ;

De sable ;

D'argile.

La laine, après avoir été dessuintée, retient encore de la matière grasse et du soufre dans un état qui n'avait pas été constaté avant les recherches spéciales de M. Chevreul sur lesquelles nous reviendrons tout-à-l'heure.

La présence du soufre dans la laine dessuintée se démontre au reste facilement, en exposant à une température de 75°, pendant une demi-heure, un gramme de laine avec 60 grammes d'eau de sous-carbonate de soude à 2° de l'aréomètre de Baumé ; après avoir retiré la laine, on partage la solution dans deux verres ; puis on verse dans l'un une solution d'acétate de plomb qui noircit, et dans l'autre de l'acide sulfurique qui dégage assez d'acide hydrosulfurique (hydrogène sulfuré) pour que l'odeur en soit sensible. La laine qui a subi le traitement n'est pas altérée, seulement elle acquiert une couleur jaunâtre, et devient plus rude au toucher qu'auparavant.

C'est à la présence du soufre que la laine doit les propriétés suivantes :

Si l'on fait chauffer la laine avec de l'eau et de l'acétate de plomb, elle prend, à la longue, une couleur noire, produite par la formation d'une certaine quantité de sulfure de plomb. Ce phénomène se remarque surtout lorsque l'on alune la laine avec un acétate d'alumine qui contient du plomb.

Si l'on met en contact à froid la laine avec de l'oxyde de plomb, de l'eau et un alcali, elle se noircit également.

Le protoxyde d'étain et ses sels colorent la laine en brun sous l'influence de la chaleur.

Nous reviendrons tout-à-l'heure, avec plus de détails, sur quelques propriétés spéciales de la laine dessuintée, après avoir établi, d'après M. Chevreul, la théorie de sa composition.

Principes immédiats de la laine dessuintée. — Suivant M. Chevreul, les principes immédiats de la laine sont au nombre de trois au moins dans la laine dessuintée à l'eau distillée, aussi bien que possible, savoir :

1º Une substance grasse, solide à la température ordinaire, et parfaitement liquide à 60º ;

2º Une substance grasse liquide à 15º ;

3º Une substance filamenteuse qui constitue essentiellement la laine proprement dite.

Cette substance filamenteuse dégage du soufre ou de l'acide hydrosulfurique, sans perdre ses propriétés caractéristiques et essentielles, en sorte qu'il paraît probable que le soufre entre comme élément dans la composition d'un corps parfaitement distinct de la substance filamenteuse de la laine.

On voit que la laine a une composition assez complexe : et ses principes immédiats doivent être étudiés avec soin par le teinturier, afin de prévoir les inconvénients auxquels donnerait lieu la présence de certains corps qu'il y mêlerait accidentellement ou qu'il y ajouterait à dessein. C'est d'ailleurs le moyen pour lui de se rendre un compte exact de la cause des inégalités qui apparaissent dans la couleur de la laine, soit filée, soit tissée, qu'il a voulu teindre uniment. Afin de diriger sûrement les études du teinturier à cet égard, nous allons mettre sous ses yeux les observations nouvelles de M. Chevreul sur quelques propriétés de la laine dessuintée, avant de nous occuper de l'opération même du dessuintage de la laine.

Propriétés spéciales de la laine dessuintée. — La laine bien dessuintée soumise aux procédés mécaniques de division et de ventilation, donne de 5 à 3 *millièmes* de cendres généralement formées de phosphates de chaux et de magnésie, de sulfate de chaux, de chaux, de peroxyde de fer, de silice, et quelquefois de peroxyde de manganèse.

La laine passée à l'acide hydrochlorique ne laisse que de 1 à 2 *millièmes* de cendre.

La laine, exposée deux heures à une chaleur de 130º centigrades, prend une couleur jaune qui acquiert plus d'intensité si la température est portée à 170º.

La laine chauffée à sec pendant deux heures, à 100º, ne dégage ni ammoniaque, ni émanation sulfureuse ; à 130º, elle donne de l'ammoniaque ; et de 146º à 150º, une émanation sulfureuse, sans dégagement sensible de gaz insolubles dans l'eau.

L'eau favorise le développement de la vapeur sulfureuse, car il suffit de faire bouillir de l'eau sur de la laine, pour la reconnaître dans la vapeur qui se dégage. L'eau qui tient de l'acide sulfurique, et surtout de l'alun en dissolution, agit moins que l'eau distillée.

D'après cette tendance de la laine à abandonner du soufre, il n'est pas étonnant qu'elle noircisse, surtout à chaud, par le contact de plusieurs corps métalliques, tels que les acétates de plomb, le protochlorure, le protoxyde et les sels d'étain, plus particulièrement que les autres sels métalliques.

Relativement à l'influence prolongée pendant quatre ans, du contact de certains corps sur la laine, M. Chevreul cite les trois observations suivantes sur lesquelles nous appelons toute l'attention du teinturier :

1° 1 partie de laine plongée dans 40 parties d'eau, tenant 0.4 de sous-carbonate de soude hydraté en solution, et 0.4 d'*étain* en feuille disséminé entre ses filaments, donne lieu à une émission d'acide hydrosulfureux et d'ammoniaque, avec formation de protosulfure d'étain : la laine est profondément altérée dans sa tenacité, et il s'est formé aux dépens de ses éléments, une quantité très-notable d'un *acide volatil odorant.*

2° 1 partie de laine plongée dans 40 parties d'eau, tenant 0.4 de sous-carbonate de soude hydraté en solution, et 0.4 de *plomb* en feuille disséminé entre ses filaments, est plus colorée que dans l'expérience précédente, mais peu altérée dans sa tenacité, et produit moins d'acide volatil odorant.

3° 1 partie de laine plongée dans 40 parties d'eau, tenant 0.4 de sous-carbonate de soude hydraté en solution, et 0.4 de *protoxyde jaune de plomb* disséminé entre ses filaments, est beaucoup plus colorée et sensiblement plus altérée qu'avec le *plomb* de l'expérience précédente.

Il suit des trois expériences précédentes, qu'en résumé le contact de l'étain avec la laine, dans une eau très-légèrement alcalisée, détermine une altération bien plus forte que ne le fait le *plomb* et même le *protoxyde jaune de plomb.*

4° Si l'on conserve 1 partie de laine dans 40 parties d'eau avec 0.4 de *protoxyde de plomb* sans alcali, la laine se colore, sinon plus fortement qu'avec le protoxyde de plomb et l'eau alcalisée de l'expérience précédente, du moins plus uniment ; mais la tenacité de la laine est à peine altérée. Ce fait est d'autant plus remarquable pour le teinturier, que s'il n'y avait pas eu de protoxyde de plomb avec l'eau distillée, la laine aurait perdu beaucoup de sa tenacité. M. Chevreul ajoute que l'action du protoxyde de plomb pour conserver la laine, lui semble tout-à-fait analogue à l'action de la magnésie pour préserver la graisse de la rancidité.

5° La laine abandonnée quatre ans à elle-même dans l'eau distillée, n'a rien présenté, au bout de ce temps, qui indiquât une séparation de son soufre, si ce n'est une très-légère odeur alliacée, mais le papier de plomb plongé dans l'atmosphère du flacon qui exhalait cette odeur y conservait sa blancheur. La laine avait perdu de sa tenacité, moins cependant que la portion qui avait été en contact avec l'étain et le sous-carbonate de soude, et il s'était produit de l'acide carbonique et de l'ammoniaque.

6° En traitant la laine par l'acide nitrique, et en prenant toutes les précautions possibles pour déterminer exactement, au moyen du chlorure de baryum, la quantité d'acide sulfurique produite par le soufre de la laine, M. Chevreul a trouvé que 100 parties de cette substance, dans l'état où elle est employée, contiennent 1.78 de soufre.

Dessuintage. — Pour dépouiller la laine de son suint ou pour opérer le *dégraissage* de la laine, l'emploi d'une liqueur alcaline est nécessaire, mais comme les alcalis altèrent le tissu de la laine, il ne faut se servir que d'une dissolution alcaline très-faible ; car si la dissolution contient plus d'alcali qu'il n'en faut strictement pour convertir le suint en savon, alors cet alcali excédant attaquerait le tissu même de la laine et pourrait l'altérer et le détruire. Il faut donc toujours préférer une lessive alcaline très-faible et qui n'offre aucun danger. L'urine putréfiée remplit très-bien cette indication ; elle contient assez d'alcali volatil (l'ammoniaque) pour qu'en s'unissant à la graisse, il se forme un savon soluble dans l'eau, et jamais cet alcali ne s'y trouve en excès nuisible au tissu de la laine ; aussi emploie-t-on généralement dans le dégraissage de la laine, l'urine putréfiée, qui d'ailleurs est d'un prix moins élevé que toute autre lessive alcaline.

On procède ainsi qu'il suit à l'opération du dégraissage de la laine : On met la laine dans une chaudière contenant une quantité suffisante d'eau, à laquelle on ajoute un quart d'urine putréfiée, et on l'y laisse chauffer pendant environ un quart-d'heure à une température assez élevée pour que cette lessive chaude devienne piquante à la main, sans la brûler cependant ; il faut avoir soin de remuer de temps en temps la laine avec des bâtons ; on la lave ensuite, et on la met à égoutter ; après quoi on la porte dans de grands paniers que l'on tient plongés dans le courant d'une eau vive, et on la foulé avec les pieds jusqu'à ce que le suint en soit entièrement sorti, et ne rende plus l'eau laiteuse. On la retire alors, et on la met à égoutter ; elle perd quelquefois dans cette opération plus d'un quart de son poids. La laine est d'autant mieux disposée à recevoir la teinture, que le dégraissage fait avec soin a été plus complet, et chaque espèce de laine exige une attention particulière pour être dégraissée convenablement.

On conserve dans un baquet les eaux de suint provenant de la première opération, en y ajoutant de temps en temps de l'urine putréfiée, de sorte que le suint qui s'y trouve sert lui-même à rendre plus soluble celui qui adhère à la laine nouvelle ; ce à quoi contribue l'ammoniaque de l'urine putréfiée.

Exposons maintenant le résumé des expériences faites par M. Chevreul, pour arriver à l'application de la théorie du dessuintage dont l'opération pratiquée en grand consiste essentiellement comme nous venons de le voir, à traiter la laine en suint à une température de 60 à 75 degrés en général, par une eau rendue alcaline au moyen de l'urine ammoniacale, ou du sous-carbonate de soude, ou du savon à laquelle on ajoute souvent un lait argile-calcaire, puis, après 10 ou 15 minutes au plus, à laver *vivement* la laine dans des paniers ou des vaisseaux de cuivre percés de trous, et plongés dans un cours d'eau.

J'ai traité, par l'eau froide, dit M. Chevreul, 1 kilog. de laine mérinos en suint, jusqu'à ce qu'il ne cédât plus rien à ce liquide. L'eau du premier lavage s'est colorée, parce qu'elle a dissous le *suint proprement dit*, et elle était trouble parce qu'elle avait entraîné la plus grande partie de la *matière terreuse* que la laine en suint contient toujours.

La laine soumise au lavage à l'eau distillée, jusqu'à ce que celle-ci ne lui enlevât plus rien à froid, avait une couleur d'un gris-roux ; elle ne se mouillait pas facilement. Au toucher, elle était évidemment grasse ; la pressait-on entre deux papiers doubles de Suède, avec un fer chaud, elle les tachait fortement, et les taches ne disparaissaient pas à l'air, parce qu'elles étaient produites par une matière grasse non évaporable.

La matière grasse isolée de la laine, au moyen de l'alcool bouillant, se compose de deux principes immédiats correspondant, par la différence de leur fluidité, à la *stéarine* et à l'*oléine*, et auxquels M. Chevreul a donné, par analogie, les noms de *stéarérine* (suif de laine) et *élaïérine* (huile de laine), quoiqu'elles diffèrent absolument de la stéarine et de l'oléine par plusieurs propriétés, notamment par celle de ne pouvoir être saponifiée au moyen des alcalis.

La *stéarérine* n'est parfaitement liquide qu'à 60 degrés, tandis que l'*élaïérine* l'est même à 15 degrés.

Tous deux sont neutres aux réactifs colorés.

Mille parties d'alcool de 0,805 de densité ont dissous, à 15 degrés, *une partie de stéarérine et sept parties d'élaïérine*. C'est sur cette différence de solubilité qu'est fondé surtout le procédé au moyen duquel on sépare ces deux principes l'un de l'autre.

Une partie de stéarérine et *cent* parties d'eau, chauffées ensemble, ne font point d'émulsion, même après le refroidissement, comme le font *une* partie d'élaïérine et *cent* parties d'eau.

Une partie de stéarérine et *deux* parties de potasse hydratée, dissoutes dans l'eau, chauffées de 97 à 99 degrés, pendant 60 heures, font émulsion, mais ne se saponifient pas.

En distillant la stéarérine et l'élaïérine avec de l'hydrate de potasse, on n'obtient ni ammoniaque ni sulfure : elles paraissent donc dépourvues d'azote et de soufre, et n'être formées que de carbone, d'hydrogène, et probablement d'oxygène.

La proportion de matière grasse dans la laine de mérinos de deux échantillons, l'un de brebis et l'autre d'agneau, lavée à l'eau distillée, a été trouvée par M. Chevreul de plus de *vingt* pour *cent* ; il ajoute qu'elle en retient encore, sans affirmer cependant que les laines des diverses races doivent contenir la même proportion de matière grasse, ses expériences n'ayant encore été faites que sur la laine de mérinos.

Quant à la laine qui a été soumise aux opérations du dessuintage et du lavage, exécutées en grand, on trouve que l'alcool en sépare à peine *trois centièmes* de matière grasse, d'où il suit qu'elle perd environ *dix-sept* pour *cent*, dans le traitement qu'on lui fait subir avant de la filer et de la teindre.

Voici en résumé, suivant M. Chevreul, la théorie des opérations du dessuintage et du lavage de la laine :

Si l'on ne traitait la laine que par de l'eau pure et froide, on en séparerait le *suint soluble* ; mais la matière grasse resterait fixée à la laine, et retiendrait les parties terreuses les plus divisées du sable que les toisons contiennent toujours : ces parties terreuses étant plus ou moins colorées, masqueraient cette blancheur qui est propre à la laine parfaitement dessuintée et lavée.

En chargeant l'eau d'une chaudière de *suint soluble*, on rend l'eau alcaline et comme savonneuse, quoiqu'on ne puisse pas assimiler absolument cette matière à un savon; on augmente l'alcalinité de l'eau soit avec de l'urine ammoniacale, soit avec du carbonate de soude, soit avec du savon; puis on ajoute à l'énergie de l'eau alcaline, en portant la température de 60 à 75 degrés en général. Dès lors la matière grasse de la laine forme, avec l'eau alcaline chaude, non une *dissolution*, puisqu'il ne peut y avoir de saponification, mais une *émulsion*; cette émulsion se sépare de la laine, parce qu'elle est persistante, et qu'on en accroît encore la stabilité en ajoutant au bain de dessuintage une certaine quantité de lait terreux, au sein duquel la matière grasse émulsive se disperse. Enfin, au moyen de l'*agitation vive* que subit la laine dans les mannes, paniers, caisses, où l'eau se renouvelle continuellement, on sépare tous les corps étrangers qui peuvent être enlevés par une action mécanique, et la matière soluble du liquide de la chaudière qui la mouillait.

Le teinturier veut-il apprécier l'influence, dans l'opération du dessuintage, de l'alcalinité de l'eau, de la température, et enfin se convaincre de la nécessité de séparer la plus grande partie de la matière grasse de la laine, afin de l'obtenir dans son plus grand état de blancheur possible, qu'il prenne en considération les trois observations suivantes de M. Chevreul :

1. L'eau de sous-carbonate de soude *à froid* forme une émulsion avec la laine lavée à l'eau distillée, tandis que l'eau pure n'en forme pas. Le premier liquide séparé de la laine laisse déposer une matière terreuse qui cède à l'alcool beaucoup de *stéarérine* et d'*élaïérine*, le liquide trouble séparé du dépôt évaporé à sec, en cédant encore au même dissolvant.

2. L'eau qu'on fait digérer à 75 degrés sur la laine lavée à l'eau distillée froide devient émulsive, parce qu'une portion de matière grasse, à la vérité très-légère, se dissémine dans l'eau.

3. Si l'on incinère la laine lavée à l'eau distillée froide, on trouve qu'elle contient *quarante-six millièmes* de matière terreuse; tandis que si l'on incinère un échantillon de cette même laine, mais après avoir subi l'action de l'alcool et qu'il sera devenu blanc, la cendre s'élèvera à peine à *neuf millièmes*. Enfin une dernière preuve de l'influence exercée mécaniquement par la matière grasse sur la couleur de la laine, c'est que si l'on traite par l'alcool bouillant, dans un petit ballon de verre, quelques grammes de laine simplement lavée à l'eau distillée froide, on verra qu'en même temps que l'alcool dissout la matière grasse, la laine blan-

chit, et la matière argilo-ferrugineuse qui en masquait la blancheur se précipite au fond du ballon.

Le tableau suivant présente les proportions respectives des matières retirées par M. Chevreul d'une toison de mérinos, leurs poids ont été déterminés pour le degré de dessiccation auquel les matières parviennent à une température de 100 degrés.

Matière terreuse qui s'est déposée de l'eau distillée dans laquelle on a lavé la laine. . .	26.06
Suint dissout par l'eau distillée froide. . . .	32.74

Laine lavée à l'eau distillée froide.

Matière grasse formée de *stéarérine* et *élaiérine*	8.57
Matière terreuse fixée à la laine par la matière grasse.	1.40
Laine dégraissée par l'alcool.	31.23
	100.00

Blanchiment de la laine. — L'opération du dessuintage est toujours indispensable pour disposer la laine, soit à la filature, soit à la teinture. On teint d'ailleurs la laine en toison ou sans être filée, quand on doit l'employer à former des draps de couleurs mélangées, ou bien on la teint lorsqu'elle est filée; mais le plus ordinairement, c'est sous la forme de drap qu'elle est mise en teinture; en tout cas, le blanchiment de la laine ne devient nécessaire que pour les étoffes tissées, et aussi pour les laines filées qui doivent rester blanches, ou prendre, par la teinture, les nuances les plus claires.

Lorsque l'on teint la laine en toison, ses filaments isolés absorbent une plus grande quantité de parties colorantes que lorsqu'elle est filée; par la même raison, la laine filée en consomme, en général, plus que le drap, et la teinture en drap exige toujours plus de soin que la teinture en laine. Il ne faut pas s'imaginer cependant, que par cela seul qu'un drap est teint de laine, la couleur en est bonne et solide, car la solidité de la teinture dépend surtout des procédés à l'aide desquels on opère.

Pour la plupart des couleurs, la laine a besoin d'être préparée par un bain (1), dans lequel on la fait bouillir avec

(1) Ce nom s'applique également au vase (cuve ou chaudière), qui contient les ingrédients pour colorer les étoffes, et aux ingrédients mêmes contenus dans ce vase. Ainsi l'on dit *mettre au bain des draps, des laines, etc.*, et l'on dit aussi *un bain d'alun, un bain de cochenille, etc.*

des substances salines, et principalement avec l'alun et le tartre; c'est ce qu'on appelle le *bouillon*, et nous avons dit, en parlant des mordants, quel effet ce bain est destiné à produire; mais il y a des teintures pour lesquelles la laine n'a pas besoin de ces préparations; il suffit de la bien mouiller dans l'eau tiède, et ensuite de l'exprimer ou de la laisser égoutter. La laine a particulièrement besoin de la chaleur pour absorber les parties colorantes; ce besoin paraît tenir à la disposition de ses filaments à former un tissu serré, et par suite une espèce de feutrage, que les parties colorantes pénètrent plus facilement à l'aide de la chaleur.

Les filaments fins et élastiques de la laine sur lesquels on ne découvre aucune aspérité à l'œil nu et même à l'aide du microscope, offrent cependant une légère résistance quand on presse doucement un brin de laine entre deux doigts et qu'on le tire avec l'autre main, de manière à le faire glisser entre les doigts avec la racine; mais on n'éprouve aucune résistance quand le mouvement va de la racine à la pointe. On en conclut que les poils sont barbés comme un épi d'orge, ou formés de lamelles qui se couvrent les unes les autres, de la racine à la pointe, à peu près comme les écailles des poissons; c'est sur cette propriété que repose le feutrage; mais comme cette conformation nuit d'ailleurs au cordage et au filage, on huile la laine pour lui ôter son aspérité et la rendre plus facile à travailler. La terre à foulon rend ensuite cette huile soluble dans l'eau, qui l'emporte et nettoie parfaitement la laine : si la laine conservait ou sa graisse naturelle ou cette huile qui est nécessaire pour la filer et la tisser, elle happerait difficilement la teinture et n'aurait plus assez d'affinité pour la matière colorante. C'est pour cette raison que l'on soumet les tissus manufacturés de laine, draps proprement dits, au moulin à foulon avant de les teindre.

Les étoffes, mérinos, mousselines-laines, et en général les tissus légers reçoivent d'autres manipulations, qui consistent à griller pour enlever le duvet, à dégorger à l'eau chaude, à passer au bain faible de sous-carbonate de soude d'un quart de degré à la température de 45°, enfin à leur faire subir un passage en savon à la même température; pour enlever le savon on les dégorge à l'eau chaude : elles sont alors convenablement disposées pour la teinture.

Nous rappellerons encore au teinturier, avant de décrire les opérations du blanchiment de la laine, la nécessité d'éloigner les outils de cuivre et les préparations de ce métal, de la laine destinée à l'impression en couleurs claires. Ces opérations, suivant M. Chevreul, peuvent se réduire aux suivantes :

Un bain au savon ;
Trois bains au carbonate de soude ;
Trois soufrages ;
Plus les lavages intermédiaires, soit à froid, soit à chaud.

Supposons, dit M. Chevreul, afin de pouvoir nous rendre un compte satisfaisant de ces diverses opérations, que l'on ait à blanchir 190 pièces de mousseline de laine ayant 60 mètres de longueur, en tout, 6,000 mètres :

1º Les pièces sont assemblées par mise de cinq pièces, et cousues ensemble, jusqu'à la fin des opérations. Chaque mise est ensuite enroulée sur les bobines de la machine à enrouler (fig. 1, pl. 3). Les 100 pièces formant donc 20 mises de cinq pièces chacune ; chaque mise étant garnie aux deux bouts de deux garats en toile de 2 à 3 mètres, cousus solidement pour protéger les chefs des extrémités de la mise, qui, dans le cours des opérations, se trouvent cousus à une autre mise.

2º On monte un bain avec 7 kilog. de sous-carbonate de soude, et 1 kil. 75 de savon blanc, à la température de 50 degrés centigrades dans la cuve à roulette (fig. 2, pl. 3), garnie d'un rouleau presseur, et convenablement chauffée par la vapeur.

On y fait passer la première mise trois fois de suite dans les rouleaux.

Avant d'y faire passer la seconde mise, on remonte le bain avec 500 grammes de savon bien dissous, et l'on maintient toujours la température à 50 degrés centigrades. On remonte de même le bain avec 500 grammes de savon pour la troisième, la quatrième et la cinquième mises.

Après le passage de ces cinq mises, on vide la cuve que l'on remonte à neuf pour cinq autres mises, en sorte que, pour les 100 pièces, on emploie 28 kilogrammes de sous-carbonate de soude et 15 kilog. de savon blanc.

3º On rince ensuite deux fois chaque mise dans un bain d'eau à 35 degrés centigrades, monté dans la cuve à roulettes, où l'on renouvelle l'eau pour chaque mise.

4º On monte un bain avec 7 kilog. de sous-carbonate de soude, toujours dans la cuve à roulettes, à la température de 50 degrés centigrades.

On y fait passer trois fois de suite la première mise dans les rouleaux.

Avant d'y faire passer la seconde mise, on remonte le bain avec 50 grammes de sous-carbonate de soude bien dissous et l'on maintient la température toujours à 50 degrés centigrades. On remonte de même le bain avec 500 grammes de sous-carbonate de soude pour la troisième et la quatrième mises.

Après le passage de ces quatre mises, on vide la cuve que l'on remonte à neuf pour quatre autres mises; en sorte que pour les 100 pièces on emploie 36 kilogrammes de sous-carbonate de soude.

5° Les pièces passent ensuite au *soufrage*, opération sur les détails de laquelle nous reviendrons dans un article spécial, et elles y séjournent 12 heures y compris le temps nécessaire pour garnir et dégarnir la chambre, la totalité des 100 pièces employant 25 kilog. de soufre.

6° Au sortir du soufrage, les pièces sont rincées à la roulette dans de l'eau froide que l'on renouvelle en établissant un courant.

7° Répéter l'opération 4°, en employant de même, pour les 100 pièces, 36 kilog. de sous-carbonate de soude.

8° Répéter l'opération 5° du soufrage, en employant de même, pour les 100 pièces, 25 kilog. de soufre.

9° Répéter l'opération 6° de rincer les pièces à la roulette et à l'eau courante.

10° Répéter de nouveau l'opération 4° en employant de même, pour les 100 pièces, 36 kilogrammes de sous-carbonate de soude.

11° Répéter de nouveau l'opération 5° du soufrage, en employant de même, pour les 100 pièces, 25 kilogrammes de soufre.

12° Répéter d'abord l'opération 3° de rincer à la roulette en eau tiède, et répéter ensuite l'opération 6° de rincer en eau froide que l'on renouvelle en établissant un courant.

Les pièces destinées à la vente en blanc, reçoivent à l'opération 10° une addition de solution très-légère de carmin d'indigo qui se fixera sur l'étoffe lors du passage au soufre.

Les pièces étant séchées, on les fait passer à la tondeuse, puis sur des tambours à vapeur.

En résumé cette nouvelle méthode de blanchiment consiste en :

1 passage au savon, dépensant 15 kilogr. de savon blanc.

3 passages au sous-carbonate de soude, dépensant 136 kilogrammes de sous-carbonate de soude;

3 soufrages dépensant 75 kilog. de soufre.

Les anciennes méthodes de blanchiment, fort variables d'ailleurs, dans chaque atelier, commençaient presque toutes par un soufrage qui tendait à fixer, à l'aide de l'acide sulfureux, l'huile dont on est forcé d'imprégner la laine pour la filer et qui reste, par conséquent, dans la laine tissée; tandis que le but de la première opération de la nouvelle méthode est, au contraire, de débarrasser la laine de cette huile, par un passage au savon.

Soufrage. Chambre à soufrer. L'opération du soufrage a presque toujours eu lieu de la même manière, c'est-à-dire en brûlant du soufre dans une chambre où sont placées les étoffes à blanchir. Mais il est très-important de conduire la combustion de manière à ce que la chambre contienne assez d'acide sulfureux, sans qu'une combustion trop rapide occasionne, par la condensation des vapeurs, l'inconvénient d'un dépôt de soufre sur les étoffes.

Voici d'après les essais faits avec le plus grand soin, par M. Chevreul, le meilleur procédé à suivre pour le soufrage:

La chambre doit avoir 6 mètres de longueur, sur 4 mètres de largeur, et environ 3 mètres de hauteur (fig. 23 et 23 bis). Elle est garnie, à la partie supérieure, de barres en bois de sapin, ou mieux de tubes de verre distants les uns des autres de 10 centimètres, pour former l'étendage. Dans ces tubes de verre creux et d'un diamètre de 3 centimètres, on introduit un bâton rond de 25 millimètres qui en assure la solidité, en remplissant de résine l'espace qui reste entre le bâton et le verre. Une soupape placée au milieu de la paroi supérieure de la chambre, forme une ouverture carrée de 60 à 80 centimètres de côté, qui sert à aérer la chambre ou à dégager le trop plein de la vapeur, en cas de besoin. Aux quatre angles et dans la paroi inférieure de la chambre, sont des portes à coulisse qu'on peut manœuvrer aisément, soit pour renouveler l'air de l'intérieur, soit pour introduire les vases où doit s'opérer la combustion du soufre.

Quand les pièces à soufrer sont étendues sur les barrettes en bois ou en verre, on ferme la porte d'entrée qu'on lute avec de la terre, ou avec des bandes de papier enduites de colle, et l'on ferme la soupape supérieure. On répartit également le poids du soufre entre les quatre chaudières en fonte que l'on met successivement en ignition pour les introduire par les quatre portes inférieures à coulisses. Tout étant ainsi disposé, on laisse les pièces d'étoffes sur l'étendage de la chambre à soufrer pendant dix heures. Pour les retirer, on lève la soupape supérieure, on ouvre la porte d'entrée et les quatre portes à coulisse. On attend que l'acide sulfureux soit remplacé par l'air extérieur, pour entrer dans la chambre, retirer les pièces et procéder au soufrage de nouvelles pièces.

La soupape et les portes à coulisse servent d'ailleurs à élever au besoin la combustion du soufre.

Le *soufrage par immersion* dans une solution aqueuse d'acide sulfureux, donne un blanc moins pur à l'étoffe, et le dégagement d'acide sulfureux incommode gravement les ouvriers.

SOIE.

La *soie* est une substance élaborée par diverses espèces de chenilles : le ver à soie, bombyce du mûrier (*phalœna bombyx*), est l'espèce qu'on élève le plus communément en Europe pour cet objet, mais on s'efforce aujourd'hui d'acclimater d'autres espèces de bombyces qui vivent sur le ricin et le vernis du Japon. Le ver à soie est indigène de la Chine, et se nourrit sur le mûrier blanc. La soie, telle qu'elle est produite par l'animal, est en fils très-déliés qui diffèrent des filaments de la laine en ce que ces derniers sont organisés et que la soie ne l'est pas. La forme de l'appareil glanduleux qui, dans le ver à soie, contient la soie à l'état d'un liquide visqueux, est celle d'un long vaisseau replié sur lui-même ; son extrémité la plus rapprochée de la tête de l'insecte, communique à un conduit excréteur ; celui-ci vient aboutir à un tubercule mobile percé d'un petit trou par lequel s'écoule le liquide visqueux ; son contact avec l'air le solidifie en fils de soie, dont la couleur varie depuis le blanc jusqu'au jaune-rougeâtre.

La soie, qui d'abord est liquide, se concrète à mesure qu'elle sort par la double filière des organes de la chenille, en un fil continu avec lequel l'insecte se construit la coque qui doit abriter sa chrysalide. On fait mourir sa chrysalide en passant le cocon au four à une chaleur convenable, puis on dévide la soie, en maintenant le cocon dans l'eau bouillante, ce qui s'appelle *décreuser* ou *décruser* (ôter la croûte).

Suivant M. Roard, 100 parties de soie jaune sont composées de :

Soie pure, ou substances gélatineuses. . .	72 à 73
Matière gommeuse.	23 à 24
— grasse analogue à la cire. . . .	$1/200$ à $1/300$
— colorante (manquant dans la soie blanche).	$1/35$ à $1/60$
— huileuse odorante. . . quantité inappréciable.	

La substance gélatineuse de la soie, dit M. Raspail, ne serait-elle pas de l'albumine dont le menstrue se neutraliserait au contact de l'air, et sa coagulation ne serait-elle pas analogue à celle de la fibrine ? Quoi qu'il en soit, de sa nature intime, il est remarquable qu'en général la soie est peu susceptible de putréfaction.

La matière gommeuse est un vernis particulier auquel la soie doit son élasticité, et qui soluble dans l'eau bouillante, n'est pas soluble dans l'alcool ; la soie blanche en contient un peu moins.

La soie sortant de dessus les cocons a une raideur et une dureté occasionnées par cette sorte de vernis ou de gomme dont elle est naturellement enduite. Les cocons sont ou blancs ou jaune, et la soie de ces derniers qui sont les plus communs dans nos climats, doit cette couleur à une matière colorante jaune qui lui est propre et que d'ailleurs elle retient faiblement.

La plupart des usages auxquels on destine la soie exigent qu'elle soit, non-seulement dépouillée de sa gomme, mais encore de sa partie colorante. On remplit ce double objet à l'aide du savon, et l'on donne le nom de *dégraissage* au savonnage au moyen duquel on procure à la soie la souplesse et la blancheur nécessaires aux usages divers auxquels on la destine.

Lorsque la soie doit être employée en blanc, et surtout lorsqu'elle est destinée à recevoir le beau blanc de Lyon, elle doit subir, comme préparation indispensable, les trois opérations du *dégommage*, de la *cuite* et du *blanchiment*.

Dégommage. — Cette opération consiste à tenir les *mateaux*, ou certaines quantités d'écheveaux noués ensemble, dans une dissolution très-chaude et non bouillante de trente parties de savon par cent parties de soie. Quand la partie des mateaux qui trempe est entièrement dégommée, ce qu'on reconnaît à la blancheur et à la flexibilité que prend la soie, on retourne les mateaux sur les bâtons pour faire plonger de même la partie qui n'avait pas trempé, et on les retire du bain, en les *chevillant* à mesure que le dégommage est achevé. Si les mateaux peuvent tremper en entier dans le bain, le dégommage n'en vaut que mieux, mais cela ne dispense pas de remuer et de retourner les mateaux.

Cuite. — On renferme la soie dans des sacs de grosse toile ; 12 à 15 kilogrammes de soie dans chaque sac forment ce qu'on appelle une *poche*, et on les fait bouillir pendant une heure et demie dans un bain semblable à celui du dégommage, en diminuant la quantité de savon jusqu'à vingt parties environ de savon pour cent parties de soie : il faut avoir soin de remuer les sacs pour que ceux qui touchent le fond de la chaudière n'éprouvent pas une chaleur trop forte, et d'ajouter de l'eau à mesure qu'elle s'évapore, de manière que la soie en soit toujours couverte. Un *coup de feu* aurait les plus graves inconvénients ; et cela doit faire comprendre au teinturier qu'ici, comme dans toutes les opérations à chaud, il y a pour lui un immense avantage à ne se servir que de cuves chauffées par la vapeur, les cuves chauffées à feu nu se gouvernant bien plus difficilement et avec un danger constant d'altération pour les tissus délicats.

Blanchiment de la soie. — Cette opération a principalement pour objet de donner à la soie une légère nuance qui rende le blanc plus agréable, et d'après laquelle on le distingue, savoir : En blanc de Chine, blanc d'argent, blanc azuré, blanc de fil. On fait une dissolution de savon, de manière qu'en la battant elle produise une écume qui fait juger si elle est d'une force convenable ; on ajoute ensuite à la dissolution du savon un peu de bleu d'azur ou d'indigo, et on y laisse la soie jusqu'à ce qu'elle ait pris la nuance qu'on désire.

A Lyon, où l'on donne un blanc plus parfait qu'à Paris, on est dans l'usage de soufrer les soies pour leur donner du corps et rendre leur blanc plus brillant ; à cet effet, on dispose les soies sur des perches, dans des chambres bien fermées et sans courant d'air. On met du soufre dans une terrine, et on l'allume ; on laisse les soies exposées à la vapeur du soufre pendant vingt-quatre heures, après quoi on ouvre la chambre pour laisser sécher. Ce dernier procédé n'est en usage que pour les soies qu'on veut employer en blanc.

Nous devons à Baumé la découverte d'un procédé avec lequel il prétend que celui des Chinois a des rapports.

Ce procédé consiste : 1° à faire infuser la soie jaune, ou qui n'a pas naturellement un blanc assez parfait, dans de l'eau chauffée à vingt-cinq degrés de Reaumur (31 à 32 degrés centigrades), pour détruire l'adhérence naturelle que les fils avaient contractée dans le dévidage ; 2° à faire subir à cette soie deux macérations successives plus ou moins longues suivant la température, dans un mélange d'alcool et d'un soixante-quatrième de son poids d'acide hydrochlorique *bien blanc* (1) (esprit de sel, acide marin, acide muria-

___

(1) L'acide muriatique du commerce est à l'état de dissolution dans l'eau et presque toujours d'un jaune pâle, ce qui est dû à une petite portion de fer qu'il retient en dissolution.

tique) ; 3° à laver avec beaucoup de soin la soie qui sort de cette opération, et qui, en perdant sa partie colorante, n'a cédé qu'une portion de sa gomme ; 4° à sécher cette soie dans un état d'extension qui l'empêche de se crisper. L'acide hydrochlorique dont on fait usage doit être privé avec beaucoup d'exactitude d'acide nitrique, qui donne une couleur jaune aux substances animales ; il faudrait éviter, par la même raison, l'acide hydrochlorique rendu jaune par une portion de chlore (acide marin déphlogistiqué, acide oxymuriatique) ou de fer qu'il tient en dissolution. On dépouille ensuite la soie de tout l'alcool et de tout l'acide qu'elle a retenus, en la passant à travers un grand volume d'eau courante.

Après un jour de macération de la soie dans le mélange d'alcool et d'acide hydrochlorique, le liquide passe d'un beau vert au brun obscur ; on égoutte alors la soie, et on la lave avec de l'alcool. L'alcool employé se retrouve en saturant l'acide ajouté avec de l'alcali ou de la chaux et en distillant.

La soie blanchie par ce procédé, et séchée librement, ne perd aucun lustre. On doit la dessécher, en opérant sur elle une tension très-forte, et la laissant sécher dans cet état.

On ne sait pas encore positivement si la soie qui nous vient de la Chine est naturellement blanche, ou par quel procédé on la rend telle. Selon Poivre, on blanchit cette soie en l'exposant à l'action du soleil ; mais il faut quelque autre circonstance, car le moyen a été tenté sans succès.

COTON.

Le *coton* est un duvet tendre qui enveloppe les graines de diverses plantes, spécialement les différentes espèces de *gossypium*, qui fournissent le coton au commerce. Ces plantes sont indigènes des climats chauds ; elles croissent dans les bois, en Asie, en Afrique et en Amérique, et on les cultive dans les Indes orientales et occidentales. Lorsque les graines sont mûres, les cosses s'ouvrent et étalent le coton qu'on cueille, et qu'on sépare des graines au moyen de cylindres.

On distingue cinq espèces de cotonniers, qui ont un grand nombre de variétés. Linné a désigné ces cinq espèces par les noms suivants : *gossypium arboreum*, ou le cotonnier en arbre des Indes ; *gossypium religiosum*, qui est un grand arbrisseau qui croît également dans les Indes ; *gossypium Barbadense*, arbrisseau biennal que l'on cultive à la Barbade ; *gossypium hirsutum*, arbrisseau qui est vivace dans les climats chauds de l'Amérique, et annuel dans les parties froides ; *gossypium herbaceum*, qui paraît originaire de Perse, et qui se cultive dans les îles de l'Archipel en Égypte, à Malte et en Sicile.

On peut ajouter à ces espèces celle du coton de Siam, qui est remarquable par la finesse et le soyeux de ses filaments.

Le coton est en fils qui diffèrent en longueur et en finesse. On ne peut découvrir d'aspérités à la surface de ces fils ; cependant d'après les expériences microscopiques citées par Leuwenhock, on a cru longtemps que les fibrilles du coton étaient toujours triangulaires et ayant trois bords aigus. M. Raspail a prouvé que c'était une erreur ; que les fibrilles du coton sont des tubes qui s'aplatissent par la dessiccation, en présentant alors la forme d'un ruban à bords mousses, relevés par un bourrelet ; enfin que ces tubes des fibrilles de coton sont fermés par les deux bouts et remplis d'une substance organisatrice qu'aucun *rouissage* ou *lavage* ne peut leur enlever, tandis qu'au contraire, les fibrilles du *lin* et du *chanvre* sont des tubes creux, ouverts par les deux bouts, et que le *rouissage* a vidés de tous les sucs qui étaient capables de les obstruer.

La couleur du coton varie considérablement, depuis le jaune foncé jusqu'au blanc. Le plus coloré est celui de Siam et du Bengale, et souvent on fait des étoffes qu'on vend sous le nom de *nankin*, auxquelles on conserve sa couleur naturelle ; mais en général le coton, lorsqu'il a été lavé, devient d'un beau blanc.

Le coton n'a ni odeur ni saveur. Cette fibre végétale, complètement insoluble dans l'eau, dans l'alcool, dans l'éther, dans les huiles et dans tous les acides végétaux est, suivant l'analyse du docteur Ure, composé de : Carbone 42.11 ; hydrogène 5.06 ; oxygène 52.85.

Les dissolutions alcalines étendues d'eau n'ont pas d'action sensible sur le coton ; mais lorsqu'elles sont très-concentrées, elles le dissolvent à l'aide de la chaleur. On n'a pas examiné les nouveaux produits obtenus par cette dissolution.

Le coton a beaucoup d'affinité pour quelques-unes des terres, spécialement pour l'alumine. C'est par cette raison qu'on emploie cette substance pour fixer les couleurs sur le coton. On trempe les toiles de coton dans une dissolution d'alun ou d'acétate d'alumine, et on les teint ensuite. Le coton cru se teint plus facilement que celui qui a été blanchi.

Plusieurs oxydes métalliques se combinent facilement aussi avec le coton, et lui restent très-fortement unis. L'oxyde de fer est à cet égard un des plus remarquables. Lorsqu'on trempe le coton dans une dissolution de fer par un acide, il en sort jaune, et la combinaison est telle que le fer ne peut être séparé ni par les alcalis ni par le savon, ni même par les acides, à moins qu'elle ne soit toute récente. La couleur devient par degrés plus foncée par l'exposition à l'air, ce qui est dû sans doute à l'oxydation du fer. Cet effet n'a pas lieu quand on trempe la toile dans une dissolution d'alumine, et c'est probablement alors, parce que la couleur se trouve plus étendue, qu'elle se conserve à l'air.

L'oxyde d'étain se combine également avec le coton ; aussi l'emploie-t-on souvent comme mordant.

Le coton se combine facilement avec le tannin et forme ainsi une combinaison jaune ou brune. C'est par cette raison qu'on se sert fréquemment comme mordant pour le coton, de l'infusion de noix de galle et autres substances astringentes.

L'acide nitrique décompose le coton à l'aide de la chaleur, et il se forme de l'acide oxalique. L'acide sulfurique charbonne le coton, et en traitant des tissus de coton par l'acide sulfurique concentré, on parvient à obtenir de la gomme ; la vapeur de chlore blanchit le coton, mais à l'état de gaz naissant, elle le détruit, surtout avec le contact de l'air, et probablement elle l'altère et le dissout lorsqu'elle est concentrée.

Blanchiment du coton. — M. Persoz fait observer avec raison que c'est parce que la fibre ligneuse des tissus de coton, de lin, de chanvre, de phormium tenax, etc., n'est pas pure, que son blanchiment exige une série d'opérations dont le *dégraissage de la fibre ligneuse* et la *décoloration* sont les deux points fondamentaux. Le teinturier comprendra mieux cette série d'opérations en sachant ce que la fibre ligneuse renferme habituellement de matières étrangères qui sont :

1° Une certaine quantité de matière colorante, à l'état colorable ou coloré, qui se trouve plus ou moins préservée de l'action des agents colorants par les corps qui l'accompagnent, naturellement ou accidentellement ;

2° Une résine particulière, naturelle à la fibre, insoluble dans l'eau et difficilement soluble dans les alcalis, qui fait fonction de réserve et protège les principes colorable et coloré inhérents à la fibre, contre l'action des agents qui doivent les détruire et les enlever ;

3° Une certaine quantité de corps gras, dont une très-faible portion est inhérente à la fibre, et la plus forte provient des opérations du filage et du tissage. On sait, du reste, que ces corps gras n'existent pas au même état sur les étoffes : les uns, modifiés par l'air, fonctionnent à la manière des mordants : ce sont, par exemple, les graisses qu'un accident y a fait tomber des machines à filer et à tisser, ou celles que l'on a introduites à dessein dans la composition du parement : les autres ne sont rien que le savon dont on fait usage pour diminuer l'effet du frottement des fils dans l'opération du tissage ;

4º Une substance neutre, de la fécule, de l'amidon, de la farine ou de la colle forte, selon que dans l'encollage de la chaîne on s'est servi de l'une ou de l'autre de ces substances ; mais nous devons faire remarquer que généralement aujourd'hui on ne se sert plus que de fécule, parce que celle-ci ne renfermant pas de gluten comme la farine, et par suite ne pouvant subir la décomposition putride, ne se transforme jamais en carbonate ammonique, sel qui, avec le concours de l'air, métamorphose le corps gras en mordant organique toujours insoluble sur la toile, dont il ne peut plus être enlevé qu'avec une extrême difficulté ;

5º Des matières salines inorganiques, dont les unes sont inhérentes à la fibre, les autres à l'eau et aux matières employées pour la préparation de parement de la chaîne. Les sulfates *cuivrique* (de cuivre) et *zincique* (de zinc), figurent parmi ces diverses matières ; mais ces sels disparaissent bientôt par suite des doubles décompositions qu'ils subissent et des modifications que leurs bases éprouvent en présence des substances neutres, en sorte qu'il serait impossible de leur assigner un ordre de combinaison quelconque.

On comprend ainsi qu'un *trempage* à l'eau chaude est toujours nécessaire, même en écru, pour disposer le coton filé à recevoir la teinture. Quand on ne veut pas blanchir à fond le fil de coton, on se contente quelquefois d'un trempage qui consiste à le faire bouillir dans l'eau pure ; mais le plus souvent on se sert d'une lessive alcaline à laquelle on procède de la manière la plus simple à l'aide de la vapeur, ou bien en faisant bouillir le coton dans une lessive de soude à un degré pendant quatre à cinq heures : il vaut même mieux, en général, continuer l'ébullition jusqu'à ce que le fil de coton s'enfonce sous le liquide ; on le retire alors de la chaudière et on le laisse égoutter, après quoi on le tord, on le rince à la rivière jusqu'à ce que l'eau en sorte claire, puis on le fait sécher.

M. Persoz précise, ainsi qu'il suit, les opérations chimiques nécessaires au dégraissage de la fibre ligneuse :

1º Une ou deux lessives de chaux, dans le but principal de saponifier, en formant des combinaisons *calciques* (de chaux), les corps gras ou résineux qui s'y trouvent adhérents ;

2º Un bain acidulé, soit d'acide sulfurique, de *chloride* (acide hydrochlorique), appelé à décomposer les savons calcaires formés durant l'opération précédente et à mettre les acides gras ou résineux en liberté ;

3° Une ou plusieurs lessives de carbonate sodique (de soude), qui doivent opérer la dissolution des acides précédents.

Le blanchiment des tissus de coton exige donc toujours un grand nombre d'opérations, et c'est de la pureté du blanc que dépend la réussite des teintes. On trouvera les détails de ce blanchiment spécial avec tous les appareils qu'on y emploie, dans le *Manuel du Fabricant d'Indiennes*, qui fait partie de l'*Encyclopédie-Roret* ; en voici le résumé :

Pour les calicots et croisés.

1° Dégorger à l'eau chaude ;
2° Un lait de chaux bouillant ;
3° Une lessive caustique à 10° 1/2 ;
4° Un passage en chlorure de chaux ;
5° Un passage en acide sulfurique ;
6° Une deuxième lessive caustique à 10° 1/2 ;
7° Un deuxième passage en chlorure ;
8° Un deuxième passage en acide sulfurique.

Pour les mousselines et tissus légers.

1° Dégorger à l'eau fraîche ou chaude ;
2° Une lessive de sel de soude à 1° 1/2 ;
3° Un chlorure de chaux ;
4° Un acide sulfurique ;
5° Une deuxième lessive de sel de soude à 10° 1/2 ;
6° Un deuxième chlorure ;
7° Un deuxième acide sulfurique.

L'ancienne méthode de blanchiment des indiennes, par des lessives caustiques à 1° et par des expositions successives sur le pré, que l'on terminait par un passage à l'acide sulfurique, n'est plus en usage maintenant.

Le blanchiment est bien réussi quand, en mettant une pièce à l'eau, elle se mouille également. Quel que soit le blanchiment, on voit qu'il se termine pour l'étoffe de coton, comme pour le coton filé, en faisant tremper pendant quelque temps, dans de l'eau chargée d'un cinquantième au plus d'acide sulfurique, les toiles de coton qu'on destine à l'impression ; après cela, on les lave avec soin dans de l'eau courante, et on les fait sécher. L'acide débarrasse le coton d'une petite portion de terre calcaire et d'oxyde de fer, qui auraient altéré les couleurs.

Alunage. — Nous avons dit qu'à raison de l'affinité du coton pour l'alumine, l'alun servait surtout à fixer les couleurs sur le coton. Mais dans cette opération de l'alunage, à laquelle on procède, après le trempage ou le blanchiment, quand le fil de coton est bien sec, il est nécessaire de n'employer que de l'alun entièrement débarrassé du sulfate de fer qui s'y rencontre souvent et nuirait surtout aux teintes délicates. Thénard recommande pour purger à peu de frais l'alun du sulfate de fer, de le dissoudre dans l'eau bouillante, et d'agiter la dissolution avec des baguettes de bois, à mesure qu'elle refroidit ; par ce moyen, l'alun est réduit en une poudre fine grenue, qui, lavée à l'eau froide à deux ou trois reprises, et ensuite séchée, fournit de l'alun parfaitement pur.

Le teinturier devra faire l'alunage à raison d'une partie d'alun pour quatre parties de coton ; après avoir dissous d'abord l'alun dans l'eau suffisamment chaude d'une chaudière ou de tout autre vase, en remuant avec soin pendant le mélange, on y ajoute une dissolution de soude, que l'on peut évaluer à un seizième à peu près de soude contre une partie d'alun ; on y ajoute quelquefois une très-petite quantité de tartre et d'arsenic. L'on imprègne bien le fil de cette dissolution, en le travaillant, par petites parties ; après quoi l'on verse le restant du bain sur le fil que l'on a réuni dans un vase ; on l'y laisse pendant 24 heures ; au sortir de l'alunage, on le met dégorger dans une eau courante pendant une heure et demie à deux heures, et on le lave. Le coton perd environ un quarantième de son poids dans cette opération.

Engallage.—Quand le fil de coton a reçu l'alunage, il est souvent nécessaire de l'engaller : l'*engallage* se fait à raison de différentes doses de noix de galle et d'autres astringents, selon la qualité de ces astringents, et à raison de l'effet qu'on en désire obtenir. On fait cuire, pendant environ deux heures, la noix de galle pilée dans une quantité d'eau proportionnée à la quantité du fil qui doit être engallé, ensuite on laisse refroidir le bain au point d'y pouvoir tenir la main ; on le partage en parties qu'on rend égales autant qu'on le peut, pour travailler le fil par petites parties comme pour l'alunage, et l'on verse de même le reste du bain sur la totalité du fil que l'on a réuni dans un vase. On l'y laisse pendant vingt-quatre heures, surtout lorsqu'il est destiné au garançage et au noir, car, pour d'autres couleurs, douze à quinze heures peuvent suffire : après cela on l'exprime et on le fait sécher.

Lorsqu'on donne l'engallage à une étoffe qui a déjà reçu une couleur, il faut le faire à froid et avec tout le soin nécessaire pour ne pas altérer cette couleur.

Le coton qui a été aluné prend un poids plus considérable dans l'engallage que celui qui ne l'a pas été, quoique l'alumine ne se fixe qu'en petite quantité avec le coton, elle lui communique la propriété de se combiner beaucoup mieux avec le principe astringent de même qu'avec les parties colorantes.

Indépendamment de ces préparations que subit le coton pour toute espèce de teinture, il est, pour certaines couleurs, et notamment pour les rouges, nécessaire de l'imprégner d'une dissolution de matière animale. Nous décrirons plus tard, en traitant des couleurs, cette espèce d'animalisation indispensable pour obtenir des tons fins et durables, et nous traiterons d'ailleurs, dans un paragraphe spécial, de l'art du blanchiment des étoffes.

LIN ET CHANVRE.

Lin et chanvre. — Le *lin* et le *chanvre* doivent subir plusieurs préparations avant d'être aptes à recevoir la teinture : la première est le *rouissage*, macération qui aide à séparer la chenevotte des filaments du chanvre, que l'on soumet ensuite à la filature.

D'après un essai sur la culture et le rouissage du chanvre, par l'abbé Rosier, il paraît que l'on sait depuis longtemps que le rouissage fait subir une altération et même une putréfaction plus ou moins avancée, suivant la méthode que l'on emploie, au suc glutineux, qui tient en dissolution la partie colorante verte de la plante, et qui réunit sa partie corticale avec sa partie ligneuse.

Le suc glutineux du chanvre a beaucoup d'analogie avec la partie glutineuse qui est dissoute dans le suc exprimé des plantes vertes, partie glutineuse susceptible de putréfaction, qui se sépare avec les parties colorantes lorsqu'elle éprouve une chaleur voisine de l'ébullition, et qui donne de l'ammoniaque par la distillation.

Quoique tenue en dissolution dans le suc qu'on exprime des plantes, il paraît cependant que l'eau seule ne peut pas séparer assez complètement la partie glutineuse de la partie corticale ; ainsi le chanvre qui a été roui dans une eau trop courante, manque de souplesse et n'est jamais soyeux.

Si le rouissage s'exécute dans les eaux stagnantes et croupies, le chanvre y contracte, par une putréfaction sans doute trop avancée, une altération nuisible à sa solidité ; sa couleur devient brune, il exhale des vapeurs par trop dangereuses et qui souvent produisent des maladies meurtrières. Le chanvre que l'on rouit en le tenant simplement exposé sur la

terre à l'action de l'atmosphère, éprouve aussi quelque altération nuisible à sa solidité : ce rouissage d'ailleurs exige
beaucoup de temps et de main-d'œuvre.

Il paraît donc que le rouissage le plus avantageux est celui
qui a lieu dans les routoirs placés sur le bord des rivières,
de manière que l'eau puisse s'y renouveler assez pour prévenir une putréfaction nuisible au chanvre et funeste à la
santé, pas assez pour empêcher le degré de putréfaction qui
est nécessaire pour rendre la substance glutineuse plus soluble dans l'eau.

Dans un mémoire qu'il a publié sur le rouissage du chanvre, Prozet a proposé de mêler une petite quantité de potasse ou de soude à l'eau dans laquelle on fait le rouissage,
pour augmenter sa force dissolvante et pour prévenir la putréfaction; mais il paraît, par les expériences de Home, dans
son essai sur le blanchiment des toiles, que l'alcali retarde
l'opération du rouissage et rend le lin cassant. Telle est au
reste la nature des substances organisatrices variables que
renferment les cellules du ligneux, qu'il est impossible de
dépouiller entièrement le ligneux de ces substances acces-
soires, la petitesse des cellules en rendant un grand nombre
inabordable, soit à l'eau du rouissage, soit à d'autres menstrues.

Lorsque les tiges de lin et de chanvre sont bien rouies, on
les fait sécher; cette opération du séchage a lieu ordinairement à l'aide d'un four ou d'une fosse en terre que l'on construit exprès et dont on entretient la douce chaleur en y
brûlant la chenevotte elle-même : le bois alors n'adhérant
plus que faiblement à l'écorce, on l'en détache au moyen de
la *broie*, ou en enlevant l'écorce par rubans, ce qui s'appelle *teiller*. La broie mécanique de Christian, qui avait
pour but de *teiller* le chanvre, sans rouissage préable, paraît avoir été généralement abandonnée après quelques essais infructueux.

Pendant le rouissage et la dessiccation qui a pu le précéder
et qui doit le suivre pour la facilité du teillage, les parties colorantes vertes subissent une altération semblable à celle que
l'on observe dans la substance verte des plantes qui sont exposées à l'action de l'air et à l'influence de la lumière, leur
couleur passe au jaune, au fauve, et même au brun, par un
effet qu'on peut comparer à celui d'une légère combustion.
Cette substance se réduit en partie en poussière pendant le
sérançage, c'est-à-dire pendant le travail de la *corde* qui sert
à préparer le lin, opération dangereuse pour ceux qui la pratiquent. Une autre portion de cette poussière reste fixe sur
les fibres, mais peut être dissoute par les lessives alcalines

qui précèdent le blanchiment, par lequel toute cette matière étrangère doit être séparée.

Pour éviter les inconvénients de la poussière âcre qui s'exhale pendant le sérançage ou cordage du lin, Marcandier, dans son *Traité du Chanvre,* conseille de faire macérer la filasse par petites parties dans l'eau chaude, de l'y laver avec beaucoup de soin, et après cela de la dessécher. On peut diminuer par ce moyen, suivant lui, la partie colorante, et rendre la filasse plus douce et plus facile à subir l'action du peigne, il a même indiqué l'usage d'une dissolution alcaline.

Par un autre procédé, on a prescrit, pour opérer une dissolution plus complète des parties colorantes, et obtenir ainsi une belle filasse de chanvre, de lessiver cette filasse avec la dissolution de deux parties de soude contre une partie de chaux ; ensuite de l'imprégner de savon, de la tenir en digestion, et de la bien laver ; enfin, de la peigner. Plusieurs procédés analogues à ce dernier ont été mis depuis en pratique. On en faisait mystère, et ils en imposaient par les résultats apparents qu'ils présentaient ; mais on s'est assuré par l'expérience, qu'outre les frais qu'ils entraînaient, ces procédés augmentaient la proportion des étoupes, et que le fil qui en provenait avait moins de solidité et peu d'avantage en beauté sur le fil que donnait la même filasse non préparée.

On a trouvé le moyen de donner à la filasse, ou même à l'étoupe, une division et une finesse qui permettent de la soumettre aux mêmes procédés de filature que le coton, et de faire avec cette préparation seule, ou mêlée avec du coton ou avec de la soie, des étoffes qui lui donnent une valeur beaucoup plus considérable que celle qu'elle avait dans son état brut.

Marcandier paraît s'être occupé le premier de ce moyen ; il prescrivait de donner d'abord aux étoupes la préparation qu'il avait conseillée pour la filasse : en la cardant comme la laine, dit-il, il en résulte une matière fine moelleuse et blanche, dont, jusqu'à présent, on ne connaissait pas l'usage. On peut la filer et en former un très-beau fil ; on peut aussi la mêler avec du coton, de la soie, de la laine et même du poil ; et le fil qui résulte de ces différents mélanges fournit, par ses variétés infinies, matière à de nouveaux essais très-intéressants pour les arts, et très-utiles à plusieurs sortes de manufactures.

On s'est beaucoup occupé de cet objet en Allemagne. Hermstadt cite plusieurs ouvrages qui en traitent ; il rapporte, d'après Maidinger, que la filasse du chanvre acquiert l'élasticité du coton lorsque, après l'avoir purifiée par une dissolution de potasse et d'hydrochlorate de soude (sel commun), on la fixe sur des cylindres de bois, et on la fait sécher dans un four ; on prétend aussi, ajoute Hermstadt, que le chanvre prend de la finesse lorsqu'on met la filasse encore humide dans des caisses de bois, avec des couches alternatives de cendres, et en fermant cette caisse d'un couvercle, pour la mettre dans un four chauffé au point de ne pas brûler le bois.

Quelques-uns de ces procédés ont été conservés, en les modifiant, pour la filature du lin à la mécanique, mais nous n'entrerons pas ici dans ces détails étrangers à notre sujet, notre but spécial étant d'indiquer au teinturier la grande variété des fils de lin et de chanvre qui se trouvent dans le commerce, et la nécessité de les débarrasser par un blanchiment convenable des substances qui pourraient les empêcher de prendre la teinture uniformément.

Les lins que produisent la plupart des terres de la Flandre sont très-beaux, longs, fins et sans nœuds. Après le rouissage, ils ont une couleur argentine qui les distingue de tous les autres produits de ce genre ; aussi est-ce avec ce lin, filé à la main, qu'on fabrique les plus belles toiles et les plus fines qu'on appelle *batistes*.

Blanchiment du chanvre et du lin. — Le *chanvre* et le *lin* que l'on veut apprêter pour la teinture, ont donc toujours besoin, d'après ce que nous venons de dire sur la préparation de leurs fils, d'un blanchiment analogue à celui du coton.

Suivant M. Persoz, si l'on avait, dès le principe, posé nettement la question du blanchiment et recherché les corps les plus capables de saponifier les graisses et d'opérer cette saponification avec le plus d'avantages, on en serait venu inévitablement à l'emploi de la chaux, de toutes les bases celle qui agit avec le plus d'énergie sur les corps gras ; mais comme, dans l'application que l'on fit d'abord de la chaux, on ne cherchait qu'à la substituer, dans des vues d'économie, à la potasse et à la soude, on ne s'occupa ni des principes de son action, ni des moyens de régler cette action. Les uns en rejetaient l'emploi parce qu'elle brûlait, disaient-ils, les toiles, et en effet telles furent souvent les tristes conséquences de l'usage qu'on en fit ; les autres lui reprochaient de former sur la toile des savons insolubles, et qui, s'y combinant intimement, attiraient plus particulièrement la matière colorante et formaient ainsi des taches. La question changea complètement de face du jour où l'on connut les conditions dans lesquelles la chaux peut se trouver en contact avec la fibre ligneuse sans l'altérer, et que l'on eût constaté qu'elle y produit, avec les corps gras qu'elle y rencontre, un savon calcaire, et que ce savon doit être décomposé par un acide et le corps saponifié enlevé par une lessive de carbonate *sodique* (de soude).

Il paraît impossible de préciser à qui est dû l'honneur de cette importante découverte, celui qui le premier employa la chaux d'une manière rationnelle étant trop intéressé à tenir son procédé secret pour le divulguer. Cependant M. Guéraud aîné, de Troyes, a publié en 1835, un mémoire fort intéressant sur le blanchiment, dans lequel l'emploi des acides est considéré comme indispensable pour obtenir un blanc parfait.

D'après les observations de M. Persoz, la chaux n'aurait pas seulement la propriété d'opérer la saponification brusque des corps gras, et de mieux attaquer les résines que les autres bases ; mais elle jouirait encore du pouvoir de contribuer à l'oxydation de la matière colorante de ces fibres, de favoriser les métamorphoses qu'elle doit subir pour en être enlevée, d'attaquer fortement l'alumine des tissus, enfin de maintenir la contractilité de la fibre ligneuse, dans l'état le plus avantageux au feutrage des brins. Cet état de contractilité que les fabricants ne paraissent pas avoir pris en considération jusqu'ici, n'en mérite pas moins la plus sérieuse attention ; car, que l'on fasse agir sur un tissu de coton surtout, une lessive trop faible, elle ne contractera pas la fibre, et par suite elle rendra le tissu plucheux ; si la lessive est trop forte, la fibre trop fortement contractée pourra s'altérer, il y a donc ces deux écueils à éviter ; et avec la chaux qui est une base très-peu soluble, on n'a pas autant d'inconvénients à craindre et par conséquent moins de précautions à prendre.

Nous verrons, dans le paragraphe spécial du blanchiment, comment ces considérations ont décidé le choix de divers appareils, soit à feu nu, soit à la vapeur.

Voici d'ailleurs le résumé d'un blanchiment qui a donné de bons résultats pour les toiles de *chanvre* et de *lin*, désignées sous le nom de *batistes :*

1° Tremper à l'eau bouillante et laisser passer la nuit en maintenant la chaleur. Nettoyer très-exactement.

2° Une lessive de sel de soude à 1°. Faire bouillir douze heures. Nettoyer.

3° Un passage en chlorure et nettoyer.

4° Une deuxième lessive de sel de soude de douze heures à 1° 1/2.

5° Passer en chlorure et sans laver. Passer à l'acide sulfurique à 3°.

6° Mettre sur le pré quatre jours. Laver et nettoyer.

7º Troisième lessive de sel de soude à 1º $^1/_2$.

8º Passage au chlorure. Laver.

9º Passage en acide sulfurique 3º ; et nettoyer, puis sécher.

On suit ordinairement l'ancienne méthode, les lessives et l'exposition au pré pour les tissus de lin ; mais ces procédés sont fort longs. Des batistes ont été traitées par la méthode que nous venons d'indiquer ; elles n'ont aucunement souffert, et se sont très-bien blanchies après le garançage.

Quand on reçoit des étoffes déjà blanches, cela ne dispense pas, à moins que le blanc n'ait été garanti pour l'impression, de leur donner un blanchiment consistant au moins dans les deux opérations suivantes :

1º Une lessive de sel de soude à 1º $^1/_4$ pendant huit heures. Nettoyer.

2º Passage en acide sulfurique à 4º pendant six heures. Nettoyer et sécher.

Les opérations du blanchiment, qui paraissent fort simples au premier coup-d'œil, exigent cependant de grands soins : aussi ne saurait-on en apporter trop, car c'est de la réussite de celle-ci que dépendent toutes les autres. Si les étoffes sont destinées pour l'impression, lors des garançages, les places mal blanchies seront plus ou moins rouges ; si elles sont destinées pour le genre réserve, les parties grasses refuseront de prendre à la cuve. Pour les unis, les mordants ne pouvant se combiner dans ces parties avec l'étoffe, elle sortira du bain de teinture avec des places nuancées.

Alunage et engallage. — On fait subir au lin et au chanvre que l'on dispose à la teinture, les mêmes opérations qu'au coton pour le *trempage* (qu'on appelle aussi quelquefois improprement *décreusage*), l'alunage et l'engallage.

Couleurs usitées solides. — Le teinturier doit savoir que le fil et le coton, non-seulement prennent moins bien la teinture que le lin et la soie, mais encore que le fil est même plus difficile à teindre que le coton ; ces teintures sont d'ailleurs d'autant plus difficiles qu'on exige ordinairement qu'elles soient solides et à bon marché, parce que le fil et le coton sont destinés à faire des étoffes peu chères et qui puissent aller au savonnage ; c'est par cette raison qu'il n'y a guère que le rouge et le bleu qui soient usités en teinture sur fil et sur coton. Cependant M. l'abbé Mazéas a indiqué, dans un mémoire envoyé par lui à la Société d'agriculture de Bretagne, un procédé pour teindre le fil et le coton en noir solide. Ce procédé consiste 1º : à préparer les écheveaux comme pour la teinture en rouge de garance ; 2º à les tremper dans un mordant préparé de la manière suivante : On prend une quantité suffisante de couperose verte (protosulfate de fer), et, après l'avoir fait calciner dans un vaisseau de fer jusqu'à ce qu'on n'y aperçoive plus aucun signe d'humidité, on la dissout à froid dans une suffisante quantité d'eau de chaux; ensuite on fait bouillir l'étoffe imprégnée de ce mordant, dans une décoction de mirobolants citrins, qu'on a auparavant réduits en poudre. M. l'abbé Mazéas assure que le fil, et surtout le coton, prend dans cette teinture un noir aussi beau et aussi durable que celui des Indes.

Couleurs primitives en teinture. — Dans la teinture soit en laine, soit en soie, soit en fil, on compte cinq couleurs primitives, différentes de celles qui sont connues sous ce nom par les physiciens, et dont Newton a démontré qu'était composé un seul rayon de lumière. Les cinq couleurs nommées primitives dans la teinture, sont : le *bleu*, le *rouge*, le *jaune*, le *fauve* ou couleur de racine, et le *noir*. Chacune de ces couleurs peut produire un très-grand nombre de nuances, et de deux ou de plusieurs de ces différentes nuances, naissent toutes les couleurs qui sont dans la nature, ce qui les a fait nommer avec raison, pour la teinture, couleurs primitives.

§ 5.   ART DU BLANCHIMENT.

Le *blanchiment* est un art chimique au moyen duquel on parvient à enlever aux étoffes leur couleur foncée naturelle pour les amener à un blanc aussi parfait que possible. Nous avons donné, comme préparation tenant immédiatement à la teinture, le blanchiment de la laine et de la soie, ainsi que les considérations générales qui doivent diriger toutes les opérations de celui du coton, du lin et du chanvre ; nous allons revenir, dans ce paragraphe spécial, sur l'art ancien et nouveau du blanchiment et sur ses nombreuses applications, et nous ne craindrons pas de nous répéter, toutes les fois que cela nous semblera nécessaire pour que l'on en saisisse mieux les perfectionnements successifs.

Les anciens procédés du blanchiment consistaient, ainsi que nous l'avons déjà dit, en différents trempages, bouillages et expositions à l'action de la lumière et de l'air ; c'est en substituant à ces procédés qui entraînaient toujours une grande perte de temps et de main-d'œuvre, l'usage du chlore (acide muriatique), que Berthollet a créé l'art chimique du blanchiment qui repose sur les deux principes suivants :

1° Les lessives alcalines n'enlèvent que la partie de la matière colorante qui est soluble dans les alcalis;

2° Le chlore et différents chlorures, par leur action plus

efficace que celle de la lumière et de l'air sur la matière colorante qui a résisté aux alcalis, ou achèvent d'enlever cette matière colorante, ou la rendent soluble dans les lessives alcalines, et complètent le blanchiment.

M. Penot qui, dans son mémoire inséré, n° 10, au bulletin de la Société de Mulhouse, confirme cette théorie de Berthollet, ajoute :

« Indépendamment de la matière résinoïde dont le coton brut est enduit, matière soluble dans l'eau bouillante, l'alcool, les alcalis et les acides, il contient une matière colorante faiblement soluble dans l'eau et les alcalis, et ne devient entièrement soluble que lorsqu'elle a éprouvé l'action de la lumière et de l'air, ou celle du chlore. L'action du chlore humide opère, en quelques heures, une décoloration que le chlore sec ne déterminerait qu'en une ou deux semaines, l'oxygène humide à la lumière solaire en près d'un mois, et l'oxygène sec à la lumière solaire à peine au bout de quatre mois. Le tissage du coton en toiles serrées, *colicots* et *croisés*, y introduit accidentellement de la colle, de la potasse, de l'hydrochlorate de chaux, de l'amidon, solubles dans l'eau, du gluten soluble dans l'eau de chaux, de la matière grasse, du savon calcaire et à base de cuivre, solubles dans la lessive caustique, du fer et des matières terreuses solubles dans les acides. » Le teinturier comprend bien maintenant la marche que nous avons suivie pour le blanchiment du coton, du lin et du chanvre, car c'est celle qui se trouve ainsi tracée. « Une observation très-importante, continue M. Penot, c'est que les corps gras traités par le chlore ou par les acides forment des composés insolubles dans les lessives. Ces composés deviennent solubles par exposition à l'air, en absorbant l'oxygène, et deviennent susceptibles de se saponifier. Quoique l'action du chlore produise le même effet, il faut, avant le passage en chlore, s'assurer que les toiles ne contiennent plus de corps gras. »

Les propriétés du chlore sont tellement importantes, que nous transcrirons ici littéralement l'article consacré à cette substance dans notre *Manuel de Chimie* (1), auquel le teinturier d'ailleurs peut recourir au besoin : il pourra consulter également avec fruit le *Manuel du Fabricant de Produits Chimiques* (1), dans lequel il trouvera les préparations les plus économiques des substances qu'il achète ordinairement toutes préparées.

(1) Ces deux ouvrages font partie de l'*Encyclopédie-Roret*.

CHLORE.

Le gaz *chlore* fut découvert en 1774, par Scheele, qui le considéra comme un composé que l'on nomma successivement *acide mar n déphlogistiqué, acide muriatique oxygéné*. Ce ne fut qu'en 1811 que les savantes recherches de Gay-Lussac et Thénard établirent que ce gaz était un corps simple : et les travaux de H. Davy ne laissèrent plus aucun doute sur cet élément auquel on donna alors le nom de *chlore*, comme indiquant la couleur jaunâtre.

Préparation. — On met du peroxyde de manganèse dans une petite cornue de verre, un matras ou une fiole à médecine (*voy.* fig. 2 et 3), on y ajoute de l'acide hydrochlorique, en quantité suffisante pour qu'il en puisse résulter un mélange à l'état de pâte ; et après avoir ajusté et luté au col de la cornue un tube dont le bout puisse plonger dans la cuve hydropneumatique et se relever sous un flacon plein d'eau, on chauffe très-doucement la cornue à l'aide d'une lampe. À cette faible température, l'acide hydrochlorique est décomposé, et il laisse dégager du chlore.

L'air contenu dans la cornue se dégage d'abord, puis le chlore, que l'on obtient très-pur en ayant soin de ne commencer à le recueillir que lorsque le dégagement des bulles mêlées d'air a déjà eu lieu pendant quelque temps.

Si l'on remplace dans cette préparation l'acide hydrochlorique par un mélange d'eau, et des acides hydrochlorique et sulfurique, en versant sur le peroxyde de manganèse un peu d'eau d'abord, puis l'acide sulfurique, et enfin l'acide hydrochlorique, le mélange est moins sujet à se boursoufler, le chlore se dégage de suite, plus sec et plus complètement. On retire encore le gaz chlore d'un mélange de peroxyde de manganèse et d'hydrochlorate de soude mis à l'état de pâte avec de l'eau, en versant dessus de l'acide sulfurique.

Propriétés. — Le chlore est d'une couleur jaune-verdâtre qui se reconnaît aisément à la lumière du jour, quoiqu'on puisse à peine le distinguer à la lumière des bougies. Il a une odeur et une saveur fortes, et tellement caractérisées, qu'il est impossible de ne pas les distinguer de l'odeur et de la saveur de tout autre gaz.

Lorsqu'on respire du chlore, quoique beaucoup étendu dans l'air, il cause un sentiment de strangulation, resserre la poitrine et produit un véritable rhume de cerveau. Respiré en plus grand quantité, il excite une toux violente avec crachement de sang, et il détruit promptement la vie au milieu de douleurs très-vives.

Si un animal est plongé dans une atmosphère de chlore de manière à être forcé de respirer ce gaz à l'état de pureté, il périt instantanément.

Lorsqu'on expose à l'action du chlore une couleur bleue végétale quelconque, cette couleur est immédiatement détruite, et elle ne peut plus être rétablie par aucun moyen que ce soit. Le chlore a la propriété de blanchir les corps colorés ; Scheele observa le premier cette propriété de blanchir, Berthollet en fit l'application à l'art du blanchiment en France, et d'après lui, M. Watt introduisit ce mode de blanchiment en Angleterre.

Le chlore est l'agent le plus puissant à employer pour la destruction des miasmes pestilentiels. C'est ce gaz qui se dégage des appareils désinfecteurs de Guyton-Morveau.

La flamme de bougies qu'on introduit dans le chlore, pâlit d'abord, rougit, et ensuite disparaît.

Le chlore, à la température et à la pression ordinaires, reste toujours gazeux ; mais si on le soumet à la fois à l'action d'une pression forte et d'une basse température, il passe à l'état d'un liquide jaune, intense, très-fluide, très-limpide et excessivement volatil, lorsqu'on le ramène à la pression ordinaire.

A l'état de gaz, le chlore, pur et sec, n'éprouve aucune action du calorique, de la lumière et de l'électricité; il n'en est pas de même, lorsqu'il est humide, et les éléments de la dissolution aqueuse du chlore sont si mobiles, qu'il est indispensable, pour la conserver, de la maintenir à la température ordinaire, dans des flacons bouchés à l'émeri et entourés de papier noir ; encore perd-elle peu à peu, avec le temps, ses propriétés en passant à l'état acide.

Le chlore soumis à une excessive chaleur n'éprouve aucune altération. On connaît maintenant cinq combinaisons oxygénées du chlore, qui sont : *l'acide hypochloreux; l'acide chloreux; l'acide hypochlorique; l'acide chlorique; l'acide perchlorique ;* la dernière seule est assez stable, les autres se décomposent facilement.

C'est *l'acide hypochloreux* qui se trouve dans les substances fabriquées en grand sous le nom de *chlorures décolorants;* c'est l'acide *perchlorique* qui peut servir à la préparation de toutes les autres combinaisons du chlore avec l'oxygène.

Préparation en grand du chlore, avec un appareil pour le blanchiment. — Les proportions les plus convenables des ingrédients destinés à produire le chlore sont, d'après T. L. Rupp :

Manganèse (peroxyde de manganèse). .   3 parties.
Sel commun (chlorure de sodium). . .   8
Acide sulfurique.   6
Eau.   12

Suivant le docteur Ure, l'appareil dont on doit faire usage pour la préparation en grand du chlore, est celui représenté, fig. 1, où l'on voit comment il est disposé, pour le blanchiment, de manière à ce qu'on puisse plonger et agiter tout à la fois les étoffes à blanchir. $g\,g$ est un matras en plomb fondu autant que possible d'une seule pièce, pour éviter les inconvénients de la soudure; ce matras est supporté par un trépied en fer f, dans une chaudière de fonte de fer e qui contient un bain de sable; la chaudière est chauffée par un fourneau b, dont a est le cendrier, c l'ouverture par laquelle on introduit le combustible, et d la poignée du bouchon d'argile qui sert à régulariser le tirage. A la partie supérieure du matras s'adapte un couvercle en plomb i, soigneusement luté, et percé de trois ouvertures : l'une sert de passage au tube en plomb ou en verre recourbé h, terminé en entonnoir par lequel on verse l'acide sulfurique étendu d'eau; celle du milieu maintient l'agitateur k en fer revêtu de plomb; et la troisième est destinée au tube de plomb l, qui a 7 centimètres environ de diamètre, et qui conduit le gaz chlore dans le récipient tubulé en plomb м. Afin d'empêcher que l'agitateur k ne vienne toucher le fond du matras, il est garni d'un collier conique de plomb, qui entre dans l'ouverture également conique du couvercle, et le mouvement de rotation fait que ces pièces s'emboîtent assez exactement les unes dans les autres pour prévenir tout dégagement de gaz. Le tube l traverse l'ouverture m, et va plonger presque au fond du récipient intermédiaire м, aux deux tiers rempli d'eau; il y dépose le peu d'acide sulfurique qu'il aurait pu entraîner, tandis que le chlore gazeux traverse le tube n et va se rendre dans le condensateur en bois $o\,o$. L'agitateur k, que l'on fait tourner au moyen de sa manivelle, sert à accélérer la combinaison du gaz, soit avec l'eau (quand on veut avoir du chlore liquide), soit avec l'alcali en dissolution (quand on veut avoir un chlorure), et les pièces horizontales de bois $q\,q$, fixées aux parois du récipient, contribuent encore à cet effet. Le couvercle en bois porte dans son pourtour une rainure r, au moyen de laquelle il ferme parfaitement le récipient terminé en biseau à ses bords supérieurs; à la partie inférieure est placé un robinet s, pour donner issue à la liqueur.

Après avoir mêlé bien exactement ensemble l'oxyde de

manganèse et le sel marin, l'un et l'autre réduits en poudre fine, on introduit le mélange dans le matras, que l'on ferme de son couvercle de plomb.

On adapte à ces trois tubulures, le tube entonnoir *h*, l'agitateur *k*, et le tube conducteur *l*, en ayant soin de les luter avec de bon *lut gras*, que l'on recouvre de bandes de vessie mouillées : puis on verse l'acide sulfurique étendu d'eau.

Le matras étant ainsi chargé jusqu'aux trois quarts au plus de sa capacité, on l'abandonne à lui-même, sans feu sous la chaudière, pendant quelques heures, afin d'éviter le boursouflement des matières, puis on chauffe graduellement ; et lorsqu'il ne se dégage plus de chlore, on ferme l'ouverture du récipient *o o* destiné à livrer passage au tube conducteur *n*, après avoir enlevé ce tube. De cette manière, on peut conserver le chlore liquide, ou le chlorure obtenu, jusqu'à ce que l'on veuille en faire usage. On lave le matras *g g* après l'avoir retiré du feu, ainsi que le récipient m, et on les dispose pour une nouvelle préparation de chlore ou de chlorure.

L'odeur vive et pénétrante du chlore n'étant pas sans inconvénients pour les personnes exposées à son influence, on lui a substitué avec avantage, pour le blanchiment, les combinaisons qu'il forme avec la chaux, la potasse ou la soude. Mais, quelles que soient ces combinaisons, la série des opérations du blanchiment est toujours basée sur les deux principes fondamentaux que nous avons annoncés précédemment, et les opérations qui nous restent à décrire en fournissent une constante application.

Lessivage. — La lessive se prépare avec un litre de chaux vive récemment éteinte dans l'eau et réduite en poudre fine, deux litres de potasse aussi réduite en poudre, et cinquante à soixante litres d'eau. On agite ce mélange pendant vingt-quatre heures ; on laisse reposer et on décante la lessive alcaline qui doit marquer de 1 à 2 degrés à l'aréomètre de Beaumé.

On verse sur le coton, dans une chaudière de cuivre de capacité suffisante assez de cette lessive pour que le coton en soit recouvert de quelques centimètres. On chauffe graduellement jusqu'à l'ébullition, que l'on soutient pendant trois ou quatre heures plutôt lente que vive, et sans aucuns soubresauts de la liqueur. Au bout de ce temps, on retire le coton de la chaudière, on laisse égoutter, on avive en eau courante, on tord et on laisse sécher.

Immersion dans le chlore liquide. — On charge de coton

soit le récipient *o o* (fig. 1), soit une chaudière ou un cuvier, mais toujours de manière que le chlore liquide surnage le coton de quelques centimètres, et on laisse agir le chlore pendant une heure ou deux. Au bout de ce temps on le fait écouler par le robinet *s*, et on le remplace par de l'eau claire qui achève d'entraîner la plus grande partie du chlore liquide. On retire alors le coton, on le rince bien en eau claire et courante ; on tord à la cheville et on porte à l'étendage pour le bien faire sécher.

Cette immersion se renouvelle, mais dans une dissolution plus faible de chlore, pour obtenir le blanc *d'argent* ou *superfin.*

Bain d'acide sulfurique. — On plonge le coton dans un bain composé d'une partie d'acide sulfurique à 66 degrés, étendu de soixante parties d'eau, en ayant soin que le coton y trempe entièrement pendant une heure au plus ; puis on le lave *sur-le-champ* au sortir de ce bain acide, et à plusieurs reprises dans l'eau courante, jusqu'à ce que l'acide ait entièrement été entraîné : on tord à la cheville et on sèche.

Ce bain, indispensable pour décomposer les savons calcaires formés dans l'opération précédente et pour mettre les acides gras ou résineux en liberté, sert d'ailleurs à faire disparaître les parties colorantes jaunâtres, provenant de quelques parcelles de fer qui pouvaient se trouver accidentellement dans la lessive et dans le chlore liquide.

Bain de savon. — Pour donner au coton de la souplesse et de la douceur, et le purger entièrement des moindres vestiges de chlore ou d'acide sulfurique, on le passe dans un bain très-léger de savon ; on le rince ensuite, on le tord et on le sèche.

On remplace le bain de savon par une lessive très-faible de soude, pour obtenir le blanc *d'argent* ou blanc superfin.

Bain de bleu d'azur. — Ce bain se prépare en délayant le plus beau bleu d'azur (oxyde de cobalt) du commerce, réduit en poudre très-fine, dans très-peu d'eau. On jette une portion de cette eau chargée d'azur, sur un tamis de soie placé au-dessus d'une petite cuve remplie d'eau la plus limpide, qui se charge ainsi d'azur, et dans laquelle on passe successivement ; on tord ensuite et on fait sécher à l'air. Il est bien entendu que pour maintenir l'uniformité de teinte, après un essai fait pour l'indiquer, on recharge d'azur le tamis, et par suite l'eau du cuvier où l'on passe le coton.

Le procédé du blanchiment varie d'ailleurs suivant le blanc plus ou moins fin que l'on veut obtenir, et l'on distingue dans le commerce deux sortes de blancs, savoir : le blanc *commun* et le blanc d'*argent* ou *superfin*. Le premier s'obtient, suivant M. Vitalis, par les opérations dans l'ordre suivant :

1. Lessive alcaline à deux degrés de Beaumé ;
2. Immersion dans le chlore liquide ;
3. Bain d'acide sulfurique ;
4. Bain léger de savon, lavage ;

Tandis que pour le blanc superfin, ces opérations sont :

1. Lessive alcaline à un degré et demi.
2. Immersion dans le chlore liquide ;
3. Immersion nouvelle, mais plus faible que la précédente ;
4. Bain d'acide sulfurique ;
5. Bain de lessive très-faible de soude ;
6. Bain de bleu d'azur.

Le fil et le chanvre se blanchissent de même ; seulement il faut, avant le lessivage, les faire tremper pendant deux ou trois jours.

Chlorure de chaux. — La découverte ingénieuse faite par Tennant, de la manière de combiner le chlore avec la chaux pulvérulente, a donné lieu, dit le docteur Ure, aux plus grands perfectionnements dans l'art de blanchir. Ce chlorure se prépare très-bien avec l'appareil que nous avons décrit pour la préparation en grand du chlore (fig. 1). Il suffit de substituer la chaux à l'eau dans le récipient *o o*, et le chlorure de chaux, employé convenablement, n'affecte pas les mousselines les plus légères.

Pour obtenir du chlorure de chaux qui ne soit nullement souillé d'hydrochlorate de chaux, il faut remuer constamment la chaux hydratée (éteinte dans l'eau), à l'aide de l'agitateur mis en mouvement par la manivelle *t*.

Si l'on a préparé du chlorure de chaux sec, composé d'à peu près parties égales d'hydrate de chaux et de chlore, il faudra pour l'employer, le dissoudre dans l'eau, à raison de six décagrammes environ par litre d'eau, et décanter le liquide pour y passer l'étoffe à blanchir.

Parmi les méthodes diverses de blanchiment au chlorure de chaux, qui sont le plus en usage, nous citerons, d'après le docteur Ure, celle qui nous paraît de nature à compléter le mieux tous les détails que nous venons de donner sur le blanchiment ; c'est celle pratiquée par un blanchisseur très-habile, des environs de Glascow.

Blanchiment anglais par le chlorure de chaux. — Dans le lessivage des étoffes de mousseline, on les entoure d'une lessive dont la température varie de 38 à 65 degrés centigrades suivant la saison, et on les laisse macérer pendant trente-six heures. Pour faire bouillir 112 pièces de mousseline de 1ᵐ.19 de large, ou bien en poids, 50 à 51 kilog. d'étoffe, on emploie 2 à 3 kilog. de cendres, et 9 hectog. de savon mou; on laisse bouillir le tout ensemble pendant six heures; après ce temps on les lave; on les fait bouillir de nouveau pendant trois heures, avec 22 hectog. de cendres, et 9 hectog. de savon mou; on les lave ensuite à l'eau, et on les plonge dans la dissolution décantée de chlorure de chaux marquant 5 au tube d'épreuve, et on les y laisse pendant six ou douze heures; on les lave ensuite et on les met séjourner pendant une heure dans l'acide sulfurique étendu, d'une pesanteur spécifique de 1,0175. On les lave de nouveau et on les fait bouillir pendant une demi-heure, avec 11 hectog. de cendres et 9 hectog. de savon mou; après quoi on les lave et on les plonge dans une dissolution de chlorure de chaux plus forte que la première, marquant 3 au tube d'épreuve, et on les y laisse pendant six heures.

On leur fait subir un nouveau lavage et on les trempe dans l'acide sulfurique étendu, d'une pesanteur spécifique de 1,025; si l'étoffe est forte, elle exigera un autre bouillon ainsi qu'une nouvelle trempe et un traitement par l'acide. Dans tous les cas, on doit toujours enlever l'acide sulfurique par les lavages, avant de terminer l'opération par l'amidon.

Essai des chlorures employés pour le blanchiment.—Nous avons dit que l'on avait substitué avec avantage au chlore lui-même, dont l'odeur vive et pénétrante n'était pas sans inconvénients pour les ouvriers sans cesse exposés à son influence, les combinaisons que le chlore forme avec la chaux (chlorure de chaux, chlorure d'oxyde de calcium), avec la potasse (chlorure de potasse, chlorure d'oxyde de potassium, eau de javelle), et avec la soude (chlorure de soude, chlorure d'oxyde de sodium). Mais quel que soit le chlorure employé, il est nécessaire de s'assurer de la quantité de chlore qu'il renferme, afin d'y subordonner les opérations du blanchiment. Cette épreuve ou essai des chlorures repose sur la propriété qu'a le chlore libre ou combiné de détruire la couleur de l'indigo; ainsi, l'ouvrier peut s'assurer de la puissance du chlorure qu'il emploie, en tenant note de la quantité de ce chlorure nécessaire pour décolorer un litre de teinture d'indigo, par exemple. Cette teinture d'indigo qui doit être conservée à l'abri du contact de la lumière, peut se préparer en prenant une partie d'indigo passé au tamis de soie, et la faisant dissoudre dans neuf parties d'acide sulfurique concentré. On fait ensuite chauffer ce mélange dans un ballon de verre placé au bain-marie, à la température de l'eau bouillante, pendant six à huit heures; puis on étend cette liqueur d'une quantité suffisante d'eau.

Pour le *chloromètre* de Gay-Lussac, construit d'après ce principe que le chlore ou la solution dans l'eau, soit sec ou combiné, a la même puissance décolorante; la teinture d'indigo doit être telle qu'un volume de chlore en décolore exactement dix fois son volume, et l'on obtient le chlore pur et traitant 3 à 4 grammes de peroxyde de manganèse cristallisé en belles aiguilles, par l'acide hydro-chlorique; on reçoit le chlore dans un lit de chaux, et vers la fin de l'opération, on fait bouillir l'acide pour chasser le chlore des vaisseaux.

Le chlorure de chaux que l'on trouve dans le commerce est rarement pur; il contient une assez grande quantité d'hydrochlorate de chaux, de chaux non combinée et d'eau, en sorte que la chaux non combinée peut endommager l'étoffe qu'on y fait bouillir plus d'un quart-d'heure. Il sera donc prudent d'essayer toujours le chlorure de chaux que l'on achètera tout fait. Le chlorure de potasse du commerce (eau de javelle) est moins pur encore : car, outre l'hydrochlorate de potasse, il contient souvent un grand excès de carbonate de potasse, et quelquefois même l'eau de javelle est montée en degrés pour l'aréomètre, par des sels étrangers. La véritable épreuve des chlorures est donc réellement celle de la décolorisation de la teinture d'indigo.

Appareils divers ; précautions à prendre pour l'emploi du chlore, dans toute espèce de blanchiment. — Depuis que le blanchiment est devenu un art véritable qui a la plus grande importance dans la fabrication des indiennes, et dans l'impression des tissus, on a inventé en France, en Angleterre et en Amérique, un grand nombre d'appareils ingénieux, non-seulement pour procéder avec certitude dans les opérations chimiques, mais encore pour éviter la dépense de main-d'œuvre et régulariser les opérations mécaniques du blanchiment. Les appareils à lessiver, dit M. Persoz, peuvent tous être ramenés à deux genres fondamentaux; par les uns les tissus sont mis purement et simplement en contact avec la lessive, dont on élève la température, soit par un chauffage direct à feu nu, soit par un chauffage à la vapeur. Les autres représentent fidèlement l'opération du coulage pratiqué dans les ménages ; la lessive chauffée dans un vase distinct, monte, par un procédé mécanique ou physique, à la partie supérieure du cuvier qui contient les toiles à blanchir, traverse celles-ci, arrive à la partie inférieure de ce cuvier, puis rentre dans la chaudière, où on la chauffe de nouveau pour la faire repasser sur les toiles, et ainsi de suite durant toute la durée du lessivage. Les appareils affectés à ce genre d'opération sont dits à *circulation*, et il en est dont la circulation est intermittente.

Les appareils pour les opérations mécaniques du blanchiment, ont remplacé le *battage à la main*, et servent à nettoyer et à dégorger. Nous n'entrerons pas ici dans les détails de ces diverses machines qui ne sont vraiment importantes que pour le fabricant. Nous avons voulu cependant faire connaître au teinturier tout ce qui peut lui donner une idée exacte et complète de l'art du blanchiment, parce que c'est la base de toute teinture.

Quant à l'emploi du chlore, si l'on veut prévenir ses fâcheux effets, dans les diverses conditions où l'on en fait usage pour blanchir les tissus, il est nécessaire de se rappeler que le tissu sur lequel on le fait agir est un mélange de deux substances inégalement oxydables, la *fibre textile* et la *matière colorante*, qui se comportent, en présence du chlore et des agents oxydants, d'une manière analogue à celle d'un mélange d'indigo et d'acide arsénieux. Le premier de ces deux corps, étant le moins oxydable, correspond à la fibre ligneuse, et le second à la matière colorante ; or, qu'à un pareil mélange on ajoute du chlore sans ménagement, l'acide *arsénieux* se transforme en acide *arsénique*, et *l'indigo sera détruit*, sans qu'on puisse découvrir lequel des deux était le plus stable. Si, au contraire, le chlore est ajouté peu à peu, l'acide *arsénieux* passera complètement à l'état d'acide *arsénique*, sans que *l'indigo ait subi la moindre altération*. Il en est de même pour les tissus à blanchir ; le chlorure est-il employé sans discernement, non-seulement il décolore la matière colorante, mais encore il altère plus ou moins les fibres ; est-il au contraire en quantité insuffisante pour les attaquer toutes deux à la fois, son action se porte *exclusivement sur la matière colorante*, et la *fibre n'éprouve aucune altération* durant la destruction de cette dernière.

Si donc on connaissait le poids de la matière colorante qui se trouve sur un tissu, si cette matière colorante était également attaquable sur tous les points de la fibre, et si d'ailleurs elle y était répandue uniformément, on pourrait imprégner le tissu de la quantité de chlore strictement nécessaire pour opérer la destruction complète de cette substance, sans que la fibre fût attaquée, quelles que fussent les conditions de l'expérience, l'élévation de la température, et la durée du contact.

C'est parce qu'on n'a jamais toutes ces données d'une manière rigoureuse et précise, qu'il faut opérer avec ménagement, quel que soit le procédé au moyen duquel on fait agir le chlorure de chaux sur les étoffes. Une opération qui se fait lentement, avec économie, sans aucun danger pour les tissus, et sans incommodité pour les ouvriers, est toujours la meilleure. Les procédés expéditifs sont, en général, plus coûteux, et il y a toujours danger pour les tissus, pour peu que les soins viennent à se ralentir.

§ 6. APPRÊTS; GOMMES ET EMPOIS.

Le teinturier se sert fréquemment, pour donner du lustre et de la fermeté aux étoffes, d'apprêts divers dont la base est presque toujours du mucilage provenant des gommes, ou de l'empois provenant des amidons. Nous allons donc entrer ici dans quelques détails qui lui seront utiles tant pour l'achat que pour l'emploi le plus convenable de la gomme ou de l'amidon destiné à ce genre d'apprêts.

Gommes. — Ce sont des exsudations mucilagineuses de certains arbres, et sans parler des gommes-résines dont la teinture fait peu ou point d'usage, on en trouve quatre espèces distinctes dans le commerce : 1° la gomme *d'arbres fruitiers à noyaux*; 2° *arabique* de l'acacia d'Egypte et d'Arabie (mimosa nilotica); 2° *sénéca* ou *sénégal*, en morceaux plus gros et plus foncés en couleur que l'arabique, paraissant donner plus de vivacité à l'eau ; 4° *adragant* ou *adraganthe* de la petite plante de ce nom qui croît en Syrie, d'un prix plus élevé que les trois autres et formant une gelée plus épaisse avec l'eau. Toutes ces gommes se trouvent dans le commerce, en mamelons plus ou moins gros, convexes en dehors et le plus souvent concaves ou creux en dedans.

La gomme, dont la pesanteur spécifique varie de 1.316, à 1.4317, a, quand elle est à l'état concret, les propriétés principales suivantes : cassure conchoïde qui rend sa transparence plus diaphane ; insapidité ; parfaite solubilité dans l'eau froide et dans l'eau bouillante où la solution est plus rapide quoique conservant la même viscosité ; insolubilité dans l'alcool, l'éther, les acides et les alcalis, ce qui la rend coagulable par tous ces réactifs ; enfin grande facilité de cimentation entre ses fragments, pour peu qu'on les mouille afin de les réunir, et facilité non moins grande à s'étendre en couches minces fournissant un vernis.

La gomme se transforme en sucre par l'action de l'acide sulfurique ; et en acides malique et oxalique, souvent même en acide mucique, par l'action de l'acide nitrique ; mais elle n'est pas fermentescible, même par l'addition du sucre ou du gluten.

L'analyse découvre la gomme chez les végétaux, partout où il y a un organe à se développer, et la gomme étant charriée par le liquide séreux, elle doit emprisonner, en venant se concréter à la surface des fissures du végétal, les débris des tissus qu'elle distend et déchire.

La gomme étant d'ailleurs la substance pour ainsi dire plastique des tissus, et les tissus devant passer, avant d'arriver à la consistance définitive qui les caractérise, par toutes les gradations organisatrices, depuis l'état primitif de la plus grande fluidité, il s'ensuit que non-seulement les gommes sont plus solubles les unes que les autres, mais encore que la même gomme peut offrir des différences énormes de solubilité.

La gomme paraît avoir quelque affinité pour les peroxydes de mercure et de fer, et quelque action sur le cuivre, l'antimoine et le bismuth : car elle empêche l'eau de précipiter ces métaux à l'état de sous-sels ; parmi les alcalis et les terres, la silice seule forme, avec la gomme, un précipité insoluble.

Nous avons relaté toutes ces propriétés de la gomme, parce qu'elles doivent être bien connues des fabricants de toiles peintes, qui emploient les mucilages en grande quantité, non-seulement pour donner de l'apprêt à la toile, mais aussi pour donner à leurs couleurs le degré de consistance nécessaire.

L'analyse chimique des réactifs et du creuset, ne suffit pas toujours pour distinguer les différentes espèces de gommes qu'on trouve dans le commerce. On y vend souvent sous le nom de gomme arabique, celle des arbres fruitiers à noyau et notamment du cerisier sauvage (*prunus avium*), mais on peut facilement la reconnaître à sa couleur plus sombre, et d'un éclat moins cristallin. La gomme sénégal ne diffère de l'arabique que par la grosseur de ses morceaux, plus clairs quoique un peu colorés ; on l'emploi de préférence, à raison de son bas prix, mais on devra choisir la gomme la plus blanche pour les nuances claires des étoffes, et il faudra toujours avoir soin de filtrer la dissolution, la plus belle gomme arabique produisant toujours un résidu d'impureté quand sa dissolution est complète.

La gomme adragante est le produit de l'*astragalus tragacantha*, arbrisseau épineux qui croît dans l'île de Candie et dans d'autres îles du Levant. Elle est en morceaux blanchâtres tortillés en forme de vermisseaux, moins transparents que ceux de la gomme arabique dont elle diffère dans beaucoup de ses propriétés. Mise dans l'eau, elle s'imbibe lentement d'une grande quantité de ce liquide ; elle se gonfle considérablement et forme un mucilage mou, mais qui n'est pas fluide. Si la quantité d'eau excède celle que la gomme peut imbiber de ce liquide, le mucilage devient une masse irrégulière qui ne s'unit pas au surplus du liquide. Il s'opère à la vérité, par l'agitation, une dissolution apparente, et le tout prend un aspect séreux ; mais en abandonnant la liqueur à elle-même, le mucilage s'en sépare de nouveau, comme auparavant, et l'eau devient transparente. Il faudra donc avoir soin d'agiter cet apprêt gommeux, avant d'y passer les soies, dont elle conserve mieux la souplesse que la gomme arabique qui leur donne un peu de dureté.

On a désigné sous le nom d'*arabique* le principe des gommes solubles dans l'eau, et sous le nom de *bassorine* leur principe insoluble. Mais, ainsi que nous l'avons vu, les gommes sont le plus souvent un mélange très-variable de la substance gommeuse, proprement dite, et de beaucoup de tissus ligneux ou glutineux, en sorte que cette distinction n'offre pas un caractère précis d'une exactitude suffisante, même pour différents fragments d'un morceau de gomme. La gomme *bassora* de Vauquelin paraît une variété d'adragante qui contient toujours environ 0 30 de bassorine, tandis que les gommes arabique et sénégal qui n'en contiennent pas, consistent presque entièrement en arabine : toutes ces gommes donnent en outre de petites quantités d'un principe colorant ; des traces d'un acide libre, de manganèse, d'oxyde de fer, et de chaux qui paraît combinée, suivant Vauquelin, avec les acide malique, acétique et phosphorique.

Cruickshanks, en chauffant par degrés jusqu'au rouge, 31 grammes de gomme dans une cornue de verre lutée, obtint :

Acide acétique mêlé avec de l'huile. .	13.521	15.830
Charbon.	6.215	6 000
Chaux et un peu de phosphate de chaux.	0.647	0.770
Hydrogène calciné et gaz acide carbonique.	10.617	8.400
	31.000	31.000

Le docteur Bostock, en faisant digérer de la gomme adragante dans de l'eau, jusqu'à ce qu'elle fût devenue gélatineuse, et en la triturant alors dans un mortier avec de l'eau pure, formait un mucilage homogène, consistant dans 100 parties d'eau et 1 partie d'adragante.

Suivant M. Persoz, une gomme arabique de bonne qualité doit se dissoudre dans de l'eau en toutes proportions, sans avoir jamais l'aspect gélatineux. Une gomme dont certaines portions, au lieu de se dissoudre dans l'eau, ne feraient que s'y tuméfier et s'y gonfler en absorbant de ce liquide, renfermerait de la gomme du pays ou une gomme analogue, et il faudrait la rejeter en raison des graves inconvénients qu'en présenterait l'usage.

Suivant M. Raspail, on peut séparer toute espèce de gomme de son mélange avec les tissus ligneux ou glutineux, en la traitant par le carbonate de chaux, pour saturer l'acide masqué auquel le gluten peut devoir sa solubilité, de dessécher ensuite la substance au bain-marie, de la déposer dans l'eau pendant plusieurs jours, et de décanter avec précaution toute la partie limpide. On obtiendra ainsi, non pas toute la gomme, mais rien que la gomme, ce qui peut être utile au teinturier pour certaines nuances très-délicates d'étoffes de grand prix.

On peut conserver pendant plusieurs années la dissolution mucilagineuse de gomme, sans qu'elle éprouve de putréfaction ; plus elle est épaisse, mieux elle se conserve ; cependant il s'y développe à la fin une odeur sensible d'acide acétique. M. Willis a trouvé que la racine de *l'hyacinthus non scriptus*, desséchée et pulvérisée, fournit un mucilage ayant toutes les qualités de celui que produit la gomme arabique. Lord Dundondal retira aussi un mucilage des lichens.

Amidons, empois. — L'amidon, à l'état de pureté est une poudre blanche, cristalline, insipide, inodore, craquant sous les doigts, combustible, insoluble dans l'eau froide, mais se formant en gelée dans l'eau bouillante ; elle existe principalement dans les parties blanches et cassantes des végétaux, particulièrement dans les racines tubéreuses, et dans les semences des plantes graminées ; on l'extrait en agitant ces parties, après les avoir broyées dans de l'eau froide : le parenchyme ou les parties fibreuses s'y déposent d'abord ; et lorsqu'on les a séparées de la liqueur, il reste en suspension une poudre fine blanche, qui s'y dépose aussi peu à peu. Cette poudre est l'amidon, et nous renverrons pour ses diverses préparations, au *Manuel de l'Amidonnier*, qui fait partie de l'*Encyclopédie-Roret*.

L'amidon du commerce est d'une belle couleur blanche, ordinairement sous forme solide, en masses allongées qui, réduites en poudre, offrent à la loupe des globules assez brillants ; il ne se dissout pas dans l'eau froide, mais il s'y réduit très-promptement en poudre, et forme avec ce liquide une espèce d'émulsion. Il se combine avec l'eau bouillante, et se réduit en une sorte de gelée, connue sous le nom d'*empois*, qui peut s'y délayer ; mais lorsqu'on laisse pendant un temps suffisant le mélange en repos, l'amidon se précipite peu à peu. Si on laisse l'empois exposé à un air humide, il perd promptement sa consistance, acquiert une saveur acide, et sa surface se recouvre de moisissure ; l'empois ainsi gâté ne pourrait, sans inconvénient, s'employer pour apprêter les étoffes. L'empois bouillant se combine avec la cire et la maintient en quelque sorte en dissolution.

L'amidon ne se dissout ni dans l'alcool, ni dans l'éther, et ne s'y réduit même pas en poudre à l'aide de la chaleur. L'iode fournissant avec l'amidon des composés d'un bleu virant au noir ou au violet, est le réactif le plus sensible pour reconnaître la présence de l'amidon. L'*amidine*, substance produite, suivant M. Saussure, en abandonnant la pâte d'amidon à elle-même, avec ou sans le contact de l'air, a des propriétés intermédiaires entre celles de l'amidon et de la gomme ; mais M. Raspail a démontré que cette *amidine* de Saussure peut s'obtenir immédiatement après l'ébullition de la fécule, dans un grand excès d'eau ; et que l'on avait considéré autrefois comme propriétés inhérentes à l'amidon lui-même celles qui appartiennent à la farine et aux téguments de fécule qui s'y trouvent mêlés accidentellement. Nous n'insisterons pas davantage ici sur les propriétés chimiques de l'amidon, dont la connaissance n'est pas indispensable au teinturier, et que l'on trouvera d'ailleurs dans le *Manuel de Chimie*, qui fait partie de l'*Encyclopédie-Roret*.

L'*amidon torréfié*, dont on fait usage pour certains apprêts, quand il est de bonne qualité, dit M. Persoz, doit se dissoudre dans l'eau sans laisser de résidu sensible, quand on l'a préalablement délayé de manière à en faire une pâte bien homogène. La partie insoluble dans l'eau, après avoir été séparée par une filtration, ne serait rude au toucher qu'autant qu'elle renfermerait des matières charbonneuses ou du sable, ce qui serait également nuisible dans l'usage qu'on fait de l'amidon torréfié pour épaissir les couleurs destinées à l'impression au rouleau.

L'*amidon de pommes de terre* diffère sensiblement de celui du froment : il est plus friable, contient plus d'eau hygrométrique, et a besoin d'une température plus basse pour se réduire en gelée avec l'eau ; il se décompose moins promptement par la fermentation spontanée ; il est soluble dans les lessives alcalines plus étendues : son empois s'épaissit facilement, mais ne conserve pas longtemps son épaississement. On le trouve en *fécule*, en poudre d'une apparence cristalline, et on ne l'emploie guère en apprêt que pour les cotons.

La *fécule bise* de pommes de terres, même lorsqu'elle a été blanchie, décèle au microscope la présence de fibres végétales.

L'amidon de riz fournit des apprêts aussi fermes et moins raides que ceux de l'empois ordinaire. Il suffit de faire bouillir le riz, pour en retirer la matière amylacée, que l'on passe à travers un linge avant de l'employer. L'avoine, le maïs, le millet, la châtaigne, le marron d'Inde, les pois, les fèves, le gland, produisent aussi des amidons qu'on pourrait employer à peu de frais dans certaines localités. Enfin, Parmentier désigne les plantes suivantes, comme celles dont on peut extraire l'amidon : *arctium seppa, atropa belladonna, polygonum bistorta, bryonia alba, colchicum autumnale, spiræa, filipendula, ranunculus bulbosus, scrophularia nodosa, sambucus ebulus et nigra, orchis morio mascula, imperatoria ostruthium, hyoscyamus niger, rumex obtusi-folius — acutus — aquaticus, arum maculatum, iris pseudacorus — fœtidissima, orobus tuberosus, bunium bulbocastanum.*

Les graines oléagineuses ne donnent une farine produisant de l'amidon, qu'après en avoir extrait l'huile, et les lichens ne donnent aucune fécule produisant de l'amidon.

DEUXIÈME PARTIE.

Ateliers du teinturier ; Emploi spécial de la vapeur ; Opérations principales de l'art de la teinture ; Divers agents chimiques dont on fait un emploi habituel dans l'art de la teinture ; Matières tinctoriales.

CHAPITRE III.

ATELIERS; EMPLOI SPÉCIAL DE LA VAPEUR; OPÉRATIONS PRINCIPALES.

§ 7. ATELIERS.

La disposition générale des ateliers du teinturier tient à la nature même des travaux qu'on y doit exécuter, et qui exigent presque tous, avec autant d'abondance que de pureté, de l'eau, de l'air, de la lumière, ces trois grands agents de toute coloration dans la nature. Le choix de l'emplacement est donc ici d'une grande importance, car il est indispensable que l'atelier soit aussi voisin que possible d'une eau limpide et courante, qu'il soit spacieux, bien aéré et éclairé d'un beau jour. Il est nécessaire aussi que l'atelier soit pavé de chaux et ciment, de manière que l'eau n'en puisse altérer le sol, dans lequel on aura soin de ménager des ruisseaux ayant assez de pente pour faciliter l'écoulement des vieux bains de teinture et de toutes les eaux qu'on y jette à chaque instant ; enfin il faut que tout soit disposé dans l'atelier pour que la plus grande propreté puisse y régner, et que les ouvriers puissent y circuler librement sans être jamais incommodés de toutes les vapeurs qui s'y dégagent continuellement. A cet effet, l'atelier doit être pourvu des évents convenables, pour que l'air y puisse être souvent renouvelé en entier ou en partie.

Telles sont les conditions générales auxquelles on doit satisfaire, avant tout, dans la construction d'un atelier de teinture ; il va sans dire que les dispositions qui en résultent se trouvent naturellement modifiées par les localités, mais il ne faut jamais les perdre de vue, car elles contribuent à la bonne confection de l'ouvrage et à la santé de l'ouvrier. Un étendoir à l'air libre et un étendoir à couvert, soit dans un hangar spacieux, soit dans un vaste grenier, de manière qu'on y puisse, en tout temps, étendre et sécher à l'ombre les étoffes qui sortent de la teinture, sont un complément indispensable de l'atelier.

On comprend bien qu'il nous serait impossible d'entrer ici dans tous les détails de la construction d'un atelier de teinture, construction qui dépend d'ailleurs des différentes matières que le teinturier peut en quelque sorte varier à l'infini, suivant ses besoins; mais nous y reviendrons naturellement en nous occupant de tous les véritables ustensiles invariablement consacrés aux opérations principales de la teinture.

Il est à désirer, suivant M. Persoz, que l'atelier ait la forme d'un long rectangle; sur l'un des côtés, on range les caisses nécessaires au bousage, à la teinture et aux passages en savon et en acide; sur l'autre, les appareils à dégorger, clapeau, plateau, battoir; au milieu doit passer l'eau courante. On comprend les avantages qu'offre cette disposition, l'hiver surtout, pour le rinçage des pièces. Les brouettes dont on se sert pour le transport des étoffes ne doivent pas avoir de fer en contact avec ces étoffes, car le fer attaqué bientôt par l'eau et les acides occasionnerait des taches préjudiciables. On doit prendre les mêmes précautions pour les banquettes où l'on dépose momentanément les pièces, si l'on ne peut les construire en pierres inattaquables aux acides. D'un autre côté, il faut veiller à ce que le bois dont on se sert ne se recouvre pas, comme il n'arrive que trop souvent, de champignons dont la sécrétion acide n'est pas moins funeste que la rouille. De plus, comme il y a émanation d'une grande quantité de vapeurs, il faut avoir soin de donner à la toiture une certaine inclinaison, afin que l'eau de condensation qui se charge de toutes les matières que l'air tient en suspension, de tous les produits de la décomposition du bois et de la rouille qui se produit aux dépens du fer employé dans la construction, s'écoule sans former gouttière nuisible. Enfin, pour ne pas être exposé à de fâcheux mécomptes, on doit placer les cuves à teindre et à aviver, de manière à pouvoir les vider, sans gâter l'eau dont on a besoin.

Chaudières. — La disposition, la grandeur et la nature même des chaudières dépendent des opérations auxquelles elles sont destinées. Les chaudières sont généralement de cuivre rouge ou de cuivre jaune; mais il est avantageux d'avoir une chaudière en étain, destinée spécialement à l'écarlate et à toutes les couleurs délicates pour lesquelles on fait usage de la dissolution d'étain. Le cuivre jaune est moins sujet à être attaqué par les substances salines, et à tacher les étoffes que le cuivre rouge. On peut, dans plusieurs cas, substituer des vases de bois aux chaudières de métal; mais le bois a le grave inconvénient de s'imprégner de teinture et de salir de cette teinte acquise, les teintures subséquentes, quel que soit le soin avec lequel le bois a été lavé. Cependant, une cuve de bois peut être employée avec succès quand elle est destinée uniquement soit au blanchiment, soit à la même teinture, parce qu'elle a l'avantage de mieux conserver sa chaleur que les chaudières métalliques.

Il est important de nettoyer complètement et à fond les chaudières après chaque opération; et celles qui ont une grande capacité doivent être pourvues d'un tuyau d'écoulement placé à la partie la plus basse du fond et garni en dehors d'un robinet, qu'on ouvre quand on veut en vider les bains.

Toutes ces chaudières, dont l'abord doit être facile, seront deux, autant que possible, scellées à la même hauteur, et revêtues tout autour d'un mur fait de tuileaux et de terre à four; on enduit seulement l'extérieur de plâtre, pour qu'il ne se dégrade pas si facilement. On chauffe ordinairement les chaudières par-dessous. Mais dans un atelier bien monté, les chaudières sont chauffées par des tuyaux à vapeur disposés sous leur fond ou autour de leur paroi; pour les cuves à indigo, il est indispensable, à défaut de chauffage à la vapeur, de disposer le fourneau de manière à chauffer la cuve vers le milieu, et non par-dessous. On enferme, pour plus de commodité, sous un même manteau de cheminée, les foyers de toutes les chaudières, ainsi que les registres de tirage destinés à régler l'activité du feu. Au-dessus de chaque chaudière, on perce dans le manteau de la cheminée, ou dans le mur, des trous pour y placer des perches qui servent à faire égoutter les écheveaux de laine ou de soie, ou les étoffes dont on n'a que de petites parties à teindre, afin que le bain retombe dans la chaudière; et on pose ces bâtons sur les perches. — Lorsque ce sont des étoffes qu'on veut teindre, et qu'on a des pièces entières, on se sert d'un tour dont les deux extrémités sont posées sur deux fourchettes de fer qui se placent quand on veut dans des trous pratiqués sur les jantes de bois qui soutiennent les bords de la chaudière.

Quand on chauffe à la vapeur, la bouilloire doit être placée au centre de l'atelier; suivant la forme de cet atelier. Les chaudières sont ensuite disposées en quinconce autour de cette bouilloire, ou à la suite les unes des autres et des deux côtés de la bouilloire, de manière à n'avoir, dans tous les cas, que le moindre développement possible pour les conduits de la vapeur.

Plusieurs teintures en soie et en coton, pour lesquelles on ne doit pas employer l'ébullition, s'exécutent dans des vases longs de cuivre, d'étain ou de bois, qu'on appelle barques ou baquets. On doit avoir aussi un puisoir d'une forme et d'un poids commodes pour puiser dans les chaudières, tout ou partie d'un bain que l'on ne veut pas faire écouler par le robinet.

Séchoir, Étuve. — Comme la plupart des couleurs qu'on applique sur la soie sont très-délicates, elles exigent une prompte dessiccation pour ne pas s'altérer. Le séchoir a surtout pour objet de pourvoir à cette nécessité, et le séchoir le plus ordinaire est simplement une pièce chauffée par le moyen d'un poêle ; on y étend la soie sur une perche suspendue et mobile, qu'on appelle *branloire,* parce qu'on la tient agitée pour accélérer la dessiccation que l'on règle d'ailleurs en maintenant le séchoir au degré de température voulue. On se sert aussi de séchoir pour les toiles de coton qu'on a imprégnées de mordant. Il est nécessaire, pour certaines étoffes reteintes, de les épingler sur un métier pour les sécher ; ces métiers doivent être quelquefois placés dans l'étuve ou séchoir, et le plus ordinairement dans le grenier ou étendoir. Il faut pouvoir au besoin conduire de la vapeur d'eau ou de la vapeur de soufre dans une petite étuve disposée à cet effet.

Quand on opère en grand sur des pièces entières, les séchoirs prennent alors le nom de *chambres chaudes*; les machines destinées à plaquer le mordant se nomment *foulards* ; et M. Thillaye en donne un très-bon modèle dans son *Manuel du Fabricant d'Indiennes,* de *l'Encyclopédie-Roret.* Il exige d'ailleurs pour les chambres chaudes les conditions suivantes :

1° La disposition des calorifères doit être telle que la chaleur se répande uniformément dans toute la chambre;

2° La chambre, si les localités le permettent, doit être telle qu'une pièce puisse y tenir dans toute sa longueur; sa largeur alors sera de 4 à 5 mètres; dans le cas contraire, les extrémités des barres doivent former le cercle;

3° Les barres sous lesquelles sont fixés les crochets, doivent être distantes du plafond de 65 centimètres : il doit existen un plancher à claire-voie, éloigné de 65 centimètres du sol. Cette disposition est nécessaire pour faciliter la dessiccation des pièces.

4° Il faut laisser des ouvertures tant à la partie inférieure qu'à la partie supérieure de la chambre, pour faciliter au besoin le renouvellement de l'air qu'on doit pouvoir activer au besoin par un ventilateur.

Si la chambre chaude était carrée, il faudrait donner une forme circulaire au cadre destiné à suspendre les pièces; la chambre alors est dite *en limaçon*, parce que les pièces accrochées ont cette forme en spirale.

Toutes les fois que l'on étend des pièces plaquées de mordant dans une chambre chaude, il faut avoir le soin de la chauffer avant de commencer à étendre.

La température de la chambre varie de 35 à 45 degrés, suivant la nature des opérations. On doit éviter de laisser des plis aux étoffes; lors de la teinture, ces plis formeraient des nuances que l'on désigne sous le nom de *coup de feu*.

Outillage d'un atelier de Teinturier-Dégraisseur.—Après avoir distribué l'atelier relativement aux opérations auxquelles il est le plus habituellement destiné, et réglé cette distribution de manière que les opérations puissent s'y succéder facilement de la manière la plus commode, comme la plus économique, pour la main d'œuvre, il est avantageux pour le teinturier qui veut s'occuper utilement de son art, de ménager dans l'atelier même un laboratoire particulier où l'on puisse réunir les ustensiles nécessaires pour les expériences de chimie relatives à des essais ou à des épreuves de teinture.

Les progrès de l'industrie ont créé un outillage spécial pour la teinture en grand des pièces d'étoffe de chaque espèce de fabrication; mais on peut, pour 4 à 500 francs, au plus, garnir un atelier de teinturier-dégraisseur des ustensiles les plus indispensables, et dont voici la récapitulation :

Une presse à vis, en bois, avec plateau d'un mètre carré, garni de deux gros cartons et de cinquante cartons fins et lisses.

Une boîte à soufrer, en bois blanc, cubant 1 à 2 mètres, fermant hermétiquement et garnie de ficelles tendues pour y suspendre les étoffes.

Trois métiers garnis de serge, de diverses grandeurs et servant à épingler les étoffes.

Six lisoirs assortis, en bois blanc, deux râbles, un tranchoir ou pelle de bois à manche court.

Deux chevalets ou tréteaux élevés et longs.

Quatre chaudières en cuivre jaune, contenant l'une quinze
  seaux, l'autre dix seaux d'eau, l'autre six seaux, et la plus
  petite seulement deux seaux d'eau, avec un vase également
en cuivre pour les vider.
Une chaudière en étain de la capacité de dix seaux d'eau.
Cinq à six barriques ou cuves en bois et quatre baquets.
Deux mortiers à broyer, l'un en bois et l'autre en cuivre ou
  en fonte.
Une bassine en cuivre, à branloire, avec boulets pour con-
  casser l'indigo.
Une douzaine de vases et terrines en terre bien vernissés.
Trois tamis assortis, deux en cuivre et un en bois.
Une paire de cardes pour tirer les étoffes à poil et deux ou
  trois carrelets de chapelier pour repasser.
Une paire de bonnes balances avec leurs poids.
Thermomètre à mercure.
Tubes et éprouvettes en verre, assortis pour les essais.

Aréomètre de Baumé. — Cet instrument, très-utile pour
connaître avec une exactitude suffisante le degré de concentration des acides, des lessives de potasse ou de soude, des
dissolutions salines, des mordants, etc., etc., se compose
d'un tube de verre, portant sur sa longueur deux renflements,
dont l'un qui termine le tube, contient du mercure servant
à lester l'instrument. Pour le construire, on le plonge d'a-
bord dans l'eau distillée à la température de 10°, échelle de
Réaumur, qui est la température constante des caves, et on
marque zéro à l'endroit de la tige où elle cesse de s'enfoncer;
on plonge ensuite l'instrument dans une dissolution de 10
parties de sel marin bien pur, et de 90 parties d'eau distillée,
et on marque de nouveau sur la tige le point où elle cesse
de s'enfoncer. L'intervalle, entre ce point et le zéro, formera
10 degrés avec lesquels, à l'aide d'un compas, on tracera une
échelle de 100 degrés, divisée de degré en degré, pourvu que
le tube soit bien égal dans toute sa longueur. On enferme
cette échelle dans le tube que l'on scelle ensuite, et on l'y
fixe avec un peu de cire d'Espagne.

L'usage de cet instrument est facile à comprendre, plus
le liquide sera dense ou pesant, moins l'aréomètre descendra
dans ce liquide; plus au contraire il sera léger, plus l'instrument s'enfoncera.

Chloromètre. — Nous avons donné, en traitant de la théorie du blanchiment par le chlore et les chlorures, les principes sur lesquels sont fondés le *chloromètre* et les moyens
d'y suppléer.

Manipulations. — Les manipulations de la teinture ne sont

ni difficiles ni compliquées ; elles ont pour objet d'imprégner la substance qu'on veut teindre des parties colorantes qui sont tenues en dissolution dans un bain ; de faire concourir l'action de l'air et de la lumière, soit à la fixation des parties colorantes, soit à leur développement, soit à leur éclat, et de dégager avec soin celles qui n'ont pas été fixées dans la substance qu'on vient de soumettre à leur action.

Lorsqu'on doit teindre les étoffes, qu'on en a des pièces entières, et même plusieurs à la fois, on se sert du tour dont on a déjà parlé. On enveloppe sur ce tour un bout de l'étoffe, et en le faisant tourner promptement, il se charge successivement de toute la pièce ; on le tourne ensuite à contre-sens, pour que la partie de l'étoffe qui a été d'abord plongée la première, le soit la dernière à cette seconde immersion ; et que par là la teinture soit égale autant qu'il est possible. Si la pièce d'étoffe est assez longue, ou si l'on en a plusieurs à teindre de la même couleur, on réunit ensemble les deux bouts, et on passe le tour au travers, puis on le pose sur les fourchettes.

Si on a à teindre de la laine en toison, on pose sur la chaudière une espèce d'échelle fort large, dont les échelons sont très-rapprochés, et l'on y met la laine pour l'égoutter, l'éventer ou pour la changer de bain.

Lorsque la laine est en écheveaux, on passe des bâtons dans chacun de ces écheveaux, et la manœuvre est la même que pour la soie et le fil. Elle consiste à faire tourner sur les bâtons, dans le bain, les mateaux de soie et les écheveaux de fil ou de laine ; c'est ce qu'on appelle *liser* ou *lisser* ; l'on donne au bâton le nom de *lisoir*.

Lorsqu'on a teint la soie et les fils, il faut les tordre pour en exprimer l'excès des parties colorantes. Cette opération s'exécute sur une pièce de bois cylindrique, qui est scellée par un bout dans un mur, ou enclavée dans la mortaise d'un poteau, et qu'on appelle *espart* ; la tête de l'espart est arrondie et polie. Quand on répète plusieurs fois de suite cette opération pour sécher et pour donner du lustre, on l'appelle *cheviller*.

Le même bain reçoit quelquefois l'addition d'une certaine quantité d'ingrédients, et l'on dit qu'on lui a donné un *brevet* ; il est nécessaire alors de le *pallier*, c'est-à-dire de le remuer avec un *râble* pour brouiller le marc ou la pâtée de la cuve avec le liquide qu'elle contient.

On pallie souvent un bain, même sans lui donner le brevet, pour éviter que le marc ne s'attache à la cuve et n'occasionne des soubresauts.

On recharge en couleur, dans le même bain, avec ou sans brevet ; mais quand on donne d'abord une première couleur pour en appliquer ensuite une autre par-dessus, afin d'obtenir par ce moyen une couleur composée : c'est ce qu'on appelle *donner un pied*.

On lave souvent la soie, en la retirant d'un bain de teinture ou d'eau de savon, ce qui s'appelle *disborder* quand on lave dans une petite quantité d'eau, à laquelle ou donne ensuite le nom de *disbordures*.

Lorsqu'on est obligé de passer plusieurs fois une étoffe dans un même bain, on donne le nom de *passe* à chaque opération partielle.

On *rose* quand on change le ton jaune d'une couleur rouge en une nuance qui tire davantage sur le cramoisi ou sur la couleur des roses ; et on *vire* une couleur d'un jaune rouge quand on la fait tourner à un rouge plus décidé.

Les manipulations de la teinture, quoique peu variées et paraissant fort simples, exigent cependant des soins particuliers et un coup-d'œil exercé pour juger les qualités du bain, pour porter et maintenir la chaleur au degré convenable à chaque opération, pour écarter toutes les circonstances qui pourraient produire de l'inégalité dans la couleur, pour juger avec précision si les nuances qui sortent du bain atteignent celles qui servent d'échantillon, et pour établir entre une suite de nuances les rapports que l'on désire.

Combustible. — L'emploi du combustible étant un des principaux objets de dépense dans les teintures, il est très-important d'en diminuer autant que possible la consommation, et de choisir parmi le bois, le charbon de terre ou la tourbe, celui qui peut, avec le moins de frais, produire l'effet le plus avantageux. On peut, pour comparer cet effet des différents combustibles, employer le moyen indiqué par Lavoisier, dans les Mémoires de l'Académie, 1781. Ce moyen consiste à brûler chaque espèce de combustible dans le même fourneau, sur lequel on pose une chaudière. On met dans cette chaudière une quantité égale d'eau bouillante, et l'on remplace celle qui s'évapore en faisant couler par un robinet un poids égal d'eau à chaque opération d'essai. On compare ensuite les quantité de combustible qui ont été nécessaires pour faire évaporer la même quantité d'eau ; il est évident que les qualités de ces combustibles sont proportionnées à la quantité qu'il aura fallu employer de chacun d'eux pour produire le même effet. L'on n'a donc plus qu'à comparer les quantités de chaque combustible qui ont été employées à l'évaporation, avec leur prix respectif, pour déterminer quels sont ceux qui présentent de l'avantage et qui doivent être préférés. On peut se servir indifféremment, pour ce calcul, du poids ou de la mesure de chaque combustible, pourvu qu'on en connaisse le prix.

Le charbon de terre exige dans les fourneaux une construction un peu différente de celle employée à brûler le bois, parce que s'enflammant plus difficilement, il faut nécessairement qu'il brûle sur une grille qui donne passage à un courant d'air ; il en est de même du *coke* dont le feu très-intense demande à être gouverné avec beaucoup de soin.

A Paris, où l'on ne se sert guère de tourbe, le chauffage à la houille est le plus économique de tous ; le chauffage par le coke est moins cher que le chauffage au bois, et le chauffage par le charbon de bois est le plus cher de tous.

La vapeur peut être produite par tout autre combustible que le bois ; il faut 154 grammes de houille ou 208 grammes de tourbe pour produire 1 kilogramme de vapeur d'eau, en moyenne de qualité de ces combustibles.

§ 8. EMPLOI SPÉCIAL DE LA VAPEUR.

Le chauffage à la vapeur est, sans contredit, le moyen le plus économique et le mieux approprié aux divers besoins d'un atelier de teinture ; aussi, depuis quelques années, a-t-on vu s'établir, auprès des grandes machines à vapeur qui n'utilisaient pas toutes leurs eaux, des ateliers de blanchissage et de teinture, qui en ont habilement profité, en obtenant la concession d'un conduit d'eau chaude. Mais l'emploi de la vapeur, dans un atelier de teinture, exigeant quelques notions particulières qui ne sont pas assez généralement répandues, nous entrerons ici dans tous les détails qui peuvent être utiles au teinturier.

L'eau tenue en ébullition pendant aussi longtemps que l'on voudra, dans un vaisseau ouvert, ne peut acquérir le plus petit degré de chaleur au-delà de celui auquel elle a commencé à bouillir, c'est-à-dire au-delà de 100° centigrades ; quand l'eau bouillante est parvenue à ce point, la vapeur absorbe le calorique et l'entraîne à mesure qu'il s'en développe. Cependant la continuation de la chaleur, jointe à une pression additionnelle, peut augmenter considérablement à la fois l'expansibilité et la température de la vapeur.

C'est en raison de la grande quantité de calorique qu'exige la conversion du liquide en vapeur, que l'évaporation produit du froid ; lorsqu'on jette de l'eau sur des corps chauds, cette eau est à l'instant convertie en vapeur, et elle enlève ainsi à ces corps une grande portion du calorique qu'ils contiennent.

C'est à la force expansive de la vapeur de l'eau qu'est dû le mouvement, bien connu sous le nom d'*ébullition*, qui s'établit dans l'eau que l'on chauffe suffisamment; il est occasionné par le passage, à travers l'eau, de la vapeur qui se forme d'abord au fond du vaisseau.

L'eau entre en ébullition, lorsque la tension de la vapeur fait équilibre à la pression de l'atmosphère; alors le volume de la vapeur est 1,698 fois plus grand que celui de l'eau mesuré à + 14 degrés centigrades.

La vapeur d'eau est transparente, incolore, inodore et plus légère que l'air; sa densité n'étant que 0.62, *un centimètre cube* d'eau à zéro degré donne, en passant à l'état de vapeur, *mille sept cents centimètres cubes* de vapeur d'eau à cent degrés, soutenant la pression atmosphérique ordinaire qui soulève une colonne de mercure de *soixante-seize centimètres* de hauteur, dans le baromètre. On conçoit d'ailleurs qu'en augmentant la pression, on peut porter cette température bien au-delà, comme cela arrive dans les machines à vapeur que tout le monde connaît aujourd'hui. A chaque augmentation de pression, correspond une augmentation de température, et réciproquement l'augmentation de température détermine une augmentation de pression, c'est ce qu'il est très-important de connaître pour toute espèce d'emploi de la vapeur, la hauteur de la colonne d'eau soulevée par la simple pression atmosphérique ou par un atmosphère étant de plus de *dix mètres*.

M. Dulong a calculé dans la table suivante la température de la vapeur d'eau et la pression correspondante évaluée en atmosphères ou par la hauteur métrique d'une colonne de mercure, laquelle répond à une hauteur environ treize fois et demie plus grande d'une colonne d'eau :

PRESSION EN ATMOSPHÈRES.	HAUTEUR de la colonne de mercure soulevée par cette pression.	TEMPÉRATURE de la vapeur en degrés centigrades.
	mètres	degrés.
1 atmosphère, ou pression atmosphérique ordinaire.	0.76	100
1 atmosphère et demie. . .	1.14	112.2
2 atmosphères.	1.52	122
2 atmosphères et demie.. .	1.90	129
3 atmosphères..	2.28	135
3 atmosphères et demie.. .	2.66	140.7
4 atmosphères.	3.04	145.2
4 atmosphères et demie.. .	3.42	150
5 atmosphères.	3.80	154
5 atmosphères et demie.. .	4.18	158
6 atmosphères.	4.56	161.5
6 atmosphères et demie.. .	4.94	164.7
7 atmosphères.	5.32	168
7 atmosphères et demie.. .	3.70	170.7
8 atmosphères.	6.08	173

On peut atteindre à des températures très-élevées, en augmentant la pression dans des appareils d'une résistance suffisante ; nous citerons comme exemple la marmite de Papin dont les parois en fer d'une grande épaisseur, n'offrent qu'une capacité de un à deux litres au plus, parce qu'elle présente l'enseignement le plus utile et parlant le plus aux yeux, par ses résultats aussi curieux qu'importants sur les forces prodigieuses de la vapeur à une haute température. L'ouverture de cette marmite se ferme à l'aide d'une soupape chargée de manière à résister à une pression de 40 à 50 atmosphères, suivant l'épaisseur et la résistance des parois en fer de l'appareil. La vapeur qu'on y développe, en la chauffant fortement, ne trouvant pas d'issue, maintient, par sa pression, une grande partie de l'eau à l'état liquide, quoiqu'elle parvienne à une température de 200° à 300° et au-delà. Mais alors, si l'on ouvre la soupape, une colonne de vapeur de 11 à 16 mètres de hauteur s'élève tout-à-coup dans l'atmosphère avec un grand bruit.

100 grammes de vapeur d'eau à 100°, sous la pression

d'une atmosphère exprimée par $0^m.76$ de hauteur de la colonne de mercure du baromètre, peuvent produire dans 550 grammes d'eau, par la condensation de cette vapeur, 630 à 650 grammes d'eau bouillante. Le teinturier voit de suite ici tout le parti qu'il pourra tirer de la vapeur pour mettre promptement ses chaudières à l'état d'ébullition, ou pour faire arriver de grandes quantités d'eau à divers degrés de température; mais il devra remarquer aussi, comme le lui indique d'ailleurs le tableau précédent, que lorsqu'il s'agit d'obtenir des effets calorifiques, destinés, soit à chauffer l'air d'une étuve, soit à chauffer de l'eau jusqu'à l'ébullition, il vaut mieux employer la vapeur de 1 à 2 atmosphères, que la vapeur à très-haute pression. En effet, cette dernière vapeur, sans une augmentation bien notable de température, développe, par son expansibilité, une force élastique d'une puissance incessamment destructive des meilleurs appareils. Ainsi, par exemple, je me suis assuré par des expériences directes, qu'avec un calorifère à vapeur, dont le double serpentin était destiné à chauffer une masse d'air, qu'un ventilateur devait appeler sous une vaste bâche, à la température de 35° à 45° centigrades, j'augmentais à peine jusqu'à 50 degrés centigrades la chaleur de la masse d'air, en portant jusqu'à 5 atmosphères le travail journalier de 1 à 2 atmosphères de la chaudière à vapeur. Mais, par cette haute pression de la vapeur, qui exigeait moitié plus de combustible, les longues conduites en cuivre rouge de la vapeur étaient constamment endommagées, par des fuites qui se manifestaient, non-seulement à tous les joints, mais encore avec des piqûres sur la paroi du métal étiré cependant à froid avec le plus grand soin, après avoir été bien corroyé. On a reconnu d'ailleurs qu'il est indifférent, sous le point de vue du combustible, d'évaporer de l'eau, à la pression ordinaire, ou dans le vide, et l'on a remarqué que les meilleures machines à vapeur ne réalisent guère que le douzième du maximum d'effet indiqué par la théorie.

Un phénomène qui n'a pas même été expliqué est celui de la cessation de l'évaporation de l'eau, quand le vase qui la contient est porté par la chaleur au rouge-cerise ou au rouge-blanc; tandis que si le vase revient au rouge-brun, l'eau entre tout-à-coup dans une violente ébullition et se transforme tout entière en vapeur. Il peut donc arriver ainsi qu'une chaudière à vapeur, portée accidentellement à une température très-élevée, cesse de fournir de la vapeur, et il faut se mettre en garde contre l'explosion qui pourrait alors résulter d'un abaissement de température.

Les plaques de métal fusible sont surtout utiles contre ce genre de dangers, puisqu'elles limitent la température que l'appareil peut acquérir. Au reste, les ordonnances de police ayant pourvu maintenant aux diverses précautions que l'on doit prendre pour éviter les accidents de chaudière à vapeur, le teinturier devra s'y conformer forcément, ce qui nous dispense d'entrer ici dans d'autres détails à cet égard.

Un appareil à vapeur bien simple que l'on peut employer dans le plus petit atelier de teinturier-dégraisseur, consiste à mettre de l'eau en ébullition dans une chaudière traversée par deux tuyaux en fonte de fer qui servent de fourneaux, et à concentrer la vapeur qui s'en dégage, pour la répartir ensuite, à l'aide de conduites avec robinets, sur les points où l'on en a besoin. Les tubes dans lesquels circule la vapeur doivent être soigneusement enveloppés de lisières pour prévenir la déperdition de la chaleur; on fera même bien de les enfermer dans des augets en bois remplis de sciure de bois, enveloppant les lisières de toutes parts, afin de conserver à la vapeur la température voulue, jusqu'au point de son arrivée. Il va sans dire que les portions de tubes contenant de la vapeur, destinés, soit à chauffer l'eau d'une chaudière dans laquelle ils plongent, soit à entretenir le bain, qu'ils trouveront à un degré voulu de chaleur, ont une surface de chauffe lisse et nue suffisante, toujours sans aucune enveloppe de lisières.

Les conduites de vapeur, pour chauffer l'air d'une étuve, doivent être toujours sans enveloppes de lisières, à partir de leur entrée dans l'étuve où elles doivent prendre un developpement suffisant pour offrir la surface de chauffe nécessaire. Quelquefois elles sont renfermées dans des tuyaux d'un diamètre plus considérable, d'où se dégage ensuite l'air sec et chaud; ce sont ces grands tuyaux que l'on enveloppe alors de lisières pour éviter la déperdition de la chaleur, et au sortir desquels on peut placer un ventilateur d'appel donnant une vive impulsion à l'air sec et chaud; tandis qu'un autre ventilateur, placé à la partie supérieure de l'étuve, enlève l'humidité.

Dans un grand atelier de teinture, une très-faible machine à vapeur, de la force de deux à quatre chevaux au plus, peut puiser l'eau froide et la répartir dans les conduites ou dans les réservoirs, fournir l'eau chaude et la distribuer partout, conduire la vapeur dans les tuyaux d'alimentation des cuves, ou d'échauffement des étuves, tout en faisant mouvoir les agitateurs, les presses, rouleaux, calandres, cylindres, dévidoirs et machines de toute espèce, en un mot, en concourant à tous les travaux. Il ne faut pour cela que disposer convenablement autour de la machine à vapeur les conduites et les divers appareils, en utilisant toujours l'eau chaude provenant de la condensation de la vapeur, soit à la recueillir comme eau distillée dont un atelier de teinture doit être toujours pourvu abondamment, soit à l'alimentation de la chaudière à vapeur elle-même, à défaut d'autre emploi plus avantageux.

La vapeur est employée pour fixer les couleurs, dans le travail d'impression des étoffes, et peut, dans certaines circonstances de teinture, faire fonction de mordant. Pour le teinturier-dégraisseur, c'est toujours un auxiliaire puissant, et souvent même l'emploi judicieux de la vapeur, à haute et basse température, suffit pour enlever les taches rebelles à d'autres agents plus compliqués.

Nous terminerons ce que nous avons à dire ici sur la vapeur, par quelques mots sur l'encrassement des générateurs et sur les moyens d'y remédier.

Moyens de prévenir l'encrassement des générateurs.—Dans tous les cas où il s'agit d'utiliser la vapeur d'eau, les vases où elle est produite, désignés sous le nom de générateurs, se recouvrent souvent à l'intérieur d'un sédiment formé par les matières salines qu'abandonne l'eau en passant à l'état de vapeur. De là des inconvénients graves, en tête desquels il faut placer celui de faire perdre aux parois métalliques de ces vases une partie de leur pouvoir conducteur de la chaleur, et d'obliger à chauffer leurs surfaces exposées au feu du combustible surtout, à une température très-élevée ; d'où résultent, non-seulement une plus grande détérioration des bouilleurs, mais encore des accidents fréquents et plus ou moins dangereux. Il est donc très-important de prévenir la formation de ces dépôts, surtout quand ils sont sédimenteux et compactes, comme il arrive trop souvent. A cet effet, plusieurs moyens ont été proposés. Quelques chimistes recommandent de mélanger à l'eau une certaine quantité de carbonate de soude ; quelques autres donnent la préférence à l'alun. M. Persoz, d'après des expériences directes, pense que les *tartrates de potasse et de soude* sont les agents les plus propres à prévenir ces dépôts stratiformes. 2 ou 3 kil. de l'un de ces sels suffisent pour préserver de cet inconvénient, pendant des mois, des bouilleurs qui marchent sans interruption. Il s'y produit bien un dépôt, mais formé de tartrate calcaire, sec pulvérulent, qui n'adhère pas aux parois des vases. La dépense est d'ailleurs fort peu considérable ; car, outre que ces tartrates sont à très-bas prix, en vidant la

chaudière, on peut neutraliser l'eau par un sel de chaux et précipiter ainsi l'acide tartrique qu'elle renferme encore en dissolution à l'état de tartrate *calcique* (de chaux). Ce dernier, recueilli et décomposé par l'acide sulfurique, donne de l'acide tartrique étendu, qui, saturé par la soude ou par la potasse, redevient propre à une nouvelle opération.

§ 9. MOYENS D'ESSAI DES COULEURS DÉPOSÉES SUR LES ÉTOFFES ; BON TEINT, FAUX TEINT.

A l'époque des *maîtrises* et des *jurandes*, on divisait les couleurs en *bon teint*, *petit teint*, etc., etc., mais cette division était complètement inexacte, puisqu'une couleur, selon la manière dont elle est appliquée et fixée, peut contracter une combinaison intime avec la fibre, ou n'y adhérer que faiblement, rester inaltérable dans de certaines conditions, ou s'altérer et disparaître dans d'autres.

M. Persoz donne à l'appui de cette opinion, qu'il ne faut pas compter seulement sur la nature des matières premières pour établir des groupes de couleurs *faux-teint*, *petit-teint*, *grand-teint*, etc., mais bien sur les procédés de leur fixation et sur la nature de la fibre des étoffes, plusieurs exemples parmi lesquels nous citerons seulement celui de la matière colorante du campêche ; lorsqu'on en a formé des laques violettes, en mordançant l'étoffe d'un sel aluminique et en teignant, la couleur résiste à l'eau, mais s'altère promptement à l'air ; si l'on en compose une couleur d'application ayant pour base une préparation *stannifère* (d'étain), la laque résiste à l'air, mais disparaît en grande partie à l'eau bouillante ; traitée, au contraire, par le chromate *potassique* (de potasse), elle se sature d'oxygène et résiste non-seulement à l'eau mais encore à l'action des agents atmosphériques.

Les agents à l'aide desquels on parvient à constater la nature des couleurs déposées sur tissu, sont au nombre de neufs principaux, savoir : la chaleur (incinération), le chlore gazeux ; l'acide hypochloreux ; l'acide nitrique ; l'acide sulfurique ; le chlorure *stanneux* (d'étain) ; le *chloride hydrique* (acide hydrochlorique ou chlorhydrique) ; l'hydrate potassique en dissolution ; l'hydrate calcique ou lait de chaux.

M. Persoz divise les couleurs en deux grandes catégories ; *organiques*, qui sont détruites par la chaleur, par le chlore et par l'acide hypochloreux ; *inorganiques* ou métalliques, qui résistent à l'action de ces mêmes agents : mais en tenant compte des conditions auxquelles les premières adhèrent à l'étoffe, les unes s'y combinant par elles-mêmes, les autres par le concours des mordants (oxydes métalliques), il en forme les trois groupes suivants :

1° *Couleurs organiques qui se fixent par elles-mêmes* (indigo, carthame);

2° *Couleurs organiques qui ne se fixent qu'avec le concours d'un mordant* (garance, bois rouge, jaune, cochenille, etc., etc.).

3° *Couleurs métalliques* (oxyde ferrique, peroxyde manganique, chromate plombique).

Si l'on incinère une étoffe recouverte des couleurs du premier groupe, on n'obtient pour résidu, au contact de l'air, que les cendres mêmes de la fibre sur laquelle elles ont été fixées. Si l'on traite l'étoffe par un agent décolorant (*chlore, acide hypochloreux*), la couleur est détruite, et la fibre passe au blanc ou à la nuance qu'elle prendrait en présence de l'agent destructeur.

Si l'on incinère une étoffe recouverte des couleurs du second groupe, la couleur disparaîtra, mais on retrouvera toujours le mordant inorganique employé à sa fixation, dans les cendres de la fibre, à l'aide du borax ou de l'acide borique, la présence du mordant se distinguera plus nettement dans la masse vitreuse obtenue par la fusion, à l'aide du chalumeau. Enfin, traitées par le chlore ou par l'acide hypochloreux, les laques de ce second groupe disparaissent en laissant pour résidu sur l'étoffe, le mordant (oxyde métallique) qui a servi à les fixer et dont on constate la nature, soit par fusion, soit à l'aide des réactifs.

Si l'on incinère une étoffe recouverte des couleurs du troisième groupe, on retrouve toujours ces couleurs dans les cendres, intactes ou plus ou moins modifiées, selon leur nature. De plus elles résistent ordinairement à l'action du chlore, ou si elles en sont attaquées, elles se transforment en des produits dérivés, faciles à reconnaître.

L'incinération, le chlore, l'acide hypochloreux, manifesteront donc toujours, dans toutes les couleurs qui se rencontrent sur les tissus, les caractères génériques. Nous verrons l'usage à faire des autres agents pour spécifier les diverses couleurs, au fur et à mesure de l'indication des teintures de ces couleurs.

Revenons aux anciennes méthodes de reconnaître le *bon-teint* ou le *mauvais-teint* d'une étoffe, d'après la pratique usitée dans les ateliers de teinture.

Il y a toujours eu deux manières de teindre les laines de quelque couleur que ce soit : l'une s'appelle teindre *en grand* ou *en bon teint*, l'autre, teindre *en petit* ou *faux teint*. La pre-

mière consiste à employer des matières tinctoriales qui se fixent de manière à rendre la couleur solide; la seconde, au contraire, à faire usage de drogues produisant des couleurs plus passantes, quoiqu'elles soient souvent plus vives et plus brillantes que celles du bon teint. Le petit teint se fait à beaucoup meilleur marché que le bon teint; aussi avait-on fait jadis des règlements qui prescrivent les sortes d'étoffes et de laines qui doivent être teintes en bon teint, et celles qu'on peut faire en petit teint. Les laines pour les canevas et les tapisseries de haute et basse lisse, et les étoffes dont la valeur excédait deux francs l'aune en blanc, devaient être de bon teint; les étoffes d'un plus bas prix, ainsi que les laines grossières destinées à la fabrique des tapisseries appelées *bergame* et *point de Hongrie*, pouvaient être en petit teint.

Les réactifs chimiques ne sont pas toujours les moyens les plus certains de s'assurer de la solidité d'une couleur, quoique ce soient en général les agents les plus prompts et les plus puissants. Le temps seul, avec toutes les alternatives d'une exposition en plein air au soleil et à la rosée, est un moyen infaillible de s'assurer de la fixité inaltérable d'une couleur, et toute couleur qui n'y subira pas d'altération, doit être réputée d'excellent teint. Mais si l'action lente de l'air et du soleil altère et finit par détruire les couleurs qui ne sont pas de bon teint, il faut un assez long temps pour en voir les effets; et, cependant, il peut être quelquefois avantageux de juger promptement de la bonté de la teinture d'une étoffe; alors on a recours, soit aux réactifs chimiques, soit à l'épreuve fort ancienne qu'on appelle *débouilli* ou *débout*.

Pour cette épreuve, on a reconnu qu'il était nécessaire de séparer en trois classes toutes les couleurs dans lesquelles les laines peuvent être teintes tant en bon teint qu'en petit teint, et de fixer les ingrédients qui doivent être employés dans les *débouillis* des couleurs comprises dans chacune des trois classes.

Les couleurs comprises dans la première classe doivent être débouillies avec l'alun de Rome; celles de la seconde avec le savon blanc, et celles de la troisième avec le tartre rouge (mélange de surtartrate de potasse et de la partie colorante de la lie du vin rouge).

La quantité des ingrédients, la quantité d'eau, la durée de l'opération, sont nécessaires pour déterminer exactement l'effet du débouilli, qui, sans cela, varierait beaucoup.

Le débouilli, avec l'alun de Rome, se fait en mettant dans un vase de terre, ou terrine, 15 grammes environ d'alun, dans 500 grammes d'eau. Lorsqu'elle bout à gros bouillons, on y met la laine dont on veut faire l'épreuve ; on l'y laisse bouillir pendant cinq minutes, après quoi on la retire et on la lave dans de l'eau froide ; le poids de l'échantillon doit être de 3 à 4 grammes environ.

Pour le débouilli du savon blanc, on met seulement 7 à 8 grammes de savon blanc haché dans 500 grammes d'eau ; on y jette l'échantillon de laine lorsque l'eau bout à gros bouillons, et on l'y laisse pendant cinq minutes.

Le débouilli avec le tartre rouge se fait de même et avec les mêmes doses que celui de l'alun, en observant de bien pulvériser le tartre avant de le mettre dans l'eau, afin qu'il soit entièrement fondu lorsqu'on y mettra les échantillons de laine.

Les couleurs de la première classe, qu'on doit éprouver au débouilli avec l'alun de Rome, sont le cramoisi de toutes nuances, l'écarlate de Venise, l'écarlate couleur de feu, l'écarlate couleur de la rose et ses autres nuances, les violets et les gris de lin de toutes nuances, les pourpres, les langoustes, jujubes, fleur de grenade, les bleus, les gris ardoisés, gris lavandés, gris-violets, gris vineux, et toutes les autres nuances semblables. A l'inspection de la couleur après l'épreuve, on juge si elle est de faux teint par l'altération de son fond.

On fait débouillir avec le savon blanc les couleurs de la seconde classe, savoir : les jaunes, jonquilles, citrons, orangés, et toutes les nuances qui tirent sur le jaune, toutes les nuances du vert, les rouges de garance, la cannelle, la couleur du tabac et autres semblables

Les couleurs de la troisième classe, qu'on doit débouillir avec le tartre rouge, sont les couleurs d'un grand nombre de nuances différentes, toutes comprises sous le nom général de fauve, ou couleur de racine.

Le noir est la seule couleur qui ne puisse être comprise dans aucune des trois classes énoncées ci-dessus, parce qu'il est nécessaire de se servir d'un débouilli beaucoup plus actif pour reconnaître si la laine a eu le pied de bleu turquin, conformément aux règlements ; voici la manière dont on en fait le débouilli :

On met dans 48 à 49 décag. d'eau, 30 grammes environ d'alun de Rome, autant de tartre rouge pulvérisé ; on fait bouillir le tout, et on y jette l'échantillon de laine, qu'on doit laisser bouillir à gros bouillons pendant un quart-d'heure ; on le lave ensuite à l'eau fraîche. Il sera facile alors de reconnaître si la laine a eu le pied de bleu convenable ;

car, dans ce cas, elle demeurera d'un bleu presque noir; mais si elle ne l'a pas eu, elle grisera d'abord.

On ne doit soumettre à aucune épreuve du débouilli les gris communs faits avec la noix de galle et la couperose, parce que ces couleurs sont de bon teint et ne se font pas autrement; mais il faut observer de les engaller d'abord, et de mettre la couperose dans un second bain, beaucoup moins chaud que le premier, parce que, de cette manière, les gris sont plus beaux et plus assurés.

Nous donnerons, en traitant des agents chimiques et des matières tinctoriales, les principaux réactifs dont on peut se servir pour constater la bonté d'une couleur; mais pour indiquer ici leur utilité, nous nous bornerons à citer celui dont l'usage est actuellement le plus répandu, *l'acide sulfurique* (huile de vitriol); ce réactif, lors même qu'il est concentré, a la propriété de dissoudre l'indigo sans en altérer la couleur bleue. Le teinturier comprend de suite comment l'acide sulfurique est dès-lors un réactif infaillible pour toute espèce de teinture en indigo, et pourquoi l'on s'en sert partout à présent, après l'avoir étendu d'eau, pour essayer les étoffes teintes à l'indigo.

CHAPITRE IV.

DIVERS AGENTS CHIMIQUES DONT ON FAIT UN EMPLOI HABITUEL DANS L'ART DE LA TEINTURE.

—

§ 10. EMPLOI DES AGENTS CHIMIQUES DANS LA TEINTURE.

Nous l'avons déjà dit et nous le répéterons souvent encore, afin que le teinturier ne l'oublie jamais, il n'est pas une seule opération de la teinture qui ne soit une opération chimique dont il est essentiel de se rendre compte, en théorie, pour la bien exécuter et en régler tous les détails pratiques, de la manière la plus convenable et la plus économique.

Sous le rapport économique surtout, l'emploi des agents chimiques dans la teinture est de la plus grande importance pour le teinturier, car un seul agent chimique peut suppléer à bas prix et avec avantage, sous tous les autres rapports, un grand nombre de drogues fort chères dont une aveugle routine a quelquefois consacré l'usage.

Tout corps qui donne lieu à une action chimique est un agent chimique; il n'est donc pas de substance employée par le teinturier qui ne devienne, entre ses mains, un agent chimique, et quoique en général il achète toutes préparées les substances dont il fait l'emploi le plus fréquent, sans être presque jamais dans la nécessité de les fabriquer lui-même chimiquement de toutes pièces, nous pensons que des notions spéciales à cet égard, seront pour lui d'une grande utilité, puisqu'elles le mettront à même de choisir avec discernement les matières qu'il achète, en lui donnant les moyens de préparer celles que le commerce ne lui fournirait pas dans un état convenable pour la manipulation des teintures.

On divise quelquefois les agents chimiques employés pour teinture et pour impression des étoffes, en deux groupes principaux que l'on intitule : 1° *matières premières inorganiques*; 2° *matières premières organiques*; puis l'on subdivise : ou par agent dans le premier groupe, ou par classe des *acides* des *corps neutres*, des *graisses*, des *huiles essentielles*, alcool, éthers, des *résines*, des *matières colorantes*, dans le second groupe. Ces classifications laissant toutes beaucoup à désirer, au point de vue philosophique, nous adopterons l'ordre alphabétique, qui du moins a le mérite incontestable de faciliter la recherche de chacun des agents chimiques dont le teinturier peut avoir besoin.

§ 11. ACIDES.

Acide acétique. — Le vinaigre est un acide liquide, blanc, rougeâtre ou jaunâtre, d'une saveur et d'une odeur agréables, qui se trouve dans la sève de presque toutes les plantes, libre ou uni à la potasse : sa pesanteur spécifique varie de 1.0125 à 1.025 ; il diffère aussi dans ses autres propriétés à raison du liquide qui l'a produit, et l'on en trouve quatre variétés distinctes dans le commerce : le vinaigre de *vin*, — de *malt*, — de *sucre*, — de *bois*. Tous ces vinaigres contiennent outre l'acide acétique et de l'eau, plusieurs autres substances, telles que du mucilage, du tartre, une matière colorante, plusieurs acides végétaux, et souvent aussi une matière goudronneuse empyreumatique, qui en rend l'odeur moins agréable. Le vinaigre proprement dit et l'acide acétique ne diffèrent que par la pureté et le degré de concentration, qu'au moyen de procédés particuliers, on parvient à donner au vinaigre pour le convertir successivement en acide acétique, dont la pesanteur spécifique s'élève alors jusqu'à 1.063, suivant M. Mollerat, et même jusqu'à 1,080 suivant Richter. Mais dans cet état de concentration, il retient encore plus de 14 p. % d'eau, et ce qu'il y a de très-remarquable, c'est la propriété singulière qu'a l'acide acétique d'augmenter de densité quand on y ajoute de l'eau, jusqu'à une certaine limite, laquelle étant dépassée, il diminue de poids spécifique. En sorte qu'avec 118,2 d'eau, il reprend la densité de la plus grande concentration. La densité de l'acide acétique ne peut donc servir de base pour la valeur vénale, et il faut avoir recours à *l'acétimètre*, de Descroizilles, instrument qui sert à mesurer les quantités de potasse pure que saturent des poids donnés d'acide acétique.

L'acide acétique dont le teinturier fait usage, est du vinaigre de bois, acide pyroligneux distillé, facile à reconnaître à son odeur légèrement empyreumatique, vive et pénétrante. Il est transparent, presque incolore, et pèse ordinairement 7 degrés à l'aréomètre Baumé; pour ajouter à son degré, on le mélange souvent, soit avec du sulfate de soude, soit avec de l'acide sulfurique; mais ces fraudes sont faciles à découvrir: le sulfate de soude laisse un résidu si l'on fait évaporer quelques gouttes de l'acide acétique qu'il a sophistiqué, tandis que l'acide acétique pur ne laisse pas de résidu : un peu de craie ou mieux d'hydrochlorate de baryte ajouté à l'acide acétique que l'on soupçonne, dénote, par la formation d'un précipité insoluble, la présence de l'acide sulfurique; s'il n'y a pas de fraude, la limpidité de la dissolution n'est pas troublée. La présence du cuivre dans le vinaigre se reconnaît en le sursaturant d'ammoniaque, ce qui y produit une couleur bleue; celle du plomb s'y reconnaît au moyen du sulfate de soude, des hydrosulfates, de l'acide hydrosulfurique et de l'acide gallique qui en troublent la limpidité ; aucune de ces substances ne produit de changement sur du vinaigre naturel. Il existe quelquefois dans l'acide acétique, des sulfates provenant de l'eau dont on l'a étendu. Pour les reconnaître, on prend 40 ou 50 grammes de vinaigre que l'on verse dans une capsule de porcelaine, et que l'on évapore au bain-marie, jusqu'à siccité. Quand l'opération touche à son terme, on ajoute au liquide quelques grammes de sucre ; le résidu sera peu coloré si le vinaigre ne contient que des sulfates, il se colorera au contraire fortement et se charbonnera même s'il est mélangé d'acide sulfurique.

L'acide nitrique qu'on emploie à frelater le vinaigre, parce qu'il est plus difficile à reconnaître que l'acide sulfurique et l'acide hydrochlorique, se décèle cependant à l'aide de l'ammoniaque liquide dont on sature 15 à 20 gram. de vinaigre, avec un léger excès; on évapore la liqueur à siccité, au bain-marie d'eau distillée pour en faire disparaître entièrement l'acétate d'ammoniaque. Le résidu que renferme le nitrate d'ammoniaque est mis alors en contact : soit avec un peu de limaille de cuivre arrosée d'eau et d'acide sulfurique, mélange qui, en présence de l'acide nitrique, détermine un dégagement de vapeurs rutilantes dues à l'oxyde nitrique produit de la décomposition de l'acide nitrique par le cuivre; soit avec quelques gouttes d'acide hydrochlorique en présence ou d'une lame d'or que dissout toujours le mélange d'acide nitrique et d'acide hydrochlorique, ou d'un peu de sulfate d'indigo qui se trouve promptement décoloré par ce même mélange; soit enfin, avec un mélange de sulfate terreux et d'acide sulfurique, qui produit une coloration brune ou rouge, qui, par addition d'une certaine quantité d'acide sulfurique, passe à la nuance de fleur de pêcher.

Le vinaigre faible ou mal préparé est très-sujet à se décomposer : mais Scheele a reconnu que lorsqu'on le fait bouillir pendant quelques instants, on peut ensuite le garder longtemps sans altération.

L'acide acétique entre dans la composition des mordants de rouge et de jaune (*acétate d'alumine*); des mordants de noir, de rouille, de chamois, etc. (*acétates de fer* plus ou moins impurs); il s'emploie principalement dans la teinture des toiles de coton et de lin.

Son action consiste, soit à favoriser la dissolution de certains principes résineux ou astringents, soit à l'opposer au pouvoir décomposant que certains corps exercent sur la fécule et l'amidon employés comme épaississants, soit enfin à former les acétates ou les pyrolignites de fer.

Acide arsénieux (deutoxyde d'arsenic, arsenic blanc). — En chauffant l'arsenic avec le contact de l'air; il se sublime sous forme d'une poudre blanche qui est le deutoxyde d'arsenic ou acide arsénieux, connu vulgairement sous le nom d'arsenic blanc, que l'on obtient en abondance pour le commerce, dans le travail d'extraction de plusieurs mines, et notamment dans le grillage des mines de Cobalt.

L'acide arsénieux rougit les couleurs bleues les plus délicates, quoiqu'il fasse tourner au vert le sirop de violettes. C'est un poison excessivement violent, d'une saveur âcre et nauséabonde. Par son exposition à l'air, il devient opaque et se recouvre d'une légère efflorescence. Mis sur des charbons ardents, il se réduit en fumée blanche, avec une forte odeur d'ail; chauffé en vaisseaux clos, il se volatilise; et si la chaleur est assez forte, il se vitrifie.

L'acide arsénieux exige pour se dissoudre dans l'eau quatre-vingts fois son poids de ce liquide à froid, et trente fois seulement lorsqu'il est bouillant. On emploie l'acide arsénieux dans la préparation de plusieurs mordants, notamment pour les lilas et violets garancés ; on s'en sert en teinture sur tissus de coton et de lin, dans la préparation des verts tendres qui s'obtiennent, comme nous le verrons, par une combinaison d'oxyde de cuivre et d'acide arsénieux.

Acide carbonique. — La combustion du charbon produit cet acide ; mais on le prépare le plus ordinairement en versant de l'acide sulfurique étendu de cinq à six fois son poids d'eau, sur de la craie ordinaire qui est un composé d'acide carbonique et de chaux ; il s'ensuit une effervescence et un dégagement de gaz acide carbonique que l'on peut recueillir à l'aide de la cuve hydropneumatique. L'acide carbonique gazeux, de quelque manière qu'on l'ait obtenu, est élastique et invisible comme l'air ; il rougit la teinture de tournesol, mais il n'altère pas les autres couleurs végétales.

Le gaz acide carbonique est beaucoup plus dense que l'air ordinaire ; l'eau avec laquelle il se trouve en contact, l'absorbe par degrés et peut même en prendre dans la proportion d'un volume égal au sien, à la température de 50° centigrades.

La glace n'absorbe point de gaz acide carbonique ; et lorsque de l'eau liquide qui en contient passe à cet état, le gaz s'en sépare en totalité dans l'acte de la congélation. On en dépouille également l'eau en la faisant bouillir ; et même en laissant cette eau exposée à l'air dans un vaisseau ouvert, l'acide s'en dégage promptement sous forme de gaz, et l'eau reste pure.

Le teinturier n'emploie jamais, à l'état de gaz, l'acide carbonique ; mais l'eau chargée d'acide carbonique est souvent utile au teinturier-dégraisseur pour aviver certaines couleurs délicates altérées par le savon ou par des substances légèrement alcalines. C'est l'acide carbonique contenu dans la bière qui produit un effet de ce genre, quand on emploie la bière au dégraissage de certaines étoffes.

L'acide carbonique a une grande tendance à s'unir aux bases alcalines dont il diminue l'action corrosive ; c'est dans cet état de combinaison qu'il peut servir au teinturier à déterminer quelquefois l'action convenable des mordants.

Acide citrique. — Le suc des citrons, ou limons, a tous les caractères d'un acide très-fort ; mais, à raison de la matière mucilagineuse avec laquelle il est mêlé, cet acide est promptement altéré par décomposition spontanée. Cependant, le dégraisseur peut se servir de suc récent de citrons, car lorsque l'acide citrique de ce suc, a formé la combinaison qu'il désirait, il peut se débarrasser facilement du mucilage par un simple lavage, même à l'eau froide. Pour se procurer l'acide citrique à l'état de pureté, on traite le suc de citrons de la manière suivante : On le sature lorsqu'il est bouillant, avec une quantité de craie pulvérisée (carbonate de chaux); on connaît que la saturation est complète quand il ne se produit plus d'effervescence, on cesse alors d'ajouter de la craie. Pendant cette addition on doit remuer sans cesse la liqueur. Il se forme alors du citrate de chaux qui, n'étant pas soluble dans l'eau, tombe au fond du vase, tandis que le mucilage reste suspendu dans le fluide aqueux, qu'il faut alors décanter. On lave le précipité avec de l'eau tiède, jusqu'à ce que ce liquide après l'avoir pénétré en sorte clair. Sur ce précipité placé dans une chaudière de plomb, on verse peu à peu à la fois neuf parties d'acide sulfurique à 66 degrés, étendu de 6 parties d'eau pour 6 parties du carbonate de chaux employé; on brasse fortement et l'on chauffe pendant un quart-d'heure. L'acide sulfurique décompose le citrate calcaire, et forme, en se combinant avec la chaux, du sulfate calcaire. On laisse déposer la liqueur et on lave le précipité à plusieurs reprises à l'eau chaude ; on réunit les liqueurs et on les fait évaporer dans la bassine de plomb à la chaleur du bain de sable, jusqu'à consistance d'un sirop peu épais, qui fournit l'acide citrique pur, cristallisé en petites aiguilles. Il est nécessaire que l'acide sulfurique soit un peu en excès, parce que la présence d'une petite quantité de chaux serait un obstacle à la cristallisation. Les eaux-mères sont évaporées pour les dépouiller successivement de tout l'acide citrique qu'elles peuvent retenir, et qu'on a soin de décolorer par le charbon animal.

L'acide citrique pur est blanc, cristallisé, d'une saveur très-acide ; il rougit fortement la teinture de tournesol ; 75 parties d'eau à 18 degrés en dissolvent 100. Placé dans un air sec et chaud, les cristaux simulent l'efflorescence ; dans un lieu humide, il absorbe l'humidité, s'il contient de l'acide sulfurique L'acide nitrique, à l'aide de la chaleur, en convertit la plus grande partie en acide acétique et une petite portion en acide oxalique.

L'acide citrique étant plus cher que l'acide tartrique, peut être frauduleusement mêlé avec ce dernier. On s'assure de cette sophistication, en ajoutant à la dissolution de l'acide soupçonné une dissolution aqueuse d'hydrochlorate de potasse, qui donne un précipité pulvérulent de crème de tartre, si l'acide citrique est pur. La sophistication par l'acide oxalique a lieu quelquefois aussi, mais plus rarement. Elle est aisée à reconnaître ; les cristaux d'acide oxalique sont feuilletés et n'ont ni la solidité ni la transparence de ceux de l'acide citrique. Leur solution versée dans celle de l'hydrochlorate de potasse y forme un précipité de sel d'oseille (suroxalate de potasse), tandis que comme nous l'avons déjà dit, l'acide citrique n'y produit aucun précipité. Au reste, l'acide citrique du commerce retient toujours un peu d'acide sulfurique. La dissolution d'une partie d'acide citrique dans 15 à 20 parties d'eau peut être substituée, pour en faire usage, au suc de citron que le teinturier emploie pour aviver la couleur de carthame, mais l'essence de citron édulcorée avec du sucre et aromatisée avec l'huile essentielle de citron, serait d'un emploi dispendieux et mauvais pour le dégraisseur. Le soi-disant *sel de citrons* que l'on trouve dans le commerce est ordinairement de l'acide oxalique.

Acide hydrochlorique. — Cet acide fut découvert par Glauber; on ne l'a trouvé libre dans la nature que dans les eaux de quelques volcans, dans celle de Rio-Vinagre.

L'acide hydrochlorique (composé de chlore et d'hydrogène à volume égal) est gazeux, incolore, d'une odeur vive et piquante, d'une saveur acide, rougissant la teinture de tournesol, éteignant les corps en combustion, formant des vapeurs blanches quand il est en contact avec l'air humide dont il absorbe l'eau. Il est si soluble dans ce liquide, qu'à 20° et sous la pression atmosphérique de 76, l'eau en dissout plus de 463 fois son volume; pour lors celui de l'eau augmente d'un tiers. En cet état il constitue l'acide muriatique ou acide hydrochlorique.

L'acide hydrochlorique du commerce est d'un jaune pâle; cette couleur est due à un peu de fer qu'il tient en dissolution, et le teinturier doit savoir qu'on peut l'en séparer par distillation. Nous donnerons d'ailleurs tout-à-l'heure les moyens de reconnaître les différentes sophistications de l'acide hydrochlorique, lequel répand presque toujours des vapeurs blanches dues à l'humidité de l'atmosphère qu'il absorbe. Une de ses propriétés caractéristiques, c'est de précipiter le nitrate d'argent et de former un chlorure de ce métal, insoluble. On doit le conserver dans des flacons bouchés à l'émeri.

Le gaz acide hydrochlorique peut être produit directement par la combinaison du gaz chlore sec et du gaz hydrogène, mais on l'obtient le plus ordinairement en traitant, à l'aide de la chaleur, le sel marin par l'acide sulfurique. On prend une partie de sel marin et une demi-partie d'acide sulfurique du commerce; on introduit le sel dans un vase de verre, ou matras, dont la capacité doit être une fois plus grande que le volume du mélange ; on adopte au col du matras un bouchon percé de deux trous, dont l'un reçoit un tube recourbé propre à recueillir le gaz, et l'autre, un tube à entonnoir à trois branches parallèles ; on place le vase sur un fourneau, et l'on fait plonger le tube recourbé dans un bain de mercure ; alors on verse l'acide peu à peu par l'entonnoir du tube à trois branches : le gaz commence à se dégager tout de suite, même à la température ordinaire ; mais on ne le recueille que lorsqu'il est pur, c'est-à-dire, lorsqu'en le mettant en contact avec l'eau, il s'y dissout complètement et instantanément. Ce gaz doit toujours être reçu dans des flacons pleins de mercure. De 40 grammes de sel, on retire facilement, suivant Thénard, plusieurs litres de gaz acide hydrochlorique.

L'acide hydrochlorique liquide est à si bon marché dans le commerce auquel la fabrication des soudes retirées du sel marin le livre en abondance, que le teinturier n'aurait aucun avantage à le préparer directement pour ses emplois en teinture ; il est bon toutefois de savoir que celui dont la pesanteur spécifique est 1.21 contient 42 à 43 parties de gaz acide hydrochlorique, tandis que celui dont la pesanteur spécifique n'est que 1.09 en contient à peine 20 parties.

On se sert de l'acide hydrochlorique pour faire virer les couleurs, pour enlever les oxydes de fer sur les tissus de soie et de coton, et surtout pour les préparations d'étain et d'eau régale (acide hydrochloronitrique).

Le fer, le chlore, la chaux, le sulfate de soude, les acides sulfurique et sulfureux se trouvent souvent mêlés à l'acide hydrochlorique du commerce.

Le fer se reconnaît par la couleur bleue que donnent à l'acide hydrochlorique qui le contient et qu'on étend d'eau, quelques gouttes d'hydrocyanate (prussiate) de potasse.

Le chlore se reconnaît par la décoloration que subit, dans l'acide hydrochlorique qui le contient, la dissolution d'indigo.

La chaux se reconnaît par le précipité blanc que produit, dans l'acide hydrochlorique qui la contient, et qu'on sature d'ammoniaque, la dissolution d'oxalate d'ammoniaque.

Le sulfate de soude laisse un résidu blanchâtre quand on évapore l'acide hydrochlorique qui le contient.

L'acide sulfureux se reconnaît en saturant l'acide hydrochlorique qui le contient par de la potasse, et y versant du sulfate de cuivre. S'il existe une quantité notable d'acide sulfureux, il se produit un précipité jaune qui, chauffé dans de l'eau, forme une belle couleur rouge.

Acide hypochloreux. Nous ne dirons qu'un mot de cet acide

dont nous allons donner la préparation indiquée par M. Ballard, c'est qu'il est un décolorant assez puissant pour détruire les couleurs les plus solides; le rouge turc le plus intense, par exemple, disparaît à l'instant même où il est plongé dans une dissolution saturée de cet acide.

On le prépare en versant dans un flacon de 1 à 2 litres rempli de chlore, 30 à 40 grammes d'eau tenant en suspension de l'oxyde de mercure pulvérisé fin. En agitant le flacon, le chlore ne tarde pas à être absorbé, et de jaune-verdâtre qu'il était, il devient incolore. On dirige alors au fond du flacon un courant de chlore qui déplace l'air; quand on juge que le flacon est plein de chlore, on agite de nouveau et ainsi de suite, jusqu'à ce que l'oxyde de mercure ait complètement disparu. Après trois ou quatre saturations, on obtient un liquide contenant de l'acide hypochloreux, du chlorure de mercure, et un oxychlorure que l'on sépare, soit par décantation, soit en filtrant le tout à travers une couche de verre pilé. On n'a pas à s'occuper de la séparation du chlorure de mercure, qui n'exerce aucune influence sur les réactions où l'on fait usage de l'acide hypochloreux.

Acide hydrochloronitrique (eau régale, acide nitromuriatique, acide nitro-hydrochlorique). On a donné ce nom à un mélange d'acide hydrochlorique et d'acide nitrique, mélange dont les propriétés particulières semblent dues à une décomposition mutuelle des acides composants, et à l'aide de laquelle ils peuvent opérer des dissolutions qu'ils ne pourraient pas produire séparément; ce n'est au reste que parce que cette action réunie des acides hydrochlorique et nitrique a fourni les moyens de dissoudre l'or, appelé le *roi des métaux*, que le mélange ou composé des deux acides a été d'abord connu sous le nom d'*eau régale*. On peut préparer l'acide hydrochloronitrique en mêlant simplement l'acide nitrique et l'acide hydrochlorique, ou en faisant dissoudre de l'hydrochlorate de soude dans l'acide nitrique, et même du nitrate de potasse dans l'acide hydrochlorique. Comme on fait depuis longtemps grand usage, dans la teinture, de la dissolution d'étain dans l'acide hydrochloronitrique, il y a eu diverses préparations d'acide hydrochloronitrique et de dissolution d'étain, que l'on nommait *composition*, dans les ateliers où l'on faisait même un secret de ces recettes diverses. Au reste, il paraît que lorsqu'on commença à faire usage de la dissolution d'étain, les teinturiers se servaient simplement de l'eau-forte du commerce, et n'employaient pas un autre dissolvant. Cette eau-forte est bien, en effet, une espèce d'acide hydrochloronitrique, parce qu'elle a été fabriquée avec du nitre impur, qui se trouve mêlé avec du sel marin. Il est encore des teinturiers qui font leur composition avec de l'eau-forte; mais comme la quantité de sel marin qui accompagne le nitre dans la fabrication de l'eau-forte varie, et qu'il en est de même du degré de concentration de cette eau, l'emploi de ce dissolvant de l'étain ne peut produire que des effets inconstants. On a indiqué dans plusieurs essais sur l'art de la teinture, des mélanges en proportions diverses, pour former la composition des teinturiers sur laquelle nous reviendrons à l'article étain; mais celle qui a été reconnue, après plusieurs essais, comme produisant les meilleurs effets, consiste à faire dissoudre dans de l'acide nitrique à 30°, le huitième de son poids d'hydrochlorate d'ammoniaque, à y ajouter par petites parties le huitième de son poids d'étain, et à étendre ensuite cette dissolution du quart de son poids d'eau. Il faut choisir de l'étain très-pur, tel, par exemple, que l'étain de Malaca, afin que l'étain n'ait aucun alliage d'autres métaux qui pourraient être nuisibles à la beauté des couleurs. Il faut de plus que, préalablement, cet étain soit mis à l'état de grenaille en le fondant et en le faisant couler dans de l'eau qu'on agite avec un faisceau de petites baguettes. Il se forme ordinairement un léger dépôt noirâtre, duquel il faut décanter la dissolution.

On fait, avec l'acide hydrochloronitrique, d'autres dissolutions que celles d'étain, et qu'on emploie à divers usages dans la teinture. On a proposé celle du bismuth, qui consiste à faire dissoudre une partie de bismuth dans quatre parties d'acide nitrique; on jette ensuite cette dissolution dans le bain qui contient du tartre, et l'on y verse en même temps une dissolution d'hydrochlorate de soude.

On a éprouvé, soit que la dissolution du bismuth fût faite immédiatement avec l'acide hydrochloronitrique, soit que la dissolution par l'acide nitrique fût mêlée avec une dissolution de sel marin et de tartre, qu'il se formait toujours un précipité considérable au contact de l'eau, quoique moins abondant que lorsqu'on mêlait avec l'eau la simple dissolution par l'acide nitrique. On a observé de plus que les précipités opérés par cette dissolution avec les décoctions, avec les substances colorantes, avaient une couleur inégale, et qu'ils se rembrunissaient promptement.

L'acide hydrochloronitrique résultant du mélange d'une partie d'acide nitrique et de 4 parties d'acide hydrochlorique, est le meilleur dissolvant de l'or.

Acide hydrosulfurique, acide sulfhydrique (hydrogène sulfuré). Voyez *soufre* et *hydrosulfates.*

Acide gallique. A l'état de pureté cet acide est resté jusqu'à ce jour sans application, tandis qu'impur et associé au tannin, tel qu'il existe dans la noix de galle, il joue en teinture un rôle qui n'est pas positivement déterminé. Nous disons donc ici seulement que l'on ignore même s'il a une part dans les applications que l'on fait de la noix de galle.

Acide nitrique (acide azotique). — Cet acide a été découvert en 1225, par Raymond-Lulle, alchimiste. Cet acide, à l'état de pureté, est liquide, blanc, transparent, très-acide, répandant une vapeur blanche, d'une odeur très-forte, ayant de l'analogie avec celle de la rouille, brûlant et désorganisant les substances végétales et animales, en leur imprimant une couleur jaune qui, faite sur la peau, ne passe qu'avec le renouvellement de l'épiderme; il rougit fortement la teinture de tournesol. Avant d'être purifié, il tient en dissolution du gaz nitreux, qui lui donne une couleur qui varie du jaune orange au rougeâtre; on le dépouille de ce gaz en le chauffant doucement. Si l'on expose l'acide nitrique pur au contact de la lumière solaire, il y a une décomposition partielle, il se dégage de l'oxygène, et l'acide nitreux formé se dissout dans l'acide nitrique et lui fait acquérir successivement la couleur jaune, orangée, etc., suivant les proportions de l'acide décomposé. Cet acide est composé de 100 parties d'oxygène et de 35.40 d'azote.

On ne fait pas une grande consommation d'acide nitrique dans les ateliers de teinture; on l'y emploie cependant, ou simple ou combiné, à différents usages, notamment à teindre la soie et la laine en orangé solide. Au reste, le teinturier pourra le fabriquer lui-même pour ses besoins, de la manière la plus simple, par une méthode dont Glauber se servit le premier. Cette méthode consiste à distiller dans une cornue de verre un mélange de deux parties de nitrate de potasse pur et d'une partie d'acide sulfurique; le bec de la cornue entre dans un récipient qui est luté, et d'où sort un tube de verre qui va plonger dans un flacon à deux ouvertures, contenant un peu d'eau et garni d'un tube de sûreté; à l'autre ouverture de ce flacon est adapté un tube qui aboutit à un appareil pneumatique, au moyen duquel on recueille le gaz qui se dégage pendant l'opération. On chauffe la cornue, par degrés, presque jusqu'au rouge; l'acide nitrique passe dans le récipient, où il est condensé, tandis que l'air des vaisseaux et le gaz oxygène mis en liberté, spécialement sur la fin de l'opération, passent dans l'appareil pneumatique; l'eau dans le flacon s'imprègne du peu d'acide qui a pu s'échapper du récipient sans y être condensé.

Toutes les fois que le teinturier ne fabriquera pas lui-même l'acide nitrique dont il a besoin, il devra du moins essayer celui qu'il achètera, car l'acide nitrique du commerce subit diverses sophistications, que nous allons donner les moyens de reconnaître.

Le teinturier comprendra la nécessité de s'assurer d'abord que l'acide nitrique qu'il achète ne contient pas d'acide sulfurique, car l'acide sulfurique peut s'y trouver souvent mêlé en plus ou moins grande quantité, soit qu'il ait passé dans une distillation faite avec peu de soin, soit qu'il ait été frauduleusement ajouté à l'acide nitrique pour en augmenter la pesanteur spécifique. Pour faire cette épreuve de l'acide nitrique, il faut, après en avoir mêlé une partie avec de l'eau distillée, y verser un peu de dissolution de baryte par l'acide nitrique (nitrate de baryte). Si l'acide éprouvé contient de l'acide sulfurique, il se produit un précipité, parce que la baryte forme avec l'acide nitrique un sel insoluble (sulfate de baryte). La présence du sulfate de potasse est également indiquée par cette même épreuve.

L'acide nitrique du commerce dont on doit faire l'épreuve contient aussi quelquefois du sel marin (chlorure de sodium) qui aura pu se trouver accidentellement mêlé au nitre dont on aura fait usage. Ce mélange ne pourra être nuisible pour les opérations de teinture; cependant, si l'on voulait le constater, il faudrait, après avoir mêlé l'acide avec de l'eau distillée, y verser la dissolution d'argent par l'acide nitrique (nitrate d'argent), et pour peu qu'il se trouvât d'acide hydrochlorique présent dans l'acide nitrique, il se formerait sur-le-champ un sel insoluble (hydrochlorate d'argent) donnant aussitôt naissance à un précipité.

Pour enlever l'acide sulfurique à l'acide nitrique, il faut redistiller ce dernier sur un peu de nitre, ou bien y ajouter du nitrate de plomb, qui produit un précipité qu'il faut séparer; après cela, on soumet l'acide à une nouvelle distillation, on enlève par cette opération à l'acide nitrique, non-seulement l'acide sulfurique, mais encore l'acide hydrochlorique qu'il peut contenir, c'est donc ainsi que le teinturier devra toujours procéder afin d'avoir la certitude que l'acide nitrique qu'il emploie est suffisamment pur.

On fait usage de l'acide nitrique pour plusieurs dissolutions métalliques, dont l'usage comme mordant peut être varié; mais le principal emploi de l'acide nitrique est pour la préparation de l'eau régale (acide hydrochloronitrique), et de nitrate de fer et de cuivre.

Lorsqu'on fait choix de l'acide nitrique pour s'en servir à

quelque usage, il ne faut pas s'en rapporter à sa couleur plus ou moins rutilante; car il est facile de lui faire prendre cette apparence, au moyen d'une petite quantité de fer ou de quelque autre substance qui puisse donner naissance au gaz nitreux. Il faut, à la vérité, qu'il ait un degré de concentration pour être fumant; mais il peut être concentré et n'avoir point de couleur. Il est bon d'ailleurs de savoir que celui dont la pesanteur spécifique est 1.53, contient 85 à 86 parties d'acide réel, tandis que celui dont la pesanteur spécifique n'est que de 1.20 en contient à peine 30 parties. Malheureusement la pesanteur spécifique peut aussi induire en erreur, parce qu'elle peut être augmentée par une portion d'acide sulfurique. Ce n'est donc qu'après que cette cause d'erreur n'existe pas que l'on doit avoir confiance dans l'épreuve à faire de l'acide à employer.

L'acide nitrique pur est liquide, limpide et incolore comme l'eau. Il a une saveur particulière, âcre et excessivement acide; il est corrosif, et produit sur la peau des taches jaunes qui ne disparaissent qu'avec l'épiderme; il a une très-grande affinité pour l'eau et doit être conservé dans des flacons de verre soigneusement bouchés à l'émeri.

Acide oxalique, — Cet acide, que l'on retirait d'abord du sel d'oseille (oxalate acidule de potasse) par un procédé assez long, peut se retirer plus simplement du sucre de la manière suivante :

Après avoir placé une cornue de verre tubulée sur un bain de sable et adapté à la cornue un récipient, on met dans cette cornue une partie de sucre en poudre, sur laquelle on verse neuf fois son poids d'acide nitrique du commerce. On chauffe le bain de sable, le sucre ne tarde pas à se dissoudre dans l'acide, et la cornue se remplit de vapeurs rougeâtres; le mélange bout avec force; et l'on cesse de chauffer le bain de sable dès que l'ébullition se manifeste. Quand l'effervescence est apaisée, on augmente la chaleur, on évapore jusqu'à ce qu'il se forme des cristaux par le refroidissement. On décante la liqueur qui surnage les cristaux, et on la soumet à une nouvelle évaporation pour obtenir une nouvelle levée de cristaux. On épuise le liquide de tout le sel qu'il peut contenir, par des évaporations et cristallisations successives : on fait dissoudre ensuite les cristaux plus ou moins souillés d'acide nitrique, dans de l'eau tiède; on évapore, et on les obtient ainsi dans un degré de pureté convenable. Ce sont ces cristaux qu'on appelle *acide oxalique*; ils sont d'une saveur acerbe et très-acide.

Dans le commerce, l'acide oxalique est quelquefois falsifié

avec le tartrate acide de potasse (*crème de tartre*). Le teinturier reconnaîtra facilement cette fraude, en chauffant l'acide oxalique dans une capsule; s'il est pur, il ne doit pas laisser de résidu appréciable, tandis que s'il est impur, il restera de la potasse ou l'un des sels qui aura servi à le sophistiquer.

L'acide oxalique pur est inaltérable à l'air, soluble dans deux parties d'eau froide, dans une seule partie d'eau chaude, dans 50 parties environ d'alcool; il enlève la chaux à tous les sels calcaires et se décompose à une chaleur rouge, en laissant une petite quantité d'un résidu charbonneux facile à distinguer de tout autre résidu provenant de sels étrangers qui lui auraient été frauduleusement mêlés.

L'acide oxalique enlève avec la plus grande facilité l'oxygène aux composés formés indirectement, et passe alors à l'état d'acide carbonique, en ramenant le composé oxydé à son radical ou à un composé inférieur. C'est ainsi que, simple ou combiné, il devient la base de toutes les préparations à l'aide desquelles on peut enlever les taches d'encre et de rouille, et qu'il est d'un usage continuel pour le dégraisseur; le teinturier s'en sert pour la composition des rongeants destinés à enlever tout ou partie des mordants, pour aviver certaines couleurs et pour dissoudre les oxydes de fer appliqués sur les étoffes; mais comme il est d'une solubilité moins grande que les acides citrique et tartrique, qu'en outre il a la faculté de rendre, en partie du moins, aux tissus, après un certain temps, le mordant qu'il leur avait enlevé, il est rarement employé seul; on l'associe ordinairement aux acides citrique et tartrique.

Acide sulfurique. — L'acide sulfurique était connu dans le quinzième siècle; il a été trouvé en 1776 à l'état libre et en cristaux solides, par Baldassini, dans une grotte du mont *Ammialt*. Depuis, on l'a signalé dans les eaux thermales de quelques volcans; Dolomieu en a trouvé sur l'Etna, Tournefort dans l'île de Nio, MM. de Humboldt et Rovero dans les eaux du Rio-Vinagre, Sillemun à l'île de Java, etc. Malgré cela, comme il ne se trouve à l'état naturel que rarement et en petites quantités, on a recours à l'art pour l'obtenir.

L'acide sulfurique pur est liquide, incolore, inodore, d'une consistance oléagineuse, très-acide, très-caustique; il se mêle à l'eau, qu'il absorbe avec une extrême avidité, et en toutes proportions, en donnant lieu à un grand dégagement de calorique; concentré, il désorganise la plupart des substances végétales et animales; il se congèle à 10 ou 12 degrés au-dessous de zéro, et suivant Dalton, il bout à 310° centigrades; sa pesanteur spécifique varie de 1.6 à 1.8.

On se procura pendant longtemps l'acide sulfurique par la dissolution du sulfate de fer, ou vitriol de fer, d'où lui vient le nom d'acide vitriolique; mais aujourd'hui tout l'acide sulfurique dont on fait emploi dans les arts s'obtient par un procédé beaucoup moins dispendieux, en brûlant dans de grandes chambres de plomb, un mélange de sept à huit parties de soufre et d'une partie de nitrate de potasse. Cette combustion donne lieu à la formation d'*acide sulfureux* et de *gaz nitreux* (deutoxyde d'azote). Ce dernier gaz, en absorbant l'oxygène de l'atmosphère, est converti en acide nitreux. L'un et l'autre de ces acides sont absorbés par l'eau. L'acide nitreux cède une portion de son oxygène à l'acide sulfureux. Revenu à l'état de gaz nitreux, il se dégage et s'unit à l'oxygène, redevient acide nitreux et est absorbé par l'eau. Cet acide change de nouveau l'acide sulfureux en acide sulfurique, et ces changements successifs continuent ainsi d'avoir lieu jusqu'à ce que l'acide sulfureux ait été converti, en totalité, en acide sulfurique.

L'acide sulfurique, au sortir de la chambre de plomb, n'est pas dans un état condensé; mais il est mêlé à une quantité d'eau surabondante; on l'évapore alors dans des vaisseaux de plomb jusqu'à un certain degré de concentration, et l'évaporation continue dans des cornues de verre ou de platine, jusqu'à ce que l'acide ait acquis le degré de force convenable. Par cette évaporation de l'acide, on le prive en même temps d'une portion d'acide nitrique qui s'y trouve ordinairement, et on en sépare une portion très-considérable de son eau; mais il n'en peut pas être entièrement dépouillé par ce moyen. Cet acide, le plus concentré que Thénard annonce avoir pu obtenir d'après ses expériences, contenait encore le cinquième de son poids d'eau, et sa pesanteur spécifique était à la température de 20° centigrades, 1,842, c'est-à-dire presque le double de l'eau distillée. Il devient blanc et transparent, et pour l'avoir d'une pureté parfaite, il faut, après avoir séparé la première portion, qui est impure et fortement acide, continuer la dissolution jusqu'à ce qu'il ne reste plus de liqueur dans la cornue, où l'on trouvera pour résidu un peu d'alcali provenant du nitrate de potasse faisant partie du mélange avec le soufre et qui reste combiné avec de l'acide sulfurique en excès, formant ainsi un *sulfate acide de potasse*; souvent aussi on trouve avec ce résidu un peu de sulfate de plomb. Il faut que la cornue dont on se sert pour la rectification, soit à feu

un, soit au bain de sable, soit bien assujettie dans son fourneau, afin d'éviter que les mouvements qu'occasionne l'ébullition de l'acide ne la fassent casser. On évite la plupart des
soubresauts en mettant dans la cornue quelques fragments
de verre ou quelques fils de platine.

L'acide sulfurique attire puissamment l'humidité de l'air:
aussi faut-il, pour le conserver, le tenir dans des vaisseaux
de verre bouchés avec soin à l'émeri, et le préserver du contact d'un bouchon de liège ou de bois, et en général de différentes substances qu'il charbonne et qui le noircissent
promptement.

Le mélange de cet acide avec l'eau, donne lieu à une
grande production de chaleur, et il convient par conséquent
de faire ce mélange peu à peu pour éviter la fracture du
vase. Le teinturier devra prendre les plus grandes précautions à cet égard, car il arrive journellement des accidents
graves par la précipitation ou la maladresse des ouvriers qui
mêlent brusquement de l'eau et de l'acide sulfurique concentré.

En teinture, il est nécessaire, afin d'arriver constamment
aux mêmes résultats, avec l'acide sulfurique, d'employer
toujours de la même manière, dans toutes les opérations, un
acide qui ait toujours le même degré de concentration; on
doit donc terminer sa pesanteur spécifique, et l'on peut se
servir pourcela de l'aréomètre de Baumé pour les sels. Après
avoir mis l'acide dans un cylindre de verre, on y plonge cet
aréomètre : plus la liqueur est pesante, moins l'aréomètre
y enfonce; et le degré de son échelle qui s'arrête à la surface de la liqueur indique sa concentration. On regarde
l'acide sulfurique comme très-concentré lorsqu'il est à 66° de
cet aréomètre : à 60°, avec une pesanteur spécifique de
1.717, il contient 82 à 83 parties de cet acide concentré à
66 degrés, tandis qu'à 20 degrés, avec une pesanteur spécifique de 1.162, il n'en contient plus que 24. Ces indications
doivent servir au teinturier, non-seulement pour régler la
valeur de l'acide qu'il achète, mais aussi pour s'assurer du
degré de concentration de l'acide; certaines opérations
n'exigent pas que l'acide soit concentré, ce qui permet alors
de l'avoir à bien meilleur marché.

Jusqu'à présent on s'est principalement servi de l'acide sulfurique dans les teintures pour les dissolutions d'indigo; et
pour cet usage il faut qu'il soit très-concentré et très-pur,
mais on en emploie beaucoup pour préparer les toiles de
coton qu'on destine à être peintes, et pour le blanchiment
des toiles et des fils, soit par le chlore, soit par l'exposition
sur le pré.

Comme l'emploi de l'acide sulfurique dans ces derniers cas, n'exige pas qu'il soit concentré, il sera plus avantageux, si l'on se trouve à la proximité d'une fabrique d'acide sulfurique, de l'y acheter avant qu'on l'ait concentré, et l'on évitera ainsi les frais de cette opération ; mais si l'on est à une trop grande distance d'un de ces établissements, la considération de l'augmentation des frais de transport qui résulterait de la quantité d'eau dont l'acide aurait dû être étendu, pourrait rendre plus avantageux de l'acheter dans un état de concentration, qui d'ailleurs est presque toujours un indice de sa pureté.

L'acide sulfurique très-pur n'émet pas de fumée. *L'acide sulfurique fumant* (glacial de Nordhausen), que l'on obtient soit par la distillation du sulfate de fer desséché, soit en entourant de glace le récipient où l'on reçoit le produit de la distillation de l'acide sulfurique, et qui répand d'abondantes fumées blanches, paraît être un mélange d'acide sulfureux et d'acide sulfurique, et non un acide sulfurique dépouillé d'eau comme son état solide pourrait le faire croire. Cet acide fumant s'emploie de préférence avec l'indigo sur lequel il exerce une action dissolvante plus énergique que l'acide sulfurique ordinaire.

Le teinturier, pour diminuer les effets corrosifs de l'acide sulfurique, l'associe au sulfate de potasse, avec lequel il forme le *bisulfate potassique*, qui s'obtient en fondant 615 gr.64, acide sulfurique, avec 1.090 kilog. sulfate de potasse.

C'est à l'aide de l'acide sulfurique que l'on traite la garance fraîche, ou la garance qui a été utilisée déjà en teinture, pour en retirer la *garancine* et le *garanceux*.

Acide sulfureux. — Cet acide, dans l'état ordinaire de l'atmosphère, est gazeux, incolore, d'une odeur suffocante, d'une saveur acide et désagréable ; il détruit la plupart des couleurs végétales et animales, est impropre à la combustion et à la respiration ; par une forte compression et par un froid artificiel, il devient liquide. Cependant, pour l'obtenir à l'état liquide, dans l'usage qu'on fait de ce gaz, on le reçoit dans de l'eau qui l'absorbe. Ce liquide, à 20 degrés et sous la pression ordinaire, en absorbe 37 fois son volume, qu'il abandonne par l'ébullition.

La préparation de l'acide sulfureux consiste à distiller 2 parties d'acide sulfurique concentré sur 1 partie de mercure, dans une cornue à laquelle on adapte un tube qui va plonger dans une légère couche d'eau qu'on met dans un premier flacon ; le peu d'acide sulfurique qui passe en nature se dissout dans cette eau, tandis qu'un second tube recourbé conduit le gaz sulfureux dans un autre flacon rempli d'eau où il se dissout. C'est l'eau du second flacon, acidulée par cette vapeur, qui constitue l'acide sulfureux. (*Voyez* fig. 2.)

L'acide sulfureux, préparé par ce procédé, est aussi pur qu'on peut le désirer, et on l'emploie à une concentration de 3 degrés de l'aréomètre de Baumé.

On peut aussi, au lieu de mercure, se servir de paille hachée, de sciure de bois, et distiller dans le même appareil; l'acide sulfureux qu'on obtient ainsi n'est pas aussi pur, mais il suffit pour les opérations auxquelles on le destine, et il est moins coûteux.

Un procédé plus simple encore consiste à avoir une large assiette dans laquelle on met une couche d'eau ; on place au milieu une petite soucoupe ou capsule dans laquelle on met du soufre ; on allume ce soufre à l'aide du charbon ; et lorsqu'il est embrasé, on le recouvre d'une cloche de verre dont on fait plonger les parois dans l'eau de l'assiette ; la vapeur blanche qui se forme se précipite sur l'eau, s'y dissout et l'acidule. En répétant cette opération jusqu'à ce que l'eau marque 2 ou 3 degrés au pèse-liqueur de Baumé, on obtient un acide sulfureux, mélangé, il est vrai, d'oxygène, d'azote et d'acide carbonique, mais d'ailleurs très-convenable aux usages de blanchiment et de dégraissage auxquels on l'emploie. Il enlève très-bien les taches des fruits sur le linge, ce qui le rend d'un usage habituel pour le teinturier-dégraisseur.

L'odeur particulière que donne la combustion du soufre est due au gaz acide sulfureux, qui ne diffère de l'acide sulfureux liquide, qu'on obtient par le procédé ci-dessus, qu'en ce qu'il est à l'état de gaz, et qu'il manque du dissolvant aqueux nécessaire pour qu'on puisse l'employer avec succès dans les opérations du teinturier-dégraisseur.

Les fabricants de toiles peintes qui font usage d'acide sulfureux liquide le préparent, suivant M. Persoz, en dissolvant du *bisulfite sodique* dans de l'eau et le décomposant par l'acide sulfurique. Il obtient le bisulfite sodique, en mettant des cristaux de soude (*carbonate sodique* hydraté), dans les vases à fond plat exposés à la vapeur du gaz sulfureux qui se dégage en abondance dans les chambres à soufrer la soie et la laine. L'eau du carbonate disparaît et le sel tombe en poudre, ce qui en indique la saturation complète par l'acide sulfureux.

On utilise l'énergique pouvoir désoxydant de l'acide sulfureux dans plus d'une circonstance. C'est ainsi qu'il peut toujours, si ce n'est à la température ordinaire, du moins à l'aide d'une température peu élevée, faire passer tous les sels ferriques à l'état de sels ferreux, et transformer subitement le bichromate potassique en sulfate chromico-potassique (alun de chrome).

Acide tartrique. — L'acide tartrique, cristallisé irrégulièrement en aiguilles et lames divergentes, sous forme de plaques solides, blanches et transparentes, est d'une saveur acide assez agréable pour que cet acide puisse être substitué au citron, et très-soluble dans l'eau. On peut le retirer du raisin, du tamarin et de plusieurs fruits avant leur maturité, mais il provient ordinairement du tartrate acide de potasse (*tartre, crème de tartre* ou *gravelle*) qui, impur et teint de la matière colorante du vin, incruste les tonneaux dans lesquels on conserve quelques espèces de vins blancs et rouges. Ces cristaux de tartres purifiés par dissolution, filtration et cristallisation, sont de nouveau mis en dissolution dans l'eau bouillante, et l'on y ajoute de la craie en poudre jusqu'à cessation de toute effervescence ; on ajoute ensuite à la liqueur de l'hydrochlorate (muriate) de chaux qui détermine un précipité ; on ne cesse d'en ajouter que lorsqu'il ne se forme plus de précipité. Après avoir bien lavé ce précipité blanc, combinaison de chaux et d'acide tartrique, on enlève la chaux à l'aide d'acide sulfurique formant un sulfate de chaux insoluble, et laissant l'acide tartrique en dissolution dans l'eau ; on filtre, on évapore, et on laisse l'acide tartrique cristalliser.

L'acide tartrique s'emploie quelquefois pur pour le dégraissage, mais en teinture ce sont ses combinaisons avec la potasse et la chaux (tartrates de potasse et de chaux) qui sont d'un usage habituel ; d'ailleurs toutes les fois que le teinturier a intérêt à maintenir un oxyde en dissolution, même sous une influence alcaline, il doit recourir à l'acide tartrique.

En distillant l'acide tartrique en cristaux avec de l'acide nitrique, il peut être converti en acide oxalique, et l'acide nitrique passe à l'état d'acide nitreux.

L'acide tartrique impur a reçu un grand nombre de noms qui sont tous inusités maintenant, et qui provenaient pour la plupart ou des fruits, ou des localités qui avaient fourni l'acide.

§ 12. ALUMINE (ARGILE CALCINÉE, OXYDE D'ALUMINIUM, TERRE ARGILEUSE) ; ALUNS ET SELS DIVERS A BASE D'ALUMINE.

L'alumine, l'alun et les sels à base d'alumine jouent un trop grand rôle dans la teinture, pour que nous n'entrions pas ici dans tous les détails chimiques qu'il importe au teinturier de connaître.

Alumine. — Cet oxyde d'*aluminium* (53 oxygène et 47 aluminium) fut appelé autrefois argile ou terre argileuse; mais, depuis qu'on le retire dans son plus grand état de pureté de l'alun, il a reçu le nom d'alumine.

L'alumine native la plus pure se trouve dans les pierres orientales, le saphir et le rubis, qui consistent presque entièrement dans l'alumine unie à une petite portion de matière colorante.

Pour obtenir l'alumine pure, on fait dissoudre de l'alun dans 20 fois son poids d'eau, et on y ajoute un peu d'une dissolution de carbonate de soude, afin de séparer le fer qui peut être présent; on verse alors la liqueur surnageante dans une certaine quantité d'ammoniaque liquide, en ayant soin de ne pas ajouter plus de dissolution d'alumine qu'il n'en faut pour saturer l'ammoniaque; celui-ci se combine avec l'acide sulfurique de l'alun, et la base terreuse est séparée sous la forme d'une masse spongieuse Il faut ensuite la jeter sur un filtre, l'édulcorer par des affusions d'eau successives, et la faire sécher.

L'alumine ainsi préparée est blanche, pulvérulente, douce au toucher. Elle happe la langue, et forme dans la bouche une pâte douce et sans gravier; elle est insipide, inodore, et ne produit aucun changement sur les couleurs végétales; récemment préparée, elle se dissout facilement dans les acides, mais elle y devient insoluble après avoir été exposée à une chaleur rouge; elle est insoluble dans l'eau, mais elle se mêle avec ce liquide dans toute proportion, elle en retient même une portion avec assez d'énergie pour qu'il soit très-difficile de la lui enlever entièrement; elle est infusible à la plus grande chaleur de nos fourneaux, qui lui font seulement éprouver une diminution de volume, et lui donnent par conséquent de la dureté; au chalumeau à double courant de gaz oxygène et hydrogène, elle se fond en petite quantité.

L'alumine étant soluble dans les alcalis, on l'a considérée comme un *oxyde indifférent*; en effet, on connaît des aluminates, comme on connaît des sels à base d'alumine. Elle peut donc jouer le rôle tantôt de base, tantôt d'acide, ce qu'il importe au teinturier de se rappeler.

L'alumine est répandue avec profusion dans la nature; c'est un des principes constituants de tous les sels et de presque toutes les roches; c'est la base de la porcelaine, des poteries, des briques et des creusets. C'est à raison de sa grande affinité pour la matière colorante végétale, qu'elle est d'un emploi indispensable, dans la préparation des laques, ainsi que dans l'art de la teinture et de l'impression en calicot. L'affinité de

l'alumine pour les tissus organiques de matière animale ou
végétale est telle, que ceux-ci l'enlèvent en tout ou en partie
aux acides avec lesquels elle était combinée. Les combinaisons natives d'alumine constituent la terre à foulon, les ocres,
les bols, les terres à pipe, etc. Les sels d'alumine sont solubles dans l'eau ; il en est peu qui soient susceptibles de cristalliser ; leur saveur est sucrée et astringente. Si après avoir
ajouté de l'acide sulfurique et ensuite du sulfate de potasse
à un sel d'alumine, on abandonne le mélange à lui-même,
il s'y manifeste promptement des cristaux octaèdres d'alun.

Aluns et sels divers à base d'alumine. — On regardait depuis longtemps, en chimie, l'alun comme un sel ayant pour
éléments l'acide sulfurique et l'alumine, ou comme un sulfate d'alumine, lorsqu'il fut reconnu et prouvé, par des recherches de Descroizilles, Vauquelin et Chaptal, que l'alun
était un sel double, contenant, outre le sulfate d'alumine,
du sulfate de potasse ou d'ammoniaque ; aussi le trouve-t-on
dans le commerce, tantôt à base de potasse, tantôt à base
d'ammoniaque, et quelquefois à base de l'un et de l'autre de
ces alcalis, ou même à base de soude, ce qui constitue quatre
variétés d'alun : le sursulfate d'alumine et de potasse, le
sursulfate d'alumine et d'ammoniaque, un mélange des deux
précédents, le sursulfate d'alumine et de soude.

Autrefois, on accordait à l'alun de Rome une préférence
presque exclusive ; on le payait dans le commerce le double
de celui de France, et il faut convenir que pendant longtemps
cette préférence était fondée. Les autres aluns contenaient
trop de sulfate de fer pour donner d'aussi belles teintes que
l'alun de Rome sur la soie et le coton ; mais depuis que l'on
connaît le moyen d'obtenir d'excellents aluns avec ceux qui
sont les plus ferrugineux, l'alun de Rome est tombé de prix,
et son emploi ne vaut pas plus, pour les manufacturiers instruits, que tout autre alun que l'on a purifié. C'est ce qui a
été suffisamment établi dans un travail d'expériences par
Thénard et Roard, sur les différentes qualités des aluns.

Les teinturiers qui se servent d'alun pour les couleurs
sombres n'ont pas besoin d'un alun de premier choix ; mais
pour les couleurs vives et claires, ils doivent être très-diffi-
ciles sur le degré de purification de l'alun à employer.

Les cristaux d'alun sont des octaèdres réguliers ; leur saveur est douceâtre et astringente. L'alun rougit toujours les
couleurs bleues végétales ; il s'effleurit légèrement à l'air ; sa
pesanteur spécifique est de 1.7109 ; il est soluble dans 15 à
20 parties d'eau à la température de 20 degrés centigrades et
dans les 0.75 de son poids d'eau bouillante. Il se fond à une

douce chaleur dans son eau de cristallisation ; à une chaleur plus forte, il se boursouffle, il écume et perd principalement en eau de cristallisation les 0.44 de son poids. Ce qui reste, s'appelle *alun calciné* ou *brûlé*, et s'emploie quelquefois comme corrosif.

Dans toutes les teintures sur laine, on peut employer tous les aluns du commerce ; mais dans les teintures sur soie et sur coton, il ne faut se servir que d'alun au moins aussi pur que l'alun de Rome, contenant à peine un demi-millième de son poids de sulfate de fer ; sans cela, il y aurait une assez grande quantité d'oxyde de fer fixé, par le coton et la soie, pour altérer la nuance qu'on cherche à obtenir.

On peut s'assurer que l'alun ne contient pas de fer, en en faisant dissoudre quelques grammes dans l'eau, et en y ajoutant quelques gouttes de dissolution de prussiate (hydrocyanate) de potasse. Si, dans l'espace de quelques heures, ce sel ne détermine pas dans la liqueur un précipité *bleu*, on ne court aucun risque de regarder l'alun comme suffisamment pur pour les teintures les plus délicates.

Si l'alun contient du fer, on pourra le purifier en le faisant dissoudre dans l'eau bouillante, laissant les cristaux se déposer, et les décantant des eaux-mères ; il est quelquefois nécessaire de répéter la dissolution à chaud et la cristallisation, pour obtenir de l'alun complètement débarrassé de fer.

Toutes les variétés d'alun sont susceptibles de se combiner avec une dose additionnelle d'alumine, et de former par cette combinaison des composés parfaitement neutres. Tous possèdent à peu près les mêmes propriétés et peuvent être ainsi confondus ensemble comme un seul sel. On peut former le composé neutre qu'on appelait autrefois *alun saturé de la terre*, en faisant bouillir une dissolution d'alun avec de l'alumine pure. Il se précipite en une poudre blanche, sans saveur, incristallisable, insoluble dans l'eau et inaltérable à l'air. L'acide sulfurique convertit de nouveau ce sel en alun.

L'alun *à base de soude*, et que l'on trouve rarement dans le commerce, est plus soluble que les autres et s'effleurit davantage par son exposition à l'air ; sa grande solubilité peut le rendre avantageux dans certaines teintures. C'est le *sulfate aluminico-sodique-hydraté* de M. Persoz ; et l'alun de Rome est le *sulfate aluminico-potassique-hydraté*.

Le *sulfate d'alumine*, dans son état de pureté, n'est connu que depuis peu. On le trouve dans le commerce, à l'état liquide, et marquant 35 degrés à l'aréomètre de Baumé ; mais il est impur et contient toujours du sulfate de fer, ce qui ne permet de l'employer que pour les couleurs sombres, en teinture sur laine.

Le *sous-sulfate d'alumine* qui se forme toutes les fois que l'on fait bouillir l'acétate d'alumine mélangé de sulfate acide de potasse, peut se dissoudre dans l'acide acétique et fournit ainsi un très-bon mordant.

L'acétate d'alumine ne peut s'obtenir à l'état de pureté, qu'en faisant digérer de l'acide acétique sur de l'alumine récemment précipitée. On obtient par l'évaporation de la liqueur, des cristaux aiguillés qui sont très-déliquescents. L'acétate d'alumine impur qu'on trouve dans le commerce s'obtient par une décomposition de l'alun à l'aide d'acétate de plomb.

M. Thillaye compose ainsi l'acétate d'alumine mordant de rouge, pesant 14 degrés de Baumé : 100 litres d'eau bouillante, 25 kilog. alun, 2 kil. 5 sous-carbonate de soude, 25 kilog. acétate de plomb; l'acétate d'alumine mordant de jaune, pesant 10 degrés de Baumé, n'en diffère que par une moindre proportion (1 kil. 50) de sous-carbonate de soude. Le premier mordant se trouble à 68 degrés centigrades, et se prend en gelée à 73 degrés ; le second se trouble à 80 degrés et se prend en gelée à 88 degrés. Un mordant formé de 2 kil. eau, 1 kil. 5 alun, 1 kil. 5 acétate de plomb, pèse 14 degrés Baumé et ne se trouble que par l'ébullition.

En général, les mordants d'acétate d'alumine qui laissent déposer du sous-sulfate d'alumine par la chaleur, s'éclaircissent par le refroidissement; mais ceux qui le laissent précipiter dans un laps de temps plus ou moins considérable, ne peuvent point le redissoudre par l'agitation, ni même l'addition d'acide acétique. Ce phénomène, comme l'a fait remarquer Gay-Lussac, a également lieu avec l'acétate d'alumine pur, lorsqu'on y ajoute de l'alun ou du sulfate de potasse. On peut encore obtenir un mordant de rouge (acétate d'alumine impur) en dissolvant dans 100 litres d'eau 25 kilog. d'alun, et ajoutant une dissolution de 37 kilog. d'acétate de chaux obtenu du vinaigre de bois impur (*pyrolignite de chaux*). Cet acétate impur d'alumine pèse 15 degrés quand il est chaud ; il ne pèse plus que 12 degrés $\frac{1}{2}$ par refroidissement, et laisse déposer des cristaux d'alun.

§ 13.   AMMONIAQUE ET SELS AMMONIACAUX.

Ammoniaque. — Composé résultant de la combinaison des gaz hydrogène et azote, cet alcali n'existe à l'état naturel que sous forme gazeuse ; il porte alors le nom de gaz ammoniac. Il est très-soluble dans l'eau, et c'est cette solution connue sous la dénomination d'ammoniaque, ou quelquefois d'*hydrate ammonique*, qu'on emploie habituellement. Dans son état de saturation, l'eau contient le tiers de son poids de gaz ammoniac, ou 430 fois son volume de ce gaz à la température et à la pression ordinaires. On peut donc obtenir l'ammoniaque plus ou moins concentré, suivant que l'eau en est plus ou moins saturée, par la préparation suivante :

Après avoir mis dans une cornue lutée ou dans un matras (*Voyez* fig. 3), un mélange de parties égales de chaux vive et d'une partie de sel ammoniac (hydrochlorate d'ammoniaque) en poudre, on adapte au col de cette cornue un tube recourbé qui va plonger dans un flacon rempli d'eau pure. En chauffant légèrement la cornue, le gaz ammoniac se dégage et l'eau l'absorbe promptement. Sur la fin de l'opération, il faut augmenter la chaleur afin de dégager tout le gaz ammoniacal. Dans cette réaction, le sel ammoniac est décomposé par la chaux qui s'unit avec l'acide hydrochlorique pour former un hydrochlorate calcaire qui reste dans la cornue, et le gaz ammoniac, devenu libre, se dégage et se dissout dans l'eau. Quand on prépare l'ammoniaque en grand, on ajoute à la cornue une allonge en tube recourbé qui porte le gaz dans une série de flacons tubulés constituant l'appareil de Woulf, où l'ammoniaque se trouve alors à divers degrés de concentration, l'eau du premier flacon étant la première saturée du gaz ammoniac dégagé de la cornue.

Il n'y a que peu de temps que le gaz ammoniac est utilisé dans les fabriques d'indiennes, et encore ne l'est-il pas généralement. Il sert à saturer les couleurs, ou les mordants acides qui, imprimés sur tissus, ne peuvent pas être neutralisés dans un liquide alcalin sans se détacher et se répandre sur les parties blanches que l'on veut épargner.

L'ammoniaque a une saveur très-âcre et très-caustique ; elle a une odeur piquante excessivement forte ; elle verdit la plupart des couleurs bleues végétales, ramène à leur couleur les couleurs végétales rougies par un acide ; à l'état de gaz, elle est d'une transparence parfaite et sans couleur comme l'air ; le gaz ammoniac ne trouble en rien la limpidité de l'eau, qui peut en absorber de 7 à 800 fois son volume. Cette dissolution chauffée à 54 degrés centigrades abandonne l'ammoniaque, qui s'en sépare sous forme de gaz ; lorsque cette dissolution est rapidement refroidie à 40 degrés centigrades environ au-dessous de zéro, l'ammoniaque se prend en une gelée épaisse et conserve à peine de l'odeur.

100 gram. d'ammoniaque liquide, avec une pesanteur spé-

cifique de 0.85, contiennent 35 grammes de gaz ammoniac, tandis qu'avec une pesanteur spécifique de 0.95 ils n'en contiennent pas plus de 10 grammes. En outre, l'ammoniaque du commerce contient toujours des matières étrangères qui en altèrent la pesanteur spécifique. Ces matières sont le plus ordinairement les acides sulfurique, carbonique, hydrochlorique et de l'huile empyreumatique, ce qu'il importe au teinturier de reconnaître, ainsi qu'il suit :

En saturant l'ammoniaque impur, par de l'acide hydrochlorique pur, une solution de nitrate de baryte y décèle, par une précipité, la présence de l'acide sulfurique. L'acide carbonique de l'ammoniaque impur se précipite directement par le nitrate de baryte, en renfermant pendant quelques heures l'essai dans un flacon bouché à l'émeri.

En saturant l'ammoniaque impur par l'acide nitrique en léger excès, une solution de nitrate d'argent y décèle, par le trouble de la liqueur, la présence de l'acide hydrochlorique. La présence de l'huile empyreumatique est indiquée par la teinte rousse ou noirâtre que donne à l'ammoniaque impur son mélange opéré peu à peu avec son volume d'acide sulfurique concentré, qui ne change pas la couleur de l'ammoniaque pur.

L'ammoniaque sert, en teinture, à virer certaines couleurs, à dissoudre la cochenille, l'orseille ; et dans quelques préparations arsénicales ; le teinturier-dégraisseur en fait un usage habituel pour enlever les taches graisseuses, la graisse formant avec l'ammoniaque un savon très-soluble et peu offensif des nuances les plus délicates.

L'urine putréfiée peut très-bien suppléer dans un grand nombre de cas, pour le dégraissage des étoffes de laine, lorsque l'on opère en grand, à l'ammoniaque que l'on réserve, ainsi que nous venons de le dire, pour détacher les étoffes délicates, à raison de la propriété, commune au reste à tous les alcalis, de former un savon soluble avec les huiles et les graisses. La magnésie, l'alumine, les terres argileuses et calcaires peuvent également remplacer l'ammoniaque dans un petit nombre de cas, mais leur énergie est toujours moindre, et leur application exige des soins plus minutieux.

Les *sels ammoniacaux* dont le teinturier fait le plus d'usage, sont : le sous-carbonate (alcali volatil concret, sel volatil d'Angleterre) pour dégraissage des taches de fruits et d'acides ; l'hydrochlorate (sel ammoniac, muriate d'ammoniaque) pour former, en mélange avec l'acide nitrique, la composition d'étain pour écarlate ; enfin le sulfate d'ammoniaque et d'alumine (alun ammoniacal) dont nous avons déjà parlé.

Le sous-carbonate d'ammoniaque se forme par la décomposition de l'urine et d'autres manières animales ; on l'obtient, en France, par carbonisation en vases clos, de ces matières, et on le trouve dans le commerce sous forme de masses blanchâtres irrégulières, dégageant l'odeur d'ammoniaque, et devant se conserver, par conséquent, dans des vases fermés. Il est très-soluble dans l'eau.

L'hydrochlorate d'ammoniaque, originairement apporté d'Egypte où il se trouve particulièrement dans les excréments des chameaux, se prépare en France par la décomposition, à l'aide d'acide hydrochlorique, du sous-carbonate d'ammoniaque. On le trouve dans le commerce sous forme de pains concaves d'un côté et convexes de l'autre, couleur variant du blanc sale au gris.

Le nitrate d'ammoniaque qui s'obtient en saturant l'acide nitrique par de l'hydrate d'ammoniaque et en faisant évaporer la liqueur jusqu'à cristallisation, est un agent oxydant très-énergique. Ce *nitrate ammonique*, dit M. Persoz, est susceptible, dans plusieurs circonstances, de recevoir d'autres applications aux toiles peintes.

§ 14.   CHAUX (OXYDE DE CALCIUM, OXYDE CALCIQUE); CHLORURE D'OXYDE DE POTASSIUM, EAU DE JAVELLE.

Chaux. — On se procure ordinairement cet oxyde pur de calcium (39 oxygène et 100 calcium), avec le marbre de l'espèce la plus blanche, ou bien avec le spath calcaire, par une longue exposition de ces corps à une forte chaleur rouge. C'est une substance blanche, médiocrement dure, d'une pesanteur spécifique de 2.3. Elle exige, pour sa fusion, un degré intense de chaleur, et l'on n'est point encore parvenu à la volatiliser ; sa saveur est caustique, astringente et alcaline ; elle est soluble dans 450 parties d'eau, suivant sir Humphry Davy ; et, selon d'autres chimistes, dans 760 parties ; sa dissolubilité n'est point augmentée par la chaleur. Si l'on arrose d'un peu d'eau seulement de la chaux récemment faite, cette eau est rapidement absorbée avec développement de beaucoup de chaleur et dégagement de vapeur. Cet effet est ce qui constitue le phénomène appelé *extinction de la chaux*, que tout le monde connaît et voit journellement pratiquer pour la confection du mortier à bâtir, mélange ordinaire de chaux et de sable. La chaleur que dégage la chaux, en s'éteignant, provient, suivant l'explication qu'en donne le docteur Black, de la consolidation de l'eau liquide dans la chaux formant un *hydrate*, ainsi qu'on appelle actuellement la chaux éteinte ; c'est un composé de 3.56 parties de chaux avec 1.125 d'eau, ou à très-peu près, dans le rapport de 3 de chaux à 1 d'eau. Cette eau qui s'en dégage en partie, à l'air libre, peut en être chassée par une chaleur rouge.

L'eau de chaux est astringente et un peu âcre au goût ; elle change en vert les couleurs bleues végétales, les jaunes en brun, et elle rétablit la couleur pourpre ordinaire du tournesol rougi par un acide ; mais le teinturier doit toujours essayer sur un échantillon l'action de l'eau de chaux, car elle est plus ou moins énergique suivant sa préparation, et pourrait même altérer certains tissus si l'on n'avait pas la précaution de la laisser exposée à l'air, pendant quelque temps. En effet, lorsque l'eau de chaux reste exposée à l'air, elle attire par degrés l'acide carbonique, devient un carbonate insoluble, et, à la longue, toute la chaux s'est convertie en carbonate de chaux insoluble, l'eau finit par n'être plus que de l'eau pure. Si l'on place de l'eau de chaux sous le récipient de la machine pneumatique où se trouve renfermée une soucoupe remplie d'acide sulfurique concentré, l'eau sera par degrés enlevée à la chaux qui se solidifiera en petits cristaux prismatiques hexaèdres. Mais si l'on versait de l'acide sulfurique dans de l'eau de chaux, il se ferait un précipité insoluble de sulfate de chaux bien connu sous le nom de pierre à chaux.

Chlorure d'oxyde de potassium (chlorure de potasse en dissolution, lessive et eau de javelle). — Quoique nous ayons donné, en traitant du blanchiment (§ 5), la préparation du chlore et des chlorures en général, nous reviendrons ici spécialement sur la préparation du chlorure d'oxyde de potassium, ou chlorure de potasse en dissolution, parce que ce chlorure, plus connu sous le nom de lessive ou d'eau de javelle, tel qu'on le vend dans le commerce, est toujours assez impur pour altérer les tissus, si l'on n'y prend garde ; il est d'ailleurs rarement bien préparé pour les opérations délicates du teinturier-dégraisseur.

Après avoir disposé l'appareil que nous avons indiqué pour la préparation du chlore, on forme l'eau de javelle en recevant ce chlore pur dans une dissolution également pure de potasse. Voici le procédé usité :

On monte, dit M. Chevalier, un appareil composé d'une tourille placée dans un bain de sable posé sur un fourneau : la tubulure de la tourille reçoit un bouchon supportant deux tubes, l'un en S ; l'autre de sûreté, courbé à angle droit, va plonger dans un flacon contenant de l'eau destinée à la ver le chlore ; de ce flacon part un second tube dont l'extrémité va plonger dans une solution de potasse.

L'appareil étant monté, on introduit dans la tourille les substances suivantes :

Peroxyde de manganèse. . . .	0 kil.	489
Chlorure de sodium (sel marin). .	1	958
Acide sulfurique à 66 degrés. .	0	979
Eau.	0	979

On adapte les tubes, on lute les jointures soigneusement, et quand ces luts sont secs, on introduit par le tube en S de l'acide sulfurique ; on chauffe graduellement le bain de sable jusqu'à ce qu'il ne se dégage plus de chlore. Le gaz produit par la réaction de l'acide sulfurique sur le sel marin et l'oxyde de manganèse, passe d'abord dans l'eau, où il se lave, et va de là dans le flacon qui termine l'appareil, lequel contient :

Sous-carbonate de potasse. . .	2 kil.	023
Dissous dans l'eau pure. . . .	15 litres.	

Quand le dégagement du chlore a cessé, on décante le chlorure de potasse et on le conserve dans des bouteilles bien fermées et placées à l'abri de la lumière.

L'eau de javelle, ou le chlore, quand ils sont préparés avec soin, et bien purs peuvent servir au teinturier-dégraisseur pour enlever les taches végétales sur les étoffes blanches, mais ils ne peuvent remplacer l'acide sulfureux pour enlever les taches de fruit sur les tissus colorés, car ils en altéreraient la nuance et détruiraient même la couleur. L'acide sulfureux, au contraire, attaque peu les couleurs, il ne change pas le bleu sur la soie, pas même le rose, que la seule eau bouillante fait disparaître : il n'altère pas non plus les couleurs produites par les astringents : il ne dégrade point le jaune sur le coton. Il suffit de l'affaiblir pour en faire usage dans tous les cas.

L'eau de javelle et le chlore pourront donc être employés sans inconvénient, pour les taches végétales sur les étoffes blanches ; mais l'acide sulfureux seul devra servir pour les taches végétales sur les tissus colorés.

§ 15. CUIVRE ET SELS DE CUIVRE.

Le cuivre est un métal bien connu, qui n'est altéré par l'eau qu'avec le concours de l'air : la surface en contact avec l'eau se recouvre alors d'une croûte verte connue sous le nom de *vert-de-gris*, et qui est un poison fort dangereux. L'acide nitrique dissout très-rapidement le cuivre qui, d'ailleurs, est facilement attaqué par plusieurs autres acides. Voici les sels de cuivre dont les teinturiers font usage.

Le *sulfate de cuivre*, connu dans le commerce sous les noms de *couperose* ou *vitriol bleu*, à cause de sa couleur, *vitriol de Chypre*, *vitriol de cuivre*, se prépare par trois procédés.

1. Dans quelques pays, on l'obtient par évaporation des eaux qui le contiennent en dissolution.

2. Dans d'autres, on grille le sulfure de cuivre dans un fourneau à réverbère : il passe à l'état de sulfate ; on lessive la masse, on fait évaporer la liqueur, et l'on obtient le sel par cristallisation.

Le sulfate obtenu par ce procédé, ainsi que par le précédent, contient toujours un peu de sulfate de fer ; mais il est facile de l'obtenir pur en mettant dans la dissolution saline un excès d'oxyde de cuivre ; car alors tout l'oxyde de fer se précipite en peu de temps.

3. Le procédé qu'on suit en France consiste à saupoudrer de soufre des lames de cuivre, qu'on a mouillées auparavant pour y rendre le soufre adhérent. On porte ces lames, ainsi saupoudrées, dans un four chauffé au rouge, et après les y avoir laissées pendant quelque temps, on les plonge toutes chaudes dans l'eau. Ensuite on les saupoudre de nouveau d'une petite quantité de soufre, puis on les remet dans le four, et ainsi de suite. Dans cette opération, l'on forme un sulfure de cuivre artificiel qui absorbe l'oxygène de l'air, et passe à l'état de sulfate ; celui-ci se dissout dans l'eau, et on l'en retire par l'évaporation.

Ce sel, que l'on rencontre dans le commerce, est toujours acide et se compose de parties à peu près égales d'acide sulfurique, de deutoxyde de cuivre et d'eau : il est d'un bleu foncé ; sa saveur est styptique et métallique. Il est très-soluble dans l'eau : quatre parties d'eau en dissolvent une partie à la température ordinaire, et plus de moitié de leur poids à celle de 100 degrés : il cristallise très-facilement et affecte la forme de prismes à quatre pans obliques qui s'effleurissent légèrement à l'air, en se recouvrant d'une poussière blanche-verdâtre.

Le sulfate de cuivre est plutôt employé dans les teintures sur lin et coton, que sur les étoffes de laine ou de soie. On s'en sert pour préparer l'acétate de cuivre par double décomposition, pour obtenir sur le coton des nuances vertes, carmélites, etc., et pour virer certaines couleurs. C'est la base principale du vert de Scheele et des couleurs bleues.

Le *nitrate de cuivre* qui se forme avec la plus grande facilité, car l'acide nitrique agit rapidement sur le cuivre et le dissout complètement, est ordinairement à l'état de solution, d'une belle couleur bleue. En évaporant la solution, elle cristallise, par refroidissement, en parallélipipèdes allongés, d'un beau bleu, d'une saveur âcre et métallique, mais qui, attirant l'humidité de l'air, deviennent très-promptement déliquescents. Il suffit, d'ailleurs, de chauffer ces cristaux qui abandonnent facilement leur eau de cristallisation, après s'être fondus, pour les décomposer en totalité, et il reste alors du deutoxyde de cuivre. Le nitrate de cuivre est surtout employé dans la préparation des réserves pour les toiles peintes.

Le sous-acétate de cuivre, verdet ou vert-de-gris, se fabrique dans les départements de l'Aude et de l'Hérault, au moyen de plaques de cuivre minces qu'on bat et qu'on chauffe à environ 50 degrés. On les trempe ensuite dans du vin chaud ou mieux du vinaigre. On place sur le sol une couche de bon marc de raisin, et par-dessus une couche de plaques de cuivre, et successivement. Au bout de 30 à 45 jours, suivant le degré de spirituosité du marc, les plaques sont couvertes d'une couche verdâtre. On les enlève et on les place transversalement à côté l'une de l'autre. On les arrose ensuite plusieurs fois avec de l'eau acidulée par le vinaigre et quelquefois avec de l'eau. Alors cette couche de sel se gonfle ; l'on voit se former une efflorescence blanchâtre qui offre sur les bords de longues aiguilles et qui se sépare aisément de la plaque. On râcle alors le verdet et on laisse reposer les plaques quelque temps pour recommencer ensuite une nouvelle opération.

Le vert-de-gris, que l'on rencontre dans le commerce, est sous forme de pains renfermés dans des poches en peau. Si l'on traite ce sel par l'eau, il s'en dissout les 0.56, et les 0.44 restant, sont à l'état d'une poudre verte, et quelquefois sous forme d'écailles d'un vert-bleuâtre clair : cette portion insoluble est le sous-acétate de cuivre que l'on vend souvent pour le vert-de-gris. Il est facile à distinguer à son aspect nacré ; ce résidu est mélangé d'une quantité variable de carbonate de cuivre. Si l'on emploie le vert-de-gris, on doit toujours y ajouter de l'acide acétique, afin de faciliter sa dissolution dans l'eau, qui ne dissout bien que l'acétate neutre de cuivre.

Le vert-de-gris peut remplacer le verdet cristallisé, mais il en faut une plus grande quantité.

Pour préparer l'*acétate neutre de cuivre* (*verdet cristallisé, cristaux de Vénus*), on fait dissoudre à chaud le vert-de-gris dans le vinaigre, et après avoir concentré convenablement la liqueur, on la verse dans des vases où elle cristallise par refroidissement. Pour en favoriser la cristallisation, on y plonge ordinairement des bâtons verticaux fendus en quatre, jusqu'au sommet, à partir de la base. C'est sur ces bâtons que le verdet se dépose en prismes rhomboïdaux, d'un vert-bleuâtre, quelquefois très-réguliers et d'un assez gros volume.

Le vert-de-gris s'emploie pour quelques teintures, et les cristaux de Vénus, ainsi que le verdet, entrent dans la composition du *vert d'eau*, liqueur verte qu'on emploie pour le lavis des plans.

Il y a cette différence entre l'acétate et le sous-acétate de cuivre (cristaux de Vénus et vert-de-gris), c'est que, dans le premier, l'oxyde de cuivre est complètement saturé d'acide acétique; c'est l'acétate de cuivre; et que, dans le vert-de-gris, il n'y a qu'une portion variable de l'oxyde de cuivre qui soit à l'état d'acétate; il ne faut que cinq parties d'eau bouillante pour en dissoudre une de verdet cristallisé, ou acétate neutre.

L'arsénite de cuivre, bien connu sous le nom de *vert de Scheele*, se prépare par le mélange à chaud de deux dissolutions, l'une de dix parties de sulfate de cuivre dans deux cents parties d'eau, et l'autre de cinq parties d'acide arsénieux, avec dix parties de potasse dans deux cents parties d'eau; ce mélange opère la précipitation du vert de Scheele en poudre verte insoluble, même avant le refroidissement de la liqueur.

§ 16.   EAUX ET LEUR EMPLOI; EAU OXYGÉNÉE.

Berthollet recommande avec raison de ne jamais se servir, pour la teinture, d'eaux limoneuses, ou contenant des substances corrompues, non plus que d'eaux assez chargées de principes étrangers pour être placées au nombre des eaux minérales, ce que leur saveur fait aisément distinguer. En effet, les eaux impures agissent sur les parties colorantes, principalement à raison des sels à base terreuse qu'elles contiennent et qui rendent, en général, les couleurs plus ternes et plus foncées. Les carbonates de chaux et de magnésie ont, en outre, l'inconvénient de se précipiter par l'ébullition qui chasse l'excès de l'acide carbonique, au moyen duquel elles étaient tenues en dissolution; de sorte que ces terres s'appliquent sur les étoffes, les ternissent et empêchent les parties colorantes d'y pénétrer.

Il importe donc d'éviter l'emploi dans la plupart des teintures, des eaux qu'on appelle *eaux dures* ou *eaux crues*;

fort heureusement, pour ceux qui s'occupent de l'art des teintures, une épreuve vulgaire et de la plus facile exécution suffit pour faire reconnaître si une eau contient une quantité nuisible de sels à base terreuse. Tous ces sels, en effet, décomposent le savon par un échange de bases ; leur terre s'unit avec la constitution de l'huile, pendant que leur acide se combine avec l'alcali du savon : ainsi, de la combinaison de l'huile avec la terre résulte un savon à base terreuse, qui étant insoluble dans l'eau, forme les caillots qu'on y reconnaît aisément et auxquels il est impossible de se méprendre, même sans être blanchisseur ou teinturier.

Lors donc qu'une eau est claire, qu'elle se renouvelle, qu'elle n'a point de saveur sensible, qu'elle dissout bien le savon, on peut la regarder comme très-propre aux teintures, et toujours celles qui ont ces qualités y sont également propres : on les nomme *potables*, parce qu'elles sont bonnes pour la boisson et propres à cuire les légumes, propriété que ne possèdent point les eaux crues ou dures.

Mais, comme on n'est pas toujours maître du choix des eaux, on a cherché les moyens de corriger, du moins jusqu'à un certain point, celles qui étaient mauvaises, particulièrement pour les teintures des couleurs délicates. On se sert principalement, à cet effet, de l'eau dans laquelle on a fait aigrir du son, et qu'on appelle *eau sûre*. Il paraît que cette eau agit en décomposant les carbonates de chaux et de magnésie, et que son acide chasse l'acide carbonique ; on évite ainsi le dépôt de la terre, qui, ainsi qu'on l'a dit, se forme par l'ébullition.

L'on fait bouillir aussi des plantes mucilagineuses avec l'eau qu'on veut corriger, et il se forme une écume que l'on enlève. Le mucilage, en se coagulant, entraîne avec lui des terres qui se séparent par la volatilisation de l'acide carbonique, ainsi que celles qui pourraient se trouver simplement même avec l'eau et la troubler.

On peut facilement rendre l'eau dure ou crue, propre aux opérations de la teinture, par la manipulation suivante :

On fait dissoudre dans un litre d'eau 75 décag. de bonne potasse du commerce, et on ajoute à cette dissolution bouillante 15 décag. de savon coupé en petits morceaux ; on agite ce mélange jusqu'à ce que le savon soit dissous, ce qui se reconnaît à la viscosité de la dissolution que l'on verse bouillante dans 100 litres de l'eau à corriger, également bouillante. Il se forme un coagulum qui nage à la surface et que l'on enlève avec une écumoire. L'addition du savon à la potasse a pour objet de déterminer la séparation facile du coagulum ou précipité, qui, en s'emparant de l'huile du savon, se dégage du liquide bien plus facilement que par tout autre moyen. L'eau dure, ainsi corrigée, devient douce, potable, propre à faire cuire les légumes et à dissoudre le savon.

Les sels à base terreuse, qui sont, en général, nuisibles dans la teinture, peuvent, dans quelques cas, lui être avantageux, comme servant à modifier les couleurs, lorsqu'on a l'intention d'obtenir des nuances foncées ; mais on a souvent préconisé ainsi l'usage des eaux de certaines localités, sans un examen attentif et raisonné, et auquel le teinturier doit toujours se livrer lui-même et partout.

L'eau à l'état de pureté est formée de 1 volume de gaz oxygène et de 2 volumes de gaz hydrogène, ou bien, en poids, de 8 parties de gaz oxygène et 1 partie de gaz hydrogène.

L'eau que l'on rencontre dans la nature est presque toujours impure ; elle contient des substances dont les proportions et le nombre varient suivant le sol qu'elle a traversé. Sans nous occuper ici des eaux de mer et des eaux minérales, nous entrerons dans tous les détails chimiques utiles au teinturier, sur les eaux de rivière, de source et de puits qu'il peut employer.

L'eau sera réputée de bonne qualité si :

1. Elle ne décompose pas une solution de savon qui y démontre la présence des sels calcaires ;

2. Elle ne produit pas un précipité abondant avec l'oxalate d'ammoniaque, qui dénote la présence d'un sel à base de chaux ;

3. Elle ne produit pas un précipité abondant avec le nitrate de baryte, précipité insoluble dans l'acide nitrique, et qui démontre la présence d'un sulfate ;

4. Elle ne produit pas un précipité abondant avec le nitrate d'argent, précipité insoluble dans l'acide nitrique, et qui prouve l'existence d'un hydrochlorate ;

5. Elle ne produit pas de précipité avec l'hydrocyanate (prussiate) de potasse, précipité qui prouve la présence du fer.

L'eau de rivière peut être considérée comme la réunion des eaux de source et de pluie : celles de source sont ordinairement plus pures que celles de pluie qui se chargent de substances salines en traversant le sol. L'eau de rivière contient habituellement de l'air, de l'acide carbonique, de l'hydrochlorate de soude, du carbonate de soude, du sulfate de potasse, du carbonate de chaux, du sulfate de chaux ; et l'eau du milieu du courant est toujours la moins impure.

L'eau de source contient les mêmes substances, mais en

quantité plus considérable : on y trouve quelquefois du sulfate de magnésie.

L'eau de puits que l'on rassemble en creusant des cavités dans le sol, et que l'on y puise, contient en grande quantité du sulfate et du carbonate de chaux; ce qui la rend impropre aux usages de la teinture. Il en est de même de celle de quelques puits artésiens qui contiennent des quantités assez variables de substances salines et de l'hydrogène sulfuré; mais, en général, cependant, les puits artésiens creusés à une profondeur suffisante, fournissent des eaux très-bonnes pour la teinture, et d'une limpidité qui les fait préférer à toutes les autres dans les papeteries pour les blancs naturels.

Influence des sels contenus dans l'eau sur les opérations de teinture. — Tous les sels à base de chaux ont la propriété de faire violeter les rouges de garance, ceux de cochenille et de bois de Fernambouc; de se fixer sur les étoffes et d'y attirer les matières colorantes; de décomposer le savon et de former un savon calcaire insoluble.

Les sels calcaires que contient l'eau impure ne sont solubles qu'à la faveur d'une certaine quantité d'acide carbonique. Par l'ébullition, l'acide carbonique se dégage, et les sels calcaires se précipitent en s'attachant sur les étoffes. Cet effet se fait déjà remarquer dans l'opération du dégommage; et lors de la teinture, où les étoffes entrent à froid, il arrive une époque où la chaleur est assez élevée pour laisser dégager l'acide carbonique. Le sulfate et le carbonate de chaux se précipitent en s'attachant sur les étoffes, et altèrent souvent la matière colorante.

Lors du passage en savon pour blanchir les étoffes, on est dans l'habitude de faire bouillir l'eau avec une quantité variable de sous-carbonate de soude, suivant la nature calcaire des eaux; par ce moyen on décompose et on précipite ces sels, qui se rassemblent à la surface sous forme d'écume. Après l'avoir enlevée, on y dissout le savon. De cette manière, on est garanti de la formation du savon calcaire; mais lorsque l'on vient à laver les étoffes dans ces mêmes eaux, le savon calcaire se forme de nouveau et produit une espèce de mastic qui empêche l'action décolorante du chlore et retarde le blanchiment des étoffes.

Eau oxygénée. — Ce peroxyde d'hydrogène fut découvert en 1818, par Thénard. Ce chimiste préparait l'eau oxygénée en dissolvant le deutoxyde de barium dans l'acide hydrochlorique, versant dans cette dissolution une certaine quantité d'acide sulfurique; répétant ensuite nombre de fois ces deux opérations sur la même liqueur, puis y ajoutant du sulfate d'argent, et enfin de la baryte. En séparant successivement tous les précipités par le filtre, on parvient à charger l'eau de beaucoup d'oxygène, et c'est en opérant ainsi que Thénard a fait absorber à ce liquide jusqu'à 616 fois son volume d'oxygène, c'est-à-dire le double de la quantité de ce principe qui lui est propre. Dans cet état de l'eau la plus chargée d'oxygène que Thénard ait pu obtenir, et qu'il a considérée, en conséquence, comme étant un peroxyde d'hydrogène, sa densité est 1.452; c'est à raison de cette grande densité qu'en versant l'eau oxygénée dans de l'eau ordinaire, on la voit couler à travers cette eau comme une espèce de sirop, quoiqu'elle soit très-soluble. Mérimée a fait connaître l'application de l'eau oxygénée à la restauration des dessins gâtés par l'altération du blanc de plomb, il suffit de quelques coups de pinceau d'une eau très-faiblement oxygénée pour enlever toutes les taches et restaurer parfaitement le dessin, sans que le papier, même coloré, en soit en aucune manière altéré.

L'influence de l'oxygène est si positive dans la formation de toutes les couleurs, qu'il est étonnant que l'on n'ait pas encore étendu davantage l'emploi de l'eau oxygénée pour les teintures ; au reste, elle commence à devenir d'un usage plus fréquent dans les ateliers, car elle rétablit sur-le-champ les piqûres dont l'humidité marquète trop souvent les étoffes de soie ; elle ravive les couleurs affaiblies par les plis de l'étoffe et la poussière. Enfin, le teinturier ne doit pas oublier que ce n'est qu'à raison de l'eau oxygénée qu'elle contient, que la rosée contribue efficacement à blanchir les étoffes écrues que l'on met sur le pré. Le dégraisseur peut obtenir plusieurs bons effets de l'eau plus ou moins oxygénée, en se rappelant seulement que l'eau fortement oxygénée agit comme un acide assez violent pour attaquer l'épiderme et détruire la peau si l'application en est renouvelée.

§ 17. ÉTAIN ; OXYDES ET SELS D'ÉTAIN.

L'étain est un métal blanc bien connu, considérablement plus dur que le plomb, à peine sonore et faisant cependant entendre, quand on le plie en différents sens, un craquement particulier qu'on appelle *cri de l'étain*. Il a une saveur sensible un peu désagréable, et produit, lorsqu'on le frotte, une odeur particulière. L'étain pur fond à la température d'environ 228 degrés centigrades, mais il lui faut un très-grand degré de chaleur pour se réduire en vapeur. Il cristallise par décantation et refroidissement, en prismes rhombordeaux; sa pesanteur spécifique est 7.291, et 7.299 lorsqu'il a été écroui.

Pour obtenir l'étain à l'état de pureté, on fait bouillir ce métal dans l'acide nitrique, et l'on réduit l'oxyde qui se précipite, en chauffant en contact avec du charbon dans un creuset couvert.

Les oxydes d'étain qui sont au nombre de deux, *protoxyde* et *peroxyde*, jouent, ainsi que plusieurs sels d'étain, un grand rôle dans la teinture, où ils sont connus des manufacturiers depuis la découverte de l'écarlate dont l'oxyde d'étain est un ingrédient essentiel. Pour obtenir le *protoxyde*, on dissout l'étain dans l'acide hydrochlorique, soit à l'aide de la chaleur, soit par l'addition au besoin d'une petite quantité d'acide nitrique. Quand la dissolution est complètement opérée, on y ajoute de la potasse en excès. Il se précipite une poudre blanche qui est en partie redissoute, mais dont la proportion qui reste prend une couleur gris foncé, et même avec brillant métallique. Cette portion qui reste est le protoxyde pur d'étain. La poudre blanche, précipitée d'abord, est l'hydrate du protoxyde. Cet hydrate abandonne son eau par la chaleur, et devient d'un gris foncé presque noir. Ce protoxyde ou oxyde gris d'étain est une poudre sans saveur, soluble dans les acides et dans les alcalis. Lorsqu'il est chauffé, il prend feu, brûle comme de l'amadou et est converti en peroxyde. A l'état de dissolution, il absorbe l'oxygène avec une grande avidité et devient peroxyde. L'hydrate de protoxyde d'étain s'emploie comme désoxygénant de l'indigo. Combiné avec l'acide hydrochlorique, il sert à détruire les couleurs produites par les oxydes de fer et de manganèse qu'il rend plus solubles dans les acides. Aussi le teinturier dégraisseur emploie-t-il avec avantage le proto-hydrochlorate d'étain pour enlever les taches de rouille et pour débouillir les nuances solitaires que donne l'oxyde de manganèse.

Le *peroxyde* ou *deutoxyde* d'étain, qui entre dans les dissolutions les plus importantes pour le teinturier et dans la composition écarlate, peut s'obtenir en échauffant le métal dans l'acide nitrique concentré. Il se produit une vive effervescence; l'étain est converti en totalité en une poudre blanche qui se dépose au fond du vaisseau. Lorsqu'on chauffe cette poudre jusqu'à ce que tout l'acide et l'eau en aient été chassés, elle prend une couleur jaune. On forme un peroxyde d'étain en chauffant ensemble de la limaille d'étain et l'oxyde rouge de mercure, et ce peroxyde qui est blanc a d'ailleurs toutes les propriétés du peroxyde d'étain ordinaire. Cet oxyde ne se dissout point dans l'acide hydrochlorique, mais il forme avec cet acide une combinaison qui est soluble dans l'eau ; de même aussi lorsqu'on le met en digestion avec de la potasse, il se combine avec cet alcali, et la combinaison se dissout dans l'eau. Lorsque cet oxyde a été chauffé au rouge, il cesse d'être soluble dans les acides ou dans l'eau, précipité qui se remarque d'ailleurs dans la plupart des oxydes métalliques.

Les sels d'étain qu'emploie le teinturier, sont des *chlorures* que l'on rencontre plus ou moins impurs dans le commerce, le *protochlorure* sous forme de petits cristaux aiguillés, et le *perchlorure* sous forme de masses blanchâtres attirant fortement l'humidité de l'air et d'une saveur très-caustique.

On peut former le protochlorure d'étain en chauffant ensemble un amalgame d'étain et de protochlorure de mercure (calomel), ou en évaporant à siccité l'hydrochlorate de protoxyde d'étain, et en fondant le résidu en vaisseau clos. Mais le procédé généralement employé dans les arts consiste à faire passer un courant de gaz acide hydrochlorique à travers de l'eau contenant de la limaille ou de la grenaille d'étain. En ajoutant du peroxyde de manganèse dans l'appareil qui dégage l'acide hydrochlorique, on obtient du perchlorure d'étain. Le *perchlorure* liquide, connu pendant longtemps sous le nom de liqueur fumante de Libavius, se prépare ordinairement en distillant à une douce chaleur un mélange d'amalgame d'étain et de perchlorure de mercure (sublimé corrosif). Ce liquide doit marquer 60 degrés au pèse-acide de Baumé et ne pas précipiter par quelques gouttes d'hydrochlorate d'or ; s'il y a précipité, c'est qu'il contient du protochlorure.

Pour préparer la dissolution d'étain par l'acide hydrochlorique, Pelletier prescrit de mettre une partie d'étain avec quatre parties d'acide hydrochlorique concentré, dans un matras placé sur un bain de sable, et qu'on chauffe par degrés jusqu'à l'ébullition ; degré de chaleur qu'il n'est bon de produire qu'après en avoir employé un modéré plus convenable pour chasser l'excès d'acide.

L'hydrochlorate produit par ce procédé contient l'étain au plus bas degré de l'oxydation nécessaire pour sa combinaison avec un acide. Dans cet état, il enlève l'oxygène, non-seulement à l'acide chlorique, à l'acide sulfureux, mais encore à l'air atmosphérique et à toutes les substances qui ne retiennent pas cet élément avec force : il peut donc ainsi servir très-convenablement pour se diriger dans les recherches sur les propriétés des substances colorantes. D'ailleurs, comme l'oxyde de fer se combine facilement avec les étoffes et avec les parties colorantes, cet hydrochlorate peut être très-utile dans le procédé de teinture.

Pelletier a conclu de quelques essais, que c'est toujours dans l'état le plus oxydé que l'étain est de l'emploi le plus avantageux en teinture ; mais c'est par des épreuves qu'il est préférable de déterminer ce qui peut mieux convenir à cet égard à chaque espèce de teinture.

On obtiendra, suivant Pelletier, l'hydrochlorate d'étain dans l'état le plus oxygéné, en faisant passer du chlore dans la dissolution d'étain faite par l'acide hydrochlorique, jusqu'à ce qu'elle en retienne l'odeur ; après quoi Pelletier prescrit de faire volatiliser l'excès d'acide par la chaleur. On peut oxygéner l'hydrochlorate d'étain en laissant sa dissolution simplement exposée à l'air atmosphérique, mais l'effet est lent.

C'est surtout pour le coton et le lin que l'hydrochlorate d'étain peut être employé avantageusement en teinture ; ou du moins, il ne peut l'être en grande quantité pour les substances de nature animale, parce que l'acide hydrochlorique exerce une action trop vive sur ces substances, ce qui doit s'appliquer aux autres hydrochlorates métalliques, avec lesquels on risquerait de détruire les tissus, si l'on n'opérait pas avec les soins convenables. Les hydrochlorates alcalins qui servent en général à foncer les couleurs, n'ont pas le même inconvénient.

Dissolutions d'étain. — Nous avons parlé déjà des dissolutions d'étain en usage pour la teinture, en traitant de l'acide hydrochloronitrique, et nous avons dit qu'elles étaient assez variables dans les ateliers. Pour préparer la dissolution d'étain, connue sous le nom de *physique*, M. Thillaye recommande la méthode suivante : Mélangez dans un matras de verre ou dans une terrine de grès, 673 grammes d'acide hydrochlorique, et 306 grammes d'acide nitrique, puis faites-y dissoudre très-lentement, et par petites portions à la fois, 122 grammes d'étain en grenailles. L'étain entièrement dissous, on laisse refroidir et on conserve la dissolution dans des flacons.

La dissolution d'étain, appelée *composition* pour l'écarlate, s'obtient en faisant dissoudre 92 grammes d'hydrochlorate d'ammoniaque (sel ammoniac) dans 734 grammes d'acide nitrique à 24° ; on chauffe légèrement et on projette dans le mélange, par petites parties, 92 grammes de grenaille d'étain. L'étain entièrement dissous, on y verse 184 grammes d'eau pure.

Ces deux dissolutions sont des deutochlorures plus ou moins acides, que le teinturier peut d'ailleurs rendre moins énergiques, en les affaiblissant avec de l'eau.

Dissolutions d'étain pour l'écarlate. — Suivant Thénard, on prend 8 grammes d'acide nitrique à 30°, 1 gramme de sel ammoniac et 1 gramme d'étain d'Angleterre ou de Malaca. On fait dissoudre d'abord le sel ammoniac dans l'acide, après quoi on y ajoute l'étain en grenailles, puis on étend la dissolution d'un quart de son poids d'eau.

Suivant M. Chevreul, on fait dissoudre à froid 250 grammes de sel marin dans 8 kilogrammes d'eau ; on y mélange 8 kilogrammes d'acide nitrique à 34°, puis on y fait dissoudre lentement et par portions 1 kilogramme d'étain en rubans ; et l'on peut conserver la dissolution pour l'usage.

Dissolution d'étain pour les couleurs composées. — Suivant M. Chevreul, on fait dissoudre dans 1000 grammes d'eau 2250 grammes d'alun, 1125 grammes de crème de tartre et 560 grammes de deutochlorure d'étain.

Dissolution d'étain pour les nuances anglaises. — Elle se compose, en poids, de 12 d'acide hydrochlorique, 1 d'acide nitrique, et 1.75 d'étain. La dissolution est terminée en douze ou quinze heures, et peut se conserver sans altération.

§ 18.   FER, OXYDES ET SELS DE FER.

Lorsque le fer est exposé à l'air, sa surface se ternit promptement, et il se change peu à peu en une poudre d'un jaune-brun, connue sous le nom de *rouille*. Cet effet a lieu plus rapidement si l'atmosphère est humide ; il est dû à la combinaison graduelle du fer avec l'oxygène de l'atmosphère, pour lequel il a une très-grande affinité. Les oxydes de fer sont au nombre de deux, et peut-être de trois ; mais ce dernier oxyde, qui est *violet*, peut n'être qu'une combinaison de *protoxyde* qui est *noir*, et de *peroxyde* qui est *rouge*. La rouille n'est autre chose que le peroxyde combiné avec le gaz acide carbonique.

La tendance qu'a le protoxyde, qui ne peut exister dans l'air atmosphérique qu'en combinaison avec les acides, à absorber l'oxygène, le fait employer pour désoxygéner plusieurs corps et notamment l'indigo. Il est à remarquer que dans presque toutes les teintures, on n'emploie le fer qu'à l'état de protoxyde, et que cependant il passe à l'état de peroxyde dans les diverses opérations qu'il subit ensuite.

Le *protoxyde*, connu sous le nom d'*éthiops martial*, s'obtient, soit en mettant en digestion, dans l'eau, de la limaille de fer en excès, soit par la combustion du fil-de-fer dans l'oxygène, soit par addition d'ammoniaque pure à une dissolution de protosulfate de fer (couperose verte) et séchant le précipité à l'abri du contact de l'air ; il est d'une couleur noire, devenant blanche par son union dans l'hydrate, et toujours attirable par l'aimant, mais plus faiblement que le fer.

Le *peroxyde* de fer existe abondamment dans la nature, dans les mines de fer rouge. Connu sous le nom de *colcotar de vitriol* ou de couperose complètement calcinée, on l'obtient dans les arts par la calcination du fer à vaisseaux ouverts. A l'état anhydre (sans eau), sa couleur est d'un beau rouge-brun, mais elle vire au jaune rougeâtre dès qu'il passe à l'état anhydre, ou de combinaison avec l'eau. C'est dans ce dernier état qu'on l'emploie pour teinture en chamois sur coton ; et on peut lui enlever de l'oxygène soit par un sulfure alcalin, soit par un hydrochlorate d'étain, dans les rongeants destinés pour les rouilles, ce qui en augmente la solubilité.

Le teinturier devra conserver le protoxyde de fer et ses sels, dans des flacons bien fermés et pleins autant que possible, afin d'éviter qu'ils ne passent à l'état de peroxyde. Le peroxyde, qu'il est impossible de remplacer par d'autres substances en teinture, forme la base de tous les mordants ferrugineux, du bleu de Prusse et d'un grand nombre de combinaisons tinctoriales.

Les *sels de fer*, d'un usage habituel, sont les sulfate, nitrate, acétate, sur lesquels nous allons donner les détails chimiques qui nous semblent importants à connaître pour le teinturier, et qui le mettront d'ailleurs à même de se diriger dans l'emploi de tous les autres sels de fer.

Le *protosulfate de fer* (*couperose verte, vitriol vert*), que l'on rencontre dans le commerce, sous forme de cristaux irréguliers, d'une couleur vert-bouteille, se distingue en quatre sortes : 1° celle de fabrique ; 2° celle de fabrique et de refonte ; 3° celle naturelle ; 4° sulfate de fer naturel de refonte. Les sulfates de fer de refonte s'obtiennent en dissolvant celui de fabrique ou naturel, pour le purifier par une nouvelle cristallisation.

Ce sel se prépare par deux procédés différents, soit en traitant le fer par l'acide sulfurique étendu d'eau, soit en exposant les pyrites à l'air humide. Par le premier procédé, on met de la tournure de fer ou du fil-de-fer bien pur dans un matras, et l'on verse dessus peu à peu de l'acide sulfurique étendu de huit à dix fois son poids d'eau, en telle quantité que tout le fer ne puisse point être attaqué. Lorsque l'effervescence est presque arrêtée, on fait bouillir la liqueur avec l'excès de fer qu'elle contient, afin d'avoir le sulfate le moins acide possible ; on la concentre convenablement, puis on la décante dans un flacon et on la laisse refroidir sans le contact de l'air.

En grand, on sature par le fer les liqueurs acides qui proviennent de l'épuration des huiles de colza. Cette saturation a lieu dans de grandes chaudières en cuivre ; lorsqu'elle est terminée, on concentre les liqueurs jusqu'à 34 degrés, puis on les met à cristalliser dans de grands cuviers. Après huit à dix jours, on décante les eaux-mères, et les cristaux sont détachés, puis mis à égoutter. Les eaux-mères sont de nouveau mises à évaporer, afin d'en obtenir de nouveaux cristaux.

Pour préparer le sulfate de fer de refonte, il faut dissoudre ces cristaux dans de l'eau, laisser reposer pour faciliter la précipitation des matières étrangères et mettre à cristalliser de nouveau.

Le deuxième procédé de préparation du sulfate de fer peut s'exécuter partout où l'on trouve du sulfure de fer. Après avoir extrait ce sulfure du sein de la terre, où il est ordinairement en couches minces, à une profondeur de 10, 20, 30, 50 mètres, on l'expose à l'air, en tas qui sont plus ou moins longs et plus ou moins larges, et dont l'épaisseur est d'environ 1 mètre ; quelquefois on les arrose légèrement. Peu à peu le sulfure de fer absorbe l'oxygène de l'air, et passe à l'état de sulfate, qui vient s'effleurir à la surface du tas, et qui est très-reconnaissable à sa saveur styptique ; mais à mesure que le soufre se brûle, une portion d'acide sulfurique se combine avec l'alumine qui fait partie du sulfure employé, d'où il suit qu'il se forme tout à la fois du sulfate d'alumine et du sulfate de fer. Au bout d'un an environ, on lessive la matière, on dissout ainsi le sulfate d'alumine et le sulfate de fer, et l'on concentre convenablement la liqueur dans des chaudières de plomb ; le sulfate de fer cristallise presque tout entier, tandis que le sulfate d'alumine, qui est déliquescent, reste dans les eaux-mères. On décante les eaux-mères, on lave le sulfate de fer avec une petite quantité d'eau, on le fait sécher et égoutter.

On prépare aussi du sulfate de fer avec des eaux minérales, qui tiennent en dissolution du cuivre, qu'on précipite par le fer ; on fait ensuite cristalliser cette dissolution, qui contient un peu de cuivre. Monnet, dans son *Traité de la vi-*

triolisation, annonce que, pour obtenir des sulfates de fer, exempts de cuivre et d'alun, il faut avoir soin de tenir, dans la chaudière qui sert à l'évaporation, des fragments de fer, car, dit-il, le fer peu oxydé a la propriété de précipiter le cuivre et la base de l'alun. Cette précaution est toujours bonne à prendre pour les sulfates de fer de refonte, et il paraît que c'était ainsi que s'était établie la supériorité du vitriol d'Angleterre. Chaptal l'avait indiquée, et, même de son temps, cette précaution assurait déjà la bonté des produits de plusieurs manufactures de France. Il n'y a que le zinc qui ne pourrait pas être précipité; mais il se trouve très-rarement, et seulement en petite quantité dans les sulfates de fer.

Le sulfate de fer est d'une couleur verte, il cristallise en prismes rhomboïdaux transparents. Sa saveur est très-forte et styptique, il rougit le tournesol. Il est très-soluble dans l'eau; à la température ordinaire, il faut le double de son poids et seulement les trois quarts au degré de l'ébullition. Par son exposition à l'air, il devient opaque et se recouvre d'une couche jaunâtre, effet produit par l'absorption de l'oxygène, qui transforme une partie du protosulfate en persulfate; cet effet a lieu avec plus d'activité lorsque le sulfate se trouve en solution dans l'eau. Exposé au feu, le sulfate de fer fond, se boursoufle et devient blanc en perdant son eau de cristallisation; si la température est continuée, l'acide sulfurique se dégage, et il reste une poudre rouge connue sous le nom de colcotar, oxyde rouge de fer. Si cette opération a lieu dans une cornue, il se dégage d'abord une eau légèrement acide et ensuite un acide fumant, connu sous le nom d'acide sulfurique de Nordhausen, dont nous avons parlé en traitant de l'acide sulfurique.

Le sulfate de fer que l'on rencontre dans le commerce est souvent impur; parmi les substances qui peuvent l'altérer, nous citerons le cuivre, l'alumine et l'excès d'acide sulfurique que l'on y ajoute pour qu'il puisse conserver longtemps sa couleur verte. Le cuivre est nuisible dans les cuves et le bleu faïence, par la propriété qu'il a de réoxygéner l'indigo. On peut s'assurer de sa présence : 1° en mettant dans une solution de sulfate une lame de fer décapée, et, l'y laissant séjourner quelque temps, elle se couvrira d'une couche de cuivre si le sel en contient; 2° en précipitant la solution du sulfate par l'ammoniaque en léger excès, la liqueur surnageante sera bleue si le sel contient du cuivre. Quand la présence du cuivre sera ainsi reconnue, le teinturier devra purifier le sulfate ainsi que nous l'avons indiqué pour le sulfate de refonte, ou le mettre en réserve pour les nuances auxquelles le cuivre n'est pas nuisible.

Le protosulfate de fer entre dans la composition des teintures en noir et en gris ; il est employé pour monter les cuves d'indigo ; il sert à la préparation de l'acétate de fer par double décomposition. On l'emploie pour préparer le bleu de Prusse et l'encre.

Le cuivre qui se trouve présent dans plusieurs espèces de sulfate de fer, n'est pas nuisible aux teintures noires, pour lesquelles on fait principalement emploi de ce sulfate ; mais pour d'autres usages, il convient d'en séparer le cuivre : on y parvient aisément, même sans refonte et cristallisations successives, en tenant, pendant quelques heures, dans la dissolution froide du sulfate de fer, des lames de fer sur lesquelles se précipite le cuivre. Il est probable, au reste, que l'alun est plus nuisible au noir que le cuivre ; car lorsqu'on fait bouillir une étoffe noire avec de l'alun, il en détruit la couleur en la dissolvant.

Toutes les dissolutions du fer par les acides forment avec l'oxyde noir une combinaison plus intime qu'avec l'oxyde rouge ; ils présentent aussi des différences qui dépendent de l'énergie de l'acide, ainsi l'acide hydrochlorique dissout plus facilement le fer très-oxydé que les autres ; il est vrai que si cet acide contient un excès de chlore, une partie de l'acide forme, ainsi que l'a observé Fourcroy, du chlore, et il y a lieu de conjecturer que l'hydrochlorate de fer très-oxydé serait moins propre aux teintures noires que le sulfate, parce qu'il retiendrait avec plus de force l'oxyde qui doit entrer dans la formation des molécules noires.

Nitrates de fer. — Le *protonitrate* peut s'obtenir en dissolvant du fer dans de l'acide nitrique à 25 degrés (1.210 poids spécifique). Il faut que cette dissolution se fasse lentement : à cet effet, dans un vase en grès, on met environ 5 kilog. d'acide nitrique, on place le vase dans un lieu frais, et l'on y met une forte barre de fer, la dissolution s'opère lentement, et, si elle a lieu avec trop d'activité, on doit la retirer ; il est essentiel d'éviter que la température de l'acide ne s'élève, car alors on obtiendrait un pernitrate. Lorsque l'acide est saturé, on trouve au fond du vase des cristaux blancs. Ces cristaux affectent la forme de prismes rhomboïdaux, ayant quelque ressemblance avec le protosulfate de fer ; ils sont blancs verdâtres, transparents, leur saveur est astringente très-prononcée. Ils rougissent les couleurs bleues végétales ; par leur exposition à l'air, ils fondent, absorbent l'oxygène de l'air, et passent à l'état de pernitrate.

Le *pernitrate de fer* s'obtient en dissolvant rapidement du fer dans de l'acide nitrique à 34 degrés (1.3046 poids spécifique). Il se dégage une grande quantité de gaz nitreux, ce qui nécessite de faire cette opération dans un courant d'air, afin de n'être pas incommodé par la vapeur nitreuse qui est très-dangereuse à respirer. Lorsque l'acide n'exerce plus d'action sur le métal, on doit retirer celui-ci ; car en le laissant séjourner, une portion du fer continue à se dissoudre, et l'on obtient une masse brune formée de sous-pernitrate de fer qui est insoluble.

Si l'on veut obtenir des cristaux de pernitrate, on fait dissoudre lentement le fer dans l'acide nitrique à 34 degrés, en plaçant le vase dans un lieu frais. Lorsque la dissolution est à peu près complète, il se forme des cristaux qui affectent la forme de prismes droits à quatre pans et à bases carrées ; quelquefois ils ont six pans. La saveur de ce sel est astringente et acide, il est blanc et devient promptement brun par son exposition à l'air. Le pernitrate liquide est d'une couleur brune, et ainsi préparé, sa densité est de 55 degrés (1.618 poids spécifique) C'est dans cet état qu'il est employé dans les diverses opérations de teinture.

Acétates de fer. — Le proto-acétate (*acétate ferreux*) s'obtient en dissolvant dans de l'acide acétique à 8 degrés de la tournure de fer, et facilitant l'action par la chaleur. Lorsque la saturation se trouve terminée, on évapore les liqueurs assez rapidement jusqu'à 60 degrés, en abandonnant la solution dans un endroit frais. Il se dépose des cristaux prismatiques agglomérés sous la forme de houppes ; ils sont d'un blanc-verdâtre, et passent au brun en absorbant l'oxygène de l'air. Leur saveur est douceâtre et styptique ; ils sont très-solubles dans l'eau.

Le *peracétate de fer*, ou *acétate ferrique*, s'obtient facilement en laissant le proto-acétate en contact avec l'air ; il est d'une couleur brune ; évaporé à siccité, il se prend sous la forme de gelée. L'acétate de fer employé dans les ateliers de teinture est désigné sous le nom de *pyrolignite de fer*. On l'obtient en dissolvant du fer dans de l'acide pyroligneux brut. Ce produit que l'on tire du commerce est souvent impur ; il contient quelquefois des eaux-mères de sulfate de fer. Le nitrate de baryte y produit un précipité abondant lorsque ce sel s'y trouve mélangé. Afin d'avoir ce produit bien saturé, on est dans l'habitude de le mettre dans des tonneaux remplis de ferraille, et on le laisse séjourner pendant un mois ou deux. Ce point est très-important, car le noir fourni par le pyrolignite de fer acide est toujours brun. On doit également éviter d'employer celui qui contient une grande quantité de goudron : les nuances que l'on obtient sont toujours ternes. Le pyrolignite doit être d'une couleur brun foncée, transparente, et porter de 14 à 16 degrés.

On prépare encore un acétate de fer en décomposant le sulfate de fer par l'acétate de plomb. Si l'on veut obtenir un acétate pur, on doit, pour 100 parties de protosulfate de fer, employer 136 parties d'acétate de plomb. Il est rare d'employer un acétate semblable; celui dont on se sert pour former la rouille est fait à parties égales, et en général les acétates de fer du commerce contiennent tous plus ou moins de sulfate de fer. On obtient encore l'acétate de fer par double décomposition, en substituant l'acétate de chaux à l'acétate de plomb, dont les proportions varient suivant son degré de pureté. Dans celles que nous établissons, nous le supposerons à l'état de pureté. Ainsi, pour obtenir un acétate de fer exempt de sulfate et d'acétate de chaux, on prendra pour 100 de sulfate de fer, 95 d'acétate de chaux. Du reste, il est facile dans la pratique de s'assurer du point de saturation, en essayant alternativement la liqueur précipitée par le sulfate de fer et l'acétate de chaux qui ne doivent pas la troubler. Dans le cas où l'un ou l'autre de ces deux sels la troublerait, il faudrait alors ajouter plus ou moins de sulfate ou d'acétate. Il serait même préférable qu'il existât plutôt du sulfate de fer que de l'acétate de chaux en excès, ce dernier corps étant nuisible dans les opérations de teinture. Nous observerons également que l'on substitue à l'acétate de plomb, pour la préparation de l'acétate de fer impur, le pyrolignite de plomb dont le prix est inférieur; le résultat obtenu est exactement le même. Les doses de ce sel sont les mêmes que celles de l'acétate de plomb.

L'acétate de fer est principalement employé pour les noirs sur coton, les gris, une infinité de nuances composées, et en général pour les couleurs noires sur coton et sur lin, par les mêmes raisons qui font choisir l'acétate d'alumine; mais on n'a pas besoin de recourir à un procédé si dispendieux. L'acide acétique dissout immédiatement le fer; et pour que celui-ci soit dans l'état le plus oxydé, on tient pendant très-longtemps des fragments de fer dans de bon vinaigre; cependant il ne faut pas négliger, dès que la dissolution est achevée, de décanter la liqueur et de la tenir dans un vase où elle puisse avoir le contact de l'air, et où elle passe à l'état très-oxydé.

Pour les teintures noires ordinaires, où l'on n'a pas besoin d'une dissolution aussi concentrée, on ne se sert pas de vinaigre ; mais on forme souvent un acide à moindres frais avec différentes substances végétales, par exemple avec l'écorce du bouleau. On donne le nom de *tonne au noir* au vase où s'exécute cette opération, et cet objet serait mieux rempli en ayant soin de tenir la dissolution qui s'est faite, hors du contact du fer.

Lorsque dans la fabrication des toiles peintes, on se sert des dissolutions de fer, pour obtenir, par exemple, la couleur appelée *jaune de rouille*, on peut employer l'acétate peu oxydé, formé par la décomposition de l'acétate de plomb par le sulfate de fer. Le sel avec excès d'oxyde qui se forme sur la toile, a une couleur jaune agréable qui, par le contact des alcalis, passe au gris, puis, s'oxydant à l'air, devient rouge. Les nuances de jaune que l'on peut donner au coton, par le moyen du fer, prouvent que ce n'est pas l'oxyde de fer seul qui sert à colorer dans cette circonstance ; c'est toujours à un acide que l'oxyde de fer doit cette couleur.

Il ne faut pas négliger de prendre en considération les changements de couleur qui résultent des différentes oxydations du fer dans les teintures où l'on en fait usage pour d'autres couleurs que pour le noir. C'est pour cela que Chaptal recommande de prendre toutes les précautions convenables, afin que cette oxydation se fasse uniformément pendant l'opération même, et pour que l'étoffe y soit exposée d'une manière égale.

Le teinturier enfin ne doit jamais oublier que le fer, même celui qui se rencontre dans les eaux, altère les nuances de la garance, au point qu'il est souvent impossible d'en obtenir du rose.

§ 19. MANGANÈSE, OXYDES ET SELS DE MANGANÈSE.

La découverte de ce métal date de 1774, époque de la dissertation de Scheele sur le minéral alors appelé *manganèse*, et qu'il prouva être un oxyde métallique. On faisait d'ailleurs usage dans les arts des oxydes et sels de manganèse, avant d'avoir obtenu le métal pur qui est d'un blanc tirant sur le gris, semblable à la fonte de fer ; il a un grand éclat qu'il perd promptement par son exposition à l'air, et devient successivement gris, violet, brun et noir. Cette altération dans la couleur a lieu plus promptement encore quand on chauffe le métal avec le contact de l'air. L'eau le décompose avec énergie et rapidité.

Oxydes. — Suivant Davy, il n'existe que deux oxydes de manganèse, le protoxyde qui est olive et le peroxyde qui est noir. On ne fait usage que de ce dernier, et il importe au teinturier qui l'emploie à la production du chlore, de connaître les variétés qu'on en rencontre dans le commerce, parce qu'elles ne produisent pas toutes la même quantité de chlore. Voici le tableau rédigé par M. Dumas, d'après les analyses de M. Berthier, tel que le donne Julia Fontenelle dans son *Manuel du Blanchiment*, qui fait partie de l'*Encyclopédie-Roret :* nous empruntons également à ce manuel le moyen chimique propre à reconnaître la quantité de chlore que peut fournir un poids donné de peroxyde de manganèse.

LOCALITÉS où gisent les espèces de manganèse examinées.	QUANTITÉ employée.	QUANTITÉ de chlore produite.	OBSERVATIONS.
	kil.	kil.	
Manganèse pur.	1	0.7964	
De Grettnich, près Sarbruck.		0.7525	
De Calveron (Aude),		0.7658	Sans calcaire.
De Calveron (Id.) . .		0.5764	Avec calcaire.
De Périgueux.		0.5179	
De Romanèche..		0.4692 à 0.5135	Celui dont on se sert le plus souvent contient 25 p. 100 de substances étrangères.
De Laveline (Vosges).		0.4648	
De Pesillo (Piémont).		0.4426	Noir sans calcaire.
De Pesillo (Id.). . . .		0.3320	Noir avec calcaire.
De St-Marcel (Id.) . .		0.2789 à 0.3058	*N. B.* Les peroxydes de manganèse de Calveron sans calcaire et celui de Grettnich s'approchent, comme on voit, du degré de pureté.

Essai. — Le peroxyde de manganèse, ou *suroxyde manganique*, comme on l'appelle quelquefois, pur, d'une pesanteur spécifique de 4°, se compose, suivant Davy, de 69 manganésium et 31 oxygène, tandis que l'oxyde olive est formé de 79 manganésium et 21 oxygène seulement. Ainsi, en admettant que le peroxyde noir se compose de :

Manganésium. 3gr. 5578
Oxygène. 2   0000
                                    ____
                                    5   5578

Cette quantité peut fournir 4^{gr}.4265 de chlore, ou bien 1^{lit}.3963 à 0°, sous la pression atmosphérique ordinaire de 76.

Ainsi, pour obtenir 1 litre de chlore, il faudrait 3^{gr}.980 de cet oxyde de manganèse. Telle devra donc être la quantité de celui que l'on voudra essayer. On le réduira en poudre que l'on introduira dans un petit matras luté, fermé par un bouchon de liège, livrant passage à un tube recourbé et à un autre tube en S. Dès qu'on y aura versé l'acide hydrochlorique par ce dernier, on chauffera à une douce chaleur, et l'on recevra le chlore gazeux dans un flacon contenant un peu moins d'un litre de lait de chaux ; vers la fin de l'opération, on augmente le feu, de manière à faire bouillir l'acide hydrochlorique, afin de faire passer le chlore des vaisseaux dans le lait de chaux. L'opération terminée, l'on ajoute au chlorure de chaux obtenu une quantité d'eau suffisante pour former un litre de liqueur, dont le titre chlorométrique indiquera la quantité exacte du chlore qu'il contient.

Nous devons faire ici une autre remarque dans l'intérêt du fabricant, c'est que la bonté du peroxyde de manganèse ne se calcule point seulement par la quantité de chlore qu'il produit, mais par celle d'acide hydrochlorique qu'il exige pour cette production. Il est en effet des manganèses qui contiennent depuis 10 jusqu'à 30 pour 100 et même au-delà du carbonate de chaux, de baryte, etc., qui s'unissent à l'acide hydrochlorique et le saturent en pure perte pour la fabrication du chlore ; ce qui, exigeant une plus grande quantité de cet acide, augmente les frais, qui ne peuvent être compensés que par l'achat à prix inférieur de ces peroxydes de manganèse.

Le proto-hydrochlorate d'étain a la propriété d'absorber une portion de l'oxygène du peroxyde de manganèse, ce qui le rend susceptible de se dissoudre dans l'acide hydrochlorique, et c'est sur cette propriété qu'est basé le rongeant sur les fonds solitaires, par l'oxyde de manganèse.

Les oxydes de manganèse, combinés avec les tissus de matière végétale, produisent, selon l'état de concentration, des nuances cannelle, solitaire et brunes.

Les *sels de manganèse* sont presque tous solubles dans l'eau, et leur dissolution dans ce liquide, traitée avec les alcalis fixes, dépose un précipité de couleur blanche ou rougeâtre qui passe très-promptement au noir par son exposition à l'air. On se sert le plus habituellement, en teinture, des sulfate, acétate et hydrochlorate de manganèse ; le carbonate de manganèse ternit la nuance de l'oxyde dans l'impression des toiles peintes, lorsqu'il se forme accidentellement.

Le *protosulfate* de manganèse s'obtient en dissolvant du carbonate de manganèse dans l'acide sulfurique. Il cristallise en aiguilles soyeuses qui ne s'altèrent pas à l'air, quelquefois en prismes tétraèdres aplatis et en lames très-larges entremêlées les unes avec les autres. La pesanteur spécifique de ces cristaux est 1.834. On peut former le *persulfate* en distillant de l'acide sulfurique sur le peroxyde de manganèse ; en lavant le résidu avec de l'eau, on obtient une liqueur rouge-violâtre, qui tient en dissolution le persulfate de manganèse. Cette dissolution, qui cristallise difficilement, se prend en une gelée, mais évaporée à siccité, elle fournit des croûtes salines, minces, qui se précipitent successivement de la surface et qui sont difficilement déliquescentes.

Le sulfate de manganèse que l'on trouve dans le commerce est une poudre grossière, rosée et plus ou moins jaunâtre, suivant qu'elle contient plus ou moins de sulfate de fer. Ce sulfate est toujours impur et mêlé de sulfate de chaux. Il sert à préparer l'acétate de manganèse, et s'emploie pour teinture pour les couleurs solitaires sur coton.

L'acide acétique dissout très-lentement le manganèse et son carbonate. La dissolution d'*acétate de manganèse* cristallise aisément en tables rhomboïdales. Les cristaux sont rougeâtres, transparents, et ils ne s'altèrent point à l'air. Leur saveur est astringente et métallique. Ils se dissolvent dans 3 fois $^1/_2$ leur poids d'eau froide, ils sont également solubles dans l'alcool. On peut même former cet acétate en versant dans une solution de 100 parties de sulfate de manganèse, 156 parties d'acétate de plomb, ou, ce qui est bien meilleur marché, 110 parties d'acétate de chaux. On filtre ensuite pour séparer le sulfate de plomb ou de chaux qui s'est précipité ; l'acétate de manganèse, ainsi obtenu par la chaux, est d'un assez bas prix pour remplacer avantageusement le sulfate et l'hydrochlorate de manganèse.

Le manganèse se dissout à la manière ordinaire dans l'acide hydrochlorique. Cette dissolution donne difficilement des cristaux d'*hydrochlorate de manganèse* ; mais par l'évaporation, elle se change en une masse saline, déliquescente, qui est soluble dans l'alcool. En traitant le protoxyde ou le carbonate de manganèse par l'acide hydrochlorique, on obtient, à l'aide d'une évaporation lente, des cristaux prismatiques, en tables allongées à six faces, qui sont d'un rouge foncé et transparent. Leur saveur est caustique et laisse sur la langue une impression salée. Ils attirent promptement l'humidité de l'air. Chauffés, ils éprouvent la fusion aqueuse, perdent alors leur eau, et à une chaleur rouge, la plus grande partie de leur acide. L'eau et l'alcool dissolvent l'un et l'autre au-delà de leur poids de ce sel. La dissolution alcoolique brûle avec une flamme rouge. La pesanteur spécifique des cristaux est 1.56.

L'hydrochlorate de manganèse, que l'on rencontre dans le commerce et qui s'obtient en saturant par la chaux le résidu de l'opération du chlore, est très-impur. On s'assure qu'il contient de l'hydrochlorate de chaux en versant dans la dissolution, du sulfate de soude en léger excès, ce qui détermine au bout de quelque temps un précipité de sulfate de chaux. 100 parties en poids de ce précipité lavé et séché représentent 175 parties d'hydrochlorate de chaux cristallisé.

Si l'on ajoute au résidu de l'opération de chlore, mis dans une chaudière en fonte, un excès d'oxyde de manganèse et qu'on chauffe, en remuant, jusqu'au bouillon; si l'on retire le tout de la chaudière pour le mettre dans un vase de plomb, et qu'on y ajoute, en remuant, du carbonate de manganèse humide jusqu'à ce que la liqueur refuse d'en dissoudre, qu'on laisse déposer et qu'on filtre; que dans le liquide clair on verse 15 à 30 grammes de solution de sulfate de soude par litre; on obtiendra, en laissant déposer, une solution d'hydrochlorate de manganèse qui peut servir à tous les besoins de l'atelier, pour la teinture des étoffes avec le manganèse.

Le *carbonate de manganèse* se forme quelquefois accidentellement, dans l'emploi des autres sels de manganèse en teinture, et on l'obtient toujours aisément en mettant du carbonate de potasse ou de soude dans une dissolution de nitrate ou de sulfate de manganèse. Il se précipite en une poudre blanche, qui, en se desséchant, acquiert une légère nuance de jaune. Ce sel est insipide et inaltérable à l'air; il ne se dissout pas dans l'eau.

§ 20.   PLOMB, OXYDES ET SELS DE PLOMB.

Connu de toute antiquité, le plomb est un métal d'un blanc-bleuâtre, d'un grand éclat lorsqu'il est nouvellement fondu; mais il se ternit promptement à l'air; il y prend d'abord une couleur d'un gris sale, et à la fin sa surface devient presque blanche; mais cette couche mince d'oxyde préserve le reste du métal, sur lequel l'eau n'a pas d'action directe, quoiqu'elle facilite celle de l'air.

On connaît certainement deux et peut-être trois oxydes de plomb : le protoxyde est *jaune*, le deutoxyde est *brun*, et le peroxyde est *rouge*; tous ces oxydes sont aisément revivifiés par la chaleur et le carbone.

Les sels de plomb sont, pour la plupart, à peine solubles dans l'eau, s'ils ne contiennent pas un excès d'acide ; ils précipitent en *noir* par l'acide hydrosulfurique et l'hydrosulfate de potasse, en *blanc* par l'acide gallique et l'infusion de noix de galle. Ils ont presque tous une saveur plus ou moins sucrée, et à un certain point astringente. Ceux dont on fait usage le plus souvent dans la teinture, sont les acétates, chromates et sulfates.

L'acétate de plomb est connu depuis longtemps : — Ce sel qui est une combinaison de plomb réduit à l'état d'oxyde et d'acide acétique, cristallise ordinairement en petites aiguilles brillantes satinées, qui ont la forme de prismes tétraèdres aplatis, terminés par des sommets dièdres, et d'une pesanteur spécifique de 2.345. L'eau qu'on tient en ébullition sur ce sel en peut dissoudre environ les 0.29 de son poids, elle en retient à peu près les 0.27 en dissolution lorsqu'elle est froide. A l'air, ce sel n'éprouve aucun changement ; sa saveur est d'abord sucrée et un peu astringente, ce qui lui a fait donner, dans le commerce, les noms impropres de *sel* ou *sucre de Saturne*, de *sucre de plomb*. Il se consomme une grande quantité de ce sel dans les arts : aussi en existe-t-il de grandes fabriques. De tous les procédés qu'on peut employer pour le préparer, le meilleur consiste à traiter, soit par le vinaigre, soit par l'acide pyroligneux purifié, l'oxyde provenant de la calcination du plomb.

Après avoir mis l'oxyde dans des chaudières de plomb ou en cuivre étamé, on y ajoute un excès de vinaigre distillé, et l'on fait chauffer la liqueur. Bientôt la dissolution a lieu ; on la concentre, après quoi on la porte dans des vases, où elle refroidit peu à peu, et où le sel cristallise en aiguilles. On décante ensuite les eaux-mères, pour les soumettre à nouvelle évaporation, et en obtenir d'autres cristaux. Les dernières portions d'acétate que l'on obtient sont ordinairement jaunâtres ; mais on les rend parfaitement blanches en les purifiant par de nouvelles cristallisations.

Lorsque l'acide acétique n'a pas le contact de l'air, il n'attaque pas le plomb à l'état métallique ; mais si l'air touche sa surface, peu à peu le plomb s'oxyde par le moyen de l'oxygène qu'il attire, et par là il devient soluble dans l'acide.

La plus grande partie de l'acétate de plomb se prépare avec le vinaigre distillé, provenant de la carbonisation du bois, de la bière ou du vin, et avec de la litharge (protoxyde jaune ou blanc de plomb (sous-carbonate de plomb), qui, étant réduit en poudre très-subtile, se trouve dans l'état le plus favorable pour se dissoudre.

L'acétate de plomb n'est pas employé directement comme mordant dans les teintures, quoiqu'il produise un précipité abondant avec la plupart des dissolutions des parties colorantes ; mais ces précipités ont des nuances sombres et ternes ; le grand usage que l'on en fait est pour se procurer l'acétate d'alumine, sel dont on ne se sert que dans la teinture, où on l'emploie pour fixer les couleurs sur les tissus ligneux et aussi pour obtenir des couleurs jaunes par le chromate de plomb.

L'acétate impur connu dans le commerce sous le nom de pyrolignite de plomb, retient toujours une certaine quantité de goudron qui lui donne un aspect brun. S'il contient du fer, ce que dénote la couleur bleuâtre qui s'y manifeste par l'addition de quelques gouttes d'hydrocyanate (prussiate) de potasse, il ne convient de l'employer que pour former l'acétate de fer.

Le *sous-acétate de plomb*, qu'on peut former en faisant bouillir ensemble dans l'eau 100 parties d'acétate de plomb avec 150 parties du protoxyde (litharge jaune) de ce métal, sec et dépouillé d'acide carbonique, cristallise en lames, et sa dissolution dans l'eau est connue sous le nom de *vinaigre de plomb*, d'*extrait de goulard*. Ce sel est précipité par l'acide carbonique en beaucoup plus grande proportion que l'acétate, et il est connu des chimistes comme moyen d'essai plus sensible pour le mucilage ou la gomme.

Le *chromate de plomb* existe natif, de couleur rouge avec une nuance de jaune. On le précipite à l'état d'une poudre rouge sans saveur, insoluble, en mêlant ensemble des dissolutions d'un nitrate ou d'un acétate de plomb et du chromate de potasse. On lave le précipité que l'on recueille sur un filtre, et on le conserve en pâte. En imprégnant les toiles avec une solution de sel de plomb, en les passant dans un bain de chromate de potasse, on fixe ce sel sur les tissus ligneux.

Le *sous-chromate de plomb*, que l'on obtient en précipitant une solution de sous-acétate de plomb par une solution de sous-chromate de potasse, est d'une belle couleur orange. Ce sel, insoluble dans l'eau, se fixe facilement sur les tissus des ligneux, en les imprégnant d'une solution d'un sous-sel de plomb et les passant dans un bain de chromate alcalin.

Sulfate de plomb (céruse de Mulhouse). — L'acide sulfurique n'attaque pas le plomb à froid, mais quand on le fait chauffer jusqu'à l'ébullition sur ce métal, il lui communique une portion de son oxygène, il se dégage du gaz acide sulfureux, et tout le plomb est converti en une masse blanche épaisse qui est le sulfate de plomb. On obtient également ce sel en mêlant un sulfate soluble avec une dissolution d'un sel de plomb. Dans le commerce, on réduit ce sulfate en pains, et on le désigne sous le nom de *céruse de Mulhouse*. Le sulfate de plomb natif, qui se trouve dans les environs de Paris et dans l'île d'Anglesey, est cristallisé en prismes tétraèdres; il en est venu d'Ecosse des échantillons en tables transparentes.

§ 21.   POTASSE, SOUDE ET SAVONS.

Potasse. — Si après avoir réduit en cendres une quantité suffisante de bois, on les lessive jusqu'à ce que l'eau qui en sort n'ait plus aucune espèce de saveur, et qu'ensuite on évapore à siccité la liqueur du lavage préalablement filtrée, on aura de la *potasse* pour résidu de cette évaporation; dans cet état, elle est, à la vérité, mêlée avec plusieurs autres substances qui l'accompagnent ordinairement, mais dont on la débarrassera en majeure partie en la chauffant au rouge. On peut l'obtenir parfaitement pure de la manière suivante :

Mêlez cette potasse, déjà préalablement purifiée, en la chauffant au rouge, avec deux fois son poids de chaux vive, et dix fois son poids d'eau pure; faites bouillir ce mélange pendant quelques heures dans un vaisseau de fer propre, ou bien abandonnez-le pendant quarante-huit heures dans un vase de verre, en le remuant au besoin; filtrez alors, et faites évaporer très-promptement la liqueur dans un vaisseau d'argent, jusqu'à ce qu'elle soit assez concentrée pour prendre, par le refroidissement, la consistance du miel. Ajoutez-y de l'alcool en quantité égale au tiers de la potasse employée; agitez-bien le mélange; mettez-le sur le feu; faites bouillir pendant une minute ou deux, et alors versez-le dans un vaisseau de verre fermé avec un bouchon de liège. La liqueur se séparera peu à peu d'elle-même en deux couches. Celle inférieure contient les matières étrangères en partie dissoutes dans l'eau, et en partie à l'état solide, tandis que la partie supérieure est une dissolution d'un brun-rougeâtre, de potasse pure dans l'alcool : décantez cette dissolution alcoolique dans une bassine d'argent, puis faites-la évaporer, jusqu'à ce qu'il se forme une croûte à sa surface, et que la liqueur au-dessous ait acquis une consistance à devenir solide par le refroidissement. Versez alors la liqueur dans un vase de porcelaine; elle se solidifiera, en se refroidissant, en une belle substance blanche, qui est la potasse pure; on la brise pour la renfermer aussitôt dans une fiole bouchée bien exactement.

Ce procédé est dû à Berthollet; celui proposé d'abord par Lowitz, de Pétersbourg, est moins dispendieux; il consiste à faire bouillir ensemble, comme dans le procédé ci-dessus décrit, de la potasse et de la chaux vive. On filtre la liqueur, on l'évapore jusqu'à ce qu'il se forme un pellicule à sa surface; on la laisse ensuite refroidir, puis on en sépare tous les cristaux qui s'y sont formés, et qui sont tous des sels étrangers; on continue alors l'évaporation dans un vaisseau de fer, en enlevant soigneusement avec une écumoire du même métal la pellicule à mesure qu'elle paraît à sa surface : lorsqu'il ne s'y en forme plus, et que la matière a cessé de bouillir, on la retire du feu, et on la remue continuellement avec une spatule de fer pendant qu'elle refroidit. On la dissout alors dans le double de son poids d'eau ; on filtre la dissolution et on l'évapore dans un vaisseau de fer, jusqu'à ce qu'on s'aperçoive qu'il s'y dépose des cristaux réguliers: si la masse se consolide en se refroidissant, on y ajoute un peu d'eau, et on la chauffe de nouveau; lorsqu'il y a une quantité suffisante de cristaux formés, on décante la liqueur devenue d'une couleur très-brune, qui les surnage ; on la garde dans une bouteille bien bouchée, jusqu'à ce que la matière brune se soit déposée, qu'on puisse l'évaporer de nouveau, et en obtenir encore des cristaux. Dans les manipulations chimiques, la potasse obtenue par ce dernier procédé s'appelle *potasse traitée à la chaux* ou *rendue caustique*. Dans le premier procédé de Berthollet, le produit obtenu est de la *potasse purifiée à l'alcool*. L'un et l'autre de ces procédés nous a semblé utile à faire connaître au teinturier auquel nous donnerons tout à l'heure un moyen d'essai des potasses du commerce.

La potasse obtenue pure, ou *protoxyde de potassium*, est une substance cassante, de couleur blanche; elle jouit éminemment des propriétés alcalines. Son odeur est analogue à celle qui se répand lorsqu'on éteint la chaux vive; sa saveur est singulièrement âcre, et elle est si excessivement corrosive, qu'à quelque partie du corps qu'elle soit appliquée, elle la détruit presque instantanément. C'est à raison de cette propriété qu'on l'a appelée *caustique*, sa pesanteur spécifique est de 1.7085.

Le *peroxyde de potassium* s'obtient en chauffant le métal dans le gaz oxygène; il y a combustion très-énergique, dont le produit, ou *peroxyde*, est un corps solide de couleur jaune. Il est fusible à une température plus élevée que celle nécessaire pour fondre la potasse à l'alcool, et cristallise en lames par le refroidissement. Lorsqu'on le met en contact avec l'eau, il se produit une vive effervescence, et le peroxyde est réduit à l'état de potasse en abandonnant l'excès d'oxygène qu'il contenait.

Les potasses que l'on rencontre dans le commerce sont à l'état de sous-carbonate, et contiennent plus ou moins d'alcali réel; Vauquelin a remarqué que celles qui en contiennent le moins, donnent à l'eau une densité plus grande que celles qui en contiennent davantage; faute d'autres moyens, on pourrait ainsi reconnaître approximativement la proportion d'alcali contenu dans une potasse, par la densité de la solution saturée dans l'eau. L'*alcalimètre* de Descroizilles est une éprouvette en verre dont la graduation indique la quantité réelle d'alcali par la quantité d'acide sulfurique d'une force connue qu'un poids déterminé de l'alcali essayé peut neutraliser. On vend cet instrument avec l'instruction pour s'en servir, ce qui nous dispense d'entrer dans plus de détails à cet égard. Voici d'ailleurs les principaux résultats obtenus par Descroizilles lui-même, de plusieurs milliers d'essais sur les potasses du commerce :

Alcali réel.

Perlasse d'Amérique.. . . .	0.63 à 0.60. . .	1re sorte.
— —	0.55 0.50. . .	2e
Potasse caustique d'Amériq.	0.63 0.60. . .	1re en masse rougeâtre.
— —	0.65 0.50. . .	2e en masse grisâtre.
— blanche de Russie..	0.58 0.52	
— blanche ou bleue de Dantzick..	0.52 0.45	

M. Descroizilles a quelquefois trouvé des potasses d'Amérique plus riches, de 0.66 à 0.72, par exemple. On trouve maintenant en outre, dans le commerce, des potasses des Vosges et des potasses factices d'Amérique.

Vauquelin a publié le tableau suivant de la composition des potasses du commerce les plus généralement connues, et ce sont encore celles qui s'y trouvent actuellement, la cendre gravelée et la potasse d'Amérique factice étant faciles à reconnaître par leur défaut de preuve à l'alcalimètre de Descroizilles; quelle que soit la couleur, gris-cendrée ou brun-rougâtre dont on les ait masquées :

	POTASSE réelle.	SULFATE de potasse.	HYDROCHLORATE de potasse.	RÉSIDU insoluble.	ACIDE carbonique et eau.	TOTAL.
Potasse de Russie. .	777	65	5	56	254	1152
— d'Amérique.	857	154	20	2	119	1152
Perlasse d'Amérique.	754	80	4	6	308	1152
Potasse de Trèves. .	720	165	44	24	199	1152
— de Dantzick.	603	165	14	79	304	1152
— des Vosges..	444	148	510	34	304	1140

M. Persoz fait observer, relativement à ce tableau, qu'à l'époque où Vauquelin fit son travail, on n'était point encore fixé sur la composition de l'*oxyde potassique*, et que la pierre à cautère, combinaison d'eau et d'oxyde potassique, qui est un véritable hydrate, était considérée comme un oxyde pur. Il est donc indispensable de retrancher de chacun des nombres indiquant la quantité de potasse pure, celle de l'eau dont il n'a pu tenir compte. On sait maintenant que 100 parties *d'hydrate potassique* sont formées de 83.99 d'oxyde potassique et de 10.01 d'eau : par conséquent, pour savoir combien il y a de potasse réelle dans un poids donné, P étant la quantité de potasse trouvée par Vauquelin et inscrite au tableau, il faut opérer ainsi :

$$\frac{P \times 83.99}{100} = \text{la quantité de potasse privée d'eau qu'il}$$

renferme.

Ainsi, pour la potasse de Russie, 1152 contiendraient 777 potasse réelle d'après le tableau, tandis que $\dfrac{777 \times 83.99}{100}$ = 652.6 seulement en réalité.

Les *sels de potasse* sont, excepté un très-petit nombre d'entre eux, solubles dans l'eau; lorsqu'on y verse une dissolution de sulfate d'alumine, il s'y dépose presque aussitôt des cristaux octaèdres d'alun. Ceux qu'on emploie le plus, en teinture, sont : les chromate, oxalate, tartrate, et hydrocyanate (prussiate); *le nitrate de potasse* (salpêtre), qui se trouve dans le commerce en petits cristaux grenus, *raffiné en neige* ou fondu, sous le nom de *cristal-minéral*, n'entre que dans la préparation des bains de chamois; la nuance jaunâtre et terreuse, ou verdâtre, du salpêtre, est un indice manifeste de son impureté. Le salpêtre parfaitement pur, est d'un très-beau blanc, et la dissolution ne précipite pas avec le nitrate d'argent.

Le *chromate de potasse* est d'un jaune citron qui cristallise en petits prismes. Lorsque ce chromate est chauffé, sa couleur passe au rouge, mais par le refroidissement la couleur jaune naturelle est reproduite. Très-soluble dans l'eau, même à froid, d'une saveur fraîche et piquante, il jouit de la propriété de produire dans les dissolutions métalliques des précipités diversement colorés : celui d'argent est d'un *rouge foncé*, ceux de bismuth et de zinc sont *jaunes*, celui de cuivre est *bistre*, ceux de mercure *pourpre orangé*, ceux de plomb *jaune orangé* : on en fait principalement usage pour les couleurs jaune et orange, pour consolider des verts et des bleus sur des tissus de matière organique végétale. C'est un sel neutre qu'on emploie aussi, comme nous l'avons vu, à la préparation du chromate de plomb.

Le *bichromate de potasse* est d'un rouge orangé qui cristallise en beaux prismes; il est moins soluble que le chromate, et ses usages sont les mêmes.

L'oxalate de potasse à l'état de sel neutre cristallise en rhomboïdes aplatis, ordinairement terminés par des sommets dièdres. Sa saveur est fraîche et amère, à la température de 10 degrés centigrades, 100 parties d'eau dissolvent 45 parties du sel. Le *bi-oxalate*, ou sel *d'oseille*, ainsi nommé parce qu'il existe tout formé dans l'oseille sauvage (*oxalis acetosella*) et dans le *rumex acetosa foliis sagittatis*, cristallise en parallélipipèdes opaques. Sa saveur est acide, piquante et un peu amère. Il se dissout dans environ dix fois son poids d'eau bouillante, mais il est beaucoup moins soluble dans l'eau froide ; on emploie le bi-oxalate de potasse pour enlever les taches d'encre et de rouille, sur les tissus organiques végétaux, parce qu'il forme un sel double, soluble avec l'oxyde de fer.

Bitartrate de potasse (crème de tartre, tartre, tartrate acide de potasse, surtartrate de potasse). — Ce sel se précipite du vin; il se dépose en grandes plaques cristallines sur le fond et les parois des tonneaux, d'où on le racle tous les cinq à six ans, selon que les vins y séjournent plus ou moins de temps. Il est rougeâtre ou grisâtre, selon la couleur des vins dont il provient. Pour le dépouiller de ses impuretés, on le dissout dans l'eau bouillante en y ajoutant, pour le décolorer, cinq centièmes de terre argileuse. Cette décoloration est plus prompte et plus complète au moyen de deux centièmes de charbon animal. On filtre et on fait cristalliser. On le redissout encore et l'on procède à une seconde cristallisation s'il n'est pas assez pur.

La crème de tartre est en cristaux quadrilatères courts, plus ou moins irréguliers, elle est acide, rougit la teinture de tournesol; insoluble dans l'alcool, et soluble dans 60 parties d'eau bouillante et 100 de froide; quoique le bitartrate de potasse soit inaltérable à l'air, sa dissolution abandonnée à elle-même ne tarde pas à se décomposer, et à la longue sa potasse se convertit en sous-carbonate, elle se compose de potasse et d'acide tartarique.

On fait un grand usage, en teinture, du tartrate acide de potasse. Il est, dans tous les cas, d'un emploi indispensable pour les couleurs délicates; on l'emploie fréquemment dans la teinture des laines; avec l'alun il forme le mordant pour la teinture des laines; avec l'alun il forme le mordant pour fixer les couleurs de la gaude, des bois jaune, brésil, campêche, de la garance, de la cochenille; mais comme il agit alors par son acide, il faut éviter de l'employer avec des alcalis ou des carbonates alcalins qui, s'emparant de cet excès d'acide, nuiraient par conséquent aux résultats; son bas prix le fait employer de préférence à l'acide tartrique pur, ou à l'état de combinaison avec l'alumine, l'étain et le fer.

Hydroferrocyanate de potasse (prussiate, prussiate ferruré, hydrocyanate ferruré, hydrocyanoferrate de potasse, cyanure ferroso-potassique, cyano-ferrure de potassium).— Ce sel que l'on obtient soit en calcinant les matières animales avec la potasse, soit en se servant du charbon qui provient de ces matières, est d'une couleur jaune, transparent; ces cristaux, de forme rhomboïdale, ont une pesanteur spécifique de 1.833; insoluble dans l'alcool, l'eau à 12 degrés en dissout 0.27, et 0.94 quand elle est bouillante. Il sert à préparer le *bleu de Prusse*, à teindre la soie et le coton en bleu Raymond; et, comme l'a fait observer M. Chevreul, à produire diverses nuances sur ces étoffes imprégnées de dissolutions métalliques. En effet, il précipite : en blanc, le bismuth, l'étain, le plomb et le manganèse, mais ce dernier avec une nuance jaunâtre; en vert, le cobalt, le nickel et le chrome, mais ce dernier avec une nuance plus foncée, tandis que les deux autres sont fort tendres; en *marron-brun*, le deutoxyde de cuivre; enfin, l'urane en couleur de sang.

Nous verrons d'ailleurs plus tard les usages très-variés

auxquels est maintenant consacré ce sel si précieux pour la teinture. Le *cyanure ferreux*, par son oxydation, donne aussi du bleu de Prusse; enfin le *cyanure ferrico-potassique* (cyanure rouge), sert pour bleu vapeur sur laine, et à diverses autres applications.

Nous indiquerons ici une composition pour la teinture de la laine, qu'on a employée avec succès.

Cette composition est destinée à remplacer dans la teinture de la laine, l'acide tartrique, la crème de tartre et le tartre brut. Pour cela, on prépare d'abord un chlorure stannique en mélangeant 50 grammes de sel marin, 4 kilogr. d'acide chlorhydrique, 1 kilogramme d'acide nitrique, dissolvant de l'étain dans la liqueur ainsi obtenue et n'ajoutant ce métal que peu à peu, afin que la solution s'opère lentement et dure au moins un jour. Le bain dont on se sert pour la teinture, se compose d'abord de 1 partie d'acide oxalique dissous dans 10 parties d'eau chaude, puis de 1 partie du chlorure stannique ci-dessus décrit, dissous dans 10 parties d'eau froide, en agitant pendant un quart-d'heure; puis à chaque partie de chlorure stannique on ajoute 2 parties d'acide sulfurique, on brasse un quart-d'heure, et quand les deux solutions sont froides ou à peu près, on les mélange, les agite pendant une demi-heure, et les laisse reposer vingt-quatre heures avant de s'en servir.

M. B. Barcroft a aussi indiqué une composition propre à remplacer l'acide tartrique en teinture.

Pour préparer cette composition on commence par mélanger 15 litres d'acide sulfurique concentré avec 12 litres d'eau et on laisse refroidir. On prend alors un grand vase qu'on place dans un bain-marie et on y verse 20 litres d'eau bouillante dans laquelle on délaie 24 kilogrammes de chlorure d'ammonium et 3 kilogrammes d'arsenic blanc; on fait bouillir jusqu'à ce que le tout soit dissous, puis on laisse refroidir jusqu'à environ 20° à 21° C. On ajoute alors la première liqueur, on abandonne au repos jusqu'à ce que le tout soit ramené à la température ordinaire, après quoi on ajoute encore 1^{kil},50 d'oxymuriate d'étain et au bout de quelques jours la liqueur est prête à servir.

Cette composition sert à remplacer l'acide tartrique dans la production des bleus et à modifier les nuances de la couleur aurore (*pink*) en teinture et impression.

Soude (protoxyde de sodium). — On connaît deux combinaisons définies du sodium et de l'oxygène; le *protoxyde*, ou la *soude*, est d'un blanc-grisâtre; le *peroxyde* est de couleur orange-verdâtre. Le sodium, exposé à l'air, absorbe l'oxygène et se convertit, à sa surface, en soude qui absorbe et décompose l'eau, en sorte que le tout devient une dissolution saturée de soude; cet effet, analogue à celui de l'air sur le potassium, a lieu plus lentement.

On appelait autrefois la soude *alcali minéral*, parce que, sous le nom de *natron*, on la trouve native dans des sutures ou croûtes minérales. La substance impure du commerce appelée *barille* est le résidu de l'incinération du *salsoda soda*. On distingue par le nom de *kelp* ou *caillotis*, le produit en cendres de plantes marines, telles que les algues, les fucus, etc.; cet article du commerce est encore plus impur, comme tenant à peine au-delà de deux ou trois pour cent de soude réelle, tandis que la barille en contient quelquefois jusqu'à vingt. Pour obtenir la soude pure, on fait bouillir une dissolution de carbonate de soude pure avec la moitié de son poids de chaux vive; après que la liqueur a déposé, on la décante claire, et cette lessive, qui marque 10 à 12 degrés au pèse-acide, est celle dont on se sert habituellement dans les ateliers de teinture, le marc restant servant à préparer diverses lessives moins caustiques; mais si on l'évapore dans un vaisseau de fer décapé, ou d'argent, jusqu'à ce que le liquide coule comme de l'huile, en le recevant alors sur une plaque de fer poli, il y prend l'état concret, sous la forme d'un gâteau blanc, dur, qu'il faut briser aussitôt en morceaux qu'on renferme, étant encore chauds, dans une fiole bien bouchée. Si le carbonate de soude n'est pas parfaitement pur, alors, après l'action de la chaux vive et la concentration de la lessive qui a lieu de suite, il faut la mettre en digestion avec l'alcool, qui ne dissoudra que la soude caustique pure, en laissant les sels hétérogènes. En distillant ensuite l'alcool dans un alambic d'argent, l'alcali peut être alors obtenu à l'état de pureté.

Cette substance solide, blanche, n'est cependant pas de la soude absolue, mais un hydrate, dont 100 parties consistent dans environ 23 parties d'eau et 77 parties de soude. Si l'on expose à l'air un morceau de cette soude, il se ramollit et devient pâteux; mais il ne tombe jamais en déliquescence, en un liquide d'apparence huileuse, comme cela a lieu avec la potasse, la soude, en effet, devient promptement plus sèche à l'air, parce qu'elle en absorbe l'acide carbonique, ce qui la fait passer à l'état d'un carbonate efflorescent.

Il existe entre la soude et la potasse une telle analogie, qu'on avait confondu ensemble ces deux espèces d'alcalis, jusqu'à l'époque où Duhamel eut prouvé le premier, en 1736, que la base du sel marin est la soude, et que cette base diffère de la potasse; ses conclusions, à ce sujet, furent confirmées par Margraf, en 1758.

Les effets de la chaleur sur la soude sont absolument les mêmes que ceux qu'elle produit sur la potasse ; son odeur et sa saveur se rapportent exactement à celles de la potasse ; son action sur le corps des animaux est la même.

Le peroxyde de sodium s'obtient aisément en chauffant le sodium dans le gaz oxygène, où il brûle avec un grand éclat et le produit de la combustion, ou peroxyde, est un corps solide, fusible à une température beaucoup plus élevée que celle nécessaire pour fondre le peroxyde de potassium. Mis en contact avec l'eau, il est converti en soude, en dégageant l'excès d'oxygène qu'il contient.

Les soudes *artificielles, brutes* ou factices que l'on trouve dans le commerce, y proviennent de la décomposition du sulfate de soude à une température élevée, par un mélange de craie et de charbon. Elles sont en masses grisâtres, contenant au plus 0.30 à 0.35 de soude réelle.

Les soudes françaises naturelles contiennent en alcali réel : celle de Narbonne 0.10 à 0.15 ; celle d'Aigues-Mortes (*blanquette*) 0.06 à 0.10 ; celle de Normandie (*vauc*) qui, délayée avec un peu d'eau et d'empois, développe une couleur violette par l'addition de quelques gouttes de chlorure de chaux, seulement de 0.01 à 0.03.

Les soudes étrangères contiennent en alcali réel : celle d'Alicante en 1re sorte (*douce, barille douce*), (0.30 à 0.40 ; en 2e sorte (*barille, mélangée*) 0.25 à 0.35 ; en 3e sorte (*bourde*) 0.20 environ ; celle de Carthagène (*natron, natras*), 0.10 à 0.33 : on reconnaît ce natron à l'aspect brunâtre de sa masse boursoufflée, il est d'une légère transparence, mais il devient opaque en le mettant sur des charbons ardents.

Les *sels de soude* sont, en général, beaucoup plus solubles dans l'eau que les sels de potasse, et sous ce rapport ils peuvent être fort utiles dans certaines teintures. Celui dont on fait l'usage le plus habituel, est le *sous-carbonate de soude* (*soude cristallisée, carbonate de soude, carbonate sodique*) : il est en beaux cristaux à base rhomboïdale, dont les angles aigus opposés sont assez profondément tronqués et d'une pesanteur spécifique de 1.36 ; il se dissout dans 2 parties d'eau froide, et dans beaucoup moins de son poids d'eau bouillante, de sorte qu'il cristallise par le refroidissement de cette dernière dissolution ; il s'effleurit très-promptement à l'air, et tombe en poussière. On emploie beaucoup de ce sel pour le blanchiment des laines et des soies, pour dissoudre la matière colorante du carthame ; le dégraisseur en fait usage pour enlever certaines taches et pour débouillir les étoffes qu'il doit reteindre.

Par le moyen du carbonate sodique, dit M. Pertoz, on opère la saturation et la décomposition de plusieurs sels libres ou imprimés sur tissus de coton ou de lin. C'est ainsi qu'on le fait servir quelquefois à la précipitation des oxydes ferriques et chromiques qui se trouvent à l'état salin sur ces tissus, ainsi qu'à la neutralisation de l'alun, qui entre dans la composition de certains mordants.

On se sert de bicarbonate sodique, qui neutralise toujours avec succès les acides libres ou imparfaitement saturés par des bases quelconques, dans l'opération du bousage, ainsi que dans l'impression du bleu et du vert solide, employés comme couleurs d'enluminage dans les garancés.

Enfin, on fait usage de l'*hydrate sodique* pour monter les cuves d'indigo, et pour dissoudre des sulfures métalliques colorés et des matières colorantes telles que le santal, le rocou, etc., etc.

Savons. — Ce sont des composés, en proportions définies, de certains principes des huiles, des graisses ou des résines, avec une base salifiable. Lorsque cette base est la potasse ou la soude, le composé sert de détersif dans le lavage du linge et des étoffes. Lorsque c'est une terre alcaline ou un oxyde métallique qui sert de base salifiable, ce savon est insoluble dans l'eau, et n'est guère applicable qu'à des usages médicaux.

Les graisses, suivant M. Chevreul, à qui l'on doit des recherches exactes sur la constitution chimique des savons et sur la saponification, sont composées d'une substance solide et d'une substance liquide; la première se nomme *stéarine*, et la seconde, qui ressemble aux huiles végétales, se nomme *élaïne*. Lorsque l'on traite la graisse avec une lessive chaude de potasse ou de soude, les composants réagissent les uns sur les autres, de manière à engendrer la matière solide perlée (*acide margarique*) et la matière liquide oléique, chacune de ces matières entrant dans une espèce de combinaison saline avec l'alcali; tandis qu'une troisième matière qui est produite, le *principe doux*, ou *glycérine*, reste en liberté. Nous devons en conséquence regarder notre savon commun comme un mélange de margarate et d'oléate alcalins en proportions déterminées relativement à celle des deux acides que chaque espèce de graisse est susceptible de produire. Il est probable, d'un autre côté, que le savon fourni par une huile végétale est simplement un *oléate*. Les composés de résines et d'alcalis constituent les savons bruns si abondamment manufacturés depuis longtemps en Angleterre, et depuis quelque temps en France.

En général, les seuls savons employés dans le commerce sont ceux d'huile d'olive, de suif, de graisse de porc, d'huile de palmier et de résine; Darcet aîné, Pelletier et Lelièvre ajoutent à ces substances saponifiables, les huiles d'amandes douces, les huiles animales, les huiles végétales de faîne et de pavot, quand elles sont mêlées avec de l'huile d'olive ou du suif, les différentes huiles de poisson mêlées comme les précédentes avec de l'huile d'olive ou du suif, les huiles de chenevis, de noix et de lin.

La préparation des savons étant traitée d'une manière spéciale dans le *Manuel du Savonnier*, de l'*Encyclopédie-Roret*, et dans le *Traité complet de la Fabrication des Savons*, de M. E. Lormé, nous n'entrerons ici dans aucun détail à cet égard. Nous ferons seulement quelques observations qui peuvent être utiles au teinturier. Le savon blanc de Marseille en première qualité, est celui que l'on emploie de préférence pour les dentelles et pour la teinture fine, parce qu'ayant été édulcoré par de très-faibles lessives et purifié par dépôts et décantations, il ne contient ni excès d'alcali ni corps étranger. Ce savon est composé de 6 soude, 60 huile et 34 eau; on l'imite par du savon en tablettes qui ne contient que 4 à 5 de soude, 50 matière grasse et 45 à 46 eau. Le savon *marbré* est toujours plus dur et mérite la préférence, parce que la marbrure ne permet pas au manufacturier de varier la quantité d'eau, tandis que le savon blanc en table peut recevoir autant d'eau que désire le manufacturier : il est même d'autant plus blanc qu'il contient plus d'eau.

Le savon d'Espagne, d'une pesanteur spécifique de 1.0705, est composé de 9 de soude, 76 matières huileuses bien sèches et 15 eau, avec un peu de matière colorante; on l'imite en Angleterre avec un savon d'une pesanteur spécifique de 0.9669 seulement, composé de 10 soude, 75 matière huileuse, potasse et graisse, et 15 eau.

Le savon blanc de Berri contient 8 soude, 75 matière grasse et 17 eau; le meilleur savon blanc de Glascow se compose de 6 soude, 60 de suif et 34 eau, avec un peu d'hydrochlorate de soude : le savon brun ou résineux de Glascow contient 6 soude, 70 résine et graisse, 24 eau.

Tous les savons de soude sont durs, et l'on peut regarder les savons ordinaires comme composés de 4 à 5 soude, 40 à 45 huile et graisse, 52 à 56 d'eau. C'est l'usage de quelques marchands de conserver le savon dans une forte saumure après l'avoir chargé d'une dose considérable de sel commun, pour ajouter à son poids et le conserver frais : quelques manufacturiers ajoutent beaucoup d'eau au savon, quand il est achevé, ce qui le rend plus blanc; d'autres y incorporent de la chaux en poudre, du plâtre, de la terre à pipe; de telles adultérations doivent être mises à découvert et leurs auteurs diffamés. La fraude de l'addition d'eau se reconnaît par la perte rapide de poids qu'éprouve le savon par son exposition à l'air sec : les autres peuvent aisément se découvrir par une dissolution dans l'alcool, qui donne lieu à un précipité des corps étrangers frauduleusement incorporés au savon.

Tous les savons de potasse sont mous; le *savon vert*, mou, de bonne espèce douce, se compose de 9 potasse, 43 à 44 graisse, 47 à 48 eau. Ce savon mou peut être converti en savon dur par une addition d'hydrochlorate de soude.

Les savons préparés avec les huiles siccatives, ne sont pas aussi blancs que ceux faits avec l'huile d'olive; leur colorisation varie du gris-jaunâtre au gris-verdâtre, à moins qu'on ne les colore en bleu par l'indigo; ils restent toujours glutineux et changent promptement de couleur par leur exposition à l'air.

On pourrait fabriquer le savon économiquement, suivant M. Persoz, en traitant directement les corps gras dans une machine autoclave, en tôle forte, et sous la pression de 2 à 3 atmosphères, par un mélange de carbonate et d'hydrate sodique en quantité suffisante pour former avec le corps gras un composé défini. Par ce procédé, la formation du savon est presque instantanée. En employant le corps gras en léger excès, le savon est plus actif.

§ 22. SOUFRE ET SOUFRAGE; SULFURES ET HYDROSULFURES.

Soufre et soufrage, le soufre est abondamment répandu dans la nature particulièrement dans le voisinage des volcans; on le retire aussi par distillation du minéral appelé pyrite. La connaissance de ce corps date des temps les plus reculés, et les anciens, qui en faisaient usage en médecine, en employaient les vapeurs au blanchiment de la laine.

Le soufre est une substance dure, cassante, de couleur ordinairement jaune, d'une saveur très-faible quoique pouvant se distinguer : il est inodore, et l'odeur qu'il émet est liée à la formation de vapeurs sulfureuses. Sa pesanteur spécifique varie de 1.89 a 1.99, et celle du soufre natif va jusqu'à 2.0332 : le soufre est insoluble dans l'eau; les fleurs de soufre qu'on y lave s'y dépouillent de leur acide sulfureux. Le soufre en bâtons craque et quelquefois éclate en morceaux par une chaleur douce, mais subite, comme en le pressant dans la main. Chauffé à l'air, il s'allume spontanément à la chaleur de 293 degrés centigrades, avec une flamme d'un bleu pâle ; en émettant une grande quantité de vapeurs d'une odeur très-suffocante, la fusion du soufre lui fait éprouver des variations dans sa couleur jaune, de la nuance *jaune citrin* à celle *jaune orange*.

Le soufre se purifie par sublimation, en vaisseaux clos : l'acide sulfureux produit de la combustion à l'air, dans la combinaison du gaz sulfureux avec l'eau, s'emploie en dégraissage ; le teinturier se sert de la vapeur que l'on forme immédiatement par la combustion du soufre. Dans cet état de gaz, le soufre exerce une action plus vive, car il blanchit des fleurs que, dans son état d'acide sulfureux liquide, il fait passer au rouge comme les autres acides.

On a recours à l'exposition aux vapeurs du soufre ou au soufrage, pour donner aux soies qui sont destinées aux étoffes blanches ainsi qu'aux étoffes de laine, le plus grand degré de blancheur qu'il soit possible de leur faire prendre. On fait choix pour donner le soufrage, soit d'une boîte que nous avons décrite en parlant de l'atelier du teinturier, soit d'une chambre isolée et sans cheminée, dans laquelle il puisse être établi au besoin un courant d'air, comme nous l'avons expliqué pour le soufrage de la laine.

Pour soufrer 50 kilogrammes de soie étendue sur des perches placées à environ 2 mètres de hauteur, on met 1 kilogramme de soufre en poudre grossière dans une terrine, ou marmite de fer, au fond de laquelle on a placé un peu de cendre. Après avoir allumé en plusieurs endroits cette poudre, on ferme bien la chambre pour empêcher que la vapeur du soufre ne se dissipe. Le lendemain, on ouvre les fenêtres, pour lui laisser une libre issue, et faire sécher la soie ; mais en hiver, après que l'odeur du soufre est passée, on referme les fenêtres, et l'on met de la braise allumée dans des réchauds pour faire sécher la soie.

Cette opération du soufrage donne non-seulement une grande blancheur à la soie, mais elle en reçoit en même temps du *cri* ou du *maniement*, c'est-à-dire une espèce de trémoussement élastique qui se fait sentir lorsqu'on la presse entre les doigts, et comme il en résulte pour les soies une certaine raideur, on doit s'abstenir de soufrer celles qui sont destinées à faire de la moire, parce qu'elles résisteraient trop aux impressions de la calandre, sous laquelle on fait passer les étoffes pour les moirer.

Il ne faut pas non plus soufrer les soies destinées à la bonneterie, parce qu'elles corroderaient le fer et l'acier des métiers où on les travaille, et qu'elles produiraient de la rouille.

La soie qui a été soufrée prend mal la plupart des teintures, et lorsqu'on veut teindre, il faut auparavant la dessoufrer en la trempant et en la lavant à plusieurs reprises dans de l'eau chaude.

Si, lorsque la soie est soufrée, on remarque qu'elle n'a point assez d'azur pour la nuance qu'on désire, il faut lui en donner une seconde fois par l'eau claire, sans y mêler de savon; et après cela, la soufrer de nouveau.

Le soufrage des draps de laine s'exécute à peu près de la même manière que celui de la soie, ainsi que nous l'avons vu; mais nous recommanderons ici de nouveau les plus grandes précautions pour la combustion bien réglée du soufre, car lorsqu'elle se fait avec trop de rapidité, il se forme de l'acide sulfurique qui, se déposant en gouttelettes, corrode le drap, inconvénient qu'il est difficile d'éviter entièrement, si l'opération n'est pas conduite exactement comme nous l'avons détaillé. Sous ce rapport, les appareils où l'air extérieur arrive pour activer la combustion du soufre, ne sont pas sans danger.

Les *sulfures* que l'on emploie le plus habituellement en teinture sont ceux d'antimoine et d'arsenic, et on a aussi essayé celui d'alumine.

Le *protosulfure d'antimoine (antimoine cru)* que l'on emploie pour reproduire sur les toiles des orangés et des bruns, se rencontre dans la nature à l'état de minerai d'un léger gris de plomb avec éclat métallique. Fondu et débarrassé de sa gangue, tel qu'on le trouve dans le commerce, il est en pains d'apparence cristalline, avec aiguilles entrelacées, d'un gris-bleuâtre et d'une pesanteur spécifique d'environ 4.368.

Le *sulfure d'arsenic* (orpiment) se trouve aussi dans la nature et peut s'obtenir par la sublimation d'un mélange d'arsenic et de soufre à une chaleur suffisante pour en obtenir la fusion. On le prépare, en poudre, en le précipitant par l'acide hydrosulfurique liquide, d'une dissolution d'acide arsénieux dans l'acide hydrochlorique. Sa pesanteur spécifique est de 3.4522, et celle de *l'orpin, réalgar* cristallisé couleur écarlate, est 3.3384. Ce dernier n'a pas de saveur, et n'est pas, à beaucoup près, aussi vénéneux que l'orpiment et les oxydes d'arsenic.

Hydrosulfures. — La propriété qu'a le soufre de s'unir très-rapidement à l'hydrogène et de former ainsi l'*acide hydrosulfurique* ou *sulfhydrique (hydrogène sulfuré)*, doit être connue du teinturier, car cet acide, soit à l'état gazeux, soit à l'état de solution dans l'eau, jouit de la propriété de changer beaucoup de couleurs par la formation d'hydrosulfates alcalins, terreux et métalliques.

On obtient le gaz acide hydrosulfurique entièrement pur, en faisant digérer du sulfure d'antimoine en poudre, dans de l'acide hydrochlorique ; mais on le prépare habituellement en faisant fondre ensemble, dans un creuset, un mélange de trois parties de limaille de fer et de deux parties de soufre sur lequel on a versé de l'acide sulfurique ou de l'acide hydrochlorique étendu. Ce gaz est incolore, d'une odeur très-fétide, ressemblant à celle des œufs pourris, et suffocante. Il est rapidement absorbé par l'eau, qui en peut prendre, quand il est pur, deux fois et demie son volume. Lorsque ce liquide est exposé à l'air, le gaz s'en dégage par degrés.

Lorsqu'on mêle ensemble les gaz acide hydrosulfurique et sulfureux, ils se décomposent mutuellement.

L'acide hydrosulfurique précipite : en *noir* les solutions de bismuth, de mercure, de plomb, d'argent et d'or ; en *brun* celles de cuivre ; en *jaune* celles de deutoxyde d'étain et d'arsenic ; en *chocolat* celles de protoxyde d'étain ; en *orangé* celles d'antimoine.

L'acide hydrosulfurique altère et détruit même plusieurs couleurs végétales.

CHAPITRE V.

MATIÈRES TINCTORIALES.

—

§ 23.   COLORISATION.

Les matières tinctoriales, qui sont d'ailleurs de véritables agents chimiques, comme presque toutes celles qu'on emploie dans la teinture, ont été classées, celles du règne végétal, suivant les colorisations qu'elles procurent, *noir-brun-fauve, bleu, rouge, jaune* ; celles du règne minéral, dans un chapitre spécial pour les teintures qu'elles fournissent.

Sans entrer ici dans la discussion chimique des principes immédiats des substances colorantes, nous devons remarquer que l'eau, l'air et la lumière jouent toujours le rôle le plus important dans la formation des couleurs végétales, c'est-à-dire que sans autre menstrue que l'eau, l'oxygène de l'air, aidé par la lumière du soleil, crée pour ainsi dire les couleurs des plantes, tandis que la privation de l'air et de la lumière les empêche de naître ou du moins dè se développer. Peut-être en est-il de même dans la formation des couleurs minérales, où l'absence de la lumière du soleil ne paraît cependant pas avoir une influence aussi marquée. Quoi qu'il en soit, le teinturier doit savoir, et nous aurons soin de le lui rappeler, par des exemples nombreux, que l'oxygénation et la désoxygénation des matières tinctoriales fournissent sans cesse des moyens de faire paraître ou disparaître, en quelque sorte à volonté, la couleur dont le principe immédiat reste cependant fixé sur l'étoffe.

M. Preisser, dans un mémoire récent, a pris à tâche de prouver que ce principe immédiat est *incolore* dans les organes vivants, tant qu'il n'a pas éprouvé l'influence de l'oxygène de l'air; et que c'est le contact ou la réaction de l'oxygène qui le convertit en matière colorante; en sorte que les couleurs que présentent certaines parties des plantes et des animaux sont déjà dues à l'effet de l'oxygène absorbé ou introduit du dehors sur des principes primitivement incolores. Ce qu'il y a de bien certain, c'est que plusieurs matières colorantes ont été déjà obtenues à l'état de cristaux incolores, comme nous l'allons voir dans divers paragraphes de ce chapitre. Le teinturier pourra juger ainsi lui-même, par les nombreux services qu'a rendus la chimie à l'art de la teinture, de tous ceux que cette science est appelée à lui rendre encore journellement.

Avant d'aller plus loin, il est important d'arrêter les idées sur la manière dont les fibres qui composent les étoffes teintes, qu'elles soient d'origine végétale ou d'origine animale, se colorent sous l'influence de divers agents. Pour se fixer sur ce point, nous présenterons ici le résumé des belles expériences que M. F. Verdeil a fait récemment à ce sujet, en les rappelant dans les termes mêmes de la note qu'il a présentée à ce sujet à l'Académie des Sciences.

« Si l'on examine au microscope, dit M. Verdeil, des fibres isolées de ligneux, de soie ou de laine, qui ont été colorées par les procédés ordinaires de la teinture, on reconnaît, ainsi que j'ai pu m'en assurer avec le concours de M. Charles Robin, que la substance de la fibre est teinte par pénétration du principe colorant. La fibre est uniformément colorée, transparente; on n'aperçoit aucune particule colorante insoluble à sa surface; elle est homogène, privée de pores et de canaux. Les étoffes teintes étudiées dans les fibres isolées qui les constituent, présentent toutes ces mêmes caractères. Il faut en excepter, toutefois, les étoffes colorées par le chromate de plomb ou par l'oxyde de chrome, qui sont teintes en partie par le dépôt du principe colorant à la surface de la fibre et en partie par pénétration. Dans quelques cas exceptionnels, la soie teinte en noir est colorée par une sorte d'incrustation peu adhérente à la fibre; cette enveloppe se brise et laisse voir la fibre teinte également par pénétration. En dehors de ces cas particuliers, les teintes textiles sont constamment colorées par pénétration du principe colorant et par son union intime avec la substance même de la fibre.

» Les procédés employés dans la pratique pour colorer les étoffes varient suivant la nature des tissus. En effet, tandis que les fibres d'origine animale, laine et soie, s'emparent des principes colorants en dissolution dans un bain de teinture dans lequel entre un sel métallique faisant l'office de mordant, le ligneux, au contraire, placé dans les mêmes conditions, ne fixera pas trace de couleur. Pour que le coton, du fil ou du chanvre, puisse se colorer de manière à ce que ni les lavages à l'eau, ni le frottement n'enlèvent la couleur, il faut de toute nécessité que le principe colorant soit rendu insoluble lorsqu'il a pénétré la substance de la fibre. La laine et la soie semblent, au contraire, posséder une véritable affinité pour les principes colorants mélangés avec des mordants.

» Dans le but d'expliquer ces phénomènes de coloration, j'ai étudié l'action des sels d'alumine, de fer, d'étain, employés comme mordants sur les étoffes de laine et de soie. J'ai constaté que ces substances d'origine animale possédaient la propriété de fixer une certaine quantité de la base du mordant avec lequel on les mettait en contact.

» Cette propriété est commune à toutes les substances azotées, albumine, musculine, etc., qui constituent les tissus du corps des animaux.

» Par l'incinération de l'étoffe de laine ou de soie mordancée, on retrouve dans les cendres, soit le fer, soit l'alumine, soit l'étain à l'état d'oxyde.

» La quantité de la base ainsi fixée est très-faible; elle suffit cependant pour déterminer, dans l'étoffe et dans l'albumine, une coloration intense au contact d'un principe colorant en dissolution, avec lequel l'oxyde se combine.

» M. Chevreul a démontré déjà que la soie se charge d'oxyde de fer par son contact avec une dissolution de sulfate de fer. M. Chevreul a observé, en outre, que de la laine et de la soie, par leur contact prolongé avec du peroxyde de fer hydraté, fixaient de l'oxyde de fer, tandis que le coton n'en fixait pas trace.

» Les chiffres suivants indiquent la proportion de cendres que j'ai obtenue par l'incinération des étoffes mordancées :

		En 100 parties.
Laine mordancée par l'alun	0.75	cendres.
— l'alun	0.72	—
— le sulfure d'alumine..	0.86	—
— l'alun et le tartre.. .	1.12	—
— l'acétate de fer. . .	0.75	—
— le deutochlore d'étain.	1.25	—
Soie mordancée par le l'acétate d'alumine	1.25	—
— l'acétate de fer. . .	1.00	—
— l'alun.	0.40	—
Albumine coagulée en présence de l'alun. .	1.30	—
— — du sulfate d'alumine..	3.00	—
Caséine en contact avec l'alun..	2.66	—

» Le ligneux, placé dans les mêmes conditions, ne fixe pas trace de la base du mordant.

» Le produit de l'incinération, dont les proportions sont indiquées plus haut, est presque complètement formé de l'oxyde du mordant. Les cendres de la laine mordancée à l'alun renferment 80 pour 100 d'alumine.

» La faible proportion d'oxyde fixée par les étoffes de laine et de soie mordancées ne semble pas en rapport avec l'intensité de coloration qu'elles acquièrent par leur contact avec un principe colorant formant une combinaison avec l'oxyde qu'elles ont fixé. Aussi est-ce dans la constitution physique de la fibre qu'il faut chercher la cause du degré de coloration qu'elles peuvent acquérir par la teinture. Les fibres de la laine et de la soie sont très-transparentes ; les corps colorés transparents n'exigent qu'une très-faible proportion de principe colorant pour paraître d'une couleur foncée par réflexion. L'expérience que je vais décrire prouve bien que c'est en vertu de ce principe que les étoffes teintes, de laine et de soie, possèdent cette coloration intense qui les caractérise.

» De l'albumine coagulée par la chaleur dans de l'eau renfermant du deutochlorure d'étain est colorée ensuite au contact d'une dissolution de cochenille. L'albumine se teint comme une étoffe mordancée. Par la dessiccation, la masse acquiert une teinte grenat foncé. Si on brase la masse, la couleur change ; elle devient rouge clair. En continuant de braser, on obtient une couleur de plus en plus claire, qui arrive au rose. Examinées au microscope, à leurs divers états de division, les particules n'ont subi d'autres modifications qu'une diminution de volume. Elles restent toujours transparentes. Ce phénomène ne se produit pas dans un corps coloré opaque dont la couleur ne se modifie pas ensuite d'un broiement, même prolongé.

» Cet effet de la transparence dans les corps colorés explique la coloration des tissus qui composent le corps des animaux; cette coloration, déterminée par des quantités très-faibles de sang, est due sans nul doute à la transparence des chairs.

» La transparence des tissus qui composent les pétales des fleurs, occasionne également cette intensité de coloration, que la faible proportion de principes colorants qu'elles renferment ne pourrait déterminer dans un corps opaque.

» Pour résumer les résultats auxquels j'ai été conduit, je proposerai les conclusions suivantes :

» 1° Les fibres qui composent les étoffes teintes, qu'elles soient d'origine végétale ou d'origine animale, sont colorées uniformément dans leur substance même. Sauf quelques rares exceptions, il n'existe à leur surface aucune particule insoluble.

» 2° Les fibres de la laine et de la soie ont la propriété de fixer directement une certaine proportion de la base des sels métalliques employés comme mordants.

» 3° La proportion de base fixée par l'étoffe mordancée, et, par conséquent, la proportion de principe colorant retenu par l'étoffe teinte est très-faible. La transparence de la fibre et son diamètre ont une action sensible sur le degré de coloration qu'elle peut acquérir. »

Un habile chimiste de Lille, M. F. Kuhlmann, s'est livré aussi, dans ces derniers temps, à des études théoriques et pratiques sur la fixation des couleurs dans la teinture, et voici l'important travail qu'il a soumis à ce sujet à l'Académie des sciences:

« Les faits nombreux consignés dans des mémoires publiés antérieurement, avaient, dit M. Kuhlmann, démontré jusqu'à la dernière évidence, que la fixation des couleurs dans la teinture dépend, sinon exclusivement, du moins en très-grande partie, d'une action chimique entre les matières colorantes et les étoffes dans leur état naturel ou ces étoffes diversement modifiées; soit par leurs combinaisons avec d'autres corps, soit par un arrangement moléculaire particulier de leurs principes constitutifs. Afin d'établir cette proposition d'une manière incontestable en ce qui concerne la combinaison de la cellulose avec l'acide nitrique, il convient de bien démontrer que cet acide n'intervient pas dans la teinture en se mettant en liberté et en réagissant dans cet état sur les matières colorantes. Pour écarter toute objection à cet égard, il suffirait d'argumenter de ce que les tissus nitrés à différents degrés ne perdent pas, pendant la teinture, leur propriété d'être plus combustibles que les tissus non nitrés, de même que la pyroxyline ne perd aucune de ses propriétés caractéristiques en subissant toutes les opérations de la teinture. Mais d'autres motifs viennent encore s'opposer à l'admission de toute influence étrangère à la nature même du tissu à teindre. Ainsi, j'ai constaté que les étoffes pyroxylées ne prennent pas plus de couleur dans les bains de teinture à réaction acide que dans les bains alcalins, et que la pyroxyline spontanément décomposée attire, bien plus énergiquement que le coton naturel, les couleurs dans l'une comme dans l'autre circonstance. J'ai mis ces faits hors de doute en teignant du coton naturel, du coton pyroxylé, du coton nitré et de la pyroxyline spontanément décomposée, et cela sans le secours d'aucun mordant, dans une dissolution alcaline d'orseille; toujours les propriétés caractéristiques de la fibre végétale, dans ses divers états de combinaison, se sont manifestées. J'ajouterai encore que la pyroxyline, privée d'une partie de ses principes nitreux par la décomposition spontanée, et le coton nitré, se comportent dans la teinture de carthame exactement comme dans la teinture de bois de Brésil, de garance, etc., tandis que le fulmi-coton ne prend de couleur dans aucun cas. Il reste donc évident que, par sa combinaison avec une proportion déterminée de principes nitreux, la cellulose se rapproche, quant à ses propriétés d'absorber les couleurs, des matières azotées naturelles.

» Il est un point sur lequel je crois devoir insister avec l'illustre auteur de la théorie du constraste simultané des couleurs (M. Chevreul) : c'est qu'on ne saurait, d'une manière absolue, établir comme principe en teinture, que les tissus azotés naturels ou d'origine animale ont, pour toutes les matières colorantes, une affinité plus grande que les tissus non azotés. On sait que la laine ne prend pas la couleur de carthame avec la même facilité que le coton. Il en est de même pour la laine nitrée; j'ai constaté que si la soie traitée par l'acide nitrique, quoique parfaitement dégagée d'acide libre, attire la couleur de la fleur de carthame avec plus d'énergie que la soie dans son état naturel, en donnant une couleur écarlate comme le coton nitré, cette propriété ne s'étend pas au même degré à la laine. Dans tous mes essais précédents, j'ai toujours observé que la laine est de toutes les matières textiles, la moins apte à acquérir, par son immersion dans l'acide nitrique, une disposition plus grande à absorber les matières colorantes.

» Il ne faudrait pas admettre non plus que tous les corps azotés artificiels possèdent la propriété d'attirer les matières colorantes et de pouvoir servir d'auxiliaire pour les fixer sur les tissus. Des essais faits avec de l'acide urique, du nitrate d'urée et de l'urate de potasse, ne m'ont donné aucun résultat. Si, au point de vue du carthame, la résistance de la laine à prendre cette couleur résulte de propriétés particulières, étrangères à la composition, on doit aussi attribuer aux propriétés particulières de l'acide urique de ne pas pouvoir servir à fixer les couleurs comme les composés nitreux.

» Il me restait surtout à examiner jusqu'à quel point de simples modifications dans l'arrangement moléculaire pouvaient apporter des modifications dans l'aptitude des fils et tissus à attirer les matières colorantes et à former avec elles une véritable combinaison chimique.

» Il y a quelques années, un manufacturier anglais, M. Mercer, a fait connaître que les tissus de coton donnaient dans l'impression et la teinture, des couleurs plus nourries en les immergeant, au préalable de l'application des mordants, dans une dissolution concentrée de soude caustique.

» J'ai confirmé par quelques essais la vérité de cette assertion, mais je dois ajouter que les résultats obtenus étaient loin d'être comparables, quant à l'intensité des couleurs, à ceux produits par l'action combinée des acides nitrique et sulfurique.

» Pour expliquer le phénomène observé par M. Mercer, on a attribué la plus grande intensité de couleur produite sur une étoffe à un effet en quelque sorte mécanique, à un simple rapprochement des fibres dont le tissu était composé. On était facilement conduit à cette opinion par l'examen des tissus traités par les alcalis caustiques ; ces tissus, en effet, se contractent dans tous les sens sous l'influence de ces alcalis. Cette explication, qui déjà me paraît hasardée lorsqu'il s'agit du traitement des tissus par les alcalis et lorsqu'il s'agit d'une faible augmentation dans l'intensité des couleurs, est entièrement inadmissible dans les circonstances où l'intensité des couleurs est provoquée par d'autres réactions, notamment par celle de la décomposition spontanée de la pyroxyline.

» Quoi qu'il en soit, l'intéressante observation de M. Mercer dut fixer mon attention d'autant plus, que d'autres observations tendent à établir que cette propriété des alcalis caustiques est partagée par d'autres corps.

» Sans attribuer d'une manière absolue à la cause signalée l'intensité de couleurs que prennent dans la teinture les tissus de coton préparés par la potasse ou la soude, on peut admettre sans difficultés que beaucoup de modifications de la nature des tissus par des agents chimiques énergiques peuvent donner à ces tissus une aptitude plus grande à absorber les couleurs.

» En vue de fixer les idées des chimistes sur ce dernier point, j'ai fait des essais nombreux de teinture avec des tissus de coton altérés par l'action de divers agents chimiques avec ou sans le secours de la chaleur. J'altérai des tissus de coton au moyen du chlore, de l'acide chlorhydrique, de l'acide fluorhydrique ; à la teinture, je n'observai aucun résultat, ce qui permet de conclure tout d'abord que tous les genres d'altération ne conviennent pas pour rendre plus énergiques les propriétés du coton d'absorber les couleurs. Des résultats plus favorables furent, par contre, obtenus par l'action des acides sulfurique et phosphorique concentrés. Par l'action de ces acides, les tissus se resserrent comme par les alcalis caustiques et prennent une certaine translucidité, circonstance qui peut expliquer, jusqu'à un certain point, leur plus facile pénétrabilité par des dissolutions colorées ; mais en présence des faits nombreux signalés dans ce travail, faits où ces effets ne se produisent pas, il me paraît logique d'admettre, d'une manière générale, qu'un arrangement moléculaire différent dans la matière à teindre, alors même qu'il n'y aurait pas de changement dans sa composition chimique, est la cause essentielle des résultats observés. Là les tissus se resserrent et prennent une légère translucidité ; il est évident que, dans ces diverses circonstances, la cellulose est modifiée dans sa nature chimique, elle tend à se transformer en dextrine et en glucose ; et alors même qu'on admettrait que la composition de la cellulose n'est pas changée, on pourra, dans les corps isomères, admettre des propriétés très-différentes. Dans ces cas, un arrangement moléculaire différent peut donner lieu à une combinaison chimique nouvelle ; et le résultat d'une plus grande intensité de couleur dans la teinture, sans être expliqué par l'état purement physique de la matière, par une espèce de contraction des fibres du coton ou du lin, doit de préférence être attribué à une combinaison chimique différente. Combien parmi les matières organiques, ne voyons-nous pas de corps isomères qui affectent cependant des propriétés différentes lorsqu'il s'agit de leur combinaison avec d'autres corps !

» Après avoir constaté avec quelle facilité les principes nitreux disposent les fils et tissus à absorber énergiquement les couleurs, après avoir démontré que d'autres agents, qui n'entrent pas en combinaison chimique avec les tissus, peuvent produire des effets analogues, j'ai voulu vérifier expérimentalement la valeur des opinions énoncées par les auteurs qui se sont occupés d'expliquer les réactions qui s'accomplissent dans la teinture du coton en rouge d'Andrinople, relativement à l'influence qu'exercent dans cette teinture la bouse de vache et le crottin de brebis, dont on y fait fréquemment usage.

» Dans cette teinture, dont les procédés sont si compliqués, la fixation de la couleur et sa solidité peuvent dépendre de circonstances diverses; de l'existence d'une matière animale, de la combinaison de cette matière avec les mordants alumineux, de la combinaison des mordants alumineux avec le tannin, enfin de l'emploi des huiles d'olive tournantes, de sorte qu'il devient nécessaire, pour éclaircir le fait particulier de l'existence des matières azotées, de s'appliquer à étudier l'influence isolée de ces matières sur la fixation des couleurs.

» Un fait particulier avait fixé mon attention.

» Lorsque l'on soumet à la teinture des œufs pour leur donner les couleurs diverses des œufs de pâques, on se contente de les faire bouillir dans des décoctions de diverses matières tinctoriales, de bois de Brésil, de bois de campêche, de pelures d'oignon, de pains de tournesol, d'orseille, etc. Toutes les couleurs se fixent parfaitement bien sans l'intervention d'aucun mordant, avec cette seule différence que tel œuf prend la couleur plus facilement que tel autre. J'ai pensé que dans ce cas la fixation des couleurs devait être déterminée, non par le sel calcaire dont la coque de l'œuf est formée, mais par un enduit azoté fixé à sa surface. Cette présomption s'est bientôt transformée pour moi en réalité par les résultats de l'expérience suivante :

» J'ai fait tremper pendant quelques instants des œufs dans de l'acide chlorhydrique affaibli, en ayant la précaution de ne faire atteindre par le liquide acide que la moitié de la surface de chaque œuf. Par ce contact, les parties de l'œuf soumises à l'action de l'acide se sont couvertes d'une matière émulsive blanche que le lavage subséquent à l'eau en a détachée Les œufs ainsi traités, étant soumis à la teinture, n'ont pris les couleurs que dans les parties non atteintes par l'acide et où le carbonate de chaux se trouvait recouvert de leur enduit naturel qui a quelque analogie avec l'albumine coagulée.

Teinturier.   14

Les parties de l'œuf qui avaient été en contact avec l'acide sont restées parfaitement blanches.

» L'énergie de l'albumine à absorber les couleurs me fut démontrée d'ailleurs en teignant dans des bains de brésil, d'orseille, de tournesol, etc., de l'albumine coagulée par la chaleur. Ces curieux résultats devaient me conduire à essayer d'augmenter directement la propriété des tissus d'absorber les couleurs par l'emploi de diverses matières animales. Je fis de nombreux essais en préparant les étoffes de coton, de laine et de soie par une immersion dans une dissolution d'albumine et en coagulant cette albumine sur les tissus par l'action de la chaleur ou d'un acide, au préalable de la teinture.

» J'arrivai ainsi à des résultats très-favorables pour la teinture du coton et à des résultats un peu moins significatifs pour la teinture de la soie, mais à peine appréciables pour la laine. Mes essais eurent lieu avec les bois de Brésil, la garance et le bois de campêche.

» Après l'albumine, j'ai essayé avec le même succès l'action du lait et du caséum, qui peuvent être coagulés à la surface des tissus au moyen d'un acide. Le lait surtout, soit seul, soit associé aux mordants, m'a donné des couleurs très-nourries.

» Enfin, j'opérai aussi avec la gélatine; mais, dans ce dernier cas, je déterminai la coagulation au moyen du tannin. J'obtins encore des résultats, mais peu marqués, sans le secours des mordants. J'ai pu constater dans ces derniers essais que la gélatine, en permettant de fixer très-abondamment le tannin sur les étoffes, peut intervenir très-efficacement dans la teinture en gris ou en noir au moyen des sels de fer. Les couleurs que j'ai ainsi obtenues présentent la plus grande solidité.

» Enfin, j'ai complété ces recherches en soumettant à un examen attentif l'influence des matières azotées coagulables, comme moyen de fixation sur les tissus dans des conditions d'insolubilité des oxydes métalliques, même de ceux dont les sels ne se décomposent que difficilement au seul contact des tissus.

» De nombreux essais comparatifs eurent lieu avec l'acétate d'alumine, le chlorure de manganèse, le sulfate de zinc, le sulfate de cuivre, le sulfate de protoxyde de fer, le perchlorure de mercure et le chlorure de platine.

» En employant comme matière tinctoriale le bois de Brésil, on obtint les résultats suivants :

» Le coton naturel, sans mordant, prit dans ce bain une couleur rouge-violacé pâle, et le coton albuminé une nuance rouge-violet foncé.

L'intervention des sels métalliques se manifesta de la manière suivante dans le même bain de teinture :

	COTON NATUREL après immersion dans une dissolution de sels métalliques, lavage immédiat et teinture.	COTON ALBUMINÉ traité de la même manière.
Acétate d'alumine.	Rouge-brun.	Rouge violacé peu foncé.
Chlorure de manganèse.	Giroflée.	Giroflée presque noir.
Sulfate de zinc.	Rouge violacé clair.	Violet foncé.
Sulfate de cuivre.	A peu près les mêmes résulats qu'avec le sulfate de zinc.	A peu près les mêmes résultats qu'avec le sulfate de zinc.
Sulfate de protoxyde de fer.	Rouge-violet.	Noir violacé.
Perchlorure de mercure.	Giroflée.	Noir à reflet rouge.
Chlorure de platine.	Rouge-brun sale.	Même nuance beaucoup plus foncée.

Les mêmes essais furent répétés en employant la garance comme matière tinctoriale; des résultats analogues furent observés, mais les différences ont été moins marquées.

	COTON NATUREL après immersion dans une dissolution de sels métalliques, lavage immédiat et teinture.	COTON ALBUMINÉ traité de la même manière.
Acétate d'alumine.	Rouge-brun.	Même nuance un peu plus nourrie.
Chlorure de manganèse.	Violet sale.	Dito, plus foncée.
Sulfate de zinc.	Violet terne.	Dito, différence peu sensible.
Sulfate de cuivre.	Violet-brun.	
Sulfate de protoxyde de fer.	Violet foncé.	Dito, mais plus foncée encore.
Perchlorure de mercure.	Giroflée-brun.	Dito, beaucoup plus foncée.
Chlorure de platine.	Brun clair.	Brun plus rouge et un plus foncé.

» De tous ces essais, on peut tirer cette conclusion que l'albumine étant appliquée uniformément à la surface des tissus de coton, peut servir à y fixer, comme le ferait un mordant, mais d'une manière moins énergique, les couleurs de la garance et du bois de Brésil, et qu'elle peut aussi servir d'intermédiaire pour précipiter sur les étoffes divers oxydes métalliques avec lesquels elle forme des combinaisons insolubles.

» Dans la teinture, les étoffes imprégnées de ces combinaisons, absorbent avec plus de facilité les couleurs, que si ces dernières étaient préparées soit avec l'albumine, soit avec les mêmes sels métalliques pris isolément.

» Des résultats analogues ont eu lieu lorsqu'on fixe le tanin au moyen de la gélatine. Ce dernier corps trouve une application très-heureuse dans la teinture en noir, en produisant une combinaison avec le tannin et l'oxyde de fer. Le tannin seul intervient aussi avec une admirable énergie pour fixer sur les étoffes l'acétate d'alumine qu'il décompose, ce qui permet d'obtenir les couleurs les plus nourries.

» Comme résultat de toutes ces recherches sur la fixation des couleurs dans la teinture, je crois avoir mis hors de doute les propositions suivantes :

» 1º Le coton ou le lin transformés en pyroxyline ne sont plus susceptibles de recevoir la teinture ;

» 2º Lorsque la pyroxyline, par une décomposition spontanée, a perdu une partie de ses principes nitreux, non-seulement elle ne présente plus de résistance à la teinture, mais elle absorbe les couleurs avec beaucoup plus d'énergie que la matière textile ordinaire ;

» 3º Par l'action combinée des acides nitrique et sulfurique, on peut donner artificiellement au coton des dispositions à absorber les couleurs dans la teinture aussi énergiques que celles que possède la pyroxyline décomposée spontanément ;

» 4º La potasse et la soude caustiques, l'acide sulfurique et l'acide phosphorique, permettent aussi d'augmenter l'aptitude du coton à absorber les couleurs ;

» 5º D'autres altérations ou modifications du coton par l'ammoniaque, le chlore, l'acide chlorhydrique, l'acide fluorhydrique, avec ou sans le secours de la chaleur, ne lui communiquent pas de propriétés analogues ;

» 6º Les matières animales neutres peuvent servir utilement d'intermédiaires pour fixer les couleurs sur les fils ou tissus et pour varier la nature des mordants.

» Cette propriété leur est particulière : la seule présence de l'azote au nombre de leurs principes constitutifs ne justifierait pas leur aptitude à se teindre, car il est des matières azotées, telles que l'acide urique et les urates, chez lesquelles la disposition d'absorber les couleurs dans la teinture n'existe pas.

» 7° La teinture repose essentiellement sur une combinaison chimique entre la matière textile naturelle ou diversement combinée ou modifiée ; l'état physique de cette matière n'intervient dans le phénomène que d'une manière accessoire.

» Il est d'ailleurs difficile de distinguer ce qui appartient à l'affinité chimique proprement dite de ce qui est le résultat de la cohésion ; ce qui, dans la teinture de charbon, par exemple, procède des propriétés chimiques de ce corps, de ce qui est le résultat de sa porosité.

» Dans la plupart des cas, les deux actions réunies concourent au même but et se confondent en quelque sorte. »

§ 24.　COLORISATION EN NOIR-BRUN FAUVE.

Galles, acide gallique et tannin. — Les *galles*, noix de galle, sont des protubérances ou excroissances produites sur différentes espèces de plantes et d'arbres, notamment sur les chênes qui croissent à Alep et dans le Levant, par la piqûre d'un insecte, *cynips (dyplolepis gallœ tinctoriœ)*, de l'ordre des Hyménoptères. Cet insecte, après avoir pratiqué une piqûre, y dépose ses œufs ; ceux-ci éclosent, et la larve qui en provient se nourrit aux dépens du végétal, elle s'y change en insecte parfait, et perce son envelope pour vivre dans l'air. On connaît dans le commerce trois sortes de galles : *noire, blanche,* et *en sorte,* que l'on distingue encore suivant le pays où elles sont récoltées, en galles : *du Levant, de Smyrne et d'Alep.* Elles varient dans leur grosseur ; leur surface est raboteuse ou lisse ; elles sont pesantes ou légères. On donne le nom de *galle noire* à celle qui présente cette couleur et qui a été récoltée avant la sortie de l'insecte : cette espèce est pesante et compacte, c'est la plus estimée dans le commerce. Les *galles blanches* sont plus légères, plus grosses, et plus ou moins vides dans l'intérieur ; ce qui provient de ce que la larve s'est nourrie aux dépens de l'excroissance ; elles sont en outre percées d'un trou. Enfin, la *galle en sorte* est un mélange variable de noire et de blanche.

La noix de galle contient trois substances distinctes : *l'acide gallique,* un principe *colorant jaune* et du *tannin.* Une décoction d'une partie de galle noire et de 10 parties d'eau présente les caractères suivants : la solution, d'un jaune-roux, a une saveur astringente et amère ; il s'y forme, avec la gélatine, un précipité abondant blanc grisâtre, jaunâtre, avec les acides sulfurique et nitrique ; l'acide oxalique ne la trouble que légèrement. L'acide acétique éclaircit la liqueur ; mais les alcalis y font naître un précipité qui se dissout dans un excès du précipitant ; on en obtient, avec l'eau de chaux, un précipité blanc, qui passe au bleu, au vert s'il y a peu d'alcali, et au rouge s'il y en a en excès ; avec les sels d'alumine, un précipité jaune brunâtre ; les sels de fer (protoxyde) colorent la liqueur en bleu ; le précipité se forme par le contact de l'air, il est d'un bleu foncé avec les sels de fer (peroxyde) ; avec les sels d'étain, le précipité est jaunâtre, blanc sale avec les sels de plomb, brun avec les sels de cuivre, jaune avec les sels de mercure.

La noix de galle est employée en teinture pour les noirs, les gris et dans la préparation du rouge d'Andrinople ; comme elle doit toutes ses propriétés à l'acide gallique et au tannin, nous allons décrire ces deux corps qu'il importe au teinturier de connaître : l'*acide gallique* existe dans la noix de galle, dans le bablah, dans les écorces de chêne, de châtaignier, dans le sureau, le sumac, l'aulne, etc. On doit à M. Chevreul le procédé suivant pour préparer l'acide gallique. On fait infuser une partie de noix de galle réduite en poudre, dans 8 à 10 parties d'eau ; on filtre l'infusion dans un flacon qui ne doit en être rempli qu'aux trois-quarts ; on le ferme et on l'abandonne dans un lieu dont la température varie de 15 à 20 degrés ; il se dépose d'abord un sédiment, signalé par M. Chevreul en 1814, comme une matière particulière, et auquel M. Braconnot a donné le nom d'acide *ellagique* ; puis il se produit des moisissures. Quand on juge la décomposition assez avancée, on expose le flacon à quelques degrés au-dessus de zéro ; il se précipite alors de l'acide gallique du plus beau blanc ; on jette le liquide sur un filtre de papier joseph. L'acide est de nouveau dissous dans l'eau, la solution est filtrée et évaporée, puis mise à cristalliser. On obtient alors des cristaux incolores. L'acide gallique à l'état de pureté, ne doit point précipiter la solution de colle de poisson. Il se dissout dans l'alcool ; l'acétate de plomb le précipite en blanc ; avec une solution de peroxyde de fer, il se développe une couleur bleue. L'acide gallique ne peut pas teindre les étoffes en noir avec le fer.

M. Persoz donne le tableau suivant de l'action d'une infusion de noix de galle sur la plupart des dissolutions salines :

SELS terreux, manganeux, zincique, cadmique, à l'exception des acétates qui sont décomposés par l'acide tannique. } Pas de précipité.

		Précipités.
Par l'acide uranique		Rouge-brun.
— titanique.		Rouge-sang.
— cérique		Jaunâtre.
— chromique		Brun.
— niccolique (nickel).		Vert jaunâtre.
— cobaltique.		Blanc jaunâtre.
— stannique } étain.		Jaune isabelle.
— stanneux		
— cuivrique.		Gris.
— antimonique.		Blanc.
— tantalique.		Orangé.
— plombique		Blanc.
— bismuthique.		Orangé.
— argentique		Jaune sale.
— platinique.		Vert foncé.
— aurique (or).		Brun.
— osmique.		Pourpre bleuâtre.

Tannin. — On a donné d'abord la dénomination de tannin à une foule de substances qui jouissent de la double propriété de précipiter une solution de colle-forte et de colorer en bleu la dissolution d'un sel ferrique. Proust, le premier, a fait remarquer que les produits qu'on leur doit ne sont pas de même nature ; ensuite, Berzelius a distingué les différents tannins et les a spécifiés sous les noms de *tannins précipitant en bleu les sels ferriques*, et de *tannins précipitant en vert les sels ferriques*; enfin Pelouze a démontré que le tannin se comporte à la manière d'un acide véritable ; et Berzelius a nommé acide *querci-tannique*, celui dérivé du genre *quercus* ; acide *cincho-tannique*, celui dérivé du genre *cinchona* ; acide *mimo-tannique*, celui dérivé du genre *mimosa*, et ainsi de suite pour les différents tannins provenant de l'écorce de plusieurs arbres et arbustes, et même de quelques racines vivaces de plantes herbacées.

L'acide tannique s'extrait particulièrement de la noix de galle, qui en contient les soixante-dix centièmes de son poids. On obtient du tannin pur en opérant ainsi qu'il suit :

On ajoute à une infusion de noix de galle, après l'avoir filtrée, une solution de sous-carbonate de potasse jusqu'à ce qu'il ne se forme plus de précipité ; on le recueille sur un filtre pour le laver avec de l'eau à zéro. Ce précipité est redissous dans de l'acide acétique et la solution est filtrée : on la décompose par l'acétate de plomb, qui y forme un précipité abondant de tannate de plomb qu'on recueille de nouveau sur un filtre ; puis on le lave après l'avoir délayé dans de l'eau ; on y fait passer un courant d'acide hydrosulfurique (hydrogène sulfuré), jusqu'à ce que tout le sel de plomb soit décomposé ; on fait alors chauffer la vapeur pour chasser l'excès d'acide, et on évapore dans le vide sec. Le résidu est traité par l'éther, qui ne dissout que le tannin et que l'on fait évaporer ensuite. Le tannin ainsi préparé est incolore, soluble dans l'eau et d'une saveur astringente ; il se comporte avec les bases à la manière d'un acide, formant avec la potasse, la soude et l'ammoniaque, des tannates plus solubles dans l'eau chaude que dans l'eau froide ; celui de soude est plus soluble que les autres.

Le tannin à l'état de pureté n'est pas employé dans la teinture, mais en combinaison avec d'autres substances ; il l'est au contraire très-fréquemment dans les teintures en noir, en gris et dans les nuances composées. Nous aurons soin de faire remarquer d'ailleurs, au fur et à mesure que l'occasion s'en présentera, que c'est à l'action du tannin qu'elles renferment, que certaines substances, employées de toute antiquité en teinture, doivent surtout leur efficacité.

Le *bablah* est l'enveloppe du fruit du *mimosa cineraria*, de la famille des légumineuses. Cette enveloppe des fruits fournit seule la matière astringente. Il nous est apporté de l'Inde et du Sénégal ; il paraîtrait que la plante qui fournit le bablah n'est pas la même au Sénégal, puisque le fruit présente une différence sensible qui ne permet pas de les confondre. Suivant M. Chevreul, l'extrait aqueux du bablah contient de l'acide gallique, du tannin, une matière colorante rougeâtre, peut-être immédiatement composée d'un principe jaune et d'un principe rouge, une matière azotée, de la chaux et de l'oxyde de fer.

Le bablah de l'*Inde* cède à l'eau bouillante 49 parties de matières solubles, sur 100 ; le bablah du *Sénégal* en cède 57 parties, et les galles *noires*, première qualité, en cèdent 87 parties ; une partie de bablah et 10 parties d'eau, bouillies ensemble un quart-d'heure, donnent une liqueur d'un brun-rouge, d'une odeur plus forte que celle de la noix de galle, d'une saveur douceâtre, astringente et amère.

La colle de poisson y forme un précipité épais, blanc rougeâtre, avec la potasse, un précipité floconneux en excès, y démontre l'acide gallique ; les eaux de baryte, de chaux et de strontiane y forment des précipités gris plus foncés que ceux obtenus par la noix de galle. La réaction de l'air indique qu'ils contiennent une quantité notable de gallate ; les acides sulfurique, nitrique, oxalique, y forment des précipités ; l'acide acétique éclaircit la couleur ; les persels de fer y forment des précipités bleus mêlés de gris rougeâtre. Avec les sels de cuivre, le précipité est de couleur chocolat-brun ; il est roux avec le proto-hydrochlorate d'étain, et d'un gris tirant sur la couleur de chair avec l'acétate de plomb.

Le bablah avait été mis dans le commerce, comme matière colorante plus riche que la noix de galle, non-seulement pour les teintures en noir, mais encore pour fixer la couleur de la garance, du campêche et du brésil : son prix était alors le même que celui de la plus belle noix de galle. Il ne tarda pas à tomber en discrédit, son prix est tombé à $^1/_2$ environ du prix de la noix de galle ; cependant, on peut en employer avec avantage deux parties au lieu d'une partie de noix de galle, pour les teintures noires sur laine, soie et coton.

Le *sumac* ordinaire (*rhus coriaria*), famille des térébinthacées, est, suivant le docteur Ure, un arbrisseau qui croît en Syrie, dans la Palestine, en Espagne et en Portugal. On le cultive avec grand soin dans ces deux derniers pays ; on coupe tous les ans ses rejetons jusqu'à la racine ; puis on les fait sécher pour les réduire, au moyen d'une meule, en une poudre qui est employée pour l'usage des teintures, et pour celui des tanneries. On donne le nom de *redoul* ou *roudou*, au sumac que l'on cultive aux environs de Montpellier.

Hatchett trouva que 30 grammes de sumac contiennent environ 5 grammes de tannin ; mais cette quantité de tannin est assez variable, pour qu'il y ait mécompte fréquent dans l'emploi du sumac, quant à l'efficacité de son tannin. Le sumac agit précisément de la même manière que la noix de galle sur la dissolution d'argent ; il réduit le métal, et cette réduction est favorisée par l'action de la lumière. De tous les astringents, c'est le sumac qui a le plus de ressemblance avec la noix de galle ; cependant le précipité produit dans des dissolutions de fer, par une infusion de sumac, est moindre en quantité que celui obtenu par un poids égal de noix de galle ; de sorte que, dans la plupart des cas, le sumac peut être substitué à la noix de galle, dont le prix est considérable, pourvu qu'on en augmente proportionnellement la quantité.

Une décoction d'une partie de sumac et de 10 parties d'eau contient, suivant M. Chevreul, de l'acide gallique, du tannin qui paraît identique avec celui de la noix de galle, une matière colorante jaune-verdâtre, dont une partie paraît provenir de la chlorophylle.

L'acide gallique et le tannin paraissent y exister dans les mêmes rapports que dans la noix de galle, mais en quantité moindre pour un poids donné.

La solution de sumac est d'un jaune légèrement verdâtre ; elle se trouble par le refroidissement. Son odeur est forte et sa saveur astringente ; la colle de poisson la précipite en flocons gélatineux blancs ; l'eau de potasse ou de soude la précipite en blanc, et la liqueur surnageante est colorée en rougeâtre ou verdâtre s'il y a excès d'alcali ; l'ammoniaque agit de la même manière, mais le précipité est faible ; l'acide sulfurique concentré y forme un précipité jaunâtre, de matière astringente ; l'acide sulfurique faible la trouble ; l'acide nitrique à 34 degrés la trouble et la couleur s'affaiblit ; un excès éclaircit la liqueur, et la couleur passe au rougeâtre à cause de l'acide gallique ; l'acide oxalique affaiblit la couleur et précipite de la chaux ; l'acide acétique affaiblit la couleur et la trouble légèrement ; l'eau de chaux y forme un précipité blanc, abondant, qui passe au vert ou au rouge par le contact de l'air ; avec l'alun ce précipité est abondant et d'un jaune clair ; le persulfate de fer la fait passer au bleu-verdâtre et y forme des flocons bleus ; ces flocons sont d'un brun-jaunâtre avec l'acétate de cuivre, blancs abondants avec l'acétate de plomb, blanc-jaunâtre abondants avec le proto-hydrochlorate d'étain.

Le sumac donne par lui-même une couleur fauve, inclinant au vert, et cela indépendamment de l'acide gallique et du tannin qu'il peut contenir ; mais il communique aux étoffes de coton imprégnées d'alumine une couleur jaune sans vivacité ; avec l'oxyde de fer il donne tous les tons de gris ; avec l'alumine et le fer il fournit des nuances olives. Il est employé pour produire des noirs et des gris sur laine et sur soie. Dans une foule de cas il peut remplacer la noix de galle ; et le teinturier comprend bien ici que, lorsque le sumac ou la noix de galle ne doivent agir que par leur acide gallique et leur tannin, il est préférable d'employer ces principes eux-mêmes directement, surtout pour des nuances délicates où la couleur fauve-jaunâtre des galles ou du sumac serait d'un mauvais effet.

M. Persoz indique pour essayer le sumac, le procédé suivant qui peut s'appliquer à toutes les substances astringentes dont le teinturier veut connaître la richesse :

On prend 10 grammes de sumac que l'on fait bouillir pendant $1/2$ heure dans $1/2$ litre d'eau ; on passe la décoction au travers d'un filtre, et le résidu est lavé à l'eau chaude ; cette eau de lavage est réunie à la liqueur filtrée, et doit former avec elle 1 litre de liquide ; en prenant 1 décilitre de ce liquide, et le mettant en contact avec 1 décilitre de solution de chlorure *stanneux* (d'étain), on obtient un précipité qui est d'autant plus abondant que le sumac renferme plus d'acide tannique. Il convient en même temps d'opérer sur la liqueur normale préparée avec 10 grammes de tannin par litre d'eau, parce que les précipités s'étant formés de part et d'autre au même moment et dans les mêmes circonstances, les résultats sont plus certains.

Le *cachou*, autrefois connu sous le nom de *terre du Japon*, est extrait du *mimosa cathécu*, famille des légumineuses, arbre qui croît au Bombay et au Bengale. On prépare cette substance, en faisant bouillir les copeaux de l'intérieur du tronc de l'arbre avec de l'eau ; on évapore la solution jusqu'à consistance sirupeuse, et l'on fait dessécher cet extrait par une évaporation spontanée. On le trouve dans le commerce sous la forme de gâteaux aplatis, dont la surface est raboteuse ; celui de *Bombay* est d'une texture uniforme, d'une couleur rouge foncé, d'une pesanteur spécifique de 1.39 ; celui du *Bengale* est plus friable et moins ferme ; sa couleur à l'extérieur est chocolat, à l'intérieur, elle est bigarrée de rouge, d'une pesanteur spécifique de 1.28. En voici la composition, suivant Davy :

	Cachou de Bombay.	Cachou du Bengale.
Tannin.	54.5	48.5
Extractif	34.	36.5
Mucilage	6.5	8
Matière insoluble (sable et chaux)	5	7

Le cachou est solide, cassant, compacte : sa cassure est mate et d'un brun foncé. Il est sans odeur, mais d'une saveur très-astringente. L'eau le dissout presque entièrement, et en sépare une matière terreuse qui paraît y avoir été ajoutée lors de sa préparation. L'alcool le dissout, à l'exception de la matière mucilagineuse et de celle insoluble dans l'eau. Pour séparer le tannin du cachou, il faut évaporer à siccité la solution alcoolique. et traiter le résidu par l'eau froide, qui n'attaque pas sensiblement la matière extractive, et évaporer à sec cette solution aqueuse. Ce tannin diffère de celui de la noix de galle, en ce qu'il est plus soluble dans l'eau, et qu'il se dissout dans l'alcool. Il précipite le fer en olive, et le composé qu'il forme avec la gélatine passe peu à peu au brun. Une infusion de 1 partie de cachou dans 10 parties d'eau froide présente les caractères suivants ; sans odeur, d'une saveur astringente, d'une couleur brun-rougeâtre que l'alun, l'acétate d'alumine ainsi que les acides éclaircissent, et que foncent les alcalis : avec le protosulfate de fer, elle précipite en olive-brun, avec le persulfate de fer en vert-olive, avec le deutosulfate de cuivre, en brun-jaunâtre, avec le pernitrate de fer en vert-olive, avec le deutonitrate de cuivre en brun-jaunâtre, avec le nitrate de plomb en rouge-saumon, avec le protonitrate de mercure en café au lait, avec l'hydrochlorate d'alumine en jaune-brun, avec les hydrochlorates d'étain en jaune-brunâtre plus ou moins foncé, avec le mercure en chocolat clair, avec le cuivre en brun abondant, avec le plomb en couleur saumon, avec le bichromate de potasse en brun abondant. Le cachou est employé pour produire des nuances cannelles, solitaires, sur coton et soie, on pourrait s'en servir de même sur laine, et la solubilité de son tannin peut être d'une grande ressource dans beaucoup de teintures.

Ce qui distingue éminemment le tannin du cachou de celui que renferme la noix de galle, c'est qu'il ne forme pas d'acide gallique, qu'il colore les sels ferriques en vert, et donne naissance avec la potasse, la soude et l'ammoniaque, à des combinaisons solubles, et avec la baryte, la strontiane et la chaux, à des combinaisons qui se colorent en devenant promptement solubles ; enfin parce qu'il ne précipite pas les solutions d'émétique.

M. Schwamberg a retiré du cachou trois acides dont l'un faible, et qu'il a nommé par cette raison *catéchine* ou acide *catéchique*, *l'acide japonique* et *l'acide rubinique*. Enfin M. Schwartz a reconnu dans le cachou un principe colorant jaune ; ce dont on peut s'assurer en plongeant une toile mordancée dans un bain de cachou chauffé à la température de 40 à 45 degrés ; dans cette circonstance, les mordants fixés sur la toile se teignent, savoir : ceux d'alumine en jaune foncé, et ceux de fer en olive, comme il arrive avec les autres matières colorantes jaunes. Celle du cachou est très-oxydable, car, dès qu'on ajoute à une dissolution de cachou des substances telles que l'acétate *cuivrique* (de peroxyde de cuivre), le bain devient plus foncé et teint alors en *couleur bois*, les mordants qu'il teignait primitivement en *jaune* ; et en *cannelle*, ceux qu'il teignait en olive

Écorces de l'aulne et de plusieurs autres végétaux. — L'écorce de l'aulne (*betula alba*) donne, suivant Berthollet, une décoction d'un fauve clair, qui se trouble et brunit promptement à l'air. Elle forme avec la dissolution d'alun un précipité jaune et assez abondant ; avec la dissolution d'étain, un précipité abondant et d'un jaune clair : elle noircit les dissolutions de fer, et forme avec elles un précipité assez abondant ; de sorte qu'elle contient beaucoup de principe astringent ; elle dissout une grande quantité d'oxyde de fer ; de

là vient l'usage qu'on en fait pour les cuves de noir destinées à la teinture de fils ; cependant elle ne possède pas la
propriété de dissoudre le fer au même degré que la décoction de brou de noix.

Presque tous les végétaux, continue Berthollet, contiennent, plus ou moins, surtout dans leur écorce, des parties colorantes propres à donner des nuances de fauve, qui tirent
du jaune au brun, au rouge, au vert. Ces parties colorantes
présentent des différences plus ou moins grandes entre elles,
relativement à la quantité et à leurs qualités ; elles varient
encore suivant le climat et selon l'âge du végétal. On peut
donc se procurer une grande variété de nuances, en modifiant le fauve naturel aux végétaux, par le moyen de différents mordants.

La décoction de la plupart des végétaux, et particulièrement des écorces, donne non-seulement une couleur qui ne
diffère que par des nuances, mais elle présente avec les réactifs des caractères qui s'éloignent peu les uns des autres ;
elle forme un précipité jaune, plus ou moins foncé, avec
l'alun, et une couleur plus claire avec la dissolution d'étain ;
elle agit avec les dissolutions de fer comme astringent. Cependant
dant la décoction de brou de noix produit un effet particulier avec les dissolutions de fer : ell prend une couleur très-
foncée ; mais il ne s'y fait pas de précipité, même après deux
ou trois jours : la décoction, ainsi que celle de l'écorce de
noyer, à une action puissante sur l'oxyde de fer ; elle s'en
sature et fait une liqueur noire ; et même si l'on met de la
limaille de fer dans cette décoction exposée à l'air, dans
deux ou trois jours elle forme une liqueur noire par le moyen
de l'oxygène qu'elle attire de l'atmosphère ; mais si l'on fait
bouillir la décoction à laquelle on a ajouté la dissolution de
sulfate de fer, il se précipite à l'instant un dépôt noir abondant. Ce n'est donc que par une petite circonstance que le
brou de noix, ainsi que l'écorce de chêne, diffèrent des autres substances qui colorent en fauve ; cependant sa partie
extractive a particulièrement la propriété de noircir par l'action de l'air ; et les pellicules qui se forment lorsqu'on la fait
évaporer, prennent, d'une manière très-marquée, les appa-
rences d'une substance charbonnée.

Berthollet a reconnu qu'en comparant la couleur jaune
que produisent plusieurs substances végétales avec la fauve
que la plupart donnent, on trouve un grand rapport entre
ces couleurs ; il y en a même qui peuvent se rapporter égal-
lement au jaune et au fauve ; il y en a de fauves, mais qui,

Teinturier.			15

par le moyen de l'alun et de la dissolution d'étain, passent au jaune, et ces jaunes sont très-solides. Berthollet s'est assuré qu'on peut établir cette différence. Les jaunes, sont, en général, plus mobiles et plus sujets à donner des couleurs fugitives; et c'est pour cela qu'on est obligé de fixer la couleur des substances jaunes par le moyen des mordants, au lieu que la plupart des substances fauves donnent, par elles-mêmes, une couleur assez solide.

Brou de noix; racine de noyer. — On appelle *brou* l'enveloppe verte et pulpeuse du fruit du noyer (*juglans regia*), famille des juglandées. Elle est verte à l'extérieur et blanche à l'intérieur; mais elle brunit aussitôt qu'elle est exposée à l'air. Cette substance végétale fournit une des meilleures matières colorantes, dont les nuances, fauves ou brunes, sont agréables et solides; elle forme, avec le sulfate de fer, une espèce d'encre.

Le brou de noix frais est formé, suivant Braconnot, d'amidon, de résine verte, d'une matière âcre et amère, qui devient brune par le contact de l'oxygène, de tannin, d'acide citrique, d'acide malique, de potasse, d'oxalate de chaux, de phosphate de chaux. M. Chevreul a examiné les propriétés de l'eau ayant séjourné quatre mois sur du brou de noix, et que voici : la couleur est d'un brun-rougeâtre; l'odeur plutôt agréable que désagréable, paraissait résulter d'une faible fermentation spiritueuse; sa saveur était douce, rappelant celle des noix fraîches; la colle de poisson y déterminait un précipité roux : avec le tournesol elle rougissait légèrement; elle précipitait avec l'hydrochlorate de baryte en flocons d'un jaune-roux, solubles dans l'acide nitrique, sauf peut-être une trace de sulfate; avec le nitrate d'argent, en flocons bruns, difficilement solubles dans l'acide nitrique (peut-être y avait-il du chlorure); l'oxalate d'ammoniaque y démontrait la présence de la chaux : la potasse y développait une belle couleur rouge-brun; les eaux de baryte, de strontiane, de chaux, y formaient des précipités rougeâtres, et la liqueur était d'un assez beau rouge; elle précipitait avec l'hydrochlorate de protoxyde d'étain en roux-brun; plus légèrement avec l'alun; avec l'acétate de plomb, en rougeâtre; avec l'acétate de cuivre, en brun-rougeâtre; avec l'acétate de peroxyde de fer, en gris-roux-brun; l'acide sulfurique concentré en dégage une odeur de levure ou de farine fermentée, et en précipite quelques flocons roux clair. L'acide sulfurique faible la trouble et en précipite des flocons d'un roux clair; l'acide nitrique à 34 degrés la trouble légèrement; un excès fait passer la couleur au jaune-roux; l'acide oxalique la trouble seulement; l'acide acétique en éclaircit la couleur, et paraît la troubler. Quand le brou de noix a été conservé pendant un ou deux ans dans l'eau, il donne une plus grande quantité de principe colorant.

Les parties colorantes du brou de noix ont, suivant Berthollet, une grande disposition à se combiner avec la laine : elles lui donnent une couleur noisette ou fauve très-solide, et les mordants paraissent ajouter peu à sa solidité, mais peuvent varier ses nuances et leur donner plus d'éclat. On obtient, surtout par le moyen de l'alun, avec lequel on donne un apprêt à l'étoffe, une couleur plus saturée et plus vive.

Le brou de noix, ajoute Berthollet, est d'un excellent usage, parce qu'il donne des nuances assez agréables, très-solides; parce qu'étant employé sans mordant, il conserve à la laine sa douceur, et qu'il n'exige qu'une opération simple et peu dispendieuse.

On ramasse le brou de noix, continue Berthollet, lorsque les noix sont entièrement mûres; on en remplit de grandes cuves ou tonneaux, et on y met assez d'eau pour qu'il en soit recouvert. On le conserve en cet état pendant une année et plus. Aux Gobelins, où il se fait un usage très-étendu et très-varié de cette substance, on la conserve pendant deux ans avant de s'en servir. On trouve qu'alors elle fournit beaucoup plus de couleur. Elle a une odeur putride très-désagréable. On pourrait aussi se servir du brou qu'on enlève aux noix avant qu'elles soient mûres ; mais il se conserve moins longtemps.

Quand on veut teindre, dit Berthollet, avec du brou de noix, on en fait bouillir pendant un bon quart-d'heure, dans une chaudière, une quantité proportionnée à la quantité d'étoffes et à la nuance plus ou moins foncée qu'on veut lui donner. Pour les draps, on commence ordinairement par les nuances les plus foncées, en finissant par les plus claires; mais pour les laines filées, c'est ordinairement par les nuances les plus claires que l'on commence, et l'on finit par les plus foncées, en ajoutant du brou de noix à chaque mise. Le drap et la laine filée doivent être simplement humectés d'eau tiède avant d'être plongés dans la chaudière, où on les retourne avec soin, jusqu'à ce qu'ils aient pris la nuance qu'on désire, à moins qu'on ne donne un alunage préliminaire.

La *racine de noyer* donne, suivant Berthollet, les mêmes nuances; mais pour cela, il est nécessaire d'en augmenter la quantité, et que surtout cette quantité, réduite en copeaux, soit renfermée dans un sac pour que les petits copeaux ne s'attachent pas à l'étoffe. Il arrive facilement que la couleur est inégale, et qu'il s'y forme des taches : pour éviter cet inconvénient, il convient de ménager le feu dans les commencements afin que les parties colorantes puissent se distribuer dans le bain à mesure qu'elles sont extraites de la racine. Si quelques parties se trouvaient teintes inégalement, comme la couleur est solide, il n'y a pas d'autre moyen de remédier à cet accident que de réserver l'étoffe pour des couleurs plus foncées.

On a vanté beaucoup quelques noyers étrangers, notamment le *noyer d'Amérique*, comme fournissant une matière colorante plus riche et d'un ton plus foncé ; en général, le teinturier doit se méfier des substances étrangères qu'on lui vend à des prix plus élevés, sous prétexte qu'elles sont nouvelles et d'un meilleur effet ; un essai préalable est toujours sage en pareil cas, et il ne doit jamais oublier que ce qui réussit dans certains climats, ne réussit pas toujours partout.

Suie. — On s'en sert pour donner une bruniture à la laine, mais sa couleur n'est pas solide ; on lui reproche de la durcir et de lui laisser une odeur forte et désagréable. La suie dont on se sert en teinture provient de l'intérieur des cheminées dans lesquelles on a brûlé du bois dont la combustion n'a pas été complète, car si elle eût été complète, on ne pourrait recueillir que de l'eau, de l'acide carbonique, de l'azote et des cendres.

Suivant Braconnot, 1,000 parties de suie sont formées de :

12.50 eau ; 30.20 matière brune, peu soluble dans l'eau, soluble dans la potasse, soluble dans l'acide sulfurique concentré (Braconnot la regarde comme de l'alumine artificielle) ; 20 matière azotée très-soluble dans l'eau, insoluble dans l'alcool ; 14.66 sous-carbonate de chaux mêlé de sous-carbonate de magnésie ; 5.65 acétate de chaux ; 4.10 potasse ; 0.53 magnésie ; 0.20 ammonique, traces de fer ; 5 sulfate de chaux ; 3.85 matière abondante en carbone, insoluble dans la potasse ; 1.50 phosphate de chaux ferrugineux ; 0.95 silice ; 0.50 principe âcre et amer, particulier (que Braconnot nomme *absoline*) ; 0.36 de chlorure de potassium.

Suivant M. Chevreul, 1 partie de suie provenant d'une cheminée dont les parois sont en plâtre, et 10 parties d'eau bouillies ensemble pendant un quart-d'heure, ont donné une liqueur d'un brun roux, d'une odeur de suie, d'une saveur amère et d'un goût de suie, qui se troublait par le refroidissement et se recouvrait d'une pellicule irrisée ; elle ne se troublait pas avec la colle de poisson.

Elle précipitait, par l'hydrochlorate de baryte, en flocons

roux ; le précipité, traité par l'acide nitrique, laissait beaucoup de sulfate provenant certainement d'un peu de plâtre mêlé à la suie ; par le nitrate d'argent, en flocons roux, épais, difficilement solubles dans l'acide nitrique ; l'oxalate d'ammoniaque y démontrait la présence de la chaux ; la potasse fonçait la couleur et rendait le jaune plus brillant, en y produisant un précipité insoluble dans un excès d'alcali ; les eaux de baryte, de strontiane et de chaux se comportaient d'une manière analogue et dégageaient, comme la potasse, de l'ammoniaque.

Avec le proto-hydrochlorate d'étain, elle précipite en gris-roux ; avec l'alun en roux ; avec l'acétate de plomb, en gris-brun ; avec l'acétate de cuivre, en jaune-brun ; avec le persulfate de fer, en gris-jaune-brun.

L'acide sulfurique concentré en dégageait une odeur de suie, et y formait des flocons d'un jaune-brun ; elle se troublait avec l'acide nitrique à 34 degrés, dont un excès faisait disparaître les flocons : la solution devint rouge-brun : l'acide oxalique y formait sur-le-champ un précipité floconneux roux, certainement mêlé de chaux ; l'acide acétique éclaircit la couleur et la précipite.

Un fait observé par M. Chevreul, auquel nous empruntons cet article, c'est que l'excès aqueux de suie cède à l'alcool, et l'extrait alcoolique cède à l'éther, une matière jaune, qui communique à la laine alunée une couleur d'un jaune-orangé analogue à celle que le fustet lui aurait donnée ; et, ce qu'il y a de remarquable, c'est que cette même matière prend, par le contact de la potasse, une couleur rouge, analogue à celle que prend la matière colorante du fustet dans la même circonstance.

La suie est d'ailleurs très-variable, suivant la nature des bois dont la combustion l'a produite, et celle des parois de cheminée sur lesquelles elle s'est déposée ; en sorte que son emploi en teinture, quoique fort ancien, a toujours été d'un effet incertain et mal défini.

M. W. Pickstone a fait connaître un nouveau bois de teinture sur lequel il donne les détails suivants :

On rencontre au Brésil, dans la province de Minas-Geraes, et probablement aussi dans d'autres localités qui n'ont pas été explorées sous ce rapport, un arbre qu'on y appelle braúna et auquel les botanistes ont imposé le nom de *melanoxylon braúna*. Le bois de cet arbre est d'une couleur brun-noirâtre et entouré immédiatement sous l'écorce d'une circonférence de couleur plus claire. On a trouvé par expérience qu'on peut extraire du bois et de l'écorce de cet arbre une matière colorante très-propre à la teinture du coton en couleur bon teint et que cette couleur peut varier suivant les circonstances de l'application. En conséquence, on réduit le bois de cet arbre en copeaux et l'écorce en poudre et on en extrait la matière colorante exactement de la même manière qu'on opère avec le campêche et autres bois de teinture. On fait varier aussi les couleurs en modifiant de même la composition des bains de teinture et les mordants. La matière colorante a une grande affinité pour le coton et les couleurs sont plus solides sur la fibre de celui-ci que celles produites par les autres matières employées jusqu'à présent pour produire les mêmes couleurs ou teintes. Les plus avantageuses qu'on puisse obtenir du braûna sont, entre autres, les bruns, les gris, les gris ardoises, les chamois, les jaunes, les fauves et les noirs, toutes couleurs qui offrent une grande permanence.

§ 25. COLORISATION EN BLEU.

Indigo. — L'indigo était connu des Romains du temps de Pline, et ils l'appelaient *indicum*, parce qu'il venait de l'Inde. Mais la plante de laquelle les Indiens tiraient cette fécule n'est plus en usage aujourd'hui; il paraîtrait que cette plante était la même que celle dont Margraf donne la description, en ajoutant que toute la plante est succulente, et que lorsqu'on en rompt la tige ou la racine, il en sort aussitôt un suc bleu. On fait avec cette plante de l'indigo, sans autre façon que de la piler, et d'y ajouter de l'eau qu'on laisse écouler ensuite, lorsque la couleur est précipitée. La fécule indigo varie d'ailleurs, non-seulement suivant les plantes dont on la retire, mais aussi suivant le traitement que l'on fait subir à ces plantes d'espèces et de genres différents.

On tire à la Chine une teinture bleue du *tovara* ou *persicaria virginiana*, plante avec laquelle notre persicaire a beaucoup de rapport. On tire, suivant Hermann et Linné, d'une des espèces de notre galéga, une teinture bleue plus belle que celle de l'indigo, et M. Guettard a observé, *Mémoire de l'Académie des Sciences*, 1747, que les filets du galéga approchaient de ceux des indigotiers qui sont en navette.

On cultive, sous les noms d'*anil*, d'*indigofera* et d'*indigo*, la plante ou l'indigofère, à la Chine, au Japon, aux Indes, à Madagascar, en Egypte et dans les colonies de l'Amérique. Il y en a plusieurs espèces; mais en Amérique, on en compte particulièrement trois : l'*indigo franc*, *indigofera tinctoria* qui est la plus petite, et qui produit l'indigo de plus basse qualité ; mais comme il en donne une plus grande quantité, on le préfère souvent. La seconde espèce d'indigo est l'*indigofera disperma*, c'est celui que l'on cultive à Guatimala ; il est plus élevé, plus ligneux que le précédent ; il donne un meilleur indigo. La troisième espèce est l'*indigofera argentea*, ou l'indigo bâtard, qui est encore plus ligneux que celui qui précède ; il donne le plus bel indigo, mais en plus petite quantité que les autres.

Il y a apparence que cette plante absorbe d'autant plus de substances étrangères, qui se trouvent ensuite confondues avec les parties colorantes, qu'elle est plus herbacée.

L'indigo franc des îles Antilles croît et s'élève jusqu'à 80 centimètres de hauteur. Il exige une excellente terre et beaucoup de soin de la part du cultivateur ; le terrain doit être plat, uni, humide, ou frais et gras. On sème l'indigo pendant un temps humide, au mois de mars, dans des trous alignés à 32 centimètres de distance, et à 8 centimètres de profondeur. Les nègres qui sèment l'indigofère mettent dix à douze semences dans chaque trou, qu'ils recouvrent de terre avec leurs pieds, mais légèrement. La plante lève quatre à cinq jours après ; les tiges sont d'abord noueuses, garnies de petites branches qui portent plusieurs paires de feuilles, et qui sont toujours terminées par une impaire ; il faut avoir soin de sarcler les mauvaises herbes. La plante ne tarde pas à entrer en fleur, et elle est bonne à couper au mois de mai. On y fait souvent quatre coupes de la même plante dans l'année, tandis que dans l'Amérique méridionale on n'en obtient jamais plus de deux, et même assez ordinairement qu'une seule, la plante n'y étant bonne à couper, pour la première fois, qu'au bout de six mois. Le produit diminue continuellement après la première coupe, de sorte qu'il est nécessaire de renouveler les plantes, de graine, tous les ans.

Lorsque l'indigo donne des signes de maturité (ce qui se reconnaît par la facilité qu'ont les feuilles à se casser), on le coupe à 5 centimètres de terre dans un temps humide, et on le porte dans le *pourrissoir ;* ce qui doit être fait promptement, afin que la plante ne s'échauffe pas. Le pourrissoir est un hangar de 64 à 65 décimètres de haut, sans mur, et soutenu par des poteaux ; on y construit trois cuves les unes sur les autres, à des hauteurs différentes, et près d'un réservoir d'eau. La première, qui est à la base, s'appelle *trempoire ;* elle est disposée de façon que l'eau qu'elle contient puisse s'écouler hors du hangar. C'est dans cette cuve, d'environ 148 décimètres carrés, faite en maçonnerie ou en bois, qu'on porte la plante, et qu'on l'y entasse jusqu'au 0.75 de sa capacité; on y ajoute de l'eau jusqu'à ce qu'il y en ait de 180 à 225 millimètres au-dessus des couches : les plantes sont maintenues dans cette position au moyen de planches chargées de poids qui les pressent afin d'éviter qu'elles ne flottent. Bientôt il s'y établit une fermentation très-vive, et il s'y forme beaucoup d'écume. Cette écume s'épaissit par degrés, et acquiert une couleur bleue inclinant au violet; le gaz qui s'en dégage est en partie inflammable. La température la plus convenable pour cette fermentation est celle d'environ 27 degrés centigrades, suivant Leblond; si on laisse fermenter les plantes trop longtemps, la matière colorante s'altère, et si on retire l'eau trop tôt, on perd beaucoup d'indigo.

Lorsque l'indigotier reconnaît que la fermentation est assez avancée, et que les parties colorantes sont disposées à se séparer, on fait couler la liqueur dans la seconde cuve, qu'on nomme la *batterie*, et qui a ordinairement 111 décimètres carrés sur 41 décimètres de profondeur; on y agite la liqueur pendant 15 à 20 minutes, avec des instruments destinés à cet usage; et c'est par l'habitude que l'indigotier apprend à saisir le véritable instant où il convient de cesser cette opération, ce qui a lieu ordinairement quand il commence à se séparer de la liqueur de légers flocons qui lui donnent un aspect caillé. Lorsqu'on a jugé, d'après la couleur bleue, que le battage est suffisant, on laisse reposer pendant environ deux heures; l'indigo forme une espèce de boue vaseuse, qui se dépose au fond de la cuve; on laisse à l'eau qui est dessus le temps de s'éclaircir, et on la fait passer dans une troisième cuve, qu'on appelle le *diablotin*; c'est celle où le produit des deux autres se recueille et où l'indigo s'achève. On laisse les parties colorantes se déposer dans cette cuve, dont on fait écouler la liqueur surnageante successivement au moyen de deux robinets placés les uns au-dessus des autres. On ajoute une certaine quantité d'eau de chaux, suivant Leblond, et cet emploi d'eau de chaux paraît prévenir la putréfaction, qui, autrement, pourrait nuire à la matière colorante; la chaux, d'ailleurs, absorbe l'acide carbonique qui existait dans le liquide et qui s'opposait à la séparation de l'indigo.

On retire alors l'indigo, qui est en consistance demi-fluide, en le mettant dans des chausses ou sacs de toile serrée, à travers lesquels l'eau qu'il a pu contenir achève de s'écouler; on vide ces sacs dans des caissons carrés ou oblongs, d'environ 5 à 8 centimètres de profondeur; enfin on les coupe en pains carrés pour les livrer au commerce ; l'indigo doit être séché à l'air, mais à l'ombre.

L'indigo qui résulte de ces opérations diffère, non-seulement selon les qualités de la plante qui le produit, mais aussi selon les soins qu'on a mis à le préparer ; et c'est pour cette raison que nous sommes entrés dans les détails précédents, qui ne doivent pas être ignorés du teinturier. Cependant, comme l'indigo, dans sa partie colorante, paraît offrir peu de différence, on en doit conclure que les qualités qui le distinguent dépendent surtout de la proportion des parties étrangères qui s'y trouvent mêlées.

De toutes les matières colorantes, l'indigo est sans contredit celle dont les espèces sont les plus nombreuses. Dans le commerce, ses variétés sont divisées suivant le pays où elles ont été préparées, et aussi suivant leur couleur ; on en connaît 13 espèces partagées chacune en plus ou moins de variétés.

Les *indigos préparés en Asie* et importés en France sont au nombre de cinq : du *Bengale*, de *Coromandel*, de *Madras*, de *Manille* et de *Java*. Parmi les indigos du *Bengale*, sont les variétés de *surfin bleu* ou *bleu flottant*, ou *bleu léger* ; en masses cubiques, léger, friable, d'un bleu vif ; sa cassure est lisse ; il est doux au toucher et prend un aspect cuivré par le frottement de l'ongle ; de *surfin violet*, qui a beaucoup d'analogie avec le précédent, mais dont la couleur incline davantage au violet : de *surfin pourpre*, de *fin violet*, moins vifs que le surfin violet et un peu plus lourds ; de *fin violet pourpre* ; de *bon violet*, moins léger que les précédents ; de *violet rouge*, de *violet ordinaire*, de *fin* et *bon rouge*, moins légers que les précédents et tirant davantage sur le rouge : de *bon rouge* en pâte serrée et plus compacte que le fin bon rouge ; de *fin cuivré*, plus lourd et plus compacte que le précédent ; de *moyen cuivré* ; enfin de *cuivré ordinaire et bas*, d'un bleu cuivré, rougeâtre, assez difficile à casser, et dont la pâte n'a pas d'homogénéité.

Les premières qualités des indigos de Comorandel correspondent aux qualités moyennes du Bengale, et sont en général plus dures : les qualités inférieures sont lourdes et sablonneuses, d'un bleu verdâtre, grisâtre ou noirâtre.

Les *indigos de Madras* se distinguent des autres espèces par leur cassure grenue et rugueuse. Les qualités supérieures sont plus légères et plus friables que celles de Comorandel ; les qualités moyennes sont peu cuivrées ; celles inférieures sont d'un bleu terne, noirâtre, grisâtre ou verdâtre ; en général, ces indigos présentent l'empreinte des toiles qui ont servi à les faire sécher.

Les *indigos de Manille* portent ordinairement l'empreinte de jonc ou de nattes. Leur pâte est fine; ils sont moins colorés que ceux de Madras. Les qualités supérieures sont en carreaux minces et allongés, assez poreux et légers. Les qualités moyennes sont violettes et inférieures au violet du Bengale. Les qualités supérieures sont, en général, mélangées avec les inférieures qui, réduites en poudre, les recouvrent.

Les *indigos de Java* sont en carreaux plats; les supérieurs ont le même aspect que les indigos bleus, violets et rouges du Bengale; mais ils sont moins bons.

Les *indigos préparés en Afrique* sont ceux de : l'*Egypte*, l'*Ile de France*, le *Sénégal*, l'importance de l'indigo d'*Egypte* date de peu d'années. Les qualités supérieures sont les surfins et fins violets bleus; ils sont légers, d'une pâte assez grosse, et contiennent souvent du sable; les carreaux en sont plus plats que ceux du Bengale qui, de tous les indigos, sont ceux qui contiennent le plus de matière terreuse; ils sont d'une bonne qualité quand on les a fabriqués avec soin : ceux de l'*Ile de France* sont très-rares dans le commerce, ils ont une pâte fine et une cassure nette.

Indigos préparés en Amérique. — Les principaux sont ceux de *Guatemala*, de *Caraque*, du *Mexique*, du *Brésil*, de la *Caroline* et des *Antilles*. Celui de *Guatemala* se divise en *bleu* flor, *sobre* supérieur, *sobre* bon, *sobre* ordinaire, *corte* supérieur, *corte* bon, *corte* ordinaire, *corte* bas. Le *flor* est d'un bleu vif, très-léger et d'une grande finesse. Cet indigo et le surfin du Bengale sont les qualités les plus estimées. Les *cortes* sont violets, mais moins purs que les violets du Bengale.

Les *indigos de Caraque* et du *Mexique* se divisent en variétés comme ceux de Guatemala. La pâte en est moins fine et contient souvent des interstices. Les cortes sont aussi plus mélangés.

Les *indigos du Brésil* sont en général d'une pâte ferme, à cassure nette et d'un rouge cuivré plus ou moins vif. Ceux de la *Caroline* sont de qualité inférieure. On ne rencontre presque plus dans le commerce d'indigo des *Antilles*.

Quelque habitude qu'ait le teinturier de reconnaître, à leur seul aspect, ces nombreuses variétés d'indigo, il lui serait bien difficile de n'être pas quelquefois trompé s'il n'avait d'ailleurs un moyen d'essai d'une exactitude suffisante; mais la chimie seule peut le lui fournir, ainsi que nous le verrons tout à l'heure ; les caractères physiques de l'indigo n'offrant jamais une indication positive et certaine.

D'ailleurs les indigos de même provenance, comme ceux de provenances différentes, ne renferment jamais la même quantité de principes colorants ; c'est à ce point que, dans la même caisse ou dans le même suron, on trouve des carreaux d'indigo qui diffèrent entre eux de 15, 20 et 30 p. 100.

Caractères physiques de l'indigo. — C'est une substance solide, d'un bleu vif ou violet, plus ou moins léger. Il acquiert, par le frottement d'un corps dur, une teinte cuivrée. En général, on doit regarder comme défectueux ceux qui sont d'un bleu terne, grisâtre ou verdâtre, et dont la cassure présente des veines brunes ou blanchâtres.

Les indigos du commerce sont presque tous mélangés, et il est difficile d'en déterminer la valeur d'après leurs caractères physiques : ceux qui sont défectueux sont désignés sous les noms : *éventés, piquetés, rubanés, brûlés, pierrés.* On les dit *éventés,* lorsque la cassure intérieure présente une espèce de moisissure blanche ; *piquetés,* lorsque l'intérieur est parsemé de petits points blancs et de petites cavités blanches ; *rubanés,* quand la cassure présente des couches de nuances différentes ; *brûlés,* lorsqu'en les passant ou en les cassant, ils se divisent en fragments plus ou moins noirs ; *pierrés* ou *sablés,* quand ils présentent à l'intérieur du sable ou des pierres.

Essai des indigos. — C'est une opération chimique très-délicate, quand elle doit être faite avec la plus grande exactitude ; mais pour les besoins ordinaires de la teinture, il suffit de procéder ainsi qu'il suit : afin de déterminer d'abord la quantité d'eau que contient l'échantillon d'essai, on le réduit en poudre dont on pèse 10 grammes, qui sont ensuite séchés avec soin à la température de 100° centigrades, et pesés de nouveau. La différence des deux pesées donne la quantité d'eau : la perte est ordinairement de 3 centigrammes au moins et de 6 centigrammes au plus. On pèse ensuite 1 gramme de cet indigo desséché, et on l'incinère dans une capsule de platine. A la température d'environ 200° centigrades, il s'en exhale une belle fumée cramoisie qui peut être condensée en aiguilles cristallines supposées être de l'indigo pur, lequel se sublime et se décompose en partie. Le résidu composé de substances étrangères, et qui reste dans la capsule, doit être pesé avec le plus grand soin. Pour faire cette pesée, on laisse le résidu dans la capsule pesée d'avance, afin d'avoir exactement le poids de la totalité du résidu qui, pour les premières qualités d'indigo, peut varier sur 1 gram.

d'essai, de 7 centigrammes au moins à 1 centigramme au plus ; et c'est d'après ce poids du résidu que l'on détermine la valeur des différentes espèces d'indigo.

Dans les expériences de Bergman, à qui nous devons un des traités les plus complets qui aient encore paru sur les propriétés de l'indigo, l'eau a dissous, au moyen de l'ébullition, un neuvième du poids de l'indigo qu'il y soumit : les parties ainsi dissoutes par l'eau, paraissent être en partie mucilagineuses, en partie astringentes, en partie savonneuses : la dissolution d'alun, ainsi que celles de sulfate de fer et de cuivre en précipitent les parties astringentes.

Bergman introduisit dans un vaisseau de verre légèrement fermé, 1 partie d'indigo bien pulvérisé avec 8 parties d'acide sulfurique incolore, de la pesanteur spécifique de 1,900. L'acide attaqua promptement l'indigo en excitant une grande chaleur ; après une digestion de 24 heures, l'indigo était dissous, mais le mélange était opaque et noir : en ajoutant de l'eau, il s'éclaircit en donnant successivement toutes les nuances de bleu, selon la quantité d'eau. Il faut au moins 10 kilogrammes d'eau dans un vaisseau cylindrique de verre de 19 centimètres de diamètre pour rendre insensible la plus petite goutte de cette dissolution.

Si l'acide sulfurique est d'abord étendu d'eau, il n'attaque que le principe terreux qui est mêlé avec l'indigo, et un peu des parties mucilagineuses.

La potasse et la soude, saturées d'acide carbonique, séparent de la dissolution d'indigo une très-belle couleur bleue qui se dépose très-lentement.

L'acide nitrique concentré attaque l'indigo avec une activité telle, qu'il lui fait prendre feu.

L'acide hydrochlorique, mis en digestion, et même bouillant, sur l'indigo, ne lui enlève que la matière terreuse, le fer et un peu de la matière extractive, ce qui colore l'acide en brun, mais il n'attaque en aucune manière la couleur bleue.

La potasse pure ou caustique, dissout des matières étrangères à la substance colorante de l'indigo ; mais elle agit très-lentement sur les parties colorantes de cette substance. L'effet de l'ammoniaque est à peu près le même. L'indigo précipité est promptement dissous, et à froid, par les alcalis, s'ils sont purs ou caustiques ; la couleur bleue passe par degrés au vert, et elle finit par être détruite.

Bergman conclut de son analyse que 100 parties de bon indigo contiennent 12 parties séparables par l'eau ; 6 parties de matière résineuse soluble dans l'alcool ; de matière terreuse que prend l'acide acétique, lequel n'attaque point le fer, qui est ici dans l'état d'oxyde, 22; d'oxyde de fer pris par l'acide, 13; perte, 4. Il restait 43 parties, qui sont la matière colorante, presque à l'état de pureté, et cette matière colorante donne à la distillation, acide carbonique, 2 parties; une liqueur alcaline, 8 parties; de l'huile empyreumatique, 9 parties; et du charbon, 23 parties; perte, 1.

La propriété qu'a l'indigo de se dissoudre dans les alcalis paraît résulter de la séparation d'une partie de l'oxygène qu'il avait absorbé. Ce fait semble bien établi par l'expérience de Bergman, dans laquelle des poids égaux de sulfate de fer et d'indigo, et le poids double de chaux, sont mêlés ensemble dans l'eau, et produisent une dissolution d'indigo dans l'eau de chaux; mais si le sulfate de fer a été préalablement oxydé à un plus haut degré par une ébullition pendant plusieurs heures dans beaucoup d'eau, et par une évaporation subséquente, la dissolution ne s'effectuera pas, parce que ce fer précipité n'est pas disposé à absorber de l'oxygène.

Il paraît donc s'ensuivre que l'indigo contient, dans son état naturel de l'oxygène, que, dans cet état, il ne s'unit pas avec la chaux et les alcalis; mais que des substances capables de lui enlever une partie de son oxygène, le rendent soluble dans la chaux ou les alcalis; et enfin que l'état naturel de l'indigo est établi par le contact de l'oxygène qu'il absorbe. C'est de cette manière que la teinture bleue est produite; la pièce d'étoffe sort de la cuve de la même couleur que la dissolution, c'est-à-dire verte; mais elle devient bleue par son exposition à l'air. L'alcali ou la chaux s'enlève par le lavage, et l'indigo reste combiné à l'étoffe qui est ainsi teinte.

Nous avons insisté sur tous ces détails des expériences déjà fort anciennes de Bergman, parce qu'ils sont de nature à bien faire comprendre au teinturier le rôle que jouent avec l'indigo les matières susceptibles de l'oxygéner ou de le désoxygéner, ce qui, d'ailleurs, a été confirmé depuis dans un grand nombre d'expériences plus récentes que nous allons également faire connaître.

M. Chevreul, qui a analysé plusieurs indigos du commerce, y a trouvé les matières suivantes : de l'indigotine, ou matière colorante bleue pure; une résine rouge; des matières colorantes jaune et rouge; une matière azotée; un acide végétal; du sulfate de potasse; de l'acétate de potasse;—de magnésie; —d'ammoniaque; — de chaux: du chlorure de potassium; du phosphate de chaux; — de magnésie; du carbonate de chaux; — de magnésie; de l'oxyde de fer; de l'alumine. Il a d'ailleurs remarqué que l'indigo flor, le plus riche de tous, ne contenait cependant que 45 pour 100 de matière colorante bleue pure ou d'indigotine, que l'on obtient en plaçant sur des charbons incandescents un creuset d'argent contenant 5 décag. d'indigo, et fermé de son couvercle. L'indigotine se sublime et s'attache en cristaux aiguillés, à la partie moyenne du creuset.

L'indigotine est solide, d'une couleur pourpre, sans saveur, sans odeur, et susceptible de cristalliser en aiguilles : ainsi cristallisée, elle offre l'aspect métallique.

Chauffée au rouge avec le contact de l'air, elle se décompose et laisse un charbon volumineux.

L'air ne l'altère point, elle est insoluble dans l'eau ; l'alcool bouillant la dissout sensiblement et se colore en bleu, mais elle se précipite en grande partie par le refroidissement.

L'acide sulfurique concentré la dissout, surtout à l'aide d'une douce chaleur, mais non sans quelque altération, car elle perd la propriété de se volatiliser, et peut se dissoudre dans certaines substances qui, auparavant, n'agissaient pas sur elle, ce que nous examinerons plus loin.

L'acide nitrique, même étendu d'eau, la décompose et la transforme en matière résineuse, et en deux substances, l'une amère, l'autre détonnante.

L'acide hydrochlorique n'agit point sur elle à la température ordinaire ; par la chaleur, il prend une couleur jaunâtre qui est due à un peu d'indigotine décomposée.

Les alcalis agissent à peu près de la même manière que l'acide hydrochlorique.

Le chlore la jaunit en très-peu de temps. Plusieurs substances avides d'oxygène, comme le sulfate de protoxyde de fer, un mélange de potasse et de protoxyde d'étain ou de potasse et de sulfure d'arsenic, etc., etc..., la décomposent à froid ou à chaud, et la transforment en *indigo très-jaune*, *indigotine désoxygénée*, que l'on nomme quelquefois aussi *indigogène* ou *indigotine colorable*, et qui est soluble dans l'eau, surtout à l'aide des alcalis ; exposé à l'air, cet indigo jaune revient à l'état d'*indigotine bleue ou oxygénée*, insoluble dans l'eau même aiguisée par les alcalis. L'indigotine n'est pas employée dans les arts, mais unie comme elle l'est aux indigos du commerce, c'est une des matières colorantes les plus importantes, et dont on ne peut guère se passer en teinture, malgré les tentatives que l'on a faites en différents temps à cet égard.

M. Chevreul a donné, pour obtenir l'*indigotine désoxygénée ou indigotine blanche*, le procédé suivant : on introduira

5 décigrammes d'indigotine bleue réduite en poudre, dans un flacon d'une capacité d'un demi-litre ; on y versera environ un quart de litre d'eau ; puis on y ajoutera deux solutions, l'une de 1^{gr}.83 de protosulfate de fer, et l'autre de 1^{gr}.60 de potasse pure ; après avoir rempli d'eau le flacon, on le bouchera.

Le mélange abandonné à lui-même pendant quelques heures et agité de temps en temps, présente un liquide d'un jaune foncé, avec dépôt d'oxyde de fer dont une partie est à l'état de peroxyde. Par le contact de l'air, ce liquide se recouvre d'une fleurée de couleur pourpre violet. Afin d'expliquer les phénomènes qui se passent dans cette opération, et qui nous serviront par la suite à rendre compte de l'action des cuves de bleu, il suffit de savoir que les différents corps jusqu'ici employés se réduisent à de l'eau, de la potasse et du protoxyde de fer : car 0^{gr}.625 de potasse neutralisent les 0^{gr}.531 d'acide sulfurique contenu dans les 1^{gr}.83 de protosulfate de fer, pour produire 1^{gr}.155 de sulfate de potasse, il restera donc 0^{gr}.625 de potasse libre, avec 0^{gr}.465 de protoxyde de fer, et 0^{gr}.50 d'indigotine. Or, le protoxyde de fer a une grande tendance à se combiner avec l'oxygène, il en enlève une portion d'indigotine, et l'indigotine désoxygénée se dissout alors dans l'excès de potasse. Pour la séparer de sa dissolution, il faut décanter avec un siphon le liquide clair dans un autre flacon, où l'on introduit, en évitant le contact de l'air, de l'acide acétique pour neutraliser la potasse. Lorsque le dépôt est bien formé, on décante le liquide surnageant ; on passe au filtre en lavant avec de l'eau bouillie et refroidie ; ensuite on exprime le filtre entre du papier non collé, puis on le fait sécher à l'étuve sans air. L'indigotine ainsi désoxygénée est peu soluble dans l'eau ; elle se dissout dans l'alcool et l'éther ; elle ne s'unit pas aux acides, elle s'unit aux alcalis dont les combinaisons ainsi saturées sont d'une belle couleur jaune. Un excès de chaux forme avec l'indigotine désoxygénée une combinaison presque insoluble dans l'eau. L'indigotine désoxygénée en dissolution dans un alcali, s'unit par voie de double décomposition à l'alumine, aux protoxydes de fer, d'étain et de plomb : ces composés sont insolubles ; ils sont blancs et bleuissent promptement à l'air. Les sels de cuivre colorent en bleu la dissolution d'indigotine blanche en la réoxygénant.

Action de l'acide sulfurique sur l'indigo. — Lorsque l'on met une partie d'indigotine oxygénée en contact avec 12 parties d'acide sulfurique à 66 degrés, la couleur devient jaune dans quelques parties, elle passe au vert et finit par prendre un ton bleu très-intense. Si l'on mêle 1 partie d'indigotine avec 6 parties d'acide sulfurique fumant (huile de vitriol de Saxe), on obtient promptement une liqueur d'un rouge pourpre. Dans l'un et l'autre cas, il n'y a aucun dégagement de gaz acide sulfureux. Les dissolutions étendues d'eau ont une couleur bleue. Qu'on les considère comme du sulfate d'indigotine ou comme un acide sulfo-indigotique, M. Berzelius y a reconnu trois composés qui sont : du sulfate d'indigotine, nommé, par M. Chevreul, *acide sulfo-indigotique*; de l'hyposulfate d'indigotine ou *acide hyposulfo-indigotique*; du sulfate d'*indigotine modifiée*, qu'il avait désigné sous le nom de *pourpre d'indigo* ou acide *sulfo-phénicique* de M. Chevreul.

Nous ferons remarquer que la quantité d'acide sulfo-phénicique sera d'autant plus grande que la quantité d'acide sulfurique, par rapport à l'indigo, est elle-même moins considérable : cette observation est importante pour préparer une bonne dissolution d'indigo, ou de la *distillée* (bleu soluble liquide). La dissolution d'indigo préparée, comme nous venons de le dire, est étendue de 30 fois son volume d'eau, puis filtrée ; sur le filtre reste l'acide sulfo-phénicique, qui est insoluble dans l'eau acidulée. Après filtration on fait chauffer la liqueur jusqu'à 60 degrés, et l'on y plonge des morceaux de laine tissée qu'on y laisse pendant 6 heures en entretenant une légère chaleur. On la retire pour la laver à l'eau jusqu'à ce qu'elle ne soit plus acide. Les acides sulfo et hyposulfo-indigotiques restent combinés à la laine en la teignant en bleu. Pour les séparer, on fait digérer la laine teinte dans de l'eau chaude aiguisée de sous-carbonate d'ammoniaque. Les deux acides se dissolvent en combinaison avec l'ammoniaque ; on retire la laine et l'on évapore les liqueurs à siccité à une température de 60 degrés au plus. Le résidu est ensuite traité par l'alcool. L'hyposulfo-indigotate d'ammoniaque seul se dissout ; on filtre, on lave avec de l'alcool. On dissout le sulfo-indigotate dans l'eau ; on précipite par un sel de plomb, on lave, et le dépôt est délayé dans de l'eau, puis décomposé par un courant d'acide hydrosulfurique (*hydrogène sulfuré, acide sulfhydrique*) ; on chauffe la liqueur pour enlever l'excès d'hydrogène sulfuré ; on filtre, puis on évapore à une douce chaleur, et l'on obtient l'acide sulfo-indigotique sous la forme d'une masse noire. La solution alcoolique qui contient l'hyposulfo-indigotate d'ammoniaque est précipitée par un sel de plomb qu'on lave pour le traiter comme le précédent. Par l'évaporation on l'obtient sous la forme d'une masse bleue-noirâtre.

Dissolution d'indigo, composition d'indigo, sulfate d'in-

digo des teinturiers. — Ayant déjà étudié l'action de l'acide sulfurique sur l'indigotine, et cette action étant la même sur l'indigo du commerce, il ne nous reste qu'à déterminer les doses généralement suivies dans les ateliers. On prendra donc une partie d'indigo flor réduit en poudre fine, et après l'avoir délayé avec quatre parties d'acide sulfurique fumant (huile de vitriol de Saxe), on laissera le mélange en contact pendant 12 heures, en ayant toutefois la précaution de le remuer, avec un tube de verre, de temps à autre. On place ensuite le vase qui contient le mélange au bain-marie d'eau bouillante et on l'y maintient pendant deux heures, en remuant; on le retire pour le laisser refroidir. Pour conserver cette dissolution on l'étend de 4 à 5 fois son volume d'eau très-pure ou d'eau distillée.

Distillée, indigo soluble liquide, sulfo et hyposulfo-indigotate de soude. — Après avoir obtenu la dissolution d'indigo, on l'étend de 100 litres d'eau. A cet effet on remplit une chaudière de cette capacité environ, et après avoir porté le liquide à une température de 60 degrés, on y verse lentement et en remuant la solution d'indigo préalablement étendue d'eau. Celle-ci étant introduite, on continue à chauffer mais sans porter à l'ébullition, puis on y plonge de la laine tissée, des couvertures parfaitement nettoyées, et qui d'ordinaire servent à cette opération plusieurs fois; après avoir couvert le feu et la chaudière on les laisse tremper pendant 6 heures, ou passer la nuit. La laine se combine avec les acides bleus; et la liqueur, si toute la matière colorante a été tirée, doit être d'un vert légèrement bleuâtre. Dans le cas contraire, il faut chauffer de nouveau et mettre d'autre laine.

On lave les lainages à grande eau pour enlever l'acide sulfurique; et après avoir fait bouillir une chaudière d'eau, on y ajoute, pour les proportions indiquées de dissolution, 122 grammes de sous-carbonate de soude; on y plonge les laines teintes, et les acides bleus s'y dissolvent en se combinant avec la soude. Il est facile de prévoir que la force de la *distillée* sera en rapport avec la quantité d'eau employée. On remplace maintenant la *distillée* par le bleu soluble qui n'en diffère que par la concentration. Les résultats sont identiquement les mêmes.

Bleu soluble, carmin d'indigo, indigo soluble, indigo précipité de Bergman, mélange de sulfo, d'hyposulfo-indigotate et de sulfo-phénicate de soude. — Nous ferons remarquer que ces trois sels ont la propriété d'être précipités de leurs solutions par les sulfates, et c'est sur cette propriété que repose la fabrication du bleu soluble. On commence par préparer une dissolution d'indigo avec une partie d'indigo flor et 5 parties d'acide sulfurique de Saxe, en opérant comme nous l'avons indiqué plus haut. Cette solution est ensuite étendue de 15 fois son volume d'eau; on sature les acides par du sous-carbonate de soude, en n'ajoutant ce sel que par portion afin d'éviter une trop vive effervescence, et l'on cesse lorsque la saturation est presque complète; il se forme un précipité d'indigo soluble mêlé à du sulfate de soude; on jette le tout sur un filtre, et lorsque la matière est égouttée on la lave d'abord avec de l'eau qui tient en dissolution du sulfate de soude, et ensuite avec de l'eau pure, comme cette dernière dissout toujours du bleu soluble, on la met de côté afin de l'employer pour une autre opération. Le bleu soluble du commerce est en pâte, il doit avoir un beau reflet cuivré; sa saveur est salée et d'un goût particulier. Il est soluble dans l'eau bouillante, mais il se précipite par le refroidissement. Il faut 140 parties d'eau froide pour le dissoudre. Souvent l'indigo soluble est altéré par de la fécule dont on reconnaîtra facilement la présence parce qu'elle produit de l'épaississement dans les liquides quand on la fait chauffer.

Blé sarrazin. — L'on coupe les tiges de cette plante avant qu'elle soit parvenue à son entière maturité, on les laisse sécher au soleil jusqu'à ce que les semences s'en séparent aisément. Du moment qu'on les a extraites, on met les tiges en tas, on les arrose et on les laisse fermenter jusqu'à ce qu'elles commencent à se décomposer et qu'elles aient contracté une couleur bleue. En cet état, on les met en balles ou gallettes que l'on fait sécher au soleil ou à l'étuve. Ces balles donnent, par l'ébullition dans l'eau, une couleur d'un bleu foncé que n'altèrent ni l'acide acétique, ni l'acide sulfurique, et que les alcalis, au lieu de verdir, tournent au contraire au rouge; la noix de galle en poudre la convertit en noir, et en très-beau vert par l'évaporation. Les étoffes teintes en bleu par ce moyen et en suivant les procédés usités pour les autres substances végétales, sont très-belles, et la couleur résiste aux agents réunis de la lumière et de l'air, etc. Cette couleur mérite de fixer l'attention des teinturiers, tant à cause de ses propriétés caractéristiques que du bas prix auquel on peut l'obtenir en grande quantité.

Pastel et vouède. — On peut obtenir de l'indigo de l'*isatis tinctoria*, famille des crucifères, pastel, guède ou vouède, plante qui croît dans plusieurs parties de la France, sur les côtes de la mer Baltique, et qui se trouve dans les bois en Angleterre. Le vouède sauvage et celui qu'on cultive pour l'usage des teinturiers paraissent être la même espèce de plante.

La préparation du vouède pour la teinture, telle qu'elle se pratique en France, où le manque d'indigo des colonies lui a valu de notables perfectionnements, est décrite dans le plus grand détail par Astruc, dans ses mémoires sur l'*Histoire naturelle du Languedoc*. Cette plante exige une bonne terre noire, légère et bien amendée. On la sème au printemps, après deux labours donnés en automne ; on en fait plusieurs récoltes, ordinairement quatre par an. La plante pousse des tiges hautes de 1 mètre, de la grosseur du doigt ; la racine est grosse, ligneuse, et pénètre profondément en terre. Elle pousse d'abord cinq à six feuilles d'environ 30 centimètres de long, sur 15 centimètres de large. On sarcle cette plante au mois de mai ; lorsque les feuilles penchent en bas, ou qu'elles jaunissent, ce qui a ordinairement lieu au mois de juin, on fait la première récolte, c'est-à-dire qu'on fauche la plante ; on la lave à la rivière, et on la fait sécher au soleil. Mais il faut avoir soin que la dessiccation soit prompte ; car si la saison n'est pas favorable, ou s'il pleut, la plante court risque de s'altérer : une seule nuit suffit quelquefois pour la faire noircir. On porte ensuite les feuilles séchées dans un moulin ayant beaucoup de ressemblance avec les moulins à huile ou à tan ; et là elles sont broyées et réduites en une pâte unie. On en forme des tas bien serrés et lisses, qu'on couvre pour les garantir de la pluie, et l'on réunit la croûte noirâtre qui se forme à l'extérieur, s'il arrive qu'elle se rompe ; si l'on négligeait ce soin, il se produirait des vers dans les fentes occasionnées par cette rupture, et le vouède perdrait une partie de sa force. Au bout de 10 à 15 jours de fermentation, on ouvre les tas, on mêle ensemble l'intérieur et la croûte qui s'est formée à la surface ; et de toute la matière on forme des pelotes ovales, qu'on presse, pour les rendre plus solides, dans des moules de bois. On met ensuite ces pelotes à sécher sur des claies. Si elles se trouvent exposées au soleil, elles noircissent à l'extérieur ; si c'est dans un lieu fermé, elles jaunissent, surtout si la saison est pluvieuse. Les marchands de cet article dans le commerce préfèrent le premier mode de séchage, quoiqu'on assure que les ouvriers ne remarquent aucune différence considérable entre les deux. Les bonnes pelotes se distinguent en ce qu'elles sont pesantes, d'une odeur assez agréable, et qu'étant frottées, elles sont au-dedans d'une couleur violette.

Pour leur emploi par les teinturiers, ces pelotes exigent une préparation de plus ; on les bat avec des maillets de bois, sur un plancher de brique ou de pierre, et on les réduit ainsi en une poudre grossière dont on forme, dans le milieu de la pièce où cette opération de battage a lieu, un tas de 12 centim. de hauteur, en laissant un espace pour passer autour. La poudre étant humectée avec de l'eau, fermente, s'échauffe, il en sort une fumée épaisse, fétide; on remue ce tas à la pelle, en avant et en arrière, en l'humectant chaque jour pendant douze heures, après lesquelles on le remue moins fréquemment et sans arrosage; et à la fin, on en forme un tas pour le teinturier.

La poudre ainsi préparée, donne seulement à l'eau, à l'alcool, à l'ammoniaque et aux lessives d'alcalis fixes, des teintures brunâtres de différentes nuances. Si, après avoir étendu la poudre d'eau bouillante et l'avoir laissée pendant quelques heures en repos dans un vaisseau fermé, on y ajoute environ le vingtième de son poids de chaux récemment éteinte, et qu'en faisant digérer alors à une douce chaleur, on remue le tout ensemble toutes les trois ou quatre heures, une nouvelle fermentation commence à avoir lieu; il s'élève une écume bleue à la surface de la liqueur; et quoique cette liqueur semble être par elle-même d'une couleur rougeâtre, elle teint la laine en un vert qui, semblable au vert produit par l'indigo, se change à l'air en bleu. Ce procédé, l'un des plus délicats de ceux de la teinture, ne réussit pas bien dans les expériences faites en petit.

On cultive et l'on prépare le pastel dans plusieurs parties de la France; celui des départements méridionaux est le plus estimé; on lui donne le nom de vouède dans les départements du Nord, et on le cultive surtout dans la basse Normandie : le vouède ne diffère du pastel ordinaire qu'en ce qu'il en faut, suivant Hello, une plus grande quantité pour produire le même effet.

Au lieu d'employer le pastel ou le vouède fermenté et mis en pelotes, par le procédé que nous avons précédemment décrit, il est beaucoup plus avantageux de s'en servir à l'état de simple dessiccation, comme il est prouvé par les expériences de M. Pavie et par celles de quelques teinturiers du midi de la France. Les cuves montées avec le pastel non fermenté, sont plus faciles à gouverner et moins exposées aux altérations ou maladies dont nous parlerons en traitant de ces cuves.

Le pastel donne, sans indigo, une couleur bleue qui n'a pas d'éclat, mais qui est très-solide; comme il fournit beaucoup moins de parties colorantes que l'indigo, et comme sa couleur est inférieure en beauté, la découverte de l'indigo a diminué considérablement la culture et le commerce du pastel.

On a fait, dans différents endroits, plusieurs tentatives pour retirer un indigo du pastel; mais il paraît que le produit est trop faible pour que la substance colorante que l'on obtient puisse entrer en concurrence avec l'indigo ordinaire.

Il faut sécher à l'ombre l'indigo tiré du pastel, parce que le soleil détruit sa couleur.

On est redevable à M. Chevreul de l'analyse des feuilles du pastel, qu'il fit en 1808 et 1811, et dont voici les résultats. Les feuilles du pastel réduites en pulpe dans un mortier de marbre blanc, puis soumises à la presse, donnent un *suc trouble* et un *résidu ligneux*.

Le suc trouble passé dans un papier, est réduit : 1º en une matière qui reste sur le filtre, et qui était appelée, par les anciens chimistes, *fécule verte*; 2º en *suc transparent*. La *fécule verte* est formée de chlorophyle ou viridine, matière cireuse, indigotine, substance azotée. Le *suc transparent* est formé de substance azotée coagulable par la chaleur, principe colorant bleu uni à un acide qui le rend rouge, principe jaune, substance azotée soluble dans l'eau bouillante, très-probablement distincte de la substance azotée coagulable, matière gommeuse, sucre liquide, acide organique libre, fixe, acide acétique libre, principe odorant des crucifères, principe volatil ayant l'odeur de l'osmazone, citrate de chaux, sulfate de chaux, phosphate de magnésie, de fer, de manganèse, acétate d'ammoniaque, sulfate de potasse, nitrate de potasse, chlorure de sodium ; c'est-à-dire 22 substances distinctes dans le suc du pastel.

§ 26.   COLORISATION EN ROUGE.

Garance. — Cette plante était connue des Grecs et des Romains sous le nom d'*erytrodamus* et de *vorentia*. Celle qui sert à la teinture est la racine du *rubia tinctorum*, famille des rubiacées, plante cultivée pour les teinturiers à Smyrne, à Chypre, en Barbarie, dans la Zélande, en Alsace et dans plusieurs des départements du midi de la France. Les racines, où le principe colorant rouge se trouve particulièrement accumulé, sont les seules parties de la plante qui soient employées ; on les arrache lorsqu'elles ont atteint leur troisième année, et on leur fait subir ensuite différentes manipulations qui ont pour objet de les trier, de les sécher, de les débarrasser à la fois de leur épiderme et de la terre qui les enveloppe, et de les réduire en poudre plus ou moins fine. On commence par faire sécher les racines à l'air sur des filets, ou au four; on les remue souvent avec une fourche, et on les bat légèrement pour en séparer l'épiderme, la terre, et en général tout corps étranger; ces débris séparés d'abord et composés d'épiderme, d'écorces et de menues racines, sont ensuite criblés, et l'on nomme *billon* ce qui reste sur le crible.

On broie les racines épluchées dans un moulin à garance monté rarement en meules de pierre, et le plus souvent, comme les moulins à tan, avec des pilons armés de couteaux. Dans certains moulins à garance d'Alsace, on se sert à la fois des pilons et des meules, et l'on sépare de la mouture, à l'aide du van ou du bluteau, ce qui reste de terre, d'épiderme, etc. On obtient ainsi la garance *non robée* : après une seconde mouture, on en sépare comme ci-dessus la garance *mi-robée*; enfin, après une troisième mouture, on obtient la garance *robée*, qui est celle qu'on regarde comme étant de la meilleure qualité, quoique la *mi-robée*, si elle provient de grosses racines, lui soit préférable.

Quelquefois on ne fait qu'une qualité, et on en sépare l'inférieure, connue sous le nom de *garance-grappe*.

La garance du commerce est ordinairement en poudre : cette poudre est d'un rouge jaunâtre; elle est renfermée dans des tonneaux bien secs, où elle finit par s'agglutiner si fortement, qu'on est obligé de la couper à coups de hache lorsqu'on veut s'en servir. On trouve cependant, dans le commerce, des racines de garance entières; les teinturiers donnent la préférence à celles qui offrent une cassure d'un jaune-rougeâtre très-vif, et dont le diamètre est égal à celui d'un tuyau de plume; elles sont demi-transparentes et rougeâtres, ayant une odeur forte, et leur écorce est unie.

Les garances d'Alsace et de Hollande ont une couleur *jaune safranée*, celles de Smyrne et de Chypre, une couleur *brune*, et celles de Provence une couleur rouge. Hellot attribue la supériorité de la garance qui nous vient du Levant à ce qu'elle a été séchée à l'air libre.

Toutes les garances attirant l'humidité de l'air, doivent être conservées dans un endroit sec, et autant que possible à l'abri du contact de l'air.

La garance contient une matière colorante d'un jaune fauve, très-soluble dans l'eau, et une matière colorante d'un rouge vif, qui ne s'y dissout en partie qu'à la faveur de la première.

M. A. Claye a publié sur la garance, un excellent article

que nous allons reproduire textuellement, parce qu'il mérite d'être connu de tous les teinturiers :

« La garance croît dans tous les pays et dans tous les sols; mais elle ne présente pas dans tous la même qualité, et ses parties constituantes diffèrent suivant le climat.

» Les pays principaux qui la produisent sont : l'Inde, la Perse, la Syrie, l'île de Chypre, la côte de Barbarie, l'Asie-Mineure, la Grèce, l'Italie, la France, la Hollande, la Silésie, la Saxe et l'Ecosse.

» L'Asie-Mineure, dans un climat plus tempéré, la Grèce, l'Italie et le midi de la France offrent beaucoup de plaines fertiles; cependant la garance qu'ils produisent est inférieure à celle de l'Inde, de la Perse, de la Syrie, de l'île de Chypre et de la côte de Barbarie.

» Le nord de la France, la Hollande, la Saxe, la Silésie, dans un climat souvent rigoureux et humide, mais en général très-fertile, donnent les dernières sortes de garance.

» Il faut donc conclure : 1º que les pays chauds conviennent mieux à cette racine ; 2º que les sols sablonneux sont loin d'être nuisibles à son accroissement, et que, s'il est plus lent que dans les terrains fertiles, la couleur en est plus belle et plus abondante. C'est un essai que l'on devrait tenter, et qui pourrait devenir avantageux.

» On peut diviser la garance en trois classes. La première celle qui contient plus de matière colorante rouge que de matière colorante brune :

» La garance de l'Inde, de Perse, de Chypre, de Barbarie.

» La seconde, celle qui contient environ parties égales de ces deux matières colorantes :

» La garance de Smyrne, d'Andrinople, d'Italie, du midi de la France.

» La troisième, celle qui contient plus de matière colorante brune que de matière colorante rouge :

» La garance d'Alsace, de Hollande, de Silésie, de Saxe, d'Ecosse.

» Par cette division, il est facile de voir que nous devons les premières sortes de garance aux climats chauds et même arides ; les secondes, aux climats tempérés ; les troisièmes, aux climats froids et humides. En joignant à ces documents les différences qui résultent de la culture plus ou moins prolongée, on peut facilement se faire une idée des différentes qualités d'alizari. Toutes ces racines sont cultivées, excepté l'alizari de Barbarie, qui croît spontanément. Nous ne parlerons pas des alizaris de l'Inde et de la Perse, qui sont entièrement consommés dans le pays, nous ne traiterons que de ceux qui font partie du commerce européen.

» *L'Alizari de Chypre*, que nous regardons comme le meilleur, est en racines longues, d'une grosseur qui n'excède pas celle d'un tuyau de plume, d'une couleur rouge un peu violette au-dehors, et recouvert d'une légère pellicule assez adhérente. Sa cassure nette présente un cœur ligneux très-petit et un cercle rouge assez épais.

» Il faut le choisir tel qu'il vient d'être décrit, et faire attention qu'il ne contienne pas de racines trop petites avec beaucoup de filaments, ou surtout de la paille, de la terre, et autres impuretés que l'on y trouve presque toujours.

» *L'Alizari de Barbarie* est de la même grosseur que l'alizari de Chypre. Il est d'une couleur plus foncée, et quelquefois brune à l'extérieur ; la pellicule qui recouvre les racines est moins adhérente. Le cœur, ligneux, est très-petit et entouré d'un cercle assez épais, d'une couleur rouge foncé. Le peu de soin qu'on a mis à le recueillir et le mauvais choix des racines, rendent son aspect désagréable ; il est presque toujours chevelu, plein de racines mortes ou flétries, de tiges de paille, de terre et autres impuretés. Il ne doit sans doute sa couleur brune qu'au défaut des dessiccations ; car on a l'habitude de le mettre dans les balles presque aussitôt qu'il est retiré de la terre.

» Cet alizari est très-bon ; mais il faut le choisir avec le moins des défauts que nous avons signalés, autrement il donne une perte considérable.

» *L'Alizari de Smyrne* est en racines plus courtes que les deux premiers : elles sont aussi moins grosses. Sa couleur extérieure est presque violette ; sa pellicule est adhérente ; sa cassure est nette ; le cœur, ligneux, est très-petit, et le cercle qui l'entoure est d'une belle couleur rouge foncé. Il est sujet aux mêmes défauts que les premiers, mais ils sont moins prononcés.

» Les trois sortes d'alizari dont nous venons de parler sont les plus estimées, à cause de la beauté de leur couleur et de son abondance ; il est fâcheux qu'elles soient aussi mal préparées, et qu'elles donnent autant de perte à l'emploi.

» *L'Alizari d'Andrinople* se trouve peu sur nos places ; il est ordinairement consommé dans le pays. Il est d'une couleur rougeâtre ; sa cassure est nette ; le cœur, ligneux, est assez gros et d'une couleur faible ; le cercle qui l'entoure est peu épais et d'un beau rouge ; en général il est moins long et moins gros que les premiers.

» *L'Alizari d'Italie* nous est peu connu, et ne se trouve pas sur nos places : par analogie, on peut le placer entre celui d'Andrinople et d'Avignon.

» *Alizari du Comtat.* On donne ce nom aux divers alizaris que l'on tire du midi de la France. On réserve ordinairement les plus belles racines pour les mettre en poudre.

» Celui que l'on trouve dans le commerce, est souvent petit, maigre, chevelu, rougeâtre; le cœur, ligneux, est d'une couleur jaune clair, et le cercle rouge qui l'entoure n'est bien prononcé que dans les racines choisies : il doit être d'une couleur rouge foncé.

» *Alizari d'Alsace.* La remarque que nous avons faite sur les alizaris du Comtat, s'applique à ceux d'Alsace; c'est-à-dire que l'on ne trouve dans le commerce que ceux qui n'ont pu être destinés à la pulvérisation.

» Cet alizari est assez gros, d'une couleur rougeâtre; il possède un cœur ligneux assez fort, et le cercle qui l'entoure est très-étroit et d'une couleur rouge faible.

» Il faut remarquer que la racine dont nous parlons, et celle que nous allons citer, attirent l'humidité de l'air. Cette observation ne peut convenir aux alizaris des pays chauds, ce qui prouverait que la matière colorante brune résiderait seulement dans la partie extractive.

» Les alizaris de Hollande ou de Zélande nous sont peu connus ; nous ne recevons que la garance moulue. Il en est de même des autres sortes, tels que ceux de Saxe, de Silésie et d'Ecosse, qui sont consommés dans le pays, et que l'on peut connaître par analogie en examinant les alizaris d'Alsace.

» Tels sont les alizaris principaux. Dans plusieurs autres contrées, cette racine croît spontanément. *Dambourney* l'a trouvée en Normandie, sur les rochers d'Oisel, et il dit qu'elle n'est pas inférieure à celle du Levant, ce qui pourrait prouver que la garance peut également prospérer dans tous les sols (1).

» Les alizaris de Chypre et du Comtat viennent en balles de toile; ceux de Smyrne en balles de crin; ceux de Barbarie en balles de toile avec des têtes en jonc; elles pèsent environ 100 à 150 kilogrammes.

(1) La garance croît naturellement dans presque tout le midi de la France, et surtout aux environs de Narbonne.

Teinturier. 17

Tares et usages.

A Paris.   Alizari de Chypre du Comtat.. . . . . 4 p. 100
    — de Barbarie et de Smyrne... 6 *id.*
Le Hâvre. — de Chypre et du Comtat. . . 4 *id.*
    — de Barbarie. . . . . 7 *id.*
    — de Smyrne. . . . . 5 *id.*
Rouen. — de Chypre, Smyrne et Comtat. 4 *id.*
    — de Tripoli. . . . . 3 *id.*

On donne quelquefois 4 à 5 kilogrammes de réduction sur les alizaris du Comtat.

Marseille. Alizari de Chypre. . . . . 2 à 5 p. 100
    — de Barbarie. . . . . 3 *id.*
    — de Smyrne.. . . . . 3 à 4 p. 100
    — du Comtat.. . . . . 2 *id.*

Quelquefois 17 à 18 livres de tare, quelquefois aucune.

Londres. 1 liv. de bon poids, et 9 liv. par quintal.
Liverpool. 8 liv. par balle.
Amsterdam. 2 pour 100 de bon poids, tare 10 kilog.
Rotterdam. 1 et demi pour 100 de bon poids, tare, 1 et
    demi kilog. par balle.
Livourne. Alizari de Smyrne, 12 liv.; de Chypre, 15 liv.;
    de Barbarie, 25 liv.
Trieste. Alizari de Smyrne et de Chypre, 4 p. 100; de
    Tripoli, 16 liv. par balle.

» Les alizaris d'Alsace et autres non désignés se vendent à la tare nette ou 2 pour 108. Nous n'avons cité que les principales places; dans les autres, on suit les usages des premières, et l'on donne tare nette.

Garance moulue. — Les Orientaux n'ont pas l'habitude de lui faire subir cette préparation, et quelques-unes de nos villes manufacturières préfèrent aussi l'employer en branche.

» Les fabricants de garance font tous un secret de leur manière de la préparer; sans doute il est difficile d'obtenir d'une seule racine autant de qualités différentes, mais on peut s'apercevoir que c'est plutôt à l'habitude qu'à des moyens particuliers que l'on doit toutes ces variétés.

» Le premier soin du fabricant est de bien choisir les racines, les plus grosses, et celles dont le cercle rouge est bien prononcé, doivent être préférées. Il faut ensuite les priver de leurs radicules qui ne donneraient qu'une poudre terne et altéreraient la beauté de celle que l'on veut obtenir.

» Le point principal est : 1º de les débarrasser de la pellicule mince qui les recouvre, sans endommager le cercle rouge ou l'écorce qui donne la plus belle poudre ; 2° de savoir isoler ce cercle de manière qu'elles ne contiennent pas de cœur ligneux ; 3° de répartir la poudre de cette partie dans les qualités intermédiaires.

» On a soupçonné les fabricants de mêler avec la garance des substances capables de lui faire attirer plus promptement l'humidité de l'air afin qu'elle se fasse plus facilement et devienne dure en peu de temps. Nous pensons que c'est une erreur, car nous avons remarqué que les seules garances du nord attirent fortement l'humidité ; que celles d'Avignon se tassent beaucoup moins vite, et qu'exposées à l'air elles sont beaucoup plus longtemps à s'altérer.

» Les garances moulues se divisent en trois sortes :

» La garance de Hollande, d'Alsace, d'Avignon.

» La garance de Hollande se divise en trois qualités :

» La garance robée, non robée, mulle.

» Il existe plusieurs autres qualités intermédiaires peu appréciées.

» La première est celle qui a été entièrement dépouillée de sa pellicule. Elle est d'une belle couleur jaune brillant, et contient peu de cœur ligneux. La seconde est aussi d'une belle couleur, mais elle contient plus de cœur ligneux, et on y remarque beaucoup de petits points bruns qui proviennent des débris de la pellicule.

» La troisième ne présente presque toujours que la pellicule moulue ; elle est d'une couleur brune-rougeâtre, rude au toucher, et contient quelquefois de la terre et du sable.

» La garance d'Alsace se divise d'une autre manière que celle de Hollande, et elle se reconnaît aux marques imprimées avec un fer chaud sur le fond des barriques. On peut la séparer en deux grandes classes, les garances fines et les garances communes. Suivant la description que nous avons donnée du mode de préparation, on pourra les reconnaitre facilement et avoir des données à peu près certaines sur la véritable qualité des diverses sortes.

» Voici les marques les plus usitées pour la garance d'Alsace :

Garances fines. SFF. FF. F.

Garances communes. MF. MC. CF. OF. O.

» La garance mulle ne porte pas de marques.

» La première est le type des garances de ce pays ; celle qui est marquée F est la limite des garances fines ; celle marquée MF, la plus belle des communes, et la mulle, comme dans toutes, la dernière sorte.

» La *garance S F F* est produite par le cercle rougeâtre qui entoure le cœur ligneux. Pour qu'elle réunisse toutes les conditions, il faut qu'elle ne contienne aucune partie de ce dernier, et surtout aucun débris de la pellicule. Elle doit être très-fine, d'une belle couleur jaune, un peu pâle lorsqu'elle est récente, plus foncée lorsqu'elle est vieille, et l'on ne doit pas apercevoir dans la poudre des fragments de bois qui la rendent inégale, et des points noirs qui altèrent l'éclat de sa couleur.

» La *garance S F* ne diffère pas beaucoup de la première, mais on doit y remarquer plus de cœur ligneux.

» La *garance F F* est celle dont on fait le plus fréquent usage ; sa poudre est un peu inégale ; on y rencontre déjà beaucoup de fragments de bois, quelques points noirs et quelquefois de la terre. Il est à remarquer que cette sorte, ainsi que les deux suivantes, attire plus promptement l'humidité de l'air.

» La *garance F* n'est pas toujours d'une belle couleur, à cause de quelques parties de la pellicule qu'elle a retenues ; elle est plus irrégulière que la précédente et un peu rude au toucher.

» La *garance M F,* qui commence la série des sortes communes, ne diffère pas sensiblement de la précédente. Il en est de même de celle marquée M C ; ces garances sont assez grosses, irrégulières, rudes au toucher, ternes et marquées de points noirs.

» Les quatre autres sortes sont tout-à-fait communes, surtout la mulle, qui ne présente, comme dans la garance de Hollande, que la pellicule de la racine mélangée souvent de terre et autres impuretés. Il faut remarquer que ces sortes attirent peu l'humidité de l'air, et qu'elles changent peu de couleur. Elles sont assez fines, d'une couleur plus ou moins rouge ou brune, rudes au toucher, assez légères, et on ne peut les employer que pour les teintures communes.

» C'est ordinairement la *garance F F* qui sert de base pour le prix ; celles qui sont au-dessus et au-dessous augmentent ou diminuent ordinairement d'environ dix centimes par marque, la mulle seule ne participe pas à cette règle, et est toujours cotée bien au-dessous des autres garances communes.

» La *garance d'Avignon* reçoit les mêmes divisions que celle d'Alsace, et elle se distingue par les mêmes marques : il faut observer cependant que la différence des qualités n'est peut-être pas aussi facile à saisir que dans la garance d'Alsace.

» Enfin, la garance de Hollande se distingue par une poudre grossière et souvent inégale ;

» La garance d'Alsace, par une poudre fine et égale, surtout dans les premières sortes;

» La garance d'Avignon, par une poudre très-fine, assez ordinairement égale dans toutes les sortes, mais toujours plus rouge que les deux premières.

» Après avoir parlé des diverses sortes de garance, nous devons avertir ceux qui se destinent au commerce de cet article, que leurs qualités ne sont que passagères, et qu'il leur importe beaucoup dans leurs spéculations, de bien apprécier la valeur que l'on accorde, soit à telle récolte, soit à l'âge de la garance, soit à la manière dont elle a été préparée.

» Les garances de la nouvelle récolte ont en général moins de valeur que celles des récoltes antécédentes. Elles ne sont recherchées que par les négociants qui en ont un placement direct, ou qui peuvent la conserver pendant longtemps. Celles qui ont un an sont regardées comme supérieures, mais l'on préfère toujours celles qui ont atteint deux ans; enfin, elles sont arrivées à leur plus haut degré de perfection à deux ans et demi ou trois ans. Lorsqu'elles sont plus vieilles, elles perdent de leur prix. Comme un des défauts de cette poudre est d'attirer fortement l'humidité de l'air, les soins les plus vigilants ne sauraient l'en garantir; elle pénètre à travers les pores du bois, et bientôt il se forme une croûte brune autour des barriques; à quatre ans cette croûte est déjà très-épaisse, et alors il faut peu de temps pour dénaturer cette substance et lui ôter toute sa valeur.

» La garance, au lieu de perdre dans les magasins, gagne toujours en poids; mais cette augmentation ne provient que de l'humidité qu'elle a attirée. On doit donc la conserver dans des celliers un peu aérés, où elle peut se garder assez longtemps sans avarie. Lorsque l'on tire un échantillon d'une barrique, il faut avoir soin de remettre la bonde, afin que l'air ne pénètre pas dans l'intérieur, et ne rougisse pas la garance. Dans le commerce en détail, si l'on est obligé d'entamer une pièce, ce que l'on fait ordinairement en la sciant par le milieu, il faut la couvrir de toiles assujetties continuellement avec un couvercle qui dépasse la barrique.

» La garance de Hollande et celle d'Alsace viennent en barriques pesant environ 3 à 400 kilogrammes; celle d'Avignon, en pièces d'environ 4 à 500 kilogrammes. Il n'est pas rare, surtout par la garance d'Alsace, de trouver des demi-pièces et des quarts, pour la commodité des détaillants. Les barriques de garance d'Avignon et de Hollande sont un peu droites et n'ont que quatre rangs de cercles, dont quatre aux bouts et trois au milieu ; celles d'Alsace sont plus courbes et portent six rangs de cercles, dont quatre aux bouts, trois au milieu, et trois entre les deux.

» Les emplois de la garance sont très-multipliés : outre le rouge précieux qu'elle donne, et que l'on est parvenu à fixer sur les laines, les cotons et les fils, elle produit une foule de nuances solides ; elle sert à consolider les autres couleurs par le garançage, c'est-à-dire, en fixant sur une partie d'une étoffe quelconque la couleur qu'on y applique. Dans la teinture en bleu, l'étoffe, après avoir subi un bain de garance, arrive au même ton de couleur que si l'on avait employé plus d'indigo. Elle remplace avantageusement la cochenille et les autres teintures rouges, et possède sur elles le mérite de la solidité ; elle n'a pas les inconvénients du lack-dye ; ses préparations sont toutes faciles et généralement peu dispendieuses ; elle donne une laque rouge précieuse et solide ; enfin cette racine est une des plus utiles que l'on puisse cultiver, et ses produits réunissent en même temps l'éclat, la solidité et l'économie. »

Robiquet et Colin ont donné les noms d'*alizarine* et de *purpurine*, aux deux matières colorantes qu'ils ont séparées de la garance. Nous y reviendrons dans un article spécial, tout-à-l'heure.

Lorsque dans la teinture en garance, le mordant alumineux que l'on combine avec le coton contient une quantité de sulfate, ou d'acétate de fer, les teintes deviennent violettes. Or, comme le violet foncé paraît noir, l'on conçoit qu'il est possible d'obtenir avec la garance, les sels alumineux et les sels de fer, toutes les nuances qui se trouvent comprises, d'une part, entre le rouge clair et le rouge foncé, et de l'autre entre le violet clair et le noir. C'est en effet de cette manière qu'on se les procure dans les manufactures de toiles peintes.

On se sert aussi de la garance pour teindre la laine, et l'on y emploie ordinairement les garances d'Alsace et de Hollande, tandis qu'on réserve pour la teinture du coton, les garances du Levant et celles de la Provence. Si l'on chauffe une partie de garance avec 25 ou 30 parties d'eau, et qu'on y plonge une partie de laine alunée, on obtiendra, ainsi que l'a annoncé Roard, des couleurs d'un rouge plus ou moins foncé, qui varieront en raison de l'espèce de garance, de la température à laquelle on tiendra, du temps que l'on mettra à teindre, etc.

On avait, jusqu'à ces derniers temps, vainement cherché un procédé au moyen duquel on pût obtenir sur la laine des couleurs vives avec la garance. MM. Gonnin ont enfin résolu ce problème ; ils sont parvenus à faire avec cette racine une couleur aussi belle que l'écarlate de cochenille.

Roard assure qu'en traitant la garance, d'abord par de l'eau chargée de sous-carbonate de soude pour en séparer la matière colorante fauve, et ensuite par une dissolution d'hydroclorate d'étain et de crème de tartre (bitartrate de potasse), on obtient un bain qui donne de très-beau rouge, non-seulement avec la laine, mais encore avec la soie, l'une et l'autre alunées préalablement.

La garance peut encore être employée, ainsi que l'a fait voir Mérimée, à préparer une laque qui peut remplacer la laque carminée. Pour préparer cette laque, il faut commencer par laver la garance à l'eau froide jusqu'à ce qu'elle ne teigne plus l'eau ; ensuite on la met en contact à la température ordinaire avec une dissolution d'alun pendant vingt-quatre heures. Cette dissolution prend une teinte foncée ; alors on précipite la laque par une dissolution faible de sous-carbonate de potasse ou de soude : les premières portions que l'on obtient sont, en général, plus belles que les dernières ; de sorte qu'il est bon de fractionner les produits. Il faut se garder de mettre un excès de carbonate ; car la laque deviendrait légèrement violette. Du reste, après l'avoir lavée à grande eau, on la recueille sur un filtre, et on la dessèche à une douce chaleur.

Toutes les couleurs de garance sont très-solides, ce sont les rouges les moins altérables.

On doit considérer, dit Berthollet, la garance comme composée de deux substances colorantes, dont l'une est fauve et l'autre rouge. Ces deux substances peuvent se combiner avec l'étoffe, cependant on a intérêt à ne fixer que la partie rouge ; la partie fauve paraît plus soluble, mais sa fixité sur les étoffes peut être augmentée par l'affinité qu'elle a pour la partie rouge.

La partie rouge de la garance n'est soluble qu'en petite quantité dans l'eau ; de sorte qu'on ne peut donner qu'une certaine condensation à sa dissolution ; si l'on augmente trop la proportion de cette substance, loin d'en obtenir un effet plus grand, on ne fait qu'accroître la proportion de la partie fauve qui est plus soluble.

La potasse, la soude et leurs carbonates augmentent la solubilité des deux parties colorantes de la garance, en sorte qu'il serait avantageux d'en ajouter une petite quantité aux bains de garance ; mais il faut alors, pour tout ce qui n'est pas teinture unie, avoir la précaution de tenir les étoffes moins longtemps dans le bain, afin d'empêcher les particules colorantes de se fixer sur les parties d'étoffe qui doivent rester blanches.

La dissolution d'étain ne donne, suivant Berthollet, que des laques dont la couleur est privée d'éclat, ce qui probablement est dû à ce que les deux espèces de parties colorantes sont également précipitées. Cette dissolution d'étain, dont les avantages, comme mordant, sont si grands dans beaucoup de teintures, présente à peine quelque utilité dans celles de la garance. Ce mordant, cependant, est propre à relever l'éclat du rouge d'Andrinople; mais c'est à une époque de l'opération où la partie fauve a été éliminée.

La matière colorante rouge de la garance peut, suivant le docteur Ure, se dissoudre dans l'alcool, et l'évaporation à siccité de la dissolution laisse un résidu rouge foncé; un alcali fixe produit, dans cette dissolution, un précipité violet; l'acide sulfurique y en occasionne un de couleur fauve, le sulfate de potasse la précipite en un beau rouge. On peut obtenir un précipité de nuances diverses avec l'alun, le nitre, la craie, le sucre de lait et l'hydrochlorate d'étain.

Les principes constituants de la racine de garance sont, suivant M. Kuhlmann : matière colorante rouge, matière colorante jaune, ligneux, acide végétal (*pectique* ou l'une de ses combinaisons, suivant M. Chevreul), matière mucilagineuse, matière végéto-animale, gomme, sucre, matière amère, résine odorante, matières salines des cendres.

La matière colorante rouge, en dissolution dans l'alcool, se conserve assez facilement et finit par se précipiter sous la forme de flocons bruns; en dissolution dans l'eau, elle s'altère et se précipite par la concentration; les alcalis facilitent cette dissolution dans l'eau et ne changent pas beaucoup la nuance; les acides précipitent la matière odorante rouge de ces dissolutions.

M. Kuhlmann fait remarquer que la matière azotée et la matière mucilagineuse paraissent faciliter beaucoup la précipitation de la matière colorante rouge; ce qui explique l'efficacité des bains de fiente et des mordants huileux, dans la teinture du rouge d'Andrinople, dont nous parlerons plus loin.

Alizarine. — Robiquet et Colin, après de nombreuses recherches, sont parvenus à extraire de la garance deux principes colorants, qu'ils ont désignés sous les noms d'*alizarine* et de *purpurine*. Ils préparent l'*alizarine* de la manière suivante : On fait macérer pendant 10 minutes 1 kilogramme de garance d'Alsace en poudre avec 3 kilogrammes d'eau; on met le tout à égoutter sur une toile serrée, et l'on soumet à l'action de la presse. La solution aqueuse, abandonnée à elle-même, se prend en gelée et présente l'apparence de flocons gélatineux. On recueille cette espèce de gelée sur une toile, on la presse pour la dessécher. Après l'avoir réduite en poudre, on la traite par l'alcool bouillant. On distille la liqueur au cinquième de son volume ; on y ajoute alors un très-léger excès d'acide sulfurique, et on étend de plusieurs litres d'eau. Il se forme un précipité de couleur tabac d'Espagne ; on le sépare et on le lave pour le débarrasser de l'acide sulfurique qu'il peut retenir. Ce précipité est l'*alizarine* impure ; elle est légèrement acide, très-peu soluble dans l'eau, soluble dans l'alcool et l'éther. Les alcalis la dissolvent et se colorent en violet, s'ils sont concentrés ; les eaux de baryte, de strontiane et de chaux, la précipitent en bleu. L'eau d'alun ne la dissout que faiblement ; les alcalis en précipitent une laque brune. Chauffée, elle se sublime et fournit des cristaux aiguillés. Cette sublimation doit se faire dans un vase en verre.

La *purpurine* se prépare en traitant par l'eau d'alun le marc provenant de l'extraction de l'*alizarine*. On filtre la solution, à laquelle on ajoute un peu d'acide sulfurique. On recueille le précipité sur un filtre, on le lave et on le fait sécher, pour obtenir la purpurine à l'état de pureté, on la sublime dans un tube de verre. Ainsi obtenue, elle est sous la forme d'aiguilles d'une couleur rouge plus prononcée que l'alizarine. Elle est plus soluble dans l'eau qu'elle colore en rouge vineux. L'éther en dissout moins que l'alizarine ; la solution est rouge et abandonne des cristaux par le refroidissement ; les uns sont ponceau clair, les autres ponceau foncé. Les alcalis la dissolvent et se colorent en rouge groseille. Le précipité par les eaux de chaux, de baryte et de strontiane, est rougeâtre. Elle est très-soluble dans l'eau d'alun, qui se colore en rose.

Les critaux d'alizarine et de purpurine sont formés, suivant M. Raspail, d'une matière résineuse plus ou moins colorée par le rouge de garance.

Robiquet et Colin décrivent, sous le nom de *charbon sulfurique*, une préparation de garance que l'on peut employer avec avantage dans la teinture. Si l'on traite ce *charbon sulfurique* par l'alcool, on obtient un extrait dont on peut également tirer un parti avantageux.

Préparation du charbon sulfurique. — Sur 3 kilog. de garance d'Alsace, on verse par petites portions, et en remuant, 750 grammes d'acide sulfurique à 66 degrés. On laisse en contact pendant 48 heures, on lave ensuite avec une suffisante quantité d'eau pour enlever l'acide sulfurique, puis en fait sécher. Nous ferons remarquer qu'en traitant par l'acide sulfurique la garance qui a déjà servi, comme nous venons de l'indiquer, on peut l'employer une seconde fois, mais alors il conviendra d'en employer une plus grande quantité. En opérant ainsi, nous avons obtenu, par le mélange du quercitron, une teinture *aventurine* qui ne le cédait en rien à celles obtenues par la garance.

Isolement des matières colorantes de la garance. — MM. Gaulthier de Claubry et J. Persoz ont proposé le moyen suivant pour isoler les matières colorantes de la garance.

On délaie dans 2 kilog. d'eau 500 grammes de garance, on y ajoute 45 grammes environ d'acide sulfurique à 66 degrés, et préalablement étendu d'eau, puis on y fait passer un courant de vapeur d'eau pendant 15 à 20 minutes. La matière gommeuse qui oppose un obstacle au lavage de la garance, est convertie en matière sucrée, et alors on peut la laver à l'eau froide jusqu'à ce que le lavage ne soit plus acide. On traite ensuite la matière avec de l'eau aiguisée de sous-carbonate de soude (sel de soude en cristaux); deux traitements suffisent pour séparer la matière soluble dans ce liquide. En ajoutant à la liqueur alcaline de l'acide sulfurique, on précipite, suivant MM. Gaulthier et Persoz, le *principe rouge* de la garance.

La garance épuisée par l'eau alcaline, traitée par l'eau chaude d'alun, lui cède un principe colorant qu'on sépare par l'acide sulfurique. MM. Gaulthier et Persoz désignent ce corps sous le nom de *principe rose*, et le considèrent comme analogue à la *purpurine* de Robiquet et Colin.

Ce *principe rouge* est peu soluble dans l'eau; soluble dans l'alcool, il y laisse par l'évaporation un résidu à reflet cuivré et vert; il est plus soluble dans l'éther. L'acide sulfurique concentré le dissout également. Les alcalis le dissolvent et se colorent en rouge brique. Les sous-carbonates alcalins le dissolvent; les solutions sont d'un jaune-rougeâtre. Les acides le dissolvent de ses dissolutions. Dissous dans l'eau de potasse avec un peu de protoxyde d'étain, il teint les étoffes en rouge sale. Chauffé, il donne à la distillation de l'*alizarine*, des produits non ammoniacaux et un charbon volumineux.

Le *principe rose* est, en masse, d'une couleur rouge; divisé, il est d'un beau rose. Il est très-peu soluble dans l'eau, très-soluble dans l'alcool, qui colore en rouge-cerise passant au violet par la potasse. Cette solution ne précipite pas les sels alumineux, ainsi que le fait la solution du principe rouge. L'éther le dissout et se colore en brun. La solution peut cristalliser. L'acide sulfurique le dissout sans l'altérer ; la solution est d'un rouge-cerise, elle précipite par l'eau et les sous-carbonates alcalins. Les alcalis caustiques le dissolvent et se colorent en violet. Les sous-carbonates alcalins le dissolvent et se colorent en rouge-orseille. L'alun et les sels alumineux le dissolvent ; la solution est d'une belle couleur rouge-cerise, très-différente, sous ce rapport, de celle du principe rouge. Il donne à la distillation beaucoup plus d'*alizarine* que ce dernier.

L'examen que nous venons de faire des diverses espèces de garance et les produits qu'on en retire, offrent donc pour la teinture les six préparations suivantes : extrait alcoolique du charbon sulfurique, purpurine, alizarine, principes rouge et rose de MM. Gaulthier et Persoz, l'extrait ammoniacal du charbon sulfurique précipité par l'acide sulfurique. Ces préparations classent ainsi sept parties distinctes de la garance, qui sont : écorce de la racine dite *palus* ; garance ayant fermenté trois à quatre jours, puis ayant été lavée à l'eau froide ; garance lavée à l'eau froide acidulée avec 1 millième d'acide tartrique ; garance lavée à l'eau froide au-dessous de 10 degrés, ayant perdu 55 pour 100 de son poids ; garance ayant subi un certain degré de putréfaction ; garance ayant, après trois semaines environ, quadruplé son poids par l'absorption de l'humidité ; intérieur de la garance *palus*.

Essai des garances. — La société de Mulhouse, connaissant les altérations des garances du commerce par du sable ou sablon, des matières inertes, de la terre dont on recouvre la tige de la plante pour obtenir une plus grande quantité de racines, avait proposé un prix pour les deux questions suivantes, qui restent encore à résoudre : 1° trouver un moyen prompt et facile de déterminer comparativement la valeur d'une garance à une autre ; 2° séparer la matière colorante de la garance, et déterminer ainsi la quantité qu'un poids donné de garance en contient.

MM. Robiquet, Colin, Houton-Labillardière, Kuhlmann, ont donné des procédés approximatifs pour essayer les garances ; M. Chevreul s'est également occupé d'une épreuve d'essai positive dans ses leçons de chimie appliquée à la teinture ; nous nous contenterons d'indiquer ici le moyen approximatif d'essai qui est généralement en usage dans les ateliers : on prend des poids égaux des garances à essayer, on les met dans des vases de même capacité, avec la même quantité d'eau ; tous les vases sont placés au même bain-marie ; on y plonge des échantillons d'une même laine en poids égaux et mordancés ensemble. L'opération de teinture étant terminée, on examine comparativement les nuances pour se prononcer sur la bonté de tel ou tel autre échantillon. Si la garance contient des parties sablonneuses, il faut l'agiter dans de l'eau et décanter le liquide pour séparer le sable dont on peut ainsi déterminer le poids.

La *garancine* est une préparation spéciale de la garance, traitée par l'acide sulfurique. Le *garanceux* est un extrait provenant du traitement, par l'acide sulfurique, de résidus de garance employés au garançage. Plusieurs laques sont également préparées avec la garance et produisent, à l'aide de l'acide acétique, du rouge et du rose d'application solide, dans l'impression des indiennes.

MM. F.-A. Verdeil et E. Michel préparent ainsi qu'il suit un extrait de garance :

On fait gonfler la racine de garance en la mettant tremper dans de l'eau légèrement acidulée par l'acide sulfurique, puis on l'écrase entre deux cylindres et on en sépare autant d'eau qu'il est possible au moyen de la presse hydraulique. La racine, écrasée et pressée, est placée dans une cuve où on la couvre d'une solution de soude ou de potasse marquant de 2° à 4° Baumé. On laisse digérer au moins quarante-huit heures, après quoi on soumet de nouveau à la presse hydraulique et on recueille la liqueur. On fait tremper encore une fois dans une solution alcaline de force moitié moindre que la première et on soumet encore une fois à la presse. On réunit les liqueurs des deux pressées, ou d'un plus grand nombre si on le juge nécessaire, et on ajoute de l'acide sulfurique en quantité suffisante pour précipiter toute la matière colorante. Le précipité est recueilli sur un filtre, mis en presse, séché et dissous dans l'alcool bouillant ou l'esprit de bois. La solution filtrée est introduite dans une cornue et distillée pour en chasser l'alcool à une douce température pour ne pas altérer la matière.

Pour teindre avec cet extrait, il suffit de le dissoudre dans l'eau et d'immerger dans la solution le tissu qui a été préalablement mordancé à la manière ordinaire. Le procédé est tellement rapide qu'il exige à peine une ou deux minutes.

Chayaver et nona.— Ce sont deux rubiacées exotiques que l'on a, depuis quelque temps, employées comme la garance; on a employé également trois autres racines de la même famille : le *munget*, l'*ouonkoudou* et le *hachrout*; mais le munget renferme une trop grande quantité de matière jaune pour que le principe colorant rouge qu'il contient, se fixe solidement, même sur les toiles huilées.

Le *chayaver* est la racine de l'*aldenlandia umbellata*,

plante qui croît naturellement sur la côte de Coromandel, et qu'on y cultive également pour l'usage des teinturiers et des imprimeurs en calicot. Elle y est employée comme la garance l'est en Europe, et l'on assure qu'elle la surpasse dans son effet, en produisant le beau rouge qu'on admire tant sur les cotons de Madras. Les essais en grand, faits en France, n'ont donné ni avantage, ni économie, à employer le chaya-ver au lieu de garance ; il y a plus, c'est que le beau rouge foncé des mouchoirs Bandanas anglais est dû , suivant M. Preisser, à la matière colorante du bois de Barwood ou Camwood dont nous parlerons tout-à-l'heure. Il en est pro-bablement de même de la belle couleur du *nona* ; et nous répéterons encore ici, au teinturier, qu'il ait à se tenir en garde contre le charlatanisme des noms nouveaux en fait de matières tinctoriales. L'Inde, avec ses eaux, sa lumière et sa chaleur solaires, peut produire, à l'aide de certaines matières tinctoriales, des couleurs belles et solides, qui, en Europe, seraient ternes et fugaces, lors même qu'on y emploierait les mêmes matières et les mêmes procédés.

Cochenille. — On supposait autrefois que la cochenille était une graine ; elle porte même encore aujourd'hui ce nom parmi les teinturiers distingués : mais il est bien connu, d'après les découvertes des naturalistes, qu'il en est autrement.

La cochenille *coccus cacti* est, suivant Thénard, un très-petit insecte de l'ordre des hémiptères, qui vit sur diffé-rentes espèces de *cactus*. On en distingue deux variétés : la cochenille *sylvestre* et la cochenille *fine* (*mestèque* ou *mesti-que*). Ces deux variétés nous viennent du Mexique ; la pre-mière, qu'on y appelle d'un nom espagnol, *grana silvestra*, se trouve encore à Saint-Domingue, dans la Caroline méridio-nale, dans la Géorgie, à la Jamaïque et au Brésil. La seconde variété, ou *grana fina*, qu'on appelle aussi mestèque ou mes-tique, du nom d'une province du Mexique, est plus petite que la cochenille fine ; elle est revêtue d'un duvet cotonneux qui augmente inutilement son poids ; mais ces désavantages, qui d'ailleurs sont compensés par la facilité avec laquelle on l'élève, disparaissent en partie à force de soins.

La bonne cochenille mestèque est grosse, hémisphérique, bien nette, lisse à la surface, présentant un reflet soyeux ou argenté, sur un fond rouge-brun. Elle doit être sèche, faire éprouver une certaine résistance lorsqu'on la presse dans la main, et s'en écouler facilement sans que la main soit recou-verte de poussière.

La cochenille se récolte facilement, il ne s'agit que de

Teinturier.   18

l'enlever de dessus le cactus à une certaine époque, de la faire mourir dans l'eau bouillante, de la dessécher au soleil, et de passer celle qui est fine à travers un crible pour la séparer des bourres du coton, des larves des mâles ; alors elle est semblable à une petite graine irrégulière, d'une couleur grise pourprée.

La couleur grise est due à une poussière, duvet ou bourre cotonneuse, dont elle est naturellement recouverte, et la teinte pourpre provient de la couleur enlevée par l'eau dans laquelle on a fait périr l'insecte.

Suivant M. Bourtron-Charlard, la cochenille *grise jaspée* n'est autre chose que la *cochenille noire*, qui a subi une préparation qui tend à en élever la valeur commerciale, cette préparation, qui n'est qu'une véritable altération de la cochenille, consiste à l'exposer *noire*, pendant trente-six ou quarante-huit heures dans une cave ; le peu d'humidité que cette substance est susceptible d'attirer, suffit pour qu'en la mettant avec du talc de Venise, réduit en poudre fine, dans un sac de peau ou de coutil, que l'on agite en tous sens, en la faisant sécher et en la criblant ensuite pour enlever le talc excédant, elle prenne un aspect gris jaspé.

On reconnaît facilement la fraude en frottant cette cochenille entre les mains qu'elle recouvre d'une couche farineuse ; si l'on opère au-dessus d'une feuille de papier, on pourra recueillir cette poussière. L'adultération se complète souvent par des morceaux de résine laque, ou de pâte colorée roulée dans de la cochenille en poudre et ensuite dans le talc.

M. Persoz signale, comme la fraude la plus difficile à constater, celle qui consiste à épuiser plus ou moins la matière colorante de la cochenille fine, par l'eau aiguisée de vinaigre, et après avoir desséché les grains, pour leur conserver leur forme naturelle, à les recouvrir artificiellement de ce duvet qui leur donne l'aspect jaspé. Les fabricants sont souvent les causes involontaires de cette fraude, en ne réduisant pas en poudre toute la cochenille dont ils se sont servis après l'avoir épuisée par l'eau bouillante seule ou aiguisée d'acide acétique.

La cochenille peut se conserver pendant très-longtemps dans des endroits secs. Hellot assure en avoir essayé des échantillons, conservés depuis cent trente années, et il trouva qu'ils produisaient une aussi belle couleur que les plus récents.

Les parties constituantes de 100 parties de l'insecte cochenille sont, suivant le docteur John : 50 matière colorante (*cocheniline*) ; 10.5 gelée ; 10.0 cire grasse ; 14 mucus gélatineux ; 14 matière éclatante ; 1.5 sels.

Pelletier et Caventou ont trouvé que la matière colorante très-remarquable qui constitue la principale partie de la cochenille, est mêlée avec une matière animale particulière, une matière grasse analogue à la graisse ordinaire, et avec différents sels. Après avoir séparé la graisse au moyen de l'éther, et traité le résidu par l'alcool bouillant, ils laissèrent refroidir l'alcool, l'évaporèrent à une très-douce chaleur, et obtinrent par ce moyen la matière colorante qu'on débarrassa d'un peu de graisse et de matière animale, en la dissolvant de nouveau dans l'alcool froid et mêlant la dissolution avec de l'éther ; ils précipitèrent la matière colorante dans un grand état de pureté, et lui donnèrent alors le nom de *carmine* : d'après leur analyse la cochenille se compose : de carmine, de coccine, de stéarine, d'oléine, d'acide coccinique, de phosphate de chaux, de phosphate de potasse, de sous-carbonate de chaux, d'un sel organique à base de potasse, de chlorure de potassium.

La *carmine* est grenue ; son apparence est cristalline, et sa couleur d'un rouge-pourpre très-vif. Chauffée à 50 degrés, elle se fond ; si la température est augmentée, elle se boursoufle et se décompose, mais sans donner aucune trace d'ammoniaque. Elle se dissout dans l'eau qu'elle colore en rouge cramoisi. L'alcool faible la dissout plus facilement que l'alcool concentré. L'éther ne la dissout pas. Les acides font passer au jaunâtre la solution aqueuse de carmine, l'acide borique est le seul qui la rougit. La potasse, la soude, l'ammoniaque, la baryte et la strontiane la font passer au violet cramoisi. La chaux la précipite en flocons violets. Les sels neutres de potasse, de soude et d'ammoniaque la font virer au violet. Les sels acides de ces bases la font virer à l'écarlate. Les sels d'alumine la font virer au cramoisi ; les sels de fer au brun ; les sels de cuivre au violet ; les sels de plomb au violet ; l'acétate seul la précipite ; les protonitrates de mercure la précipitent en rouge écarlate.

Suivant M. Preisser, la carmine, à l'état de pureté, est incolore, en petits cristaux aiguillés, mais se colorant lentement au contact de l'air ; sa solution devient d'un jaune-rouge sur les bords. Quand on la fait bouillir, elle se colore davantage, et par la concentration, elle laisse déposer une multitude de flocons d'un beau rouge-pourpre de *carméine*. La carmine et la carméine fournissent des produits ammoniacaux par leur décomposition ; mais elles ne sont pas volatiles par elles-mêmes, une petite portion de la matière rouge est seulement entraînée par les vapeurs de la partie qui est décomposée.

Une décoction de une partie de cochenille dans 10 parties d'eau, présente, suivant M. Thillaye, les caractères suivants : Couleur d'un rouge vineux ; odeur semblable à celle de l'acide coccinique ; les acides la font virer au rouge-jaunâtre, et y déterminent un léger précipité ; les alcalis changent la couleur en violet pourpre ; l'eau de chaux y forme un précipité violet ; l'alun fait virer au violet rouge ; l'hydrochlorate d'alumine y forme un précipité violet rougeâtre, le liquide surnageant est très-foncé et de couleur amaranthe ; le proto-hydrochlorate acide d'étain y forme un précipité rouge-cerise, et le liquide surnageant est jaunâtre ; le sel d'étain du commerce y occasionne un précipité violet ; le deuto-hydrochlorate d'étain fait virer la liqueur au rouge écarlate ; le protosulfate de fer fait virer au gris violet ; le persulfate y forme un précipité olivâtre ; le deutosulfate de cuivre précipite en violet ; les sels de plomb précipitent en violet ; le protonitrate de mercure précipite en lie de vin ; le deutonitrate de mercure précipite en brun-rouge.

Berthollet publia l'extrait d'un traité intéressant sur la culture du nopal et l'éducation de la cochenille, dans les colonies françaises de l'Amérique, par Thierry de Ménonville.

On voit, dans ce traité, qu'on a cru assez généralement que la cochenille devait sa couleur au nopal sur lequel elle vit, et dont les fruits sont rouges ; mais l'auteur fait observer que le suc qui sert de nourriture à la cochenille est verdâtre, et qu'elle peut vivre et se perpétuer sur des espèces d'opuntia dont le fruit n'est pas rouge.

La cochenille mestèque a été comparée avec la cochenille silvestre du Mexique et celle qui avait été élevée à Saint-Domingue. La décoction de la cochenille silvestre a la même nuance que celle de la cochenille de Saint-Domingue. Cette nuance tire plus sur le cramoisi que celle de la cochenille mestèque ; mais les précipités qu'on en obtient, soit par la dissolution d'étain, soit par l'alun, sont d'une couleur parfaitement égale à ceux de la cochenille mestèque ; et ce sont ces précipités qui colorent les étoffes en se combinant avec elles.

On s'est servi de chlore pour déterminer la proportion des parties colorantes que les décoctions des différentes cochenilles contenaient, en rendant toutes les circonstances autant égales qu'il était possible ; ces trois décoctions filtrées ont été versées chacune dans un cylindre de verre gradué, et on y a mêlé du même chlore, jusqu'à ce qu'elles aient été toutes trois amenées à la même nuance de jaune. Les quantités de chlore qui représentent les proportions des parties colorantes, se sont trouvées à peu près dans le rapport des nombres suivants : huit pour la cochenille de Saint-Domingue ; onze pour la cochenille silvestre du commerce ; dix-huit pour la cochenille mestèque.

On voit donc que la cochenille de Saint-Domingue est non-seulement inférieure à la cochenille mestèque, mais même à la cochenille silvestre du Mexique ; et, effectivement, elle est beaucoup plus cotonneuse et plus petite ; mais, malgré ces désavantages comparatifs, l'éducation de cette variété de cochenille mérite qu'on s'en occupe.

Thierry de Ménonville annonce avoir reconnu que la cochenille silvestre perdait de son coton et devenait plus grosse par une succession de générations soignées, et dans les commencements, l'on a été obligé, dit-il, d'employer des nopals qui n'avaient pas atteint la grosseur nécessaire.

Quant à la qualité de la couleur, on a vu que la cochenille de Saint-Domingue ne le cédait pas à la cochenille mestèque ; mais si le coton dont elle est recouverte pouvait nuire dans les opérations en grand de l'écarlate, dont l'éclat peut être si facilement altéré, on en trouverait un emploi avantageux, soit pour les demi-écarlates, soit pour les cramoisis et les autres nuances, qui sont moins délicates que la plus vive des couleurs.

On trouve dans le commerce, sous le nom de *cochenille préparée*, de la *cochenille ammoniacale*, ordinairement obtenue avec des cochenilles inférieures ou avariées, et plus souvent encore avec la cochenille qui provient du *criblage* ; par conséquent elle peut contenir des matières terreuses. Voici d'ailleurs le mode de sa préparation : On réduit en poudre grossière une partie de cochenille, puis on la délaie dans une terrine en grès avec deux parties d'ammoniaque. Le mélange est abandonné à lui-même pendant deux jours, en ayant le soin de le recouvrir. On place ensuite la terrine au bain-marie d'eau, et on l'y maintient jusqu'à ce que la matière soit en pâte très-épaisse. Il est bien entendu que pour faciliter l'évaporation de l'ammoniaque, on doit remuer souvent. La matière est ensuite étendue sur une planche en sapin et mise à sécher, soit au soleil, soit dans une étuve ; puis on la réduit en poudre pour s'en servir.

La cochenille s'emploie en teinture sur laine et sur soie pour obtenir des écarlates, des cramoisis, des roses et des nuances intermédiaires. Sur coton, on en tire des amaranthes. La cochenille ammoniacale donne des lilas et divers gris sur la laine et sur la soie.

La *cochenille de Pologne* (*coccus polonicus*), petit insecte rond qui vit sur le *scleranthus perennis*, n'est presque plus d'usage en teinture.

Kermès (*graine d'écarlate, vermillon végétal*). — Le *kermès* (*coccus ilicis*) est un insecte qui se trouve dans plusieurs parties de l'Europe méridionale et de l'Asie. Pendant longtemps on l'a pris pour les semences du petit chêne (*quercus coccifera*), ce qui lui a fait donner le nom de *graine de kermès, de vermillon*. Le kermès est plus gros que la cochenille mestèque, plus arrondi, d'une couleur moins rouge, sa surface est lisse et brillante. On est redevable à M. Lassaigne de l'analyse du kermès, qui se compose de carmine, de stéarine et d'oléine fusibles à 45 degrés ; de coccine ; de phosphate de chaux, de soude et de potasse; de chlorure de potassium et de sodium; d'oxyde de fer.

M. Lassaigne considère la matière colorante du kermès comme étant uniquement de la carmine, mais le résultat obtenu en teinture nous fait croire qu'il existe une autre matière, puisque le kermès donne des rouges tirant sur le jaune, tandis que la cochenille en donne simplement de rouges.

On doit à Chaptal la description intéressante qui suit, de la méthode que l'on pratique en Languedoc pour faire la récolte du kermès.

« Vers le milieu du mois de mai, on commence à recueillir le kermès, qui, alors, a acquis sa grosseur ordinaire ; il ressemble, par sa couleur et sa forme, à une petite *prunelle*. Cette récolte dure ordinairement jusqu'au milieu du mois de juin, et quelquefois plus longtemps, si les fortes chaleurs sont retardées ou s'il ne survient pas de fortes pluies ; car une grosse pluie d'orage suffit pour mettre fin à la cueillette de l'année.

» Ce sont ordinairement des femmes qui font cette cueillette : elles partent de grand matin avec une lanterne et un pot de terre vernissé, et vont ainsi, avant le jour, détacher avec les doigts le kermès de dessus les branches. Ce temps est le plus favorable : 1° parce qu'alors les feuilles qui sont garnies de piquants, incommodent moins étant ramollies par la rosée du matin ; 2° parce que le kermès pèse davantage, soit parce qu'il n'est pas desséché par le soleil, soit parce qu'il s'en est échappé moins de petits, que la chaleur fait éclore. Cependant on voit des personnes assez intrépides en ramasser pendant le jour, mais c'est rare.

» Une personne peut en ramasser de 500 grammes à 1 kilogramme par jour.

» Dans les premiers temps de la cueillette, le kermès pèse

davantage ; aussi se vend-il moins qu'à la fin, car alors il est plus sec et plus léger.

» Le prix du kermès frais varie encore suivant le besoin des acheteurs et sa rareté ; il se vend communément de 75 centimes à 1 franc le kilogramme, au commencement, et de 1 fr. 50 à 2 francs vers la fin de la cueillette.

» Les personnes qui l'achètent sont obligées, le plus tôt possible, d'arrêter le développement des œufs pour empêcher la sortie des petits contenus dans la coque ; cette coque n'est autre chose que le corps de la mère, qui a pris de l'extension par le développement des œufs ; cette femelle n'a point d'ailes ; elle se fixe et s'établit sur une feuille ; le mâle vient la féconder et elle grossit ensuite par le simple développement des œufs. Pour étouffer les petits contenus dans les œufs, on fait macérer le kermès dans le vinaigre pendant 10 à 12 heures, ou bien on l'expose à la simple vapeur du vinaigre, ce qui exige moins de temps, car une demi-heure suffit ; on le fait ensuite sécher sur des toiles ; cette opération lui donne une couleur rouge vineuse. »

Lorsqu'on écrase l'insecte vivant, il donne une couleur rouge ; il a une odeur assez agréable, une saveur un peu amère, âpre et piquante ; lorsqu'il est sec, il communique la même odeur et la même saveur à l'eau et à l'alcool, auxquels il donne une couleur rouge foncé ; l'extrait qu'on obtient de ces infusions retient cet couleur.

Le kermès s'emploie en teinture sur laine pour obtenir des ponceaux.

Malgré l'analogie qui existe entre le kermès et la cochenille, le teinturier doit savoir que la cochenille produit des nuances d'un rouge franc, tandis que le kermès ne donne que des teintes tirant sur le jaune, et renferme d'ailleurs beaucoup moins de principe colorant.

Laque. — Sous des noms différents (*gomme-laque, résine-laque*), c'est, d'après le docteur Ure, une substance bien connue en Europe, sous les dénominations de laque en *bâton*, laque en *écaille* et laque en *grain*. La première de ces trois espèces de laque est cette substance dans son état naturel, formée en incrustation sur de petites branches ou jeunes pousses. La laque en grain est la laque en bâton enlevée de dessus les jeunes pousses, se présentant sous la forme grenue, et probablement dépouillée, par l'ébullition, d'une partie de sa matière colorante. La laque en écaille est la laque en bâton ayant éprouvé une simple purification, ainsi qu'il sera exposé ci-après. Outre ces trois espèces de laque, il s'en rencontre quelquefois une quatrième, qu'on appelle laque en *masse* ou en *pains*, et qu'on désigne en anglais par le nom de *lump-lac*, qui est la laque en écaille, fondue et formée en gâteaux.

La laque se recueille sur plusieurs arbres de l'Asie orientale, tels que le *ficus indica*, le *ficus religiosa*, l'*arbor phraso* ou *plasa*, le *rhamnus jujuba*, le *mimosa corinda*, le *mimosa cinerea*, le *croton bacciferum*. L'insecte qui la fournit est une espèce de cochenille nommée *coccus ficus*, *coccus lacca*, qui vit sur ces différents arbres. Suivant M. Latreille, les femelles du *coccus lacca* se placent à côté les unes des autres de manière à se toucher; la matière de la laque transsude de leur corps et finit par les envelopper, et chaque femelle se trouve placée dans une cellule. Les petits percent le dos de leur mère et la cellule où celle-ci était contenue. On récolte la laque deux fois par an, dans les mois de février et d'août. Pour la purifier, on la met, après l'avoir cassée en petits morceaux, dans des sacs de canevas, ou espèce de grosse toile claire d'environ 1 mètre de long, et n'ayant pas au-delà de 15 centimètres de circonférence. Deux de ces sacs sont constamment en travail, et chaque sac est tenu par deux hommes. Le sac est placé sur le feu, et fréquemment retourné jusqu'à ce que la laque soit assez liquide pour pouvoir passer au travers de la toile; alors on le retire de dessus le feu; les deux hommes qui le tiennent le tordent en différents sens, en le tirant en même temps avec force, le long de la partie convexe d'un arbre plantin, préparé pour cet objet; et pendant que cela se fait, l'autre sac est chauffé pour être traité de la même manière. La surface mucilagineuse et lisse de l'arbre plantin empêche que le sac n'y adhère, et l'épaisseur de la couche de laque est en raison du degré de pression, en même temps que la finesse du sac détermine sa netteté et sa transparence.

La matière colorante appartient à l'insecte et non au végétal sur lequel il se nourrit. La partie colorante rouge se trouve dans les débris de l'insecte, partie à l'intérieur des cellules, et partie dans la résine qu'elle colore. On ne doit employer en teinture que la laque en bâtons, la plus haute en couleur; on sépare les bâtons, et on les réduit en poudre.

La laque en bâton, dont M. Hatchett fit l'analyse, contenait, sur 100 parties : résine, 68; extrait colorant, 10; cire, 6; gluten, 5.5; la laque en grain, résine, 88.5; extrait colorant, 2.5; cire, 4.5; gluten, 2.05. La laque en écaille se composait de résine, 90.9; extrait colorant, 0.5; cire, 4.0; gluten, 2.8. Le gluten a une grande ressemblance avec la farine de froment, s'il n'est pas précisément la même chose ; et la cire est analogue à celle du myrica-cerifera. « C'est avec les deux espèces de laque en grain et de laque en tables ou en écaille, qu'on prépare la cire à cacheter, en les colorant avec le minium pour la cire rouge, le noir de fumée pour la cire noire, et l'orpiment pour la cire qui est de couleur d'aventurine. »

On fait un grand usage de la laque, comme teinture en rouge. L'eau dissout la matière colorante de la laque ; mais avec trois parties de borax (borate de soude) et cinq parties de laque, le mélange devient soluble en totalité par digestion dans l'eau, à une chaleur approchant de celle de l'ébullition. Cette dissolution équivaut, pour un grand nombre de cas, à un vernis à l'esprit, et elle sert d'excellent véhicule pour les couleurs à l'eau, parce qu'étant une fois desséchée, ce liquide n'a point d'action sur elle. Les dissolutions de potasse, de soude, de carbonate de soude, dissolvent également la laque ; il en est de même de l'acide nitrique, si on le met en digestion, pendant quarante-huit heures, en suffisante quantité, sur la laque.

La matière colorante de la laque étant gardée pendant longtemps, perd considérablement de sa beauté ; mais lorsqu'elle est récemment extraite et précipitée comme laque, elle est moins sujette à se détériorer. M. Stephens, chirurgien au Bengale, envoya de ce pays une grande quantité de laque préparée de cette manière, qui fournissait une bonne couleur écarlate, sur de la toile préalablement jaunie avec du quercitron ; mais cette écarlate eût problement été meilleure, si, au lieu de précipiter avec de l'alun, il eût employé une dissolution d'étain, ou simplement évaporé la décoction à siccité.

La couleur qu'on obtient de la laque n'a pas l'éclat d'une écarlate faite avec la cochenille, mais elle a l'avantage d'avoir plus de facilité ; on peut s'en servir d'une manière utile en en mêlant une certaine quantité avec la cochenille ; et si l'on n'en met pas une trop forte proportion, l'écarlate n'en est pas moins belle, et elle est plus solide.

Ce qui paraît distinguer avantageusement la laque du kermès, c'est qu'elle supporte l'action de la dissolution d'étain, et qu'elle en éprouve les bons effets sans que la couleur soit changée en jaune, et même elle en exige une plus grande proportion que la cochenille.

Lac-luke et *lac-dye*. — Il a été publié, en 1816, dans les *Annales de Chimie et de Physique*, des instructions, par Edward Bankroft, concernant les préparations nommées

214 DEUXIÈME PARTIE.

lac-lake et *lac-dye*, et sur le moyen de parvenir à les rendre utiles, comme remplaçant la cochenille dans la teinture de l'écarlate, etc.

Voici ce qu'en citant ces instruction, M. Thénard dit à ce sujet : Depuis quelque temps l'on a tenté de remplacer la cochenille par le lac-lake et le lac-dye; il paraît que les résultats qu'on a obtenus sont avantageux; le lac-lake s'obtient en pulvérisant la laque en bâton, la traitant à plusieurs reprises par d'assez grandes quantités d'eau bouillante chargée de soude, et mêlant ensuite de l'alun avec les différentes liqueurs réunies. Celles-ci, contenant non-seulement le principe colorant, mais encore de la résine, il s'ensuit que le précipité que produit l'alun, et qui est le lac-lake même, est composé de matière colorante, de matière résineuse et d'alumine. La matière résineuse en forme à peu près le tiers, et l'alumine le sixième. L'on y trouve en outre de la matière végétale, provenant de l'écorce mucilagineuse d'un arbre de l'Inde, connu dans le pays sous le nom de *lodu*, et, de plus, du sable et autres matières terreuses que les manufacturiers y ajoutent pour en augmenter le poids.

Quant au lac-dye, ou laque à teindre, Edward Bankroft fait observer que de tous les lac-dyes, celui qui est préparé par M. Turnbull est généralement préféré, quoique contenant presque autant de matières résineuses que le lac-lake de bonne qualité, et très-peu de matières colorantes de plus. Il contient aussi une partie du même végétal et d'autres matières étrangères; et son principal avantage sur le bon lac-lake, est que, par quelque ingrédient particulier, ou probablement par des soins mieux entendus, il peut être *amolli*, et, en quelque sorte, *pénétré sans être dissous par l'eau bouillante* ; avec cet avantage, les mordants employés dans la teinture sont en état d'agir sur la matière colorante, au point d'en rendre une grande partie capable d'être reçue par l'étoffe et avec moins de perte que lorsqu'on se sert du lac-lake.

« M. Chevreul a décrit dans ses leçons de chimie appliquée à la teinture, deux procédés au moyen desquels on peut faire du *lac-dye*. Il les a vu pratiquer par une personne qui, ayant séjourné au Bengale plusieurs années, s'y était occupée, avec beaucoup d'intelligence, de la préparation de l'indigo, du lac-dye, etc.

» 1º Après avoir détaché la laque en bâtons des bois auxquels elle est adhérente, on la casse en morceaux dont la grosseur ne doit pas excéder celle du chenevis. On la lave à l'eau, puis on la met dans une terrine de grès bien cuite, avec deux fois son volume d'eau claire, très-légèrement alcalisée de sous-carbonate de potasse ou de soude. Après avoir laissé macérer les matières pendant la nuit, on frotte le lendemain la laque contre les parois de la terrine avec la main, ou bien avec une brosse en crin. Lorsque l'eau est bien chargée de couleur, on la décante de dessus le résidu, et l'on passe dans un linge clair.

» On fait six ou huit traitements semblables, mais avec de l'eau non alcalisée ; enfin, lorsqu'on a séparé le plus qu'il est possible de matière colorante de la laque, que tous les lavages sont réunis, on les précipite par très-peu d'eau d'alun à deux degrés. Dès que le précipité est bien déposé, on décante l'eau, et on jette le résidu sur des filtres. Quand il est bien égoutté, on l'enlève, on le presse après l'avoir enveloppé dans de la toile, puis on le divise en pains carrés qu'on fait sécher.

» 2° On met 1 partie de laque, réduite en petits morceaux, dans un tonneau, avec 40 parties d'eau alcaline marquant $1/2$ degré. On agite pendant une demi-heure, puis on laisse les matières réagir pendant 5 heures, en ayant le soin de les agiter de temps en temps.

» La liqueur bien claire, après un repos d'une heure, est décantée et passée dans un tamis de crin.

» On la précipite avec de l'eau d'alun acidulée, marquant 3 degrés ; on agite pendant 5 à 6 minutes ; on laisse reposer ; on décante l'eau qui doit être incolore, et on traite le dépôt comme dans le premier procédé. »

Les laques, dit M. Persoz, *lac* et *dye*, de même que la cochenille et le kermès, renferment de la *carmine* ; c'est à ce principe colorant qu'elles doivent la propriété de teindre ; elles remplacent la cochenille avec avantage, dans les préparations de l'écarlate. On pourrait purifier ces laques, en dissolvant la résine qui accompagne la matière colorante, à l'aide de l'éther, de l'essence de térébenthine, et des huiles essentielles qui dissolvent toutes cette résine, sans attaquer sensiblement la matière colorante.

Orseille. — On a donné ce nom à la matière colorante extraite de plusieurs espèces de *lichens* et de *variolaires* que l'on désigne quelquefois sous le nom d'*herbes* du *Cudbeard* et de *Persico*. On en distingue deux espèces sous les noms d'*orseille de mer* et d'*orseille de terre*.

L'*orseille de mer*, nommé aussi *orseille d'herbes*, *orseille des îles*, *orseille des Canaries*, est préparée avec le *lichen rocella* que l'on récolte sur les rochers des îles Canaries, des Açores, du cap Vert, de Corse et de Sardaigne. L'or-

seille de terre, nommée aussi *orseille de Lyon*, *orseille d'Auvergne*, *orseille de parelle*, se prépare avec le *variolaria orcina*, ou *parelle d'Auvergne*; le *variolaria aspergella*; le *variolaria dealbata*; le *lichen corallinus*.

De ces quatre espèces de plantes, susceptibles de donner de l'orseille, une seule a été soumise à l'analyse, par M. Robiquet : c'est le *variolaria dealbata*, comme étant l'espèce capable de fournir la meilleure qualité d'orseille de terre. Il l'a trouvée formée d'une matière azotée d'un brun-rougeâtre, qui ne présente aucune propriété digne d'être remarquée; d'une résine très-facile à liquéfier, qui paraît formée en grande partie de chlorophylle; d'une matière grasse résineuse; du tissu organique de la variolaire; d'oxalate de chaux; de varioline; d'orcine.

Il y a, suivant Hellot, plusieurs autres espèces de mousses et de lichens, qui pourraient peut-être servir en teinture si elles étaient préparées comme l'orseille; et il donne un moyen de découvrir si elles possèdent cette propriété. Ce moyen consiste à mettre un peu de ces plantes dans un vaisseau de verre; on l'humecte d'ammoniaque et de quantité égale d'eau de chaux; et, après avoir ajouté un peu d'hydrochlorate d'ammoniaque, on bouche le vaisseau. Après trois ou quatre jours, si la plante est de nature à donner du rouge, le peu de liqueur qui coulera en inclinant le vaisseau qu'on a ouvert, sera d'une teinte rouge cramoisi, et la plante elle-même prendra cette couleur. Si la liqueur ne prend pas cette couleur, on ne peut, dit Hellot, rien espérer, et il devient inutile de tenter sa préparation en grand.

La fabrication de l'orseille varie suivant les pays; elle a toujours pour base de développer la matière colorante par l'influence d'un alcali. A Florence, on emploie l'urine ammoniacale, la potasse et la chaux. Dans les îles, on suit un procédé à peu près semblable à celui d'Auvergne, indiqué par M. Lecocq, qui a publié un très-bon mémoire sur la fabrication et l'emploi de l'orseille.

Après avoir recueilli les lichens ou variolaires, on les fait sécher avec soin, si l'on ne veut pas les mettre de suite en opération. Pour en séparer la mousse qui s'y trouve mêlée, on étend la plante sur un sol uni en couches minces; on y passe doucement, et à plusieurs fois, une étoffe de laine dont les poils sont assez longs pour s'attacher aux brins de mousse.

On introduit 100 kilogrammes de variolaire dans une cuve évasée en bois, de 2 mètres de long à la partie inférieure, et de 2 mètres 50 centimètres à la partie supérieure sur

décimètres de profondeur ; le fond de la cuve ayant 4 décimètres de largeur, et la partie supérieure 8 décimètres. Après
avoir arrosé la variolaire avec 120 à 160 kilogrammes d'urine,
selon la bonté de la plante, on recouvre la cuve, on brasse
le mélange de 3 heures en 3 heures pendant 48 heures. Cette
première opération terminée, on y met 5 kilog. de chaux
éteinte passée par un tamis fin, 250 grammes d'acide arsénieux
(oxyde blanc d'arsenic), et autant d'alun en poudre. Après
avoir relevé le mélange aux deux extrémités de la cuve, on
y verse ces deux matières que l'on recouvre avec soin pour
éviter la poussière de l'arsenic. Les matières ajoutées étant
mouillées, on brasse vivement le mélange, et après l'avoir
laissé reposer un quart-d'heure, on le brasse de nouveau en
écrasant avec le râble les parties grossières ; on continue de
remuer de demi-heure en demi-heure ou d'heure en heure
selon que la fermentation est plus ou moins active. Après
deux jours, la fermentation diminue ; on la fait renaître en
ajoutant 1 kilog. de chaux vive éteinte et passée par un
tamis, et l'on remue d'heure en heure ; en général, on doit
se guider d'après la fermentation. Le cinquième jour on remue de deux heures en deux heures ; le sixième, de trois en
trois ; le septième, de quatre en quatre ; le huitième jour, la
couleur violette est assez vive, l'on brasse de six heures en
six heures, et l'on continue ainsi pendant quinze jours : la
couleur à cette époque est vive ; elle atteint son maximum
après huit jours. On la renferme dans les tonneaux pour la
livrer au commerce. L'orseille récemment préparée est inférieure à celle qui a une année, elle ne peut se conserver au-
delà de trois ans sans se détériorer. On doit toujours la
maintenir humide, en y mettant de l'urine fraîche.

M. Lecocq présume, ainsi que Robiquet, qu'il y aurait
avantage à remplacer l'urine par de l'ammoniaque, et que
l'orseille vendue dans le commerce sous le nom d'*orseille de
terre épurée* a été préparée par ce moyen.

L'orseille de bonne qualité a l'odeur de violette ; pressée
entre du papier blanc non collé, elle doit le teindre d'une
belle nuance cramoisie violetée. En l'écrasant entre les doigts,
on ne doit point y sentir de parties graveleuses. Elle doit
être en pâte d'un violet-rougeâtre, et laisser apercevoir les
débris des végétaux qui ont servi à la préparer ; ils ne doivent point être trop forts, mais être entrelacés.

Une partie d'orseille dissoute dans 10 parties d'eau bouillante a présenté les résultats suivants : couleur cramoisie
violet ; odeur, saveur, acides ; potasse, soude et ammoniaque ; eau de chaux ; alun ; protosulfate et pernitrate de fer ;

Teinturier.   19

deutosulfate de cuivre ; protochlorure d'étain ; deutochlorure d'étain ; sel de plomb et de mercure.

L'orseille donne très-facilement sa couleur à l'eau, aux alcalis, à l'alcool. Sa teinture alcoolique est employée pour colorer les thermomètres. La couleur de l'orseille se détruit par l'exposition à l'air ; et l'on remarque, dit le docteur Ure, qu'un effet semblable est produit sur cette couleur par l'exclusion de l'air dans les tubes hermétiquement scellés : c'est ainsi que les teintures alcooliques d'orseille, dans de grands thermomètres, deviennent incolores en peu d'années. L'abbé Nollet observe, dans les *Mémoires de l'Académie*, publiés pour l'année 1742, qu'en rompant le tube dans lequel l'alcool teint d'orseille a été ainsi décoloré, sa couleur se rétablit promptement par l'admission de l'air, et que ce double effet peut être successivement produit un certain nombre de fois. Il ajoute qu'une infusion aqueuse d'orseille renfermée dans des tubes thermométriques, perd sa couleur en trois jours, et que dans un vaisseau profond, cette infusion devenait incolore dans la partie inférieure du vaisseau ; tandis qu'à la partie supérieure, elle conservait sa couleur.

Une dissolution aqueuse de l'orseille, appliquée au marbre froid, lui communique une belle couleur violette ou bleue tirant sur le pourpre, qui résiste beaucoup plus longtemps à l'air que les couleurs de l'orseille appliquées à d'autres substances. M. Dufay dit avoir vu du marbre teint de cette couleur, qui l'avait conservée au bout de deux ans sans altération sensible : cette couleur pénètre dans le marbre quelquefois à une profondeur d'environ 25 millimètres, et elle s'étend en même temps sur la surface, à moins qu'elle ne soit restreinte, ou bordée avec de la cire ou quelque autre substance semblable. Il semble qu'elle rende le marbre un peu plus cassant.

Dans les ateliers de teinture, on prépare la décoction d'orseille en la mettant dès la veille infuser avec son poids d'urine, et le lendemain on la fait bouillir dans l'eau. L'addition de l'urine développe la matière colorante et la rend plus soluble dans l'eau. On l'emploie principalement sur laine, pour produire des violets, des gris, des amaranthes, des pourpres, et comme mélange dans les couleurs composées. Le teinturier-dégraisseur en fait un fréquent usage pour reteindre. Robiquet a fait le premier connaître le principe des lichens sur lequel l'air et l'ammoniaque sont nécessaires pour obtenir l'orseille. C'est une matière incolore, parfaitement bien définie et cristallisée, à laquelle il a donné le nom d'*orcine*. Tout-à-fait neutre au papier réactif, l'orcine est douée d'une saveur sucrée légèrement nauséabonde ; elle subit l'action de la chaleur sans se décomposer, attendu qu'à la température de 280 à 290 degrés, elle se volatilise sans laisser de résidu. Durant ce changement d'état, elle abandonne son eau d'hydratation, qu'elle reprend peu à peu quand on l'expose à l'air humide ; elle est très-soluble dans l'eau, dont elle peut être séparée sous forme de prismes quadrangulaires aplatis.

L'*orcine* se tranforme en *orcéine* par la fixation d'une certaine quantité d'oxygène et d'azote, et par l'élimination de carbone et d'hydrogène. L'*orcéine* est soluble dans l'eau et l'alcool qu'elle colore en violet plus ou moins foncé, le sulfide hydrique se combine à cette matière colorante et en enlève la couleur, qui reparaît avec toutes ses propriétés, dès qu'on fait disparaître ce gaz.

Voici une méthode pour faire l'essai de la pureté de l'orseille et de son pouvoir colorant, qui a été proposée par M. F. Leeshing.

La sophistication de l'orseille liquide du commerce par d'autres matières d'un prix moindre, et en particulier, par l'extrait de bois de campêche, est, dit ce chimiste, non-seulement une fraude facile, mais qui se pratique sur une grande échelle, chose dont j'ai pu me convaincre par l'essai d'orseilles achetées en assez grandes quantités à différentes époques.

Le premier mode d'épreuve qui se présente dans ce cas au teinturier praticien, consiste à prendre une bande de coton mordancé pour rouge ou brun garance, et à la teindre avec l'orseille dont on soupçonne la pureté ; en supposant, dans ce cas, qu'il n'y a que l'extrait de campêche, quand celui-ci est présent, qui se fixe sur le mordant. Mais cette épreuve est trompeuse, parce que la matière colorante de l'orseille se combine à un certain degré avec le mordant, surtout quand le bain est employé à l'état un peu concentré, et en outre parce que le succès dépend de l'état plus ou moins alcalin ou acide de l'orseille et d'autres circonstances encore.

Si l'orseille est mélangée en proportion assez notable avec l'extrait de campêche, la chose est facile à reconnaître en y ajoutant un peu d'alun ou de sel d'étain, et en comparant la nuance avec celle que fournit une orseille pure dans les mêmes circonstances. Toutefois ces réactions ne sont pas de nature à donner des résultats bien nets ; mais on peut les employer conjointement avec le procédé qu'on décrira, et qui présente cet avantage, non-seulement d'indiquer de petites quantités d'extrait de campêche, mais aussi d'extrait d'autres bois de teinture.

Lorsqu'on introduit cinquante gouttes d'orseille pur (extrait) avec 100 grammes d'eau dans une fiole, qu'on rend la liqueur légèrement acide au moyen de l'acide acétique, puis qu'on y ajoute cinquante gouttes d'une solution de chlorure d'étain (1 partie de sel d'étain cristallisé dissous dans deux parties d'eau), et qu'on chauffe la fiole sur un bain de sable, la liqueur aussitôt qu'elle a atteint le point d'ébullition, se décolore presque entièrement, ne présente plus qu'une nuance jaunâtre pâle, et dépose un précipité de la même nuance.

Une goutte d'extrait de campêche dissoute dans 100 grammes d'eau, traitée de la même manière, donne une nuance sensiblement violette qui n'éprouve aucun changement, même après une ébullition de plusieurs heures.

Quoique ce violet de campêche se modifie un peu quand il est mélangé avec une forte proportion d'orseille, j'ai observé qu'il était encore aisément reconnaissable quand on avait ajouté à l'orseille seulement 3 à 4 pour 100 d'extrait de campêche marquant 3° 1/2 Baumé, puis que celui-ci donne à la liqueur bouillie une couleur grisâtre permanente. Si la falsification a eu lieu avec un extrait de bois de lima ou de sapan, alors la liqueur bouillie prend une nuance rouge.

Abandonné au repos avec le contact de l'air et par une addition d'alcali, la couleur de l'orseille reparaît peu à peu. Or tandis que la matière colorante de l'orseille est réduite et décolorée par une solution acide de sel d'étain, puis régénérée par l'addition d'un alcali et le contact de l'air, j'ai observé, au contraire, que la matière colorante du bois de campêche, réduite par une solution alcaline d'étain, n'était rétablie que par l'addition d'un acide.

Relativement au dosage de la richesse relative en matière colorante de divers échantillons d'orseille (après qu'on s'est convaincu qu'ils ne renferment pas en mélange d'extrait de campêche), il est à peine nécessaire de faire remarquer qu'on ne peut employer, dans ce but, ni la propriété désoxidante du chlorure d'étain, ni le pouvoir blanchissant du chlorure de chaux, à raison des nombreux ingrédients dont on fait usage dans la fabrication de l'orseille.

Je citerai d'ailleurs un fait qui, à lui seul, démontre qu'un procédé de cette nature serait complètement erroné. Les fabricants distinguent deux espèces d'orseille, une bleue et une rouge, et on pouvait croire que ces diverses nuances étaient dues à une proportion variable d'alcali contenu dans l'orseille. Mais il n'en est pas ainsi, car l'orseille rouge (ainsi que l'expérience l'a démontré) ne se transforme nullement en orseille bleue par une nouvelle addition d'alcali. De plus, après avoir aiguisé avec des quantités égales d'acide acétique une orseille rouge, et employé chacune d'elles à la teinture d'une quantité déterminée de laine, la dernière a fourni un rouge bleuâtre mat, et la première un rouge écarlate, tandis qu'on aurait dû attendre le contraire. Comme j'ignore les procédés mis actuellement en usage pour préparer ces deux sortes d'orseille, je me bornerai à dire qu'on peut donner à l'orseille bleue toutes les propriétés de l'orseille rouge, en ajoutant à la première une petite quantité de prussiate rouge de potasse. Il est très-présumable que quelques fabricants d'orseille ont recours à cette addition.

Le prussiate rouge de potasse qu'on ajoute est dans le mode d'épreuve qu'on a décrit sans aucune influence sur l'extrait de campêche, et pour faire l'essai du pouvoir colorant relatif de divers échantillons d'orseille, ce qu'il y a de mieux est d'avoir recours au colorimètre, ou du moins à un flacon en verre qui se prête à la comparaison de liqueurs colorées d'intensités différentes. On étend en conséquence des volumes égaux des échantillons qu'on veut essayer, de volumes d'eau égaux ; on ajoute à chacun d'eux quelques gouttes d'alcali afin de rendre les nuances égales et comparables, et si l'alcali ne produit pas cet effet, on ajoute aux nuances bleues un peu de prussiate rouge de potasse. On compare ensuite l'intensité de la couleur, et on a la richesse relative dans les différents échantillons par la quantité d'orseille non étendu qu'il faut ajouter pour obtenir des nuances de même intensité.

Après cet essai colorimétrique, on peut faire une contre-épreuve en prenant les échantillons d'orseille (liquide) qu'on a neutralisés par l'acide acétique dans les proportions trouvées pour teindre une même quantité de laine, qu'on passe, après la teinture, par une eau de chaux, afin de rendre les nuances aussi égales qu'il est possible.

Carthame (safranum, safran bâtard). — Le carthame est la matière colorante qui s'extrait de la fleur du *carthamus tinctorius* de Linné, de la famille des synanthérées, plante annuelle que l'on cultive en Espagne, en Egypte et dans quelques contrées du Levant. Il y en a deux variétés, l'une qui a les feuilles grandes, et l'autre à feuilles plus petites : c'est la variété à grandes feuilles que l'on préfère dans le commerce.

On cultivait autrefois le carthame en Thuringe et en Alsace, mais la préférence que l'on donne à celui du Levant en a fait abandonner presqu'entièrement la culture dans tout autre commerce.

En Égypte, ceux qui récoltent les fleurs de carthame les compriment entre deux pierres pour en exprimer le suc : ils les lavent avec de l'eau chargée de sel marin, les pressent ensuite entre les mains, et les dessèchent à l'ombre ; pour empêcher que la dessiccation ne soit très-prompte, ils les exposent à la rosée pendant la nuit. On les retourne de temps en temps, et lorsqu'on les trouve sèches au point convenable, on les retire, et on les conserve pour les mettre dans le commerce sous le nom de *safranum, safran bâtard, safran des Indes*.

On lave d'abord, suivant Thénard, la fleur du carthame à grande eau. Pour cela, les teinturiers la mettent dans un sac de toile serrée, la laissant tremper dans l'eau pendant quelque temps, et la foulent ensuite à la rivière jusqu'à ce qu'elle ne donne plus de couleur jaune. Ce lavage a pour objet de dissoudre toute la matière colorante jaune qui accompagne la matière colorante rouge, et qui paraît être combinée avec elle. Lorsque la fleur ne colore plus sensiblement l'eau, on la met en contact à la température ordinaire, avec environ son poids de sous-carbonate de soude, dissous dans 5 à 10 parties d'eau. Il faut veiller à ce que le carbonate sodique ne renferme pas de *sulfate sodique*, qui altérerait la matière colorante. Au bout d'une heure, on passe la liqueur à travers une toile serrée, on y verse du jus de citron en quantité suffisante pour saturer l'alcali, et on y plonge ensuite les écheveaux de coton. L'acide citrique, contenu dans ce jus, décompose le sous-carbonate de soude et en précipite la matière colorante, qui se combine promptement avec le coton ; alors, après avoir lavé le coton, on le traite par une nouvelle dissolution de sous-carbonate de soude, qui redissout la matière colorante, et on la précipite de nouveau par le jus de citron ; elle se rassemble peu à peu au fond du vase. En la séparant de la liqueur surnageante et la faisant sécher, elle prend l'aspect cuivré, et peut être conservée indéfiniment : on la désigne quelquefois dans cet état sous les noms de *carthamine, acide carthamique, carthaméine* ; c'est le principe colorant rouge plus ou moins oxygéné. Il n'en faut qu'une parcelle pour donner à l'eau une couleur rose très-foncée. Si, dans cette opération, on précipite d'abord la matière colorante rouge sur du coton, pour la redissoudre ensuite, c'est afin de la séparer d'une petite quantité du principe colorant jaune qui se trouve combiné avec elle ; mais qui, une fois fixé sur le coton, n'est plus attaqué par les alcalis. La matière colorante rouge, seule ou combinée avec d'autres substances, et fixée sur la soie, le fil et le coton, leur donne une multitude de nuances qui varient depuis le rose couleur de chair jusqu'à la cerise. Toutes ces nuances sont, en général, peu solides, surtout le rose; cependant, comme elles sont très-éclatantes, les teinturiers font un grand usage du carthame.

C'est encore avec le carthame, dit Thénard, qu'on prépare le rouge dont les femmes se servent pour la toilette. Il suffit alors de se procurer la matière colorante rouge, comme on vient de le dire, mais sans la recevoir sur le coton, de la dessécher sur des assiettes, et de la broyer exactement avec du talc réduit en poudre fine et passé au tamis de soie.

Beckmann publia, en 1774, dans le *Recueil de la Société royale de Gœttingue*, pour ladite année, une suite d'expériences faites avec le plus grand soin, sur le carthame, et sur l'application de ses couleurs à la laine, au fil et au coton. Depuis cette époque jusqu'en 1804, dit le docteur Thompson, il avait été peu ajouté à nos connaissances sur cette substance, lorsque Dufour, pharmacien, publia des expériences et observations *sur la composition chimique de la fleur du carthame*. Les observations de Dufour furent confirmées quelque temps après par celles de Marchais.

Les fleurs du carthame contiennent, d'après l'analyse qu'en fit Dufour, deux matières colorantes : l'une jaune, soluble dans l'eau, dont on n'a fait jusqu'ici aucun usage ; l'autre rouge, dont se servent les teinturiers, etc. Quoique la matière colorante jaune se dissolve facilement dans l'eau, il est très-difficile de la séparer en totalité par ce moyen. Dufour, après avoir mis le carthame dans un linge, le pétrit pendant longtemps entre ses doigts, sous un filet d'eau; en continuant ainsi, et en tenant le carthame en macération dans l'eau, il acquit une belle couleur rouge. Le liquide qui passa, après qu'on l'eut filtré, afin d'en séparer une portion du carthame et quelques impuretés qui s'y étaient mêlées, était de couleur jaune. Ce liquide ayant été chauffé à environ 83 degrés centigrades, il s'y forma des flocons qui étaient de l'albumine, ou plutôt du gluten. On les sépara par la filtration, et le liquide fut évaporé à siccité. L'extrait obtenu était de couleur jaune et d'une saveur forte. L'eau le dissolvait en totalité, à l'exception d'une très-petite portion de matière brune qui avait les propriétés de la résine. La dissolution aqueuse rougit les couleurs bleues végétales, et donne un précipité abondant par l'infusion de noix de galle, ce qui n'a pas lieu avec la colle-forte. Le chlore détruit la couleur jaune, et la rend blanche. En évaporant à siccité, et en traitant le résidu par l'alcool, il ne s'en dissout qu'une partie qui est principalement de l'extractif; la partie insoluble est la matière colorante jaune.

Lorsqu'on fait digérer pendant assez longtemps le carthame résidu, le liquide prend une couleur rouge de brique. Si cette dissolution alcoolique est suffisamment concentrée par l'évaporation, il s'en sépare une matière grenue qui a l'apparence du miel et des propriétés analogues à celles de la cire. On ne peut qu'avec beaucoup de peine obtenir de la dissolution alcoolique quelque matière colorante.

Après plusieurs tentatives infructueuses pour obtenir à l'état de séparation la matière colorante rouge du carthame, Dufour parvint à l'isoler par un procédé fondé sur la grande affinité qui existe entre la matière rouge et le coton. Après avoir dépouillé par le moyen de l'eau, autant que cela lui fut possible, le carthame de sa matière colorante jaune, il le fit macérer pendant une heure dans une dissolution faible de carbonate de soude. Il décanta alors cette dissolution, il y introduisit une certaine quantité de coton, et il y versa ensuite du suc de citron jusqu'à ce que le liquide eût acquis une belle couleur rouge cerise. Ce liquide, abandonné à lui-même pendant vingt-quatre heures, perdit sa couleur rouge, la matière colorante s'étant unie tout entière au coton, qu'elle avait teint en rouge. Le coton fut retiré et lavé dans l'eau à plusieurs reprises, afin d'en séparer tout ce qui avait pu y adhérer de la matière colorante jaune. On le mit alors dans une dissolution très-étendue de carbonate de soude ; cet alcali sépara la matière colorante du coton, il s'en chargea et prit une couleur jaune. Le coton ayant été retiré après une heure d'immersion dans la lessive alcaline, on y versa du suc de citron, et il s'en sépara, peu à peu, une poudre d'une belle couleur rose, qui finit par se précipiter. Cette poudre était la matière colorante rouge nommée depuis *carthamine*.

On voit, d'après ce procédé, que la matière colorante rouge a une plus grande affinité pour le coton que la matière colorante jaune, et qu'à l'aide du coton on peut séparer les deux matières colorantes. On voit aussi que la matière colorante rouge est soluble dans les carbonates alcalins, et qu'elle est précipitée par les acides. Les alcalis la dissolvent également; mais ils en altèrent la nature. Sa dissolution dans les carbonates alcalins est jaune, elle est insoluble dans l'eau. L'alcool la dissout facilement, et acquiert une belle couleur rose. Si on échauffe cette teinture, elle prend une nuance orangée. Elle se dissout aussi dans l'éther, mais avec moins de facilité. Les huiles, soit fixes, soit volatiles, n'ont sur elle aucune action. A la distillation, elle fournit très-peu d'eau, à peine aucun gaz, un peu d'huile et une portion de charbon égale aux 0.33 de son poids. Si l'on brûle ce charbon, il ne laisse aucune trace sensible de cendres. D'après ces propriétés, dont on doit la connaissance à Dufour, ainsi que de presque tous les faits concernant le carthame, il paraît que la matière colorante rouge du carthame diffère de toute autre substance végétale connue.

Suivant Dœbereiner, la matière colorante jaune du carthame est de nature alcaline, tandis que la matière rouge est si manifestement acide qu'il avait proposé de lui donner le nom d'*acide carthamique*. D'après lui, ce principe rouge forme avec les alcalis des sels particuliers, dont quelques-uns, tels que le carthamate de soude, cristallisent en aiguilles soyeuses brillantes. Ces sels sont tous incolores et offrent le phénomène remarquable d'être précipités en une substance rose, brillante, par les acides végétaux.

La *carthamine* à l'état de pureté se présente, suivant M. Preisser, en petites aiguilles blanches, prismatiques, et se colore à peine en jaune clair, par son exposition à l'air. Mais en présence de l'oxygène et des alcalis elle se colore subitement en jaune, puis en rouge-rose, analogue au rouge de carthame. Cette matière se dissout alors très-bien dans les alcalis, et en neutralisant la dissolution par l'acide citrique, on fait déposer des flocons rouges semblables à la *carthamine* préparée par les procédés ordinaires et à laquelle M. Preisser a proposé de donner le nom de *Carthaméine*. Il a reconnu d'ailleurs que le *principe jaune* du carthame n'était pas une matière à l'état intermédiaire entre la carthamine et la carthaméine, comme il l'avait cru d'abord.

On fait usage du carthame, suivant le docteur Ure, pour teindre la soie en ponceau, nacarat, cerise, couleur de rose et couleur de chair. On met le carthame, dont on a extrait la matière colorante jaune, dans une cuve ou barque de bois de sapin, et on l'y saupoudre, à diverses reprises, avec de la potasse, ou mieux encore avec de la soude, l'un ou l'autre de ces alcalis bien pulvérisé et tamisé, dans la proportion de 3 kilog. pour 50 kilog. de carthame. On mêle bien le tout à mesure qu'on met l'alcali. Cet alcali devrait être, à l'état de carbonate, saturé d'acide carbonique. Après cette opération, on met le carthame dans une petite barque sur une grille de bois, après en avoir garni l'intérieur d'une toile serrée. On place cette barque sur une barque plus grande, et l'on jette de l'eau froide dessus jusqu'à ce que la barque inférieure soit pleine. On transporte ensuite le carthame sur une autre barque, on y passe de nouvelle eau, et l'on renouvelle ces opérations, en ajoutant vers la fin, un peu d'alcali, jusqu'à ce que le carthame soit épuisé, et qu'il soit devenu jaune. On met alors dans le bain du jus de citron, jusqu'à ce qu'il soit tourné à une belle couleur de cerise; et après l'avoir bien remué, on y plonge la soie. On la tord, on l'écoule, et elle est passée sur de nouveaux bains, en la lavant, et la faisant sécher entre chaque opération, jusqu'à ce qu'elle soit parvenue au degré de couleur convenable. Alors on lui donne un avivage dans un bain d'eau chaude auquel on ajoute du suc de citron. Lorsqu'on veut teindre la soie en ponceau ou couleur de feu, on lui donne d'abord un léger pied de rocou; mais la soie ne doit pas être alunée. Pour une couleur de chair extrêmement tendre, il faut mettre dans le bain un peu de savon. Tous ces bains s'emploient aussitôt qu'ils sont faits, et toujours à froid, parce que la chaleur détruit la couleur de la fécule rouge.

Berthollet rapporte des expériences faites par Beckmann, sur l'application de la couleur rouge du carthame au coton; il a fait macérer pendant deux heures du coton dans du saindoux fondu, il l'a bien lavé, et après cela, il l'a teint à la manière ordinaire, avec le carthame privé de la substance jaune. Ce coton a pris une couleur plus foncée que celui qui n'avait pas reçu de préparation. Le savon a réussi également, l'huile d'olive encore mieux, ensuite Beckmann a passé plusieurs fois du coton dans l'huile, en le faisant sécher alternativement. Après la dernière dessiccation, il l'a lavé et séché; il l'a passé dans le bain jaune de carthame, auquel il a ajouté de la noix de galle et de l'alun; enfin il l'a teint avec la solution alcaline de carthame et le suc de citron. Il a obtenu ainsi une couleur rouge, belle et saturée, et qui a moins résisté à l'influence de l'air. Berthollet pense, d'après ces expériences, qu'il faudrait donner au coton qu'on voudrait teindre avec le carthame, des préparations analogues à celles qu'il reçoit dans la teinture du rouge d'Andrinople, et c'est effectivement ce qui se pratique avec succès depuis que Berthollet a donné cette indication.

On trouve dans les *Mémoires de l'Egypte*, que dans ce pays on donne au coton, et même au lin, une couleur très-saturée, et par là même assez solide, par le moyen du carthame. On fait subir au carthame deux macérations successives, chacune de vingt-quatre heures, dans l'eau de puits, qui est un peu alcaline; après cela, on le mêle avec le lin, avec le cinquième de son poids d'une cendre qu'on achète des Arabes, et qui contient un peu de carbonate de soude; on fait passer ce mélange sous la meule d'un moulin. On filtre à travers le mélange une médiocre quantité d'eau du Nil; on a par ce moyen, un liquide très-chargé de substance colorante. On commence par teindre avec la dernière portion qui a filtré et qui est chargée, en y mettant un peu de suc de citron; alors on mêle dans une chaudière la première portion du liquide avec une quantité considérable de suc de citron, et l'on tient à une chaleur de 50 à 65 degrés centigrades. On finit par passer l'étoffe dans une eau acidulée, et on la sèche.

Le carthame est une plante beaucoup trop négligée en France, et qui, cependant, peut être d'une grande utilité; ses tiges peuvent nourrir les bestiaux pendant l'hiver; sa fleur sert, ainsi qu'on vient de le dire, à teindre la soie en diverses couleurs; ses graines fournissent une huile douce, et peuvent servir à nourrir la volaille.

La partie colorante rouge du carthame ne va pas au-delà des cinq millièmes de son poids; et, selon les expériences de Dufour, 1,000 parties de carthame se composent de : 62 humidité; 34 sable et petites parcelles de la plante; 55 gluten; 208 matière colorante jaune; 42 extractif; 3 résine; 9 cire; 5 matière colorante rouge; 466 fibre ligneuse; 5 alumine et magnésie; 2 oxyde rouge de fer; 12 sable; 7 perte.

Bois du Brésil et autres bois colorants en rouge. — L'arbre qui produit le bois de Brésil, le *cœsalpinia crista* de Linnée, est ainsi nommé du lieu d'où il nous est d'abord venu. Il prend encore les noms de bois de *Sapan* ou de *Japon* (*cœsalpinia echinata*) et de *Brésillet* (*cœsalpinia vesicaria*). Le fernambouc est le plus estimé, et le brésillet l'est le moins. Aujourd'hui que le véritable bois de Brésil est très-rare, on le remplace par le bois de *Nicaragua* (*cœsalpinia echinata*), province du Mexique.

Le bois de Brésil, dont on fait principalement usage pour la teinture, est très-dur, susceptible de recevoir un très-beau poli, et si pesant qu'il se précipite au fond de l'eau. Il est d'abord pâle quand il est nouvellement coupé, et présente des veines jaunâtres à l'intérieur, mais sa couleur devient plus foncée par son exposition à l'air. L'intensité de la couleur varie dans différentes espèces.

Les plus foncées sont celles qu'on estime le plus; malheureusement il est très difficile de les reconnaître, surtout en copeaux, car les qualités inférieures sont frauduleusement saupoudrées de santal pour leur donner l'aspect d'un rouge plus vif; souvent aussi on mélange des copeaux de plusieurs qualités. Le bois de Brésil a une saveur douceâtre quand on le mâche, et il se distingue du bois de santal rouge par la propriété qu'il a d'abandonner à l'eau sa couleur, ce que ne fait point celui-ci. Quand on a fait bouillir le bois de Brésil dans l'eau pendant un temps convenable, dit le docteur Ure, il communique au liquide une belle couleur rouge ; le résidu est d'une couleur très-foncée, et les dissolutions alcalines lui enlèvent encore une portion considérable de matière colorante. L'alcool se charge aussi de la matière colorante du bois de Brésil ; il en est de même de l'ammoniaque, et l'une et l'autre de ces dissolutions sont plus foncées que l'infusion aqueuse. Dufay a reconnu que la teinture alcoolique teint le marbre chaud en rouge pourpre, qui passe au violet par une chaleur plus élevée. Si l'on couvre le marbre de cire après l'avoir teint, et qu'on le chauffe fortement, il passe par toutes les nuances de brun, et se change en une couleur chocolat permanente.

M. Chevreul a désigné par le nom de *brésiline* la matière colorante des bois de Brésil, dont la composition est analogue, sauf la couleur, au bois de campêche. Une infusion aqueuse de bois de Brésil contient : la brésiline, une matière particulière, une huile volatile ayant l'odeur et la saveur du poivre, de l'acide acétique libre ; des acétates de chaux, de potasse et d'ammoniaque ; du sulfate de chaux et une substance azotée.

La *brésiline* à l'état de pureté, suivant MM. Erdmann et Preisser, se présente en petites aiguilles incolores. Elle est soluble dans l'eau, et la dissolution qui se conserve longtemps sans altération, se colore seulement en jaune, en devenant d'un rouge assez vif sur les bouts ; par l'ébullition, la colorisation se manifeste beaucoup plus rapidement ; la liqueur devient d'un beau jaune cramoisi ; et si l'on abandonne à l'évaporation cette liqueur colorée, elle laisse déposer une multitude d'aiguilles satinées d'un rouge vif, que l'on a proposé de distinguer par le nom de *brésiléine*.

Les couleurs que le bois de Brésil communique aux étoffes, suivant le docteur Ure, sont peu durables : une très-petite portion d'alcali, ou même de savon, les fait passer au pourpre, d'où il suit que le papier teint de cette couleur peut servir de réactif pour reconnaître les points de saturation. L'alun, ajouté à la décoction de ce bois, y produit un précipité d'un beau rouge cramoisi, une laque, dont la quantité augmente par l'addition d'alcali à la liqueur. L'hydrochlorate d'étain y précipite aussi, en grande quantité, une poudre d'un rouge cramoisi. Les sels de fer lui font prendre une teinte sombre ; les acides changent la dissolution en jaune, mais la dissolution d'étain la ramène à sa couleur.

Il a été rapporté, dans le *Journal de Physique* de février 1783, des expériences curieuses sur l'action que les acides exercent sur la couleur du Brésil ; si, après l'avoir fait passer au jaune par le moyen du tartre et de l'acide acétique, on y verse de la dissolution hydrochloronitrique d'étain, il se forme aussitôt un précipité rose très-abondant ; si l'on ajoute à la dissolution, amenée au jaune par un acide, une plus grande quantité de cet acide ou d'un acide plus puissant, on rétablit la couleur rouge. L'acide sulfurique est le plus propre à produire cet effet. Quelques sels font aussi reparaître la couleur rouge du Brésil, qui a disparu par l'action des acides.

On a observé, dit Berthollet, que la décoction du bois de Brésil, qu'on appelle *suc* ou *jus* de Brésil, était moins propre à la teinture lorsqu'elle était récente, qu'étant vieille et même fermentée ; elle prend, en vieillissant, une couleur rouge-jaunâtre. Hellot recommande, pour faire une décoction, de se servir de l'eau la plus dure ; mais, ainsi que le fait remarquer Berthollet, cette eau doit foncer sa couleur en raison des sels terreux qu'elle contient. Après avoir fait bouillir le bois réduit en copeaux, ou, ce qui est plus avantageux encore, en poudre, pendant trois heures, on verse cette première eau dans une tonne, on remet de nouvelle eau sur le brésil, on l'y fait bouillir encore pendant trois heures, puis on la mêle à la première. Lorsqu'on emploie le bois de Brésil dans un bain de teinture, il convient de l'enfermer dans un sac de toile claire, ainsi que tous les bois colorants. Il est essentiel de placer la tonne de brésil dans un endroit qui ne soit pas exposé à certaines exhalaisons, telles que celles qui s'échappent des lieux d'aisance, parce que ces exhalaisons altèrent et finissent même par détruire la couleur du brésil. Mais par un séjour prolongé à l'air, ces décoctions de brésil dans la tonne éprouvent très-probablement une fermentation qui les désoxygène en partie, ce qui fait déposer le tannin avec d'autres matières étrangères qui s'y trouvent, et qui nuisent généralement à la vivacité autant qu'à la solidité des nuances.

La méthode de réduire en poudre les bois de teinture est avantageuse, et devrait être, suivant Berthollet, adoptée. On se sert, en Angleterre et en Hollande, de moulins destinés à cet usage ; il convient, lorsqu'on emploie ces bois ainsi réduits en poudre, de les renfermer dans un sac pour les mettre dans les bains de teinture.

Quand on emploie du bois de Brésil d'une qualité infé-

Teinturier.   20

rieure, tels que les bois de *Bimas*, de *Sainte-Marthe*, d'*Aniola*, de *Nicaragua*, de *Siam*, de *Sapan*, etc., on peut, suivant MM. Dingler, les épurer de leur couleur fauve, et les substituer ainsi avec succès au véritable *fernambouc*, par le procédé suivant :

Après avoir extrait la matière colorante et fait évaporer la décoction obtenue, jusqu'à ce que, par exemple, sur 2 kilogrammes de bois employé, il ne reste que 6 à 7 kilogrammes du liquide, on laisse refroidir, et 12 à 18 heures après, on y verse 1 kilogramme de lait écrémé : on remue ce mélange, on le fait bouillir pendant quelques minutes, puis on le fait passer par un morceau de flanelle d'un tissu bien serré. La couleur fauve reste sur le filtre avec la matière caséeuse, à laquelle elle s'attache, tandis que la couleur rouge passe dans le plus grand état de pureté et sans qu'il s'en perde la moindre partie.

Veut-on se servir de cette dernière liqueur pour teindre en rouge, on la délaie dans suffisante quantité d'eau pure et l'on y plonge ou l'on y passe les étoffes à teindre.

Mais si l'on veut en faire usage pour avoir un rouge d'application, on fera de nouveau évaporer la liqueur jusqu'à ce qu'il ne reste que 2 ¹/₂ à 3 kilogrammes de liquide. On épaissira ensuite avec l'amidon, auquel on ajoutera une quantité convenable soit de dissolution d'étain, soit d'acétate d'alumine, et on aura un rouge d'application aussi bien que celui qu'aurait pu donner le véritable fernambouc.

On trouve dans le commerce des extraits de brésil qui, bien préparés, servent dans les ateliers pour produire des amaranthes, des roses, des bruns, etc.

Le bois de *santal rouge* (*pterocarpus santalinus*) est celui d'un grand arbre qui croît sur la côte de Coromandel et dans plusieurs parties de l'Inde : il est d'abord d'un rouge vif, mais par son exposition à l'air, il devient d'une couleur très-foncée. Compacte, très-pesant, sans odeur, sans saveur, il se distingue aisément du bois de Brésil, par cette propriété qu'a le santal de ne pas abandonner à l'eau la matière colorante qui d'ailleurs est soluble dans l'alcool. La teinture alcoolique est d'un beau rouge, qui se change en jaune quand on l'étend avec une grande quantité de liqueur spiritueuse. M. Pelletier, en faisant bouillir dans l'alcool 100 parties de poudre de bois de santal, filtrant la liqueur et faisant évaporer à siccité, obtint 16 à 17 parties de matière résineuse rouge à laquelle il a donné le nom de *santaline*.

La santaline, à peine soluble dans l'eau, est très-soluble dans l'alcool ou l'éther. Cette solution vire au violet par les alcalis, précipite en pourpre par le chlorure d'étain, en violet par les sels de plomb, en écarlate par le deutochlorure de mercure, en violet foncé par le sulfate de fer, en rouge-brun par le nitrate d'argent. La santaline se dissout dans l'acide acétique.

La *santaline* à l'état de pureté, suivant M. Preisser se présente à l'état d'une poudre blanche cristalline, soluble dans l'eau, l'alcool et l'éther. Les solutions se colorent en rouge sur les bouts, et soumises à l'ébullition, laissent déposer par le refroidissement une poudre rouge, dans laquelle on distingue, au moyen du microscope, une foule de petites aiguilles d'un rouge vif qu'on a proposé d'appeler *santaléine*.

On distingue, suivant Berthollet, trois sortes de bois de santal : le blanc, le citron, et le rouge; le rouge est le seul qui s'emploie en teinture. C'est un bois solide, compacte, pesant, qu'on apporte de la côte de Coromandel, et qui brunit en restant exposé à l'air, on l'emploie ordinairement moulu en poudre très-fine; il donne une couleur fauve-brune tirant sur le rouge; par lui-même il fournit peu de couleur et on lui reproche de durcir la laine; mais sa partie colorante se dissout mieux lorsqu'il est mêlé avec d'autres substances, telles que le brou de noix, le sumac, la noix de galle; d'ailleurs la couleur qu'il donne est solide et modifie d'une manière avantageuse celles des substances avec lesquelles on le mêle.

On voit, dans les *Annales* de Crell, pour 1791, que Vogler, ayant observé que l'alcool délayé, ou l'eau-de-vie, dissolvait beaucoup mieux que l'eau la partie colorante du santal, fit emploi de cette dissolution soit seule, soit mêlée avec six à dix parties d'eau, pour teindre des échantillons de laine, de soie, de coton et de lin, échantillons qu'il avait auparavant préparés, en les imprégnant de dissolution d'étain, les lavant et les faisant sécher. Ils ont pris également une couleur rouge ponceau. Des échantillons préparés de même avec l'alun ont pris une couleur d'écarlate saturée : préparés avec le sulfate de cuivre, une belle couleur cramoisi clair; préparés avec le sulfate de fer, une belle couleur violette foncée. Vogler teignit à froid dans la liqueur spiritueuse ; mais il a employé une légère ébullition dans celle qui était mêlée avec l'eau. Ce mélange se fait sans que la transparence soit troublée.

La Mana. — Cette nouvelle matière tinctoriale a été extraite en 1826, par Vauquelin, de l'écorce d'un arbre provenant de la Mana, dans la Guyane française, dont les échantillons, bois et écorce, avaient été envoyés par le baron Millius, comme paraissant susceptibles de servir à la teinture.

L'écorce de cet arbre est grisâtre en dehors, et d'un rouge

vif en dedans; la saveur est amère et astringente, elle ne colore presque pas la salive; la texture est granuleuse; elle est comme pâteuse, et ne se réduit que difficilement en poudre; elle ne communique qu'une très-faible couleur à l'eau froide, un peu plus à l'eau bouillante; la décoction a une saveur amère et astringente comme l'écorce; elle se trouble par le refroidissement, et dépose une sorte de laque rouge. La couleur de la décoction de cette écorce n'éprouve pas de changement très-visible par le mélange des acides et des alcalis; cependant ces derniers la rembrunissent un peu; ce qui est d'un bon augure pour l'usage et la durée de cette couleur. Les étoffes qui en seront teintes ne seront pas exposées à être tachées par ces agents, comme cela arrive à celles qui sont teintes avec le bois de teinture ordinaire, et même avec la cochenille; mais cette écorce ne donnant que très-peu de couleur à l'eau même bouillante, il en faudra une grande portion pour teindre les étoffes en couleur saturée. Dans la décoction de cette écorce, faite avec 10 grammes d'écorce moulue et 300 grammes d'eau bouillante, ont été trempés pendant une demi-heure, des écheveaux de laine, de soie et de coton, apprêtés pendant vingt-quatre heures dans une dissolution de 15 grammes d'alun dans 400 grammes d'eau. Ces fils, exprimés, lavés et séchés, ont présenté, savoir: la soie, une couleur amaranthe saturée et très-vive; la laine, une couleur de même espèce, mais beaucoup moins saturée, et le coton presque pas de couleur.

Le bois a une couleur rouge pâle, une saveur amère et astringente comme l'écorce; il ne cède pas sa couleur à l'eau, même après un espace de temps très-long; l'eau bouillante n'en tire non plus qu'une fort petite quantité de couleur; en effet, 6 grammes de ce bois, qui avait d'abord trempé pendant vingt-quatre heures dans 180 grammes d'eau, et ensuite bouilli, n'ont pas suffi pour teindre à saturation un écheveau de soie pesant 45 centig.

D'après ces essais, que la petite quantité de matière m'a empêché de varier davantage, ajoute Vauquelin, il est certain que l'écorce, ainsi que le bois de la Mana, ne pourront guère servir que pour la laine et la soie, mais ce sera toujours une couleur chère; que l'écorce donne beaucoup plus de couleur à l'eau que le bois, quoiqu'elle-même ne lui en communique que fort peu : elle sera donc préférable au bois. J'ai lieu de penser, d'après quelques essais, que cette couleur, convenablement appliquée à la laine et à la soie, sera solide et ne sera altérée ni par le contact des acides ni par celui du savon; mais il faudrait faire sur cette couleur des épreuves en grand, en variant la nature des mordants pour constater la solidité.

Barwood, Camwood, chica. — Le bois de *Barwood* ou *Camwood*, qui a la plus grande analogie avec le santal, provient d'un arbre découvert dans la colonie de *Sierra-Leone*, en Afrique, par le botaniste suédois Afzélius, qui lui donna le nom de *Baphia nitida*. Les Portugais apportèrent ce bois en Europe vers la fin du siècle dernier, et c'est en Angleterre seulement qu'il a été utilisé. Suivant M. Preisser, ce bois est en poudre grossière d'un rouge vif, semblable à celle du santal, sans odeur et sans saveur prononcées. Il ne colore presque pas la salive.

La matière colorante du Barwood paraît identique avec la santaline, mais plus abondante dans le Barwood qui en fournit près de 23 pour 100, tandis que le santal en fournit à peine 16 à 17 pour 100 suivant Pelletier.

On retire le *chica* du *Bignonia chica*, en faisant bouillir dans l'eau les feuilles de cet arbre. Quand on juge que l'ébullition a été suffisamment prolongée, on passe cette décoction au travers d'un linge; le liquide, en se refroidissant, laisse déposer une fécule rouge qu'il tenait en suspension. On lave avec soin cette fécule; puis avant qu'elle soit sèche, on la met dans des moules pour lui donner la forme de sphères comprimées.

Le chica, suivant M. Boussingault, à qui l'on doit ces détails, est sans saveur, sans odeur, et capable de prendre le poli métallique par frottement. Il se dissout dans l'alcool, dans l'éther, dans les lessives alcalines, ainsi que dans les corps gras; c'est même à l'aide de ces derniers agents que les Indiens se teignent la peau en rouge. — Le chica a été jusqu'à présent peu employé en France pour la teinture; mais on en fait usage depuis longtemps dans les Indes et en Angleterre.

§ 27. COLORISATION EN JAUNE.

La *gaude* ou *vaude* (*reseda luteola*) de Linnée, famille des câpriers, est une plante fort commune dans les environs de Paris, dans plusieurs parties de la France, et dans presque toutes les contrées de l'Europe. Toute la plante, excepté la racine, sert à teindre en jaune, quoiqu'il ait été assuré que ce sont les semences seules qui fournissent la matière colorante.

On distingue deux sortes de gaude : la gaude bâtarde ou sauvage, qui croît naturellement dans les campagnes; et la gaude cultivée, dont les tiges sont plus petites et moins hautes.

Cette dernière est préférée pour la teinture ; elle est plus abondante en matière colorante, et on l'estime d'autant plus que les tiges en sont plus déliées.

Lorsque la gaude est mûre, on l'arrache ; et après l'avoir laissé sécher, on la met en bottes. C'est dans cet état qu'on en fait usage.

On doit toujours choisir de préférence la gaude dont les tiges sont le plus déliées et le plus chargées de graine, car la matière colorante se trouve en plus grande abondance dans les enveloppes des fruits. Il faut rejeter les gaudes d'un jaune-brun, ayant une odeur de moisi.

La gaude est une matière tinctoriale précieuse, parce que la couleur jaune qu'elle fournit aux étoffes n'a pas le défaut de passer au roux, comme le font les autres matières colorantes jaunes ; elle donne des jaunes, des verts, des olives, sur la laine, la soie et le coton.

La *lutéoline*, extraite par M. Chevreul de la décoction de gaude, est d'une apparence cristalline ; cette décoction, refroidie et filtrée, contient en outre une matière non azotée qui communique de la viscosité à l'eau ; une matière azotée ; une matière colorante, jaune-roux, qui est probablement de la lutéoline altérée ; une matière saccharine ; une matière amère, incolore, soluble dans l'eau et dans l'alcool ; un principe odorant ; un acide organique libre ; des citrates et des phosphates de chaux et de magnésie ; des sulfates de chaux et de potasse ; du chlorure de potassium ; un sel organique de potasse ; un sel ammoniacal.

La lutéoline se comporte à peu près comme la décoction de gaude, dont la couleur est jaune-roux, l'odeur particulière, désagréable, la saveur douceâtre amère, et de la manière suivante avec les réactifs : rougit sensiblement le tournesol, vire au jaune d'or verdâtre par les alcalis ; fonce de couleur par l'acide nitrique, se trouble avec les autres acides ; précipite en beau jaune par la chaux et par la baryte ; fournit, par l'alun, un léger précipité jaune ; colore en brun-rougeâtre le persulfate de fer, en précipitant à la longue en brun ; précipite abondamment en jaune par le proto-hydrochlorate d'étain et l'acétate de plomb ; en jaune tirant sur le vert par l'acétate de cuivre ; fonce de couleur par tous les sels de chaux.

La *lutéoline* à l'état de pureté, suivant M. Preisser, se présente en paillettes blanches, solubles dans l'eau, l'alcool et l'éther. Elle est volatile et laisse sublimer des aiguilles d'un jaune d'or, mélangées d'autres moins colorées. Suivant M. Persoz, elle prend, par les oxydes alcalins, peu à peu, au contact de l'air, une belle nuance jaune d'or, qui passe au roux par une plus grande quantité d'oxygène. Elle décompose les acétates aluminique, plombique, cuivrique, et même l'alun, en produisant des laques jaunes : elle donne avec les sels ferriques un précipité olivâtre; sa solution aqueuse rendue acide, se précipite; mise en contact avec l'acide sulfurique concentré, elle se dissout, et précipitée par l'eau, elle n'éprouve aucune altération. C'est, de toutes les matières colorantes jaunes, celle qui résiste le mieux aux agents atmosphériques.

M. L. Moldenhauer, qui a fait une étude particulière de la lutéoline, a publié les renseignements suivants sur cette substance :

Préparation de la lutéoline. — On introduit la gaude coupée en morceaux et en assez grande quantité, 5 à 6 kilogrammes au moins, attendu que le produit est très-peu considérable dans un alambic, et on verse dessus de l'alcool à 80° C., on porte à l'ébullition, puis on abandonne au repos pendant un à deux jours, on soumet à la presse, on filtre et on chasse l'alcool par la distillation. Les flegmes qui restent sont encore chauds, versés aussitôt après distillation, dans une capsule en porcelaine, où on les réduit à moitié par l'évaporation, après quoi on laisse refroidir. Pendant la nuit, il se dépose sous forme amorphe de la lutéoline avec quelques autres matières. On filtre, on lave avec l'eau, et la matière colorante mélangée à une résine molle et verte est transportée dans un matras, et on verse dessus quelques travers de doigts de vinaigre concentré du commerce, on porte à l'ébullition et on filtre tout chaud. Il n'y a que la lutéoline et une autre matière non encore étudiée, mais aussi colorante, qui se dissolvent aisément dans l'acide acétique bouillant, mais se séparent presque complétement par le refroidissement. On sépare par ce filtre l'acide acétique coloré en brun, et on fait sécher dans le vide avant d'extraire la lutéoline par l'éther.

On peut aussi opérer par l'acide acétique la séparation de la matière colorante de la résine verte, puis faire sécher de suite et extraire la lutéoline par l'éther. Au début, c'est-à-dire pour les quatrième, cinquième ou sixième extraits, on procède avec peu d'éther, parce que cette résine verte s'y dissout aisément et jusqu'à ce qu'on ait séparé la plus grande partie de celle-ci de la matière colorante. Les extraits suivants par cet éther donnent après la distillation des croûtes de lutéoline colorée en vert, qu'on peut soumettre à une nouvelle purification. La perte qu'on éprouve par les premières extractions (lavages de la résine verte) ne sont pas très-considérables, parce que la lutéoline ne se dissout que difficilement par l'éther.

Le procédé qu'on vient de décrire pour séparer par l'acide acétique la lutéoline de la résine verte présente à peu près la même perte que l'autre moyen, parce qu'il se dissout un peu de lutéoline dans cet acide. Les extraits de matière colorante débarrassée de résine verte par l'acide acétique, fournissent, quand on les distille avec l'éther, des croûtes de lutéoline colorée en vert. L'extraction répétée donne peu à peu assez de lutéoline verte pour payer les frais d'une nouvelle purification.

On dissout ces croûtes dans l'alcool et lorsqu'on a obtenu 150 centimètres cubes de cette dissolution qui renferment environ 1 gramme de lutéoline, on étend de 3 à 4 litres d'eau et on porte à l'ébullition. La lutéoline qui, par ce mélange de l'eau, s'est précipitée en flocons se redissout quand on chauffe. On filtre encore chaud, et dans la liqueur filtrée on ne tarde pas à apercevoir, à mesure qu'elle refroidit, un nuage jaune de lutéoline presque pure. Sous le microscope, on reconnaît qu'elle est cristallisée en très-petits prismes à quatre pans. On recueille ceux-ci sur un filtre, on les fait sécher et on répète les opérations ci-dessus à partir du traitement par l'éther.

La lutéoline, après trois cristallisations, est un beau produit dont les petits cristaux jaune pur réfléchissent la lumière et présentent ainsi un aspect joyeux. Le résidu vert poisseux qu'on obtient par le premier extrait éthéré peut aussi fournir de la lutéoline par le même mode de traitement; seulement il faut faire bouillir la solution alcoolique, non pas avec l'eau, mais avec l'acide sulfurique étendu (1 partie d'acide pour 8 d'eau). On obtient ainsi parfois dès la première cristallisation une belle lutéoline jaune, inférieure seulement en quantité à celle fournie par la cristallisation dans l'eau, parce que l'acide sulfurique affaiblit sensiblement la solubilité de la lutéoline.

Propriétés. — La lutéoline est une matière colorante d'une couleur jaune pur, tant à l'état amorphe qu'à l'état cristallisé. Elle cristallise dans ses solutions saturées bouillantes dans l'acide sulfurique étendu et l'acide acétique, mais plus sûrement dans la solution aqueuse bouillante qui renferme 1 à 2 pour 100 d'alcool. Les cristaux sont des aiguilles fort petites à quatre pans qui se groupent en rayonnant d'un centre. On remarque également la même forme dans la lutéoline sublimée, qui consiste en petits flocons ayant, sous le microscope, l'aspect de groupes rayonnants. La sublimation s'opère au mieux dans un creuset de porcelaine qu'on recouvre d'une capsule en platine remplie d'eau, et qu'on chauffe avec précaution. La lutéoline se fond vers 320° C. en une masse brun noirâtre en se décomposant en partie. Elle est sans odeur, d'une saveur faiblement amère et astringente. Elle se dissout dans 14,000 parties d'eau froide et 5,000 parties d'eau bouillante. Il faut 37 parties d'alcool et 625 d'éther pour la dissoudre.

La lutéoline présente, en général, les propriétés d'un acide faible; elle rougit faiblement le papier de tournesol et forme des combinaisons avec les oxydes métalliques. Les alcalis purs ou carbonatés la dissolvent en formant une liqueur colorée en jaune foncé, il en est de même de l'ammoniaque, dont la solution laisse, après l'évaporation, de la lutéoline pure. La lutéoline est presque insoluble, surtout à froid, dans les acides étendus, mais elle se dissout assez aisément dans l'acide sulfurique concentré qu'elle colore en jaune rougeâtre intense; quand on ajoute de l'eau elle se précipite sans altération, si on a soin de ne pas appliquer la chaleur. L'acide chlorhydrique en dissout très-peu, et l'acide acétique en dissout d'autant plus à chaud qu'il est plus concentré, mais en refroidissant il la laisse précipiter à peu près complétement. L'acide azotique dissout la lutéoline à chaud en la décomposant et se colorant en rouge; par une longue ébullition, la liqueur devient incolore et contient alors beaucoup d'acide oxalique.

La lutéoline ne précite pas une solution de gélatine. Les sels de protoxyde de fer ne présentent aucune réaction particulière avec sa solution aqueuse; mais il n'en est pas de même des sels de sesquioxyde. Si on verse quelques gouttes d'une solution de perchlorure de fer dans une éprouvette, qu'on remplisse d'eau et qu'on transporte quelques gouttes de cette solution très-étendue de perchlorure dans la solution aqueuse de lutéoline, il se produit une coloration verte qui ressemble à celle que donne le quercitrin avec le chlorure de fer. Mais si l'on a employé une solution un peu concentrée de perchlorure, la couleur n'est plus verte, mais rouge-brun foncé. La solution aqueuse, quand on l'aiguise avec l'acide sulfurique ou l'acide chlorhydrique, précipite une masse amorphe. La lutéoline n'est pas un glucoside.

Composition. — D'après les analyses, la lutéoline a pour composition, sur 100 parties :

Carbone. 62,78
Hydrogène 3,84
Oxygène. 33,38
                                ———
                                100,00

Ces nombres conduisent à la formule $C^{40}O^{14}H^{16}$, mais il est douteux qu'elle représente réellement l'équivalent de la lutéoline, et on ne peut pas s'en assurer, parce qu'on ne réussit pas à obtenir des combinaisons qui, par leur accord seraient propres à faire connaître l'équivalent de la lutéoline.

Le *quercitron* est l'écorce du *quercus nigra*, de la famille des amentacées. Cet arbre, auquel on a donné le nom de *quercitron*, croît spontanément dans l'Amérique septentrionale. Le docteur Bancroft découvrit, vers l'an 1784, que l'écorce intérieure de cet arbre contient une grande quantité de matière colorante ; et, depuis ce temps, elle a été très-généralement employée par les teinturiers. On la prépare, pour leur usage, en détachant l'épiderme (qui contient une matière colorante brune) et en faisant alors moudre l'écorce, elle se divise, en partie, en filaments déliés, et en partie en une poudre très-fine. Une partie de cette poudre fournit autant de matière colorante que huit ou même dix parties de gaude, et autant que quatre parties de bois jaune. L'écorce du quercitron communique facilement sa matière colorante à l'eau, chauffée à la température de 38 degrés centigrades. A ce degré de chaleur, l'eau dissout environ les 0.083 de l'écorce employée. L'infusion de quercitron concentrée de manière à marquer de 2 à 4 degrés au pèse-acide de Baumé, laisse déposer une matière jaunâtre, grenue et cristalline que M. Chevreul a nommée *quercitrin* : elle est légèrement acide ; plus soluble dans l'alcool que dans l'éther ; légèrement soluble dans l'eau qu'elle colore en jaune pâle. Les alcalis la font virer au jaune-vert. L'alun y développe une belle couleur jaune. L'acétate de plomb, l'hydrochlorate de protoxyde d'étain, et l'acétate de cuivre la précipitent en flocons jaunes. Les sels de fer la font virer à l'olive, et y forment, au bout de quelques instants, un précipité olive plus ou moins brun.

D'après M. Chevreul, une décoction de 1 partie de quercitron et 10 parties d'eau bouillies ensemble un quart-d'heure, est d'un rouge-orangé-brun : elle ne se trouble pas par le refroidissement, mais elle dépose après plusieurs jours du quercitrin cristallisé : son odeur est celle de l'écorce du chêne ; elle a une saveur amère et très-astringente ; le papier de tournesol y dénote la présence d'un acide. Les alcalis en foncent la couleur, et l'eau de chaux agit de même, en précipitant de plus des flocons d'un jaune-roux. L'alun éclaircit la liqueur, et n'y forme qu'un léger précipité. Il s'y forme un précipité roux avec le proto-hydrochlorate d'étain, jaune-roux avec l'acétate de plomb, jaune-verdâtre avec le deutacétate de cuivre précipité, brun-olive avec le persulfate de fer.

La *quercitrine*, à l'état de pureté, suivant M. Preisser, est incolore et très-soluble dans l'eau, l'alcool et l'éther. Elle se colore lentement, au contact de l'air, en jaune clair, et la solution laisse peu à peu déposer des flocons d'un blanc-jaunâtre, d'une apparence cristalline. La solution aqueuse, abandonnée longtemps à l'air, finit par acquérir une couleur jaune foncée. Il n'y a donc, dans l'écorce du quercitron, qu'un seul principe colorant, la *quercitrine*, qui passe à l'état de *quercitrin* ou de *quercitrine*, c'est-à-dire au jaune en absorbant l'oxygène de l'atmosphère, et au brun par son mélange avec le tannin.

Le quercitron s'emploie en teinture, plutôt sur coton que sur laine et sur la soie pour des nuances jaunes, olivâtres ; avec la garance, il produit des orangés et des cannelles ; avec le bleu tous les tons des verts.

M. Bolley a obtenu l'*acide quercitrique*, en traitant par l'alcool, et jusqu'à épuisement, du quercitron pulvérisé, c'est-à-dire avec environ 6 parties d'alcool pour 1 partie d'écorce pulvérisée. Après avoir introduit, dans la solution alcoolique, des fragments de vessie de bœuf, qu'on peut remplacer par de la colle de poisson, pour lui enlever le tannin qu'elle renfermait, il a soumis cette solution à la distillation dans le but d'en retirer l'alcool. Durant cette distillation, il se sépare des gouttelettes résineuses qu'on isole au moyen du papier buvard, et il se forme en même temps des croûtes cristallines qu'on lave à l'eau et qu'on met redissoudre dans un alcool éterdu pour les faire cristalliser de nouveau.

D'après M. Bolley, cet acide, chauffé à l'abri du contact de l'air, se volatilisait sans éprouver d'altération ; 400 parties d'eau, et seulement 4 à 5 parties d'alcool anhydre suffiraient pour en opérer la dissolution ; il s'oxyderait par les oxydants énergiques, et, combiné avec les bases, formerait des sels que décomposerait l'évaporation ; l'acide se dégageant, dans ce cas, laisserait ces bases pour résidu. Cette observation doit être prise, surtout, en considération dans la teinture au quercitron. Enfin, comme les agents puissamment réducteurs, il jouirait de la propriété de réduire les sels argentiques, auriques, etc.

Flavine. — MM. Bolley et Brunner ont publié sur ce nouveau produit une note que nous transcrivons ici.

La première fois qu'on trouve la flavine mentionnée en teinture, c'est dans le Manuel de l'art de la teinture de M. J. Napier, Glasgow, 1853, qui en parle comme d'une matière colorante importée depuis peu d'années en Europe. Les teinturiers anglais pensent que ce corps est un extrait de l'écorce de quercitron, et M. Muspratt, dans son *Manuel de chimie technique*, a adopté cette opinion. Ce que ces documents nous font connaître de plus certain est ce qui est relatif à l'origine ou provenance, qui est l'Amérique du Nord pour la flavine comme pour le quercitron et quelques réactions générales, mais qui ne sont pas suffisamment caractéristiques, et enfin l'assertion des teinturiers que, dans beaucoup de cas, on peut avec avantage substituer la flavine au quercitron. Toutes les autres opinions présentées jusqu'ici paraissent manquer de fondement.

Le pouvoir colorant de la flavine est, dit-on, seize fois celui du quercitron. Cette matière est sous la forme d'une poudre amorphe, légère et jaune-brun, qui ne se dissout pas entièrement dans l'eau; une solution faite avec l'eau chaude ne tarde pas à déposer une poudre brunâtre dans laquelle il n'est pas possible de reconnaître une structure cristalline. La solution réduit l'oxyde de cuivre dissous dans un tartrate alcalin et ramène le métal à l'état de protoxyde, elle précipite la gélatine en flocon et les sels d'oxyde de fer en brun-verdâtre. La portion extraite par l'eau s'élève à 42 pour 100 du poids total. La flavine abandonne à l'éther du commerce une matière colorante assez riche, et après l'évaporation de l'éther, le résidu se montre entièrement soluble dans l'alcool; la solution alcoolique évaporée dans une capsule plate avec addition graduée d'eau, laisse une poudre jaune-brun dans laquelle on observe au microscope quelques traces de cristallisation. En la traitant à plusieurs reprises par l'alcool et la séparant par l'eau, elle paraît acquérir une structure plus cristalline, mais sa couleur est toujours un jaune peu franc. En la redissolvant dans l'alcool et traitant la solution par une solution alcoolique de sucre de saturce on produit un précipité d'un beau brun-rouge. La solution reste pâle et un peu jaune. Après avoir lavé le précipité avec un peu d'alcool, on l'a délayé encore humide dans l'eau et on y a fait passer un courant d'acide sulfhydrique gazeux. Après saturation complète, on a ajouté de l'acide acétique étendu, fait bouillir et filtré. La liqueur filtrée était un peu jaune et il s'en est séparé, après le refroidissement, une poudre amorphe jaunâtre passant peu à peu au vert à la lumière, tandis que la masse principale de la matière colorante a conservé encore sa couleur de minium. En traitant à chaud par l'alcool on a obtenu une solution brun-malaga foncé qui, évaporée avec des additions graduées, a laissé précipiter en abondance un corps jaune pâle qui consistait évidemment en cristaux. Ce corps cristallin était légèrement soluble dans l'eau chaude, presque insoluble dans l'eau froide et l'éther, aisément soluble dans l'alcool, dans l'ammoniaque et les solutions alcalines. Il se dissolvait également à chaud dans l'acide acétique et en refroidissant il se séparait de la dissolution en flocons amorphes. On produisait dans les dissolutions, tant alcooliques qu'ammoniacales, au moyen de l'acétate de plomb, un précipité rouge-orangé plein de feu.

La forme des cristaux, l'éclat particulier de la poudre cristalline, la manière dont elle se comporte vis-à-vis l'éther, l'acide acétique et celle de la solution d'acétate de plomb, sont très-caractérisques et démontrent qu'on a affaire au quercetin (produit dédoublé du quercitrin découvert par M. Rigaud, et que la substance en question est identique avec cette dernière préparation. L'analyse élémentaire a confirmé complètement cette opinion, puisque 0gr.1235 de substances, brûlés par l'oxyde de cuivre et dans un courant d'oxygène, ont donné 0gr.0457 d'eau et 0gr.2567 d'acide carbonique, ce qui correspond à

4,08 pour 100 d'hydrogène et 58,70 de carbone,

tandis que M. Rigaud a trouvé en moyenne :

59,23 pour 100 de carbone et 4,13 d'hydrogène.

Par des moyens différents, mais moins commodes, on a séparé une substance cristalline un peu jaune sale, verdissant promptement à la lumière et consistant en cristaux moins apparents et qui, à l'analyse, a fourni 57,01 pour 100 de carbone et 3,73 d'hydrogène. On avait procédé à la préparation en partant d'un extrait aqueux dont on avait fait un extrait alcoolique, puis enfin un extrait éthéré qui a laissé le résidu solide et jaune ci-dessus par l'intervention du composé plombique et en réitérant le traitement pour purifier. Le quercetin pur est plus facile à extraire de l'écorce de quercitron que la flavine, dans laquelle la plus grande partie de ce quercetin se transforme peut-être, ou bien ou il se trouve en compagnie d'autres corps qui s'opposent à sa séparation avec toutes les propriétés d'une substance pure. M. Rigaud fait remarquer que le quercétin prend une couleur plus terne et plus brune quand on le met en contact avec un acide concentré. Dans la préparation de la flavine on peut bien développer des réactions de ce genre sur la matière pure.

Il résulte de ces recherches que la flavine est sans nul doute préparée avec l'écorce de quercitron, mais n'est nullement, ainsi qu'on l'avait annoncé, un extrait simple de cette écorce, analogue aux extraits de campêche, de fernambouc, etc. La formation du quercétin, qui se trouve tout préparé dans la flavine, doit très-probablement avoir lieu par le traitement de l'écorce de quercitron par les acides, ou bien, comme on ne rencontre pas de fibre ligneuse dans la flavine, tandis que la matière colorante ne se dissout pas aisément dans les acides étendus par extraction au moyen d'un alcali et traitement ultérieur de la solution par les acides. L'observation que la matière colorante de la flavine est le quercétin, ou que celui-ci y entre en très-grande proportion doit faire repousser comme inadmissible la proposition de M. Leeshing de traiter la flavine par l'acide sulfurique, ainsi que sa patente l'indique pour l'écorce de quercitron. La présence de l'acide tannique ne permet pas une décomposition complète et celle du sucre favorise l'opinion mise en avant.

Nous espérons communiquer prochainement quelques expériences sur la question de savoir quel est le mode le plus avantageux de préparation de la flavine ou d'une autre matière colorante plus pure encore, extraite de l'écorce du quercitron.

Deux chimistes de Zurich, ont cherché à préparer la flavine avec l'extrait d'écorce de quercitron. M. Hochstaettler a fait un extrait de cette écorce au moyen d'une solution étendue de carbonate d'ammoniaque, et M. Oehler avec une solution de carbonate de soude. Ces deux extraits étaient fortement colorés, et en les faisant bouillir de nouveau avec la liqueur alcaline, ils ont donné un liquide encore fortement coloré en jaune foncé. On a ajouté à la liqueur un petit excès d'acide sulfurique, puis fait bouillir, et il s'est séparé des flocons d'une poudre brunâtre qui ont été recueillis sur un filtre, lavés et séchés. La précipitation complète ne s'est opérée qu'après une longue ébullition. La liqueur filtrée, après la première précipitation, chauffée au bout de peu de temps en soutenant l'ébullition, est devenue de plus en plus trouble. Le précipité séché avait entièrement l'aspect de la flavine du commerce, c'est une poudre brun sombre, tenue, amorphe, dont les réactions chimiques et les propriétés phy-

siques sont celles de la flavine. Des expériences de teinture
sur coton aluné ne présentent aucune différence avec la flavine du commerce, et celle obtenue par le carbonate d'ammoniaque. Le produit, dans ces deux préparations, s'est
élevé à 5 pour 100 en poids de l'écorce, mais en grand on est
en droit d'attendre un produit plus considérable. Il n'y a
donc plus de doute, la flavine peut s'extraire comme il vient
d'être dit, et le produit par des extractions et des pressions
successives des résidus s'élèvent probablement au-delà de 5
pour 100 en poids de l'écorce qu'on traitera de cette manière.

Le *bois jaune* est le bois d'un grand arbre, le *morus tinctoria*, qu'on nous envoie des Antilles, et surtout de Tabago,
sous la forme de gros tronçons ; il est léger, peu compacte,
d'un jaune veiné d'orangé. On rencontre, dans l'intérieur
des branches, une matière pulvérulente, jaune ou blanchâtre,
qui jouit à un haut degré de la propriété tinctoriale. Sa décoction, bien chargée, est d'un jaune-rougeâtre foncé ; les
acides la troublent légèrement et en affaiblissent la teinte ;
les alcalis la rendent presque rouge, orangée ou brun-verdâtre ; l'alun et le tartre agissent à peu près comme les acides, en éclaircissant le jaune jusqu'au serin ; le sulfate de
fer brunit la couleur ; l'hydrochlorate d'étain y forme un
précipité abondant d'un beau jaune, plus ou moins doré ;
les sels de cuivre précipitent des verts foncés.

Outre la matière colorante, à laquelle M. Chevreul a donné
le nom de *morin*, la décoction contient un principe rouge,
un principe brun, et du tannin. En traitant par l'éther, la
poussière intérieure des bûches de bois jaune, on dissout le
morin dont elle est presque entièrement formée, et qui cristallise par une évaporation ménagée. En traitant par l'éther
la matière blanc-rosé, le principe rouge se dépose, et l'on
obtient par évaporation des cristaux moins jaunes que ceux
du morin ; en les lavant à l'éther, on les blanchit ; et ils
prennent alors le nom de morin blanc, quoiqu'il soit faiblement coloré. Sa propriété la plus remarquable est de fournir, par le protosulfate de fer, du *rouge grenat*, tandis que
dans les mêmes circonstances, le morin ordinaire donne du
vert-olive.

La *morine*, à l'état de pureté, suivant M. Preisser, est en
cristaux brillants, d'un blanc-jaunâtre très-pâle qui, en les
faisant bouillir dans l'eau, absorbent l'oxygène atmosphérique et se transforment en *morcine* ou *morin jaune*, qui se
précipite par le refroidissement.

Le bois jaune est très-riche en matière colorante : aussi
suffit-il d'une partie de bois pour teindre seize parties de

drap. L'opération se fait en fendant le bois en éclats ; on, ce qui est mieux, en le réduisant en copeaux, et même en poudre, et en l'enfermant dans un sac, qu'on plonge ensuite dans vingt-cinq à trente parties d'eau bouillante. On met dans ce bain, d'après le conseil de Chaptal, des rognures de peaux pour l'aviver, et on y passe la couleur claire. Il paraît que la gélatine des peaux en précipite une matière d'un fauve-rougeâtre, analogue au tannin.

La gaude, ainsi que le fait observer Berthollet, ne donne au drap, qui n'a pas reçu de préparation, qu'un jaune pâle qui ne résiste pas longtemps à l'air ; mais le bois jaune produit, sans le secours des mordants, une couleur jaune tirant sur le brun, qui, à la vérité, est terne, mais qui résiste assez bien à l'air ; on donne de la vivacité à sa couleur, et l'on augmente sa solidité par le moyen des mêmes mordants qu'on peut employer pour la gaude, et qui exercent sur lui une action tout-à-fait analogue : ainsi l'alun, le tartre et la dissolution d'étain rendent sa couleur plus claire ; le sel marin et le sulfate de chaux la rendent plus foncée. On peut donc appliquer au bois jaune les procédés indiqués pour la gaude, avec cette différence que, pour obtenir une même nuance, il faut employer beaucoup moins de bois jaune. Cependant les couleurs qu'on obtient par ces procédés tirent plus à l'orangé, et sont plus ternes que celles de la gaude ; on mêle quelquefois l'un à l'autre, selon l'effet qu'on veut obtenir.

Le bois jaune s'emploie principalement en teinture, sur laine, pour des jaunes, verts, bronzes et autres couleurs composées. Les jaunes ont l'inconvénient de prendre un ton roux, à l'air.

M. Persoz met en opposition les caractères qui sont propres au *morin*, sous ses deux états, *blanc* et *jaune*, comme très-importants à connaître pour le teinturier. Tandis que le *morin blanc* agit à peine sur une solution de colle de poisson ou de gélatine, le *morin jaune* la trouble franchement. La solution de *morin jaune* se colore en *très-beau jaune*, sans se troubler, par les oxydes potassique, sodique, ammonique, barytique et strontique ; et dans les mêmes circonstances, le *morin blanc* devient d'un jaune plus foncé. Une solution d'acétate cuivrique n'est point troublée immédiatement par le *morin jaune*, tandis qu'elle l'est par le *morin blanc*. Une solution de sulfate ferrique fait passer la nuance d'une solution de *morin jaune* au vert-dragon, et le même sel fait passer au rouge-grenat la solution de *morin blanc*.

Un fait surtout digne de remarque et qui a particulièrement

fixé l'attention de M. Chevreul, c'est qu'en soumettant à la distillation ces *deux morins*, ils se subliment l'un et l'autre en conservant leurs caractères distinctifs, savoir : le *morin blanc*, celui de colorer en grenat les sels ferriques ; le *morin jaune*, celui de les colorer en vert.

Graines d'Avignon et de Perse. — La *graine d'Avignon*, qu'on appelle aussi *graine de Perse*, est la baie du *rhamnus infectorius* (l'épine cormier), de la famille des rhamnées : on la cueille, avant sa maturité, dans plusieurs départements que comprenaient l'ancien Comtat-Venaissin, la Provence, le Languedoc et le Dauphiné. Sa teinte est verdâtre. La variété désignée sous le nom de *graine de Perse* est plus grosse, plus arrondie, et fournit plus de matière colorante.

Les principales substances contenues dans cette graine sont, suivant M. Chevreul : un principe colorant jaune uni à une matière insoluble dans l'éther, peu soluble dans l'alcool concentré, très-soluble dans l'eau, et qui paraît être volatil ; une matière remarquable par son amertume, soluble dans l'eau et l'alcool ; un principe rouge, en petite quantité, tendant à se décomposer en matière brune sous l'influence de l'air, se trouvant surtout dans l'extrait aqueux de la graine d'Avignon, insoluble dans l'alcool et l'éther.

Le principe colorant, ou *rhamnéine* à l'état de pureté, suivant M. Preisser, se présente en poudre cristalline d'un blanc légèrement jaunâtre ; par l'exposition de sa dissolution au contact de l'air, elle se transforme en *rhamnéine*, cristaux microscopiques d'un jaune foncé, dont la couleur peu stable passe au brun-rouge en absorbant l'oxygène de l'air.

Une décoction d'une partie de graine d'Avignon dans dix parties d'eau bouillies ensemble un quart-d'heure, est d'un jaune-brun tirant un peu au verdâtre. Elle ne se trouble pas par le refroidissement. Elle est odorante ; sa saveur est très-amère.

La gélatine y forme, au bout de quelques heures, un précipité.

L'acide sulfurique la trouble ; la couleur est un roux tirant sur le verdâtre.

L'acide nitrique à 34 degrés en affaiblit la couleur sans la troubler, un excès développe une belle couleur rouge-brun.

L'acide oxalique affaiblit la couleur et en précipite de la chaux.

L'acide acétique affaiblit la couleur et ne la trouble que légèrement.

Les eaux de potasse, de soude et d'ammoniaque, la font passer à l'orangé verdâtre sans la précipiter.

Les eaux de chaux, de baryte et de strontiane, la font passer à l'orangé verdâtre et en précipitent quelques flocons.

Les sels d'alumine affaiblissent la couleur sans la précipiter.

Le persulfate de fer la fait passer au vert-olive.

Le sulfate de cuivre la fait virer au jaune-vert olive.

L'acétate de cuivre y forme un léger précipité jaune-roux verdâtre.

L'acétate de plomb ne la trouble qu'au bout d'une demi-heure.

Le proto-hydrochlorate d'étain acide la fait virer au jaune verdâtre sans la troubler sensiblement.

La graine d'Avignon est rarement employée en bonne teinture sur laine, soie et coton; mais comme elle est riche en couleur, on la substitue souvent à la gaude pour l'impression des toiles, quoiqu'elle lui soit inférieure en qualité; elle sert le plus fréquemment à reteindre les vieilles étoffes, après dégraissage.

Saule, peuplier, trèfle, fleurs blanches. Scheffer indique les *feuilles de saule* comme propres à donner à la laine, à la soie et au lin, une belle couleur jaune. Il faut, suivant Bergman, se servir des feuilles du laurier-saule (*salix pentandra*), parce que la couleur que donnent les feuilles du saule commun se dissipe promptement en plus grande partie au soleil.

Le procédé de Scheffer consiste à laisser pendant une nuit la laine dans une dissolution refroidie d'un cinquième d'alun et d'un seizième de tartre; le bouillon se fait avec les feuilles que l'on a ramassées vers la fin d'août, ou au commencement de septembre, et qu'on a laissées sécher dans un endroit ombragé, mais aéré. On en prend la quantité qu'on juge convenable, et on les fait bouillir pendant une demi-heure; on y ajoute un deux-cent-cinquante-sixième de potasse blanche, pour rendre la couleur plus vive et plus foncée; après quoi on passe le bain au tamis; on l'y tient dans un état voisin de l'ébullition, et on y laisse la laine jusqu'à ce qu'elle ait pris la couleur que l'on veut obtenir. Scheffer prescrit, pour la soie et pour le lin, le même procédé; si ce n'est qu'il augmente d'un seizième la proportion de l'alun. D'après ce que rapporte Bergman, il a été observé que la couleur était plus chargée en faisant macérer le lin avec une grande quantité d'alun, le tordant, le séchant avant de le teindre, et que, pour l'extraction complète du principe colorant, il fallait aussi augmenter la quantité de potasse.

L'écorce, et surtout les jeunes branches du *peuplier d'Italie* et de quelques autres espèces de peupliers, donnent à la laine selon d'Ambourney, une couleur jaune, belle et solide, surtout lorsque la laine a été préparée avec la dissolution d'étain ; il faut à peu près sept parties en poids de ce bois pour en teindre une de laine.

Daré a fait insérer dans les *Annales de Chimie*, des expériences comparatives faites par lui avec le trèfle et la gaude. Il en est résulté que la semence de trèfle donne à la laine un beau jaune-orangé, et à la soie un jaune-verdâtre ; que la dissolution d'étain ne peut être employée pour cette teinture, mais qu'elle exige un alunage ; enfin, que le bleu appliqué sur le jaune qui vient de la semence du trèfle, fait un vert moins beau et plus terne que celui pour lequel on s'est servi de la gaude.

Il y a, fait observer Berthollet, un grand nombre d'autres substances qui peuvent être employées pour teindre en jaune et qui donnent des nuances plus ou moins belles, plus ou moins solides. En général, les alcalis rendent la couleur de ces substances plus foncée et plus orangée ; ils facilitent l'extraction des parties colorantes ; ce n'est même que par leur moyen qu'on l'obtient du rocou ; mais ils en favorisent la destruction. Le sulfate de chaux, l'hydrochlorate de soude, l'hydrochlorate d'ammoniaque foncent la couleur des substances jaunes ; les acides l'éclaircissent et la rendent plus solide ; l'alun et la dissolution d'étain, en la rendant plus claire, lui donnent plus d'éclat et de solidité.

Les fleurs blanches, ainsi que l'a observé Lewis, colorent en jaune, même foncé, l'eau avec laquelle on les fait bouillir ; les acides, les alcalis et les autres sels agissent sur cette couleur comme sur celle des autres substances végétales jaunes.

Sarrette, génestrole, camomille, fenu-grec. Ces plantes sont aujourd'hui remplacées avec avantage, en teinture, par la gaude et le quercitron ; mais il est bon que le teinturier puisse apprécier les motifs de cet abandon général, en comparant la propriété de ces plantes, avec celle des matières colorantes qu'on leur a préférée.

La *Sarrette (serratula tinctoria)* est une plante vivace qui croît abondamment dans les prairies et dans les bois. Elle donne, sans mordant, une couleur jaune-verdâtre qui n'a pas de solidité. L'alun la fixe et en modifie la couleur en un jaune solide et agréable. Scheffer recommande de préparer la laine avec l'alun et un douzième de tartre, et il annonce que si on la prépare avec trois seizièmes de dissolution d'étain et autant de tartre, elle prend une couleur beaucoup plus vive que la précédente.

Le *genêt des teinturiers* (*genista tinctoria*, de Linnée), ou la *génestrole*, est une plante très-commune de la famille des légumineuses ; on la rencontre dans les lieux secs et montueux. Ce genêt se trouve très-abondamment en France, en Allemagne et en Angleterre. On s'en sert pour colorer en jaune ; il n'a pas une nuance aussi belle que la gaude ou la sarrette, mais il est assez solide quand on le fixe avec l'alun, le tartre, le sulfate de chaux.

La *camomille* (*camomilla matricaria*) est une plante bien connue, avec laquelle on peut obtenir une faible couleur jaune assez agréable, mais qui n'a aucune solidité. Avec les mordants tels, entre autres, que l'alun, le tartre et le sulfate de chaux, elle en acquiert un peu plus.

Scheffer assure avoir donné à la soie un beau jaune, en versant goutte à goutte, dans la décoction de cette plante, un peu de dissolution d'étain saturée par le tartre, jusqu'à ce que la couleur devienne assez jaune. On maintient la décoction chaude, mais sans ébullition, pour y teindre la soie ; il faut avoir attention de n'employer que de bonne eau, qui ne précipite pas la dissolution d'étain.

Les semences moulues du *fenu-grec* (*trigonella fœnu græcum*) peuvent teindre en jaune pâle assez solide ; les meilleurs mordants à employer avec ces semences sont l'alun et l'hydrochlorate de soude.

Datiscine. — On reçoit maintenant en Europe par la voie du commerce la racine du *Datisca cannabina*, qui provient du Lahore, où cette plante est employée à la teinture de la soie en jaune solide. Cette racine est coupée en morceaux de 15 à 16 centimètres de longueur sur une grosseur de 1.5 à 2 centimètres et possède une couleur jaune intense. Braconnot, en 1816, avait examiné une décoction des feuilles du *datisca cannabina* et y avait découvert un principe cristallisable auquel il donna le nom de datiscine, et s'il n'a pas soumis cette substance à l'analyse, il en a du moins décrit l'aspect et les propriétés d'une manière parfaitement exacte, mais il avait remarqué que cette matière se fixait très-bien sur le lin, le coton, la soie, et principalement la laine, même sans mordant.

M. J. Stenhouse crut devoir reprendre ce sujet, et pour cela il a fait digérer pendant longtemps dans l'esprit de bois cette racine coupée en petits morceaux dans un appareil d'extraction de Mohr. La liqueur obtenue qui avait une couleur brune foncée, a été concentrée en faisant distiller une portion de l'esprit de bois. Le liquide brun sirupeux resté dans la cornue, versé dans un vase ouvert et abandonné pendant quelque temps au repos a déposé une matière résineuse contenant des traces d'une substance cristallisée. Quand on a traité ce liquide sirupeux par la moitié de son volume d'eau chaude, la majeure partie de la résine brune s'est déposée rapidement, et la liqueur surnageante ayant été décantée et abandonnée à une évaporation spontanée, a laissé déposer une quantité considérable d'une substance imparfaitement cristallisable ressemblant au sucre de raisin. Ces cristaux étaient de la datiscine contenant une quantité considérable de matière résineuse. Mais on peut rendre cette datiscine parfaitement pure en la traitant par une solution de gélatine pour enlever jusqu'aux moindres traces d'acide tannique et par des cristallisations répétées au sein de l'alcool faible.

Propriétés de la datiscine. — La datiscine quand elle est pure est parfaitement incolore. Elle est très-soluble dans l'alcool, même à froid, l'alcool bouillant la dissout en toute proportion. Par une évaporation spontanée, lente, ses solutions alcooliques fournissent de petites aiguilles satinées disposées par groupes. L'eau froide n'en dissout pas beaucoup, mais elle est assez soluble dans l'eau bouillante, ses solutions chaudes la déposent en refroidissant, en paillettes nacrées.

La datiscine n'est pas très-soluble dans l'éther; mais une solution éthérée fournit, quand on l'évapore, de plus gros cristaux que ceux qu'on obtient par toute autre méthode. Si on ajoute de l'eau à une solution alcoolique de datiscine, on n'obtient pas immédiatement de précipité à moins que la solution ne soit très-concentrée, mais par le repos il s'en sépare des cristaux très-purs et jaune pâle de datiscine.

Quand on chauffe la datiscine jusque vers 180° C, elle fond, et si on élève la température, elle brûle en dégageant une odeur de caramel et en abandonnant un charbon volumineux. Si on la chauffe en vase clos, en faisant passer lentement dessus un courant d'air chaud, il se sublime une petite quantité de substance cristalline. La datiscine et ses solutions ont une saveur très-amère et quoiqu'elle ne produise aucun changement sur le papier réactif, je crois qu'il y a des motifs pour la considérer comme un corps acide faible.

Elle se dissout dans les solutions des alcalis fixes et de l'ammoniaque, ainsi que dans les eaux de chaux et de baryte. L'addition d'un acide à ces solutions détermine la précipitation de la datiscine.

La solution aqueuse de datiscine est précipitée par les acétates neutre et basique de plomb, ainsi que par le perchlorure d'étain. Ces précipités ont une couleur jaune brillant. Les sels de cuivre produisent des précipités verdâtres, et ceux de peroxyde de fer des précipités vert-brunâtre. Les sels de plomb donnant des précipités gélatineux, on n'a pas pu les employer à la détermination de l'équivalent de la datiscine.

Action de l'acide sulfurique étendu sur la datiscine. — Quand on fait bouillir pendant quelques minutes une solution aqueuse de datiscine avec l'acide sulfurique très-étendu, il se dépose une substance cristalline. En examinant la solution qui s'écoule des cristaux, on obtient des preuves évidentes de la présence du sucre. Ces expériences démontrent donc que la datiscine, de même que la salicine et autres corps analogues appartient à la classe des glucosides et est un composé copulé de sucre et d'une autre substance que j'appellerai *datiscetine.*

Datiscetine. — Cette substance par son aspect général et ses propriétés ressemble intimement à la datiscine; mais par un examen plus approfondi de ces deux substances, on trouve qu'elles diffèrent essentiellement tant par leur composition que par leurs propriétés. La datiscetine quand elle est pure, affecte la forme d'aiguilles fines à peu près incolores. Elle est aisément soluble dans l'alcool, et sa solution alcoolique chaude en dépose en refroidissant la majeure portion en groupes cristallins. Elle est à peu près insoluble dans l'eau, par conséquent la datiscetine est précipitée de ses solutions alcooliques par une addition d'eau. Elle se dissout dans l'éther presque en toute proportion, et se dépose en aiguilles quand on évapore ce liquide. Les propriétés de la datiscetine permettent de l'obtenir sous un état assez pur, même quand on emploie à sa préparation de la datiscine très-impure.

Propriétés de la datiscetine. La datiscetine n'a aucune saveur; quand on la chauffe, elle fond comme la datiscine; mais la température nécessaire pour cela est bien plus élevée que pour cette dernière. Elle cristallise de nouveau en refroidissant. En opérant avec beaucoup de précaution, on peut sublimer une portion de la datiscetine; le sublimé paraît être toutefois de la datiscetine altérée; quand elle brûle elle ne répand pas une odeur de caramel, et de même que la datiscine, elle se dissout dans les solutions alcalines où l'addition d'un acide la précipite. Une solution alcoolique d'acétate de plomb ajoutée à une solution aussi alcoolique de datiscetine produit un précipité jaune foncé qu'on peut aisément laver par l'alcool et l'eau. Ce précipité a été soumis à l'analyse, et on a calculé d'après les résultats, la formule $C^{30} H^8 O^{10} \times 2 PbO$ qui s'accorde avec celle ($C^{30} H^{10} O^{12}$) dérivée de l'analyse de la datiscétine.

Action de l'acide azotique sur la datiscine et la datiscétine. — L'acide azotique froid, de force ordinaire, réagit avec violence sur la datiscétine ; il se dégage des vapeurs brunes et il y a production d'une substance résineuse qui, à la fin, se dissout en formant une liqueur rouge foncée qui, lorsqu'on l'évapore, fournit des cristaux d'acide nitropicrique.

La datiscine traitée de la même manière fournit de l'acide nitropicrique et de l'acide oxalique.

Quand on fait bouillir de la datiscine avec l'acide azotique, elle se dissout et la solution qu'on obtient dépose, quand elle est refroidie, des cristaux jaune pâle qui présentent en tous points les propriétés attribuées à l'acide nitrosalicylique.

En abandonnant à froid la datiscine au contact de l'acide azotique étendu, elle se dissout graduellement et quand on fait évaporer la solution dans le vide, elle dépose un mélange d'acide oxalique et d'acide nitropicrique.

Action de la potasse sur la datiscine et la datiscétine. — On a déjà dit que la datiscine et la datiscétine se dissolvent à froid dans les solutions alcalines, sans décomposition, et que la datiscine, quand on la fait bouillir avec la potasse, est décomposée avec formation de datiscétine. Il ne restait donc plus qu'à essayer l'action de l'hydrate de potasse fondu. La datiscétine, quand on y a ajouté de l'hydrate de potasse fondu par petites portions successives, a pris une couleur orangée foncée, puis s'est dissoute avec dégagement de gaz hydrogène. Lorsque le dégagement de cet hydrogène a cessé, la masse a été dissoute dans l'eau et sursaturée par l'acide chlorhydrique. Il s'est séparé une substance en partie résineuse qui, par la sublimation a fourni des cristaux parfaitement incolores, allongés et ressemblant beaucoup à l'acide benzoïque. Leur solution dans l'eau a donné, quand on a ajouté du perchlorure de fer, cette teinte violet foncé qui disparaît par l'addition de l'acide chlorhydrique qui caractérise si nettement l'acide salicylique.

Action de l'acide chromique sur la datiscétine. — Quand on a distillé de la datiscétine avec du bichromate de potasse et de l'acide sulfurique, il a passé un liquide ne contenant pas de gouttes huileuses, mais ayant une odeur d'acide salicyleux, et qui, quand on l'a soumis à la réaction du persel de fer a formé la solution pourpre qui caractérise cet acide.

Il suit évidemment de toutes ces expériences que la datiscine, de même que la salicyne, la phlorizine, etc., est un glucoside et qu'elle se rapproche davantage de la salicyne que d'aucun autre glucoside connu, la populine exceptée.

On sait que la matière colorante de la garance se transforme, quand on la fait bouillir avec l'acide sulfurique étendu en sucre et en garancine, qui est une nouvelle matière colorante bien supérieure, sous plusieurs rapports, à celle présente à l'origine dans la garance. M. Leesbing, en traitant les matières colorantes contenues dans le pastel et l'écorce de quercitron, par l'acide sulfurique étendu, les a transformées en de nouvelles matières colorantes peu solubles dans l'eau, mais presque trois fois aussi puissantes comme agents colorants que les matières primitives qui ont servi à les produre.

Comme la datiscine, quand on la fait bouillir avec l'acide sulfurique étendu, éprouve une transformation parfaitement analogue, qu'elle se résout en sucre et en datiscetine, qui jouit d'un pouvoir colorant de beaucoup supérieur à celui de la datiscine qui l'a produite, je ne doute pas que les teinturiers sur soie qui se proposeront d'employer les solutions de *Datisca cannabina*, ne trouvent un très-grand avantage à convertir leur datiscine en datiscetine, en la faisant bouillir avec l'acide sulfurique étendu.

Curcuma longa. — Cette racine, que l'on connaît aussi dans le commerce sous le nom de *terra merita, terre mérite*, ou *safran des Indes*, provient d'une plante de la famille des amomies, qui croît dans les Indes orientales; elle est riche en couleur; on en tire le jaune-orangé le plus éclatant que l'on connaisse; mais malheureusement il n'a point de solidité; on s'en sert quelquefois pour dorer les jaunes de gaude et donner plus de feu à l'écarlate.

On distingue deux espèces de curcuma, le long et le rond; le premier a la racine tubéreuse, allongée, noueuse, jaunâtre, de la grosseur du doigt : le second a les racines tubéreuses, mais dans un moindre degré.

La racine doit être récoltée après défloraison; nettoyée et séchée avec soin pour se bien conserver; elle est alors pesante, difficile à casser, et cette cassure doit avoir un aspect résineux. La racine vermoulue ou pulvérulente doit être rejetée, et c'est une raison pour ne jamais acheter de curcuma en poudre. La racine de curcuma a une odeur très-forte, une saveur âcre-amère, et se compose, suivant M. Vogel et

Pelletier, d'une matière ligneuse, d'une fécule amylacée, d'une matière colorante jaune que M. Chevreul a nommée *curcumine*, d'une matière brune, d'une petite quantité de gomme, d'une huile volatile odorante et très-âcre, et d'une petite quantité d'hydrochlorate de chaux.

L'eau froide, mise en contact avec le curcuma, dissout une petite quantité de la matière colorante jaune et brune, de la gomme, de l'huile volatile et de l'hydrochlorate de chaux ; l'eau bouillante en dissout davantage et montre de l'amidon. L'acide acétique, l'alcool et l'éther dissolvent la matière colorante du curcuma.

La *curcumine* s'obtient en traitant le curcuma en poudre par l'alcool bouillant, filtrant et évaporant la solution jusqu'à consistance d'extrait que l'on traite ensuite par l'éther sulfurique, qui dissout la curcumine mêlée à un peu d'huile volatile et d'hydrochlorate de chaux. On évapore ensuite à siccité.

La curcumine est solide, d'un brun-rougeâtre, plus pesante que l'eau ; sa saveur est âcre et poivrée. Elle est peu soluble dans l'eau qu'elle colore en jaune ; l'alcool et l'éther la dissolvent facilement ; les solutions sont de couleur rouge-orangé-brun, lorsqu'elles sont concentrées, et passent au jaune quand elles sont étendues.

La solution alcoolique de curcumine précipite la solution de gélatine, et forme un composé presque insoluble dans l'alcool bouillant ; les alcalis la font passer au rouge-brun : les chlorures d'étain y forment des précipités rougeâtres ; l'acétate de plomb précipite en couleur marron ; les nitrates d'argent en jaunâtre ; les sels de fer ne précipitent pas, et la liqueur brunit.

Les mordants ne peuvent, dit Berthollet, augmenter convenablement la solidité du jaune qu'on obtient du curcuma. L'hydrochlorate de soude et l'hydrochlorate d'ammoniaque sont les substances qui fixent le plus cette couleur ; mais ils la foncent et la font tirer au brun ; quelques-uns recommandent une petite quantité d'acide hydrochlorique. Il faut réduire cette racine en poudre pour l'employer ; mais, en général, ajoute Berthollet, la nuance qui est due au curcuma ne tarde pas à disparaître à l'air.

La matière colorante du curcuma se combine facilement avec les substances animales, suivant MM. Vogel et Pelletier, qui ont remarqué avec surprise que les échantillons teints avec le curcuma, sans mordant de tartre ou d'alun, étaient ceux dont la couleur a résisté le plus longtemps à l'air. On l'emploie en teinture écarlate et en verts de compositions, sur laine; en verts et jaunes jonquilles sur soie.

On reconnaît facilement le jaune de curcuma par le simple contact d'un alcali, du savon, et même de la salive, qui suffit pour virer sa couleur au rouge.

Le *fustet* (*rhus cotinus* de Linnée), de la famille des térébinthacées, est un arbrisseau qui croît dans les parties méridionales de la France, à Antibes, en Italie et à la Jamaïque; il s'élève à la hauteur de 3 à 4 mètres; les tiges sont faibles, l'écorce est lisse et le bois jaunâtre. Ce bois, quoique peu compacte, est assez dur, sa couleur doit être d'un jaune vif mêlé d'un vert pâle; il doit être dépouillé de son écorce. On le trouve dans le commerce réduit en poudre très-fine (*effilé*).

Une décoction de 1 partie de fustet dans 10 parties d'eau offre les résultats suivants avec les principaux réactifs : la liqueur, d'un jaune-orange-brun, a l'odeur semblable à celle du chêne, et une saveur douceâtre mêlée d'amertume; la gélatine y forme des flocons roux; les alcalis la font virer au rouge sans la précipiter; l'eau de chaux la fait virer au rouge et y détermine un précipité jaune-orangé; l'alun affaiblit la couleur et y produit un léger précipité orangé-brun; le persulfate de fer la fait passer au vert-olive et il se forme un précipité brun; le proto-hydrochlorate d'étain y produit un précipité orangé-rougeâtre; l'acétate de cuivre en forme un brun-marron; l'acétate de plomb en donne un rouge-orangé.

Le principe colorant ou *fustine*, à l'état de pureté, suivant M. Preisser, se présente en petits cristaux jaunâtres, dont la solution se colore assez rapidement au contact de l'air pour passer à l'état de *fustéine*, et offrant, d'ailleurs, beaucoup d'analogie avec la rhamnine.

Le fustet est employé en teinture sur laine, soie et coton, mais il l'est rarement seul, bien qu'il fournisse une belle couleur orangée, mais elle n'a pas de solidité. Il entre dans les écarlates jaunes, les aurores, les capucines, les verts, les chamois, saumons, quelques olives ou gris-olives. La couleur du fustet ainsi fondue avec d'autres couleurs se soutient mieux, et s'affaiblit d'ailleurs sans que la nuance soit altérée. C'est surtout dans les couleurs de fantaisie que le fustet est employé pour les tissus de laine, le coton et les mélanges de laine et de soie, de laine et coton.

On fait grand usage de cette substance tinctoriale, dit M. Persoz, dans les fabriques d'indienne; elle renferme une matière colorante soluble dans l'alcool, dans l'éther et dans l'eau, qu'elle colore en jaune-verdâtre ; par l'ensemble de ses caractères, elle se rapproche beaucoup des solutions de quercitron et de bois jaune, mais elle s'en distingue essentiellement par la propriété dont elle jouit de se colorer en beau pourpre en présence des hydrates potassique, sodique, strontique, barytique, calcique ou ammonique ; et de précipiter en rouge-orangé par les acétates plombique et cuivrique. L'alun et le chlorure stanneux ne font qu'en rehausser la nuance. Le sulfate ferrique la colore en olive clair, et finit même par y produire un précipité floconneux brun ; on a mis à profit cette propriété du fustet, qu'elle provienne de la matière colorante jaune ou de la matière colorante rouge, ce qui n'est pas encore décidé positivement, surtout pour faire des verts foncés.

Le *rocou* ou *roucou* se prépare avec la graine du rocouyer (*bixa orellana*), arbrisseau de la famille des liliacées, qui croît dans la Guyane, à Saint-Domingue et aux Indes orientales ; dans un bon terrain, il s'élève à la hauteur de 5 à 6 mètres. Les graines sont renfermées dans des capsules hérissées d'aiguillons mous. M. Leblond a décrit le mode suivant des opérations pratiquées dans la Guyane française : on se sert de quatre canots ou troncs d'arbres creusés en forme de cuve, qui sont la *pile*, la *trempoire*, la *décharge*, le *canot à caler le roucou*. On cueille les capsules lorsqu'elles sont mûres, et après en avoir ôté les semences, on les broie dans la *pile*, pour les mettre ensuite à macérer dans la *trempoire* ; on les recouvre d'eau ; on les y laisse pendant plusieurs semaines ; on exprime alors la matière dans des tamis placés au-dessus de la *trempoire*, et le résidu est porté dans la *décharge* où il est recouvert avec des feuilles de bananier : on l'y conserve jusqu'à ce qu'il s'échauffe en fermentant. On le broie alors, on le met à macérer de nouveau dans la trempoire et on exprime dans un tamis au-dessus de la trempoire. Ces opérations se répètent jusqu'à ce qu'on n'obtienne plus de matière colorante. On fait égoutter l'eau de la trempoire, et le dépôt est délayé avec de l'eau, puis passé à travers un tamis, qui se place au-dessus du *canot à caler*. Cette opération a pour but de séparer les parties grossières de la graine. Après avoir laissé reposer le rocou pendant quinze jours environ, et décanté la liqueur surnageante, on réduit le dépôt en consistance de pâte, dans des chaudières placées sur des fourneaux ; on achève ensuite la dessiccation à l'air libre et à l'ombre, en plaçant la pâte dans des caisses qui ont de 18 à 22 centimètres de profondeur. M. Chevreul a reconnu dans le rocou deux principes colorants : un de couleur jaune et l'autre de couleur rouge à l'état sec. Le rocou le mieux préparé contient proportionnellement plus de principe jaune que le rocou du commerce; il est soluble dans l'eau, l'alcool, et faiblement dans l'éther; il teint facilement en jaune la soie et la laine alunées. Le principe rouge est peu soluble dans l'eau; il est soluble dans l'alcool et l'éther qu'il colore en rouge-orangé. Il est soluble dans l'eau de potasse ou de soude; la solution est d'un rouge-orangé foncé.

Le principe colorant ou *Bixine*, à l'état de pureté, suivant M. Preisser, se présente en petits cristaux aiguillés d'un blanc très-légèrement jaunâtre, qui sous l'eau conservent leur blancheur, mais qui se colorent à l'air en s'y convertissant, par l'action simultanée de l'air et de l'ammoniaque, en *bixéine*, poudre d'un rouge-brun foncé.

Le commerce apporte le rocou sous la forme de pains enveloppés de roseaux très-larges. C'est à Cayenne qu'on prépare le mieux le rocou, et celui de cette colonie a une valeur supérieure à celui de toutes les autres, dans les marchés d'Europe. Pour être d'une bonne qualité, il doit être couleur de feu, plus vif en dedans qu'en dehors, doux au toucher. Celui qui a été séché au soleil est noir; celui qui, n'ayant pas été bien desséché, a moisi, est d'un rouge pâle; celui qui est frelaté ne se dissout pas entièrement dans l'eau.

Leblond, qui a publié sur la culture du rocouyer et la fabrication du rocou un mémoire dont l'extrait, par M. Vauquelin, a été inséré dans le quarante-septième volume des *Annales de Chimie*, a proposé, pour la préparation du rocou, un procédé plus expéditif. Ce procédé consiste à séparer des semences, par la macération et le lavage, la matière colorante, qui ne réside qu'à leur surface; et alors on la précipite de l'eau par un acide. Le rocou est ordinairement en morceaux durs, bruns à l'extérieur et rouges en dedans. Il se dissout beaucoup plus facilement dans l'alcool que dans l'eau. Les lessives alcalines faibles le dissolvent également avec facilité. La décoction du rocou avec l'eau a une odeur particulière et une saveur désagréable. Sa couleur est le jaune-rougeâtre; les alcalis la font passer à l'orangé; l'alun et la dissolution d'étain la changent en jaune citron; le sulfate de fer donne une teinte brunâtre; les acides y produisent un précipité orangé.

On peut opérer ce précipité à l'aide du vinaigre ou du jus de citron, en faisant cuire à la manière ordinaire; en faisant ensuite égoutter dans des sacs, ainsi que cela a lieu pour l'indigo.

Berthollet nous apprend que l'efficacité de ce procédé proposé par Leblond, fut confirmée, dans le temps, par les expériences de Vauquelin, faites sur des graines de rocou remises par Leblond, et par des essais qu'en firent alors des teinturiers de Paris. Il paraît qu'une partie de ce rocou, extrait ainsi par simple lavage, produit le même effet que quatre parties de rocou ordinaire du commerce; qu'en outre, il était plus facile à employer; qu'il exigeait moins de dissolvant, qu'il n'embarrassait pas autant dans la chaudière, et qu'il fournissait une couleur plus pure.

M. Chevreul a fait l'examen de deux espèces de rocou, l'un qui lui avait été envoyé et préparé par M. Saint-Yves, aux Indes orintales, et l'autre tiré du commerce.

100 parties de rocou en pâte, du commerce, séché à 100 degrés, ont perdu 68 parties d'eau. C'est dans cet état qu'il a été comparé à celui de M. Saint-Yves également séché. Après les avoir réduits en cendres dans une capsule de platine, M. Chevreul a obtenu les résultats suivants :

		Rocou de M. St-Yves.	du commerce.
Matière organique détruite.		93	89.5
Cendres.	Silice et sable. Alumine. Oxyde de fer. Chaux. Magnésie.	7	10.5
		100	100

Cette méthode d'analyse est insuffisante pour juger de la qualité du rocou, que l'on adultère non-seulement avec la brique pilée, mais encore avec des matières végétales. Le rocou sert principalement en teinture sur soie, rarement sur laine; on l'emploie sur coton pour rehausser et dorer les teintes chamois produites par l'oxyde de fer.

Un caractère qui distingue le rocou de toutes les autres matières colorantes, c'est, suivant M. Boussingault, de passer au bleu d'indigo quand on le traite par l'acide sulfurique concentré.

Le *bois de campêche*, désigné aussi sous le nom de *bois d'Inde*, de *bois noir*, est le tronc de l'*hœmatoxylum campechianum*, arbre épineux de la famille des légumineuses, qui croît au Mexique et aux Antilles. Son nom lui vient de la baie de Campêche (environs de Campeachy, baie de Honduras), entrepôt d'où on l'exportait autrefois en Europe, en bûches dépouillées de leur écorce, et plus ou moins grosses. Ce bois doit être très-dur, compacte, pesant, d'un brun-rougeâtre à l'extérieur, et à l'intérieur d'une couleur orangé-rougeâtre; on doit rejeter les bûches qui sont noirâtres à l'extérieur, et brunes à l'intérieur.

Le *campêche*, d'après M. Chevreul, est composé de : ligneux, hématine avec une matière particulière qui lui est intimement unie; substance azotée, huile volatile, matière résineuse ; acide acétique ; chlorure de calcium ; acétates de potasse et de chaux ; sulfate, oxalate et phosphate de chaux ; alumine ; oxyde de fer et de manganèse.

M. Chevreul, qui a fait connaître, en 1810, la matière colorante du bois de campêche, lui a donné le nom d'*hématine*; il la préparait de la manière suivante : Après avoir réduit en poudre grossière du campêche aussi frais que possible, et d'une couleur orangée plutôt que rouge, on en fait une infusion avec de l'eau, à la température de 50 degrés centigrades ; on filtre la liqueur, et après qu'elle a été évaporée à siccité, on met pendant un jour entier le résidu en digestion dans de l'alcool d'une pesanteur spécifique de 0.837 (36 degrés). Après avoir filtré cette liqueur alcoolique, on la concentre par évaporation, on y ajoute alors un peu d'eau ; et l'évaporation étant poussée encore un peu plus loin, on abandonne la liqueur à elle-même. Il s'y dépose en grande quantité des cristaux d'hématine qui, étant lavés à l'alcool et séchés, sont en petites écailles, d'un blanc rosé, d'une odeur légèrement astringente, et d'une saveur âcre.

L'eau bouillante dissout facilement l'hématine, et se colore en un rouge orangé, qui passe au jaune par le refroidissement de la dissolution, mais qu'on fait reparaître en la chauffant. En évaporant cette dissolution, l'hématine cristallise; l'alcool la dissout et se colore en rouge-brun. Les acides font passer cette solution au jaune, puis au rouge ; les alcalis lui font prendre une couleur pourpre, qui devient d'un bleu violet ; si l'on ajoute de ces alcalis avec un grand excès, cette couleur passe ensuite au rouge-brun, et à la fin au brun-jaunâtre. L'hématine est alors décomposée, et sa couleur ne peut plus être rétablie par l'addition d'acides.

Les oxydes de plomb, d'étain, de fer, de cuivre, de nickel, de zinc, d'antimoine et de bismuth, s'unissent à l'hématine, qu'ils colorent en bleu avec une nuance de violet. Le peroxyde d'étain agit sur elle, comme le font les acides minéraux. La colle-forte la précipite en flocons rougeâtres.

L'infusion de campêche présente avec les réactifs à peu près les mêmes phénomènes que la solution d'hématine. M. Thillaye a trouvé qu'une partie de bois infusée dans 10 parties d'eau , présentait les résultats suivants, avec les réactifs : la solution, d'un rouge vineux, est d'une saveur douceâtre et ensuite astringente : les acides la font virer au jaune sale; la potasse, la soude et l'ammoniaque lui communiquent une couleur bleu violeté; la chaux, la baryte et la strontiane y déterminent des précipités bleus; les sels, l'alumine et surtout l'hydrochlorate y forment des précipités violets bleus; si les sels sont en excès, le précipité se redissout; les protosels de fer y déterminent un précipité gris violeté; les persels de fer y occasionnent un précipité violet-bleuâtre; les protosels d'étain y forment un précipité violet-bleuâtre; les persels d'étain en produisent un violet-rougeâtre; les sels de cuivre précipitent en bleu, et les sels de plomb en violet-grisâtre; la décoction de campêche étendue d'eau ne tarde pas à se décomposer; une grande partie de la matière colorante est détruite et une autre se précipite au fond du vase avec une certaine quantité de matière résineuse; c'est une raison pour ne jamais en préparer plus que les besoins ne l'exigent.

Le campêche est employé, en teinture, pour obtenir des noirs, des gris, des violets et des bleus : il entre dans la préparation des couleurs composées, et l'on trouve dans le commerce un *extrait de campêche*, dont on doit se défier; car il est souvent falsifié ou altéré par l'application de la chaleur trop élevée.

On fait quelquefois subir au campêche que l'on destine à la teinture, une fermentation qui a pour objet d'augmenter son pouvoir colorant, et surtout de modifier les substances qui accompagnent l'hématine, de manière que celle-ci se porte le moins possible sur les parties blanches réservées du tissu. Suivant M. Persoz, on étend une couche de campêche en poudre, de quelques centimètres d'épaisseur et de 3 à 4 mètres carrés environ de surface, sur le plancher dallé d'une chambre susceptible de recevoir un grand courant d'air; on humecte uniformément cette couche au moyen d'un arrosoir plein d'eau et muni d'une pommette; puis on la recouvre d'une seconde couche de même épaisseur, qui, à son tour, est humectée et recouverte d'une troisième couche; on continue d'opérer ainsi jusqu'à ce que toutes les couches superposées atteignent ensemble la hauteur de 1 mètre à 1^m.50. La température résultant de la fermentation qui s'établit alors, s'élèverait bientôt au point de détruire en grande partie la matière colorante du campêche, si l'on ne se hâtait d'établir un fort courant d'air, ou de déplacer cette poudre pour en faire un nouveau tas, et en rendre ainsi le traitement plus uniforme. Pour 100 kilog. de bois de campêche, on emploie environ 100 kilog. d'eau, et la durée de l'opération est de trois ou quatre semaines. Le campêche, ainsi préparé, peut se conserver sans s'altérer pendant plusieurs années, pourvu que de temps en temps on le change de place; dans cet état, il affecte une couleur rouge de sang. Malgré toute l'eau qu'il renferme, et qui n'est pas moins de

50 p %, il a une force colorante qui est à celle du campêche non précipité et sec comme 16 est à 10.

L'*orcanette* (*anchusa tinctoria*) est la racine du *lithospermum tinctorium*, famille des borraginées , que l'on cultive en France, dans les environs de Montpellier. Elle est en brins plus ou moins gros, d'une couleur brune-rougeâtre. Comme la couleur de cette racine ne réside que dans l'écorce, les petites racines sont celles qui fournissent le plus de couleur. La racine d'orcanette, qui ne cède pas sensiblement de matière colorante à l'eau, la cède facilement à l'alcool, en lui communiquant une belle couleur rouge ; on n'emploie même que cette solution. La matière colorante, que l'on désigne sous le nom d'*orcanettine*, ou d'*anchusine* , s'obtient facilement en traitant la racine d'orcanette par l'éther bouillant, et filtrant la solution que l'on fait ensuite évaporer jusqu'à siccité. Dans cet état, elle ressemble à une résine dont la couleur est tellement foncée qu'elle en paraît noire, et elle fond à 60 degrés.

L'acide acétique dissout la matière colorante de l'orcanette et se colore en rouge ; cette solution , qui se trouble par l'eau, a une saveur astringente, et ne précipite pas la gélatine. La solution alcoolique se comporte de la manière suivante avec les réactifs : avec les alcalis, elle vire au violet; elle précipite avec l'hydrochlorate d'étain, en cramoisi ; avec l'acétate de plomb, en bleu ; avec les sels de fer, en gris violeté ; avec les sels d'alumine, en violet ; l'orcanette n'est employée en teinture que pour produire des gris et des lilas sur le coton.

Toutes les dissolutions métalliques précipitent l'*anchusine* de ses combinaisons avec les bases alcalines, savoir : les sels stanneux en donnent un *précipité violet* ; les sels stanniques en donnent un *précipité rouge cramoisi* ; les sels mercuriques en donnent un *précipité couleur de chair*. Les sels aluminiques forment, avec cette matière colorante, un précipité d'un bleu-violacé qu'on emploie pour produire de très-beaux fonds lilas sur le calicot; les sels ferriques donnent des laques d'un beau violet foncé.

Nous avons donné de grands détails sur les matières tinctoriales, afin que le teinturier pût se servir de toutes en pleine connaissance de cause ; nous avons tâché de mettre à même, au besoin, d'essayer les substances nouvelles qu'on lui proposerait, soit comme naturelles, soit comme artificielles, sans être victime des fraudes malheureusement trop nombreuses des charlatans, vendeurs de drogues pour les teintures.

CHAPITRE VI.

COULEURS SIMPLES.

§ 28. TEINTURE EN NOIR.

Laine. — La matière colorante de la teinture solide en noir pour la laine est, suivant Thénard, un composé de tritoxyde, *peroxyde* de fer, d'acide gallique et de tannin ; ce composé une fois formé, reste indissoluble dans l'eau. Sa couleur naturelle est d'un gris-violet, elle ne semble noire qu'autant qu'elle est concentrée ; par conséquent, en fixant une grande quantité de cette teinture sur les étoffes, elles paraîtront noires ; tandis qu'en en fixant une moindre quantité, les nuances pourront varier seulement du gris-violet-brun au gris-violet clair.

Les étoffes en laine sont susceptibles de recevoir successivement trois teintures : une en laine brute, une autre en fil de laine, et la troisième en drap. Teindre en laine brute, c'est teindre directement la laine après l'avoir dégraissée, avant de la mettre en œuvre ; teindre en fil, c'est teindre la laine en écheveaux ; teindre en drap, c'est teindre la laine ourdie en étoffe ; et ces trois espèces de teintures peuvent se donner en couleurs simples comme en couleurs composées, seulement la préparation de la laine peut varier suivant l'état dans lequel la laine doit être teinte.

Pour les laines en écheveaux, M. Chevreul recommande de les dégorger et de les ébrouer ainsi qu'il suit : après avoir laissé les écheveaux dans un bain de carbonate de soude à 2 degrés de l'aréomètre Baumé, et à une température de 5 degrés centigrades, pendant environ une demi-heure, on rince les *moches* à l'eau courante pour les ébrouer, on fait bouillir une chaudière d'eau dans laquelle on a ajouté une petite quantité d'alun, et après un bouillon de quelques minutes, on laisse déposer le bain que l'on tire à clair dans une barque en bois ; la température de l'eau doit être à 70 degrés. On remplit un panier en osier à claire-voie, avec les écheveaux de laine que l'on presse fortement ; ce panier est d'une dimension telle qu'il puisse entrer facilement dans la barque. Les laines y sont pressées, et ensuite descendues dans le baquet, de manière à ce que le liquide les recouvre. On les laisse tremper ainsi pendant environ une heure à deux ; on les retire ensuite pour les rincer ; dans cet état les laines en écheveaux sont convenablement disposées pour la teinture.

Pour les laines en drap, avant de teindre le drap en noir, on commence par donner à la laine un pied de bleu, ce qui rend le noir plus solide, avec une nuance toujours plus fine et plus intense.

Les proportions ordinaires, pour le noir, sont cinq parties de noix de galle, cinq de sulfate de fer et trente de bois de campêche, pour cent parties d'étoffe ; l'addition d'un peu d'acétate de cuivre est avantageuse, et un peu de sulfate de fer en excès ne nuit pas. M. Vitalis a remplacé avec succès le sulfate de fer par le tritacétate de fer (*pyrolignate de fer, pyrate de fer, pyrolignite de fer, mordant de rouille, bouillon noir, acétate de fer au maximum*), et dans les divers procédés de teinture en noir que nous allons décrire, on peut substituer le tritacétate au sulfate de fer. Le teinturier comprend bien d'ailleurs qu'il y a constamment avantage à employer des matières colorantes de première qualité, en couleurs simples surtout, non-seulement pour l'éclat, la finesse et la solidité des nuances, mais aussi pour une économie réelle de main-d'œuvre.

On a donné depuis longtemps, comme étant du succès le plus avantageux, pour teindre les laines ou les étoffes de cette substance en noir, la recette qui suit :

On prend pour 110 à 120 mètres d'étoffes passées au bain bleu : noix de galle, 4 à 5 kilog. ; bois d'Inde, sulfate de fer, acétate de cuivre, 1 kilogramme environ. On élève le tout à une température de 100 degrés, pour faire bouillir le mélange. Lorsque le bain est bien noir, on partage la liqueur en trois : on laisse le premier tiers à 40 degrés, on y trempe l'étoffe, on l'agite sur des moulinets (c'est ce qu'on appelle *brasser*) ; on la lève ensuite, on l'évente ; on ajoute le deuxième tiers de la liqueur dans le bain, avec 3 à 4 kilogrammes de vitriol ou sulfate de fer : on trempe l'étoffe, on l'évente encore, enfin on y met le troisième tiers de la liqueur avec 1 kilogramme environ de vitriol ou sulfate de fer; en y ajoutant 2 à 3 kilogrammes de sumac; on fait jeter un bouillon; on agite toujours; on rafraîchit le bain avec de l'eau froide; on retire l'étoffe, on l'évente de nouveau, on la lave ensuite à la rivière, jusqu'à ce que l'eau ne soit plus colorée; ensuite on la porte au foulon pour en faire sortir le noir non combiné, et on la fait sécher.

A ce procédé encore en usage dans quelques localités, ont succédé presque partout des procédés plus simples; ainsi, par exemple, on peut se contenter de passer le drap bleu sur un bain de noix de galle, où on le fait bouillir pendant deux heures; on le passe ensuite dans un bain de bois d'Inde et de sulfate de fer, pendant deux heures, sans faire bouillir; après quoi on le lave et on le dégorge au foulon.

Au reste, de tout temps, les procédés pour teindre la laine en noir ont été très-variables. Hellot s'était assuré qu'on pouvait teindre de la manière suivante : pour 18 à 20 mètres de drap bleu pers (on avait ainsi désigné anciennement une couleur entre le vert et le bleu), on fait un bain de 75 grammes de bois jaune, 2 kilogrammes de bois d'Inde, et 5 kilogrammes de sumac. Après y avoir fait bouillir le drap pendant trois heures, on le lève; on jette 5 kilogrammes de sulfate de fer dans la chaudière, et on y passe le drap pendant deux heures; on l'évente ensuite, et on le remet dans le bain pendant une heure; enfin on le lave et on le dégorge.

Le teinturier remarquera facilement que ces trois procédés sont fondés sur le même principe, et c'est pour cette raison que nous les avons choisis parmi une foule d'autres recettes qui ont été préconisées tour à tour.

On ne peut se dispenser dans la teinture en noir solide, même pour les draps de peu de valeur, de donner un pied de bleu, qu'en donnant un *racinage*, avant la teinture en noir; on *racine* les draps en général, par une teinture préalable de racine de noyer, et l'on achève ensuite le noir par l'un des procédés que nous venons de donner ou par toute autre teinture en noir que l'ouvrier intelligent pourra trouver lui-même en la basant sur les mêmes principes.

En Angleterre, les teinturiers après avoir teint d'abord le drap de laine en bleu foncé, lui donnent le plus généralement le noir par une addition, pour 50 kilogrammes de drap, d'environ 2 kilogrammes de sulfate de fer, autant de noix de galle, et 15 kilogrammes de campêche. Ils commencent par engaller le drap; ensuite ils le passent dans la décoction de campêche, à laquelle ils ont ajouté le sulfate de fer.

On a recommandé souvent, comme donnant un beau noir sur laine, le procédé suivant qui rentre d'ailleurs, ainsi que le teinturier va le voir, dans les précédents : pour 25 kilogrammes d'étoffe, on met 5 kilogrammes de noix de galle, 2 kil. 5 de sumac, et 2 kilogrammes de bois de campêche; on fait bouillir environ deux heures, en ayant soin d'enlever les fèces autant que possible; on retire et on évente; on ajoute au bain 2 kilogrammes de sulfate de fer, on brasse, on remet l'étoffe dans le bain et on laisse deux heures sans chauffer au gros bouillon, mais seulement que le bain frémisse; on retire et on évente; on ajoute encore 1 kilogramme de sulfate de fer, et on laisse l'étoffe une heure; on ajoute 1 litre ou 2 de dissolution de vert-de-gris, on brasse, on remet l'étoffe une heure; on retire et on évente; puis on remet tremper l'étoffe à froid pendant douze heures, on retire et on évente.

Quand le drap est complètement teint, on le lave dans la rivière, et on le passe dans un moulin à foulon, jusqu'à ce que l'eau en sorte claire et sans couleur.

M. Thillaye recommande, pour obtenir un beau noir, le procédé suivant : pour 5 kilogrammes d'étoffe de laine, on fait bouillir dans une suffisante quantité d'eau 3 kilogrammes de gaude pendant une heure; après avoir tiré la gaude, on y fait dissoudre 1224 grammes de sulfate de fer et 1224 grammes de crème de tartre. On y entre l'étoffe que l'on manœuvre sur le moulinet pendant deux heures; on retire l'étoffe que l'on évente, puis on rince. On monte ensuite un bain neuf avec une suffisante quantité d'eau au bouillon et une décoction de 2 kil. 45 de bois de campêche. On y manœuvre au bouillon pendant une heure et demie; on lève et on rince.

Nous terminerons afin de bien fixer les idées du teinturier sur la teinture des laines en noir, par un exemple que cite M. Chevreul, pour les laines en écheveaux, et que voici :

Mordancer les laines pendant une heure et demie, au bouillon; sur un bain de 0 kil. 5 de sulfate de fer, et de 1 kilogramme de tartre rouge; rincer ensuite à fond. Monter un deuxième bain avec du campêche que l'on fait tourner avec un peu de sulfate de cuivre; on y lisse les laines jusqu'à ce que le noir soit convenablement monté; enfin rincer à fond.

Soie. — Nous avons dit que la soie, en général, demandait à être dégraissée, avant d'être soumise à la teinture, et quoique la soie *crue* prenne le noir plus facilement, il est toujours nécessaire de la décreuser avant de la teindre en noir, afin d'avoir une nuance plus intense et plus égale.

Quoique la soie crue prenne aisément la couleur noire, ses parties gommeuses s'opposent à une fixation uniforme de la matière colorante; et il en résulte que la nuance, moins parfaite pour l'intensité du noir, résiste beaucoup moins aux réactifs qui sont propres à dissoudre les parties colorantes, que le noir de la soie qui a été décreusée ou dépouillée de sa gomme.

Pour décreuser la soie destinée au noir, on la fait bouillir ordinairement avec le cinquième de son poids de savon blanc pendant quatre à cinq heures, ou bien jusqu'à ce qu'elle ait blanchi. Elle perd ainsi le quart de son poids : car la matière mucilagineuse et jaunâtre qui recouvre la soie, et qui se dissout dans le savon, en forme les 0.25. La soie ainsi décreusée est exposée à la vapeur du soufre qui achève de la blanchir, ou bien on la met tremper dans une eau peu chargée d'acide sulfureux; on la relave ensuite, puis enfin on la fait passer dans une eau de savon légère.

Après cette préparation de la soie, on la passe dans un bain formé d'une forte décoction de noix de galle, ordinairement des trois quarts en poids de la soie à teindre. On l'y fait bouillir un peu, et on l'y laisse pendant trente-six heures; on lave ensuite et l'on tord. Cette soie est tellement saturée de tannin, que 50 kilogrammes de soie ainsi engallée pèsent de 60 à 62 kilogrammes. On jette ensuite dans le bain du sulfate de fer et de la gomme, suivant la quantité de matière à teindre; on chauffe, on trempe la soie engallée, on la retire lorsqu'elle est bien noire; on la place dans des baquets pleins d'eau froide, où on la tourne au cylindre; on la fait ensuite passer dans une eau de savon sans bouillir.

Voici le procédé de teinture en noir de la soie, à l'aide du tritacétate de fer, décrit par Vitalis : Quoique l'on puisse teindre sur cru, on commence par donner à la soie la cuite ordinaire avec 10 kilogrammes de savon, et après que la soie a été bien lavée et bien dégorgée, on la met à sécher. La dessiccation étant achevée, on passe les matières dans une décoction de galle *en sorte*, dans la proportion de 61 grammes pour 48 à 49 décagrammes de soie. Le bain de galle doit être médiocrement chaud. On y lisse d'abord les mateaux et on les y foule légèrement, afin de faire pénétrer la galle et de bien unir la couleur; on abat ensuite dans le bain, qui doit être tenu tiède pendant quinze ou dix-huit heures; on lève ensuite et on sèche. La soie étant bien sèche de galle, on la met dans un bain tiède de tritacétate de fer, qui marque 5 degrés à l'aréomètre Baumé. On lisse pendant quelque temps la soie dans ce bain pour bien unir la couleur; on l'abat ensuite; on l'y tient plongée, et un peu chaudement, pendant cinq à six heures, en ayant soin de la relever et de l'éventer de temps en temps.

Au sortir du bain de tritacétate de fer, on exprime, on tord à la cheville où l'on sèche à l'air ou sous un hangar, suivant le temps.

La soie étant sèche, on donne une ou deux battures et on procède à un nouvel engallage, qui se fait avec le restant de l'engallage précédent, augmenté de 45 grammes de galle par 48 à 49 décagrammes de soie; on laisse tremper, comme il a déjà été dit, puis on relève, on tord et on sèche.

Ce second engallage est suivi d'un bain neuf et tiède de tritacétate de fer, à quatre degrés Baumé, avec les précautions recommandées plus haut, on relève encore, on exprime, on met à sécher.

Après avoir donné une ou deux battures, on passe à un troisième engallage, préparé avec 45 grammes de galle neuve, par 48 à 49 décagrammes de matière, en opérant comme dans les engallages précédents.

On donne ensuite un bain de tritacétate de fer à 3 degrés; on sèche et on lave.

Si l'on veut avoir un noir pesant, on fera un quatrième engallage neuf, avec 30 grammes de galle, par 48 à 49 décagrammes de soie, suivi d'un quatrième bain de tritacétate à 3 degrés Baumé.

Le teinturier voit ici que Vitalis recommande des engallages successifs, et aussi des bains successifs de tritacétate de fer, pour arriver à la nuance la plus intense, en quelque sorte par degrés. C'est qu'en effet, en teinture, il faut souvent procéder ainsi pour faire absorber la matière colorante, tandis que l'étoffe refuserait d'en prendre davantage par un bain plus chargé, et que la couleur se fixerait moins solidement.

On plonge la soie pour lui donner du brillant, après qu'elle a reçu la teinture et en la lissant, pendant quelque temps, dans un léger bain de savon tiède; après quoi on lave et on fait sécher pour la dernière fois. On peut encore pour donner le brillant, ajouter à la gomme un bain ferrugineux.

Mais quant à l'engallage de la soie, comme le prix de la galle d'Alep est souvent élevé, on y mêle plus ou moins de noix de galle blanche, dont la proportion est ordinairement, à Paris, de huit à dix parties de cette galle, sur deux parties de noix de galle d'Alep.

Les teinturiers en soie conservent une cuve pour le noir, et sa composition très-compliquée varie dans les différents ateliers. Ces cuves sont ordinairement établies depuis de longues années, et lorsque la teinture noire s'y épuise, on la renouvelle par ce qu'on appelle un *brevet*. Lorsque le dépôt qui s'y accumule est trop considérable, on le retire; de sorte qu'au bout de quelque temps, il ne reste plus rien de plusieurs ingrédients qui entraient dans le bain primitif, mais qui ne sont pas employés dans le brevet.

Ordinairement on ajoute, au bain de teinture, de la limaille de fer, à laquelle quelques teinturiers substituent la *moulée*, ou boue des meules qui servent à aiguiser, et qui n'agit probablement que par les parties de fer qu'elle contient et qui s'y trouvent très-divisées; car, en définitive, le peroxyde de fer, l'acide gallique et le tannin forment toujours le composé insoluble gris-violet, que sa concentration fait paraître noir.

Pendant qu'on achève de disposer les soies à la teinture, on chauffe le bain, en ayant soin de remuer de temps en temps, pour que le marc qui est au fond n'acquière pas trop de chaleur. Ce bain ne doit jamais être amené jusqu'à l'ébullition; on y ajoute plus ou moins de gomme et de dissolution de fer, suivant les différents procédés, et quand on juge que la gomme est dissoute et que le bain est parvenu à un degré voisin de l'ébullition, on le laisse reposer environ une heure; ensuite on y plonge les soies qu'on divise ordinairement en trois parties, pour les mettre successivement dans le bain. Chaque partie est légèrement torse trois fois, et mise à éventer chaque fois. Le but de cette opération est d'exprimer la liqueur dont la soie est imprégnée, et qui s'est épuisée, pour y en faire pénétrer de nouvelle, mais surtout d'exposer la soie à l'influence de l'air, qui fonce la couleur. Après que chaque partie de la soie a éprouvé trois torses, on est obligé de réchauffer le bain, en y remettant de la gomme et du sulfate de fer, comme la première fois; et l'opération qui se fait dans l'intervalle d'un réchauffement à l'autre, constitue ce qu'on appelle un *feu*. On ne donne que deux feux pour le noir léger, mais on en donne trois pour le noir pesant; et même des teinturiers laissent séjourner la soie dans le bain après le dernier feu, pendant environ douze heures. On teint ordinairement 30 kilogrammes de soie dans une opération, ce que l'on appelle une *chaudée*. Si l'on ne teint que la moitié de cette quantité, on n'a besoin que d'un feu pour le noir léger. L'opération de la teinture étant achevée, on met de l'eau froide dans une barque, et on y disbrode la soie en la lissant.

La soie, en sortant de la teinture en noir, a beaucoup d'àprêté, l'opération par laquelle on l'en dépouille est ce qu'on appelle l'*adoucissage*. On verse dans un grand vaisseau rempli d'eau, la dissolution de 2 à 3 kilog. de savon, après l'avoir passé à travers une toile; on mêle bien cette dissolution, on y met les soies, on les y laisse pendant environ un quart d'heure, après quoi on les tord et on les fait sécher.

Quand on teint la soie crue en noir, celle de couleur jaune est préférée; la liqueur de noix de galle et le bain doivent l'un et l'autre être froids, pour empêcher la dissolution de se couvrir de gomme. Si la liqueur de noix de galle est faible, il est nécessaire de laisser la soie dedans pendant quelques jours.

Lin et coton. — La teinture en noir pour le lin et pour le coton, se prépare au moyen d'une dissolution de fer, que l'on tient, à cet effet, dans ce qu'on nomme *la tonne au noir*. On appelle ainsi une cuve qui fournit constamment, et pendant longtemps, la base du bain pour teindre en noir. Pour obtenir une liqueur acide qui revienne à plus bas prix, on jette de la ferraille dans du vinaigre, de la petite bière ou de la piquette, que l'on fait aigrir avec de la farine de seigle ou d'autres ingrédients, et l'on abandonne cette dissolution pour s'en servir au besoin, en ayant soin de ne pas l'employer avant six semaines ou deux mois depuis sa préparation.

Vitalis est parvenu à donner au lin et au coton une couleur noire aussi belle que solide, en n'employant que la noix de galle et le tritacétate ou pyrolignate de fer, et ce procédé, généralement suivi maintenant, nous semble bien supérieur à celui que nous décrirons ensuite d'après Le Pileur d'Appligny. Au reste, telle est la marche ordinaire de presque tous les procédés de teinture; à l'obscurité d'une recette dont on fait mystère, succède une préparation moins compliquée, et quand une fois les principes sont clairement établis, les procédés se simplifient en se régularisant par l'emploi le plus convenable des mêmes matières tinctoriales.

On commence par engaller le coton avec un huitième de bonne noix de galle noire, ou du moins de galle en sorte. L'engallage fait avec la noix de galle, le sumac et le bois d'Inde, réussit encore mieux, et diminue même la dépense, parce qu'alors il faut moins de noix de galle. On passe avec soin le coton dans la décoction, à un degré de chaleur tel qu'on y puisse à peine tenir la main, et on laisse le coton tremper quelques heures dans cette décoction. On relève ensuite le coton, on le tord légèrement et on le fait sécher en plein air si le ciel est serein, et sous des hangars si le temps est humide ou pluvieux.

Le coton étant bien sec, on le plonge dans un bain d'eau tiède, où l'on a versé environ un dixième en poids de pyrolignate de fer du commerce, que l'on mêle bien au liquide; on y travaille le coton environ pendant une demi-heure, pendant laquelle on le relève et on le rabat à diverses reprises, en éventant chaque fois, pendant quelques minutes; après quoi on relève et on évente pendant dix à douze minutes.

On engalle de nouveau, puis on donne, sans sécher, un second bain de pyrolignate de fer, comme la première fois, si ce n'est que l'engallage et le bain de teinture sont un peu plus faibles. On répète encore une fois ces deux opérations à la suite l'une de l'autre, et sans sécher. On relève alors le coton; on évente pendant un quart-d'heure, puis on lave et on met à sécher.

Après que le coton a été teint en noir, on le rend plus doux, et on donne plus de brillant à la couleur, en passant le coton à froid, dans un bain blanc semblable à celui qui est employé pour le rouge des Indes, et que l'on prépare en versant 36 ou 40 parties en poids d'eau de soude à un degré Baumé, sur une partie d'huile grasse ou *tournante*, ce qui revient à 60 grammes d'huile pour 1 kilogramme de coton. On tord ensuite le coton et on le fait sécher; on lave enfin avec soin à la rivière, et le coton est alors d'un noir aussi solide et aussi parfait qu'on peut le désirer.

Voici maintenant le procédé que, dans son *Art de la teinture des fils et étoffes de coton*, Le Pileur d'Appligny décrit comme celui que l'on suivait alors à Rouen pour la teinture en noir des fils de lin et de coton. Après les avoir d'abord teints en bleu de ciel sur la cuve, on les tord et on les met au sec. On les engalle ensuite à raison d'une partie de noix de galle sur quatre parties de fil, et on les laisse pendant 24 heures dans cet engallage, puis on les tord de nouveau et on les fait sécher.

On verse ensuite, dans un baquet, 10 litres du bain de la tonne au noir pour 1 kilogramme de fil. On y passe et on y travaille à la main le fil, $\frac{1}{2}$ kilog. à $\frac{1}{2}$ kilog., un quart-d'heure environ; on le tord et on le fait éventer. On répète deux autres fois cette opération, en ajoutant chaque fois une nouvelle dose du bain de noir qui doit avoir été écumé avec soin. On fait encore éventer le fil, on le tord et on le lave à la rivière, pour le bien dégorger, et on le fait sécher. Lorsqu'on veut teindre le fil, on fait bouillir pendant une heure, dans une chaudière, de l'écorce d'aulne, à raison de

1 kilogramme d'écorce, dans une suffisante quantité d'eau, pour 1 kilogramme de fil : on y ajoute environ moitié du bain qui a servi à l'engallage, et une partie en poids de sumac pour deux parties de l'écorce d'aulne ; on fait bouillir de nouveau le tout ensemble pendant l'espace de deux heures, après quoi l'on passe ce bain au tamis. Lorsqu'il est froid, on y met le fil sur des bâtons, on l'y travaille 1/2 kilog. à 1/2 kilog., on l'évente de temps en temps, puis on le rabat dans le bain, où on le laisse pendant vingt-quatre heures ; on le tord et on le fait sécher.

Pour adoucir ce fil, lorsqu'il est sec, on est dans l'usage, dit Le Pileur d'Appligny, de le tremper et de le travailler dans un restant de bain de gaude, qui a servi à d'autres couleurs, auquel on ajoute un peu de bois d'Inde ; on le relève et on le tord, et à l'instant on le fait passer dans un baquet d'eau tiède dans laquelle on a versé environ 60 grammes d'huile pour 1 kilogramme de matière ; enfin on le tord et on le fait sécher.

Le Pileur d'Appligny décrit encore un procédé qui lui a parfaitement réussi, et au moyen duquel il assure qu'on obtiendra, pour les fils de lin et de coton, un noir très-beau et très-solide. Après avoir décreusé le fil comme à l'ordinaire, puis l'avoir engallé et aluné, on le passe sur un bain de gaude ; au sortir de ce bain, il faudra le teindre dans une décoction de bois d'Inde, à laquelle on ajoutera environ 24 décagrammes de sulfate de cuivre par kilogramme de matière ; après l'avoir retiré de ce bain, on le lavera à la rivière, on le tordra, on le lavera à plusieurs reprises sans néanmoins tordre trop fort ; enfin on le teindra dans un bain de garance à raison d'un 1/2 kilogramme de cette teinture pour 1 kilogramme de matière. Le Pileur d'Appligny fait observer que le noir obtenu par ce procédé ne sera point sujet à décharger, si l'on a soin, après la teinture, de passer les fils sur un bain de savon bouillant.

On employait, suivant Bancroft, l'acide du goudron (acide pyroligneux) à Manchester, pour les teintures en noir du coton. Chaptal faisait usage, dans ses teintures, de l'acide pyroligneux ou pyrolignique (acide acétique sali par de l'huile empyreumatique et du goudron) ; enfin Bosc assure avoir obtenu, par l'emploi de cet acide, un beau noir, en opérant ainsi qu'il suit (1) : Après avoir rempli une chaudière de fonte d'acide pyrolignique, et y avoir ajouté de la

(1) Le procédé de Bosc a été perfectionné par Vitalis ; c'est celui que nous avons décrit au commencement de cet article.

vieille ferraille bien oxydée, on fait bouillir : la dissolution de l'oxyde aura lieu rapidement ; lorsque le fer sera bien décapé, et que cette dissolution sera noire comme de l'encre, on jettera le tout dans une tonne pour s'en servir au besoin. On prépare le coton comme à l'ordinaire ; et après avoir engallé, on passe les mateaux de coton sur un bain de dissolution de pyrolignate de fer étendu d'eau tiède. On renouvelle les engallages et les passages dans le bain de pyrolignate de fer, jusqu'à ce qu'on ait obtenu un noir foncé et brillant ; enfin on termine par passer le coton à l'huile d'olive. Cette opération simple consiste à jeter sur de l'eau tiède un peu d'huile d'olive ; en passant le coton sur ce bain, il absorbe l'huile ; on le manie longtemps dans le bain pour l'huiler également. Ce procédé adoucit, assouplit le coton et lui donne beaucoup de brillant. Après avoir fait sécher les cotons à l'ombre, ils sont d'un noir parfait et très-solide. Il faut, à chaque fois qu'on s'est servi du bain de pyrolignate de fer, le jeter comme inutile, et jamais n'ajouter dans la tonne les vieux bains.

Les étoffes teintes par le moyen de l'acide pyroligneux conservent avec beaucoup de ténacité, fait observer M. Bosc, l'odeur de cet acide, et il faut, pour les en débarrasser, les laisser pendant quelque temps exposées à l'air avant de les plier et de les renfermer.

M. Thillaye dit qu'on peut obtenir un très-beau noir velouté sur coton ou sur le lin, en imprégnant les étoffes d'un mordant préparé avec un mélange de 1 partie d'acétate d'alumine à 5 degrés et de 1 partie de pyrolignite de fer à 5 degrés également : on fait sécher les pièces pendant 3 jours à la chambre chaude ; on les dégomme dans une eau à 60 degrés de chaleur ; on les nettoie ensuite avec de la craie ; enfin on les teint avec 1^{kil}.47 de bois de campêche par pièce de 30 mètres. Il faut entrer à froid, monter la chaleur graduellement pour arriver au bouillon en deux heures, abattre, puis nettoyer. Si l'on employait le mordant de fer seul, on obtiendrait un noir tirant sur le rouge, ce qui d'ailleurs est presque toujours le défaut des noirs au campêche quand on n'a pas la précaution de faire tourner le campêche avec un peu de sulfate de cuivre.

Tissus divers. — La teinture en noir de ces tissus est d'autant plus difficile que les matières premières qui les composent sont plus nombreuses. On fabrique maintenant un grand nombre de tissus de soie et fil ou coton, les procédés que nous avons indiqués successivement pour la teinture des étoffes d'une seule matière, doivent en conséquence être modifiés convenablement pour ces tissus composés de matières différentes.

Soie, coton et fil. — Préparez au bain de galle, en prenant, pour 59 mètres d'étoffes, 5 kilogrammes de galle que vous faites bouillir pendant 2 heures, ou jusqu'à ce qu'elle s'écrase entre les doigts, dans une chaudière contenant 70 à 80 litres d'eau ; tirez ce bain à clair, et mettez-y tremper les 59 mètres de tissus pendant toute une nuit (1).

Retirez le lendemain le tissu de l'engallage, tordez et mettez dans un bain de forte bruniture, en maniant bien, et 15 à 20 minutes après, tordez et éventez. Passez ensuite le tissu dans un bain d'eau de chaux, tordez et remettez dans le bain de galle tiède ; remuez et retirez après une demi-heure d'immersion ; remettez une demi-heure dans la bruniture, et ainsi de suite, jusqu'à sept fois en passant alternativement de la bruniture à l'eau de chaux, puis à l'engallage et de nouveau à la bruniture, qui termine la septième fois.

La bruniture corrompant l'engallage, il faut diviser le bain de galle, après y avoir laissé tremper le tissu pendant la nuit, en deux portions, qui servent chacune à l'une des sept fois prescrites.

Dans un bain de campêche préparé avec 2 kilogrammes de bois de campêche et quantité suffisante d'eau pour les 59 mètres de tissus, tiré au clair, et devenu tiède, ajoutez un demi-litre de dissolution de vert-de-gris, ou un peu de sulfate de cuivre pour faire tourner le campêche, et tremper le tissu en le remuant une demi-heure ; retirez, éventez et lavez.

Laine, soie, coton et fil. — Pour ce tissu, ajoutez au bain de campêche du sulfate de fer ; mettez une heure sur le feu, éventez et remettez ainsi trois fois de suite, puis ajoutez le vert-de-gris et laissez tremper dans ce bain pendant toute une nuit ; retirez, éventez et lavez.

Chalys, cachemirienne. — Pour le premier bain d'une pièce de 38 mètres sur 9 décimètres de largeur, on emploie 36 seaux d'eau au bouillon ; on y fait dissoudre 1 kilogramme de sulfate de fer, 1 kilogramme de crême de tartre, 37 décagrammes d'alun et 92 grammes de sulfate de cuivre. On y entre la pièce que l'on y manœuvre pendant 2 heures ; on lève et l'on rince.

On monte un bain neuf avec 46 seaux d'eau à 75 degrés ; on y ajoute une décoction de 1 kil. 47 de bois de campêche,

---

(1) Si le tissu à teindre l'avait été déjà en noir, il faudrait s'abstenir de le faire tremper dans le bain de galle, car il le corromprait.

qu'on a soin de faire tourner avec un peu de sulfate de cuivre ; on y manœuvre la pièce environ une heure, ou mieux jusqu'à ce que le noir soit bien monté ; on lève et l'on rince.

§ 29.   TEINTURE EN NOIR-BLEU ; OBSERVATIONS GÉNÉRALES SUR LA FORMATION DES NOIRS.

Laine. — Pour 12 mètres d'étoffe, faites bouillir pendant 1 heure 4 kilogrammes de tan avec la quantité d'eau convenable, tirez à clair et mettez dans le bain l'étoffe que vous y laisserez bouillir pendant 1 heure, tordez et éventez.

Composez avec 1 kilogramme de campêche, un bain que vous tirez à clair, ajoutez 12 à 13 décagrammes de vitriol bleu (deutosulfate de cuivre), et 48 à 49 décagrammes de couperose verte (protosulfate de fer) ; faites bouillir dans ce bain l'étoffe pendant une heure, tordez et éventez, remettez dans le bain et éventez une seconde fois ; remettez encore dans le bain et éventez une troisième fois ; remettez pour la quatrième fois dans le bain, et après avoir éventé, passez à une légère eau de potasse, puis lavez de suite à grande eau.

Soie. — Pour 4 à 5 kilogrammes de soie, mettez 7 à 8 kilogrammes de tan dans une chaudière contenant 70 à 80 litres d'eau ; laissez bouillir pendant une heure, puis tirez au clair et passez-y la soie en la menant bien.

Composez un bain de campêche et vitriol bleu (deutosulfate de cuivre), dans lequel vous passez la soie, en l'éventant, et la remettant au bain de tan jusqu'à ce qu'elle soit assez montée en couleur, puis passez-la dans un bain de campêche et couperose verte (protosulfate de fer)) et enfin dans un bain tiède de potasse, après quoi il faut laver de suite.

Coton et fil. — Composez pour 24 mètres, un bain de 5 kilogrammes de tan, bouilli pendant une heure, passé au clair et auquel vous ajoutez 1 kilogramme de sumac : faites-y tremper l'étoffe pendant une heure, tirez et éventez ; passez au bain vigoureux de campêche et de deutosulfate de cuivre, et remettez au bain de tan et ainsi de suite, quatre fois ; puis passez au bain de campêche et de protosulfate de fer ; enfin passez au bain de potasse et lavez ; il faut que la chaleur de ces bains soit très-modérée, que l'étoffe soit bien menée, bien éventée, et séchée rapidement à l'ombre.

Le teinturier remarquera, dans tous ces procédés, que l'on fait constamment tourner le campêche au bleu avec les sels de cuivre, ainsi que nous le lui avions indiqué d'avance en parlant de la matière tinctoriale du campêche.

Observations générales sur la formation des noirs. — L'association harmonique des couleurs primitives est indispensable, observe avec raison M. Persoz, pour la formation des noirs que l'on obtient ainsi qu'il suit :

1º Par la combinaison du bleu de cuve, avec rouge fin. Cette combinaison est souvent mise à profit, comme nous le verrons plus tard, dans la fabrication des genres composés.

2º Par la combinaison du bleu de cuve, avec la couleur brune du cachou (*noir des Indiens*).

3º Par la combinaison du bleu de cuve, avec le bistre; mais ce noir, qui n'est jamais franc, présente un reflet olivâtre particulier.

4º Par la combinaison de l'acétate d'indigo, avec les matières colorantes rouges.

5º Par la combinaison du bleu de Prusse, avec le rouge turc. C'est ainsi qu'on réalise des impressions noires sur fond rouge turc.

6º Par la réaction de l'oxyde ferrique sur les matières colorantes rouges (garance, cochenille, etc., etc.), et même sur l'hématine ; mais ce noir au campêche, qui a pour base le fer, s'altère promptement et devient rougeâtre.

7º Par la réaction de l'oxyde ferrique sur les matières jaunes et astringentes, telles que noir de galle, sumac, bablah, tannin, etc., etc.

8º Par la combinaison de l'oxyde aluminique très-légèrement ferrurée, avec l'hématine convenablement oxydée.

9e Par la réaction de l'oxyde chromique sur l'hématine, en présence d'une faible proportion d'alumine, qui sert de base à la couleur.

10º Par l'action de l'oxyde ferrique et de la chaux sur l'hématine.

11º Par l'action combinée des oxydes ferrique et aluminique sur les matières colorantes réunies.

Ces noirs, formés à des conditions si diverses, ne jouissent pas des mêmes propriétés : ils affectent des teintes qui visent, les unes au rouge, les autres au bleu, d'autres à l'olivâtre. Le grand art du teinturier est d'en composer dans lesquels tous les rayons soient absorbés, et surtout de savoir prévenir les changements qui n'y sont que trop ordinaires, quand le fer domine dans la base de la couleur, attendu que, réduit en partie au moment de la formation du noir, il s'oxyde insensiblement, passe au rouille, brunit et souvent même brûle le tissu sur lequel il est déposé. C'est pour cette raison que les noirs à l'alumine sont préférables, quand on a convenablement oxydé la matière tinctoriale.

§ 30. TEINTURE EN GRIS; OBSERVATIONS GÉNÉRALES SUR LA FORMATION DES GRIS.

Les nuances du noir sont les gris, depuis le plus brun jusqu'au gris le plus clair.

Laine. — Pour faire les gris, on prépare une décoction de noix de galle concassée, et l'on fait dissoudre à part du sulfate de fer. On fait un bain, selon la quantité d'étoffe qu'on veut teindre, de la nuance la plus claire ; et lorsqu'il est assez chaud pour y pouvoir tenir la main, on y verse de la décoction de noix de galle et de la dissolution de sulfate de fer. On y passe alors la laine ou l'étoffe ; lorsqu'elle est au point qu'on désire, on la retire, et on ajoute au même bain de la décoction et de la dissolution ; on y passe une étoffe pour lui donner une nuance plus foncée qu'à la précédente. On continue ainsi jusqu'aux nuances les plus brunes, en ajoutant toujours les deux liqueurs ; mais il vaut mieux, pour le gris de maure et les autres nuances foncées, donner auparavant à l'étoffe un pied de bleu plus ou moins fort.

Il n'est guère possible de fixer la dose des ingrédients, la quantité d'eau et le temps nécessaires pour les opérations : si le bain est fort chargé de couleur, la laine y restera moins ; au contraire, il faudra plus de temps si le bain commence à être épuisé. Lorsque l'on trouve que l'étoffe n'est pas assez brune, on la remet une seconde, une troisième fois, etc.; si la couleur était trop foncée, il faudrait passer l'étoffe sur un bain nouveau tiède, dans lequel on aurait mis un peu de décoction de noix de galle, ou encore sur un bain de savon ou d'alun ; mais il vaut mieux tâcher de saisir d'abord la nuance qu'on désire, en retirant de temps en temps l'étoffe du bain. Il faut éviter que le bain ne bouille, et il faut avoir soin qu'il soit plutôt tiède que chaud ; de quelque manière qu'on ait teint les gris, on doit les laver de suite à grande eau, et même dégorger les bruns avec le savon.

On peut encore obtenir les gris bon teint avec la cochenille ammoniacale, et le bleu soluble faux-teint, avec l'orseille et le bleu soluble. On donne pour le gris par la cochenille, un bouillon de 250 grammes d'alun et 250 grammes de tartre, par kilogramme de laine, pendant une heure ; on lève et l'on rince. Dans un bain neuf, on ajoute de la cochenille ammoniacale et du bleu soluble en quantités convenables à la nuance que l'on veut, en y manœuvrant les pièces, presque au bouillon, de 1 à 2 heures.

Soie. — Tous les gris, excepté le gris de maure, s'appliquent sur la soie sans lui avoir fait subir l'alunage. On compose le bain avec le fustet, le bois d'Inde, l'orseille et le sulfate de fer. On varie ces ingrédients, selon la nuance que l'on veut donner; ainsi, l'on emploie plus d'orseille pour ceux qui doivent tirer sur le rougeâtre, plus de fustet pour ceux qui doivent incliner au roux et au verdâtre, et enfin plus de bois d'Inde pour ceux qui doivent avoir un gris plus foncé; et pour le gris de fer, on ne se sert que de bois d'Inde et de dissolution de fer; au surplus, pour toutes ces nuances, qui peuvent varier à l'infini, c'est plutôt par le jugement de l'œil que par les règles particulières que le teinturier doit se guider.

Les gris de maure exigent l'alunage, après quoi on passe les soies à la rivière, ensuite on leur donne un bain de gaude, on jette une partie de ce bain pour y substituer du jus de bois d'Inde. Lorsque la soie en est imprégnée on y ajoute la dissolution de fer en quantité suffisante, et quand on est à la nuance qu'on désire, on lave la soie et on la tord. Lorsque le gris se trouve plus foncé qu'on ne veut l'obtenir, on passe la soie dans une dissolution de tartre, ensuite dans l'eau chaude, et si la couleur est trop affaiblie, on lui redonne un nouveau bain de teinture.

On obtient un gris pâle : en alunant la soie à froid, dans un bain composé de 243 grammes d'alun pour 10 litres d'eau ; en levant après 4 heures ; en rinçant et passant dans un bain tiède d'orseille et de bleu soluble, convenablement composé pour la nuance, qui sera gris-perle ou gris-de-lin, suivant les proportions de l'orseille et du bleu soluble. Le teinturier, d'ailleurs, aura soin d'essayer la nuance sur échantillon avant de teindre en pièce.

Lin et coton. — Pour le lin et le coton, on donne un pied de bleu, au gris de maure, de fer et d'ardoise, et non aux autres. Toutes ces nuances exigent un engallage proportionné au gris qu'on veut se procurer, on emploie même souvent des bains de noix de galle qui ont déjà servi.

Lorsque les fils ont été engallés, tordus et séchés, on les passe sur des bâtons dans un baquet plein d'eau froide, auquel on ajoute une quantité convenable du bain de la tonne au noir, et d'une décoction de bois d'Inde. On y travaille les fils en parties séparées, on les tord, on les lave et on les fait sécher. Suivant le Pileur d'Appligny, on peut obtenir des gris dont la teinture est plus fixe, par deux procédés qu'il indique ainsi qu'il suit : 1° on engalle le fil, on le passe sur un bain très-faible de la tonne au noir, et on le garance ensuite; 2° on passe les fils sur une dissolution très-chaude de tartre, on tord légèrement et l'on fait sécher. On teint alors ce fil dans une décoction de bois d'Inde; la teinture parait noire; mais en passant le fil et le maniant avec attention sur une dissolution chaude de savon, le superflu de la teinture se décharge, et il reste, dit Le Pileur d'Apligny, un gris ardoisé agréable et solide.

Les gris sur tissus de coton ou de lin, varient suivant les procédés, soit avec la noix de galle, soit avec le sumac, soit avec le bois de campêche, le ton des nuances dépendant à la fois de la force du mordant de fer et de la quantité de matière colorante employée.

Gris au baquet par la noix de galle. — Pour une pièce de 36 mètres, montez un baquet avec 100 litres d'eau à 50 degrés, dans laquelle vous versez une décoction de 100 grammes environ de noix de galle; entrez-y la pièce et manœuvrez sur le moulinet pendant environ 15 minutes; levez et rincez; passez ensuite dans un deuxième baquet qui contient 100 litres d'eau froide et 1/2 litre de pyrolignate de fer à 10 degrés; manœuvrez environ 10 minutes; retirez et rincez.

Gris au baquet par le sumac. — Dans un baquet ou une chaudière qui contient 128 litres d'eau à 40 degrés, mettez une décoction d'un 1/2 kilogramme de sumac; entrez-y la pièce, manœuvrez 15 minutes; retirez, et après l'avoir rincée, passez dans un baquet qui contient 100 litres d'eau froide et un 1/2 kilogramme de sulfate de fer; manœuvrez jusqu'à la nuance désirée; levez et rincez.

Gris au bois de campêche. — Foulardez la pièce dans du pyrolignate de fer à un 1/2 degré; puis séchez à la chambre chaude. Dégommez ensuite en eau chaude avec craie et teignez avec un 1/2 kilogramme de bois de campêche; la température et la quantité de bois déterminent la nuance, qu'on peut modifier en faisant tourner le campêche avec un peu de sulfate de cuivre.

Gris à l'orcanette (faux-teint). — Foulardez la pièce dans du pyrolignite de fer à 1 degré; après avoir séché à la chambre chaude pendant 2 jours, dégommez en eau froide. Foulardez ensuite dans une teinture d'orcanette, obtenue en faisant macérer, pendant 48 heures, 61 grammes d'orcanette par litre d'alcool; après avoir foulardé dans ce bain alcoolique, passez la pièce dans un baquet qui contient de l'eau à 40 degrés; rincez ensuite.

Tissus, châles imprimés ou brochés, à palmes ou à fleurs. — Lorsque ces tissus ont été flétris et jaunis par l'usage ou par les blanchissages répétés, on peut leur donner de très-

beaux gris par le procédé suivant, qui exige beaucoup d'a-
dresse pour éviter le coulage des couleurs des bordures :
mouillez le châle avec soin, plongez-le cinq minutes dans
un bain tiède de ½ kilogramme de sumac passé au tamis;
rincez à l'eau claire et tiède; plongez-le cinq minutes dans
un bain tiède de 12 à 13 décagrammes de couperose blanche
(sulfate de zinc), rincez à l'eau claire et tiède, et continuez
à plonger et à rincer alternativement dans l'un et l'autre
bain, jusqu'à ce que vous ayez la nuance voulue; passez à
l'eau faible d'alun teintée avec un litre de bois de campêche,
lavez, tordez entre deux linges, et séchez vivement.

Observations générales sur la formation des gris. — Les
gris n'étant, théoriquement parlant, que la dégradation des
noirs, ce sont les mêmes substances que l'on emploie à la
formation des noirs et des gris; il y a plus, c'est qu'en général, une substance colorante qui ne donne qu'un noir plus
ou moins olivâtre, produit souvent un gris recherché.

M. Persoz indique :

Pour le *gris à la cochenille,* un mordant composé de
10 litres d'eau, 1 litre pyroligníte de fer, le tout épaissi par
3 kilogrammes d'amidon grillé; on fixe ce mordant à l'eau
de craie et l'on teint à 80°, avec 80 à 90 grammes cochenille
et 120 grammes sumac.

Pour le *gris-tourterelle,* un mordant de fer, dans un bain
composé, soit de quercitron et cochenille, soit en remplaçant
le quercitron par une autre matière colorante jaune; pour
réaliser cette belle nuance avec la garance, on plaque les
pièces dans un mordant composé de 48 litres d'eau, 48 litres
eau d'amidon grillé, 1 litre pyrolignite ferreux à 14°; quand
le mordant est suffisamment reposé sur l'étoffe, on le fixe
à l'eau bouillante dans la cuve à roulettes; on dégorge avec
soin et l'on teint à la température de 35 à 38°, durant une
heure trois quarts, dans un bain contenant pour chaque pièce,
outre la quantité d'eau nécessaire, 750 grammes quercitron
avec addition de colle, 1 kilogramme garance d'Avignon; au
sortir de la teinture, on nettoie; puis on passe au bain de
son à la température de 60°.

Nous nous bornerons à ces divers exemples des gris, dont
les nuances peuvent varier à l'infini; le teinturier pourra
facilement reproduire ces nuances, quelles qu'elles soient,
d'après ce que nous venons de dire de la teinture en noir et
en gris.

§ 31. TEINTURE EN BLEU.

Laine: bleu de cuve, par l'indigo et le pastel. — On trouve décrits avec beaucoup de soin, dans l'ouvrage de Hellot, sur l'art de la teinture des laines, la plupart des différents procédés dont on peut faire usage pour teindre en bleu par le moyen de l'indigo; en sorte que nous y ajouterons simplement les améliorations les plus récentes, au nombre desquelles l'emploi de la vapeur tient sans contredit le premier rang.

La préparation pour teindre en bleu ne se fait pas dans des chaudières comme pour les autres couleurs, mais dans de grands vaisseaux de bois auxquels on donne le nom de *cuves*, et que l'on établit dans un emplacement qu'on appelle *guèdre* ou *guesde*, rendu propre à conserver la chaleur. On distingue par le nom de *guédrons* ou *guesdons*, les ouvriers destinés à soigner ces cuves, et qui doivent être assez instruits pour prévenir les accidents auxquels elles sont sujettes.

On prépare aujourd'hui, et avec raison, dans un grand nombre d'ateliers, une cuve en cuivre, enfoncée en terre, dans le guesde, à hauteur d'appui, et qui n'est enterrée que de 6 à 7 décimètres à partir de son fond. A cette hauteur, on pratique un fourneau sans grille, où l'on fait passer un tuyau de vapeur destiné à chauffer le pourtour de la chaudière, afin de tenir constamment le bain à une chaleur de 30 à 50 degrés centigrades.

On distingue, suivant Thénard, sous le nom de bain de teinture, trois espèces de cuves : 1° la cuve à la chaux et au vitriol (sulfate de fer) ; 2° la cuve d'Inde ; 3° la cuve de pastel.

La cuve au vitriol peut se composer de 300 litres d'eau, 2 kilogrammes d'indigo, 2 kilogrammes et demi de sulfate de fer du commerce, 2 kilogrammes de chaux et un demi-kilogramme de soude du commerce. On commence par réduire l'indigo en poudre très-fine, et à éteindre la chaux; ensuite on lessive la poudre d'une part, et de l'autre on fait dissoudre le sulfate de fer. Cela étant fait, on verse l'eau, l'indigo, la chaux, la soude et le sulfate de fer dans une chaudière profonde; on remue bien le tout, on élève le bain à une température de 40 à 50 degrés, et on l'y maintient pendant vingt-quatre heures en le remuant de temps en temps pendant les deux premières heures; alors on y passe l'étoffe. Lorsque, après s'en être servi, le bain commence à s'affaiblir, on y ajoute 2 kilogrammes de sulfate de fer et 1 kilogramme de chaux vive, afin de dissoudre la portion d'indigo qui, par son contact avec l'air, s'est oxygénée et précipitée; ce n'est que quelque temps après cette addition qu'il est nécessaire d'y jeter une nouvelle quantité d'indigo.

La cuve d'Inde résulte, toujours d'après Thénard, d'un

mélange de 100 seaux d'eau, 6 kilogrammes de potasse ou de soude, 2 kilogrammes de son, et 2 kilogrammes de garance. L'alcali, la garance et le son étant délayés dans de l'eau, on fait bouillir celle-ci pendant quelque temps; on porte ensuite la liqueur et le marc dans une chaudière conique placée dans un fourneau d'une forme appropriée, après quoi l'on ajoute l'indigo bien broyé; on agite le tout. On couvre la cuve, et l'on fait un peu de feu autour, ou bien l'on ouvre le robinet de vapeur, de manière à entretenir le bain entre 40 et 50 degrés centigrades. Bientôt on agite le bain, et l'on répète cette opération toutes les douze heures, jusqu'à ce qu'il soit propre à la teinture, ce qui a ordinairement lieu au bout de quarante-huit heures. Le bain doit alors être d'un beau jaune, couvert de plaques cuivrées et d'écume bleue. A mesure qu'on teint, le bain s'affaiblit, et même beaucoup plus vite qu'on ne pourrait se l'imaginer, si l'on en jugeait par la quantité d'indigo qui se combine avec l'étoffe. Cet effet est dû à l'oxygénation et à la précipitation d'une grande partie de matière colorante. On la redissout en faisant bouillir une portion de la liqueur de la cuve, en y ajoutant le quart de la quantité d'alcali, le quart de la quantité de son, et le quart de la quantité de garance employés primitivement, et en versant le mélange dans la cuve même. Au surplus, lorsqu'on reconnaît que l'indigo est épuisé, on en ajoute une nouvelle quantité. Il est évident que dans la cuve d'Inde, les corps qui désoxygènent l'indigo sont le son et la garance. La garance agit encore d'une autre manière; c'est que, se combinant avec l'étoffe, elle la rend susceptible d'être portée au même ton par une moindre quantité d'indigo.

Thénard, à qui nous empruntons tous ces détails sur les trois espèces de cuves pour la teinture de l'indigo, trouve que la troisième de ces cuves, ou celle de pastel, a beaucoup d'analogie avec la cuve d'Inde, qu'elle n'en diffère qu'en ce qu'il entre une certaine quantité de pastel et de chaux dans sa composition, et point de potasse et de soude. Les quantités de matières qu'on peut employer sont celles qui suivent, savoir : eau, 4,000 à 4,500 litres; pastel, 200 kilogrammes; gaude, 4 kilogrammes; chaux, 1 kilog.; indigo, 10 kilog.

1. Il faut faire bouillir l'eau dans une chaudière pendant trois heures, avec la gaude, la garance et le son, retirer la gaude et transvaser la liqueur dans une cuve de bois, dans laquelle on a jeté le pastel bien divisé. Cette cuve a à peu près 26 décimètres de profondeur, et 16 décimètres de diamètre : elle est placée dans un lieu bien clos, et enfoncée en terre jusqu'à hauteur d'appui. Pendant tout le temps qu'on

transvase, et pendant au moins un quart-d'heure après, on doit agiter toutes les matières contenues dans le bain, afin de les bien mêler.

2. Il faut couvrir exactement la cuve, la laisser six heures en repos, agiter le bain pendant une demi-heure, répéter cette opération de deux en trois heures, jusqu'à ce qu'on aperçoive des veines bleues à sa surface, ajouter la chaux, et immédiatement après, l'indigo broyé; agiter de nouveau deux fois le bain dans l'espace de six heures, et le laisser déposer; il prend une couleur jaune d'or; c'est alors qu'on y passe des étoffes, après y avoir plongé toutefois un treillis fait avec de grosses cordes pour éviter que l'étoffe touche le dépôt. Ce treillis se nomme une *champagne*.

3. A partir de l'époque où le bain est en état de servir, il est nécessaire d'y verser tous les jours un demi-kilogramme de chaux éteinte, et de le réchauffer tous les deux à trois jours, afin de l'entretenir à une température de 35 à 50 degrés. Cette seconde opération se fait à défaut de conduite de vapeur, en transvasant une grande partie de la liqueur dans une chaudière sous laquelle on fait du feu, en reportant ensuite cette liqueur dans la cuve, et couvrant celle-ci avec soin, jusqu'à ce qu'on s'en serve.

Cette cuve au pastel doit se monter différemment, suivant M. Pavie, et voici la méthode qu'il propose : Tandis que l'eau passe dans la cuve, on y jette environ 75 kilogrammes de coques du pastel, qui ont été préalablement ramollies dans l'eau et bien développées, et on ajoute 6 kilogrammes d'indigo broyé au moulin, avec la plus petite quantité d'eau possible, et amené à la consistance d'une bouillie épaisse, en ayant soin de pallier la cuve pour bien mêler les matières.

Dès que la cuve est remplie, on sème légèrement à sa surface 3 kilogrammes de bonne garance de Provence, 2 kilogrammes de chaux éteinte à l'air, et 4 litres de son ; on ferme ensuite la cuve de son couvercle, sur lequel on étend de grosses couvertures de laine, et on la laisse reposer pendant six heures.

On pallie de nouveau la cuve de trois heures en trois heures, une demi-heure à chaque fois, jusqu'à ce qu'on aperçoive des veines bleues à sa surface.

On pallie encore deux fois dans l'espace de six heures, et sur la fin du dernier de ces deux palliements, on répand légèrement à la surface 24 à 25 décagrammes de chaux. Le palliement étant achevé, on couvre la cuve comme il a été dit plus haut.

Trois heures après, on pallie de nouveau, sans ajouter de chaux, à moins que la fermentation, qui s'annonce par un bruit sourd et léger, n'aille trop vite, ce qui se reconnaît par le pied qui monte à la surface. Lorsque cela arrive, on donne sur la fin du palliement 70 à 75 décagrammes de chaux et on couvre la cuve.

A cette époque, le bain doit être d'un jaune d'or ; en heurtant la cuve avec le râble, le pied, ou la partie que l'on ramène avec l'instrument, ne doit être ni rude ni gras au toucher ; sa couleur, qui est verdâtre, doit brunir à l'air ; les bulles qui viennent se rassembler à sa surface, persistent un certain temps avant de se rompre. L'odeur de la cuve ne doit être ni trop douce ni trop piquante. Ce dernier symptôme indiquerait une trop grande quantité de chaux. Il ne faut donc administrer la chaux qu'avec beaucoup de réserve et de circonspection, le défaut habituel des ouvriers étant de charger trop en chaux.

On reconnaît encore que la cuve est en bon état lorsqu'on voit paraître à sa surface des *veines bleues*, une écume légère d'un beau bleu, qu'on appelle *fleurie*, et des plaques cuivrées.

On pallie alors la cuve de trois heures en trois heures, jusqu'à ce qu'un échantillon, plongé pendant une demi-heure dans la cuve, et deux heures après le palliement, en sorte coloré d'un beau vert, et déverdisse promptement à l'air, pour prendre la couleur bleue.

On pallie encore la cuve pour la dernière fois, et trois heures après, elle est en état de teindre.

On ouvre la cuve par une mise de 36 mètres de drap, ou l'équivalent de son poids en laine bien dégraissée ; on passe cette mise toujours couverte de bain, ou entre deux eaux, pendant une bonne demi-heure. On tord le drap au moyen d'un moulinet ou d'un double crochet, placé au-dessus de la cuve. Si le drap ou la laine, après avoir été bien déverdi à l'air, n'était pas d'une nuance assez forte, on donne un ou deux *rejets*, suivant l'intensité du bleu que l'on veut avoir.

On lave bien ensuite à la rivière, et on fait même passer les étoffes au foulon avec un peu de savon qui n'altère pas le bleu. Quelques teinturiers passent en outre dans une solution chaude d'alun.

Après cette première *ouverture*, on pallie la cuve et on la garnit de chaux très-modérément.

Le *réchaud* de la cuve s'exécute, à défaut de conduite de vapeur, en transvasant environ les deux tiers du bain de la cuve dans la chaudière, et en faisant chauffer jusqu'à 93 degrés centigrades. On fait alors repasser le bain dans la cuve, et à mesure qu'il y arrive, on pallie le pied et on ajoute en même temps 1 à 2 kilogrammes d'indigo, et de temps en temps un peu de pastel, de son et de garance; on couvre la cuve qui doit être maintenue pleine à quelques centimètres du bord.

La cuve réchauffée se gouverne comme la cuve neuve, et peut ainsi, quand elle est bien conduite, durer plusieurs années. Mais, quand elle ne travaille pas, il faut avoir le soin de la pallier au moins deux fois par semaine, et de la nourrir de chaux.

L'usage des cuves en cuivre, même quand elles ne sont pas chauffées à la vapeur, dispense de la manœuvre du *réchaud*, qui est dispendieuse et nuisible au bain, en ce qu'il y répand l'oxygène que les matières désoxygénantes lui avaient enlevé, et l'indigo réoxygéné, cessant d'être soluble, se précipite au fond de la cuve.

La cuve au pastel est principalement sujette à deux accidents. Le premier a lieu lorsqu'elle devient *raide* ou *rebutée*, selon le langage des guédrons. On reconnaît cet accident à l'odeur piquante et à la couleur noirâtre que la cuve acquiert, ainsi qu'à la disparition des veines et de l'écume qui se forment à sa surface. Il est causé par un excès de chaux; les guédrons y remédient en jetant du tartre, du son, de l'urine ou de la garance dans le bain, ou bien on se contente de la faire chauffer.

La seconde altération à laquelle la cuve est sujette, est au contraire produite par le défaut de chaux, ce qui ne permet pas au pastel de fermenter. Quand cette altération a lieu, les veines et les écumes bleues de la cuve disparaissent; aussi elle prend une teinte rousse, exhale une odeur fétide, et le dépôt qu'elle contient se soulève : dans ce cas, on y ajoute une nouvelle quantité de chaux.

On voit ainsi qu'une juste distribution de chaux est l'objet qui demande le plus d'attention dans la conduite d'une cuve de pastel; elle doit modérer la fermentation du pastel et des autres substances qui servent à désoxyder l'indigo; car cet effet, poussé trop loin, détruit les parties colorantes; mais une action plus vive de la chaux devient un obstacle trop grand; il faut donc attendre que l'excès de chaux disparaisse, sans doute par la formation successive de l'acide carbonique, ou augmenter la cause de la fermentation, ou saturer une partie de la chaux par un acide végétal. Une autre utilité de la chaux est de tenir en dissolution les parties colorantes de l'indigo, et celles du pastel qui se trouvent désoxydées.

Pour prévenir ces accidents et quelques autres qui rentrent toujours dans l'une de ces altérations que nous venons de signaler, il est un moyen bien simple, c'est celui de faire usage de pastel ou vouède, récolté sans fermentation. Une cuve ainsi montée est plus promptement en œuvre : on y peut teindre laine, soie, fil et coton, et elle dure tant qu'on veut, tandis qu'avec le pastel fermenté, la cuve ne dure qu'un an ou dix-huit mois au plus. D'ailleurs, il est plus facile de modérer la fermentation que de la provoquer.

Les laines et les étoffes teintes en bleu doivent être lavées avec beaucoup de soin, pour entraîner les parties qui ne sont pas fixées sur la laine; et même pour les étoffes d'un bleu un peu foncé, il devient nécessaire qu'elles soient dégorgées au foulon avec un peu de savon, qui n'altère pas le bleu. Il faut traiter de même les étoffes destinées à être teintes en noir, le pied de bleu devant être uniforme et inaltérable par un foulage au savon.

Soie. — On se sert, pour teindre la soie en bleu, de la cuve d'Inde ci-dessus décrite : on y met ordinairement plus d'indigo que la dose qui a été indiquée ; mais les proportions de son et de garance sont à peu près les mêmes. Les autres cuves dont il a été précédemment parlé ne sont pas propres à teindre la soie, parce qu'elles ne la colorent pas avec assez de promptitude.

Lorsque la cuve d'Inde dont on doit faire usage est en état, on y ajoute environ 1 kilogramme de cendres gravelées, ou mieux de sous-carbonate de soude, et un huitième de garance, et l'on remue bien le tout; après quatre heures, elle peut servir à la teinture. Il faut avoir soin que la chaleur soit assez ralentie pour qu'on y puisse tenir la main sans éprouver de douleur.

On plonge alors la soie dans ce bain après l'avoir préalablement fait cuire avec 30 kilogrammes pour 100 de savon, et l'avoir ensuite bien dégorgée de son savon, par deux battues ou même plus, dans une eau courante. Comme la soie est sujette à prendre une couleur peu unie, il convient de ne la teindre que par petites parties ; et, en conséquence, l'ouvrier y plonge chaque mateau l'un après l'autre, après l'avoir passé sur un cylindre de bois; et lorsqu'il l'a tourné plusieurs fois dans le bain, il l'évente, puis il le jette dans de l'eau pure, après quoi il le tord plusieurs fois sur le rouleau ou espart.

Il faut avoir soin que la soie qu'on vient de teindre, sèche très-promptement ; pendant l'hiver, et dans les temps humides, on la fait sécher dans une chambre chauffée par un poële, en l'exposant sur une espèce de châssis qu'on tient agité.

Quand le bain s'affaiblit, on y ajoute $\frac{1}{2}$ kilogramme de cendres gravelées, ou mieux de sous-carbonate de soude, un peu de garance et une poignée de son bleu lavé. Lorsque l'indigo se trouve épuisé, il faut aussi en rendre à la cuve avec les proportions convenables de cendres gravelées ou de potasse ou de soude, et de garance et de son.

L'indigo seul ne peut donner un bleu foncé à la soie ; il faut, en conséquence, la préparer en lui donnant une autre couleur ou pied. Pour le bleu *turc*, qui est le plus foncé, on donne d'abord un bain très-fort d'orseille, et un moins fort pour le bleu de roi : ensuite on passe sur une cuve neuve et bien garnie ; les autres bleus se font sans pied.

On fait encore un bleu aussi foncé que le bleu de roi, mais pour lequel on emploie, au lieu d'orseille, un bain de cochenille, afin de lui donner plus de solidité ; ce qui fait désigner ce bleu par le nom de bleu fin.

Pour teindre en bleu les soies écrues, il faut, après avoir choisi celles qui sont naturellement blanches, les bien pénétrer d'eau, et ensuite les passer dans la cuve en mateaux séparés, comme les soies cuites. Les soies crues, prennent, en général, la teinture avec plus de facilité et d'activité que les soies cuites. On a soin de passer, s'il est possible, dans la cuve, les soies cuites avant celles qui sont crues, et dont la matière gommeuse peut nuire à l'uniformité de la nuance, non moins qu'à son intensité.

M. Perkins est parvenu tout récemment à obtenir et fixer sur la soie une belle couleur bleue qui n'est pas détruite par la lumière. Le procédé consiste à dissoudre dans l'eau les sulfates d'aniline, de cuminine et de toluidine, et à y ajouter une certaine quantité de bichromate de potasse suffisante pour neutraliser l'acide sulfurique dans ces sulfates. On abandonne le tout au repos pendant vingt-quatre heures, et il se précipite une substance brune qu'on lave avec l'essence de goudron, puis qu'on dissout dans le métylène. Cette solution, avec addition d'un peu d'acide tartrique ou oxalique forme le bain de teinture.

Fil et coton. — On sait depuis longtemps et Le Pileur d'Appligny le fait même observer dans son *Art de la teinture des fils et étoffes de coton*, que la teinture du fil de coton en bleu ne présente aucune difficulté. On se sert à cet effet de la cuve à froid, dont nous avons donné la composition.

Voici celle qu'indique Le Pileur d'Appligny, comme étant en usage de son temps : on monte ordinairement ces cuves dans des pipes ou grands tonneaux, de la contenance d'environ cinq cents litres, nouvellement vidés d'eau-de-vie, ou dans des tonnes qui ont servi à contenir des huiles, et qu'on défonce par un bout. Si l'on fait emploi de ces dernières, il faut avoir soin de les bien dégraisser avant de s'en servir. On y parvient aisément en y faisant éteindre de la chaux, et en frottant l'intérieur de la tonne avec un balai, jusqu'à ce que la chaux ait enlevé toute la graisse.

La quantité d'indigo qu'on emploie pour ces sortes de cuves est ordinairement de 3 à 4 kilogrammes. On met cuire cet indigo, tiré à clair, dans une lessive, formée du double de son poids de potasse, et d'une quantité de chaux égale à celle de l'indigo. Mais, avant de faire cuire ensemble ces matières, on met l'indigo par portion, et en différentes fois, dans un mortier de fer ; on l'y pile en l'humectant chaque fois avec un peu de la lessive ci-dessus, en quantité suffisante pour que l'indigo ne se dissipe pas en poussière, mais pas assez grande pour empêcher l'action du pilon. A mesure que chaque portion d'indigo est bien écrasée et réduite en pâte, on la met dans une chaudière de fer qui puisse contenir environ 20 litres ; lorsque tout est pilé, on remplit la chaudière avec de la lessive ; et après avoir fait du feu dessous, on fait bouillir jusqu'à ce que tout l'indigo soit bien pénétré de cette lessive, ce qui a lieu lorsqu'étant à la surface, il y forme une espèce de crème, et qu'en sondant le fond avec un bâton, on ne sent plus de matière au fond. On reconnaîtra à ces indices que l'indigo est suffisamment cuit ; si le bain tarissait trop avant la cuisson parfaite, il faudrait ajouter de nouvelle lessive en quantité suffisante pour empêcher l'indigo de brûler ; et pendant la cuisson, surtout au commencement, il faut avoir soin de remuer avec un bâton pour empêcher l'indigo de s'attacher.

Pendant la cuisson de l'indigo, on fait éteindre un poids égal de chaux vive, on y ajoute environ 20 litres d'eau chaude, et on fait dissoudre du sulfate de fer en quantité double de celle de la chaux. Lorsque la dissolution du sulfate de fer est complétement opérée, on la verse dans la cuve, qu'on doit avant avoir remplie d'eau jusqu'à la moitié environ. On verse ensuite par-dessus la dissolution d'indigo, en ayant soin de rincer à plusieurs reprises la chaudière avec de la lessive qui n'a pas servi à la cuisson de l'indigo, afin qu'il n'y reste rien, et l'on ajoute alors le restant de cette lessive. Lorsque tout est versé dans la cuve, on achève de la remplir d'eau à deux ou trois doigts du bord ; on la pallie, c'est-à-dire qu'on remue avec un râble la matière qui y est contenue, deux ou trois fois par jour, jusqu'à ce qu'elle soit en état de teindre, ce qui a lieu au bout de quarante-huit heures, souvent plutôt, suivant la température de l'air, qui accélère plus ou moins la fermentation de cette cuve.

On est dans l'usage d'ajouter, en faisant cuire l'indigo, quelques poignées de son ; ce qui peut être fort utile pour corriger la mauvaise qualité des eaux qu'on aurait pu employer, et dégraisser la cuve.

Lorsqu'on veut teindre le coton dans ces cuves, continue Le Pileur d'Appligny, on le distribue par mateaux, qu'on pose en travers sur la cuve. On commence par humecter ces mateaux dans l'eau tiède, on les tord légèrement, puis on les passe dans les bâtons ; on les retourne fréquemment jusqu'à ce qu'ils prennent la couleur avec égalité ; on les laisse ainsi jusqu'à ce qu'ils aient pris la nuance qu'on cherche à obtenir si la cuve est assez forte ; sinon on les passe de suite dans une autre cuve. Lorsque ces mateaux sont entièrement teints, quelques teinturiers sont dans l'usage de les tordre sur la cuve avant de les laver à la rivière, et de les secouer et éparpiller ; mais il vaut beaucoup mieux se contenter de les laisser égoutter en partie sur le bain de teinture, en les rinçant ensuite dans l'eau. Il n'y a point de perte d'indigo à craindre en lavant ce coton au sortir de la teinture, pourvu que ce ne soit pas dans une eau courante ; on a pour cet effet des baquets ou tonneaux remplis d'eau, dans lesquels on plonge le coton teint, en le remuant convenablement. La couleur qui se détache tombe au fond de l'eau et sert, ainsi que cette eau, à remplir les cuves lorsqu'elles en ont besoin, et à en monter de nouvelles.

Quand une cuve a teint trois ou quatre fois, elle commence à s'altérer ; lorsqu'on la pallie, on n'aperçoit plus de veines à sa superficie, ou elle noircit ; alors il faut la *nourrir* ; et pour cela on y ajoute 2 kilogrammes de sulfate de fer et 1 de chaux vive, et on la pallie deux fois ; on peut nourrir trois ou quatre fois une cuve, en diminuant la dose en proportion de ce qu'elle déchoit en force et en qualité.

Dans les cuves dont il vient d'être parlé, c'est la potasse et la chaux qui donnent la solubilité à l'indigo, qui est désoxydé par l'action du fer précipité. Il en faut conclure que le sulfate de fer dont on fait usage doit être peu oxydé ; car lorsqu'il est à un grand état d'oxydation, il ne produit aucun effet.

Pour teindre les toiles, on les maintient étendues sur des

châssis, en fixant leurs lisières à de petits crochets dont les traverses horizontales des châssis sont garnies. On plonge, à l'aide d'une poulie moufflée, le châssis dans la cuve ; on lui donne pendant quelque temps un léger mouvement, pour que la toile se mouille plus également ; et l'on suspend le châssis de manière que toute la largeur de la toile soit dans la cuve, et que la partie inférieure du châssis ne touche point au dépôt. Bergman décrit une cuve qui est très-commode et très-expéditive pour le fil et pour le coton, et il est aussi fait mention de cette cuve dans l'*Essai sur l'art de la teinture*, par Scheffer ; on introduit 12 grammes d'indigo bien pulvérisé, pour chaque litre de liqueur, dans une dissolution très-forte d'alcali ; après quelques minutes, quand l'indigo en est bien pénétré, on met dans la liqueur 24 grammes d'orpiment en poudre ; il faut bien pallier, et dans très-peu de temps le bain devient vert, et montre une pellicule bleue ; alors il faut cesser le feu et teindre.

Cette cuve ne diffère de la préparation dont on se sert pour appliquer sur les toiles de coton, et qu'on appelle *bleu d'application*, que par les proportions d'orpiment et surtout d'indigo, qui sont beaucoup plus grandes que dans cette dernière. Pour cette préparation, on emploie selon Haussman, sur 100 kilogrammes d'eau, 15 kilogrammes de potasse, 6 kilogrammes de chaux vive, autant d'orpiment, et 8 kilogrammes d'indigo. Oberkampf, dont tous les procédés ont été perfectionnés avec tant de soin, emploie une proportion encore plus forte d'indigo. Dans le procédé de Bergman, l'indigo forme à peu près le vingt-quatrième de l'eau : cette proportion est moindre dans le procédé de Scheffer ; et dans ceux d'Haussman et Oberkampf, la proportion d'indigo est du douzième et même du neuvième de l'eau. Les proportions des autres ingrédients varient dans ces différents procédés. On a tenté de préparer le bleu d'application au moyen de l'oxyde d'étain, mais on n'a pas encore trouvé le degré de concentration de la dissolution alcaline suffisant pour la dissolution de l'oxyde et de l'indigo, et telle qu'elle soit susceptible d'épaississement par les gommes. Si l'on y parvient, on aura un bleu de pinceau, qui offrirait le très-grand avantage de ne pas donner lieu au dépôt volumineux qui embarrasse toujours les vaisseaux où se fait le bleu d'application par les procédés usités, et qui, quelque bien lavé qu'il soit, entraîne toujours une perte considérable d'indigo.

En exprimant sur une toile de l'indigo broyé avec de l'oxyde d'étain, et en passant la toile dans une disssolution d'oxyde d'étain par la potasse, on a des bleus faïencés faits dans une seule cuve. Berthollet annonce n'avoir pu faire ainsi que des bleus légers, et il pense que ce procédé, s'il était amené au point de produire des bleus plus montés, présenterait de grands avantages.

Cuve à roulettes. — Maintenant, dans les ateliers de teinture, pour les bleus et verts mis sur le coton, les dispositions de la cuve sont généralement celles des figures 4 et 5; la cuve rectangulaire A B C D a 2m.92 de longueur sur 1m.46 de largeur et 2m.60 de profondeur, avec une capacité de 1,200 litres environ. On monte la cuve à la manière ordinaire, avec 14 à 15 kilogram. d'indigo broyé, 44 kilogrammes de chaux vive et 29 kilogrammes de sulfate de fer. La roulette *a b c d* entre dans la cuve et peut s'enlever au moyen d'une poulie, les rouleaux inférieurs étant disposés de manière à rester éloignés du marc. La pièce passe dans tous les rouleaux; en E sont les rouleaux d'appel où s'engage la pièce : elle vient ensuite dans la cuve F G H I qui contient de l'eau aiguisée avec de l'acide sulfurique marquant 2 degrés, en passant sur les rouleaux *f g h*, d'où elle sort entre les rouleaux d'appel K pour tomber ensuite dans l'eau. Suivant l'intensité du bleu que l'on veut obtenir, on passe plus ou moins de fois les pièces dans la cuve, et pour ne pas arrêter l'opération, on les épingle. Par cette méthode, on évite les points blancs qui ont toujours lieu sur les lisières lorsque l'on s'est servi du cadre dit *champagne.*

Cuve trouble. — On désigne sous le nom de *cuve trouble* celle où l'on teint dans le marc, ce qui se pratique en bleu pâle et en gris-bleu sur étoffes de coton, principalement les brillantes et les cotelines. Dans cette cuve, de la capacité de 6,000 litres, on met 1 kilogramme d'indigo en poudre fine, ou mieux broyé à l'eau; après avoir râblé la cuve, on y met 6 kilogrammes de chaux vive éteinte avec assez peu d'eau pour rester en poudre qu'on tamise : on râble, puis on ajoute une solution de 2 kil.45 de sulfate de fer; on râble de nouveau et l'on ajoute une solution de 1 kilogramme de sel de soude ou de potasse; on râble plusieurs fois dans la journée, et le lendemain on peut teindre.

On reconnaît que cette cuve est en bon état : 1° lorsqu'après l'avoir râblée, les veines qui se forment à la surface, deviennent promptement bleues; 2° lorsqu'en donnant un coup de râble à la surface, et voyant le liquide par transmission, il paraît d'une belle couleur gorge de pigeon; 3° si le précipité qui existe dans la cuve ne se dépose pas trop rapidement lorsqu'elle a été râblée; 4° si, lorsqu'après l'avoir agitée, en soufflant légèrement dessus, le cercle qui se forme est contourné d'une fleurée bleue, qui vient se réunir promptement.

On reconnaît que cette cuve a besoin d'être nourrie : si la cuve a une teinte jaunâtre lorsqu'on la râble, c'est qu'elle est trop forte en chaux, et l'on y ajoute 245 grammes d'indigo et 1 kil.47 de sulfate de fer ; si le dépôt, au contraire, après avoir râblé la cuve, se précipite promptement, c'est qu'elle manque de chaux, et l'on y ajoute 2 kilogrammes environ en poudre ; si les bleus que fournit la cuve sont trop clairs, on la garnit avec $1/_2$ kilogramme d'indigo, 2 kil.422 de chaux vive en poudre, 1 kil.45 de sulfate de fer, et $1/_2$ kilogramme de potasse, en opérant comme on l'a fait pour monter la cuve.

Pour teindre en cuve trouble, mouillez les pièces ; encadrez-les sur la *champagne* ; après avoir râblé la cuve dans toutes ses parties, descendez-y la pièce ; imprimez un mouvement de balancement au cadre durant le cuvage, qui doit durer de 10 à 20 minutes ; retirez le cadre ; laissez déverdir à l'air et rincez ensuite en eau courante. Passez alors les pièces dans un baquet qui contient de l'acide sulfurique à 3 degrés ; rincez en eau courante ; séchez à l'air libre et à l'ombre. En général, tous les bleus demandent à être séchés à l'ombre, le soleil les altérant plus ou moins dans leur état d'humidité, au sortir du bain de teinture.

Bleu de Saxe par la dissolution d'indigo. — On fait, suivant Thénard, toutes les teintures en bleu, avec l'indigo, le bois de campêche et le bleu de Prusse ; mais avec l'indigo seul, on en obtient de solides, et il n'y a que deux manières de combiner l'indigo avec les fils ou les tissus.

La première consiste à dissoudre l'indigo dans l'acide sulfurique concentré, à étendre la dissolution de 100 à 150 parties d'eau, pour en précipiter la matière colorante, à y plonger l'étoffe à teindre, à une température plus ou moins élevée, selon que l'on veut avoir une teinte plus ou moins foncée, à la laver et à la sécher.

Les bleus que l'on obtient ainsi sont connus sous les noms de *bleu de Saxe* ou de *composition* ; ils sont plus vifs, mais moins solides et moins foncés que ceux qui sont faits par la cuve ; ce qui provient, sans doute, de ce que dans le traitement par l'acide sulfurique, l'indigo éprouve une altération sensible.

On donna à la teinture pour laquelle on fait usage de la dissolution de l'indigo par l'acide sulfurique, le nom de bleu de Saxe, parce que c'est à Grossen-Hayn, en Saxe, que cette teinture fut découverte, vers l'an 1740, par le conseiller Barth.

Cette découverte, tenue pendant quelque temps secrète, se répandit peu à peu. On ne faisait pas d'abord la dissolution avec l'indigo seul; mais on ajoutait de l'alumine, de l'antimoine et encore d'autres substances minérales, qu'on mettait préalablement en digestion avec l'acide sulfurique. On ajoutait ensuite l'indigo, et lorsque la dissolution était faite, on s'en servait pour la teinture.

La seconde manière dont parle Thénard, d'unir l'indigo aux fils et aux tissus, consiste à le ramener au *minimum* d'oxydation; de faciliter, sous cet état, sa dissolution dans l'eau par un alcali, et de mettre alternativement, et à plusieurs reprises, le corps à teindre en contact, d'abord avec le bain de teinture, à la température de 40 à 45 degrés centigrades, et ensuite avec l'air. Chaque immersion a pour objet d'imprégner le corps d'une certaine quantité d'indigo désoxygéné, et chaque exposition à l'air, de rendre cet indigo insoluble, en le ramenant à son état naturel, et d'opérer sa combinaison. A sa première sortie du bain, le corps paraît jaunâtre; bientôt il devient vert, parce qu'il se trouve imprégné de jaune et de bleu; et enfin, il passe entièrement au bleu.

On ne fait pas usage, dit Le Pileur d'Appligny, de la teinture connue sous le nom de bleu de Saxe, pour les fils de lin et de coton, attendu que cette couleur, qui passe très-vite à l'air, résisterait encore moins au débouilli du savon; mais on l'emploie dans quelques endroits pour les velours de coton.

Bergman a fait un grand nombre d'expériences, qu'il a décrites, sur la dissolution de l'indigo par l'acide sulfurique. Dans l'une de ses expériences, il employa 1 partie d'indigo bien pulvérisé avec 8 parties d'acide sulfurique, d'une pesanteur spécifique de 1.900. Ce mélange avait été fait dans un flacon de verre légèrement bouché, il excita une grande chaleur; et, après une digestion de vingt-quatre heures à une chaleur de 30 à 40 degrés, Bergman trouva que l'indigo était dissous, mais que le mélange était tout-à-fait opaque et noir. En ajoutant de l'eau, ce mélange s'éclaircit, et Bergman en obtint successivement toutes les nuances de bleu, selon la quantité d'eau ajoutée. Dans d'autres expériences, Bergman ayant tenu pendant vingt-quatre heures, dans l'eau bouillante, l'étoffe destinée à être teinte, il en mit un poids déterminé dans un bain plus ou moins fort, jusqu'à ce que le bain fût décoloré. Il résulte de ces expériences : 1° qu'une partie d'indigo peut, par ce procédé, produire un bleu noir, sur 260 parties d'étoffe, qui paraît alors être saturée, et ne pouvoir prendre, d'une manière solide, plus d'indigo; 2° que le bain froid agit tout aussi bien que le bain chaud ; 3° que l'opération peut se faire sans perte d'indigo, car le bain peut se décolorer entièrement ; et s'il a été trop chargé, on peut ajouter de l'étoffe qui ne soit pas saturée et qui absorbe toute la couleur restante ; 4° que le bain saturé avec du sel de soude ne donne qu'une couleur très-pâle, et qu'avec le sulfate de soude il donne un bleu clair, mais beaucoup moins affaibli, de sorte que ces sels nuisent plus ou moins à cette teinture.

Il a été fait des expériences semblables sur la soie, qui avait été également trempée dans l'eau chaude, et qui a été retirée du bain après cent quarante-quatre heures. La teinture d'indigo fait du bleu sur la soie comme sur l'étoffe ; mais l'affinité qui doit précipiter les molécules bleues est plus faible ; quoique les échantillons de soie résistent fort bien à l'eau seule, ils ne peuvent cependant supporter l'action du savon.

Les fils et cotons n'ont pu prendre par cette teinture que des nuances très-pâles.

Bergman assure que les nuances les plus foncées qu'on peut obtenir par ce procédé, en employant de l'acide sulfurique concentré, ne s'altèrent point à l'air ; il trouva qu'après deux mois d'exposition de tous les échantillons au soleil, les bleus perses et turquins s'étaient à peine affaiblis, mais que les nuances claires avaient souffert beaucoup plus, qu'elles étaient devenues ternes et qu'elles avaient verdi. Quatremère annonce avoir trouvé le moyen de faire pénétrer la teinture d'indigo par l'acide sulfurique dans l'intérieur de l'étoffe, ce qu'on appelle *percer* ou *trancher*, en y introduisant de l'alcali fixe (potasse ou soude) dans le rapport d'une partie d'alcali contre 1 partie d'indigo et 6 parties d'acide sulfurique. Il assure avoir teint avec cette préparation un échantillon du bleu le plus vif et le plus foncé, et la tranche était aussi foncée que la surface.

Poerner, dans son *Instruction sur l'Art de la Teinture*, indique aussi l'addition de l'alcali comme un moyen de rendre les couleurs plus agréables et de les faire pénétrer davantage. Dans le procédé qu'il décrit pour cette préparation, on n'emploie que 4 parties d'acide sulfurique contre 1 partie d'indigo. Après avoir versé 4 parties d'acide sulfurique concentré sur 1 partie d'indigo réduit en poudre fine, il recommande de remuer pendant quelque temps le mélange, et de le laisser ensuite reposer pendant vingt-quatre heures ; alors on y ajoute 1 partie de potasse sèche réduite en poudre fine, on remue bien le tout, puis on laisse bien reposer pendant vingt-quatre heures; il ne s'agit plus alors que d'y ajouter peu à peu une quantité plus ou moins grande d'eau.

Bancroft, tout en adoptant les proportions d'acide sulfurique et d'indigo proposées par Poerner, est même d'avis qu'on peut affaiblir jusqu'à un certain point l'acide sulfurique, surtout si l'on fait usage de l'indigo de Guatemala, qu'il regarde comme plus propre que les autres à cette dissolution.

Bancroft assure qu'en précipitant par le carbonate de chaux la dissolution d'indigo, on a un précipité bleu qui peut servir à teindre immédiatement

Dans la préparation et l'emploi de la dissolution d'indigo, il faut rendre aussi faible qu'il est possible l'altération que cette substance éprouve. Nécessairement, et par conséquent, il convient de ménager la chaleur, la concentration et la quantité d'acide sulfurique; lorsque la dissolution est faite, il est bon de l'étendre d'eau pour la conserver, afin que la dégradation ne fasse pas de progrès.

Une petite quantité d'alcali peut être avantageuse; une quantité plus considérable serait nuisible, puisque l'alcali a la propriété de dissoudre les molécules bleues précipitées de l'acide sulfurique.

Dans le procédé dont on fait usage pour teindre en bleu de Saxe, on prépare le drap avec l'alun et le tartre; on met dans le bain une proportion plus ou moins grande de dissolution, suivant la nuance plus ou moins foncée qu'on a l'intention d'obtenir. On donne, dans les ateliers, à cette dissolution, le nom de *composition*. Les nuances claires peuvent se faire à la suite des nuances foncées; mais elles ont plus d'éclat si on les fait en bain frais. Pour les nuances foncées, il est avantageux de verser l'indigo par partie, en relevant le drap sur le tour.

Le teinturier pourra d'ailleurs se diriger facilement dans tous les essais de ce genre à l'aide des notions que nous lui avons précédemment données dans le chapitre V, sur l'indigo et ses dissolutions.

Bleu sur tissus de laine, de soie avec laine et de soie, par le bleu soluble et la distillée. — On fait bouillir la laine pendant une heure dans un bain de crème de tartre, à raison de 122 grammes par demi-kilogramme d'étoffe; levez sur le moulinet; mettez ensuite dans le même bain rafraîchi du bleu soluble préalablement dissous dans l'eau ou la distillée, manœuvrez au bouillon jusqu'à la nuance désirée; retirez et lavez. Sur tissus soie et laine on donne un bouillon de crème de tartre et d'alun, et l'on teint comme pour la laine, mais sans bouillir; pour la soie, on alune à tiède et l'on met dans le bain d'alun, après avoir lavé l'étoffe, du bleu soluble en quantité plus ou moins grande, suivant la nuance que l'on veut obtenir.

Suivant M. Chevreul, on teint bien en bleu 10 kilog. de laine, par le procédé suivant, qui réussit aussi avec les tissus composés : On donne le mordant à 70 degrés, et la chaudière est montée avec 1,250 grammes d'alun et 675 grammes de crème de tartre. On y manœuvre les laines pendant une demi-heure, on lève et on évente; on ajoute dans le bain plus ou moins de carmin d'indigo dissous, suivant la nuance que l'on veut obtenir; on y lisse ensuite les laines jusqu'à la nuance voulue. Si l'on veut obtenir un lilas violacé inclinant au rouge, il suffit d'ajouter dans le bain, en même temps que le carmin d'indigo, un peu de cochenille ammoniacale.

Bleu-campêche.—Les couleurs bleues que l'on obtient par le moyen du campêche, ne peuvent être comparées, sous le rapport de la solidité, à celles qui sont dues à l'indigo et au prussiate (hydrocyanate) de fer. On ne teint, suivant M. Thénard, que la laine en bleu, par le bois de campêche; cette teinture se fait comme le rouge du Brésil, si ce n'est qu'on ajoute au bain une certaine quantité de vert-de-gris ou d'alcali. On peut employer pour 1 partie de laine alunée 2/9 de partie de bois, 15 à 20 parties d'eau, et 1/20 de partie de vert-de-gris.

Le campêche ne sert pas seulement à teindre la laine en bleu, on s'en sert encore pour teindre en violet, ainsi que la soie. Alors on se contente d'aluner ces substances, sans rien ajouter au bain. La laine se teint au bouillon, et la soie à la température de 30 ou 40 degrés. Le campêche entre aussi dans la composition des bains de teinture en noir, comme donnant à cette teinte du lustre et du velouté; enfin, en le mêlant avec d'autres substances colorantes, on obtient un grand nombre de couleurs composées.

On se sert encore de bains de campêche et de vert-de-gris pour *remonter* un pied léger de bleu solide ou de cuve; mais ces *bleus remontés*, qui ne sont d'aucune solidité, se distinguent aisément des autres bleus, en les trempant dans l'eau aiguisée par quelques gouttes d'acide sulfurique; le *bleu remonté* disparaît alors et il ne reste plus que le pied du bleu solide.

Essai des bleus. — M. Persoz caractérise ainsi qu'il suit les quatre espèces de bleus, d'*indigo*, de *prusse*, de *campêche*, d'*outre-mer*.

L'*indigo* a pour caractère générique d'être détruit par la chaleur sans laisser de résidu, et d'être décoloré par le chlore, par l'acide hypochloreux et par l'acide nitrique; le *bleu solide* n'est jamais altéré par la potasse caustique et se subdivise en *bleu de cuve, faïencé, d'application*; le *bleu de Saxe* disparait par la potasse caustique, mais peut se rétablir par l'intervention d'un acide.

Le *bleu de Prusse* a pour caractère générique d'être détruit par la chaleur, en donnant par l'incinération, sur une lame de platine, un residu d'oxyde ferrique; d'être inattaquable par le chlore et par l'acide hypochloreux, mais décolorable par la potasse caustique.

Le *bleu au campêche* a la propriété d'être tellement impressionnable aux acides, qu'il ne peut en être touché sans passer au rouge; il est d'ailleurs décoloré par la chaleur, et laisse sur la toile un résidu brunâtre d'oxydes aluminique et cuivrique, dont le dernier se manifeste souvent, durant l'incinération, par la couleur verte qu'il donne à la flamme d'alcool. Dissoute dans l'acide nitrique, la cendre donne une liqueur qui passe au bleu par l'ammoniaque, au cramoisi par le prussiate jaune, et au brun par le sulfide hydrique. Enfin, quand on a peu de matière à sa disposition, on a recours au chalumeau pour s'assurer si cette cendre renferme du cuivre. En général, quand on cherche du cuivre dans une couleur, il ne faut pas oublier qu'il y figure sous un état particulier, en sorte qu'il ne se décèle avec certitude qu'en incinérant la laque qui le renferme et en étudiant la cendre.

L'*outre-mer*, qu'on emploie rarement d'ailleurs, est reconnaissable à sa nuance, et à sa résistance au feu, qui ne l'altère pas, en sorte que le bleu reste intact dans la cendre d'outre-mer. Le chlorique hydrique le décolore, en donnant lieu à un dégagement de sulfide hydrique. L'acide nitrique le décolore complètement, à moins qu'il ne soit fixé mécaniquement et abrité par un vernis résineux; en désagrégeant le vernis avec l'éther, l'acide, qui d'abord était sans action sur lui, le détruit sur-le-champ.

Le *bleu mélangé*, prusse et saxe, décèle ces deux substances au moyen du chlore ou de l'acide nitrique, qui détruisent le premier et laissent subsister le second.

§ 32.   TEINTURE EN ROUGE.

Garance sur laine, soie, fil et coton. — La laine ne recevrait, dit le docteur Ure, de la garance qu'une teinture périssable si l'on n'en fixait pas les parties colorantes par une base qui donne lieu à leur combinaison plus intime avec l'étoffe, qui les défend, jusqu'à un certain point, de l'influence destructive de l'air. C'est pour remplir ce but que l'on commence par faire bouillir les étoffes de laine avec de l'alun et du tartre pendant deux ou trois heures, après quoi on les laisse égoutter; on les exprime alors légèrement, puis on les met dans un sac de toile que l'on porte dans un lieu frais, où on le laisse pendant quelques jours.

Ces principes généraux servent toujours de base, ainsi que nous l'allons voir, aux nouveaux comme aux anciens procédés de ce genre de teintures, et quant à l'emploi des dissolutions d'étain, le teinturier devra recourir à celles indiquées au § 17.

Au reste, de tout temps, les quantités d'alun et de tartre, de même que leurs proportions, ont varié beaucoup dans les différents ateliers : Hellot recommande, suivant le docteur Ure, l'emploi de 155 à 156 grammes d'alun, et de 31 grammes de tartre pour 372 à 373 grammes de laine. Si la proportion du tartre est augmentée jusqu'à un certain point, au lieu du rouge, on obtient une couleur cannelle foncée et une tendance à donner une teinte jaune aux parties colorantes de la garance. Poerner diminue un peu la proportion du tartre : il n'en prescrit qu'un septième de l'alun ; Scheffer, au contraire, recommande l'emploi du tartre en quantité double de l'alun ; mais Berthollet trouva qu'en employant moitié de tartre, la couleur tirait sensiblement plus sur la cannelle que lorsque le tartre avait été réduit au quart de l'alun, ce qui depuis a été vérifié par les expériences de M. Chevreul.

Dans la teinture avec la garance, il faut éviter que le bain ne soit porté au degré de l'ébullition, parce qu'à ce degré de chaleur, il y aurait dissolution des parties colorantes du fauve, qui sont moins solubles que celles du rouge, et la couleur serait différente de celle qu'on cherche à obtenir.

La quantité de garance que Poerner emploie n'est que de tiers du poids de la laine, et Scheffer ne porte cette proportion qu'au quart ; mais cela dépend d'ailleurs de la richesse de la garance et de la nuance que l'on veut obtenir.

Si, après avoir fait bouillir la laine pendant deux heures avec un quart de sulfate de fer, et l'avoir ensuite lavée et mise dans l'eau froide avec un quart de garance, on fait bouillir pendant une heure, il se produit une couleur café. Bergman ajoute que si la laine n'ayant pas été mouillée, on la met en teinture avec une partie de sulfate de fer et deux parties de garance, on obtient un brun tournant au rouge.

Berthollet employa, de différentes manières, une dissolution d'étain pour la préparation et le garançage de la toile; il fit usage de diverses solutions d'étain et trouva que la teinte était toujours plus colorée en fauve, quoique parfois plus vive que celle obtenue par le procédé ordinaire.

M. Werdet recommande pour la teinture garance, *sur draps en pièce*, le procédé suivant : Dans trois à quatre cents litres d'eau de rivière, on fait bouillir 10 kilogrammes de garance bonne qualité, pendant deux heures; on passe le bain à travers un tamis ou une toile, et on verse dans ce bain un demi-kilogramme d'hydrochlorate d'étain. On conserve la garance, qui peut fournir encore beaucoup de couleur en la faisant bouillir avec de l'hydrochlorate d'étain.

Le bain étant ainsi préparé, on en prend 80 à 100 litres, et on foule dans une caisse de bois blanc, pendant deux heures, une pièce de drap, ayant soin d'entretenir le bain un peu chaud; plus la chaleur est élevée et plus promptement, par un foulage bien fait, la couleur s'introduit dans la corde du drap, jusqu'au cœur des fils dont se compose l'étoffe. Quand l'opération est bien faite, la nuance est plus foncée dans l'intérieur du drap qu'à la surface.

Le foulage s'opère, soit plus ou moins chaud, soit avec les pieds, les maillets, ou les cylindres cannelés en usage; mais au sortir du foulage, on doit laisser sans lavage la pièce de drap pliée pendant vingt-quatre heures à sécher.

Pour l'alunage, on fait fondre au bouillon 1 kilog. 1/2 tartre, avec addition de 4 kilog. à 4 kilog. 1/2 alun; et lorsque le tout est fondu, on y passe la pièce de drap, pendant deux heures, en ayant soin de ne mettre la pièce de drap dans le mordant que lorsqu'il est au bouillon.

La pièce de drap ainsi préparée doit rester pliée, au frais, recouverte d'une toile mouillée, pendant vingt-quatre heures, avant de la faire sécher à l'ombre. Quand le drap est sec, on doit laver soigneusement la pièce à la rivière ou dans une eau courante.

Pour teindre, on met 5 kilog. de garance dans un baquet; on y verse 80 à 100 litres d'eau à 20 degrés, si l'on foule avec les pieds, mais presque bouillante si l'on foule à la mécanique, et le foulage dure deux heures. On transporte ce bain de garance dans la chaudière, en y ajoutant 1 kilog. de garance en poudre, et l'on y verse, quand le tout est plus que tiède, 1 kilog. de la dissolution d'étain. On pallie le bain et l'on y teint la pièce deux heures au moins, pour que la couleur tranche parfaitement.

M. Werdet observe d'ailleurs que, sans préparation préalable, ce drap, bouilli quelques heures avec le tartre, l'alun et la garance, acquiert une couleur brillante et tranchée; et en effet le procédé le plus simple de tous ceux que l'on pratique pour teindre la laine en rouge de garance très-solide, est le suivant que nous avions exprès cité, comme exemple, dans nos précédentes éditions de ce manuel :

On donne d'abord à l'étoffe un bouillon de deux heures environ avec le quart de son poids d'alun et le sixième de tartre; on chauffe ensuite un bain d'eau pure dans lequel on verse un poids de bonne garance-grappe, équivalant au tiers du poids de l'étoffe, lorsque le bain arrive de 35 à 40 degrés centigrades, et on ajoute $1/24$ de dissolution d'étain étendue de son poids d'eau. On agite pour opérer le mélange, et l'on y abat ensuite la laine qu'on y tient à une température qui doit graduellement arriver à 80 degrés centigrades pendant l'espace d'une heure, puis on fait bouillir pendant trois ou quatre minutes.

M. Guhliche décrit un procédé pour teindre la soie avec la garance. Il prescrit pour $1/2$ kilog. de soie, un bain de 122 grammes d'alun et 30 grammes de dissolution d'étain; après avoir laissé reposer la liqueur, on la décante; on y trempe la soie avec soin, et on l'y laisse pendant 12 heures; après cette opération on la plonge dans un bain contenant 24 à 25 décagrammes de garance, rendue molle en la faisant bouillir avec une infusion de noix de galle dans du vin blanc. Il faut maintenir ce bain médiocrement chaud pendant une heure; après quoi on le fait bouillir pendant 2 minutes. La soie étant retirée du bain, on la lave dans un courant d'eau, et on la fait sécher au soleil. M. Guhliche compare la couleur ainsi obtenue, et qui est durable, au rouge d'Andrinople ou de Turquie; si l'on ne fait pas usage de l'infusion de noix de galle, la couleur est plus claire. On peut donner à la première de ces couleurs un grand degré de vivacité après l'avoir fait passer à travers un bain de bois de Brésil, auquel on ajoute 30 grammes d'une dissolution d'étain. La couleur ainsi obtenue est, dit M. Guhliche, très-belle et très-durable.

Les noix de galle ou le sumac disposent le fil ou le coton à recevoir la couleur de la garance et le mordant qui convient est l'acétate d'alumine.

Le nitrate et l'hydrochlorate de fer, employés comme mordant, produisent un meilleur effet que le sulfate et l'acétate du même métal : ils fournissent une belle couleur violette, bien saturée.

On fait usage de la garance pour teindre en rouge le lin et le coton, et même pour leur donner plusieurs autres couleurs au moyen de différents mélanges : c'est la substance colorante la plus utile pour cette espèce de teinture. Il est donc important de faire connaître les différents moyens par lesquels on peut assurer cette teinture, la rendre plus belle, et en varier les effets. Le lin prend plus difficilement la couleur de la garance que le coton, mais les procédés qui réussissent le mieux pour l'un sont aussi préférables pour l'autre.

Quoiqu'on ait substitué, dans la plupart des fabriques, les bois de Brésil et autres à la garance, puisque déjà, suivant Vitalis, le rouge de garance sur coton n'est plus en usage à Rouen, cependant, comme il peut figurer partout d'une manière très-avantageuse, nous conserverons ici le procédé ancien de Rouen, tel que l'a décrit dans le plus grand détail, Le Pileur d'Appligny, qui, pendant longtemps, a fait autorité dans les ateliers.

Voici un moyen indiqué récemment pour fixer et oxyder promptement les mordants d'alumine et de fer.

On sait que dans la teinture et dans la fabrication des toiles peintes avec la garance et la garancine, on imprime quelquefois avec l'acétate d'alumine et de fer, et qu'on expose à l'air pendant plusieurs jours, afin que par l'évaporation de l'acide acétique et le passage du protoxyde de fer à l'état d'oxyde, le mordant puisse se fixer sur les tissus. Afin d'éviter cette opération de l'exposition qui exige beaucoup de temps et de vastes locaux, on a proposé dans ces derniers temps un moyen pour parvenir au but cherché dans un temps beaucoup moins long, et ce moyen consiste dans l'emploi d'une substance qu'on a introduite dans le commerce sous le nom de *sels accélérateurs*. L'action de ces agents avec lesquels on imprègne les toiles avant l'impression consiste à précipiter les bases des mordants sur les fibres et à porter le protoxyde de fer à un degré plus élevé d'oxydation. Ces agents ne sont autre chose que l'azotate et l'arséniate d'ammoniaque. Ces deux sels doivent, à l'aide de l'ammoniaque qu'ils renferment, précipiter les bases, et par l'acide azotique ou l'acide arsénique, porter le protoxyde de fer à un degré plus élevé d'oxydation, tandis que par l'emploi du dernier de ces sels, il doit résulter avec l'acide arsénique des combinaisons insolubles de l'alumine et de l'oxyde de fer qui, avec les couleurs et les bains qu'on applique ensuite, doivent produire des nuances agréables. On recommande aussi pour le même objet et comme très-efficace, un mélange d'azotate d'ammoniaque et de chlorate de potasse.

Rouge garance sur coton. — Le coton doit être décreusé, puis engallé à raison d'une partie de noix de galle contre quatre de coton ; et enfin, aluné avec une dissolution d'alun ordinaire, ou mieux d'acétate d'alumine, étendue d'eau un peu chaude, en quantité suffisante pour que la liqueur marque de 5 à 6 degrés ; on ajoute à la dissolution d'alun un vingtième de dissolution de soude faite avec 250 grammes de soude ordinaire par litre.

Lorsque le coton a été retiré du mordant, on le tord légèrement à la cheville, et on le fait sécher. Plus il sèche avec lenteur, plus la couleur est belle. On ne teint ordinairement que 10 kilogrammes de coton à la fois, et il est même plus avantageux de n'en teindre que la moitié, parce que lorsque l'on a une trop grande quantité de mateaux à travailler dans la chaudière, il est bien plus difficile de les teindre également.

La chaudière dans laquelle on teint cette dernière quantité de coton doit contenir environ 240 litres d'eau qu'on fait chauffer. Lorsqu'on ne peut y tenir la main qu'avec peine, on y met 3 kilogrammes de bonne garance-grappe de Hollande, qu'on distribue avec soin dans ce bain. Lorsqu'elle y est bien mêlée, on y plonge, mateau par mateau, le coton qu'on a précédemment passé dans des bâtons et qu'on laisse reposer sur les bords de la chaudière. Tout le coton étant plongé dans le bain, on travaille et on tourne successivement les mateaux passés dans chaque bâton, pendant trois quarts-d'heure, en maintenant toujours le bain au même degré de chaleur sans bouillir. Ce temps expiré, on relève et on retire le coton sur les bords de la chaudière ; on verse dans le bain environ $1/2$ litre de la lessive de soude dont on a parlé ; on rabat le coton dans la chaudière, et on le fait bouillir pendant douze à quinze minutes ; enfin, on le relève, on le laisse égoutter, on le tord, on le lave à la rivière, et on le tord une seconde fois à la cheville.

Deux jours après, on donne à ce coton un second garançage à raison de moitié de garance, en le travaillant de la même manière que pour le premier garançage, avec la différence qu'on n'ajoute point de lessive, et qu'on se sert pour le bain d'eau de puits. Ce garançage étant fini, on laisse refroidir le coton, on le lave, on le tord et on le fait sécher.

Le Pileur d'Appligny, considérant que la manière de teindre à deux bains consomme plus de temps et de bois, que le second garançage ne peut fournir beaucoup de teinture, les sels du mordant ayant été épuisés par le premier, propose une autre méthode qu'il annonce être suivie avec succès par plusieurs teinturiers ; cette méthode consiste à donner au coton deux alunages et à le teindre ensuite en un seul bain.

Pour aviver ce rouge, on met dans une chaudière ou dans un baquet, une quantité d'eau tiède suffisante pour abreuver le coton; on y verse environ 1/2 litre de lessive, on trempe dans ce bain le coton par parties, on l'y laisse un instant, on le relève, on le tord, et on le fait sécher. Le Pileur d'Appligny regarde cet avivage comme une opération inutile, parce que, dit-il, le coton rouge étant destiné à fabriquer des toiles dont on est obligé d'enlever l'apprêt en partie, lorsqu'elles sont tissées, la couleur du coton s'avive en même temps parce qu'on les passe dans l'eau chaude aiguisée par un peu de lessive. Lorsqu'on les retire de cette eau, on lave les toiles à la rivière, et on les étend sur le pré où le rouge s'avive beaucoup mieux que cela n'aurait lieu par toute autre opération.

Le rouge d'Andrinople ou de Turquie à un degré d'éclat auquel il nous est difficile d'atteindre par aucun des procédés dont il a été fait jusqu'ici mention. Ce rouge, qui, pendant longtemps, ne nous vint que par le commerce du Levant, excita l'industrie de nos artistes, et le teinturier s'étonnera sans doute à présent des nombreuses tentatives, souvent infructueuses et presque toujours secrètes quand elles étaient couronnées de succès, qui ont eu lieu pour ce genre de teinture.

L'abbé Mazéas publia des expériences qui répandirent un grand jour sur cette teinture, et le gouvernement fit publier, en 1765, d'après les renseignements qu'il s'était procurés, une instruction sous ce titre : *Mémoire concernant le procédé de la teinture du coton rouge incarnat d'Andrinople, sur le coton filé.* On trouve aussi une description du même procédé dans le *Traité sur l'art de la teinture des fils et étoffes de coton* de Le Pileur d'Appligny; mais on n'a pas réussi complètement avec ce procédé. On fait mystère, dans les différents ateliers, des changements qu'on y a faits, et par le moyen desquels on réussit plus ou moins parfaitement. Berthollet parle d'un procédé qui paraît différer très-peu de la pratique ordinaire, et qui lui fut communiqué par le chef ouvrier qui dirigeait avec succès un établissement de teinture de coton : nous croyons devoir décrire ici, dans le plus grand détail, le procédé de teinture en rouge d'Andrinople, tel que le rapporte le docteur Ure, en y ajoutant les petites différences qui existent entre ce procédé et les meilleurs procédés suivis en France.

Les commissaires pour les manufactures en Ecosse payèrent, dit-il, en 1790, à Papillon, qui avait formé quelque temps auparavant, à Glascow, un établissement de teinture en rouge d'Andrinople, une prime pour qu'il communiquât son procédé à feu le professeur Black, à condition de le tenir secret pendant un certain nombre d'années, après l'expiration desquelles le procédé devait être rendu public. Cette condition ayant été remplie, le docteur Ure en donne la description ainsi qu'il suit :

Première opération. — Pour 49 kilogrammes de coton, il faut avoir 49 kilogrammes de soude d'Alicante, 979 décagrammes de perlasse, 49 kilogrammes de chaux vive.

On mêle la soude avec de l'eau douce dans un cuvier profond ayant à sa partie inférieure un petit trou percé d'abord avec une cheville. Ce trou est couvert intérieurement au moyen d'une toile soutenue par deux briques, afin d'empêcher que les cendres ne s'étendent au-delà, et ne s'arrêtent lorsque la lessive filtre au travers. Au-dessous de ce cuvier, on en place un autre pour recevoir la lessive, et l'on fait passer, à plusieurs reprises, de l'eau pure à travers le premier cuvier pour avoir des lessives de différentes forces, que l'on met à part jusqu'à ce que l'on constate le degré. La lessive de la plus grande force qu'il puisse être nécessaire d'obtenir est indiquée au moyen d'un œuf, pouvant flotter sur le liquide, qu'on désigne alors par six degrés de l'hydromètre français. Les lessives plus faibles sont ensuite amenées à ce degré de force, en y faisant passer de nouveau de la soude ; mais on met en réserve une certaine quantité de liqueur faible marquant deux degrés à l'hydromètre, pour dissoudre l'huile, la gomme et le sel dont on aura ultérieurement à faire usage. Cette lessive de deux degrés s'appelle la liqueur de soude faible ; l'autre est la liqueur de soude forte.

On fait dissoudre la perlasse dans 150 litres d'eau dure, et la chaux dans 210 à 215 litres.

Après avoir laissé reposer toutes ces liqueurs jusqu'à ce qu'elles soient devenues claires, on en mêle dix seaux (150 litres environ) de chacune.

On fait bouillir le coton pendant cinq heures dans ce mélange ; on le lave ensuite dans l'eau courante, et on le fait sécher.

Cette opération du *décantage* s'exécute à Rouen, suivant Vitalis, en faisant bouillir le coton pendant cinq ou six heures, dans une lessive de soude, à un degré de l'aréomètre. On fait égoutter ensuite au-dessus de la chaudière, on rince bien à l'eau courante, et on fait sécher à l'air.

Deuxième opération ou bain gris. — On prend une quantité suffisante, 130 à 150 litres, de l'eau de soude forte, et on la mêle dans un cuvier avec deux seaux de la contenance de 12 à 15 litres et pleins de crottin de mouton ; on verse alors dans ce mélange environ deux litres d'acide sulfurique, 49 décagrammes de gomme arabique, et 49 décagrammes de sel ammoniac ; ces deux substances préalablement dissoutes dans une suffisante quantité d'eau de soude faible, et enfin 12 kilogrammes d'huile d'olive, dissoute ou mêlée dans 25 à 26 litres de liqueur de soude faible.

Les matériaux de ce bain étant bien mêlés, on y met, en le foulant, le coton jusqu'à ce qu'il soit bien trempé ; on l'y tient ainsi pendant vingt-quatre heures, après quoi on le tord, puis on le fait sécher.

Le coton, après avoir été ainsi trois fois successivement trempé pendant vingt-quatre heures, tordu et séché, est à la fin bien lavé et séché.

Cette opération du *bain de fiente* ou *bain bis*, comme l'appelle Vitalis, a pour but de communiquer, autant que possible, au coton, les propriétés dont jouissent les substances animales d'entrer plus aisément en combinaison avec les matières colorantes, et de former avec elles des composés plus solides et plus durables.

La fiente de mouton contient une certaine quantité d'alumine et de matière animale particulière ; elle s'emploie à Rouen à raison de 25 à 30 kilogrammes pour 100 kilogrammes de coton ; on la fait tremper pendant quelques jours dans une lessive de soude à 8 ou 10 degrés ; on la délaie ensuite avec 500 litres de lessive moins forte, et on l'écrase à la main, en même temps, dans une bassine de cuivre dont le fond est criblé de trous. On verse la liqueur dans un baquet avec 2 à 3 kilogrammes d'huile *grasse* ou *tournante*, et on mêle jusqu'à ce que le tout soit bien homogène ou de la même couleur dans toutes ses parties.

On imprègne le coton de ce bain, en l'y travaillant pente à pente ; on le tord à la cheville et on laisse les pentes sur une table pendant 10 à 12 heures, avec l'attention de n'en mettre que deux ou trois l'une sur l'autre, pour que la charge ne fasse pas couler la couleur, après quoi on porte à l'étendage sur des pentes de bois blanc, ayant soin de secouer et de retourner de temps en temps les pentes, afin que le coton puisse sécher le plus également possible. Après que le coton a subi un certain degré de dessiccation, on le porte dans le séchoir chauffé de 55 à 60 degrés centigrades, où il perd le reste de l'humidité qu'il a conservée, et qui l'empêcherait de se combiner aux autres *mordants* qu'il doit recevoir ensuite. Ce qui reste du bain se nomme *avances*, et s'ajoute au bain suivant.

On donne au coton deux et même jusqu'à trois bains de fiente, lorsqu'on veut avoir des couleurs bien pourries.

Lorsque le coton a reçu les bains de fiente, il faut se donner bien de garde de le laisser longtemps entassé, dans la crainte qu'il ne s'enflamme, comme cela est arrivé plusieurs fois, par l'effet de la fermentation qui s'établit.

Troisième opération : trempe ou bain blanc. — Cette partie du procédé est exactement la même que dans l'opération précédente, si ce n'est qu'il n'entre pas de crottin de mouton dans la composition de la trempe.

Ce bain se prépare, suivant Vitalis, en versant sur 3 kilogrammes d'huile grasse, 50 litres environ d'eau de soude à 1 degré, quelquefois moins, suivant que par un essai préliminaire on s'est assuré de la qualité de l'huile ; on mêle bien en agitant avec un râble, et en transvasant plusieurs fois le bain d'un baquet dans un autre. On est assuré que le bain blanc est tel qu'il doit être, lorsque la lessive de soude reste combinée avec l'huile pendant quatre à cinq heures au moins, et que celle-ci ne remonte pas à la surface; on passe à l'eau le coton comme dans le bain de fiente : on le laisse 10 à 12 heures sur la table; on l'étend et on le fait sécher.

Le bain blanc doit être répété deux, trois ou même un plus grand nombre de fois, suivant que l'on veut donner plus ou moins de corps à la couleur.

Quatrième opération : bain de noix de galle, ou engallage. — On fait bouillir 12 kilogrammes de noix de galle concassée dans 150 litres d'eau de rivière, jusqu'à diminution par ébullition du quart, du cinquième, ou de la moitié de cette quantité d'eau. On filtre la liqueur dans un cuvier, et l'on verse de l'eau froide sur les noix de galle restées sur le filtre pour leur enlever par le lavage toute leur teinture.

Dès que la liqueur est portée à une douce chaleur, on y plonge le coton poignée à poignée, en le maniant avec soin pendant tout le temps, et on l'y laisse ainsi tremper pendant 24 heures; on le tord alors complètement et également, après quoi on le fait bien sécher sans le laver.

Cette opération de *l'engallage* est précédée, dans le procédé décrit par Vitalis, de deux autres opérations : l'une appelée *sels*, et qui consiste à réunir le reste des bains blancs, et en y ajoutant environ 100 litres lessive de soude à 2 ou 3 degrés, à brasser le tout, et à presser le coton dans ce bain, une ou deux fois; l'autre, nommée *dégraissage*, et qui consiste à faire tremper le coton pendant 5 ou 6 heures dans une dissolution tiède de soude, à 1 degré au plus de l'aréomètre; à laisser égoutter, à y jeter de l'eau ensuite, et au bout d'une heure à le laver pente à pente, afin de le purger entièrement de l'huile non combinée qui l'empêcherait de bien prendre la galle; ensuite à le tordre et à le faire sécher.

Les doses pour l'engallage sont d'ailleurs les mêmes, et la manipulation est la même que pour les bains huileux; on étend et l'on obtient de même la dessiccation bien uniforme. On remplace quelquefois, par économie, une pente de la galle par du sumac; d'ailleurs l'engallage peut se faire en dix reprises, en faisant sécher entre chacun des deux engallages.

Cinquième opération : premier bain d'alun. — On fait dissoudre 12 kilogrammes d'alun de Rome dans 210 à 215 litres d'eau chaude, mais sans porter cette eau jusqu'à l'ébullition. Après avoir bien écumé la liqueur, on y ajoute 25 à 30 litres d'eau de soude forte, puis on abandonne ce mélange jusqu'à ce qu'il ne soit plus que tiède; on y plonge alors le coton, en le maniant poignée par poignée, et on le laisse pendant 24 heures dans le bain; on le tord ensuite également, et on le fait sécher sans le laver.

Vitalis fait observer, avec raison, pour cet alunage, qu'il est indispensable que l'alun soit parfaitement pur et purgé complètement de la plus petite quantité de sels ferrugineux, sans quoi le rouge virerait infailliblement à la couleur lie de vin : il prescrit d'ailleurs 12 à 15 kilogrammes d'alun pour 100 litres d'eau, et l'addition d'une dissolution de soude faite avec la seizième partie du poids de l'alun, trop de soude pouvant décomposer l'alun.

Sixième opération : second bain d'alun. — Cette opération est, en tous points, semblable à la précédente; mais le coton étant sec, on le fait tremper pendant six heures à la rivière; on le lave ensuite et on le fait sécher.

Après avoir dit que les teinturiers qui engallent en deux fois, alunent aussi en deux fois, et pour les mêmes raisons, Vitalis fait du lavage de l'alun une huitième opération.

Septième opération : bain de teinture. — Le coton ne se teint que par 5 kilogrammes à la fois. Pour cela, on fait le mélange dans une chaudière de cuivre contenant 420 à 425 litres d'eau à une douce chaleur, avec environ 9 litres de sang de bœuf; après avoir bien remué le mélange, on y ajoute 12 kilogrammes de garance, puis on remue bien le tout ensemble.

On plonge alors dans la liqueur le coton, que l'on a étendu d'avance sur des bâtons, on l'y remue en le retournant continuellement pendant une heure, et en augmentant par degrés la chaleur, jusqu'à ce qu'au bout de ce temps la liqueur commence à bouillir. On retire alors le coton de dessus les bâtons, et on le fait bouillir dans la liqueur une heure de plus ; enfin, on le lave et on le fait sécher.

On prend ensuite assez de la liqueur bouillante qui reste, pour porter à une douce chaleur, avec de l'eau fraîche, la liqueur dont on charge de nouveau la chaudière, et qui sert à préparer, de la même manière que ci-devant, une liqueur de teinture pour la nouvelle quantité suivante de 5 kilog. de coton.

Le *garançage*, ou bain de teinture, se compose, dans le procédé décrit par Vitalis, de 25 kilog. de garance que l'on ajoute à 400 litres d'eau où l'on a versé 25 litres de sang de bœuf ou de mouton : dès que le mélange d'eau et de sang commence à tiédir, on y plonge jusqu'à 25 kilog. de coton, mais le plus ordinairement 12 à 15 kilog. seulement, suspendus sur les lisoirs à deux mateaux par lisoir. On agite et on retourne pendant une heure ou cinq quarts-d'heure, en conduisant le feu de manière que le bain soit, dans cet espace de temps, arrivé au bouillon ; on retire alors les mateaux du lisoir, et on soutient l'ébullition pendant trois quarts-d'heure ou une heure au plus, puis on retire le coton de la chaudière, et on laisse égoutter et refroidir ; on lave à la rivière jusqu'à ce que l'eau soit claire, et on fait sécher. Pour obtenir une couleur plus unie, on teint ordinairement en deux fois, en partageant en deux aussi les 25 kilog. de garance, et on lave, sans sécher, entre les deux garançages.

Huitième opération : bain pour fixer. — Après avoir mêlé ensemble les parties égales de la liqueur des bains gris et blanc ci-dessus, en quantité de 75 à 90 litres chacun ; on enfonce le coton dans ce mélange, et on l'y laisse tremper pendant six heures, on le tord alors médiocrement et également, et on le fait sécher sans le laver.

Cette opération, dit Vitalis, paraît maintenant abandonnée : mais on *sikioule* le coton teint, c'est-à-dire qu'on le passe dans un bain blanc ordinaire qui prend le *nom de sikiou*, et on le fait sécher. Dès qu'il est sec, on le fait bouillir dans un bain de 4 kilog. de savon, et on donne ensuite l'*avivage* avec un bain de 2 kilog. d'huile grasse, 3 kilog. de savon blanc de Marseille, et 600 litres d'eau de soude à 2 degrés. Dès que l'avivage a enlevé au *gros rouge* la teinte brune et sombre, et que le rouge est bien découvert, on cesse le feu, on laisse refroidir le coton dans la chaudière, on exprime ensuite, on lave bien à la rivière, on tord à la cheville et sans sécher ; on procède au *rosage*, qui s'exécute avec 600 litres d'eau, dans lesquels on fait dissoudre 9 à 10 kilog. de savon blanc, auquel on ajoute, quand il est bien dissous et que le savon a jeté quelques bouillons, 700 grammes de *sel d'étain* dans 2 litres d'eau tiède aiguisée avec 25 décag. d'acide nitrique à 20 degrés ; le *sel d'étain* ainsi préparé, se verse peu à peu, tandis qu'un ouvrier agite et mêle le bain, de manière à ce qu'il soit bien homogène. On y jette le coton, on fait bouillir à petit feu, et on retire dès que le rouge a acquis un beau vif ; on lave le coton encore chaud, on fait sécher, et tout le procédé de teinture, suivant Vitalis, est terminé.

Neuvième opération : bain d'avivage. — Après avoir fait dissoudre avec soin et complètement 5 kilog. de savon blanc dans 39 à 40 kilog. d'eau chaude, en observant qu'il ne reste aucun petit morceau de savon non dissous. ce qui occasionnerait des taches sur le coton, on ajoute 55 à 60 litres d'eau de soude forte, et l'on remue bien. On enfonce le coton dans cette liqueur, on l'y maintient au moyen de bâtons assujettis dessous, et on la couvre après l'avoir fait alors bouillir doucement pendant deux heures ; on le lave, puis on le fait sécher, et alors le procédé de teinture du coton est terminé complètement.

On trouve, dans les Mémoires de l'Institut, un exposé par Chaptal, des principes sur lesquels sont fondées les opérations si multipliées de la teinture en rouge d'Andrinople, qui est par elle-même d'une grande importance, et dont les procédés peuvent trouver partiellement plusieurs applications utiles.

Chaptal fait voir que ces opérations ont pour objet une triple combinaison : la première celle de l'huile avec l'étoffe ; la seconde, celle du tannin avec la première ; la troisième, celle de l'alumine avec les deux précédentes ; enfin, on ajoute à cette triple combinaison, celle de la substance colorante de la garance. On en sépare la partie fauve par l'avivage, on augmente l'éclat de la partie rouge par une application bien ménagée de la dissolution d'étain.

Pour rendre l'huile disposée à se combiner avec l'étoffe, on lui communique de la solubilité dans l'eau au moyen de la soude, mais il est nécessaire que l'huile soit peu retenue par l'alcali ; on ne doit donc employer qu'une faible dissolution de soude, et l'huile doit rester dominante pour que l'alcali ne puisse l'enlever et la séparer de l'étoffe.

Pour que l'huile soit propre à se combiner avec l'étoffe, il ne faut pas que ce soit une *huile fine*, mais elle doit être disposée à former une combinaison solide, et, par conséquent, elle doit contenir une forte portion de principe extractif.

La noix de galle a de l'avantage sur les autres astringents, parce que l'acide gallique tendant à se combiner avec l'alcali, qui a été retenu par l'étoffe, favorise la combinaison plus intime de l'huile avec l'étoffe et le tannin.

Chaptal fait observer, à cette occasion, qu'il est possible de reconnaître la combinaison de l'huile avec le tannin en mêlant une décoction de noix de galle avec une dissolution de savon. Il importe d'opérer cette combinaison dans de justes proportions, car, si l'astringent domine, elle devient noire; s'il est en trop petite quantité, la couleur est trop faible.

Lorsqu'on mêle du sulfate ou de l'acétate d'alumine avec une décoction de noix de galle, il se forme un précipité grisâtre; de même, le coton engallé devient gris à l'instant où on le plonge dans une dissolution alumineuse; on doit éviter de se servir d'une dissolution trop chaude, parce qu'une portion de l'astringent se dissoudrait, ce qui appauvrirait la couleur.

M. Haussman, fabricant de toiles peintes, avantageusement connu parmi les chimistes qui s'occupent utilement du perfectionnement des arts, publia, en 1801, des observations intéressantes sur le garançage, suivies d'un procédé simple et constant, pour obtenir de la plus grande beauté et solidité, la couleur connue sous la dénomination de rouge du Levant, ou d'Andrinople. Ce fabricant annonce, dans ses observations, s'être servi avec succès de la dissolution d'alumine par l'alcali. Pour obtenir cette dissolution, il précipite l'alumine du sulfate d'alumine par la potasse rendue caustique, dont il ajoute une quantité suffisante pour que tout le précipité qui s'est formé d'abord soit redissous; il ajoute à cette dissolution un trente-troisième d'huile de lin, qui forme une liqueur ayant l'apparence du lait. Comme l'huile se séparerait avec le temps, il faut agiter la liqueur avant de s'en servir. Les écheveaux de coton, ainsi que ceux de lin, doivent y être successivement trempés, exprimés également, et séchés à l'ombre pendant vingt-quatre heures; après cela, on lave et l'on renouvelle l'opération. Deux imprégnations suffisent pour donner un beau rouge; mais, au moyen d'une troisième ou d'une quatrième, on a des couleurs très-brillantes.

L'intensité du rouge, continue M. Haussmann, dépend de

la quantité de garance, de même qualité, bien entendu, que l'on emploie dans la teinture; avec partie égale en poids des écheveaux, la couleur devient rosée par l'avivage; avec quatre parties, on obtient le plus beau rouge. M. Haussman prescrit d'ajouter toujours du carbonate de chaux à la garance, lorsque l'eau dont on fait usage n'en contient pas naturellement; il n'emploie pour l'avivage que l'eau contenant un sachet de son, dont il soutient l'ébullition pendant huit heures en renouvelant celle qui s'évapore.

On peut se procurer une grande variété de nuances différentes, en donnant au coton une autre couleur avant de le passer au bain huileux.

Si l'on fait bouillir pendant quelques minutes, dans de l'eau de savon, du coton teint par un procédé quelconque avec la garance, il prend une couleur rosée; si on le comprime, alors on en exprime une matière grasse qui a la couleur du rouge d'Andrinople. Il a été observé, dès 1764, par OEtinger, que l'huile avait la propriété de dissoudre la partie colorante du rouge d'Andrinople, de manière que si on l'humecte d'huile, sa couleur se communique au coton blanc avec lequel on le frotte quelque temps. Dans ses recherches sur la cause physique de l'adhérence de la couleur rouge, insérées dans les *Mémoires des savants étrangers*, l'abbé Mazéas a, depuis longtemps, prouvé que l'huile est d'un emploi indispensable dans la préparation de la teinture en rouge d'Andrinople.

L'espèce de garance qu'on emploie influe beaucoup sur la couleur qu'on obtient: il paraît indispensable, pour avoir une couleur égale à celle du rouge d'Andrinople, de faire usage, de préférence, de l'espèce de garance qui nous vient du Levant, et qu'on distingue ordinairement par le nom d'*alizari*. La teinture qu'elle fournit est en effet, suivant Le Pileur d'Appligny, incomparablement plus belle que celle que donne la plus belle garance de Zélande.

On doit distinguer, dans le coton teint en garance, la faculté de résister longtemps à l'action de l'air, et celle de ne point éprouver l'action des alcalis et du savon. Cette dernière faculté ne peut s'obtenir que par le moyen des graisses et des huiles; mais la première dépend principalement des mordants qu'on a employés et des autres manipulations.

Il convient donc, indépendamment de la beauté de la couleur, d'employer des procédés analogues à celui du rouge d'Andrinople, pour les objets qui sont sujets à éprouver des lessives et de fréquents savonnages.

M. Thillaye recommande, pour la teinture en rouge d'Andrinople, sur tissu de coton et de lin, le procédé suivant, réduit à quatre opérations principales : *huiler, mordancer, teindre, aviver ;* avant lesquelles les pièces ne doivent recevoir que des demi-blancs. On les fait bouillir dans un bain de savon de 122 grammes par pièce pendant quatre heures ; on les rince ; cette opération préliminaire a pour but de leur faire prendre uniformément le bain blanc.

1re *Opération. Huiler.* — Nous supposerons en travail six pièces de 36 à 38 mètres sur 9 décimètres, pesant environ 3 à 4 kilog. afin de fixer les bases de chacune des opérations.

Le bain blanc se prépare en mettant dans une cuve en bois blanc, 13 à 15 kilog. d'huile tournante ; après y avoir ajouté 25 à 30 litres d'eau de rivière que l'on porte à 25 degrés dans l'hiver, et avoir brassé le mélange pour que l'eau et l'huile aient la même température, on y met 3 kilog. de potasse, et l'on brasse jusqu'à ce que la potasse soit dissoute ; si l'opération a été bien dirigée, il ne doit pas surnager d'huile à la surface du bain, et celui-ci doit présenter l'apparence de la crème.

On plaque les toiles avec ce bain au moyen du foulard, on les place dans une chambre chaude, dont la température doit être de 40 à 50 degrés : il faut environ 3 heures pour les sécher. Si le temps le permet, on expose les toiles sèches sur le pré et au soleil pendant 2 heures, on relève, et on les plaque de nouveau dans le bain blanc, comme nous venons de l'indiquer : il faut passer les pièces six fois dans le bain blanc, sécher entre chaque opération, et exposer sur le pré si le temps le permet. Dans l'hiver, où le temps ne permet pas l'exposition sur le pré, on donne douze passages, dans le printemps ou l'automne il en faut huit. Nous observerons que la pratique est le seul guide que l'on doive suivre à cet égard. Quelquefois on peut manquer de bain blanc pour les derniers passages, alors on ajoute l'eau provenant du foulage sur lequel nous allons revenir, en ayant toutefois le soin de la faire chauffer à une température un peu plus élevée que celle du bain blanc ; sans cette précaution, l'huile s'en séparerait et viendrait nager à la surface ; on peut obvier à cet accident en l'enlevant et y ajoutant 225 grammes de potasse. La pratique a démontré que dans l'hiver, il vaut mieux employer un ancien bain blanc qui a déjà servi, qu'un bain nouveau.

Les rouges que l'on obtient avec l'exposition au soleil, sont très-vifs, tandis qu'il est difficile d'en obtenir autrement. Dans l'été, lorsqu'on expose les pièces sur le pré pendant trois ou quatre heures, surtout à midi, le rouge tire sur l'écarlate; mais si on les y laisse plus longtemps, l'étoffe perd de sa force. L'altération est d'autant plus grande, que la quantité d'huile acidifiée sur le tissu est plus considérable.

Lorsque l'on emploie la crotte de mouton pour mêler au bain blanc, il faut avoir le soin de la délayer de suite dans une portion de bain, afin d'éviter qu'elle ne se décompose; un à deux litres suffisent pour les proportions indiquées. Soit que l'on emploie la crotte de mouton, ou seulement le bain blanc, il faut éviter de laisser les pièces entassées les unes sur les autres, au sortir du séchoir ou du pré; elles s'échauffent quelquefois au point de se carboniser et même de s'enflammer, accident dont nous avons été malheureusement témoin. Dans l'été, cela peut arriver dans l'espace de huit à douze heures: c'est pour éviter l'échauffement que l'on est dans l'usage de placer les pièces les unes à côté des autres, de les éventer avant de les sortir du séchoir, en ouvrant portes et fenêtres. Il est à remarquer que les accidents ont lieu, surtout lorsque l'on s'est servi de crotte de mouton.

L'huilage des toiles de coton ou de lin a pour but de former autant de surmargarate de potasse ou de soude que possible sur le tissu. Ce sel insoluble fixe d'une manière intime l'alumine et les matières colorantes de la garance, et les rend par cela même capables de résister à l'action des opérations de l'avivage.

Après que les toiles ont été imprégnées des bains blancs, pour les disposer à recevoir le mordant, on les dégorge afin d'en séparer l'huile non combinée avec l'étoffe. A cet effet, on place une cuve en bois dans un endroit frais, on y met les pièces par couches; on les recouvre avec de l'eau tiède dans laquelle on a préalablement fait dissoudre 245 à 250 grammes de potasse, et après avoir couvert le baquet, on les laisse tremper pendant dix-huit heures. On les retire, puis on les tord pour en extraire le bain : on met deux ou trois pièces dans un baquet avec de l'eau tiède, puis on les foule au pied ou avec le foulon, et on les tord. Le liquide qui reste dans ces deux opérations est désigné sous le nom de bain blanc faible. Après avoir dégorgé à l'eau courante et lorsque celle-ci en sort limpide, on fait sécher.

Deuxième opération : Mordancer. — On peut, avant de mordancer les pièces, les engaller : quelquefois cependant, on supprime l'engallage, quoique les rouges obtenus par cette opération résistent mieux aux avivages.

On prépare le bain de galle en dissolvant dans 22 à 25 litres d'eau chaude, 2 à 3 kilogrammes d'alun, auquel on ajoute à froid 6 à 8 litres de décoction de galle à 6 degrés. On foularde les pièces dans ce bain, et l'on sèche à la chambre chaude ; après deux jours, on les dégomme avec craie et bouse à 50 degrés, on nettoie à fond, et l'on sèche.

On foularde ensuite dans un bain d'alumine composé de 64 litres d'eau, 8 kilogrammes d'alun (sulfate d'alumine et de potasse) et 8 kilogrammes d'acétate de plomb ; on tire à clair, on sèche ; et après trois jours, on dégomme les pièces en eau de craie à 50 degrés ; on nettoie ensuite à fond.

Troisième opération : Garancer. — Cette opération doit se faire en deux fois, à raison de 4 kilogrammes de garance d'Avignon. On monte la chaudière avec 12 kilogrammes ; on conduit l'opération pendant trois heures : on met bas et l'on rince ; pour le deuxième garançage, on met les 12 kilogram. et l'on fait bouillir une heure ; l'opération doit également se faire en trois heures ; on nettoie bien exactement, en ayant soin de tenir au large de temps à autre pour bien égaliser la teinte.

Quatrième opération : Aviver. — Cette opération se subdivise en *avivage* et *rosage*. Dans la chaudière d'*avivage*, lorsqu'elle est prête à bouillir, on met pour les six pièces : 2 à 3 kilogrammes de sous-carbonate de soude ; 1 à 2 kilogrammes de savon ; puis on ajoute en remuant, 91 à 92 grammes de sel d'étain ; on y entre les pièces attachées bout à bout, et l'on place une toile claire sur la chaudière, pour éviter que les pièces ne bouchent les orifices. On doit y entrer les pièces au bouillon, et le continuer treize heures ; on les retire pour rincer.

Pour le rosage, on dispose la chaudière de la même manière ; on y dissout 1 à 2 kilogrammes de savon, puis on y verse par portions 91 à 92 grammes de sel d'étain ; on y entre les pièces et on laisse bouillir pendant dix heures ; on tord, on bat et l'on rince ; afin de dégraisser, on donne une légère eau de son et un bain de chlorure de potasse.

Il arrive quelquefois que l'on est obligé de donner encore un autre avivage lorsque les pièces sont trop grasses ou même que le rouge tire trop sur le brun, ce qui provient de ce que les pièces n'ont pas été bien dégorgées du bain blanc superfin, ou de ce que l'on a employé beaucoup trop de garance. On peut obvier au premier de ces inconvénients en remplaçant le sous-carbonate de soude, dans l'avivage, par 2 à 3 kilogrammes de potasse, et au second, en passant fortement les toiles en chlorure de potasse étendu d'eau.

Si le rouge prend une teinte rosée dans l'avivage, il faut en conclure : ou que la quantité d'huile combinée avec l'étoffe n'est pas assez grande, et il n'y a qu'à augmenter le nombre des passages ; ou que la qualité de l'huile était mauvaise, et c'est inutilement alors que l'on voudrait forcer le rouge en augmentant le degré du mordant et la quantité de garance ; le rose reparaît par l'opération de l'avivage. Lorsque le rouge prend une teinte trop cramoisie, on expose les pièces sur le pré pendant deux jours, il acquiert ainsi une nuance écarlate en prenant de la vivacité.

Observations sur le rouge d'Andrinople ou de Turquie. — Le procédé que recommande M. Thillaye est celui qui était employé chez MM. Kœcklin frères, depuis 1811, et que M. Persoz a donné également. Il a subi quelques légères modifications : ainsi, comme une longue expérience a prouvé que l'huile se fixe mieux au tissu quand la dessiccation n'en est pas trop prompte, il est des fabricants qui, ne pouvant les exposer à l'air, quand la saison n'est pas propice, entassent les pièces huilées dans un séchoir chauffé à 35° ; en ayant la précaution de les remuer de temps en temps, pour qu'elles ne s'échauffent pas de manière à s'altérer. Une autre modification a été d'introduire dans le garançage du sang de bœuf, dans le rapport de 40 kilogrammes pour 100 kilogrammes de garance.

Le procédé du rouge turc, suivi en Suisse, n'est pas nouveau, dit M. Persoz ; il n'est que l'application de plusieurs données éparses, et dont la réunion a conduit à des résultats parfaitement satisfaisants. C'est sans doute à un procédé du même genre, qu'Eberfeld doit la supériorité dont jouissent ses produits dans ce genre de fabrication.

On donne les bains blancs à une température de 27 à 30°, en ajoutant aux ingrédients que nous connaissons déjà, la bouse de vache en état de fermentation. Pour 200 kilog. coton, on emploie 13 kil. 35 huile tournante, 250 litres de dissolution de carbonate potassique à 2°.5, et 62 litres bouse de vache fermentée, et amenée à l'état de bouillie avec un peu d'urine de vache. On délaie la bouse de vache dans 230 litres d'eau chauffée à 37 ou 38° ; on y mélange l'huile, puis on forme l'émulsion en ajoutant successivement au tout, 20 litres dissolution potassique à 20°. La température du liquide se trouvant alors ramenée au degré voulu, on procède au plaçage à la manière ordinaire.

Quand, au sortir de l'avivage, le rouge prend une nuance pensée, c'est une preuve que le coton n'a pas été suffisamment saturé d'huile, ou que la qualité de l'huile n'était pas convenable, ou que les bains blancs ont été donnés dans de mauvaises conditions, ou enfin que les dessications n'ont pas été effectuées aux degrés de température nécessaires à la modification des corps gras.

Fonds roses huilés. — On donne pour les fonds roses, 4 à 5 huilages, comme nous l'avons indiqué pour le rouge d'Andrinople. On ne plaque pas en mordant, mais on passe les pièces dans du mordant d'alumine, à tiède, de 2 à 3 degrés; on donne 5 à 6 tours; on rince et l'on sèche. On passe les pièces dans une légère eau de craie, et l'on garance avec 2 kilogrammes par pièce. Ces roses s'avivent comme les rouges, seulement on diminue les proportions de moitié.

Violet sur tissu huilé. — Préparez les pièces comme pour le rose, et, au lieu de passer dans le bain d'alumine, manœuvrez les pièces dans un baquet qui contient, pour 40 à 45 litres, 1 à 2 litres de nitrate de fer; rincez, séchez, dégommez en eau de craie, et teignez avec 2 kilogrammes garance; avivez comme les roses.

M. F.-A. Gatty a proposé tout récemment d'ajouter du chlorure de sodium ou sel marin au bain de teinture en garancine, alizarine ou autre préparation faite avec la garance. Ce chlorure ajouté dans la cuve dans la proportion de 500 grammes pour 12 kil. 5 de garancine ou d'alizarine, produit, selon lui, un bon résultat. On peut, toutefois, en augmenter la dose et la porter, toujours avec avantage, jusqu'à 2 kilogrammes. Un plus grand excès de sel ne paraît même pas nuisible à la couleur.

Au lieu d'ajouter le chlorure à la matière colorante dans la cuve, on peut le mélanger préalablement avec cette matière.

Huiles tournantes.

M. J. Pelouze s'est occupé dans ces derniers temps des huiles employées à la fabrication du rouge turc, et voici ce qu'il a communiqué à ce sujet à l'Académie des sciences.

» Les huiles fixes, a dit ce savant chimiste, ne sont pas toutes également propres à la préparation des teintures connues sous le nom de *rouge turc* ou de *rouge d'Andrinople.*

» Celles employées généralement à cet usage sont des huiles d'olive provenant, pour la plus grande partie, des États du Levant, de l'Italie ou du midi de la France. On les distingue des autres corps gras par la dénomination *d'huiles tournantes*, qui rappelle la propriété qu'elles présentent, étant mêlées à une faible dissolution alcaline, de produire une émulsion lactescente. Une huile de cette nature est d'autant plus estimée que cette émulsion est plus parfaite, et que sa partie grasse met plus de temps à se séparer du liquide aqueux. Pour distinguer une huile tournante d'une huile ordinaire ou *flambante*, il suffit d'en laisser tomber une ou deux gouttes dans un verre à expérience en partie rempli d'une dissolution de soude caustique marquant 1 $\frac{1}{2}$ à 2 degrés; la première devient opaque, la seconde reste transparente. C'est le procédé que suivent ordinairement les industriels qui vendent ou qui achètent les huiles tournantes, et ils jugent, d'après le plus ou moins d'opacité des gouttes oléagineuses, si la propriété qu'ils recherchent est plus ou moins développée dans l'échantillon d'huile soumise à l'essai.

» Les huiles propres à la fabrication du rouge turc étant d'un prix très-élevé, on a cherché à les remplacer par des huiles de qualités inférieures et d'une valeur vénale moindre, en mêlant celles-ci au jaune d'œuf, en les traitant par l'acide nitrique, etc., etc.; mais il ne paraît pas que ces essais aient été suivis de succès, car l'industrie des toiles peintes en rouge d'Andrinople consomme encore aujourd'hui des quantités énormes d'huiles d'olive naturellement tournantes.

» Dès l'année 1855, je savais déjà que les huiles tournantes du commerce n'étaient autre chose que des mélanges d'un corps gras neutre avec un corps gras acide; mais je voulais que la question industrielle fût jugée industriellement, c'est-à-dire en fabrique. Aujourd'hui que j'ai reçu les renseignements qui me manquaient, je m'empresse de communiquer mes expériences, dont je n'avais retardé la publication que pour les rendre complètes au point de vue de leur application à l'art de la teinture.

» Je me suis procuré des huiles d'olive tournantes provenant de divers pays; je les ai traitées par l'alcool, et je me suis assuré que toutes lui cèdent une quantité notable d'acides oléique et margarique. La proportion de ces acides varie de 5 à 15 pour 100. On retire également ces acides des mêmes huiles, en faisant chauffer celles-ci pendant quelques minutes avec un alcali.

» L'huile d'olive ordinaire, celle qui sert aux usages de la la table, ne contient pas d'acide gras, ou n'en contient que des quantités insignifiantes; il est facile de s'en assurer en les traitant comme il vient d'être dit pour l'huile tournante.

» Les faits que j'ai fait connaître sur la saponification spontanée des corps gras permettent d'expliquer facilement la composition différente des deux huiles d'olive dont je viens de parler. Les huiles pures s'obtiennent par la division et la compression immédiate des olives arrivées à leur point de maturité.

» Le remaniement des tourteaux et autres résidus, la fermentation des olives en tas, ou toute manipulation qui aura pour effet de multiplier les points de contact de l'huile avec les matières qui l'accompagnent et de prolonger ce contact, déterminera l'acidification de l'huile, et celle-ci deviendra tournante.

» Indépendamment des huiles tournantes naturelles, on trouve depuis quelques années, dans le commerce, des huiles de diverses espèces également propres à la fabrication du rouge turc. Ces dernières sortent de la maison de MM. Boniface frères, de Rouen, la seule en France qui sache préparer artificiellement des huiles tournantes. Ces négociants n'ont pas fait connaître les procédés à l'aide desquels ils arrivent à ce résultat important.

» J'ai constaté dans les huiles provenant de l'usine de MM. Boniface, des proportions très-notables d'acides oléique et margarique. Il est résulté pour moi. de ces diverses expériences, la conviction que la seule différence entre les deux catégories d'huiles commerciales, considérées au point de l'art de la teinture, tient à ce que celles dites tournantes sont mêlées à des acides gras, tandis que les autres en sont exemptes.

» M. Chevreul a fait, il y a plus de vingt ans, une observation qui cadre parfaitement avec cette manière de voir. Il a extrait du coton teint en rouge d'Andrinople deux matières huileuses, l'une neutre ou tournesol, l'autre qui le rougit et qui est formée d'acides oléique et margarique, c'est-à-dire des mêmes acides dont je viens de signaler la présence dans les huiles employées à la fabrication du rouge turc.

» Si l'huile d'olive tournante est presque exclusivement employée à la préparation du rouge d'Andrinople, cela tient surtout à ce que les olives se prêtent mieux que les graines oléagineuses à la réaction qui donne naissance aux acides gras; mais aujourd'hui que le rôle de cette huile est bien connu, il sera facile de la remplacer avec économie par des huiles à bas prix, telles que celles d'œillette, de sésame, de colza, de palme, etc. Il suffira de broyer les graines ou les amandes qui les contiennent et de les abandonner un certain temps à elles-mêmes avant d'en extraire l'huile. Un second moyen, plus simple encore, consiste à ajouter directement aux huiles ordinaires quelques centièmes de leur poids d'acides oléique et margarique provenant des fabriques de bougies stéariques.

» Je recommande ce dernier moyen aux fabricants de rouge turc; il a réussi entre les mains de M. Steiner, qui en a fait faire l'essai dans sa fabrique de toiles peintes de Manchester. Personne en Europe ne fabrique autant de rouge turc que cet habile industriel, et personne n'était mieux placé que lui pour juger du mérite de l'application que je propose à l'art de la teinture en rouge.

» Je joins aussi à ma note une lettre de MM. Henry et fils, fabricants de rouge turc à Bar-le-Duc, dans laquelle les personnes que cette industrie intéresse trouveront d'utiles renseignements sur la substitution des huiles acidifiées artificiellement aux huiles tournantes naturelles.

» Les applications que je viens d'indiquer n'auront pas seulement un résultat économique au point de vue de la fabrication des toiles peintes en rouge, elles permettront encore de remplacer par des huiles indigènes des huiles dont la plus grande partie nous vient de l'étranger.

» J'ai l'honneur de mettre sous les yeux de l'Académie des échantillons de tissus de coton teint en rouge turc. La couleur a été appliquée sur les uns avec de l'huile d'olive tournante, sur les autres avec des mélanges d'huiles neutres et d'acide oléique.

» Des juges plus compétents que moi, des fabricants de tissus très-habiles, ont déclaré qu'ils ne trouvaient pas de différence sensible entre ces divers échantillons.

» Je joins à ces tissus un échantillon de coton filé, préparé à Bar-le-Duc avec de l'huile de colza mêlée d'acide oléique, qui a été également reconnu d'une bonne nuance et d'une bonne qualité commerciale.

En résumé, il résulte de mes recherches :

1° Que les huiles propres à la fabrication du rouge turc, et qu'on connaît sous la dénomination commerciale d'huiles tournantes, sont des mélanges d'huiles neutres et d'acides gras;

2° Qu'on peut obtenir des huiles semblables et également propres à la fabrication du rouge turc, soit par l'acidification spontanée des huiles en présence des seules matières qui les accompagnent dans les graines, soit par le mélange direct des huiles neutres du commerce et des acides gras, particulièrement de l'acide oléique provenant des fabriques de bougies stéariques.

» Il est extrêmement probable que le traitement de certaines huiles et plus particulièrement de celle de colza, par quelques centièmes de leur poids d'acide sulfurique, donnerait naissance à des mélanges d'huiles neutres et d'acides gras qui, bien lavés, seraient propres à la fabrication du rouge turc. »

Lettre de MM. Henry et fils à M. Pelouze sur le rouge turc.

Savonnières, devant Bar-le-Duc, 12 juin 1856.

« Nous sommes heureux de vous faire connaître les résultats satisfaisants que nous venons d'obtenir en suivant les indications que vous nous avez données pour faire tourner différentes sortes d'huiles, c'est-à-dire pour leur donner la propriété des huiles d'olive dites *tournantes*, servant à la teinture du rouge d'Andrinople, par l'addition d'une certaine quantité d'acide oléique.

» La proportion de l'acide oléique varie suivant les huiles; nous avons fait tourner avec 5 parties de cet acide pour 100 d'huile. Dans d'autres circonstances, cette proportion a dû aller jusqu'à 10 ou 15 pour 100 et quelquefois une addition de deux pour 100 a suffi pour rendre tournante l'huile expérimentée. L'expérience seule peut indiquer la proportion, car une trop grande quantité d'acide oléique empêche l'huile de bien tourner. Nous avons remarqué aussi qu'il fallait employer des huiles ayant déjà subi un certain degré d'épuration, et que des huiles brutes ainsi préparées se coupaient moins bien avec la lessive de soude.

» Nous vous adressons un échantillon de fil de coton teint en rouge d'Andrinople, au moyen d'huile ainsi préparée; l'essai fait en petit sur 10 kilogrammes de cotons filés a donné une bonne nuance moyenne et courante, et proportionnée au poids de garance employée; pour cette partie nous avons fait usage de 3 kilogrammes d'huile de colza épurée, et de 60 grammes d'acide oléique, c'est-à-dire seulement 2 pour 100. Nous sommes convaincus que nous pouvons aussi bien réussir en grand. »

Cochenille, en écarlate sur laine. — C'est la plus belle et la plus éclatante des couleurs de la teinture. On n'est pas d'accord sur la nuance qu'on préfère. On la désire quelquefois d'un rouge parfait, ou plus foncé, et plus souvent on veut que cette nuance incline plus ou moins à la couleur du feu.

La teinture écarlate sur laine s'exécute, suivant M. Thénard, en deux opérations : la première s'appelle *bouillon*, et la seconde *rougie*.

Première opération ou *bouillon*. — Supposons qu'il s'agisse de teindre 50 kilogrammes de drap, on versera 800 à 990 kilogrammes d'eau, et 3 kilogrammes de crème de tartre, dans une chaudière d'étain ou de cuivre étamée. Lorsque la liqueur sera parvenue à la température de 50 degrés, on l'agitera pour dissoudre la crème de tartre ; on y versera 250 à 300 grammes de cochenille en poudre ; et un moment après, 2 à 3 kilogrammes de dissolution d'étain très-limpide. Alors il faudra y plonger le drap, le faire circuler rapidement pendant deux ou trois tours, ralentir le mouvement, laisser le drap dans la teinture bouillante pendant deux heures, le retirer du bain, l'éventer, le laver à la rivière, et procéder à la seconde opération.

Deuxième opération ou rougie. — Cette opération se fait en prenant la moitié de l'eau de l'opération précédente, la versant dans la chaudière, la chauffant jusqu'à ce qu'elle soit prête à entrer en ébullition, y projetant 2 à 3 kilogrammes de cochenille pulvérisée et tamisée, agitant fortement le bain, y ajoutant, au bout d'un certain temps, 7 kilogrammes de dissolution d'étain, puis y plongeant le drap, le faisant circuler comme la première fois, le laissant dans le bain pendant une demi-heure, à la température de l'ébullition, le retirant, l'éventant et le faisant sécher.

Les proportions de cochenille et d'étain, soit du *bouillon*, soit de la *rougie*, varient d'ailleurs suivant la nuance plus ou moins foncée d'écarlate que l'on veut obtenir. La qualité de la cochenille influe encore aussi bien que celle de la dissolution d'étain, sur ces mêmes proportions ; mais le teinturier se tiendra toujours, cependant, dans les limites que nous avons posées exprès, eu égard aux qualités diverses de cochenille et de dissolutions d'étain que nous avons décrites avec le plus grand détail, § 16 et § 17, ce qui nous dispense d'y revenir de nouveau ici.

Pour donner plus de feu et de vivacité à l'écarlate, on lui communique une teinte jaunâtre en ajoutant une certaine quantité de fustet ou de curcuma au premier bain.

Le second bain, qui a servi à teindre, n'est pas épuisé de matière colorante, lorsqu'on en retire le drap. On peut s'en servir, dit Thénard, pour obtenir les nuances capucine, cassis, orange, jonquille, couleur d'or, de cerise, de chair, de chamois, etc., etc., en y ajoutant des quantités variables de fustet, d'hydrochlorate d'étain et de crème de tartre. L'écarlate paraît être, suivant Thénard, une combinaison de laine, de matière colorante, d'acide tartrique, d'acide hydrochlorique, et de peroxyde d'étain.

Ce n'est pas sans dessein que les opérations pour l'écarlate sont divisées en deux parties très-distinctes, car cette division est indispensable à la réussite ; et si l'on réunissait les deux opérations en une seule, en faisant bouillir ensemble tous les corps qui entrent dans la composition de cette teinture, on n'obtiendrait qu'une nuance peu foncée.

Lorsque l'on traite à plusieurs reprises du drap écarlate par l'eau bouillante, il prend d'abord une couleur cramoisie, et finit par devenir couleur de chair. La combinaison qui constitue l'écarlate est donc altérable par l'eau ; elle l'est aussi par les alcalis et le savon ; ces substances la font passer sur-le-champ au cramoisi, même à la température ordinaire ; mais on peut la ramener au rouge en la mettant en contact avec les alcalis faibles.

On voit d'après cela, continue Thénard, qu'on peut teindre en cramoisi les draps déjà teints en écarlate, et qu'à cet effet, il suffit de les traiter par un alcali ; l'ammoniaque est celui qui réussit le mieux. On parvient encore aux mêmes résultats, en se servant d'une dissolution bouillante d'alun ; toutefois l'on n'emploie guère ces procédés que dans les cas où la couleur écarlate n'est pas belle, et dans toute autre circonstance, on teint directement en cramoisi en faisant bouillir le drap dans le bain de teinture ; et composant ce bain pour chaque partie de drap, par exemple, de 15 à 20 parties d'eau, de $\frac{1}{5}$ de partie d'alun, de $\frac{1}{20}$ de crème de tartre, de $\frac{1}{12}$ de cochenille, et d'une très-petite quantité de dissolution d'étain.

Les cramoisis solides s'obtiennent toujours en teignant directement en cette couleur : on les brunit en les passant dans une dissolution de sulfate de fer à laquelle on ajoute un peu de décoction de bois de fustet, si l'on veut leur donner un œil de jaune.

Ponceau à la cochenille. — M. Chevreul cite pour exemple de cette teinture sur 10 kilogrammes de laine, le procédé suivant, en deux bains distincts :

Premier bain. — La chaudière étant au bouillon, on la garnit avec 600 grammes de *dissolution d'étain* pour l'écarlate, 600 grammes de crème de tartre, 100 grammes environ de cochenille moulue, 100 grammes de curcuma en poudre. On y lisse ensuite les écheveaux pendant une heure et demie ; on lève les laines et on les lave à l'eau courante.

Second bain. — On monte la chaudière avec 600 grammes de *dissolution d'étain pour l'écarlate*, 200 grammes de crème de tartre, et 900 grammes de cochenille moulue. On lisse le bouillon jusqu'à la nuance, et on lave ensuite à l'eau courante.

Ponceau à la cochenille et au lak-dye. — M. Chevreul cite pour exemple de cette teinture sur 10 kilogrammes de laine, le procédé suivant, en deux bains distincts :

Premier bain. — On monte le chaudière avec 1200 grammes de *dissolution d'étain pour l'écarlate*, 1200 grammes de crème de tartre, 100 grammes de cochenille moulue, et 100 grammes de curcuma en poudre. On lisse les écheveaux sur ce bain pendant environ une heure, puis on lave et on rince.

Le même bain est ensuite garni avec 1200 grammes de la même dissolution d'étain, 400 grammes de crème de tartre et 1250 grammes de lak-dye en poudre. On y lisse de nouveau les laines pendants trois-quartsd'heure, et le bain doit être alors tiré; on retire les laines qu'on lave de suite, afin d'en écarter le plus promptement possible la matière résineuse du lak-dye, qui, sans cette précaution, s'y attacherait en produisant des taches.

Second bain. — La chaudière est montée à neuf avec 600 grammes de la même dissolution d'étain, 200 grammes de crème de tartre, et 250 grammes de cochenille moulue. On lisse les laines au bouillon pendant une heure environ, ou mieux, jusqu'à ce que la nuance soit montée; on lève et on rince à l'eau courante.

Roses à la cochenille. — Ces nuances étant naturellement très-légères, demandent suivant M Chevreul, une préparation particulière de la laine, c'est-à-dire que sur écru on ne peut produire un rose tendre, le fond de la laine étant lui-même jaunâtre. Les laines sont mises à tremper pendant 24 heures dans un baquet qui contient une solution d'acide sulfureux. Ce temps étant expiré, on lève et on lave à l'eau courante.

Pour 10 kilogrammes de laine, on monte la barque avec de l'eau bouillie préalablement, dont la température n'est plus qu'à 50 degrés, et dans laquelle on a fait dissoudre 1 kilogramme de crème de tartre et 250 grammes d'alun.

On y ajoute plus ou moins de cochenille ammoniacale, suivant la nuance que l'on veut obtenir, puis on y lisse la laine le plus promptement possible. De la rapidité de la teinture, dépend la vivacité de la nuance.

Groseille à la cochenille.— Pour 100 kilogrammes de laine, suivant M. Chevreul, on monte la chaudière ou la barque, avec 2 kilogrammes de crème de tartre, 1 kilogramme d'alun et 1 kilogramme de cochenille ammoniacale. La quantité de cochenille peut varier suivant la nuance plus ou moins foncée que l'on désire, et jusqu'à laquelle on manœuvre la laine au bouillon, ce qui dure de une heure à une heure et demie. On lève et on rince à l'eau courante.

Amarante cochenille. — Pour 10 kilogrammes de laine,

suivant M. Chevreul, on garnit la chaudière avec 2400 grammes d'alun et 1200 grammes de crème de tartre. On y manœuvre pendant deux heures sur le bouillon; on lève et on évente. On fait bouillir dans le bain, pendant un quart-d'heure, 1 kilogramme de cochenille moulue; on couvre le feu pour arrêter le bouillon; on y entre les laines, et on les y laisse pendant une heure. Pour assurer la nuance, on fait donner un bouillon d'un quart-d'heure; on lève, on évente, puis on lave en eau courante.

Cochenille en amarante sur coton. — On foularde une pièce de coton dans un mordant d'acétate d'alumine à 10 degrés, dit M. Thillaye, et après avoir séché à la chambre chaude pendant deux jours, on dégomme dans une eau de craie à une chaleur de 50 degrés; puis on nettoie.

On prépare une décoction de 245 à 250 grammes de cochenille dans 10 litres d'eau environ; on verse cette décoction dans une chaudière qui contient de l'eau froide et en même temps une autre décoction de 90 à 100 grammes de noix de galle. On y entre la pièce; on enlève la chaleur du bain graduellement jusqu'au bouillon; on lève et on nettoie. L'opération doit durer environ deux heures. Si l'on ajoute du bois de campêche au bain de cochenille, on obtient de très-beau lilas.

Kermès; Écarlate de graine, et de demi-graine, sur laine. — Pour teindre, dit le docteur Ure, la laine filée, on commence par la faire bouillir pendant une demi-heure dans de l'eau avec du son, et ensuite 2 heures dans un bain frais, avec un cinquième d'alun de Rome, et un dixième de tartre; on y ajoute ordinairement l'eau *sûre*. On la retire après cette ébullition, on l'enferme dans un sac de toile, qu'on porte dans un lieu frais, où on le laisse pendant quelques jours. Pour avoir une couleur saturée, on jette dans un bain tiède trois quarts de kermès, ou même partie égale en poids de la laine que l'on met dans le bain au premier bouillon. Comme la densité du drap est plus grande que celle de la laine, soit filée, soit en toison, il demande un quart de moins des sels dans le bouillon, et de kermès dans le bain; la couleur que le kermès communique à la laine a beaucoup moins d'éclat que l'écarlate qu'on fait avec la cochenille; d'où il résulte que cette dernière teinture en écarlate a été préférée généralement dès qu'on a connu l'art de relever la couleur propre à la cochenille par le moyen de la dissolution d'étain.

Cette couleur a, suivant Berthollet, beaucoup de solidité, et l'on peut en effacer les taches de graisses sans l'altérer. C'est un rouge de sang, qui s'est conservé sans éprouver de changement dans les anciennes tapisseries. On donne à l'écarlate de kermès le nom d'*écarlate de graine*, parce qu'on prenait cet insecte pour une graine.

On appelle écarlate *demi-graine*, celle pour laquelle on emploie moitié kermès et moitié garance. Ce mélange dónne une couleur très-solide, mais qui n'est pas vive, et qui tire un peu sur la couleur du sang. Il a été publié en 1790 dans les *Annales de Chimie*, quelques essais par M. J. P. Vogler sur le kermès et sur son utilité dans l'art de la teinture. On y voit :

1º Que M. Vogler, après avoir trempé des échantillons de soie, laine, fil et coton, dans une dissolution de 14 à 15 grammes d'alun, 11 à 12 grammes de sel commun, 365 à 370 grammes d'eau, et les avoir lavés et séchés, les trempa dans une dissolution de baies de France, *Rhamnus infectorius* Linné. La soie et la laine étaient d'un ponceau vif ; le fil et le coton étaient rose-lilas.

2º En saturant ces mêmes échantillons de décoction de kermès, les échantillons de laine et de soie sont devenus cramoisi sombre, et les deux autres lilas foncé.

3º En trempant les échantillons dans une dissolution d'hydrochlorate, ou nitrate, ou sulfate de magnésie, de chaux, et en les plongeant ensuite dans une décoction de kermès, ils ont tous pris une teinte de rose pâle.

4º Si après avoir fait tremper les échantillons pendant six heures dans du nitrate d'étain, on les plonge dans une décoction de kermès, la laine et la soie prennent une couleur écarlate, le fil et le coton, une couleur rouge-jaune pâle. Si, à la décoction du kermès, on ajoute depuis un quart jusqu'à une demi-partie de baies de France, *Rhamnus infectorius* Linné, les échantillons y prendront une couleur plus orangée.

5º Si, après avoir trempé les échantillons dans une dissolution d'alun et de sel commun, on les plonge dans une décoction de noix de galle, ils y prendront une couleur verdâtre.

6º Les mêmes échantillons, trempés pendant six heures dans une dissolution de nitrate d'étain, et plongés ensuite dans une décoction de noix de galle, y prendront une couleur jaunâtre.

7º Si l'on trempe les échantillons dans une dissolution de nitrate d'étain, ensuite dans une dissolution d'alun et de sel marin, et qu'après, on les plonge dans une dissolution de kermès, la laine et la soie deviendront jaune-rouge pâle. Le fil et le coton prendront une couleur cramoisie aussi belle que celle que le bois de Fernambouc et la cochenille pourraient leur procurer.

Il y a plusieurs autres insectes qui pourraient également, suivant Berthollet, donner une couleur rouge ; quelques-uns mêmes ont été employés, mais les avantages que présente la cochenille en ont fait abandonner ou négliger l'usage.

Laque sur laine. — Le procédé pour teindre en écarlate de laque est le même que celui de l'écarlate de cochenille ; il se divise de même en deux opérations, le *bouillon* et la *rougie*. Les seules modifications qu'exige l'emploi de la laque, sont, suivant Vitalis : 1° d'augmenter la quantité de dissolution d'étain d'un quart ou d'un cinquième environ ; 2° de ne mettre à la rougie la laque dans le bain qu'après que la cochenille a bouilli avec la dissolution d'étain, pendant le temps convenable, et que le bain a été rafraîchi, et de ne chauffer ensuite qu'à une température très-modérée, sans quoi la laque teindrait d'une manière inégale ; 3° de laver le drap très-chaud au sortir de la chaudière, parce que les parties résineuses qui s'y sont formées ne s'en détachent que très-difficilement lorsqu'elles sont refroidies.

Nous avons donné, d'ailleurs, précédemment, un exemple de teinture au lak-dye et à la cochenille, qui, cité par M. Chevreul, confirme toutes ces opérations, et auquel le teinturier pourra recourir en cas de besoin.

Orseille ; amarante sur laine. — Pour 10 kilogrammes de laine, suivant M. Chevreul, on monte la chaudière avec 1200 grammes de crème de tartre, et 2400 grammes d'alun. Après un bouillon de deux heures, on lève, on lave, et pour procéder à la teinture, on monte un bain neuf avec plus ou moins d'orseille ; soit 3 kilogrammes : on y manœuvre les laines pendant une heure, et à une température de 60 degrés environ. Quand on est parvenu à la nuance désirée, on lève, puis on rince. Si la nuance est trop vineuse, on la rougit par une légère addition de crème de tartre et d'alun.

Orseille, laine et soie. — Pour teindre avec l'orseille, Berthollet indique de délayer dans un bain d'eau, lorsqu'elle commence à devenir tiède, la quantité d'orseille qu'on juge nécessaire selon la quantité de laine ou d'étoffe qu'on a à teindre, et selon la nuance à laquelle on veut les porter ; on chauffe ensuite le bain, dans lequel on ajoute un peu de dissolution d'étain jusqu'à ce qu'il soit prêt à bouillir, et l'on y passe la laine ou l'étoffe sans autre préparation que d'y tenir plus longtemps celle qu'on veut rendre plus foncée. On obtient ainsi un beau gris de lin tirant sur le violet ; mais cette couleur n'a aucune solidité, de sorte qu'on emploie rarement l'orseille dans une autre vue que de modifier, de rehausser, et de donner de l'éclat aux autres couleurs.

Hellot assure qu'ayant employé l'orseille sur la laine bouillie avec l'alun et le tartre, la laine n'a pas plus résisté à l'air que celle qui n'a reçu aucune préparation ; mais il dit avoir obtenu de l'orseille d'herbe une couleur beaucoup plus solide, en mettant dans le bain un peu de dissolution d'étain ; par-là, dit-il, l'orseille perd sa couleur naturelle, et en prend une qui approche plus ou moins de l'écarlate, selon la quantité de dissolution d'étain qu'on emploie. Il faut exécuter ce procédé à peu près de la même manière que celui de l'écarlate, si ce n'est qu'on peut teindre dans un seul bain. L'orseille d'herbe est préférable à l'orseille d'Auvergne (matière colorante extraite du *lichen parellus*), par un grand éclat qu'elle communique aux couleurs, et par une plus grande quantité de parties colorantes ; elle a, de plus, l'avantage de soutenir l'ébullition ; enfin, cette dernière ne peut s'allier avec l'alun, qui en détruit la couleur; mais l'orseille d'herbe a l'inconvénient de teindre d'une manière inégale, à moins qu'on n'ait l'attention de passer le drap dans l'eau chaude aussitôt qu'il sort de la teinture.

On ne se sert pas de l'orseille seule pour teindre la soie, si ce n'est pour les lilas ; mais on passe souvent la soie dans un bain d'orseille, soit avant de la teindre dans d'autres bains, soit après qu'on l'y a teinte, pour modifier différentes couleurs, et pour leur donner de l'éclat.

On fait bouillir dans une chaudière de l'orseille en quantité proportionnée à la couleur qu'on veut avoir ; on fait écouler toute chaude la liqueur claire du bain d'orseille, en laissant le marc au fond, dans une barque de grandeur convenable, sur laquelle on lisse, avec beaucoup d'exactitude, les soies qui viennent d'être dégorgées du savon, jusqu'à ce qu'elles aient atteint la nuance que l'on désire ; après cela, on leur donne une battue à la rivière.

En général, fait observer Berthollet, l'orseille est un ingrédient très-utile en teinture ; mais, comme elle est très-riche en couleur, et qu'elle communique un éclat séduisant, les teinturiers sont souvent tentés d'en abuser et de passer les proportions qui peuvent ajouter à la beauté, sans nuire, d'une manière dangereuse, à la solidité des couleurs ; néanmoins, la couleur qu'on en obtient lorsqu'on emploie de la dissolution d'étain, est moins fugitive que sans cette addition ; elle est rouge et approche de celle de l'écarlate. Il paraît que la dissolution d'étain est le seul ingrédient qui puisse augmenter la solidité de l'orseille. Au reste, on peut employer la dissolution d'étain, non-seulement dans le bain de teinture, mais pour la préparation de la soie : alors, en mêlant l'orseille à d'autres substances colorantes, on peut obtenir des couleurs qui ont de l'éclat et une solidité suffisante.

Brésil, amarante sur laine. — Pour dix kilogrammes de laine, suivant M. Chevreul, on monte la chaudière avec 2400 grammes d'alun et 1200 grammes de crème de tartre; on y manœuvre pendant deux heures sur le bouillon; on lève et on évente. On monte un bain neuf avec du brésil, puis on y lisse la laine pendant un quart-d'heure, à une température de 60°. La nuance étant parvenue à son intensité, on lève, on écarte les $\frac{2}{8}$ environ du bain que l'on remplace par de l'eau froide, et pour faire violeter la teinte, on y ajoute de l'urine ammoniacale. On y manœuvre les laines, on retire et on lave.

Brésil sur laine, soie et coton. — La laine plongée dans le jus de Brésil ne prendrait, ajoute Berthollet, qu'une teinte faible, qui se détruirait promptement, si on ne la préparait convenablement. Pour cela, on fait bouillir la laine dans une dissolution d'alun, à laquelle on ajoute seulement le quart, ou même moins, de tartre : une plus grande proportion de tartre rendrait la couleur plus jaune; on tient la laine imprégnée, au moins pendant huit jours, dans un lieu frais; après cela, on la teint dans le jus de Brésil, en le faisant bouillir légèrement; mais les premières parties colorantes qui se déposent donnent une couleur moins belle; de sorte qu'il convient de faire passer d'abord dans le bain une étoffe grossière. On obtient, de cette manière, un rouge vif qui résiste assez bien à l'air.

On peut donner ainsi, et par d'autres moyens, assez de solidité aux couleurs du Brésil; cependant ces couleurs ne peuvent être comparées, sous ce rapport, à celles qu'on obtient par la cochenille ou la garance. On donne quelquefois de l'éclat à la couleur qu'on tire de cette dernière substance, en passant dans le jus de Brésil, mais cet éclat disparaît bientôt.

On fait usage, suivant Berthollet, du bois de Brésil pour teindre la soie en cramoisi, que l'on nomme *faux*, pour le distinguer du cramoisi que l'on fait par le moyen de la cochenille et qui est beaucoup plus solide.

La soie doit être cuite, à raison de 20 parties de savon sur 100, et ensuite alunée : l'alunage n'a pas besoin d'être aussi fort que pour le cramoisi fin; on rafraîchit la soie à la rivière, et on la passe dans un bain plus ou moins chargé de jus de

Brésil, selon la nuance qu'on veut lui donner; lorsqu'on s'est servi d'eau, dépourvue de sels terreux, la couleur est trop rouge pour imiter le cramoisi ; on lui donne cette apparence, ou en passant la soie dans une légère dissolution alcaline, ou en ajoutant un peu d'alcali dans le bain ; on pourrait aussi la laver dans une eau dure, jusqu'à ce qu'elle eût pris la nuance qu'on désire.

Pour faire les cramoisis plus foncés, mais faux, ou rouges-bruns, on met dans le bain de Brésil, après que la soie en est imprégnée, du jus de bois de campêche; on y ajoute même un peu d'alcali selon la nuance qu'on veut obtenir.

La dissolution d'étain ne peut être employée avec le jus de bois de Brésil, pour la teinture de la soie, de même qu'avec la cochenille, et la raison en est la même : les molécules colorantes se séparent promptement pour pouvoir se fixer sur la soie, qui n'a pas pour elles une attraction aussi efficace que la laine ; mais, ainsi que le fait remarquer Bergman, on peut, en faisant macérer la soie dans une dissolution froide d'étain, améliorer de beaucoup la couleur des bois de teinture. Une forte décoction de bois de Brésil donne, suivant lui, à la soie jaune une couleur d'écarlate, inférieure, à la vérité, à celle de la cochenille, mais plus belle et plus solide que par la seule macération dans l'alun ; elle peut résister à l'épreuve du vinaigre comme le cramoisi et le ponceau fin.

Poerner a fait un grand nombre d'essais sur les moyens que l'on peut employer pour teindre le coton, par le moyen du bois de Brésil, en faisant usage de différents mordants, tels que l'alun, la dissolution d'étain, le sel ammoniac, la potasse, etc., dans le bain ou dans la préparation de l'étoffe ; mais il n'a pu obtenir des couleurs qui résistassent à l'action du savon, quoique quelques-unes pussent assez bien résister à l'action de l'air et au lavage à l'eau : il recommande de faire sécher à l'ombre les cotons qui ont reçu ces couleurs.

Pour se diriger, d'après Berthollet, dans la recherche des moyens propres à procurer plus de solidité aux couleurs belles et variées que l'on obtient à peu de frais du bois de Brésil, il faut se rappeler quelques-unes de ses propriétés.

Les parties colorantes du bois de Brésil sont facilement affectées et rendues jaunes par l'action des acides ; alors elles deviennent des couleurs solides, mais ce qui les distingue de la garance et du kermès, et ce qui les rapproche de la cochenille, c'est qu'elles reparaissent sous leur couleur naturelle lorsqu'on les précipite à l'état de combinaison avec l'alumine, ou avec l'oxyde d'étain. Ces deux combinaisons paraissent les plus propres à les rendre durables; il faut donc chercher les circonstances qui peuvent le mieux convenir pour favoriser la formation de ces combinaisons, selon la nature de l'étoffe.

Le principe astringent (tannin) paraît aussi contribuer à la solidité des parties colorantes du bois de Brésil; mais il fonce leur couleur, et il ne peut être employé pour les nuances claires.

Les parties colorantes du bois de Brésil sont très-sensibles à l'action des alcalis, qui leur donnent une nuance pourpre, et on trouve plusieurs procédés dans lesquels on fait usage des alcalis, soit fixes, soit volatils, pour former des vio!ets et des pourpres, mais les couleurs qu'on obtient par ces moyens, faciles à varier selon le but qu'on se propose, sont périssables et n'ont qu'un éclat passager.

Bois de barwood, rouge et puce. — Voici comment on opère, suivant M. Preisser, dans les fabriques anglaises pour obtenir le rouge et le puce de *barwood*; le *camwood* donnant des couleurs moins solides, et coûtant une fois et demie plus cher, n'est pas employé : pour le *rouge*, les pièces doivent tremper dans une décoction de sumac, à raison de 20 kilogrammes de sumac pour 115 kilogrammes d'étoffe ou 70 pièces. On enlève les pièces de la décoction et on les plonge dans une dissolution d'hydrochloronitrate d'étain à 1° Baumé. On les laisse une heure dans cette dissolution, puis on les lave bien à l'eau courante, sans battre, et ensuite on les monte avec 1 kil. 75 à 2 kilogrammes de *barwood* par pièce de 1 kil. 60 en fonds unis. On porte le bain à l'ébullition en une heure et demie, puis on le maintient à cette température pendant le même laps de temps; on lave bien et on bat, on teint à feu nu et non à la vapeur.

Pour le *puce*, les pièces doivent tremper dans une décoction de sumac à raison de 6 kilog. seulement de sumac pour 415 kilog. d'étoffe ou 70 pièces, le trempage dure 12 heures. Au sortir de ce bain, on entre les pièces dans une dissolution d'acétate de fer à un peu moins de 1° Baumé. On donne 20 bouts sur le moulinet; on rince et on bat, puis on donne 8 bouts dans une bonne eau de chaux. On bat bien et on teint en deux fois; la première fois, en deux heures, avec 1 kilog. de barwood par pièce de 1 kil. 60 environ, et la seconde fois avec 1 kil. 50 à 2 kil. par pièce; on lave bien et on bat.

La couleur rouge obtenue avec le barwood est brillante, mais elle n'est pas aussi solide que celle de la garance. Elle devient brunâtre avec le savon, mais quant au brun-puce, il est parfaitement solide. On obtient une grande variété de nuances par l'emploi du quercitron et d'autres matières tinctoriales avec le barwood ; mais dans ces cas, on teint séparément, avec les matières tinctoriales l'une après l'autre.

Essai des rouges. — Tous les rouges, dit M. Persoz, à l'exception du rose de carthame, qui est détruit par le chlore et par la chaleur, sans laisser de résidu, et qui est décoloré par les alcalis caustiques, appartiennent aux couleurs qui sont le résultat de la combinaison d'un mordant d'alumine, ou d'alumine et d'étain, avec une matière colorante, qui peut être la garance ou ses dérivés, la cochenille, les bois rouges, etc., etc. Sans doute des yeux exercés ne confondent jamais ces diverses couleurs; néanmoins, le teinturier a besoin de connaître les propriétés qui les distinguent. Leurs caractères génériques sont d'être décolorés par le chlore, par l'acide hypochloreux, et de laisser pour résidu, à l'incinération, de l'alumine ou de l'alumine mélangée d'étain, dont on constate facilement la présence en fondant au chalumeau les cendres dans l'acide borique.

Leurs caractères spécifiques dérivent tous de la nature de la matière colorante et peuvent se subdiviser en *rouges formés par la garance et ses dérivés*, ou *rouges formés par la cochenille et le bois.*

Traités par le chloride hydrique, les rouges formés par la garance et ses dérivés, passent au jaune, ou jaune orangé, sans virer à l'amaranthe ; et si on les plonge ainsi modifiés dans un lait de chaux, tous les points touchés par l'acide, virent plus ou moins à une nuance d'un beau violet uni, qui se conserve longtemps, mais qu'on peut faire repasser au rose, en faisant bouillir l'étoffe dans un bain de savon. Les rouges et les roses sont d'autant moins impressionnables par les acides, qu'ils ont été plus saturés de savon, et avivés à une température plus élevée ; on comprend dès lors pourquoi le rouge d'Andrinople ou de Turquie résiste plus que les rouges ordinaires. Dans ceux-ci mêmes, on n'a qu'à comparer les rouges et les roses que l'on faisait il y a 15 ou 20 ans, avec ceux que l'on fait de nos jours ; et l'on verra que ces derniers, fortement saturés de savon, ne subissent que difficilement cette transformation qu'amène l'action de l'acide suivie de celle de la chaux.

Les rouges au bois et à la cochenille virent à la teinte groseille par le chloride hydrique et par le chlorure stanneux ; passés en chaux, ils ne forment qu'un violet assez peu stable pour disparaître au savon, qui, dans les mêmes circonstances, rend aux rouges garancés tout leur éclat. Les rouges cochenille et aux bois se différencient par l'éclat de leur nuance et par la manière dont ils e comportent en présence de l'acide sulfurique concentré, qui fait passer les premiers au rouge-cerise vif, et les seconds au jaune-orangé. Quant à la distinction entre ces couleurs *vapeur* ou *d'application*, elle est peu sensible au point de vue chimique.

Teinture à froid des étoffes.

On trouve dans le journal italien intitulé : *il nuovo Cimento* de 1858, une notice importante sur la teinture des étoffes par une nouvelle méthode imaginée par M Arnaudon, qui, pendant plusieurs années, a suivi les cours de chimie du laboratoire de la manufacture des Gobelins. Nous reproduirons dans les termes mêmes de l'auteur les détails de cette méthode.

« En réfléchissant à l'analogie qui existe entre la glycérine et les alcools et à son insolubilité dans l'éther, il m'est venu à l'idée, et cela il y a déjà assez de temps, d'employer cette substance pour dissoudre l'extrait de garance et en séparer ensuite l'alizarine ; voici les résultats que j'ai obtenus :

» L'alizarine, tout aussi bien que l'extrait alcoolique de garance, se dissolvent à froid, mais avec lenteur, dans la glycérine ; à chaud, au contraire, la solution s'opère avec rapidité et abondance, et la liqueur se colore en rouge cramoisi intense ; la solution obtenue avec la glycérine et l'extrait alcoolique de garance ne laisse rien déposer par le refroidissement ni par une addition d'eau, au contraire, la solution glycérique d'alizarine dépose des flocons rouges aussitôt qu'on l'étend d'un peu d'eau.

» La solution glycérique de l'extrait alcoolique de garance, mise en contact avec l'éther, le colore en jaune d'or ; la même chose a lieu avec le sulfure de carbone, mais cette solution éthérée, que je supposais d'abord devoir être la matière jaune, retenait encore de l'alizarine, puisque soumise à l'évaporation, puis exposée à l'action de la lumière solaire et de l'air, elle s'est colorée en rouge.

» La connaissance de ces phénomènes, dont je reprendrai plus tard l'examen, m'a conduit à faire l'application de la glycérine dans la teinture à froid des étoffes tant combinée que localisée, en me servant des préparations commerciales de la garance.

» Pour abréger, je donnerai en peu de mots la description d'un essai comparatif que j'ai fait avec et sans l'intervention de la glycérine et dans les mêmes circonstances, ainsi qu'on va le voir.

» J'ai commencé par préparer un extrait en traitant à

chaud de la garancine par l'alcool ordinaire et après avoir évaporé à siccité, j'en ai pesé un demi-gramme que j'ai dissous au bain-marie à 80° C. environ dans 20 centimètres cubes de glycérine et après le refroidissement j'ai incorporé dans 120 centimètres cubes d'eau froide. D'un autre côté, j'ai pris un demi-gramme d'extrait que j'ai étendu de 120 centimètres cubes d'eau en employant les mêmes précautions que pour la liqueur à la glycérine. Les deux liqueurs avec leur dépôt ayant été ramenées à la température ordinaire, j'ai introduit dans chacune d'elles un petit écheveau de laine du poids de 2 grammes, qui avait été dégraissée à la chaux, puis lavée à l'acide chlorhydrique étendu et rincée à l'eau pure, puis bouillie dans la préparation suivante. Pour 100 partie de laine on emploie :

Alun. . . . . 30 parties.
Crème de tartre. 8

» Après deux heures d'ébullition, la laine enlevée du bain, exprimée et enveloppée d'une toile mouillée, a été abandonnée pendant un jour avec le mordant dans cet état d'humidité. Au bout de quelques minutes d'immersion de cette laine ainsi préparée dans les deux bains de teinture d'extrait de garance, on a observé que dans la solution glycérique elle avait déjà pris une belle couleur rosée, tandis que dans l'autre elle était à peine d'un blanc sale. Après six heures d'immersion, les échantillons ont été retirés de leurs bains respectifs, exprimés et séchés avec soin. Le premier échantillon était d'une belle couleur écarlate ressemblant à celle des pantalons garance des troupes françaises, l'autre, où il n'y avait pas de glycérine, était d'une couleur jaune orangé. Dans ces mêmes bains, les mêmes quantités de laine se sont encore teintes également bien. Une autre expérience comparative, non plus sur laine, mais sur toile de coton, sur laquelle on avait imprimé des dessins avec mordants de fer et d'alumine, a donné des résultats analogues ; dans la solution glycérique de garance, ces dessins ont apparu en beau violet, en brun rosé et en rouge, dans l'autre les bruns seuls sont devenus apparents.

» Le bain de glycérine, qui était coloré en rouge cramoisi intense avant la teinture, est resté après celle-ci de couleur jaune ; ce bain ayant été évaporé, la glycérine est restée et a pu servir à une autre opération, et ainsi de suite, jusqu'au moment où elle est devenue trop chargée de matière jaune ; à ce moment je l'ai filtrée sur du charbon animal qui l'a décolorée presque complétement, et j'ai pu recommencer à nouveau, en y ajoutant un peu de glycérine pour remplacer celle qui se perd par les lavages et les manipulations.

» J'avais l'espoir de pouvoir appliquer ce système de teinture avec l'indigo, mais les expériences à ce sujet n'ont pas eu de succès; j'ai mieux réussi avec le vert de Chine ou lo-kao que les Chinois extraient du *Rhamnus chlorophorus* et du *R. utilis*. Toutefois, j'ai obtenu de bons résultats en appliquant avec l'acide picrique pour produire de magnifiques teintures en jaune et en vert par le secours de l'indigo.

§ 33.   TEINTURE EN JAUNE; ESSAI DES JAUNES.

Gaude sur laine, soie et coton. — Pour avoir une décoction de gaude qui fournisse du jaune très-solide, on la fait bouillir pendant trois quarts-d'heure ou une heure, ou mieux jusqu'à ce qu'elle se précipite au fond de la chaudière, et lorsqu'elle est cuite, on la retire avec un râteau. La quantité de gaude à mettre dans la chaudière, varie suivant la force de la nuance que l'on se propose d'obtenir; le plus ordinairement deux ou trois parties suffisent pour un demi-kilogramme de matière à teindre.

La couleur jaune que la gaude communique à la laine a peu de solidité si la laine n'a pas été préparée auparavant par quelque mordant. C'est de l'alun et du tartre qu'on se sert à cet effet; et, au moyen de ces mordants, la plante donne un jaune très-pur, qui a l'avantage d'être solide.

Pour le bouillon, qui s'exécute à la manière ordinaire, Hellot prescrit, dit le docteur Ure, quatre parties d'alun pour seize parties de laine, et seulement une partie de tartre; cependant plusieurs teinturiers emploient un quart d'alun et un huitième de tartre en poids de l'étoffe. Le tartre rend la couleur plus claire, mais plus vive.

Quant au gaudage, ou à la teinture avec la gaude, continue le docteur Ure, on fait bouillir dans un bain frais la plante renfermée dans un sac de toile claire, qu'on charge d'une croix de bois pesant, pour qu'il ne s'élève pas au haut du bain. Quelques teinturiers font bouillir la plante jusqu'à ce qu'elle tombe au fond de la chaudière, et alors ils posent une croix dessus; d'autres la retirent avec un râteau lorsqu'elle est bouillie, et ils la jettent. Hellot détermine les proportions de cinq à six parties de la gaude par chaque partie de drap; mais les teinturiers en emploient rarement autant, se contentant de trois ou quatre parties, ou même de beaucoup moins.

En ajoutant au bain, des alcalis, de l'alun, du sulfate de

fer, de la dissolution d'étain, etc., on obtiendra des jaunes de toutes nuances. On modifie aussi la couleur jaune, en passant le drap, au sortir du gaudage, dans des *brunitures* de suie ou de brou de noix, ou dans un léger bain de garance.

Pour teindre la soie en jaune franc, on n'emploie pas ordinairement d'autre ingrédient que la gaude ; la soie doit être cuite dans la proportion de vingt parties de savon sur cent, ensuite alunée et rafraîchie, c'est-à-dire lavée après l'alunage.

On prépare un bain avec deux parties de gaude pour chaque partie de soie, et après un quart-d'heure d'ébullition, on la passe à travers un tamis ou une toile, dans une cuve appelée barque ; lorsque ce bain est assez refroidi pour pouvoir y tenir la main, on y plonge la soie, et on la laisse jusqu'à ce que la couleur soit devenue uniforme. Pendant cette opération, on fait bouillir la gaude une seconde fois dans de nouvelle eau ; on rejette environ la moitié du premier bain que l'on remplace par la décoction fraîche. Ce second bain peut être employé un peu plus chaud que le premier ; cependant il faut éviter un trop grand degré de chaleur, afin qu'il ne puisse rien se dissoudre de la couleur qui s'est déjà formée. On lisse la soie comme la première fois, et, pendant ce temps, on fait dissoudre de la suie gravelée ou de la potasse dans une partie de la seconde décoction. On retire la soie du bain, pour y ajouter plus ou moins de cette dissolution alcaline, suivant la nuance qu'on veut obtenir ; après l'avoir retournée quelquefois, on la tord sur la cheville, pour voir si la couleur est assez pleine et convenablement dorée. Si elle ne l'est pas assez, on ajoute un peu de la dissolution alcaline, dont l'effet est de foncer la couleur et de lui donner une nuance dorée. On continue de procéder ainsi jusqu'à ce que la soie ait acquis la nuance qu'on veut lui donner. On peut aussi ajouter de la dissolution alcaline en même temps qu'on ajoute de la seconde décoction, en ayant toujours l'attention que le bain ne soit pas trop chaud.

Si l'on veut obtenir des jaunes plus dorés, ou de couleur jonquille, il faut ajouter au bain, en y mettant l'alcali, une quantité de rocou en proportion de la nuance qu'on désire avoir.

Pour avoir des *jaunes clairs*, il faut que la soie ait été cuite comme pour le bleu, c'est-à-dire à raison de 30 kilog. de savon pour 100 kilog. de soie. Si l'on veut que le jaune tire sur le vert, on y ajoute plus ou moins de la cuve de bleu, en supposant toutefois que la soie ait été cuite sans azur.

Pour teindre le coton en jaune, on commence, suivant Berthollet, par le décreuser dans un bain préparé avec une lessive de cendre de bois neuf, ensuite on le lave et on le fait sécher ; on l'alune avec le quart de son poids d'alun ; après vingt-quatre heures, on le tire de cet alunage, et on le fait sécher sans le laver ; on prépare ensuite un bain de gaude à raison d'une partie un quart de gaude par partie de coton. On y teint le coton en le lissant et le maniant jusqu'à ce qu'il ait acquis la nuance que l'on désire ; on le retire de ce bain pour le faire macérer pendant une heure et demie dans une dissolution de sulfate de cuivre dans la proportion d'un quart de ce sel, contre le poids du coton. On le jette ensuite sans le laver dans une dissolution bouillante de savon blanc, faite dans les mêmes proportions ; après l'avoir bien agité, on l'y fait bouillir pendant près d'une heure, après quoi il faut bien le laver et le faire sécher. Si l'on veut un jaune plus foncé, qui tire sur la couleur de jonquille, on ne passe point le coton à l'alunage, mais on emploie deux parties et demie de gaude pour la quantité de coton, et l'on y ajoute un peu de vert-de-gris délayé dans une portion du bain ; on y plonge le coton, et on l'y travaille jusqu'à ce qu'il ait pris une couleur unie ; on le relève de dessus le bain pour y verser un peu de lessive de soude ; on le replonge et on le passe sur ce bain pendant un bon quart-d'heure ; on le retire, on le tord et on le fait sécher.

Pour obtenir de la gaude toute la couleur qu'elle peut fournir, il faut qu'elle ait bouilli pendant trois quarts-d'heure ; on retire du bain les bottes de gaude, après quoi on y passe les toiles à une température inférieure à celle de l'ébullition. Elles ne doivent y rester qu'environ vingt minutes.

Les procédés d'exécution, pour obtenir les jaunes de gaude sur les tissus de coton et de lin sont exactement les mêmes que ceux que nous allons décrire pour le quercitron.

Quercitron sur laine, soie et coton. — Pour teindre la laine, il suffit, suivant Berthollet, de faire bouillir pendant deux minutes le quercitron avec son poids, ou un tiers de plus que son poids, d'alun ; on introduit l'étoffe en donnant d'abord la nuance la plus foncée, et en finissant par la couleur de paille. On peut aviver ces couleurs en faisant passer l'étoffe, au sortir du bain, dans une eau chaude blanchie par un peu de craie lavée ; mais la couleur que l'on obtient par ce procédé n'est pas aussi solide que lorsqu'on soumet l'étoffe à un bouillon avant de la passer dans le bain de teinture ; dans cette seconde méthode, on fait bouillir l'étoffe pendant une heure ou une heure et un quart, dans une dissolution d'alun d'un sixième ou d'un huitième du poids de la laine; il ne faut pas y faire entrer le tartre. Ensuite, on teint dans un bain préparé avec un poids de quercitron égal à celui de l'alun employé, jusqu'à ce que la couleur paraisse assez montée : alors on introduit de la craie dans le bain pour aviver la couleur, et on rabat de nouveau pendant huit à dix minutes.

La couleur est plus vive, suivant Bancroft, en versant dans le bain un poids de dissolution d'étain égal à celui du quercitron. Sept à huit parties de cette dissolution contre dix de quercitron et cinq d'alun, suffisent pour avoir un jaune d'or brillant et moins orangé. En ajoutant aux ingrédients précédents un peu de tartre, on arrive à une couleur citrine tirant sur le vert.

Le quercitron peut être substitué à la gaude pour les différentes nuances que l'on veut donner à la soie, qui doit d'abord être alunée. La dose est d'une à deux parties de quercitron pour douze parties de soie, et l'on teint à la température de 30 à 40 degrés centigrades. On peut aviver la couleur en ajoutant un peu de craie ou de potasse vers la fin de l'opération ; on peut aussi faire usage de la dissolution d'étain avec l'alun qui doit être en plus grande proportion.

Pour obtenir les jaunes sur les tissus de coton et de lin, on commence par les foularder dans de l'acétate d'alumine à 7 degrés. On fait sécher à la chambre chaude, et après trois jours on peut teindre. Les pièces seront dégommées dans de l'eau à 40 degrés, dans lequel on mettra 1 à 2 kilog. de craie ; ensuite on nettoiera exactement.

Dans une chaudière ne contenant que la moitié de l'eau nécessaire, on fait bouillir 1 à 2 kilog. par pièce, de quercitron renfermé dans des sacs d'un tissu lâche. Après trois quarts-d'heure d'ébullition, on retire les sacs et l'on y ajoute de l'eau froide, puis une solution de 12 à 15 grammes de colle par demi-kilog. de quercitron, en n'amenant la chaleur qu'à 35 degrés. On y entre les pièces et on y manœuvre pendant environ 15 à 20 minutes, ou mieux jusqu'à ce que la nuance soit montée. Nous ferons observer ici de nouveau, que l'emploi de la vapeur, pour chauffer les bains de teinture, surtout pour les jaunes, est préférable aux chaudières.

En effet, les étoffes touchant la paroi de la chaudière qui est d'une température plus élevée que le bain, prennent dans leur contact avec elle une nuance plus foncée qui salit le jaune.

Les proportions que nous venons d'indiquer pour le mordant et pour le quercitron, fournissent la nuance jaune pour meubles. On obtient des jaunes plus clairs, en diminuant le degré du mordant, la quantité de quercitron et le degré de chaleur.

Fustet, jonquille sur laine. — Pour 10 kilog. de laine, suivant M. Chevreul, la chaudière étant près du bouillon, on la garnit avec 1200 grammes de crème de tartre, et 700 grammes de *dissolution d'étain* pour l'écarlate. On y plonge ensuite un sac de toile qui renferme le bois de fustet, et lorsque le bain est un peu coloré, on y entre les laines, en ayant la précaution de retirer le sac de la chaudière; on y lisse les laines jusqu'à la nuance. Si le fond de jaune n'est pas assez fort, on met de nouveau le sac dans la chaudière, et l'on continue à y manœuvrer les laines jusqu'à la nuance voulue. On lève, et on rince.

Si l'on remplace le fustet par le bois jaune, on obtiendra des couleurs paille, des jaunes inclinant plutôt au verdâtre qu'à l'orangé que donne le fustet.

Pour obtenir des jaunes dorés, boutons d'or, et les nuances oranges, il faut, lorsque le pied de jaune est jugé assez fort, lever les laines et ajouter au bain plus ou moins de cochenille moulue, en continuant de manœuvrer pour arriver à la nuance.

Bois jaune sur laine et soie. — Le bois jaune n'est employé seul que pour la laine et la soie; quelquefois on l'associe à la gaude pour teindre le coton.

On teindra la laine en lui donnant un bouillon de 120 à 125 grammes d'alun et autant de crème de tartre par demi-kilog. d'étoffes et sans rincer; on fera bouillir pendant un quart-d'heure à une demi-heure dans un bain de un quart à un demi-kilog. de bois jaune auquel on ajoutera un peu de dissolution d'étain pour l'écarlate.

On teindra la soie, en lui donnant un mordant d'alun, lavant et teignant à tiède dans la décoction du bois.

Rocou sur soie, laine et coton. — Pour employer le rocou, on le mêle toujours, dit Berthollet, avec un alcali qui en facilite la dissolution et qui lui donne une couleur qui tire moins au rouge; on coupe le rocou par morceaux, et on le fait bouillir pendant quelques moments dans une chaudière, avec un poids égal de cendre gravelée, à moins que la nuance qu'on veut obtenir n'exige une quantité moins considérable d'alcali. On peut ensuite teindre les draps dans ce bain, soit avec ces seuls ingrédients, soit en y ajoutant d'autres pour en modifier la couleur, mais il est rare qu'on fasse usage du rocou pour la laine, parce que les couleurs qu'il donne sont trop fugitives, et qu'on peut les obtenir d'ingrédients plus solides ; c'est presque uniquement pour la soie qu'on en fait usage.

Il suffit, suivant Berthollet, que les soies destinées à être mises en aurore et orangé, aient été cuites à raison de vingt parties de savon pour cent ; après qu'elles ont été bien dégorgées, on les plonge dans un bain qu'on a préparé avec l'eau, à laquelle on a mêlé avec soin une quantité plus ou moins grande de dissolution alcaline de rocou, suivant la nuance que l'on veut obtenir. Ce bain doit avoir un degré de chaleur moyen entre l'eau tiède et l'eau bouillante. Lorsque les soies sont unies, on retire un des mateaux, on le lave et on le tord pour voir si la couleur est assez pleine ; si elle ne l'est pas assez, on ajoute de la dissolution de rocou, et on lisse de nouveau. Cette dissolution se conserve sans s'altérer.

Quand on a obtenu la nuance que l'on désire, il ne reste qu'à laver les soies et à leur donner deux battures à la rivière, pour les débarrasser du superflu du rocou qui nuirait à l'éclat de la couleur.

Ce qu'on vient de dire s'applique aux soies auxquelles on veut donner les nuances d'aurore ; mais pour faire l'orangé, qui est une nuance beaucoup plus rouge que celle d'aurore, il faut, après la teinture en rocou, rougir les soies par le vinaigre, par l'alun ou par le jus de citron. L'acide, en saturant l'alcali dont on s'est servi pour dissoudre le rocou, détruit la nuance de jaune que cet alcali lui avait donnée, et le ramène à sa couleur naturelle, qui tire beaucoup sur le rouge.

Les soies teintes par le rocou doivent être *séchées à l'ombre*.

On voit dans le *Traité de la teinture des soies*, par Macquer, que pour les nuances très-foncées, les teinturiers de Paris sont dans l'usage de les passer dans l'alun ; et si la couleur ne se trouve pas encore assez rouge, on la passe sur un bain de bois de Brésil léger. A Lyon, les teinturiers qui emploient le carthame font quelquefois usage des vieux bains de cet ingrédient pour y passer les orangés foncés.

Pour donner une couleur orangée au coton, il faut, suivant Wilson, broyer le rocou en l'humectant, le faire bouillir dans l'eau avec le double de son poids d'alcali, laisser déposer pendant une demi-heure, faire passer la liqueur éclaircie dans un vase chauffé, et y plonger le coton, qui prendra une teinte orangée. Alors on verse dans le bain une dissolu-

Teinturier. 29

tion de tartre encore chaude, de manière qu'il devienne faiblement acide; on y lisse encore le coton et on l'y tourne s'il est en pièce. Par là, la couleur devient plus vive et se fixe mieux. On donne ensuite un léger lavage au coton, et on le sèche dans une étuve.

Jaune nankin. — De toutes les nuances du jaune de rouille, le nankin est celle que l'on tient le plus ordinairement à Rouen, et M. Vitalis annonce être parvenu à faire cette couleur d'une manière très-sûre, et à lui conserver parfaitement le ton du véritable nankin des Indes, par le procédé suivant :

On commence par donner un demi-blanc au coton, après quoi on le fait bouillir, pendant une demi-heure, dans un bain préparé avec le tan (écorce de chêne moulue), dans la proportion de 250 à 300 grammes environ par $1/2$ kilogramme de matière, ayant soin de l'enfermer dans un sac.

Le coton prend dans ce bain une couleur fauve très-foncée. On laisse refroidir le coton, on le lave bien, puis on avive la couleur par un léger bain de savon modérément chaud.

Pour donner à la couleur nankin le petit œil rougeâtre que porte avec lui le nankin des Indes, on ajoute au bain de tan environ un centième de garance en poids du coton.

Jaune fauve. — Parmi les substances, en très-grand nombre, qu'on peut employer pour produire les couleurs fauves, on distingue particulièrement le *brou de noix*, le *sumac*, la *racine de noyer*, l'*écorce d'aulne*, le *santal*, la *suie* et quelques autres substances propres à donner aussi cette couleur. Nous avons mentionné déjà, en décrivant ces matières tinctoriales, leur action dans la teinture sur tissus, ce qui nous dispense d'entrer ici dans de nouveaux détails à cet égard.

Essai des jaunes. — M. Persoz distingue les jaunes en : jaunes de gaude, de quercitron, à la graine de fustet, de curcuma, de substances astringentes, orange rocou, jaune et orange de chrome, l'orpiment, le nankin ou chamois.

Les jaunes au *quercitron* sont détruits par le chlore et par l'acide hypochloreux, mais ne virent sensiblement à l'orangé, ni par les alcalis, ni par le chlorure ou le sulfate stanneux, en présence de la chaleur; enfin l'acide nitrique leur fait prendre une teinte cachou rougeâtre.

Les jaunes *à la graine* sont détruits par le chlore et par l'acide hypochloreux; la solution de potasse les fait virer à la nuance jaune turc, et chauffés avec un peu de chlorure stanneux saturé, ils passent à l'orangé ; traités par l'acide nitrique, ils prennent une teinture poussière.

Les oranges ou nankins *fustet* virent au rouge par l'acide sulfurique, à une nuance cachou par la potasse ; enfin ils sont détruits par l'acide nitrique.

Les jaunes au *curcuma* sont décolorés par le chlore, par l'acide hypochloreux, et virent fortement au rouge-orangé par les alcalis.

Les jaunes au *sumac* virent à une teinte plus claire par le chlorure stanneux, rougissent par l'acide nitrique, mais ne sont pas sensiblement modifiés par l'acide sulfurique.

Les jaunes orange au *rocou* sont difficilement attaqués par le chlore et par l'acide hypochloreux, en raison de leur nature résineuse ; mais ils passent au bleu-verdâtre en présence de l'acide sulfurique concentré, prennent une teinte foncée, puis disparaissent par l'acide nitrique.

Les jaunes de *chrome*, indestructibles par la chaleur, si l'on sait prévenir tout phénomène de réduction, sont inattaquables au chloride hydrique faible ; mais toujours détruits, au contraire, par cet hydracide concentré. Dissous et décolorés par la solution de potasse caustique, ils se transforment en orange de chrome, quand on les immerge dans une eau de chaux bouillante. Les oranges, de même base, ont les mêmes caractères ; seulement, ils virent au jaune serin, par les acides.

Les jaunes d'*orpiment*, inattaquables par le chloride hydrique, sont solubles dans la potasse ; et, détruits par l'acide nitrique, donnent naissance à une solution qui, introduite dans une petite fiole contenant du zinc et de l'acide sulfurique, fournit un gaz dont on retire, en le brûlant sur une soucoupe de porcelaine, d'abondantes taches d'arsenic métallique.

Les *nankins* et *rouilles*, plus ou moins foncés (abricot et aventurine), donnent pour résidu à l'incinération, qui fait passer l'hydrate ferrique à l'état d'oxyde anhydre, une couleur un peu plus foncée que celle qui existait primitivement sur l'étoffe. Le chlore, l'acide hypochloreux sont sans action sur ces couleurs ; le chloride hydrique les attaque plus ou moins bien, selon leur intensité et le mode de fixation que l'on a suivi ; mais, dans tous les cas, un mélange de parties égales de chloride hydrique et de chlorure stanneux, réduit immédiatement le rouille le plus foncé et fait apparaître en blanc tous les points qu'il a touchés. Quelle que soit la préparation rouille sur laquelle on opère, on y développe immédiatement du bleu de Prusse, par un mélange de chloride hydrique et de prussiate potassique, de noir ou de gris par une décoction de noix de galle ; enfin, on peut toujours l'immerger dans une solution de sulfure ammonique, pour faire passer le fer à l'état de sulfure ferreux, et teindre le dessin rouille en une nuance noire, violette ou lilas, suivant la proportion d'oxyde ferrique, en passant l'étoffe à la manière ordinaire dans un bain de garance.

CHAPITRE VII.

COULEURS COMPOSÉES.

—

§ 34.   PROCÉDÉS GÉNÉRAUX DE LA TEINTURE EN COULEURS COMPOSÉES.

La teinture en couleurs simples est naturellement la base de la teinture en couleurs composées, et déjà les couleurs simples, *noir, bleu, rouge, jaune*, dont les nuances pures suffisent, par un mélange convenable, à la formation de toutes les couleurs composées, nous ont offert des exemples de variations de nuances, obtenues, avec le même principe colorant, par de légères différences dans les détails du même procédé de teinture. En général, les manipulations au moyen desquelles on parvient à obtenir les couleurs composées, consistent à plonger successivement le corps à teindre dans plusieurs bains de couleurs simples ; c'est ainsi que les verts se font, en passant les fils ou les tissus dans un bain bleu et dans un bain jaune ; quelquefois, on obtient une couleur composée en plongeant le corps à teindre dans un seul bain formé de diverses matières colorantes.

Le teinturier voit donc ici qu'il lui est indispensable de connaître, non-seulement les actions directes des matières colorantes sur l'étoffe, mais aussi les réactions des matières colorantes entre elles.

C'est ainsi que la teinture en couleurs composées est, de toutes les parties de l'art du teinturier, celle où les lumières de l'artiste peuvent lui être le plus utiles pour varier ses procédés et pour parvenir au but qu'il se propose par la voie la plus simple, la plus courte et la moins dispendieuse. Mais les procédés de teinture en couleurs composées n'ayant pour ainsi dire d'autres limites que l'infini des caprices de la mode, Berthollet a fait observer, avec raison, qu'il suffit d'indiquer les procédés généraux servant d'exemple et de guide, pour assurer les principes et la marche des cas les plus variés. Nous nous bornerons donc à donner ici les mélanges les plus habituels, et desquels on pourra déduire tous les autres sans difficulté, les nuances à la mode dans le cours d'une année étant bien rarement celles à la mode l'année suivante. Nous nous attacherons, d'ailleurs, à décrire les détails des tons fins et des nuances délicates, dont les mélanges constituent les couleurs composées de l'effet le plus agréable à l'œil. Une étude importante pour le teinturier, quand une couleur devient à la mode, est au reste, non-seulement d'en bien saisir la nuance, mais de voir de suite quelles modifications il y peut apporter, et même de quelle nuance nouvelle l'étoffe sera susceptible d'être reteinte, sans perdre son éclat et l'avantage de la nouveauté.

§ 35. MÉLANGE VERT.

Bleu et jaune. — Quoique le vert composé puisse s'obtenir par le mélange *noir et jaune*, surtout dans les nuances foncées, c'est cependant, suivant Berthollet, par le mélange du bleu et du jaune que les teinturiers font le vert, dont on distingue un grand nombre de nuances.

On peut obtenir le composé, *bleu-jaune*, soit en commençant par la teinture en jaune, soit en commençant par la teinture en bleu.

Si l'on commence par la teinture en jaune, on risque de salir le linge par le bleu qui décharge toujours un peu, et d'altérer la cuve en bleu par le jaune qui, s'y dissolvant en partie, la verdit et la rend désormais impropre à toute autre teinture que la teinture verte. En général, on commence par la teinture en bleu, et surtout pour les étoffes de laine. Le plus ordinairement, c'est la cuve du pastel qui sert pour le mélange vert ; cependant on peut, pour quelques verts, employer avec succès la dissolution d'indigo par l'acide sulfurique ; alors ou l'on teint séparément en bleu et en jaune, ou bien l'on mêle tous les ingrédients pour teindre par une seule opération ; enfin l'on peut se servir des dissolutions de cuivre et de substances jaunes. De ces différents procédés, Berthollet décrit particulièrement, ainsi qu'il suit, celui dans lequel on se sert de la cuve de pastel : Le pied de bleu que l'on donne au moyen de cette cuve doit être proportionné au vert qu'on veut obtenir ; ainsi, pour le vert canard, il faut un bleu foncé ; pour le vert perroquet, un pied de bleu de ciel ; pour le vert naissant, un pied de bleu blanchi.

Lorsque les draps ont reçu le pied de bleu convenable, on

les lave au foulon et on leur donne un bouillon comme pour le gaudage ordinaire ; mais, pour les nuances claires, on diminue la quantité des sels. Le plus souvent, on commence par donner le bouillon aux draps destinés aux nuances claires ; et, après les avoir retirés, on ajoute du tartre et de l'alun, et l'on continue ainsi jusqu'aux draps destinés aux nuances les plus foncées, en ajoutant de plus en plus du tartre et de l'alun.

Le gaudage s'exécute comme pour le jaune ; mais on emploie une plus grande quantité de gaude, à moins qu'on n'ait à teindre que des nuances claires, pour lesquelles il faut, au contraire, en diminuer la quantité. Ordinairement on teint en même temps une suite de nuances, depuis les plus foncées jusqu'aux plus claires ; on commence par les nuances plus foncées, et l'on passe successivement aux plus claires ; entre chaque mise, qu'on laisse de demi-heure à trois quarts-d'heure, on ajoute de l'eau au bain. Quelques teinturiers passent deux fois chaque mise dans le bain ; ils commencent, dans le premier tour, par les nuances les plus foncées, et par les nuances les plus claires dans le second ; dans ce cas, chaque mise doit rester moins de temps dans le bain. Il faut avoir attention qu'il ne brouille pas pour les nuances très-claires.

Pour 10 kilogrammes de laine à teindre en *vert clair*, suivant M. Chevreul, le mordant doit être donné avec 1 kilogramme d'alun et 500 grammes de crème de tartre. On y lisse les laines pendant un quart-d'heure à une température de 70°. On lève et on ajoute au même bain de la décoction de bois jaune et de la solution de carmin d'indigo, suivant la nuance, et en y manœuvrant plus ou moins longtemps.

Pour le *vert foncé*, le mordant doit être plus énergique, jusqu'à 2 kilogrammes d'alun avec 1 kilogramme de crème de tartre. On y lisse les laines au bouillon pendant une demi-heure. On lève, et, après avoir écarté la moitié du bain, on y ajoute de la décoction de bois jaune et du sulfate d'indigo, suivant la nuance, en lissant la laine plus ou moins longtemps.

Pour le *vert bronze*, on ajoute dans le bain du vert foncé, de l'orseille jusqu'à la nuance voulue. Le *vert russe*, et tous les verts foncés qui sont presque noirs, se terminent ordinairement sur un vieux bain de noir, ou à défaut sur un bain de campêche, que l'on fait tourner par du sulfate de cuivre. On donne encore une bruniture au vert très-foncé, avec du bois de campêche et un peu de sulfate de fer.

Dans la teinture en mélange vert, il est plus difficile encore pour la soie que pour le drap, d'éviter que le vert ne soit taché et n'ait des bigarrures. La cuite de la soie destinée aux verts se fait comme pour les couleurs ordinaires ; cependant, pour les nuances claires, il faut qu'elle soit cuite à fond comme pour le bleu.

On ne commence pas, pour la soie, par la teindre en bleu, comme le drap ; mais, après un fort alunage, on lave légèrement la soie à la rivière, et on la distribue en petits mateaux pour qu'elle puisse se teindre également ; après cela on la lisse avec attention sur un bain de gaude ; quand on juge que le pied est à la hauteur convenable, on fait un essai dans la cuve, pour voir si la couleur a le ton qu'on désire : si elle n'a point assez de fond, on ajoute de la décoction de gaude ; et quand on s'est assuré que le jaune est au point convenable, on retire la soie du bain, on la lave et on la passe en cuve comme pour le bleu.

On choisit pour teindre en vert sur cru les soies naturellement blanches, comme pour le jaune ; après les avoir trempées, on les alune, et on suit les mêmes procédés que pour les autres soies.

Le vert, qu'on obtient par le moyen de la dissolution d'indigo dans l'acide sulfurique, est connu sous le nom de vert de Saxe ; il a plus d'éclat. mais moins de solidité que celui qui vient d'être décrit. C'est en Saxe que ce procédé a commencé à être exécuté ; mais l'expérience a appris à obtenir ce vert d'une manière plus expéditive et même plus sûre. On donne le bouillon comme pour le gaudage ; ensuite on lave le drap ; on met dans le même bain du bois jaune réduit en copeaux et enfermé dans un sac ; on le fait bouillir pendant une heure et demie, on le lève, on rafraîchit le bain au point de pouvoir y tenir la main ; on y verse peu à peu un demikilogramme de dissolution d'indigo pour chaque pièce de drap de 22 mètres qu'on a à teindre ; on tourne vite dans les commencements , et ensuite lentement ; on lève le drap avant que le bain entre en ébullition. Lorsqu'on ne met d'abord que les deux tiers de la dissolution avant de lever le drap, et qu'après deux ou trois tours on ajoute le dernier tiers, la couleur s'unit mieux ; si l'on s'aperçoit qu'elle ne prenne pas bien, on ajoute un peu d'alun calciné et réduit en poudre. On tient le vert de pomme de Saxe sur le bain qui a servi au vert de Saxe, après en avoir jeté le tiers ou la moitié et l'avoir rafraîchi ; on y tourne le drap jusqu'à ce qu'il approche de l'ébullition. On préfère, pour obtenir dans ce cas un vert décidé, le bois jaune aux autres substances colorantes, parce que sa couleur est moins affectée par l'acide sulfurique, qui éclaircit et affaiblit considérablement celle des autres substances.

Quand on se sert du *bleu soluble*, dit M. Thillaye, on donne un bouillon de deux heures avec 7 ou 800 grammes de crème de tartre et autant d'alun pour 4 kilogram. d'étoffe. Retirez l'étoffe et faites bouillir dans le même bain, pendant une demi-heure, 3 à 4 kilog. de bois jaune en copeaux ; après avoir retiré le bois, versez du bleu soluble, dont la quantité sera déterminée par la nuance de vert que vous voudrez ; puis teignez au bouillon. Pour teindre la soie, alunez à tiède et rincez ; donnez un premier bain de gaude à tiède, et un deuxième bain à 50 degrés ; lorsque le jaune est monté, ajoutez dans une petite quantité de ce bain, de l'eau, puis du bleu soluble, selon la force du jaune ; manœuvrez la soie jusqu'à ce qu'elle vienne au ton du vert désiré : pour teindre en *vert sur soie par le curcuma*, alunez la soie ; passez dans un bain tiède de curcuma et de dissolution d'indigo ; manœuvrez jusqu'à la nuance désirée ; puis rincez.

On peut donner une bruniture au vert très-foncé, sur la soie comme sur la laine, mais en employant toujours le sulfate de cuivre pour faire tourner le bain de campêche, ainsi que nous l'avons recommandé pour la teinture en noir de la soie.

Pour donner une couleur verte aux fils de lin et de coton, on commence par les bien décreuser ; on les teint dans la cuve de bleu, on les fait dégorger dans l'eau, et l'on passe dans le gaudage ; on proportionne la force du bleu et du jaune à la nuance que l'on veut obtenir, et que l'on peut foncer au besoin par une bruniture convenable.

Chaptal obtint, suivant Berthollet, de beaux verts sur coton par les procédés suivants : 1° passer le coton teint en bleu de ciel dans une forte décoction de sumac, et l'y laisser jusqu'à ce qu'elle soit bien refroidie ; faire sécher, passer au mordant d'acétate d'alumine, sécher encore, laver et travailler le coton pendant deux heures dans un bain tiède, où l'on a fait infuser de 23 à 24 kilog. de quercitron par 100 kilog. de coton.

2° Pour 100 kilog. de coton, mettre 14 à 15 kilog. d'alun ; 10 à 11 kilog. de sulfate de cuivre, avec 9 à 10 kilog. de sulfate de fer ; 7 à 8 kilog. d'acétate de plomb ; 1 à 2 kilog. de soude, avec autant de craie, pour y passer le coton teint en bleu, puis à l'eau de chaux et de là au bain de quercitron.

Chaptal a remarqué que le jaune de la gaude s'unit mal avec celui du sumac, et que le mélange de leurs couleurs donne au bleu une mauvaise teinte ; mais qu'en passant enunite le coton à une lessive marquant un demi-degré, la couleur s'unit et devient assez fixe. La couleur de la gaude s'unit parfaitement à celle du tan. Chaptal préfère encore teindre les cotons destinés à être verts dans une cuve de bleu montée avec le sulfure d'arsenic, parce qu'il est difficile d'obtenir un beau vert s'il y a dans la cuve une trop forte proportion de sulfate de fer.

Le vert qu'on obtient en donnant une couleur jaune à une étoffe qui a été préalablement teinte en bleue, et lavée après cela, n'offre rien d'obscur. La couleur incline plus ou moins au jaune ou au bleu, selon le degré du bleu qu'on a donné, et d'après la force du bain jaune; on augmente l'intensité du jaune par les alcalis, par le sulfate de chaux et par les sels ammoniacaux : on la diminue par les acides, l'alun et la dissolution d'étain.

Pour obtenir des verts sur les tissus de coton, il faut, après les avoir cuvés, les passer en acide sulfurique ; ensuite dans de l'eau à 40 degrés, et qui contient de 24 à 25 décag. de soude pour 200 litres d'eau; on rince et l'on sèche; on mordance en acétate d'alumine à 5 degrés, et l'on tient comme pour le jaune meuble.

Les *verts formés par la combinaison du bleu d'indigo avec l'oxyge de chrome*, exigent que la formation du bleu précède celle du jaune, ou tout au moins que l'oxyde plombique, élément du jaune, se fixe en même temps que le bleu, car la fixation de ces deux couleurs, comme l'observe avec raison M. Persoz, ne peut être simultanée dans tous leurs éléments. Soit qu'on passe l'étoffe dans une cuve de plombate de chaux, après avoir toutefois oxydé et fixé l'indigo, ou, qu'en suivant une marche inverse, on donne une trempe dans la cuve au plombate, pour les passer ensuite dans la cuve d'indigo, le résultat est le même ; et si l'on passe les pièces à chaud dans un bain de chromate calcico-potassique, le jaune, se transformant en orange, donne au vert un reflet particulier.

Voici, d'ailleurs, la marche à suivre pour l'un et l'autre procédé :

On trempe l'étoffe durant une minute et demie dans une cuve d'indigo, en ayant la précaution de pomper avec le cadre, que l'on fait ensuite passer dans une solution très-étendue de chlorure de chaux; puis on plonge dans la cuve au plombate, où l'on doit laisser le tissu cinq minutes. Après ces immersions, on abandonne les pièces à elles-mêmes durant dix à quinze minutes, pour laisser au bleu le temps de s'oxyder, et l'on rince à la rivière sans battre. On les passe alors dans un quatrième bain d'acide sulfurique faible ; on rince, on passe de nouveau dans un bain de chlorure de chaux faible ; et après avoir rincé une troisième fois. on tient durant cinquante minutes dans un bain de chromate potassique, pour transformer l'oxyde plombique fixé sur la toile en chromate plombique, qui forme, avec le bleu, un vert d'une très-belle nuance, quand ces deux éléments sont dans le rapport voulu.

Dans le second procédé, on plonge l'étoffe durant quelques minutes dans la cuve au plombate, puis dans une eau légèrement alcalisée par la chaux, afin d'enlever l'oxyde plombique qui n'est pas fixé, dont la présence ne pourrait que précipiter inutilement une grande quantité d'indigo, et même s'opposer sur certains points, à ce que cette matière colorante adhérât régulièrement au tissu. On passe alors les pièces dans la cuve d'indigo, où elles doivent tremper durant le temps nécessaire à la production de la nuance bleue que l'on cherche, ensuite au chlorure de chaux faible, pour oxyder et fixer l'indigo ; et enfin en chromate potassique, pour transformer l'oxyde plombique en chromate potassique.

Quand on est bien familiarisé avec cette marche, elle a sur la précédente, l'avantage de donner un vert plus uni, attendu que le jaune déposé en premier lieu, est toujours mieux mélangé au bleu.

On obtient aussi du vert de la matière colorante bleue ou bleu-violacé provenant du fruit du *solanum* de Guinée, avec les matières végétales jaunes ; enfin la combinaison de l'*hématine* avec les matières colorantes jaunes produit plusieurs nuances de vert, *américain*, *myrte*, etc.

Nous ne nous étendrons pas davantage sur le mélange vert, qui varie à l'infini, et que le teinturier apprendra à mieux connaître par l'essai des verts que nous allons donner avec tous les détails nécessaires.

Essais des verts. M. Persoz divise les verts en quatre genres :

A base d'indigo (vert cuvé, faïencé, de pinceau, au plombate, d'application solide, pistache) ; *à base de bleu de Prusse* (avec chromate plombique, avec jaune végétal) ; *à base de matières colorantes végétales autres que les précédentes* (campêche avec divers jaunes végétaux, solanum avec divers jaunes végétaux) ; *à bases métalliques* (à l'arséniate cuivrique, à l'arséniate chromique).

Les verts *à base d'indigo* ont pour caractère commun d'être détruits par la chaleur, sans laisser d'autre résidu que celui que donnerait le jaune seul, et d'être décolorés par le chlore et par l'acide hypochloreux en abandonnant le jaune, si celui-ci résiste à ces agents, ou seulement un des éléments de cette couleur (le mordant), s'il en est attaqué comme le bleu.

Le vert *cuvé* forme autant de variétés qu'on fait intervenir d'espèces jaunes pour le réaliser : est-il dû au *rouille-abricot*, il a une teinte myrte, et, traité par un mélange de chloride-hydrique et de chlorure-stanneux, qui dissout l'oxyde ferrique, il passe au bleu, et traité par l'acide nitrique, au rouille : est-il formé par un jaune végétal, la graine d'Avignon, de Perse, etc., il ne change pas sensiblement en présence de la potasse ; il prend tout au plus une teinte plus foncée au brunâtre par les alcalis ; enfin, traité par l'acide nitrique, il passe à un jaune dont la nuance varie avec celle du jaune végétal employé.

Le vert *faïencé*, décoloré par le chlore, par l'oxyde hypochloreux, et passant au jaune sale (*rouille*) par l'acide nitrique, laisse un résidu d'oxyde stannique, reconnaissable, soit au chalumeau, soit à la teinture ; il est, du reste inattaquable par la potasse caustique et par le chloride hydrique. Le vert de *pinceau*, décolorable aussi par le chlore et par l'acide hypochloreux, laisse un résidu d'oxyde aluminique pur ; il n'est pas attaqué ni par la potasse, ni par le chloride hydrique.

Le vert au *plombate* est décoloré par les mêmes agents que les précédents, en laissant pour résidu des jaunes de chrome ; il est en partie détruit par la potasse, qui le fait passer au bleu, et complètement altéré par le chloride-hydrique concentré qui, en décomposant l'acide chromique, développe du chlore, et amène ainsi indirectement la destruction de l'indigo.

Le vert d'*application solide* possède les caractères essentiels du vert au plombate, c'est-à-dire qu'il passe au bleu par la potasse caustique, et qu'il est détruit par le chloride-hydrique concentré.

Le vert *pistache* n'a de commun avec les précédents que d'être décoloré par le chlore ; il est détruit par la potasse, qui le fait passer au jaune ou au jaune-olivâtre, selon l'espèce du jaune végétal qu'on associe toujours au carmin d'indigo pour le former.

Les verts au *campêche* au *solanum* sont détruits par le chlore et laissent pour résidu un mordant d'alumine qui est toujours accompagné d'un peu de cuivre quand il s'agit du vert au campêche. Ce vert au *campêche* rougit fortement par les acides ; et, traité à chaud, par le chromate potassique, se transforme en un noir qui jouit d'une grande stabilité.

Le *vert au solanum* vire au violet par les acides, et au jaune par les alcalis.

Le vert au *bleu de Prusse*, ayant pour base le *jaune de chrome*, est inaltérable par le chlore gazeux, par l'acide nitrique et par l'acide hypochloreux; ce vert est attaqué, au contraire, par la potasse caustique, qui fait disparaître le jaune et le bleu.

Le vert au *bleu de Prusse*, ayant pour base un *jaune végétal*, est altérable par le chlore et par l'acide hypochloreux, qui le font passer au bleu; il est aussi attaqué par la potasse, qui enlève celui-ci, et fait apparaître le jaune végétal avec une nuance plus ou moins olivâtre.

Le vert au *bleu de Prusse et à l'arsénite cuivrique* se reconnaît à la propriété dont il jouit, de jaunir par le chloride hydrique et de passer au bleu par l'ammoniaque; du reste, rien n'est plus facile que d'en mettre en évidence le cuivre et l'arsenic, puisqu'il suffit d'introduire une partie de l'étoffe qu'il recouvre, dans l'appareil de Marsh, pour obtenir, à l'aide d'une combustion étouffée, des taches arsenicales.

Le vert de *chrome* au *bleu de Prusse* donne, à l'incinération, des cendres qui sont de la nuance de l'oxyde chromique; il est d'ailleurs inattaquable par le chlore, par les acides faibles et les alcalis, quand il a été bien fixé au tissu. L'appareil de Marsh y indique la présence de l'arsenic, quand il en renferme.

Les verts *olives* sont généralement formés de matières colorantes jaunes qui ont servi à teindre des mordants de fer et d'alumine, ou de chrome, ce que l'on constate très-facilement par l'incinération. Tous sont détruits par le chlore et par l'acide hypochloreux; tous aussi résistent à la potasse, et tous ceux qui ont pour base le fer, passent au jaune par le chlorure stanneux, qui ronge ce métal et le fait disparaître.

§ 36. MÉLANGE VIOLET, POURPRE.

Rouge et bleu. — On obtient, de ce mélange, suivant Berthollet, le violet, le pourpre, et un grand nombre d'autres nuances, qui sont déterminées par la nature des substances dont on combine la couleur rouge avec une couleur bleue, desquelles l'une devient plus ou moins dominante sur l'autre, selon les porportions des ingrédients et les circonstances du procédé.

Il y a, d'après Poerner, de l'avantage à se servir, pour obtenir les couleurs qui résultent du rouge et du bleu de la dissolution d'indigo par l'acide sulfurique, non-seulement parce qu'on peut facilement se procurer une grande variété de nuances, mais aussi parce que le procédé est moins long et moins dispendieux. Il fait observer d'ailleurs que les couleurs qu'on obtient ainsi, sont beaucoup moins solides que lorsqu'on fait usage du bleu de cuve ; cependant il assure qu'elles ont assez de solidité si l'on emploie de la dissolution d'indigo à laquelle on ajoute de l'alcali.

Suivant M. Chevreul, pour 10 kilogrammes de laine à teindre en *violet fin*, il faut monter la chaudière avec 1 kilogramme d'alun et 2 kilogrammes de crème de tartre. On y manœuvre les laines au bouillon pendant un quart-d'heure ; en lève et on évente. Après avoir rafraîchi le bain, on y ajoute de la cochenille ammoniacale et du carmin d'indigo dont les proportions se déterminent par la nuance que l'on désire, en y lissant la laine jusqu'à ce qu'on soit parvenu à cette nuance ; on lève et on lave.

Pour le violet au bois, suivant M. Chevreul, la chaudière au mordant se monte avec 2500 grammes d'alun, 1250 grammes de crème de tartre, et 1250 grammes de la dissolution d'étain pour les couleurs composées ; faire bouillir pendant une heure et demie, retirer, mettre au frais et laisser sur le mordant pendant trois jours. Après avoir rincé la laine, on monte un bain faible de campêche à 70° de chaleur, et on y lisse la laine jusqu'à la nuance voulue.

On distingue deux sortes de violets sur la soie, le violet fin et le violet faux : le dernier se fait ou par le moyen de l'orseille, ou au moyen du bois de Brésil.

Pour le violet fin, on commence par teindre avec la cochenille, et ensuite on passe à la cuve en bleu. On prépare la soie et on lui donne le cochenillage comme pour le cramoisi, avec cette différence qu'on ne met dans le bain ni tartre ni dissolution d'étain, qui servent à exalter la couleur ; on met plus ou moins de cochenille, suivant l'intensité de la nuance qu'on veut avoir. La dose ordinaire pour un beau violet est d'un huitième de cochenille relativement à la soie. Quand la soie est teinte, on la lave à la rivière, en lui donnant deux battures ; on la passe ensuite sur une cuve en bleu plus ou moins forte suivant la hauteur que l'on veut donner au violet ; enfin on lave et l'on sèche avec les précautions qui conviennent à toutes les couleurs qui passent à la cuve.

Poerner fait usage du bois de Brésil et de la dissolution d'indigo pour obtenir différentes couleurs, qui tirent plus ou moins sur le bleu et sur le rouge, par un procédé semblable à celui qui a été indiqué pour la cochenille. Ces couleurs sont belles ; mais on ne peut espérer par ce moyen d'en obtenir de solides.

Les ingrédients qui leur procurent beaucoup plus de fixité sont : le sulfate de chaux, le sulfate de zinc, l'acétate de cuivre, ou les cristaux de verdet qu'il faut ajouter dans le bain.

Le mélange direct des couleurs bleu et rouge ne donne, dit Berthollet, sur les fils et les étoffes de coton, qu'une nuance sombre et sans éclat, et qui approche du noir pour peu que ces couleurs soient foncées. Chaptal annonce cependant avoir obtenu un violet assez agréable en teignant en bleu des cotons rouges, pour la préparation desquels il avait diminué les quantités d'huile et de noix de galle, et augmenté au contraire celle de l'alun, ainsi que la force de l'avivage. Chaptal assure être parvenu, par un grand nombre d'expériences, à donner au coton une couleur violette, qui ne le cède ni en solidité ni en éclat au rouge qui se faisait dans ses ateliers ; et après avoir été conduit, par ses recherches, à une grande variété de procédés, qui donnaient avec plus ou moins de facilité la couleur qu'il désirait, il annonce s'être arrêté au procédé qui suit, comme étant de l'exécution la plus simple et la plus sûre.

On prépare le mordant pour 100 kilogrammes de coton avec 25 kilogrammes de sulfate de fer, et 6 kilogrammes d'acétate de plomb ; on sépare la liqueur claire du dépôt qui s'y est formé ; on y passe avec grand soin, et le plus chaud qu'il est possible, le coton qui a reçu trois huiles comme pour le rouge d'Andrinople. En sortant du bain, on le tord et on le travaille bien ; dès qu'il a pris, par le refroidissement, la teinte chamois, on le lave fortement, on l'exprime et on le sèche en l'étendant très-clair. Pour le teindre, on emploie un poids égal de garance ; lorsque le bain est tiède, on y plonge le coton, on le tourne en augmentant graduellement le feu, sans faire bouillir ; dès que le coton est devenu d'un noir bleuâtre, on le retire et on le lave ; on l'avive ensuite au savon pendant 15 à 20 minutes.

Aux méthodes anciennes ont succédé des méthodes nouvelles, mais toujours basées sur les mêmes principes qui doivent constamment diriger le teinturier, dans les manipulations comme dans le choix des matières tinctoriales. Actuellement, la méthode la plus ordinaire pour teindre en violet le fil et le coton consiste à donner d'abord sur la cuve un pied de bleu proportionné à la nuance qu'on désire, et à le faire sécher. On engalle ensuite à raison de trois parties de noix de galle par 16 parties de matière ; on laisse pendant 12 à 15 heures dans le bain de noix de galle, après lesquelles on tord et on fait sécher. On passe après cela le fil et le coton dans une décoction de bois de campêche, et quand le bois est bien imbibé, on le retire et on ajoute à ce bain $1/60$ d'alun et $1/100$ de vert-de-gris délayé; on replonge les écheveaux passés sur les bâtons, et on les lisse pendant un bon quart-d'heure; on les retire ensuite pour les laisser éventer à l'air, puis on les replonge entièrement dans le bain pendant un quart-d'heure; après lequel on les relève et on les tord; enfin on vide le baquet qui a servi à cette teinture, on y verse une moitié de la décoction de bois de campêche qu'on a réservée, on y ajoute autant d'alun que dans la première opération, et l'on y passe de nouveau le fil, jusqu'à ce qu'il soit à la nuance convenable. La décoction de bois de campêche doit être plus ou moins chargée, selon la nuance plus ou moins foncée que l'on veut avoir. Ce violet résiste passablement à l'air; mais il ne peut être comparé pour la solidité à ceux obtenus de la cochenille, de la garance, ou même du bois de barwood.

Essai des violets. — Le teinturier complètera les notions générales que nous venons de lui donner sur le mélange violet, pourpre, par les détails de l'essai des violets.

M. Persoz distingue cinq espèces de violets : *garancés*, *au campêche*, *au bois et à la cochenille*, qui résultent d'une teinture, d'un vaporisage ou d'une application; à l'*orcanette*; enfin les *violets complexes*, qui proviennent soit de la superposition du bleu sur le rouge, ou l'inverse, soit d'un mélange de ces deux couleurs avant leur application.

Les violets *garancés* incinérés laissent, pour résidu, une cendre d'oxyde ferrique; décolorés par le chlore et par l'acide hypochloreux, ils abandonnent sur l'étoffe le même oxyde ferrique, que l'on peut teindre dans tous les bains propres à en manifester la présence; traités par le chloride hydrique, ils virent à un jaune orangé sale, d'une intensité en rapport avec leur ton. Si on le passe dans un lait de chaux, sous l'influence de l'acide, tous les points touchés par celui-ci prennent une teinte violet-bleu d'un éclat extrêmement brillant, qu'ils conservent même en présence d'un bain de savon bouillant, auquel les autres violets ne résistent pas.

Les violets au *campêche*, incinérés, laissent, pour résidu, une cendre blanche qui n'est autre chose que de l'oxyde aluminique. Ils sont détruits par l'acide hypochloreux; traités par le chloride hydrique, ils virent au rouge; passés dans un lait de chaux et ensuite dans un bain de savon, ils deviennent grisâtres et finissent par disparaître.

Les violets à la *cochenille* se distinguent des précédents par la nuance et par la nature des mordants qu'ils abandonnent à l'incinération et qui ont toujours le fer pour base.

Les violets à l'*orcanette*, en raison de la matière résineuse qui les constitue, sont faiblement attaqués par le chlore et par l'acide sulfurique concentrés; ils ne rougissent ni par le chloride hydrique, ni par l'acide nitrique, mais ils virent au bleu par la potasse; et à l'incinération, ils laissent de l'oxyde aluminique pour résidu.

Les violets produits par la *superposition du bleu et du rouge*, sont déterminés par la nature du violet évêque qui apparaît, et par celle du rouge et du bleu qui les ont engendrés.

Les violets *obtenus par mélanges* sont toujours formés soit d'un mélange d'indigo avec du rose-cochenille, ou des rouges garancés, soit du bleu de Prusse avec les mêmes matières colorantes et celle du bois; soit encore d'un violet-garance avec le bleu de Prusse. Dans le premier cas, on recouvre le violet d'acide nitrique qui, détruisant l'indigo, laisse apparaître le rose, sinon immédiatement, du moins à la vapeur d'un flacon rempli d'ammoniaque, qui sature l'acide. Dans le second cas, on traite par l'acide hypochloreux, ou bien l'on expose l'étoffe à la vapeur du chlore, qui détruit le rouge, sans attaquer le bleu; on les traite par la potasse, qui dissout le bleu, et fait virer le rouge à une nuance cramoisie plus ou moins foncée. Dans le troisième cas, enfin, on traite par le chloride hydrique, qui fait virer le violet au vert, et par l'acide hypochloreux qui le fait passer au bleu.

§ 37. MÉLANGE ROUGE ET JAUNE; ESSAI DES ORANGES.

Le mélange du rouge et du jaune ne présente pas, suivant Berthollet, d'observations différentes de celles qui ont été exposées, relativement aux mélanges du bleu et du jaune, et du rouge et du bleu. Ce sont toujours les mêmes principes appliqués à des matières tinctoriales de même nature, et qui déterminent des manipulations analogues.

Pour quelques couleurs, on allie le bleu au rouge et au jaune, c'est ainsi qu'on fait des olives. On donne un pied de bleu, puis on passe à la teinture jaune; enfin, on donne un léger garançage. La nuance qui résulte de cette opération dépend de la proportion des trois couleurs dont elle est composée; pour les nuances foncées, on donne une braniture avec une dissolution plus ou moins chargée de sulfate de fer.

Suivant M. Chevreul, on obtient les nuances foncées, *soli-*

taire, bois, lavallière, grenat, avec le même mordançage d'une chaudière montée, pour 10 kilog. de laine, avec 2 kil. 50 d'alun et 1 kil. 25 de tartre rouge, dans lequel on lisse la laine pendant une heure et demie; après quoi on lève et on évente.

Pour la couleur *solitaire,* on met dans une chaudière un quart du bain de mordançage, et on y ajoute un tiers de décoction de bois jaune, avec deux tiers de décoction de fustet. On y manœuvre pendant une demi-heure environ, et on ajoute plus ou moins du bain d'orseille jusqu'à la nuance voulue; on lisse de nouveau, et pour donner la bruniture on achève avec plus ou moins de sulfate d'indigo.

La couleur *bois* s'obtient de même, mais en garnissant le deuxième bain avec plus de fustet que d'orseille, et ne mettant que peu de bleu.

Pour la couleur *lavallière,* on écarte seulement la moitié du mordant; et suivant la nuance, on ajoute beaucoup plus de fustet, avec campêche et brésil en excès de près de moitié sur le campêche.

Pour la couleur *grenat,* on écarte les deux tiers du bain de mordant, et on remplace par de la décoction de brésil, en lissant à une température de 85 degrés. Lorsque le pied de rouge est bien monté, on lève, puis on ajoute la décoction de campêche suivant le ton foncé que l'on veut obtenir

M. Chevreul cite ces exemples comme suffisants pour indiquer toutes les variations de nuances foncées composées.

On ne se sert pas de bleu de cuve pour faire les olives sur soie; mais après l'alunage, on passe la soie sur un bain très-fort de gaude, après quoi on ajoute à ce bain du jus de bois d'Inde, et lorsqu'on y plonge la soie, on y mêle un peu de dissolution alcaline, qui le verdit, et lui fait prendre une couleur olive. On passe de nouveau la soie sur ce bain, jusqu'à ce qu'elle ait pris la nuance convenable pour la couleur, qu'on appelle *olive-rousse* ou *olive-pourrie.* Après le gaudage, on ajoute dans le bain du fustet et du bois d'Inde sans alcali; si l'on veut que la couleur soit plus rougeâtre, on ne met que du bois d'Inde. On fait aussi une espèce d'olive-rougeâtre, en teignant la soie dans un bain de fustet, auquel on ajoute plus ou moins de sulfate de fer et de bois d'Inde.

On fait, selon Le Pileur d'Appligny, un bel olive sur fil et coton, en faisant bouillir dans une suffisante quantité d'eau, quatre parties de gaude sur une de potasse. On fait bouillir à part avec un peu de vert-de-gris, du bois de Brésil, qu'on a fait tremper la veille; on mêle les deux dissolutions en proportions différentes, suivant les nuances qu'on désire, et on y passe le fil et le coton. Les couleurs qui résultent du mélange du jaune avec le rouge s'obtiennent sur toiles peintes à l'aide de la gaude et de la garance ; on imprime pour mordant de l'acétate d'alumine ; on garance légèrement, et on finit par le gaudage.

Pour varier les nuances, il suffit d'augmenter ou de diminuer la durée de l'une ou des deux teintures, ou la proportion des matières qu'on y emploie.

Essai des oranges. — Les nuances oranges, dit M. Persoz, ou résultent d'un mélange de rouge et de jaune, dont on reconnaît la nature par les caractères des couleurs élémentaires qui les constituent, ou sont des couleurs *sui generis* telles que l'orange ou rocou ; l'orange de chrome, l'orange au sulfide antimonique, qui est détruit par le chloride hydrique concentré et par le chlore, mais qu'on peut reconstituer au moyen du sulfide hydrique, qui, en sulfurant l'oxyde antimonique, fait reparaître la nuance à un ton plus ou moins rapproché de celui qu'elle avait d'abord ; l'orange à l'écorce de grenade, qui noircit et prend une teinte sale par l'acide nitrique ; l'orange au quercitron, qui est dégradé, mais non détruit par l'acide nitrique.

§ 38. MÉLANGE ROUGE-BLEU-JAUNE.

Ces mélanges constituent ce qu'on appelle les couleurs modes, dans leurs nuances les plus claires, et rentrent pour leurs nuances les plus foncées dans les exemples que nous avons déjà cités. On opère la réunion du rouge, du bleu et du jaune, suivant les couleurs modes que l'on désire, par des manipulations analogues à celles que nous avons décrites, pour les gris, les verts, les violets ; mais le teinturier seul peut régler, sur échantillon, l'ordre suivant lequel il procédera, la seule règle constante étant de produire les teintes à la suite les unes des autres, en commençant toujours par les teintes les moins foncées. Quand ces teintes portent du jaune, il faut qu'elles en portent bien peu, et d'une nuance bien claire, pour ne pas les reléguer vers la fin des manipulations.

Suivant M. Chevreul, quand une nuance est terminée et qu'on veut passer à une autre, il faut avoir soin que le bain ne soit pas trop chargé de colorant pour que, par l'addition des colorants nécessaires à la deuxième nuance, on ne soit pas arrêté par la présence d'un excès de rouge, de bleu ou de jaune. Le cas arrivant accidentellement, il faut alors *faire le bain*, c'est-à-dire épuiser le bain avec des laines destinées à des teintes foncées. Les colorants habituels sont le bois jaune, le fustet, la cochenille ammoniacale et le carmin d'indigo.

Pour 10 kilog. de laine, les proportions du mordant sont 500 grammes d'alun et 500 grammes de crème de tartre. Mais il ne faut pas perdre de vue que lorsque le bain sert à faire plusieurs passes, soit de la même nuance, soit de nuances différentes, il faut, chaque fois que l'on garnit de mordants, en diminuer les proportions.

Enfin dans les nuances-modes, si l'on avait trop de jaune et qu'il fallût rougir, on devra se servir de préférence de la cochenille ammoniacale qui couvre davantage que l'orseille qui porte beaucoup en fond. Si au contraire, on avait trop de rouge, et que l'on fût obligé de jaunir, on doit donner la préférence au bois jaune, le fustet portant trop au rouge. Si le bleu était en excès, il faudrait lever la mise et tirer le bain avec des laines ; on ajouterait ensuite les colorants qui y manqueraient.

D'après ces données générales, le teinturier pourra conduire ses manipulations de manière à varier les nuances à son gré, sans craindre la non-réussite à laquelle l'exposent trop souvent les recettes empiriques.

§ 39. MÉLANGE DU NOIR AVEC LES AUTRES COULEURS ET BRUNITURES.

Le noir renferme une prodigieuse quantité de nuances, à commencer depuis le gris-blanc ou de perle, jusqu'au gris-violâtre, et enfin au noir. C'est à raison de ces nuances que le noir est mis par les teinturiers au rang des couleurs primitives ; car la plupart des bruns, de quelque couleur que ce soit, sont achevés avec la même teinture qui, sur la laine blanche, ferait un gris plus ou moins foncé. Cette opération se nomme bruniture, et nous avons donné déjà plusieurs exemples de son application aux couleurs composées. Quant aux plus beaux noirs, nous avons dit aussi qu'on ne les obtient pas sans donner un pied de bleu *Pers*, ce qui n'est pas indispensable pour les nuances d'un noir moins pur et moins fin.

Pour donner une bruniture, on fait quelquefois, suivant Berthollet, passer l'étoffe qui vient de recevoir une teinture dans une dissolution de sulfate de fer, à laquelle on a mêlé un astringent, ce qui forme par conséquent un *bain de noir*, plus souvent, on ajoute dans un bain d'eau une petite quantité de dissolution de fer, et on y en met jusqu'à ce que l'étoffe teinte que l'on y passe, soit montée à la nuance que l'on désire ; plus rarement on ajoute du sulfate de fer au bain de teinture ; mais on obtient avec plus de précision l'effet qu'on désire, en passant l'étoffe colorée dans la dissolution de sulfate de fer. Les autres brunitures n'offrent rien de particulier dans leurs manipulations.

On obtient, dit Berthollet, une grande variétés de nuances par le mélange du bois de Brésil, de celui de campêche, de l'orseille, de la noix de galle, et par une bruniture avec le sulfate de fer; mais ces nuances sont toutes plus ou moins fugitives, quoiqu'elles aient assez d'éclat.

Au reste, voici les principes généraux d'après lesquels le teinturier devra conduire ses opérations de bruniture. Quand on passe une étoffe qui a reçu une couleur dans un bain de noir plus ou moins délayé, l'effet qu'on obtient est simple; c'est une nuance de noir plus ou moins foncée, qu'on allie à la première couleur. Il n'en est pas de même lorsqu'on passe l'étoffe colorée dans une dissolution de sulfate de fer, alors les parties colorantes qui sont fixées sur l'étoffe, agissent sur le sulfate de fer, prennent une partie de son oxyde, lequel se combine, à la fois, avec les colorants et avec l'étoffe. La couleur qui résulte de cette combinaison est plus ou moins foncée, non pas selon la couleur propre aux parties colorantes, mais principalement suivant l'action qu'elles exercent sur l'oxyde métallique, conformément aux lois générales que nous avons déduites précédemment des principes de la chimie. Ainsi, par exemple, le bois de Fernambouc et le bois de campêche, qui entreront dans une couleur rouge, produiront un effet beaucoup plus marqué dans la bruniture que la garance et la cochenille; tandis que la noix de galle et le sumac qui n'auraient influé sur la couleur primitive que par le colorant fauve, produiront un effet plus considérable encore dans la bruniture, que le Fernambouc et le campêche.

Comme c'est de la garance que sont tirées les premières couleurs que l'on peut donner au lin et au coton, il convient, ainsi que l'a indiqué, le premier, Berthollet, de ne jamais perdre de vue les manipulations prescrites dans l'emploi de la garance, afin de rendre plus solide cette teinture, dont on pourra d'ailleurs foncer la couleur par différents bains de noir.

Le brou de noix est substitué quelquefois aux dissolutions de fer, pour rembrunir les couleurs. Berthollet pense qu'il présente un grand avantage pour les laines destinées aux tapisseries; sa teinte ne jaunit pas par une longue exposition à l'air, comme il arrive aux brunitures qui sont dues au fer; mais elle se conserve pendant très-longtemps sans altération; il est vrai qu'elle a un ton morne qui convient aux ombres et aux carnations de vieillards, et qui ne produirait que des couleurs tristes et sans éclat pour les étoffes. Cependant Berthollet est d'avis que la bonté de cette couleur et son bas prix devraient en étendre l'usage pour les couleurs sombres que la mode fait rechercher quelquefois, au moins pour les étoffes communes.

On donne au lin et au coton les couleurs cannelle et mordoré, en commençant à les teindre avec le vert-de-gris et la gaude, on les passe ensuite sur une décoction de sulfate de fer qu'on appelle *bain d'azurage*; on les tord et on les fait sécher. Lorsqu'ils sont secs, on les engalle, à raison de 120 à 125 grammes de noix de galle par kilogramme; on les sèche encore, on les alune comme pour le rouge, et on les garance. Lorsqu'ils sont teints et lavés, on les passe dans une eau de savon très-chaude, en les lissant jusqu'à ce qu'ils soient suffisamment avivés; quelquefois on ajoute de la décoction de bois jaune à l'alunage, avant le garançage.

Chaptal obtenait un joli nacarat en prenant du coton qui avait reçu les préparations nécessaires pour le rouge d'Andrinople, et qui avait été engallé, en le passant dans du nitrate de fer, l'engallant de nouveau, et l'alunant. Il préparait le nitrate de fer avec de l'eau-forte du commerce, étendue de moitié d'eau, dans laquelle il plongeait des morceaux de fer, qu'il retirait lorsqu'il s'apercevait d'un ralentissement dans la dissolution : la liqueur est alors d'un rouge-jaunâtre, fortement acide, et marque à l'aréomètre de 40 à 50 degrés.

Si, après avoir engallé du coton passé aux huiles, on l'alune dans un bain auquel on ajoute un huitième du poids du coton de cette dissolution de fer, le coton sort noir, et il devient violet-ponceau par le garançage et l'avivage.

Chaptal avait obtenu des séries de nuances variées, en passant dans un mordant composé d'alun, de sulfate de fer et d'acétate de plomb, le coton qui avait reçu 2 ou 3 huiles, et en faisant varier les proportions des sels qui entrent dans sa composition.

Dans la fabrication des toiles peintes, on obtient de la garance des couleurs qui résultent du mélange du rouge et du noir; elles ont pour mordants des mélanges à différentes proportions d'acétate de fer et d'acétate d'alumine.

On peut employer ces procédés pour la teinture du coton en écheveaux. Il convient alors de prendre les plus grandes précautions pour imprégner et sécher très-également le coton; car on éprouve beaucoup de difficultés à empêcher que quelques parties ne se chargent inégalement de l'un ou de l'autre des mordants.

CHAPITRE VIII.

COULEURS MINÉRALES.

—

§ 40. NUANCES FOURNIES PAR LES SELS ET OXYDES DE FER.

Bleu de Prusse (prussiate, hydrocyanate de fer), sur soie et coton filé.—La teinture en bleu de Prusse ne prend bien, suivant Thénard, que sur la soie; elle ne s'exécutait, il y a quelques années, que dans les laboratoires, parce qu'on ne l'obtenait jamais que terne; mais en 1811, époque à laquelle M. Raymond est parvenu à l'aviver et à la rendre tout à la fois foncée et brillante, les arts s'en sont emparé et versent aujourd'hui dans le commerce, sous le nom de *bleu Raymond*, une grande quantité de soies teintes en bleu de Prusse.

Pour teindre la soie, il faut, dit Thénard, après l'avoir décreusée, la plonger pendant un quart-d'heure, à la température ordinaire, dans de l'eau contenant environ la vingtième partie de son poids d'hydrochlorate de tritoxyde de fer (combinaison de l'acide hydrochlorique ou muriatique avec l'oxyde rouge de fer ou colcothar), la laver, la tenir pendant une demi-heure dans un bain de savon presque bouillant, la laver de nouveau et la mettre à froid dans une dissolution très-faible de prussiate (hydrocyanate) de potasse acidulée par l'acide sulfurique ou l'acide hydrochlorique. Dès que la soie y est plongée, elle devient bleue, et n'a plus besoin, au bout d'un quart-d'heure, que d'être lavée et séchée pour être versée dans le commerce. Dans cette opération, la soie s'empare d'une certaine quantité de sel ferrugineux; le savon enlève l'acide de ce sel; l'acide sulfurique ou l'acide hydrochlorique s'unit à la potasse du prussiate (*hydrocyanate*) de potasse, et l'acide prussique (hydrocyanique) se porte sur l'oxyde de fer retenu par la soie.

Macquer essaya d'abord de tremper du fil de coton, de la laine et de la soie dans une dissolution d'alun et de sulfate de fer ensuite dans une dissolution alcaline qui était en partie saturée d'acide prussique (hydrocyanique), puis dans une eau acidulée d'acide sulfurique, qui devait dissoudre la partie de l'oxyde de fer qui n'est pas combinée avec l'acide prussique, et qui a été précipitée par l'alcali non combiné avec cet acide. En répétant des immersions successives, il obtint un beau bleu, mais très-inégal : la laine et la soie étaient devenues rudes au toucher par l'action de l'alcali, ainsi que par celle de l'acide sulfurique.

Macquer essaya, dans un autre procédé, de faire bouillir ses échantillons dans une dissolution d'alun et de tartre, et il les passa ensuite dans un bain où il avait mécaniquement mêlé du bleu de Prusse ; ses échantillons s'y teignirent également et étaient doux au toucher ; mais la nuance était faible sans qu'il fût possible de la rendre plus foncée. Il fut proposé par Menon, pour teindre le fil et le coton, un autre procédé, qui consiste à teindre d'abord l'étoffe en noir et à la laisser ensuite tremper pendant quelques minutes dans une dissolution de prussiate (hydrocyanate) de potasse ou d'un alcali quelconque ; on la fait bouillir alors dans une dissolution d'alun, où elle prend un bleu très-foncé. Il s'est formé, suivant Menon, une combinaison bleue, et l'alun dissout les parties qui sont restées noires.

M. Vitalis indique deux procédés pour teindre le coton à l'aide du bleu de Prusse, et nous allons en décrire les manipulations, afin que le teinturier puisse se rendre compte lui-même, d'après les principes chimiques de la colorisation du bleu de Prusse que nous avons établis de prime-abord, des avantages et des inconvénients de chacune des méthodes.

Voici le premier procédé : On délaie du bleu de Prusse de la plus belle qualité et réduit en poudre, dans trois ou quatre fois son poids d'acide hydrochlorique, en le laissant digérer à froid pendant vingt-quatre heures, avec le soin de l'agiter cinq ou six fois dans cet intervalle de temps. On blanchit le coton et on le passe ensuite au mordant d'acétate d'alumine, à cinq ou six degrés de Baumé, et tiède. On fait sécher, et après avoir bien lavé du mordant, on verse quantité suffisante de la composition précédente dans vingt ou vingt-cinq fois son poids d'eau chaude, jusqu'à nuance convenable ; on y plonge le coton qu'on lisse bien d'abord pour unir la couleur. On l'abat ensuite dans le bain où on le tient plongé jusqu'à ce qu'il cesse de prendre de la couleur. On retire, on tord, on évente pendant un quart-d'heure, on lave et on fait sécher, on passe à l'eau aiguisée par 1/60 d'acide sulfurique ; on tord de nouveau ; on lave avec soin et on fait sécher.

Voici le second procédé : On donne au coton un pied plus ou moins fort de jaune de rouille, en le passant alternativement, et à deux ou trois reprises, dans une dissolution de sulfate de fer à 3 ou 4 degrés de Baumé, et dans une lessive de potasse à 2 degrés ; on exprime, on fait sécher et on lave.

On fait dissoudre, dans l'eau chaude, le 1/10 en poids de bleu de Prusse, par rapport au poids de coton ; on ajoute au bain 1/60 d'acide sulfurique concentré ; on mêle bien, et on passe dans ce bain le coton piété de rouille, ayant soin de remettre du bleu de Prusse et de l'acide, quand le bleu monte lentement, et de laisser le coton plongé jusqu'à ce qu'il cesse de monter en couleur.

On évente pendant une heure, on lave et on met à sécher.

Le coton teint en bleu, par ces procédés, reçoit une nuance d'un très-bel éclat ; malheureusement, sa solidité n'y répond pas : les alcalis enlèvent complétement cette couleur, sans qu'il en reste le moindre vestige.

M. Thillaye, pour un bleu de Prusse solide sur coton, recommande de foularder en bain de chamois à 1 degré 1/2 ; de sécher à la chambre chaude ; de dégommer en eau de craie à 66 degrés, puis teindre avec 150 à 155 grammes prussiate de potasse, 60 à 65 grammes d'acide sulfurique, pour 100 litres d'eau à 3 degrés de chaleur ; il faut rincer, et pour aviver, passer dans un bain d'acide sulfurique à 1 degré 1/2.

Bleu de Prusse sur laine, par M. RAYMOND *fils.* — La base de cette teinture par le bleu de Prusse, est une dissolution de fer, préparée de la manière suivante :

On verse dans une cuve de bois, de la capacité de 6 à 700 litres, et communiquant avec une chaudière à vapeur, placée à proximité, 60 kilogrammes d'acide sulfurique, à 66 degrés, pareille quantité d'acide nitrique à 36 degrés, et 260 kilogrammes d'eau de source. On dispose ensuite dans l'intérieur de la cuve un panier d'osier, de manière qu'il ne plonge que 8 à 10 centimètres dans le liquide, et l'on y jette peu à peu 360 kilogrammes de couperose verte de bonne qualité.

Il s'établit aussitôt une vive effervescence ; le protoxyde de fer de la couperose se convertit en peroxyde ; et pour aider à cette action, on établit la communication avec la chaudière à vapeur : à mesure que la liqueur s'échauffe, l'effervescence et le dégagement des vapeurs recommencent ; on continue le feu jusqu'à ce que la dissolution entre en ébullition. Après quelques bouillons, on supprime la communication avec la chaudière, et l'on jette dans le panier d'osier un mélange, préparé quelques heures à l'avance, de 65 kilogrammes d'acide sulfurique à 66 degrés, 150 kilogrammes de crème de tartre rouge et 100 kilogrammes d'eau : la dissolution étant complète, on pallie bien la liqueur en y versant de l'eau de source, jusqu'à ce qu'on l'ait amenée à marquer environ 36 degrés à l'aréomètre de Baumé. On la laisse ensuite reposer et s'éclaircir pendant trois ou quatre jours, après quoi elle est soutirée et renfermée dans des tonneaux pour être employée au fur et à mesure des besoins. M. Raymond nomme cette dissolution : liqueur de tartro-sulfate de peroxyde de fer.

Les opérations de teinture sont au nombre de deux, savoir : le bain de rouille et le bain de bleu. Le premier se prépare en versant dans une cuve de bois, d'une capacité convenable et munie d'un tour, du tartrosulfate de fer marquant 36 degrés, jusqu'à ce qu'il occupe environ un trente-cinquième de la capacité de la cuve; on remplit ensuite celle-ci d'eau de source, en agitant fortement la liqueur avec un râble. Si le mélange est bien fait, la liqueur marquera un demi-degré à l'aréomètre, l'eau employée étant supposée marquer zéro. Le bain étant chauffé à la vapeur jusqu'à 30 ou 40 degrés centigrades, on place la pièce de drap sur le tour, et on le fait mouvoir en maintenant le drap bien tendu dans le sens de la largeur. Après quelques bouillons, le drap aura pris un pied de rouille assez foncé pour produire, avec l'acide hydrocyanique, la nuance de bleu désirée : on le relève ensuite sur le tour, et sans le laisser égoutter trop longtemps, on le porte dans une eau courante pour le laver avec le plus grand soin.

Si les pièces de drap que l'on veut faire passer successivement dans un même bain de rouille sont destinées à y prendre des nuances diverses, on doit commencer par les nuances les moins foncées, en observant de bien ménager le feu, pour que la température ne s'élève pas trop brusquement et que la couleur ait le temps de s'unir; il en est de même des nuances très-tendres, telles que le bleu de ciel, pour lesquelles il faut une si petite quantité d'oxyde de fer, que l'on est obligé de leur donner le fond de rouille absolument à froid; les nuances très-foncées, au contraire, exigent un pied de rouille si intense, qu'on ne peut l'obtenir qu'à l'aide de l'ébullition; néanmoins il convient toujours de mettre le drap dans le bain longtemps avant que celui-ci entre en ébullition, de cette manière la couleur est plus unie.

Quoiqu'on puisse passer successivement un grand nombre de pièces dans le même bain, en ayant soin d'ajouter, chaque fois, une quantité de dissolution de fer à 36 degrés, proportionnelle à celle que l'on juge avoir été enlevée par les draps déjà teints, de sorte que le bain conserve toujours une densité primitive d'un demi-degré ; il convient cependant de le renouveler entièrement de temps en temps, parce qu'il arrivera un moment où il contiendra un si grand excès d'oxyde (l'oxyde métallique se portant seul sur l'étoffe), qu'il ne sera plus possible de faire monter la couleur.

Le bain de bleu, destiné à saturer d'acide hydrocyanique le peroxyde de fer fixé sur la laine, se compose de deux opérations, du bain d'hydrocyanate de potasse et du bain d'acide hydrocyanique. Le premier se prépare dans une cuve de bois munie d'un tour, qu'on remplit d'eau de source chauffée à 30 degrés centigrades par un courant de vapeur. On arrête ensuite le feu, et on jette dans le bain, après les avoir fait dissoudre dans de l'eau bouillante, 85 grammes d'hydrocyanate de potasse du commerce pour chaque kilogramme de drap à teindre en bleu *pers*, soit 850 grammes pour la pièce de 10 kilogrammes.

Le bain étant convenablement pallié, on jette la pièce de drap sur le tour et on la dévide pendant douze à quinze minutes, après quoi on la relève. Le résultat de cette première partie du bain de bleu étant de ne porter sur le drap que du peroxyde de fer pur et une petite quantité de bleu de Prusse, on passe à la seconde partie, qui a pour objet de saturer complètement l'oxyde de fer par l'acide hydrocyanique.

La pièce de drap étant relevée sur le tour, on prend une quantité d'acide sulfurique à 66 degrés, égale à celle de l'hydrocyanate de potasse employée, soit 850 grammes de cet acide. Après l'avoir étendue de trois ou quatre fois son poids d'eau, on verse environ un tiers du mélange dans le bain d'hydrocyanate de potasse et on pallie avec soin. La pièce de drap est alors remise en mouvement pendant un quart-d'heure ; puis relevée pour verser dans le bain un autre tiers de 850 grammes d'acide sulfurique : on pallie de nouveau et l'on dévide encore le drap pendant quinze minutes ; enfin on le relève une troisième fois pour mettre dans le bain ce qui reste d'acide sulfurique. La liqueur palliée, le drap y est remis ; lorsqu'il a été dévidé pendant quelques instants, on le fait plonger en entier dans le bain, où il est laissé une demi-heure sans être remué. Au bout de ce temps on le replace sur le tour, et c'est seulement alors qu'il faut réchauffer le bain, en ayant soin de n'élever la température que graduellement ; après quelques bouillons, on relève le drap et on le passe à une eau courante.

Si, au lieu d'une seule pièce de drap, on en a un certain nombre à passer dans le bain de bleu, on les coudra à la suite les unes des autres, et on les passera d'abord dans l'hydrocyanate de potasse, et ensuite dans l'acide hydrocyanique.

Il est assez difficile de déterminer les proportions d'hydrocyanate de potasse nécessaires pour telle ou telle nuance; mais en supposant que toutes les nuances se réduisent à cinq, également distantes l'une de l'autre, on trouvera que pour 1 kilogramme de bleu d'enfer ou bleu très-foncé, il faut 100 grammes d'hydrocyanate de potasse; 85 grammes pour pareille quantité de bleu *pers*; 65 grammes pour le bleu turquin; 40 grammes pour le bleu céleste; et 15 grammes seulement pour le bleu naissant. Ces proportions suffisent, en tout cas, pour indiquer au teinturier celles des nuances intermédiaires qu'il pourrait désirer.

Entre le bain de bleu et l'avivage, dont nous allons parler, vient se ranger une opération qui consiste à fouler le drap dans une dissolution froide de savon, composée d'un demi-kilogramme de savon pour 10 litres d'eau. Lorsque le foulage a duré un quart-d'heure ou vingt minutes, temps nécessaire pour dégorger l'étoffe des molécules de bleu de Prusse qui n'y sont qu'interposées, on fait arriver dans l'auge du foulon un courant d'eau fraîche jusqu'à ce qu'elle en sorte bien limpide.

L'avivage des bleus foncés se fait dans un bain d'eau froide, à laquelle on ajoute environ un trois-centième d'ammoniaque liquide. Après avoir essayé ce bain, en y plongeant un échantillon du bleu à aviver, on y jette le drap et on le dévide pendant vingt-cinq à trente minutes : au bout de dix à quinze minutes, le bleu a l'œil rouge qui lui est nécessaire.

Après ce bain d'avivage, le drap peut être ramé et séché sans qu'il soit nécessaire de le laver, parce que l'alcali volatil non combiné est bientôt évaporé.

Quant à l'avivage des bleus clairs, le drap de cette nuance, après avoir été foulé au savon froid, est plongé dans une cuve en bois remplie d'eau de source et placée à portée d'une chaudière à vapeur : elle devra contenir, pour chaque litre d'eau, un mélange de 5 grammes d'acide sulfurique à 66 degrés, et pareille quantité de tartre rouge dissous dans 10 grammes d'eau de source. Le bain étant pallié, on le chauffe jusqu'à ce qu'il prenne le bouillon; on y jette le tour; on le dévide sur le tour pendant douze à quinze minutes en soutenant l'ébullition, puis on le relève et on le lave à l'eau courante; on peut ensuite le ramer et le sécher.

Après avoir indiqué le procédé au moyen duquel on peut teindre les tissus de laine par le bleu de Prusse, M. Raymond s'occupe de l'application de ce procédé à la teinture des laines en toison.

Il faut d'abord que ces laines soient parfaitement dessuintées, sans cela elles ne prendraient pas une couleur unie dans le bain de rouille. Quant à la manière de préparer et de donner ce bain, elle est absolument la même pour les toisons que pour les étoffes ; mais on doit éviter, autant que possible, d'y remuer des laines.

Il faut laver les toisons avec beaucoup de soin, soit après le bain de rouille, soit après le bain de bleu. A l'égard de celui-ci, on le prépare comme pour les draps, toutefois sans fractionner l'acide sulfurique destiné à dégager l'acide hydrocyanate de potasse, on les relève une seule fois pour verser dans le bain tout l'acide sulfurique nécessaire à la décomposition de l'hydrocyanate de potasse. Au sortir du bain de bleu, elles sont immédiatement mises en fabrique pour être cardées, filées et tissées. L'huile dont on les imprègne pour les filer, n'altère nullement la couleur bleue. Après le tissage, l'étoffe doit être passée au foulon pour y être feutrée et pour s'y dégorger des parties d'hydrocyanate de fer non combinées qu'elle a rapportées du bain de bleu : ce foulage se fait au savon froid. Lorsque l'étoffe est convenablement feutrée, on la garnit, et ce n'est qu'après le garnissage qu'on doit la passer dans le bain d'avivage alcalin ou acide, suivant que le comportera l'intensité de la nuance bleue.

Si l'on veut faire entrer des laines teintes par le bleu de Prusse dans les draps dits de mélange, il faut que les couleurs avec lesquelles on désire les marier soient insensibles à l'action des avivages alcalins ou acides, puisque ceux-ci ne peuvent être donnés à l'étoffe qu'après qu'elle a été foulée.

M. Raymond annonce que le procédé de teinture au bleu de Prusse, quoique moins simple que celui où l'on emploie l'indigo, exige moins de soins et moins de frais que ce dernier ; que les draps teints de cette manière sont très-solides à l'eau, à l'air, au soleil et au frottement, et font autant d'usage que les draps teints à l'indigo.

Bleu clair avec le cyanoferrure de potassium, par M. A. Stéphan, de Berlin. — Dans l'impression des étoffes de coton en couleurs fixées à la vapeur, c'est un usage ancien de ne pas produire les nuances de bleu les plus claires et les plus brillantes par un bleu de Prusse précipité, mais de les faire naître au sein de la vapeur d'eau bouillante au moyen d'un acide et du cyanoferrure de potassium ; le cyanoferrure d'oxydule, après le vaporisage, s'oxyde soit à l'air, soit au moyen de réactifs, et se combine en proportion convenable avec le reste du cyanoferrure d'oxydule pour former du bleu de Prusse.

La méthode pour teindre la laine a beaucoup d'analogie avec celle dont il vient d'être question, mais comme on ignorait s'il était possible de produire ainsi des nuances claires brillantes, j'ai tenté quelques essais qui, malgré qu'ils aient été faits sur une petite échelle, m'ont donné la preuve qu'ils devront réussir en grand lorsqu'on ne se laissera pas rebuter par quelques difficultés nouvelles faciles à surmonter.

On met dans le bain destiné à la teinture et porté à l'ébullition, le cyanoferrure de potassium dissous, puis on approche l'étoffe bien dégraissée préalablement, soufrée avec autant de soin que possible et bien propre, et on ajoute une dissolution d'acide tartrique, égale à la moitié de la quantité de cyanoferrure qu'on a employée. On plonge aussi rapidement que possible l'étoffe à teindre, et on fait agir continuellement le tour en faisant plonger dans le bain en ébullition pendant environ une demi-heure.

Ce mouvement qu'on imprime à l'étoffe est de la plus haute importance pour prévenir les taches, car toutes les portions qui touchent directement les parois métalliques échauffées de la chaudière, ou celles qui ne plongent pas dans le bain, éprouvent, faute d'eau, une sorte de vaporisage ; et dans ce cas, le bleu s'y développe avec tant de force, que les autres parties ne peuvent jamais atteindre cette nuance. Un délai quelconque dans l'immersion de l'étoffe dans le bain aiguisé, est également désavantageux, puisqu'il y a toujours dégagement d'acide hydrocyanique, et d'acide carbonique, dont l'odeur vive et pénétrante est facile à reconnaître. Pour prévenir les taches en chaudière, il faudrait garnir celle-ci à l'intérieur d'une corbeille, ou bien se servir d'un tonneau ou d'un vase en bois chauffé à la vapeur, sans cela les chaudières en cuivre sont attaquées par l'acide tartrique du bain, et il se forme du cyanoferrure de cuivre.

Après que l'étoffe a bouilli pendant un temps suffisant, on la retire du bain et on la lave à l'eau courante. Dans cet état, elle a une couleur bleu-verdâtre qui résulte du cyanoferrure de protoxyde de fer et de la teinte fauve de la laine, et elle doit maintenant, comme le bleu de cuve d'indigo, bleuir, c'est-à-dire, s'oxyder. Il faut, de même qu'avec le bleu d'indigo, veiller à ce que le travail soit conduit d'une manière aussi égale que possible pour ne pas produire une oxydation partielle, précaution sans laquelle le bleu d'indigo est également manqué. L'oxydation, au reste, ne se manifeste pas d'elle-même à l'air, mais bien dans un bain acidulé avec l'un des acides sulfurique, hydrochlorique ou nitrique, en observant que ce dernier soit exempt d'acide nitreux qui jaunit la laine, ou bien, ce qui est mieux, avec un mélange d'acide hydrochlorique et nitrique. Une addition d'hydrochlorate d'étain, au *maximum* d'oxydation, donne un ton peu agréable, qui s'améliore néanmoins, lorsque, l'étoffe étant terminée, on l'expose à la vapeur d'ammoniaque en petite quantité.

Ce bleu, suivant mes expériences, résiste assez bien à la lumière solaire. Toutefois, on sait que le bleu de Prusse a le défaut de se réduire au contact des rayons solaires, et de devenir plus foncé, et notre bleu n'est pas complètement exempt de cet inconvénient. Il ne résiste pas, non plus que le bleu en pâte, à l'action des alcalis.

Le passage d'une nouvelle étoffe dans la chaudière qui a déjà servi, ne m'a pas donné de bons résultats, parce qu'il est probable que par l'ébullition, il se forme une trop grande quantité de bleu réduit, et que l'acide hydrocyanique surabondant s'est dégagé.

Il m'a été impossible d'établir le rapport économique entre la quantité de couleur dépensée et celle de la laine teinte dans mes expériences en petit, mais ce rapport sera facile à établir dans la pratique, et il m'a suffi de démontrer la possibilité du fait que j'avais annoncé.

Ce sujet est loin d'être épuisé ; toutefois, je crois avoir indiqué une marche sûre qui ne trompera personne lorsqu'on se sera convaincu par ses propres yeux des résultats qu'on obtient, et qu'on ne se laissera pas décourager par quelques difficultés matérielles dont aucune application industrielle n'est exempte.

M. Stéphan ne conseille pas de teindre les filés par cette méthode, parce que les manipulations nombreuses qu'ils nécessiteraient auraient, par le dégagement abondant des vapeurs, une influence dangereuse sur les organes respiratoires des ouvriers.

Couleur chamois avec le sulfate de fer. — Dans 100 litres d'eau bouillante, on fait dissoudre, dit M. Thillaye, 36 à 37 kilogrammes de sulfate de fer, 2 kil. 45 d'alun, en ajoutant, par portion et pour saturer l'acide, 1 kil. 22 de sel de soude, puis 12 kil. 24 pyrolignite de plomb ; on agite le mélange pour faciliter la réaction, et on laisse reposer, pour employer le liquide clair. Pour meuble, le bain de chamois doit être employé à 10 degrés ; on y foularde les pièces, on sèche à la chambre chaude, et trois jours après, on nettoie les pièces à la rivière, soit à la batte, soit au rouleau. Ensuite pour faire monter la nuance, on prépare une chaudière ou cuve qui contient de l'eau à 40 degrés, on y ajoute du sel de soude, environ 120 à 125 grammes par pièce. On manœuvre les étoffes dans ce bain; après les avoir laissées égoutter pendant 10 ou 15 minutes, on les retire, puis on les rince à la rivière.

Nous ferons observer que la nuance du chamois est déterminée d'une part par l'énergie du bain, et d'autre part par le degré de chaleur employée, c'est-à-dire que si l'on veut des chamois faibles, il suffira d'employer le bain de teinture moins monté de ton, avec un peu moins de sel de soude, en opérant à une température plus basse.

Mordants, cuir de botte. — Dans 10 litres d'eau bouillante, on fait dissoudre, suivant M. Thillaye, 5 kilogrammes de sulfate de fer, et 5 kilogrammes de pyrolignite de plomb : ce mordant pèse 17 degrés. On y foularde les pièces, puis on les met à la chambre chaude, et on les y laisse oxyder pendant trois jours; ensuite on passe les pièces au foulard dans une lessive caustique de soude ou de potasse à 8 degrés. Au sortir de la lessive, on les étend au contact pendant 4 heures pour donner le temps au fer de s'oxyder. On les retire et on les fait tremper à l'eau courante pendant 2 heures. On retire, on passe au rouleau et l'on sèche.

§ 41. NUANCES FOURNIES PAR LE MANGANÈSE.

Les sels qui servent à produire ces nuances sont le sulfate, l'hydrochlorate et l'acétate de manganèse. Le plus ordinairement, dit M. Thillaye, on fait usage de l'hydrochlorate que l'on trouve tout préparé dans le commerce, mais on peut indistinctement employer les deux autres.

On foularde les pièces dans une solution de ces sels, dont le degré sera déterminé par la nuance que l'on veut obtenir. On fait sécher à la chambre chaude, et pour monter le solitaire on passe les pièces au foulard dans une lessive caustique, à 10 degrés et au bouillon ; on les étend dans un endroit humide, et le lendemain on les fait tremper à l'eau courante, puis on les rince.

Si l'on veut faire monter de suite le solitaire, après le passage en lessive caustique, on passe les pièces dans un bain de chlorure de potasse ou de soude dont la force est telle qu'une partie de ce chlorure puisse décolorer 4 parties de liqueur d'épreuve. L'oxygène, nécessaire pour faire monter la nuance, est fourni par la décomposition de l'eau dont l'hydrogène entre en combinaison avec le chlore et formé de l'acide hydrochlorique.

En employant le sel de manganèse à 3 ou 4 degrés, on obtient des nuances claires tirant sur celle de cannelle. De 8 à 10 degrés on aura des nuances moyennes; de 16 à 20 degrés on aura des solitaires très-foncés.

Nous ferons remarquer que, pendant l'oxydation du manganèse, la toile éprouve une destruction plus ou moins forte, suivant que la quantité d'oxygène absorbé est plus ou moins considérable. Cet effet se remarque principalement dans les couleurs fournies par les oxydes de manganèse et de fer. Il n'en serait sans doute pas ainsi, si l'on pouvait fixer sur la toile ces oxydes directement au maximum d'oxydation, car le coton s'altère parce qu'il se trouve engagé dans l'effet chimique qui amène l'oxydation au maximum.

Le chlorure manganeux, dit M. Persoz, est principalement utilisé pour la production artificielle du suroxyde manganique, dans la fabrication du genre fond bistre et dans les impressions faites en cette nuance. Cependant, quelques fabricants y emploient de préférence le sulfate manganeux. Ce sulfate, au reste, concourt à la préparation d'autres sels manganeux, par voie de double décomposition ; c'est ainsi qu'en le traitant par les acétates plombique, barytique ou calcique, on obtient des sulfates insolubles ou très-peu solubles, tandis que l'acétate manganeux reste en dissolution.

Mélange du fer avec le manganèse. — On obtient, dit M. Thillaye, la nuance carmélite en foulardant les pièces dans un mordant à parties égales d'hydrochlorate de manganèse à 12 degrés, et de pyrolignite de fer au même degré, et séchant à la chambre chaude. Deux jours après on manœuvre les pièces comme pour les nuances fournies par le manganèse. En variant les proportions de ces deux sels, on obtiendra une foule de nuances analogues.

§ 42. NUANCES FOURNIES PAR LE CUIVRE.

Vert. — Cette nuance s'obtient, suivant M. Thillaye, à l'aide d'un mordant composé de 365 à 370 grammes de sulfate de cuivre, 120 à 125 grammes de vert-de-gris, et 7 à 8 grammes de colle de Flandre liquide, que l'on ajoute à la dissolution des sels de cuivre dans un litre d'eau.

On foularde deux fois la pièce dans ce bain, on fait sécher à la chambre chaude. On foularde ensuite dans une lessive caustique de soude ou de potasse, à 8 degrés, on rince à l'eau, et les pièces mouillées sont passées au foulard dans une solution de 240 à 250 grammes d'acide arsénieux (deutoxyde d'arsenic) avec 120 à 125 grammes de potasse ; le tout étendu dans 8 litres d'eau; on rince et l'on sèche à l'ombre.

Mélange du cuivre avec le fer. — On prépare, dit M. Thillaye, un premier bain de pyrolignite de fer à 12 degrés, et un second bain avec 3 à 4 litres d'eau, dans lesquels on fait dissoudre 2 à 3 kilogrammes de sulfate de cuivre, avec un demi-kilogramme de deutacétate de cuivre.

L'olive jaunâtre s'obtient avec la première partie du premier bain et la seconde partie du second bain; on foularde et on laisse sécher.

L'écru foncé s'obtient avec la première partie du premier bain et la première partie du second bain; on foularde et on laisse sécher.

La *cannelle* s'obtient avec la deuxième partie du premier bain et la première partie du second bain; on foularde et on laisse sécher.

Pour monter ces nuances, on passe les pièces soit au foulard ou au baquet, dans la lessive caustique à 8 degrés pour le foulard et 4 degrés pour le baquet; ensuite on rince. En variant les proportions de ces bains, ou en les étendant d'eau, on peut obtenir une foule de nuances analogues.

Mélange du cuivre avec le manganèse. — On prépare, dit M. Thillaye, un premier bain d'hydrochlorate de manganèse à 8 degrés, et un second bain avec 3 à 4 litres d'eau, dans lesquels on fait dissoudre 1 à 2 kilogrammes de sulfate de cuivre avec un demi-kilogramme de deutacétate de cuivre.

La *terre d'ombre* s'obtient avec la première partie du premier bain et deux parties du second bain; on foularde et on laisse sécher.

L'ellébore s'obtient avec la première partie du premier bain et la deuxième partie du second bain; on foularde et on laisse sécher.

On monte ces deux nuances comme les précédentes, et, par la combinaison des deux bains, on peut les varier.

§ 43. NUANCES FOURNIES PAR LE CHROME.

Jaune chrome. — On foularde, dit M. Thillaye, dans un bain de bichromate de potasse, à raison de 120 à 125 gram. pour 1 à 2 litres d'eau; puis sortant du foulard sans sécher, on foularde de nouveau dans un bain d'acétate de plomb à raison de 120 à 125 grammes pour 1 à 2 litres d'eau; on lave et on laisse sécher. On peut encore obtenir un jaune chrome en opérant d'une manière inverse, c'est-à-dire en foulardant en acétate de plomb à raison de 120 à 125 grammes pour 1 à

2 litres d'eau, avec 60 à 65 grammes de colle de Flandre, laissant sécher ; foulardant en bichromate de potasse ; rinçant ensuite. Nous ferons observer que ce dernier mode de manipulations est sujet à donner des pièces nuancées.

Pour obtenir un jaune-citron clair, il faut foularder en acétate de plomb à raison de 240 à 250 grammes pour 1 à 2 litres d'eau ; sécher, ensuite passer les pièces en eau de chaux trouble ; rincer, puis passer en bichromate de potasse, et rincer.

Orange, sous-chromate de plomb. — On fait dissoudre environ 1 kilog. de sous-acétate de plomb dans 1 à 2 litres d'eau ; on foularde trois fois de suite les pièces dans ce bain, et on les fait sécher à la chambre chaude ; on passe les pièces au baquet dans une eau de chaux trouble pendant dix minutes, en les tenant au large, et l'on rince ; on passe au bichromate de potasse tiède, pendant un quart-d'heure, à raison de 250 à 255 grammes par pièce, et l'on rince. Enfin, après avoir monté une chaudière avec de l'eau de chaux claire, on porte au bouillon et l'on y passe la pièce à la roulette, en se guidant, pour la vitesse, sur la nuance qui doit être d'un bel orange.

Le chlorure chromique et l'alun de chrome (*sulfate chromico-potassique*) servent à produire sur les tissus de coton des impressions gris et vert de chrome ; quand il s'agit de cette dernière nuance, on ajoute au mélange, suivant M. Pérsoz, une certaine quantité d'acide arsénieux.

§ 44. NUANCES DIVERSES, MÉTALLIQUES OU NOUVELLES.

Jaune doré sur soie par le sulfure de cadmium. Plusieurs composés minéraux, dit M. Lassaigne à qui nous empruntons cet article, qui résume les essais de teinture métallique faits depuis quelques années, sont aussi remarquables par une couleur vive et solide, que par leur inaltérabilité à la lumière.

Les composés métalliques appliqués à la teinture de certains tissus sont : l'hydroferrocyanate de fer (bleu de Prusse), le sulfure d'arsenic (orpiment), le chromate de plomb et quelques autres dont nous avons fait connaître déjà les propriétés, comme agents chimiques.

Plusieurs de ces applications sont aujourd'hui même exécutées en grand avec avantage dans quelques ateliers de teinture, mais surtout dans les fabriques de toiles peintes. Il n'est plus douteux d'ailleurs, qu'à mesure de nouveaux essais qui constateront l'efficacité des colorants tirés du règne minéral, le nombre des matières tinctoriales s'accroîtra.

Si les résultats, que nous avons présentés à l'Académie des sciences, ajoute M. Lassaigne, avec raison, ne peuvent trouver encore d'application directe, par la rareté de la matière première dont nous avons signalé un nouvel emploi, nous aurons du moins fixé l'attention les chimistes sur plusieurs faits dont quelques-uns étaient, nous le pensons, encore inconnus.

1. Parmi les composés métalliques qui jouissent de la propriété d'être colorés par eux-mêmes, nous avons tenté une série d'expériences dans le but de les fixer sur les différents tissus ; les uns nous ont présenté des résultats négatifs ; d'autres, en petit nombre encore, nous ont donné la satisfaction de réussir. Le sulfure de cadmium, dont la couleur est si vive et si belle, nous a particulièrement occupé.

Ce composé, dont la connaissance résulte de la découverte faite par M. Stromeyer, peut être fixé sur la soie, comme nous l'avons observé, en imprégnant d'abord cette substance d'une certaine quantité de chlorure de cadmium, et la mettant ensuite en contact avec une solution faible d'hydrosulfate de potasse ou de soude. Il est facile d'exécuter cette opération en tenant la soie plongée dans une dissolution de chlorure de cadmium à une température de 50 à 60 degrés pendant 15 ou 20 minutes, la tordant ensuite, et la mettant en contact, à la température ordinaire, avec une solution d'hydrosulfate de potasse étendue d'eau.

Dès l'immersion de l'étoffe dans cette liqueur, la soie prend une teinte jaune dorée par le sulfure de cadmium qui se produit, et qui reste intimement combiné à la substance de la soie. Il est possible, suivant les quantités de chlorure de cadmium qui sont appliquées sur la soie, d'obtenir différentes nuances de ce jaune.

Cette teinture en jaune par le sulfure de cadmium est inaltérable à la lumière solaire ; les acides affaiblis et les solutions alcalines étendues d'eau ne lui font éprouver aucun changement.

La facilité avec laquelle la soie peut être traitée par le procédé que nous avons indiqué ci-dessus, peut faire présumer que si le cadmium devenait un jour plus commun qu'il ne l'est en ce moment, son sulfure serait non-seulement employé en peinture, comme il a déjà été proposé, mais que l'art de la teinture pourrait, en le fixant sur certaines étoffes de soie, les teindre en une couleur jaune brillante, inaltérable à l'air, à la lumière et aux différents agents qui détruisent ordinairement les couleurs. La coloration des tissus par ce nouveau composé minéral n'aurait pas les inconvénients qui sont naturellement attachés à la teinture par le sulfure jaune d'arsenic et le chromate de plomb.

Couleur amarante obtenue par l'action du proto et deuto-nitrate de mercure, sur la matière azotée, par M. LASSAIGNE. — M. Lebaillif, qui s'occupe, comme on le sait, avec un zèle infatigable, de recherches microscopiques et chimiques, nous fit part, il y a quelque temps, de la coloration en rouge cramoisi, qu'il avait remarquée en mettant en contact avec une dissolution nitrique de mercure, certaines parties de végétaux, et principalement celles dans lesquelles on rencontrait des substances azotées. Ce savant rechercha bientôt sur un grand nombre de substances l'effet de ce réactif, et il reconnut que les matières de nature animale produisaient surtout cette coloration avec la dissolution mercurielle ; que, parmi les matières végétales, cette couleur ne se manifestait que sur celles qui admettaient au nombre de leurs principes des matériaux plus ou moins azotés : toutefois il observa la nullité d'effet, en mettant en contact ces mêmes substances avec les dissolutions séparées de protonitrate et de deutonitrate de mercure.

Ces premiers résultats nous ayant été communiqués par M. Lebaillif, nous fîmes ensemble de nouveaux essais, et nous ne tardâmes pas à reconnaître que l'effet colorant se produisait constamment lorsqu'on opérait avec une dissolution nitrique de mercure contenant tout à la fois du protonitrate et du deutonitrate, tels que ces deux sels se rencontrent dans la dissolution nitrique faite à une douce chaleur.

La manifestation de la couleur est si facile à produire que si, après avoir humecté avec la dissolution mercurielle une matière animale solide, telle que du blanc d'œuf desséché, du caséum, de la corne, du parenchyme des os, etc., on l'expose à une douce chaleur, en la plaçant sur une lame de platine, à la distance de 15 à 16 centimètres de la flamme d'une bougie, elle rougit légèrement en moins de 8 ou 10 secondes, et prend ensuite une belle couleur rouge cramoisi. Pour déterminer le même effet avec une matière animale liquide, telle que du *lait*, du *mucus*, de la *gélatine dissoute*, on verse sur une goutte de ces matières une goutte de la dissolution mercurielle : on délaie bien ensuite avec un tube de verre le précipité qui s'y forme, et on chauffe comme nous l'avons indiqué.

La connaissance de ces premiers résultats nous suggéra l'idée d'examiner, sur un grand nombre de matériaux organiques simples et composés, l'action de ce nouveau réactif : car, comme il a été dit plus haut, nous avions observé,

M. Lebaillif et moi, qu'il colorait principalement les matières azotées et toutes les substances végétales où il se trouvait de celles-ci, soit à l'état de mélange, soit à l'état de combinaison.

Il est facile de vérifier directement ces résultats en opérant à part sur *de l'amidon pur de froment* et du *gluten*. On s'assure aisément qu'il est possible de reconnaître les plus petites quantités de *gluten* dans de l'amidon mal préparé, par la coloration rose qu'il prend en l'humectant avec la dissolution nitrique de mercure, et l'exposant à une douce chaleur.

Nous avions d'abord pensé que toutes les substances organiques azotées pouvaient ainsi se colorer par cette dissolution : les essais nombreux que nous avons entrepris nous ont appris qu'il y avait des exceptions sans qu'on puisse bien assigner à quelles causes elles sont dues.

Afin de présenter ces résultats comparatifs, nous les avons consignés dans le tableau suivant :

Teinturier.   32

SUBSTANCES rougissant par la solution mixte de protonitrate et deutonitrate de mercure.	SUBSTANCES NE ROUGISSANT PAS.
Fibrine.	Urée solide et dissoute.
Albumine desséchée.	Acide urique (jaunit un peu).
Albumine liquide.	Acide allantoïque.
Albumine végétale.	Oxyde cystique.
Gélatine.	Osmazome.
Caséum.	Cholestérine (jaunit).
Gluten.	Picromel.
Corne.	Sucre de lait.
Ongle.	Ferment
Lait.	Quinine ⎱ jaunissent un
Membrane séreuse.	Cinchonine ⎰ peu.
Membrane muqueuse.	⎱ deviennent jau-
Membrane fibreuse.	Morphine ⎰ nes, et ensuite
Laine blanche filée.	Narcotine ⎰ brunes rougeâ-
Soie blanche filée.	⎰ tres.
Morceau d'amande douce.	Acide oxalique.
Farine de froment.	— tartrique.
Papier gris inférieur.	— malique.
	— citrique.
	Sucre de canne.
	— de betterave.
	Amidon pur de froment.
	— pur de pommes de terre.
	Ligneux pur.
	Papier blanc.
	Fil blanc de coton.
	Fil blanc de lin.

D'après l'inspection de ce tableau, on reconnaît : 1º que la coloration en rouge amarante par la solution mercurielle ne se produit pas également avec toutes les substances azotées; 2º que, parmi ces dernières il s'en trouve plusieurs qui ne jouissent point de cette propriété, et ce sont celles qui sont regardées comme renfermant plus d'azote au nombre de leurs éléments; 3º que les substances animales placées par les chimistes au rang des principes immédiats neutres, présentent, à quelques exceptions près, ce caractère particulier; 4° que, parmi les substances végétales composées, celles qui contiennent au nombre de leurs principes constituants une matière azotée appartenant à cette classe, deviennent plus ou moins rouges en les chauffant doucement avec la solution de nitrate; 5° que cette réaction de la dissolution mercurielle peut servir avec avantage, comme nous l'avons établi dans cette notice, pour distinguer la pureté de plusieurs principes immédiats des végétaux, tels que l'*amidon*, le *sucre*, la *gomme*, le *ligneux*, etc., etc., c'est-à-dire, si ces principes particuliers ne sont point mêlés à quelques matières azotées de l'ordre de celles que nous avons indiquées.

Les résultats énoncés plus haut nous ont suggéré l'idée d'essayer si la laine et la soie filées pouvaient être teintes par la réaction de cette dissolution mercurielle.

Les essais entrepris à cet égard nous ont démontré qu'il était possible de communiquer à ces substances une couleur amarante plus ou moins foncée, en les mettant en contact à une température de 45 à 50 degrés centigrades, pendant 10 à 15 minutes, dans une dissolution nitrique de mercure faite dans la proportion d'une partie de mercure sur deux parties d'acide nitrique à 28 degrés.

Cette dissolution opérée à une douce chaleur est ensuite exposée pendant quatre à cinq minutes à une température capable de la faire bouillir, afin de transformer une partie du protonitrate en deutonitrate. Pour s'en servir, on l'étend de son volume d'eau distillée, et on y plonge la soie ou la laine à la température indiquée. Il n'est pas nécessaire que les fils soient recouverts par la solution; il suffit seulement qu'ils en soient bien imprégnés, pour que la coloration se manifeste.

Dans les différentes opérations que nous avons faites, nous avons donné à la soie une teinte rouge amarante qui paraît résister longtemps à l'action de la lumière, et qui n'est altérée à froid ni par les solutions alcalines, ni par les acides sulfurique et sulfureux étendus d'eau.

Cette coloration particulière nous paraît due à une combinaison du sel mercuriel avec la substance de la soie, car la teinte obtenue par ce procédé brunit lorsqu'on la plonge dans la solution d'un hydrosulfate.

Nous avons constaté que 100 parties de soie blanche parfaitement desséchée avaient augmenté, après leur coloration par la dissolution mercurielle, de 17 à 18 et demi sur 100.

Emploi de l'iode en teinture, et examen de deux sels appor- tés d'Angleterre, par M. PELLETIER. — Lors du voyage que je fis il y a quelques années en Angleterre, j'appris qu'on préparait d'assez grandes quantités de periodure de mercure, qu'on vendait sous le nom de *vermillon anglais*, et qui ser- vait principalement pour la confection des papiers de tenture. Je sus aussi qu'on employait l'iode à l'impression des toiles et calicots, mais je ne pus me procurer aucun renseignement sur le mode d'application.

De retour en France, je fis quelques essais sur cet objet; mais ils furent infructueux : ainsi, par exemple, lorsqu'après avoir imprégné des tissus d'une solution d'hydriodate de po- tasse, on les passe dans des solutions métalliques susceptibles de produire des iodures insolubles, on obtient des couleurs diverses et souvent très-belles, suivant la nature de la solu- tion ; mais on n'a cependant que des applications superficielles de matières colorantes à la surface des tissus : ce sont de vrais placages : or, ce n'est pas là teindre, puisqu'il n'y a pas de combinaison entre les molécules de la matière dont est formé le tissu et les molécules des parties colorantes. Tel était pour moi du moins, l'état des choses, lorsqu'un fabri- cant des environ de Mulhouse me fit remettre un échantillon d'un sel qu'il s'était procuré, disait-il, à grands frais, à Glas- cow, et dont, sans en connaître la nature, il se servait avec avantage, à l'imitation des Anglais, pour l'impression des toiles. Cet échantillon me parvint dans une boîte de fer-blanc qu'il avait attaquée et presque percée; il contenait du mercure coulant, plus du fer et de l'étain provenant évidemment de la boîte de fer-blanc : toutefois, abstraction faite de ces ma- tières étrangères, je crus devoir conclure de l'analyse que j'en fis, qu'il était formé d'iodure de mercure combiné avec un grand excès d'hydriotate de potasse, qui rend l'iodure de mercure soluble. D'après ces données, je préparai un sel qui me parut entièrement semblable au sel dit *anglais*; en effet, lorsqu'on imprégnait de solution divers tissus, ces tissus sé- chés prenaient, même après dégorgement, des teintes assez belles et comme avec le sel anglais, lorsqu'on les passait dans des solutions métalliques, et principalement dans des solu- tions de sublimé corrosif ou de nitrate de plomb. Toutefois, j'observais un phénomène bien différent, lorsque je traitais comparativement le sel anglais et le sel français par un acide : avec le premier, j'avais un précipité d'un beau rouge de periodure de mercure; avec le second, la liqueur prenait une belle couleur rouge, mais il n'y avait pas de précipité. En réfléchissant sur cette différence, je fus amené à admettre, dans le sel dit anglais la présence d'une certaine quantité d'iodate de potasse, dont l'acide mis à nu devrait réagir sur l'acide hydrodique, le décomposer et l'empêcher par là de retenir en dissolution l'iodure de mercure. L'échantillon du sel anglais était trop réduit et trop altéré pour que je puisse vérifier mes conjectures par l'analyse : mais il me restait la voie de synthèse : je pensais même qu'en fabrique ou avait dû employer une solution de potasse saturée d'iode ; et on sait que, dans ce cas, on a un mélange d'iodate de potasse et d'hydriodate de potasse dans un rapport constant. J'opérais sur ces bases ; mais le sel obtenu en employant cette dissolution, au lieu de donner un précipité d'un beau rouge de periodure de mercure, donnait un précipité brun, dans lequel il y avait un excès d'iode ; je crus donc devoir diminuer la quantité d'iodate de potasse, et après quelques tâtonnements, je parvins à imiter parfaitement le sel anglais, dont j'avais, dans l'intervalle, reçu un nouvel échantillon non altéré. Les proportions auxquelles je me suis arrêté sont les suivantes :

Hydriodate de potasse. 65
Iodate de potasse. 2
Iodure de mercure. 33
                                          ———
                                          100

Ce sel, qui paraît avoir coûté en Angleterre 100 fr. le kilog., ne reviendrait pas à 36 fr. préparé en France, en prenant pour base de calcul l'iode au prix de 10 fr.

Je laisse aux fabricants de toiles peintes le soin de prononcer en définitive sur les avantages de son emploi et les diverses applications qu'on en peut faire : je ne doute pas que, s'il est employé à Glascow, il ne puisse l'être à Paris, à Rouen, à Mulhouse, etc., surtout lorsque divers essais auront appris la manière d'en faire usage : car sur ce point je ne puis donner que des renseignements un peu vagues. Ainsi, il me paraît qu'on doit appliquer ce sel sur les étoffes avant de les passer dans des solutions métalliques : parmi ces dernières, celles qui donnent les plus belles couleurs sont les solutions de plomb et de mercure. On peut avec avantage, l'appliquer aux étoffes, à l'aide d'une solution d'amidon, qui devient d'un bleu-violet (effet connu de l'iode sur l'amidon) ; l'amidon paraît même contribuer à fixer le sel sur les étoffes.

Il est un autre sel qui est, dit-on, fort employé à Glascow dans les fabriques de toiles peintes ; et je crois devoir ici en faire mention, parce qu'il ne paraît pas jusqu'ici avoir été employé en France. C'est un acétate triple de chaux et de cuivre, que **M. Ramsay** prépare en grand à Glascow pour l'impression des toiles; ce sel est d'un très-beau bleu; il cristallise en prismes droits à base carrée; les arêtes du prisme sont souvent remplacées par des facettes, d'où résultent des prismes à six ou huit pans, suivant l'extension que prennent les faces secondaires.

Lorsqu'on décompose ce sel par un alcali fixe, l'oxyde de cuivre et la chaux se précipitent combinés, parce qu'ils se rencontrent à l'état naissant et en proportions définies : ce qu'il y a de certain, c'est que le précipité verdit peu à l'air, même en se desséchant, et, dans l'application, c'est une espèce de cendre bleue qui se fixe sur les étoffes. J'appelle donc l'attention des imprimeurs en toiles peintes sur ce sel, qui peut fournir des teintes très-belles, et qui ne reviennent pas à un prix très-élevé; mais je ne puis en ce moment donner des détails positifs sur son mode d'application.

§ 45.   NUANCES FOURNIES PAR LE MERCURE.

Il y a déjà près de 27 ans que MM. Lebaillif et Lassaigne, dans le *Journal de Chimie médicale*, février 1831, p. 92, ont fait l'observation que certaines substances organiques azotées prenaient, par l'entremise d'une solution d'azotate de protoxyde et d'oxyde de mercure, une belle couleur rouge cramoisi, et ont constaté cette propriété pour l'albumine, la caséine, la corne, les ongles, la peau, la laine, la soie, etc., en un mot pour toutes les substances qu'on désigne aujourd'hui sous le nom de substances protéiques. Cette observation a déterminé ces chimistes à employer ladite solution à la teinture de la soie et de la laine. On obtient ainsi une couleur rouge-amarante foncé quand on tient plongée pendant dix à quinze minutes la matière dans une solution portée à la température de 45° à 50° C., qu'on prépare avec une partie de mercure et 2 parties d'acide azotique de 28° B. Cette solution est préparée à une douce chaleur, puis bouillie pendant quatre à cinq minutes, pour transformer en oxyde une portion du protoxyde de mercure. On étend la liqueur, avant de s'en servir, avec un volume d'eau égal au sien et on y introduit la soie à la température indiquée.

Suivant **M. Millon** (*Comptes-rendus*, t. XXVIII, p. 40), qui a introduit cette liqueur mercurielle comme réactif pour les matières protéiques dans l'analyse chimique, cette solution doit la propriété de colorer ces matières en rouge, uniquement à l'acide azoteux qu'elle renferme qui doit agir d'une manière plus énergique quand il est en solution dans un mélange de sels d'oxyde et de protoxyde de mercure.

Il y a déjà plusieurs années que M. J.-R. Wagner a employé la liqueur mercurielle de M. Millon pour teindre en noir la corne et les peignes de corne et ce moyen est devenu pratique dans les villes industrielles de Nuremberg et de Furth. Pour cela on dissout à froid 125 grammes de mercure dans 125 grammes d'acide azotique concentré et on étend la solution de 500 grammes d'eau. C'est dans cette solution qu'on plonge les peignes qu'on veut teindre et où on les laisse pendant toute la nuit. On les en retire alors et on les lave avec soin dans l'eau. Ainsi traités, les peignes ont pris une coloration en rouge qui, dans la solution mercurielle est concentrée, passe au brun, de façon que cette coloration, quand elle n'est appliquée que par places, peut servir à imiter l'écaille.

Ces peignes teints en rouge sont introduits dans une solution de foie de soufre où on les laisse au plus une ou deux heures. Le peigne teint en noir est alors lavé, séché et enfin poli.

La belle couleur rouge solide que la solution mercurielle ci-dessus communique à la soie, a déterminé M. Wagner à tenter quelques expériences sur cette matière animale, ainsi que sur la laine. Il a trouvé ainsi que la soie non-seulement acquiert une couleur qui résiste à la lumière, à l'action des acides étendus, du savon et de la vapeur d'eau surchauffée, mais de plus que le poids de la soie s'accroît sensiblement, attendu que le fil de soie contracte une combinaison avec le mercure dans son traitement par la solution mercurielle. D'après les expériences précédentes de MM. Lebaillif et Lassaigne, 100 parties de soie blanche, bien sèche, ont augmenté en poids de 17 à 18,5 pour 100 quand on les a teintes avec cette solution mercurielle. M Wagner a pu non-seulement constater ce résultat, mais il a remarqué de plus qu'en répétant les immersions et les dessiccations, l'accroissement de poids pouvait s'élever jusqu'à 25 pour 100 et même davantage suivant les circonstances.

Comme la coloration en rouge ainsi obtenue passe par l'action d'une solution étendue d'un sulfure alcalin et par la formation d'un sulfure de mercure noir en une coloration noire permanente, il est utile d'appeler l'attention sur l'application de la solution mercurielle de M. Millon pour teindre en rouge et mordancer la soie, et enfin pour la teindre en noir et lui donner du poids. Pour ce dernier objet, on a déjà proposé et employé les sulfures de plomb, de bismuth et de cuivre Les sulfures de plomb et de cuivre ne paraissent pas propres à ce service, le premier surtout, quand on conserve les tissus ou les fils teints par son secours dans un lieu humide, passe en divers points à l'état de sulfure de plomb blanc, formant autant de taches sur le fond noir ; le second s'oxyde en grande partie pendant qu'il sèche et passe à l'état de sulfate de cuivre. On n'a rien à reprocher à l'emploi du sulfure de bismuth, si ce n'est le prix du métal qui en rend l'application dispendieuse. Le sulfure de mercure se distingue comme on sait, en ce qu'il produit une couleur noire intense, qu'il n'est pas attaqué par les acides et possède un poids spécifique élevé, propriétés fort importantes dans l'emploi de la solution mercurielle pour teindre la soie en noir et lui communiquer du poids.

La laine prend aussi par la liqueur mercurielle de M. Millon une couleur rouge virant au brun jaune et qui passe au noir brun par les sulfures alcalins. L'augmentation de poids de la laine n'est pas toutefois aussi considérable et les procédés de teinture de ce genre seraient si dispendieux qu'il n'est pas permis de songer à faire servir en pratique la solution mercurielle à la teinture de la laine.

Le coton traité par la méthode de M. Broquette, c'est-à-dire animalisé par la caséine et l'ammoniaque, se colore en rouge quand on le traite par la solution mercurielle. A cette occasion, on pourra adresser une question aux teinturiers et aux imprimeurs sur coton, et cette question la voici :

Ne serait-il pas possible de fixer sur ses fibres le cinabre que jusqu'à présent, comme on sait, on n'a pas pu parvenir à appliquer en teinture ou en impression, en laissant se former sur ces fibres ce cinabre par la voie humide, mordançant avec le précipité blanc de mercure obtenu avec le chlorure de mercure et l'ammoniaque et traitant ensuite par une solution de foie de soufre?

Applications faites aux teintures sur soie et sur laine, par M. BOUTIN, de l'acide qu'il appelle polychromatique.

(Extrait d'un rapport fait par M. PÉLOUZE, à l'Académie des sciences.)

La résine d'aloès, soumise à l'action de l'acide nitrique, donne naissance à plusieurs produits parmi lesquels se trouve un acide remarquable par ses propriétés chimiques et ses applications à l'art de la teinture.

L'acide dont nous voulons parler a été signalé pour la première fois en 1808, par Bracounot, et désigné par lui sous le nom d'*acide aloétique*. Cet habile chimiste l'obtient sous forme d'une poudre jaune incristallisable, d'une amertume extrême, peu soluble dans l'eau à laquelle il communique néanmoins une belle couleur rouge de sang artériel, et formant avec la potasse un sel rouge foncé, susceptible de détonner avec la violence de la poudre à canon en dégageant une odeur prononcée d'acide prussique, et laissant après la combustion une légère trace charbonneuse.

Braconnot a signalé de plus l'acide oxalique parmi les produits de l'acide nitrique sur l'aloès.

Plus tard, M. Liebig s'occupant aussi du même sujet, annonça qu'outre les deux acides précédents, l'aloès en produisait un troisième, *l'acide carbazotique*, lorsqu'on le soumettait à l'influence prolongée d'une grande quantité d'acide nitrique concentré. Il décrivit plusieurs des principales propriétés de l'acide aloétique et remarqua que la soie qu'on faisait bouillir dans une dissolution aqueuse de cette substance y prend une belle couleur rouge pourprée qui résiste à l'action des alcalis et des acides, que d'un autre côté, la laine s'y teint en beau noir et le coton en rose. Du reste, M. Liebig n'a pas poussé plus loin ses recherches sur ce sujet.

M. Boutin a tenté de combler les lacunes qui existaient encore dans l'histoire de cet acide, et a cherché à en faire dans son atelier de teinture des applications à l'industrie.

Il obtient l'acide aloétique par un procédé semblable à celui de M. Braconnot; il regarde toutefois comme un signe d'impureté la couleur jaune attribuée à cet acide, et recommande, pour le dépouiller des matières qui le souillent, des lavages à l'eau chaude continués jusqu'à ce que l'acide ait acquis une belle couleur rouge-pourpre, après quoi il reste à l'unir à la potasse ou à la soude, à faire cristalliser le sel plusieurs fois et le décomposer par l'acide hydrochlorique qui en sépare l'acide aloétique qui n'a plus besoin pour être pur que d'un lavage à l'eau chaude.

Il existe dans le commerce plusieurs espèces d'aloès désignées sous les noms de succotrin, d'hépathique, de caballin, etc. Toutes ne sont pas également bonnes pour fournir l'acide polychromatique, ou du moins M. Boutin annonce qu'il a pu se convaincre, d'après un grand nombre d'expériences, que la quantité qu'elles peuvent fournir est très-variable. Un droguiste de Paris ayant procuré à l'auteur un grand nombre d'échantillons de diverses espèces qu'il a fait venir directement du Cap de Bonne-Espérance, du Sénégal, des Antilles et de l'Inde, celui-ci a eu à sa disposition des espèces d'origine véritable, et il est résulté des essais, que c'est particulièrement l'*aloès dichotoma* et l'*aloès spirata* qui ont donné les meilleurs produits et en plus grande quantité.

On prend donc une partie de ces aloès, et huit parties d'acide nitrique ordinaire à 36 degrés; on introduit le tout dans un ballon d'une capacité huit à dix fois plus grande que le volume des matières employées, et on expose à une douce chaleur sur un bain de sable. La liqueur prend d'abord une couleur vert-émeraude, sans qu'il paraisse y avoir de réaction bien sensible ; mais à mesure que la température s'élève, la liqueur se fonce de plus en plus, passe au brun, et la réaction s'annonce bientôt par des vapeurs rutilantes qui remplissent la capacité du ballon. Alors il faut retirer et laisser la réaction se continuer elle-même ; elle devient quelquefois tellement vive, et offre un dégagement si abondant de gaz nitreux, que tout passe par le col du ballon.

La réaction terminée, on introduit la liqueur dans une cornue assez grande et munie d'un récipient, et on distille environ la moitié ou les deux tiers du liquide. Pendant la distillation, il se présente une poudre jaune ; on retire le tout de la cornue, on laisse refroidir et on étend d'une certaine quantité d'eau. Il se forme à l'instant un nouveau précipité jaune floconneux, semblable au premier : on le recueille avec lui sur un filtre, on lave parfaitement à l'eau chaude jusqu'à ce que le liquide qui filtre soit d'un beau rouge-pourpre, et que le précipité ainsi purifié, puis desséché, se présente sous forme d'une poudre d'un beau rouge-brun, qui est l'acide polychromatique.

L'acide aloétique que M. Boutin désigne sous le nom d'acide polychromatique, n'offre pas de formes cristallines, quel que soit le dissolvant d'où il ait été séparé. C'est une poudre d'un brun-rouge assez foncée, très-amère et astringente, sans odeur sensible, exigeant pour se dissoudre près de 900 fois son poids d'eau froide et seulement 70 à 80 parties d'alcool.

Une température de 3 à 400° décompose instantanément l'acide aloétique qui détonne légèrement. Projeté sur un charbon rouge, il produit une vapeur pourpre et des gaz d'une odeur cyanique. Tous les sels sont colorés et le plus souvent insolubles. Quelques-uns, et particulièrement l'aloate d'argent, fulminent lorsqu'on les chauffe. Ceux qui sont insolubles ou peu solubles peuvent être facilement préparés avec l'aloate de potasse par la méthode des doubles décompositions.

M. Boutin a fait l'observation intéressante que la laine et surtout la soie se teignent avec facilité par l'acide aloétique qui est susceptible de leur communiquer les nuances les plus variées. D'après lui, ces nuances sont plus solides que celles obtenues avec les matières colorantes de nature organique généralement employées, et comme d'ailleurs l'acide aloétique se prépare facilement, et que sa propriété tinctoriale est considérable sous un poids très-petit, il croit que l'art de la teinture est en droit d'attendre d'heureux résultats de l'emploi de cet acide. Le temps décidera si les espérances de M. Boutin sont fondées. Dans tous les cas, les résultats auxquels il est arrivé sont fort curieux et ne peuvent manquer d'appeler l'attention des teinturiers.

Nous allons indiquer succinctement les principales expériences que M. Boutin a fait connaître, et dont il nous a rendus témoins.

En mordançant la soie dans une dissolution d'acétate de cuivre à une température de 70° à 80°, la lavant ensuite dans une eau ammoniacale et la passant dans un bain d'acide aloétique à la même température que le mordant, et finissant par un avivage avec du vinaigre faible, on obtient les nuances bois plus ou moins foncées.

Les nuances Corinthe se fixent en plongeant la soie dans une dissolution d'acide tartrique ou citrique à une température de 40°, et la passant ensuite dans un bain plus ou moins foncé d'acide aloétique à une température de 50° à 60°.

La nuance rose s'obtient de la même manière, si ce n'est que le bain de teinture doit être très-peu chargé et contenir une petite quantité d'alun.

Les nuances violettes méritent une attention spéciale, car on sait combien sont rares les matières organiques qui peuvent les donner. M. Boutin les obtient en ajoutant au bain d'acide aloétique de l'ammoniaque liquide et de l'acide acétique. Ce n'est que quand le bain est bien tourné au violet que la soie doit y être teinte à une température de 40 à 50°. Pour la soie, le bain doit contenir un excès d'acide ; c'est le contraire pour la laine avec laquelle l'ammoniaque doit dominer. En employant l'acétate d'ammoniaque tout formé, on n'obtient pas les mêmes résultats, les nuances sont moins belles.

La *couleur bleue* se prépare en tournant le bain d'acide aloétique par un sel double préparé avec le protochlorure d'étain et la crème de tartre. Le bain tourne d'abord au violet. On y ajoute ensuite une dissolution de chlorure d'étain et d'acide tartrique ; une petite quantité d'ammoniaque liquide suffit ensuite pour tourner le bain au bleu. C'est alors qu'on y plonge la soie qui ne tarde pas à se teindre en un bleu que M. Boutin indique comme très-solide.

Les deux *nuances petit-gris* sont fixées par un mordant mixte de protochlorure d'étain et de protochlorure de manganèse ; mordançant la soie dans la dissolution chaude de ces sels et la rafraîchissant ensuite dans une eau de rivière, la teignant enfin dans un bain chaud d'acide aloétique auquel on ajoute un peu d'acide tartrique.

Les nuances *écrues ou de fantaisie* sont obtenues en traitant à la température de l'ébullition l'acide aloétique par la potasse caustique en excès, y ajoutant un peu d'acide acétique, et plongeant la soie dans le bain ainsi préparé, l'avivant ensuite sur une eau acidulée.

Les *nuances aventurine* sont obtenues avec le liquide acide provenant de la réaction de l'acide nitrique sur l'aloès, après en avoir précipité l'acide aloétique ; ces nuances sont très-solides.

Le jaune est obtenu avec l'acide carbazotique qui fournit aussi de très-belles nuances sur laine et surtout très-solides.

Le vert s'obtient en passant la soie teinte en jaune par l'acide carbazotique sur le bain bleu ci-dessus.

Enfin on produit un très-grand nombre d'autres nuances avec l'acide aloétique en faisant varier les mordants.

§ 46. NUANCES ANGLAISES SUR MÉRINOS ET LAINES FILÉES.

Les étoffes mérinos, à cause de leur texture serrée et du fil retordu qui les compose, sont plus difficiles à teindre que les autres étoffes de laine à texture lâche et à fil moins serré. Cette circonstance a obligé les teinturiers à renoncer, ainsi que nous avons eu soin de le faire remarquer déjà bien des fois, à l'emploi de certaines matières dont on se sert habituellement en teinture sur laine, telles que la noix de galle, le sumac, le bois de campêche, le sulfate de fer ou couperose verte, attendu que les mérinos teints avec ces matières ne prenaient que des couleurs ternes et boueuses, sans acquérir jamais l'éclat et le brillant qui sont une des qualités recherchées dans ces tissus, et qui dès l'abord avaient distingué les nuances anglaises.

Quoique nous ayons donné les moyens de suppléer aux diverses matières tinctoriales qui n'atteignent pas à l'éclat et à la pureté désirables des nuances, et que ces moyens rentrent pour la plupart dans les procédés suivis en Angleterre, nous croyons devoir retracer ici le résumé des manipulations en nuances anglaises sur mérinos et laines filées. Nous ferons observer seulement que l'acide sulfurique ordinaire remplit le même but que l'acide sulfurique anglais, et, de plus, que l'emploi d'acide sulfurique est plutôt nuisible qu'utile, car on peut arriver, comme nous l'avons vu, à faire trancher parfaitement, en augmentant la quantité de tartre que l'on remplace d'ailleurs toujours avantageusement par l'acide tartrique.

Les doses pour chaque nuance sont indiquées en kilogrammes, et l'on est censé opérer sur 25 kilog. d'étoffe lavée, séchée et grillée, en sorte que le teinturier aura toute facilité de comparer ces manipulations avec celles que nous avons données précédemment pour les mêmes nuances françaises, les bois de teinture étant toujours mis en poudre dans la chaudière.

Gris d'argent clair. — On jette 1/2 kilog. d'alun, 1 kilog. de tartre, 1 kil. 500 d'acide sulfurique anglais, dans une cuve contenant de l'eau bouillante, on ajoute une petite quantité d'acide sulfo-indigotique (indigotine dissoute dans l'acide sulfurique), et de 120 à 180 grammes d'orseille moulue ; puis on donne à l'étoffe un bouillon dans ce bain pendant 20 à 30 minutes.

Gris-jaunâtre et gris-verdâtre. — On procède comme précédemment, excepté que le bain se compose de 1 d'alun, 1 de tartre, 1 d'acide sulfurique, et de 350 grammes de bois jaune.

Gris-rougeâtre. — On teint dans le bain précédent, auquel on ajoute 1 d'alun, 3/4 de tartre, 1 d'acide sulfurique et 1/4 kilog. de garance.

Chamois. — On jette dans de l'eau bouillante 2 de tartre cristallisé, 1/4 de bois jaune, 60 grammes de cochenille, 350 grammes de la dissolution d'étain que nous avons spécialement indiquée, § 17, pour les nuances anglaises.

Écarlate. — On mélange dans une capsule de porcelaine 2 de lak-dye en poudre, et 2.5 de dissolution d'étain ; et on laisse en repos pendant douze heures. On dissout ensuite dans la chaudière 2 de tartre, on y ajoute la moitié de la dissolution de lak-dye, on fait bouillir pendant quinze minutes, on plonge l'étoffe dans le bain et on laisse bouillir pendant trois quarts-d'heure, alors on évente, on ajoute au bain l'autre moitié de la dissolution de lak-dye avec 1/2 de dissolution d'étain, et on donne un second bouillon de trois quarts-d'heure. On égoutte, on lave, on fait sécher. Cette couleur le cède à peine à l'écarlate sous le rapport de l'éclat. On peut, par des additions de bois jaune, modifier les teintes.

Rouge-rosé à reflet bleuâtre. — On dissout dans 1 d'ammoniaque caustique 1/4 de cochenille, en chauffant pendant un quart-d'heure ; on étend de 4 d'eau ; puis, dans une chaudière d'étain, on chauffe de l'eau jusqu'à l'ébullition, on y ajoute 1 ¹/₂ d'alun bien exempt de fer, ³/₄ de tartre cristallisé, la cochenille dissoute et préparée, et ¹/₄ de dissolution d'étain ; on porte à l'ébullition et on donne à l'étoffe un bouillon de 20 à 25 minutes.

En augmentant la quantité de cochenille, on a des tons plus foncés. Pour le rouge-rose foncé, on prend moins d'ammoniaque et un peu plus de dissolution d'étain. Les étoffes ou les fils qui ne sont pas en laine blanchie ont besoin d'être soufrés avant l'opération.

Cramoisi au fernambouc. — On jette dans de l'eau bouillante 6 ¹/₂ d'alun, 1 de son de froment, et on y fait bouillir l'étoffe pendant trois heures ; on la laisse reposer, puis, au bout de trois jours, on la lave et on la plonge dans un bain tiède de 6 de fernambouc et 1 de potasse, et on l'y travaille une heure en élevant successivement la température, mais sans toutefois la porter à l'ébullition.

Une plus grande quantité de potasse rend la nuance plus bleuâtre.

Brun-cannelle. — On fait bouillir 5 de bois jaune, 1 ¹/₂ d'alun, 1 ¹/₂ de tartre, 2 de santal, 1 de garance, 1 ¹/₂ d'acide sulfurique anglais, et une petite quantité d'acide indigotique. On plonge l'étoffe dans ce bain, et on fait bouillir trois quarts-d'heure.

Une plus grande quantité de bois rouge ou de garance donne une nuance plus rouge ; plus d'indigo, une nuance bronze. Le bain sert pour les suites, c'est-à-dire pour obtenir des dégradations de teintes du brun.

Brun foncé. — On ajoute à de l'eau, ou mieux au bain précédent, 8 de santal, 2 de bois jaune, 1 ¹/₂ d'alun, 1 de tartre, 1 d'acide sulfurique, et on donne à l'étoffe un bouillon de trois quarts-d'heure.

Si la nuance n'est pas assez rouge, on fait bouillir encore une demi-heure avec addition de bois rouge.

La nuance la plus foncée s'obtient en ajoutant au bain, de la dissolution sulfurique d'indigo.

Bronze. — Au bain précédent épuisé, on ajoute 1 ¹/₂ d'alun, 1 d'acide tartrique, 5 de bois jaune, 1 d'acide sulfurique anglais, et une petite quantité de dissolution d'indigo.

Vert olive. — 1 ¹/₂ d'alun, 1 de tartre, 5 de bois jaune, 1 d'acide sulfurique anglais, ¹/₂ de garance, ¹/₂ de santal, une petite quantité de dissolution d'indigo. On donne à l'étoffe un bouillon d'une heure.

On produit des nuances plus foncées avec l'indigo, et plus brunes avec le bois rouge ou la garance.

Bleu-noir. — On dissout dans de l'eau tiède 2 ¹/₂ de sulfate de fer, on y passe le mérinos à teindre partagé en trois portions, par tiers successifs, pendant un quart-d'heure pour chacun, et on évente ou on laisse refroidir. On élève la température du bain et on y passe de même l'étoffe par parties, pendant un quart-d'heure ; enfin on porte à l'ébullition, et on effectue un troisième passage également par tiers et de la même durée. Le mérinos reste ainsi froid et sans être lavé jusqu'au lendemain ; alors on le passe dans un bain de 12 1/2 de campêche et 1 de tartre, d'abord chaud, puis qu'on porte un quart-d'heure à l'ébullition ; enfin on lave et on fait sécher.

Un peu de sel d'étain donne une nuance rougeâtre.

Noir-charbon. — On augmente la quantité de campêche et on prolonge la durée du bouillon.

Les mérinos teints en noir sont lavés et nettoyés avec de l'argile à foulon.

Bleu de roi pour fil et tissu. — Dans 10 d'acide sulfurique anglais, on dissout 6 de *caput mortuum* (1), puis on prend 8 de cette solution et 1 1/2 de tartre, et on fait bouillir l'étoffe pendant une heure à un feu doux ; on évente, puis on abandonne dans un lieu humide 3 à 4 jours, pendant lesquels on étend à plusieurs reprises. Au bout de ce temps, on lave et on travaille l'étoffe pendant un quart-d'heure dans un bain tiède de 1 1/2 de prussiate de potasse et 1/2 d'acide sulfurique. On retire du bain, on ajoute 1/2 d'acide sulfurique et on donne un bouillon d'une demi-heure ; on répète une seconde fois cette série de manipulations, on enlève, on lave et on fait sécher.

Les nuances rougeâtres s'obtiennent par l'eau froide, à laquelle on ajoute un peu d'ammoniaque. On produit des couleurs plus foncées en augmentant la dose du prussiate de potasse, ou bien en passant à une température peu élevée dans un bain faible de campêche.

Bleu de Saxe. — On jette dans de l'eau bouillante 1/2 de son de froment, et au bout de quelques minutes 5 1/2 d'alun bien pur ; on écume et on ajoute une petite quantité d'extrait d'indigo ; on fait bouillir quelques minutes, on plonge les étoffes, on les travaille une demi-heure à une température élevée ; on retire et on lave.

Le bain ne doit pas toutefois être porté jusqu'à l'ébullition, attendu que l'étoffe prendrait une nuance verdâtre.

(1) Le mémoire d'où nous extrayons cet article ne s'explique pas sur la nature de ce *caput mortuum* ; mais c'est certainement le résidu de la distillation de la couperose verte, qui consiste en colcothar ou peroxyde de fer, et qui, mélangé à de l'acide sulfurique, donne du sulfate de peroxyde de fer ou sulfate ferrique.

Violet. — On mordance avec $1/2$ de tartre cristallisé, 2 $1/4$ d'alun et $1/2$ de son, par une ébullition d'une demi-heure. On évente et on abandonne pendant 12 heures. On lave, puis on teint dans un bain tiède de 3 de campêche qu'on porte au bout d'une demi-heure à l'ébullition. On enlève, on évente, on ajoute au bain un peu de sel ammoniac; on travaille une demi-heure à une douce chaleur, et on lave.

Une plus grande proportion de sel ammoniac bleuit la couleur.

Jaune-citron. — On fait bouillir 2 $1/2$ d'alun, 2 de bois jaune, $1/2$ de dissolution d'étain, $1/2$ de tartre cristallisé, pendant 8 minutes; puis on donne à l'étoffe un bouillon d'une demi-heure.

Jaune foncé — On double les doses du campêche et de la dissolution d'étain.

Orangé bon teint avec le lak-dye. — On procède comme pour l'écarlate, mais on prend moins de lak-dye et on ajoute 2 ou 3 de bois jaune.

Vert. — La cuve au pastel et le campêche ne réussissent pas bien ; il faut avoir recours à l'acide indigotique, au bois jaune et à l'alun.

Pour le vert tendre, on prend 4 d'alun, 4 de bois jaune et une petite quantité d'acide indigotique bien pur. On donne un bouillon de trois quarts-heure.

Pour le vert foncé, on augmente la dose d'acide indigotique.

Rose de Berlin à reflet bleuâtre. — Pour 2 de fil ou de mérinos, on fait dissoudre dans de l'eau chaude 60 grammes d'alun, 30 grammes de tartre cristallisé, 60 grammes de cochenille préparée à l'ammoniaque, 15 grammes de dissolution d'étain. On donne un bouillon pendant 20 à 25 minutes et on lave.

Pour préparer la cochenille, on fait digérer, à l'aide de la chaleur, sur 1 kilog. de cochenille, 4 kilog. d'ammoniaque caustique, pendant 20 minutes, et on étend avec de l'eau pure.

La dissolution d'étain se compose de 5 kilog. d'acide nitrique, 5 kilog. d'eau, 12 kilog. d'acide hydrochlorique et de 720 grammes de grenaille ou de copeaux d'étain. On laisse reposer et on tire au clair.

Rose-rouge français. — On prend, pour 30 grammes d'acide tartrique, 120 grammes de cochenille préparée comme ci-dessus. On fait bouillir pendant quelques minutes, on rafraîchit avec de l'eau froide, et on travaille sans porter à l'ébullition pendant 15 à 20 minutes.

Autre rose à reflet ponceau. — On prend 90 grammes de sulfonitrate d'étain et 7.50 grammes de cochenille, et on donne un bouillon d'un quart-d'heure.

Le sulfonitrate d'étain s'obtient en dissolvant 720 gram. d'étain dans un mélange de 2 ½ kilog. d'acide nitrique, et 2 ½ kilog. d'acide sulfurique anglais étendus de 5 kilog. d'eau.

Amarante. — On teint en écarlate avec le lak-dye, comme il a été dit ci-dessus, et on donne un bouillon dans un bain auquel on a ajouté de 38 à 120 grammes d'orseille.

Brun bon teint. — On fait bouillir 2 de campêche, 5 de santal, 2 de sumac pendant un quart-d'heure dans l'eau, puis on y plonge l'étoffe; au bout d'une heure et demie on retire, on évente, on laisse refroidir, on ajoute au bain 2 de couperose verte, et on donne un bouillon d'une demi-heure. Si l'on désire une teinte plus foncée, on ajoute encore un peu de couperose et d'ammoniaque caustique; on travaille sans ébullition pendant un quart-d'heure, et on lave.

Bronze bon teint. — On fait bouillir 6 de bois jaune pendant une heure dans l'eau, puis on ajoute 3 de santal, 3 de sumac, et on fait bouillir un quart d'heure; on passe ensuite l'étoffe au bouillon dans ce bain pendant une heure et demie; on enlève, on ajoute 1 ½ de couperose verte et 1 ½ de couperose bleue ou sulfate de cuivre; on fait bouillir pendant une demi-heure. Une plus grande quantité de couperose verte donne un ton plus foncé.

Gris bon teint. — On piète en bleu de cuve, on lave, puis on teint en rose de Berlin. En augmentant la dose de la cochenille, on vire au violet.

Gris foncé. — On donne un bouillon d'une demi-heure dans un bain de campêche, et on laisse refroidir. On ajoute alors 120 grammes de couperose verte et on passe sans bouillon. Une addition d'orseille fait virer au gris-rougeâtre.

Vert bon teint. — Pour 40 kilog. de laine non ouvrée, on fait bouillir 15 de bois jaune et 6 de quercitron pendant une heure. On ajoute 5 d'alun, 1 ½ de tartre, 180 grammes d'acétate de plomb, 480 grammes de dissolution d'étain anglais; on porte à l'ébullition et on plonge la laine dans ce bain. Après qu'elle y est restée pendant quelque temps et lorsque la température commence à baisser, on ajoute ½ de potasse dissoute dans de l'eau; on abandonne jusqu'au lendemain matin, puis on passe au bain des guèdes.

Autre vert. — On donne un pied bleu barbeau dans la

cuve des guèdes. Puis on fait bouillir dans un bain de 8 de bois jaune, 6 de fustet, 3 de campêche auquel on a ajouté 4 d'alun, 1 de tartre, 1/2 de couperose bleue, 1/2 de vitriol de Salzbourg. On avive avec 1/2 de potasse, et on ne retire que le lendemain matin.

Vert olive bon teint. — On donne un pied bleu tendre dans la cuve de guède; puis un bouillon d'une demi-heure dans un bain de 25 de bois jaune, 2 de campêche, 1 de couperose bleue, 1 1/2 de tartre, 1/2 de garance, auquel on ajoute, quand la laine est teinte et a perdu sa chaleur, 1/2 de couperose verte. Au bout de quelques heures sans ébullition, on retire du bain.

Bronze bon teint. — Pied de bleu *pers* et teinture avec 25 de bois jaune, 1 1/2 de tartre, 1/2 de vitriol bleu, 1 1/2 de garance, 2 1/3 de santal et 2 de curcuma, pendant 2 heures. On ajoute enfin au bain 1 1/2 d'une dissolution de couperose verte, et on avive à l'urine.

Brun foncé bon teint. — Pied bleu barbeau dans la cuve des guèdes; bouillon de 2 heures dans un bain de 4 de bois jaune, 5 d'alun, 1 1/2 de tartre, 3/8 de couperose verte.

On abandonne pendant 12 heures; on lave et on plonge dans un bain à la chaleur de la main, de 2 de campêche, 14 de fernambouc, 3 de sumac; on porte rapidement à l'ébullition que l'on soutient pendant trois quarts-d'heure. Lorsque la température du bain est descendue, on ajoute 1 1/2 de couperose verte, et on avive à l'urine. Si on désire un reflet bleuâtre, on supprime le bois jaune.

CHAPITRE IX.

RÉSUMÉ GÉNÉRAL ; COULEURS SOLIDES ET COULEURS PEU DURABLES ; OBSERVATIONS DE M. PREISSER SUR LES MATIÈRES TINCTORIALES.

Après avoir exposé les divers procédés de l'art de la teinture et décrit en détail les opérations du teinturier, nous croyons ne pouvoir mieux compléter ce qui concerne cet art important que par un résumé général des phénomènes chimiques et physiques qui l'accompagnent, en notant parmi les couleurs des tissus celles qui sont solides de celles qui ne le sont pas, et en terminant par les observations intéressantes de M. Preisser, quant à l'action de l'oxygène sur la colorisation.

§ 47. RÉSUMÉ GÉNÉRAL.

L'art de la teinture, dit le docteur Ure, consiste à fixer, sur des étoffes de différentes espèces, toutes les nuances de couleurs voulues, de manière qu'elles ne puissent être facilement altérées par ceux des agents à l'action desquels elles doivent être le plus probablement exposées.

Comme il ne peut y avoir d'autre cause faisant adhérer une matière colorante quelconque sur quelque étoffe que ce soit, qu'une attraction qui subsiste entre les deux substances, il doit s'ensuivre qu'il n'y aura qu'un petit nombre de matières teignantes capables de s'attacher, d'une manière indélébile ou forte, par application.

L'art de la teinture est donc un art chimique dont les principes sont ainsi restreints, quoique leurs applications varient à l'infini.

Le fait général le plus remarquable de cet art consiste dans les différents degrés de facilité avec lesquels les substances animales ou végétales attirent et retiennent la matière colorante, ou plutôt, dans le degré de facilité avec lequel le teinturier trouve qu'il peut les teindre, avec toute couleur quelconque qu'il a l'intention de leur donner.

Les matières principales des étoffes à teindre sont la laine, la soie, le coton et le fil : les trois premières sont plus faciles à teindre que la dernière, ce qu'on a ordinairement attribué à leur attraction pour la matière qui teint.

La laine est, dans son état naturel, tellement disposée à se combiner avec la matière colorante, qu'elle n'exige que peu de préparation pour la soumettre immédiatement aux procédés de la teinture ; pour cela il ne s'agit que de la nettoyer en lui enlevant une partie grasse appelée le *suint*, qui est contenue dans la toison. Pour cette opération du dégraissage de la laine, l'emploi d'une liqueur alcaline est nécessaire ; mais, comme les alcalis altèrent le tissu de la laine, il ne faut se servir que d'une dissolution très-faible : car s'il y avait dans cette dissolution plus d'alcali présent que ce qui est suffisant pour convertir le suint en savon, cet alcali attaquerait la laine elle-même. On fait généralement usage d'urine putréfiée, comme étant d'un prix moins élevé et comme contenant un alcali volatil qui, en s'unissant avec la graisse, la rend soluble dans l'eau.

La soie, lorsqu'on la retire du cocon, est recouverte d'une espèce de vernis, qu'ordinairement on considère comme n'étant soluble ni dans l'eau ni dans l'alcool, parce qu'il n'abandonne rien ni à l'un ni à l'autre de ces liquides. On est donc dans l'usage de faire bouillir la soie avec un alcali, pour lui enlever cette matière. Il faut prendre dans cette opération beaucoup de précautions, parce que la soie elle-même est aisément corrodée ou décolorée. On fait communément emploi de beau savon, encore même cet emploi est-il, dit-on, préjudiciable, et la soie blanche de la Chine, qu'on suppose avoir été préparée sans savon, a un lustre supérieur à celui de la soie d'Europe. La soie perd environ le quart de son poids dans cette opération, qui la dépouille de son vernis.

Ces préparations préalables semblent avoir un double objet : le premier, de rendre l'étoffe qu'il s'agit de teindre aussi nette que possible, afin que le fluide aqueux qui doit ensuite lui être appliqué, puisse être bien imbibé, et ce qu'il contient adhérer aux moindres parties des surfaces intérieures; le second objet est que l'étoffe soit rendue plus blanche et plus en état de réfléchir la lumière, et, par conséquent, de faire présenter, par la matière colorante, des teintes plus brillantes.

Quelques-unes des préparations, cependant, quoique considérées simplement comme préliminaires, constituent réellement, en partie, les procédés de teinture eux-mêmes Dans un grand nombre de cas, une matière est appliquée à l'étoffe à laquelle elle adhère, et par l'application d'une autre matière, on produit quelque couleur qu'on a désiré obtenir. Ainsi, l'on pourrait teindre une pièce de coton en noir, en la plongeant dans l'encre, mais la couleur ne serait ni bonne ni solide, parce que les molécules de matière précipitée, formées de l'oxyde de fer et de l'acide de noix de galle, sont déjà solidifiées en masses trop grosses, soit pour entrer dans le coton, soit pour y adhérer avec quelque degré considérable de force; mais si le coton, trempé d'abord dans une infusion de noix de galle est alors séché, et plongé ensuite dans une dissolution de sulfate de fer, ou autre sel ferrugineux, l'acide de noix de galle étant étendu partout à travers le coton, recevra les molécules d'oxyde de fer à l'instant même de leur passage de leur état de fluides ou de dissolution à celui de précipités ou de solides, au moyen de quoi la matière noire de l'encre recouvre parfaitement le coton, en s'appliquant en contact serré avec la surface de ses plus petites fibres. Cette teinture sera donc, non-seulement plus intense, mais encore plus adhérente et plus durable.

Les teinturiers français, et après eux les teinturiers anglais, ont donné le nom de *mordants* à celles des substances qui s'appliquent préalablement aux pièces d'étoffe, afin de leur faire prendre ensuite la nuance ou teinture désirée.

Il est évident que si le mordant est appliqué sur la totalité d'une pièce d'étoffe, et que cette pièce soit ensuite plongée dans la teinture, elle recevra une teinte sur toute l'étendue de sa surface; mais si le mordant n'est appliqué que sur quelques parties de la pièce d'étoffe, la teinture ne frappera que sur ces parties seulement : le premier procédé constitue l'art de la teinture, proprement ainsi appelé; et le second est l'art d'imprimer les laines, les cotons ou les toiles, ou l'art de l'impression en calicot.

Dans l'art de l'impression des pièces d'étoffe, on mêle ordinairement le mordant avec de la gomme ou avec de l'amidon, et on l'applique, au moyen de blocs ou moules de buis gravés en relief, ou de plaques de cuivre; et les couleurs sont produites par immersion dans des vaisseaux remplis avec des compositions convenables (1). Les teinturiers appellent ce dernier liquide le *bain*. L'art d'imprimer donne lieu à un grand nombre de procédés au moyen desquels le mordant ou simple ou composé présente son effet.

Le mordant employé pour produire sur les toiles imprimées les rouges des différentes nuances se prépare en faisant dissoudre, dans environ 4 kilogrammes d'eau chaude, 1400 grammes d'alun et 453 grammes d'acétate de plomb, à quoi l'on ajoute 60 grammes de potasse et ensuite 60 grammes de craie réduite en poudre.

Dans ce mélange, l'acide sulfurique de l'alun se combine avec le plomb de l'acétate, et cette combinaison se précipite parce qu'elle est insoluble; tandis que la matière argileuse de l'alun s'unit avec l'acide acétique séparé de l'acétate de plomb. Le mordant consiste donc dans un acétate argileux, et les petites quantités d'alcali et de craie servent à neutraliser tout acide dégagé qui pourrait être contenu dans le liquide.

On obtient plusieurs avantages en changeant ainsi l'acide de l'alun : 1° la terre argileuse est plus facilement dégagée de l'acide acétique dans les procédés subséquents, qu'elle ne l'eût été de l'acide sulfurique; 2° cet acide faible occasionne moins d'inconvénients lorsqu'il vient à être séparé de sa terre, et 3° l'acétate d'alumine, n'étant pas susceptible de cristalliser comme le sulfate de cette terre, ne se sépare pas ou ne se caille pas, en séchant sur la surface des blocs ou

(1) Voir, pour l'*épaississage des couleurs*, la *fixation des mordants*, le *boussage*, le *garançage* et l'*avivage*, le *Manuel du Fabricant d'indiennes*, qui fait partie de l'*Encyclopédie-Roret*.

moules destinés à imprimer, lorsque cet acétate est mêlé avec de la gomme ou de l'amidon.

Lorsque le dessin a été imprimé en transportant le mordant de la face des blocs ou moules de bois sur la toile, on met celle-ci dans un bain de garance, en prenant les précautions convenables pour que toute la pièce soit également exposée à ce liquide. Dans ce bain, la pièce devient rouge, mais plus foncée dans les places où le mordant avait été appliqué : car de la terre argileuse avait auparavant abandonné l'acide acétique pour se combiner avec la toile. Or, cette combinaison sert d'intermède pour fixer la matière colorante de la garance, de la même manière que l'acide des noix de galle, dans le premier exemple, fixait les molécules d'oxyde de fer. Dans cet état de la pièce de toile, l'imprimeur en calicot n'a donc plus qu'à se guider lui-même, d'après une couleur fixe et une couleur fugitive. Il fait bouillir la pièce dans une eau mêlée de son, et il l'expose sur le pré. La fécule du son enlève une partie de la couleur, et l'action du soleil et de l'air la rend plus propre à se combiner avec la même substance.

Dans d'autres cas, l'attraction élective de l'étoffe à teindre a une action plus marquée. On prépare pour les laines un mordant très-ordinaire, en faisant dissoudre ensemble de l'alun et du tartre : ni l'une ni l'autre de ces substances n'est décomposée ; mais on peut les recouvrer par cristallisation, en évaporant la liqueur. La laine est reconnue capable de décomposer une dissolution d'alun et de se combiner avec sa terre ; mais il paraît que la présence de l'acide sulfurique dégagé, tend à altérer la laine que ce mode de traitement rend rude au toucher, effet qui n'est pas produit sur les cotons et les toiles qui ont moins d'attraction pour la terre. La laine décompose aussi l'alun dans un mélange d'alun et de tartre ; mais dans ce cas, il n'y a pas dégagememt d'acide sulfurique comme étant immédiatement neutralisé par l'alcali de tartre.

L'attraction des oxydes métalliques par un grand nombre de substances colorantes est si grande, qu'ils abandonnent les acides qui les tenaient en dissolution, et sont précipités à l'état de combinaison avec ces substances. On a aussi reconnu par expérience que ces oxydes sont fortement disposés à se combiner avec les substances animales ; d'où il suit que, dans beaucoup de cas, ils servent comme mordants ou de moyens d'union entre les particules colorantes et les substances animales.

Les couleurs que prennent les composés d'oxydes métalliques et les molécules colorantes sont alors le produit de la couleur particulière de ces molécules et de celle qui est propre à l'oxyde métallique.

M. Chevreul, dans les considérations générales de ses recherches sur la teinture, répartit entre la physique et la chimie les éléments des phénomènes de la teinture considérée comme *art* et comme *branche de la chimie.*

« La théorie chimique de la teinture, dit-il, repose sur quatre sortes de connaissances : 1º la connaissance des espèces de corps que les procédés de teinture mettent en contact ; 2º la connaissance des circonstances où ces espèces agissent ; 3º la connaissance des phénomènes qui peuvent apparaître pendant l'action mutuelle de ces espèces ; 4º la connaissance des combinaisons colorées qui se sont produites. Les éléments principaux qui sont du domaine de la physique se rapportent à deux principes qu'on peut nommer le *principe du mélange des couleurs*, et le *principe de leur contraste* simultané.

» En résumé, poursuit M. Chevreul, les recherches qui ont pour objet de donner des bases scientifiques à l'art de teindre, présentent des difficultés qu'on peut rapporter à quatre causes principales : 1º à la petite quantité de matières qui se fixent aux étoffes dans les procédés de teinture ; 2º à la faible affinité des étoffes pour les matières auxquelles elles s'unissent ; 3º à ce que toutes les matières tinctoriales complexes d'origine organique dont on fait usage dans les ateliers, ne sont pas encore complètement connues dans leur composition immédiate ; 4º à ce que beaucoup de principes immédiats de ces matières sont altérables dans les opérations du teinturier. Plusieurs observations, d'ailleurs, m'ont conduit à penser que la laine, la soie et même le ligneux pourraient bien être d'une nature plus complexe qu'on ne le croit généralement. »

§ 48.   COULEURS SOLIDES ET COULEURS PEU DURABLES.

Nous avons donné, dans un paragraphe spécial (§ 9), les moyens d'essai des couleurs déposées sur les étoffes ; nous avons, dans les chapitres VI et VII, qui traitent de la teinture en couleurs simples et composées, fait suivre chaque teinture de l'essai des nuances obtenues ; il nous reste à résumer en peu de mots les couleurs solides et celles qui sont peu durables.

Couleurs solides. — Les couleurs suivantes sont, dit le docteur Ure, celles qui sont employées par les imprimeurs en calicot, pour teindre les étoffes en couleurs solides. Des mordants sont épaissis avec de la gomme ou de l'amidon calciné, et appliqués avec le bloc ou moule, le rouleau, les plaques ou le pinceau.

1. *Noir*. La toile est imprégnée avec de l'acétate de fer et teinte dans un bain de garance et de campêche.

2. *Pourpre*. Le mordant précédent de fer, étendu avec le même bain de teinture.

3. *Cramoisi*. Le mordant pour le pourpre uni, avec une portion d'acétate d'alumine, ou mordant rouge, et le bain ci-dessus.

4. *Rouge*. L'acétate d'alumine est le mordant, et le bain de teinture est la garance.

5. *Rouge pâle de nuances différentes*. Le mordant précédent étendu d'eau, et un bain faible de garance.

6. *Brun* ou *pompadour*. Un mordant mélangé, contenant une portion un peu plus grande du mordant rouge que du mordant noir, et le bain de garance.

7. *Orangé*. Le mordant rouge, et un bain, d'abord de garance, et ensuite de quercitron.

8. *Jaune*. Un fort mordant rouge, et le bain de quercitron, d'une température de beaucoup inférieure à celle de l'ébullition de l'eau.

9. *Bleu*. Indigo rendu soluble, et coloré en jaune-verdâtre, au moyen de potasse et d'orpiment. Ce mordant recouvre sa couleur bleue par son exposition à l'air, ce qui le fait aussi fixer fortement sur la toile. Une cuve d'indigo se prépare aussi avec cette substance bleue délayée dans de l'eau avec de la chaux vive et de la couperose. On suppose que ces substances désoxydent l'indigo, et en même temps le rendent soluble.

10. *Jaune doré*. On plonge alternativement la toile dans une dissolution de couperose et d'eau de chaux. Le protoxyde de fer précipité sur la toile, passe promptement par absorption de l'oxygène atmosphérique dans le deutoxyde de couleur jaune doré.

11. *Fauve*. Les substances précédentes dans un état plus étendu.

12. *Cuve bleue*, dans laquelle on laisse les taches, ou points blancs, sur un fond de toile bleue. On la prépare en appliquant à ces points une pâte composée d'une dissolution de sulfate de cuivre et d'argile à pipe ; et après qu'ils ont été séchés, on plonge la toile étendue sur des châssis, pendant un certain nombre déterminé de minutes, dans la cuve d'un vert-jaunâtre, composé d'une partie d'indigo, deux parties de couperose, et deux parties de chaux avec de l'eau.

13. *Vert*. Après avoir trempé dans de l'acétate d'alumine,

la toile teinte en bleu, et bien lavée, on la fait sécher et on la soumet à un bain de quercitron.

Dans les cas ci-dessus, la toile, après avoir reçu la pâte-mordant, est séchée et passée à travers un mélange de bouse de vache et d'eau chaude. On la met alors dans la cuve ou chaudière à teindre.

Couleurs peu durables. — On donne toutes ces couleurs au moyen de décoctions de différents bois colorants, et les couleurs reçoivent le faible degré de fixité dont elles jouissent, ainsi que leur grand éclat, en conséquence de leur combinaison ou de leur mélange avec l'hydrochloronitrate d'étain.

1. *Le rouge.* On le fait souvent avec du bois de Brésil ou de pêcher.

2. *Le noir.* Avec un fort extrait de noix de galle et de deutonitrate de fer.

3. *Le pourpre.* Avec extrait de bois de campêche et du deutonitrate de fer.

4. *Le jaune.* Avec un extrait de l'écorce de quercitron ou de la gaude, et de la dissolution d'étain.

5. *Le bleu.* Avec le bleu de Prusse et la dissolution d'étain.

Les couleurs peu durables sont épaissies avec de la gomme adragante, qui laisse la toile plus molle que de la gomme du Sénégal, les pièces pour le commerce étant quelquefois envoyées au marché sans être lavées.

§ 49.   OBSERVATIONS DE M. PREISSER SUR LES MATIÈRES TINCTORIALES.

M. Preisser, dans un mémoire sur l'origine et la nature des matières colorantes organiques, a établi, par un grand nombre de faits et une étude spéciale de l'action de l'oxygène sur la colorisation, les observations suivantes, que le teinturier fera bien de consulter, en les rapprochant de toutes celles de notre Chapitre V, s'il veut diriger sans tâtonnements infructueux, et à peu de frais, ses essais sur les matières tinctoriales nouvelles, qui, après avoir été préconisées d'avance par des vendeurs intéressés, peuvent se produire journellement dans le commerce :

1º Les matières tinctoriales sont incolores dans les jeunes plantes et dans l'intérieur des tissus organiques qui n'ont point le contact de l'air aidé par la lumière du soleil ;

2º C'est l'oxygène qui, en se fixant sur ces matières, détermine leur colorisation ;

3º Les diverses matières colorées qu'on extrait des tissus d'une même plante, dérivent toutes d'un seul principe immédiat, incolore à son état de pureté primitive, mais qui, en absorbant plus ou moins d'oxygène, donne lieu à ces différentes modifications, que l'on a souvent distinguées par des noms particuliers ;

4° On peut rendre incolores les matières colorantes des plantes, en les mettant en présence des corps avides d'oxygène, et on peut leur restituer leur couleur par le contact des corps oxygénants ;

5° Certains principes exigent cependant, pour le développement de leur couleur, l'action simultanée de l'air aidé de la lumière du soleil, ou de l'oxygène et des bases. En général, les oxydes puissants alcalins, potasse, soude, ammoniaque, provoquent surtout la colorisation en présence de l'air aidé de la lumière du soleil ;

6° L'analyse élémentaire démontre que les principes incolores sont moins oxygénés que les mêmes principes colorés ;

7° Les matières tinctoriales, soit incolores, soit colorées, possèdent des propriétés manifestement acides, surtout dans ce dernier cas. Elles rougissent plus ou moins le tournesol, et neutralisent les bases ;

8° Les laques sont de véritables sels à proportions définies ;

9° Ces combinaisons salines ne s'unissent intimement avec les étoffes que lorsqu'elles sont produites sur la fibre textile elle-même ; sinon la couleur est simplement plaquée ou superposée sur l'étoffe, et un simple lavage l'enlève ;

10° La capacité de saturation des principes acides colorants, augmente avec la quantité d'oxygène qu'ils renferment ; elle croît avec le nombre d'atomes d'oxygène ;

11° L'acide chromique et le bichromate potassique (de potasse) agissent sur les principes colorants par leur oxygène. L'oxyde de chrome qui se produit dans ce cas se combine avec le principe colorant modifié ou oxygéné, et forme une laque qui reste unie au tissu ;

12° L'acide hydrosulfurique (sulfhydrique) décolore les principes colorants en les désoxygénant et en les ramenant par conséquent à leur type primitif, puisqu'il y a toujours dépôt de soufre et formation d'eau.

Nous ajouterons à ces observations, que M. Persoz, dans son *Traité théorique et pratique de l'impression des tissus*, a formé un premier groupe des corps oxydants, qui développent ou détruisent les principes colorants en présence desquels ils se trouvent ; un second groupe des corps hydrogénants qui les réduisent ; un troisième groupe des acides qui les influencent plus ou moins ; enfin, un quatrième groupe des oxydes qui s'y combinent tantôt purement et simplement, tantôt après en avoir déterminé l'oxydation.

QUATRIÈME PARTIE.

Théorie de l'Art du dégraisseur ; Préparation des réactifs ou agents principaux dont on fait usage pour enlever les taches ; Nature des taches, choix et emploi des réactifs convenables ; Rétablir les couleurs ; Blanchir à neuf ; Réserve ; Lustrage et apprêts.

CHAPITRE X.

THÉORIE DE L'ART DU DÉGRAISSEUR ; RÉACTIFS PRINCIPAUX.

§ 50. THÉORIE DE L'ART DU DÉGRAISSEUR.

L'art du dégraisseur consiste à enlever toute espèce de tache sur une étoffe quelconque, en lui conservant son lustre ou son apprêt, sans en altérer le blanc ou la teinture ; les opérations principales du dégraisseur se trouvent donc une dépendance naturelle de l'art du teinturier, puisque le dégraisseur doit s'assurer avant tout de la solidité de la teinture de l'étoffe qu'il doit détacher ou dégraisser, et rétablir au besoin les nuances ternies, ou altérées, ou détruites. Nous avons vu quels étaient les divers débouillis à l'aide desquels on s'assurait de la solidité des diverses teintures ; la théorie, ainsi que la pratique de toute espèce d'essais des diverses teintures, quelle que soit l'étoffe, doivent devenir au moins aussi familières au dégraisseur qu'au teinturier, et peut-être sont-elles plus utiles encore au dégraisseur.

Il est bien rare que l'eau simple, à froid ou à chaud, suffise pour nettoyer les étoffes qui ont contracté quelque saleté : aussi les anciens, qui ne connaissaient pas le savon, y suppléaient-ils par différents moyens ; on lit dans le *Dictionnaire raisonné universel des Arts et Métiers*, par l'abbé Jaubert, que Job rapporte, chap. IX, v. 30, qu'on lavait les vêtements dans une fosse avec l'herbe de *borith*, qu'on croit être la soude. Dans le sixième livre de l'*Odyssée*, Homère dépeint *Nausicaa* et ses compagnes occupées à blanchir leurs habits en les foulant aux pieds dans les fosses. Les Romains suppléaient au savon par un grand nombre de plantes et de terres argileuses diverses. Les Sauvages se servent de certains fruits pour nettoyer leurs étoffes ; les femmes de l'Islande lessivent leurs étoffes avec de la cendre et de l'urine, et les Persans les nettoient avec des terres bolaires et marneuses, qu'ils font délayer dans l'eau.

Quelles que soient d'ailleurs les substances que l'on ait à sa disposition pour enlever une tache, il faut essayer de reconnaître la nature même de cette tache, car cette connaissance peut seule guider le dégraisseur dans le choix des procédés à employer, procédés qui doivent être toujours les plus simples et les plus économiques. En général, le blanchiment complet est le meilleur mode de dégraissage et de nettoyage pour les étoffes restées en blanc ; il n'en est pas de même pour les étoffes qui ont subi la teinture et reçu un lustre ou apprêt, parce qu'elles exigent presque toujours un nouveau lustre après un nettoyage complet.

On peut considérer les taches des étoffes comme étant de deux espèces générales : les unes ne font que couvrir la couleur sans l'altérer ; les autres, au contraire, l'altèrent en tout ou en partie, en détruisant la matière colorante même, soit en changeant son état, soit en modifiant les nuances.

Il résulte de cette distinction qu'un réactif propre à enlever une tache de graisse, sur une étoffe de telle couleur, ne peut pas servir à enlever une pareille tache de graisse indistinctement sur une étoffe d'une autre nature ou d'une nuance différente.

Parmi les réactifs que les dégraisseurs emploient, quelques-uns ont la propriété de dissoudre la substance qui forme la tache et de l'enlever comme par une espèce de lavage, ou plutôt par une vraie dissolution qu'ils opèrent de cette graisse ; tels sont l'éther, l'essence de térébenthine rectifiée, le savon, le fiel de bœuf, l'eau chargée d'un peu de sel alcalin, et d'autres drogues de même nature.

Les autres réactifs qu'on emploie pour les taches de graisse ont la propriété d'absorber la substance tachante ; tels sont la craie, la chaux éteinte à l'air, les différentes terres glaises bolaires ou marneuses, le papier brouillard, le plâtre, l'ardoise pilée, etc., etc.

Quelquefois, lorsque la tache est récente, il suffit de l'application convenable de la chaleur, à l'aide d'un charbon incandescent ou d'un fer rouge de feu, pour réduire la tache graisseuse en vapeurs, et en dégager ainsi l'étoffe. Mais ce procédé, très-peu sûr en général, a presque toujours l'inconvénient, quand il n'est pas pratiqué par une main habile, d'étendre simplement la tache, en la rendant plus apparente, par une modification plus étendue de nuance ternie, et par l'altération de l'éclat et de l'uniformité de la nuance, au lieu de la faire disparaître entièrement.

C'est au dégraisseur à savoir choisir la substance la plus convenable à la nature de la tache, à celle de l'étoffe, et à celle de la couleur, qu'il doit prendre soin de ne pas détruire. Par exemple, le savon enlève généralement très-bien la graisse sur toute espèce d'étoffes; mais si l'on employait le savon pour enlever une tache de graisse sur une étoffe de couleur rose ou cerise, teinte en safranum, on altérerait en même temps plus ou moins la couleur de la teinture. Pour ces couleurs tendres, l'éther, au contraire, est un agent précieux : car, sans nuire aux plus délicates, il enlève aussi complètement que le savon toute espèce de tâche graisseuse, lorsqu'il est récemment préparé; cependant les dégraisseurs, connaissant rarement ce moyen simple et d'un succès certain, font peu d'usage de l'éther, qu'ils devraient employer plus souvent.

Quant aux taches qui ont détruit la couleur de l'étoffe, il est souvent facile d'enlever la matière tachante; mais il est ordinairement très-difficile de rétablir la couleur.

Lorsque les dégraisseurs ont de semblables taches à faire disparaître, il leur arrive souvent, faute de pouvoir rétablir la couleur, de peigner l'étoffe avec des cardes ou des chardons, pour arracher le poil renfermé dans l'épaisseur de l'étoffe, afin de remplacer celui qui était taché à l'extérieur.

Il y a néanmoins certaines couleurs qui se rétablissent par les acides végétaux, *acétique, citrique, oxalique, tartrique,* ou par leurs sels acides à base de chaux, de potasse ou de soude. Ce sont particulièrement les étoffes dont la couleur a été détruite par de l'urine et par de la lessive, comme il arrive, par exemple, à certaines étoffes noires.

Essence Dupleix. — Un réactif ou agent chimique, qui enlèverait la plupart des taches occasionnées par des corps gras et résineux, qui réussirait également bien sur un grand nombre de couleurs, sans changer ni altérer le lustre des étoffes les plus précieuses, qui serait incorruptible, et que chacun pourrait employer soi-même avec le plus grand succès, serait une découverte aussi intéressante pour la société qu'utile pour le commerce : un mélange d'éther et d'essence de térébenthine remplirait assez bien cette indication, pour laquelle M. *Dupleix* a inventé une essence particulière à laquelle il a donné le nom d'*essence vestimentale.* Les diverses expériences qu'on en a faites ont constaté les propriétés qu'on lui attribue, le succès ayant toujours été le même dans quelque occasion qu'on l'ait employée. Il arrive ordinairement qu'avec un fer chaud et du papier brouillard, on veut enlever les taches qui sont sur un velours qui sert de tapis de table ; on en couche le poil de manière à ne pouvoir jamais le faire redresser. Avec une éponge imbibée de *l'essence Dupleix* et appliquée légèrement, à diverses reprises, sur les endroits où la cire est endurcie, on l'enlève, non-seulement en entier en essuyant l'endroit taché avec un linge blanc, mais, de plus, on a le plaisir de voir que le poil du velours, qui avait été couché par le fer chaud, se relève en entier, et que cette étoffe paraît comme neuve.

Ce qui s'opère sur le velours s'exécute aussi efficacement sur les étoffes brochées de la couleur la plus tendre, et qui seraient même imbibées de cire par la force de la chaleur. Cette essence a encore un avantage sur tous les autres ingrédients propres au dégraissage : c'est qu'elle ne laisse sur les étoffes de soie ou de laine, ni même sur le satin, lorsqu'elle est convenablement employée et avec tous les soins qu'elle exige, aucune de ces nuances peu agréables, ou *cerne*, qu'on y voit après s'être servi de l'esprit-de-vin, et qu'elle n'altère en aucune manière le premier lustre de ces étoffes. Les huiles et les graisses n'y résistent pas plus que la cire, et pour s'en servir avec succès dans ce cas, il n'est question que d'étendre sur une table un linge en double ou en quatre, de mettre sur ce linge l'endroit de l'étoffe qui est taché, de prendre de *l'essence Dupleix* avec une éponge, d'en imbiber la tache en la frottant avec l'éponge, de la passer légèrement autour de la tache pour empêcher qu'elle ne s'étende dans sa circonférence, de pomper, par-dessus, l'humidité que cette essence a occasionnée, de l'essuyer à diverses reprises avec une serviette blanche ; et lorsque la tache est tombée sur le linge blanc de dessous, on le retourne ou on le change de place ; et après avoir essuyé de nouveau l'humidité qui se trouve à l'endroit où était précédemment la tache, on fait sécher l'étoffe au feu.

Lorsqu'on fait cette opération sur des étoffes qu'on a portées longtemps, que les matières graisseuses qui les ont tachées sont rendurcies ou fermes de leur nature, il faut quelquefois la répéter. Si ce sont des robes ou des habits gris ou blancs qui aient été tachés et qu'on craigne de les mettre auprès du feu pour les faire sécher, on peut mettre du plâtre en poudre sur l'endroit humide, et il opère le dessèchement aussi bien que le feu. Un peu d'éther remplit le même but, et n'exige pas de chaleur non plus, autre que celle de l'appartement où l'on opère, ou bien celle du soleil, si l'on opère à l'air libre.

On a remarqué que lorsqu'on ne veut pas découdre les doublures des vêtements tachés, quoique les taches passent à travers le bougran pour aller se rendre sur le linge blanc qui est par-dessous, elle n'en ramollit pas les gommes et n'attire point l'apprêt des étoffes. Les habits brodés en or de couleur, quoique tachés avec du goudron, les rideaux et les dossiers des carrosses, gras de la sueur des mains ou de la pommade des cheveux, se dégraissent aussi facilement que les autres étoffes. Dans le cas où il s'agit d'ôter de dessus un habit les taches de gras que le chapeau ou les cheveux ont occasionnées sur la partie qui termine le col des habits, il faut non-seulement les imbiber à plusieurs reprises avec l'éponge, mais il est encore nécessaire, en frottant et en essuyant fortement, d'opérer toujours dans le sens de l'étoffe, du haut en bas ; et lorsque ce sont des ratines, il faut observer de ne les point frotter, mais seulement d'imbiber l'endroit taché avec de l'essence, et de pomper l'humidité en tapant à petits coups par-dessus avec une serviette blanche.

A tous ces avantages utiles que nous venons de détailler, cette essence réunit encore celui de détruire les insectes qui rongent les étoffes de laine, les pelleteries, le papier dans lequel on renferme les étoffes et les fourrures ; on peut préserver, avec une éponge imbibée de cette essence, les oiseaux et les quadrupèdes empaillés, dont la destruction eût été prochaine par la quantité de ces insectes qui s'y étaient attachés.

Nous avons fait ici une mention spéciale de l'essence *vestimentale de Dupleix*, parce que toutes les substances que l'on vend pour détacher, c'est celle qui nous a semblé réellement la meilleure ; elle n'a aucun des inconvénients des autres compositions que l'on débite pour enlever les taches, compositions empiriques qui n'ont presque toutes d'autre effet que de masquer la tache momentanément, en la rendant ensuite plus compliquée et plus difficile à enlever par le dégraisseur, surtout quand ces compositions sont colorées en rouge ou en bleu, ce qui devrait cependant mettre en garde les dupes les plus simples.

Taches simples et composées. — Nous avons emprunté à Baumé une grande partie de ce qui précède sur la théorie de l'art du dégraisseur, dont les progrès ont suivi naturellement ceux de l'art de la teinture. Depuis Baumé, Chaptal s'est occupé de l'art du dégraisseur, tome 6 des *Mémoires de l'Institut, Sciences physiques et mathématiques*; plus tard, après avoir donné l'extension convenable à quelques principes chimiques qu'il y avait établis concernant cet art, il crut devoir former du tout un petit traité particulier.

Si l'art important du teinturier présente un grand intérêt pour la société, parce qu'il apprend à décorer de couleurs brillantes et solides les tissus qui sont employés à nos vêtements, à nos ameublements, l'art du dégraisseur, qui a pour objet de rétablir des couleurs altérées ou détruites, ne mérite pas moins d'occuper un rang distingué parmi les arts et métiers, et il y a lieu de s'étonner qu'il ait si peu fixé l'attention des chimistes. Aussi, est-ce sans doute pour rappeler l'art du dégraisseur à l'attention qu'il mérite, et rendre à ceux qui l'exercent la considération à laquelle ils peuvent prétendre, que Chaptal a présenté avec raison l'art du teinturier-dégraisseur comme étant essentiellement fondé sur les connaissances chimiques. C'est parce qu'il regardait aussi cet art comme *tout chimique*, qu'il a voulu s'en occuper, désirant trouver cette nouvelle occasion de prouver combien la chimie peut s'appliquer avec avantage aux besoins et aux usages les plus communs de la société.

C'est dans ce traité de Chaptal, remarquable par sa précision, sa clarté, et l'explication simple qu'il donne des opérations du dégraisseur, que nous avons puisé les principes généraux qui paraissent les plus utiles à connaître à tous ceux qui veulent s'occuper de l'art du dégraisseur, et nous nous sommes, autant que possible, renfermé dans les termes mêmes de son savant auteur, pour n'altérer en rien ses excellents préceptes.

On est convenu, dit Chaptal, d'appeler *tache*, tout corps qui, porté sur une étoffe, peut en changer ou altérer une partie de la couleur; et c'est dans les moyens de rétablir la couleur altérée ou détruite, que consiste l'art du *dégraisseur*, connu encore dans la société sous le nom de *teinturier-dégraisseur*.

Mais, pour chercher les moyens de faire disparaître une tache, il faut commencer par en connaître la nature, afin d'opérer avec certitude; Chaptal forme trois divisions principales des matières qui forment ordinairement les taches.

La première division comprend les matières qui produisent des *taches simples*, qu'on peut enlever en employant un seul agent.

La seconde division comprend les matières qui produisent

des *taches composées*, et qui exigent le concours de plusieurs agents.

La troisième division comprend les matières qui produisent des taches susceptibles d'altérer ou de détruire la couleur.

En adoptant ces divisions tout-à-fait rationnelles, nous ne les examinerons toutefois, les unes et les autres successivement, qu'après avoir donné, avec tout le détail qu'elles comportent, dans leurs manipulations pratiques, les préparations des agents principaux ou réactifs dont on fait usage pour enlever les taches.

§ 51.   PRÉPARATION DES AGENTS PRINCIPAUX OU RÉACTIFS DONT ON FAIT USAGE POUR ENLEVER LES TACHES.

Les principaux réactifs utiles au dégraisseur, sont : l'alcool, l'ammoniaque, les lessives alcalines, les acides acétique, citrique, oxalique, tartrique, sulfureux, le bitartrate et le suroxalate de potasse, le chlore et les chlorures de soude ou de potasse, l'eau oxygénée, les essences aromatiques et diverses, de savon ou de térébenthine, l'éther, le fiel de bœuf; enfin la vapeur d'eau concentrée à un haut degré, ou chargée de substances, soit acides, soit alcalines. L'alcool (esprit-de-vin) est bien connu et peut être suppléé par l'eau-de-vie, l'eau de Cologne, le kirschenwasser et quelques autres spiritueux; nous avons donné, d'ailleurs, Chapitre IV, la préparation de la plupart de ces réactifs qui sont d'un usage fréquent dans les ateliers de teinture; il ne nous reste donc plus qu'à donner ici la préparation des autres réactifs qui sont plus spécialement employés dans les ateliers de dégraissage.

Essences. — On comprend sous cette dénomination, non-seulement les huiles volatiles ou essentielles, obtenues par distillation des substances végétales odoriférantes ou de corps résineux, telles que les essences de citron, de lavande, de romarin et de térébenthine, qui sont celles dont le dégraisseur fait le plus d'usage, mais encore les combinaisons dont l'alcool est la principale menstrue, telles que les essences de savon, l'eau de Cologne et quelques esprits dans lesquels sont mélangées des essences.

Il suffit quelquefois de la simple expression pour séparer les huiles volatiles des plantes qui les contiennent en grande abondance; c'est ainsi qu'on peut retirer celle des écorces de citron, d'orange, de bergamote. Mais ce n'est, en général, que par la distillation qu'on peut les obtenir. La plupart des huiles volatiles sont *liquides*; beaucoup d'entre elles sont limpides comme l'eau, et n'ont rien de cette apparence qu'on considère ordinairement comme *huileuse*; quelques autres ont la propriété de prendre une consistance solide, et sont même susceptibles de cristalliser par une évaporation lente; mais leurs principaux caractères distinctifs que doit connaître le teinturier-dégraisseur, sont : 1° de se volatiliser à une température qui n'excède pas 100 degrés centigrades, et d'être très-combustibles; 2° d'être solubles dans l'alcool, l'éther, les huiles fixes, et imparfaitement dans l'eau; 3° de ne laisser aucune trace sur du papier où on les fait évaporer.

Cette dernière propriété est d'autant plus importante à se rappeler, qu'elle fournit un moyen facile de reconnaître si une huile volatile a été falsifiée par quelque mélange des huiles fixes. Il suffit, pour cela, de verser sur une feuille de papier à écrire, une goutte de l'huile volatile que l'on veut essayer, et de l'exposer alors à une chaleur modérée. Si l'huile s'évapore sans laisser aucune trace, elle est pure; si le papier reste taché, ou manifeste la moindre altération de nuance, en faisant virer surtout au jaune, on doit regarder l'essence comme altérée par une huile fixe, ou par quelque autre substance.

L'eau de Cologne, qui s'obtient de la dissolution, à l'aide d'alcool, de plusieurs plantes aromatiques, peut se composer immédiatement avec des essences. 4 grammes de chacune des essences, lavande, citron, néroli; 2 grammes d'essence de romarin; 16 grammes d'essence de bergamote; mélangés dans 2 litres d'alcool (esprit-de-vin à 36 degrés); agités deux fois par jour pendant une semaine, en les parfumant de cinq à six gouttes de teinture d'ambre, même sans addition d'une seule goutte de teinture de musc, m'ont toujours donné une eau de Cologne très-suave. M. Thillaye recommande, comme très-bonne pour détacher, l'eau de Cologne composée de : 61 grammes essence bergamote; 61 grammes essence citron; 16 grammes cédrat; 8 grammes néroli; 4 grammes romarin; le tout mêlé dans 2 litres d'alcool qui leur sert de mixture.

L'esprit de lavande peut se composer de 122 grammes d'essence de lavande dans 2 litres d'alcool. Une bonne *essence à détacher*, dit M. Thillaye, résulte d'un mélange de 734 grammes essence de térébenthine, 1 kilog. 1/2 d'essence de romarin ou lavande, dans 2 litres d'alcool à 36 degrés.

Essence de savon. — L'essence de savon se prépare avec un litre d'esprit-de-vin (alcool) à 30 degrés, 30 décagrammes de savon blanc coupé en tranches minces, et 6 décagrammes de potasse, mêlés entièrement et en dissolution complète, à l'aide d'une douce chaleur.

Voici quelques autres recettes communiquées par M. Robinet pour essences de savon.

— *d'Italie.* 10 savon blanc de soude ; 24 alcool à 34 degrés ; 24 eau distillée ; faites digérer à une douce chaleur, filtrez et aromatisez suivant vos désirs.

— *de Prusse, Hanovre et Saxe.* 1 savon d'Espagne râpé ; alcool rectifié ; eau de roses.

— *de Bavière.* 1 savon blanc du commerce ; 4 alcool à 18 degrés.

— *de Vienne.* 92 grammes, savon de Venise ; 4 grammes sous-carbonate de potasse ; 551 grammes alcool à 0.910 de densité ; 184 grammes eau distillée de lavande.

— *de Russie.* 122 grammes savon d'Espagne râpé ; 61 grammes cendres gravelées purifiées ; faites bouillir avec un $^1/_2$ kilogramme d'eau en agitant, et quand elles sont réduites en consistance d'extrait, faites digérer dans une cucurbite, avec 500 grammes d'esprit de lavande, et filtrez au bout de quatre jours.

Ces deux dernières essences, à cause de l'alcali qu'elles contiennent, sont très-propres à enlever de dessus les étoffes de couleur solide les taches d'huile et de graisse.

M. Robinet observe que, pour les essences de savon, l'alcool ne doit être ni trop fort ni trop faible (33 degrés) ; que le savon doit être bien fait ; s'il est trop récent, il contient de l'huile non saponifiée qui trouble la transparence de l'essence : il faut donc le choisir sec ; enfin qu'on peut décolorer l'essence de savon avec le noir d'ivoire. Voici sa formule :

— *de M. Robinet.* 1 savon blanc sec ; 3 alcool à 33 degrés (trois-six) ; 1 eau. On aromatise à volonté.

Essence de savon de M. Thillaye. 5 savon blanc et neutre ; 10 alcool 33 degrés Baumé (trois-six) ; 2 essence de térébenthine rectifiée ; 4 essence de lavande ou de romarin. Coupez le savon en petits rubans, faites dissoudre au bain-marie, sans que l'alcool entre en ébullition ; quand le savon est dissous, ajoutez les essences de térébenthine et de lavande ou romarin ; mélangez et conservez en flacons.

Essence de térébenthine (huile, esprit de térébenthine). — Cette huile s'obtient par la distillation de la térébenthine dont 125 kilogrammes produisent environ 15 kilogrammes d'essence. Cette huile volatile est incolore, d'une odeur forte et désagréable, plus légère que l'eau, rougit presque toujours la teinture de tournesol, propriété qu'elle doit à l'acide succinique qu'elle contient. Elle est très-peu soluble dans l'eau et soluble dans huit parties d'alcool; le gaz acide hydrochlorique la convertit en camphre artificiel; celle que l'on trouve dans le commerce est rarement assez pure et assez récente pour être d'un emploi toujours convenable dans les opérations délicates du dégraisseur, qui, pour son usage, doit la préparer en la redistillant avec soin sur la chaux vive. L'essence de térébenthine doit être étendue d'alcool pour enlever complètement les taches de l'huile et la couleur de la peinture.

Éther. — Les chimistes connaissent divers éthers qui sont tous le résultat de l'action de certains acides sur l'alcool. Ces éthers ne sont pas tous de même nature; aussi ne nous occuperons-nous ici que de l'éther sulfurique, qui est le seul employé dans l'art du teinturier-dégraisseur.

L'éther est un liquide incolore, transparent, d'une odeur vive et particulière, d'une saveur chaude, piquante et un peu amère, très-inflammable, très-réfrigérant et si volatil qu'il bout et s'évapore à 36°,66; il se congèle à — 43°; il est soluble dans dix fois son poids d'eau et se mêle à l'alcool en toutes proportions; il dissout le camphre, les résines, les huiles volatiles, la plupart des substances grasses, etc. On l'obtient en distillant dans une cornue et au bain de sable, parties égales d'alcool rectifié et d'acide sulfurique à 66 degrés, mélangées peu à peu et en agitant chaque fois, afin d'éviter la cassure de la cornue, que produirait un trop grand dégagement de calorique. On distille alors avec précaution et l'éther traverse une allonge qui est adaptée à la cornue et se rend dans un récipient entouré de glace ou d'eau froide. On le rectifie complètement en y ajoutant du sous-carbonate de potasse sec en poudre, jusqu'à ce que les dernières portions ne deviennent plus humides, et en enlevant ensuite l'éther par distillation. Il est essentiel pour éviter le cerne, de n'employer au dégraissage que de l'éther bien rectifié, et récemment préparé.

L'éther sulfurique dissout, comme nous l'avons dit, les huiles essentielles et le camphre en grande quantité; l'éther camphré est un excellent dissolvant pour le dégraisseur, et en général, il peut obtenir les meilleurs résultats d'un emploi convenable de tous les éthers formés par les acides citrique, oxalique et tartrique, qui peuvent être regardés comme des composés d'acide et d'alcool, qu'il peut d'ailleurs combiner avec toutes les essences.

Fiel de bœuf. — Ce fiel est contenu dans une sorte de poche, comme chez tous les animaux où la bile s'écoule par le conduit cistique dans la vésicule du fiel : il est plus ou moins épais et visqueux ; sa couleur est jaune-verdâtre, son odeur un peu nauséabonde, sa saveur d'une amertume désagréable ; il s'unit très-bien avec l'eau et l'alcool ; la potasse et la soude en augmentent la fluidité et la transparence ; cette addition le convertit en une sorte de savonule qui est très-propre au dégraissage des laines. Comme il se putréfie promptement, on le prépare et on le conserve en ajoutant par litre de fiel, 3 décagrammes d'alun en poudre ; on fait bouillir deux ou trois minutes, et l'on y ajoute autant de sel de cuisine. On le conserve dans des bouteilles bien bouchées, en ayant soin de décanter la liqueur de dessus le dépôt qui s'y forme à la longue. Quand on l'emploie, on y ajoute de l'essence de citron ou de bergamote, pour lui enlever son odeur nauséabonde.

La bile, qui éprouve des altérations remarquables en séjournant plus ou moins longtemps dans la vésicule du fiel, jouit de la propriété de dissoudre la plupart des substances grasses, et de là vient que les dégraisseurs la préfèrent au savon pour nettoyer les laines. La bile de veau, de mouton et de chien est analogue à celle de bœuf, dont 800 parties sont composées, suivant M. Thénard, de : 700 eau, 15 matière résineuse, 69 picromel, 4 environ matière jaune, 2 phosphate de soude, 4 soude ; 3.5 hydrochlorates de soude et de potasse ; 0.8 sulfate de soude ; 1.2 phosphate de chaux, et quelques traces d'oxyde de fer. La bile de porc ne contient pas de picromel. La bile humaine est d'une nature particulière et, d'après Berzelius, ses parties constituantes sont : 908.4 eau ; 80 picromel ; 3 albumine ; 4.1 soude ; 0.1 phosphate de chaux ; 3.4 sel commun ; 1 phosphate de soude et de chaux.

On peut se servir indistinctement, pour détacher, de la bile contenue dans la vésicule du fiel de divers animaux. On forme un savon très-convenable à cet usage, en faisant fondre, à un feu doux, parties égales de savon blanc et de fiel de bœuf, on laisse évaporer l'eau ; puis on coule en moules, et on laisse sécher.

Benzine. — Mettons aussi au rang des substances propres à enlever les taches, la benzine qui est aujourd'hui fort employée pour cet objet et qu'on prépare en distillant avec des précautions convenables le goudron des usines à gaz. Cette substance, malheureusement, possède une odeur forte et pénétrante qu'il est difficile de faire disparaître ; mais il en est de même aussi pour plusieurs essences dont se sert le dégraisseur.

Teinturier.　　　　　　　　　　　　　　　　35

CHAPITRE XI.

NATURE DES TACHES; CHOIX ET EMPLOI DES RÉACTIFS CONVENABLES.

§ 52. NATURE DES TACHES.

Taches simples. — Les substances qui les forment sont celles qui se déposent sur une étoffe sans en détruire la couleur, et dans cette classe on doit comprendre d'abord l'eau; ce liquide en tombant le plus souvent par gouttes sur les étoffes détruit ce brillant, ce *glacé*, cet *uni*, qu'on donne à tous les tissus et même aux feutres, par le moyen des *apprêts*, et ces gouttes d'eau ainsi répandues sur une surface qui n'offrait d'abord qu'une teinte bien unie, y laissent des empreintes qu'il est très-aisé de distinguer à l'œil. On prévient ces taches par le *décatissage*, opération que l'on pratique habituellement sur les étoffes de laine, et que l'on devrait également pratiquer sur les étoffes de soie; elle consiste à délustrer l'étoffe par une humidité froide également répartie à l'aide d'un linge mouillé, et mieux par l'application de la vapeur d'eau qui pénètre l'étoffe mise en presse. La vapeur d'eau, dirigée par un tube, sur une étoffe ainsi tachée et enveloppée d'un linge fin, suffit également pour opérer une espèce de décatissage qui rétablit l'uniformité de la nuance.

Les substances qui forment les autres taches simples principales sont : l'huile, la cire, le suif, la pommade, la résine, les sucs de fruits, le vin, la rouille, le sang, etc.

Tous ces corps étant, par leur nature, solubles dans un seul agent, il suffit en général d'une seule opération pour faire disparaître les taches qu'ils produisent, et cette opération consiste à appliquer un dissolvant convenable, quand la simple vapeur d'eau n'a pas suffi.

Taches composées. — Lorsque la substance qui forme une tache est formée de deux ou trois principes de nature différente, il faut alors employer successivement l'action de plusieurs agents; et c'est pour cette raison qu'on appelle ces taches *composées*.

S'il s'agit, par exemple, de dégraisser une étoffe salie par du cambouis, la tache est composée de suif, de rouille et de boue; en sorte qu'après avoir enlevé le suif et le principe végétal, il reste encore à dissoudre le résidu métallique qui donne à l'étoffe une teinte brune plus ou moins foncée.

Les substances qui forment les taches composées peuvent donc varier à l'infini, et il serait presque impossible d'en établir ici la nomenclature complète ; c'est au dégraisseur à s'assurer par lui-même de la composition de la tache ; celles du *punch* sont reconnaissables en ce que l'acide du citron a ordinairement altéré l'étoffe, tandis que celles des *sirops* sont simplement gluantes, et celles des *sauces* toujours plus ou moins graisseuses, etc., etc.

Substances qui altèrent ou détruisent les couleurs.—Les acides, les alcalis, les sucs de quelques fruits, l'urine récente, changent, nuancent, modifient, altèrent ou détruisent la plupart des couleurs *faux-teint*. Pour rétablir ces couleurs, il suffit, dans plusieurs cas, de neutraliser le corps qui a produit la tache ; c'est surtout ce qui arrive lorsque l'acide est faible. Mais souvent la couleur est complètement détruite, et il faut alors la remplacer , en portant sur la partie altérée une couche de couleur qui soit du même ton que celle qui n'a pas été dégradée, et qui présente une fixité convenable.

Cette partie de l'art du Teinturier-dégraisseur est sans contredit la plus difficile, et réclame une attention et des soins particuliers.

§ 53. CHOIX ET EMPLOI DES RÉACTIFS CONVENABLES POUR CHAQUE ESPÈCE DE TACHE.

Pour qu'un réactif soit propre à enlever une tache, il faut non-seulement qu'il soit de nature à se combiner avec la matière qui la forme, ou à la dissoudre ; mais il faut encore qu'il n'altère ni l'étoffe sur laquelle on opère, ni la couleur dont le tissu est revêtu. Les deux premières de ces conditions sont de toute rigueur ; quant à la dernière, il est souvent difficile de la remplir, surtout lorsque la tache est portée sur des couleurs fugaces ou de *faux-teint* ; mais, dans ce cas, on répare le changement qu'a produit le réactif dont on s'est servi, par des moyens qui seront ultérieurement indiqués.

Il est néanmoins des taches qu'on enlève par des procédés purement mécaniques ; le frottement suffit, dans beaucoup de circonstances, surtout lorsque le corps étranger ne pénètre pas dans le tissu de l'étoffe, ou qu'il est tellement fragile et cassant, qu'on peut le broyer facilement entre les doigts. Mais un moyen qui réussit presque toujours, surtout quand la tache est récente, c'est la vapeur d'eau, dirigée par un tube, en un filet plus ou moins continu, à la température convenable pour éviter la crispation de l'étoffe. Le teinturier-dégraisseur trouvera d'ailleurs, dans le § 8, toutes les notions qui peuvent lui être utiles pour l'emploi spécial de la vapeur, et pour l'appareil le plus convenable à son atelier.

§ 54.   RÉACTIFS POUR LES TACHES SIMPLES.

Nous avons dit comment le décatissage prévient les taches que peuvent former sur les étoffes les gouttes d'eau ; le décatissage est aussi le moyen le plus sûr de les enlever: mais l'éther ou même un spiritueux quelconque réussit également bien, quand il est employé sur les taches récentes que la pluie détermine le plus habituellement, surtout quand on a eu le soin d'enlever d'abord la poussière que les gouttes de pluie ont pu faire pénétrer dans l'étoffe, à l'aide d'un léger frottement avec une fine flanelle ou une brosse extrêmement douce.

Pour connaître l'espèce du réactif qu'il convient d'employer lorsqu'il s'agit d'une tache simple, il est d'abord nécessaire de s'assurer de la nature de la substance qui la forme, et il peut suffire pour cela de la seule inspection de la tache, lorsqu'elle est simple ; en effet, le suif, l'huile, la cire, les sucs de fruits, le vin, la rouille, le sang, toutes ces taches ont des caractères assez prononcés pour qu'on les distingue et qu'on les reconnaisse à l'œil. Le dégraisseur, d'ailleurs, doit toujours s'informer, quand on le peut, des circonstances qui ont accompagné l'accident, et des substances qui ont occasionné les taches, afin d'opérer de suite avec certitude et sans tâtonnements.

Après avoir examiné les diverses substances qui forment ordinairement les taches simples, et la manière dont elles se comportent avec les réactifs, Chaptal pense qu'on peut répartir les substances qui forment les taches simples en quatre divisions principales, savoir : 1° celles des corps graisseux, comprenant les huiles, les graisses, la cire, etc. ; 2° celles des corps résineux ; 3° celles des sucs végétaux et du sang ; 4° celles des oxydes de fer.

Enlèvement des taches simples formées par les corps graisseux. — Les corps graisseux peuvent entrer en combinaison avec un grand nombre de réactifs, tels que les alcalis, la plupart des terres, quelques oxydes métalliques, le savon, les principes huileux eux-mêmes, le fiel ou la bile et le jaune d'œuf.

Mais, indépendamment de ces réactifs, qui tous, en se combinant avec les corps graisseux, forment des composés solubles dans l'eau, et que, par conséquent, on peut enlever facilement dès que la combinaison est faite, il est d'autres agents qui rendent les corps graisseux fluides ou bien les atténuent en les divisant, et fournissent ainsi le moyen de les faire évaporer ou de les enlever par le frottement, ou par l'apposition d'autres corps poreux qui s'en imprègnent et les pompent, pour ainsi dire, pour les extraire du tissu même de l'étoffe.

Parmi les corps qui sont susceptibles de dissoudre les substances huileuses, les alcalis occupent le premier rang ; mais comme ils exercent une action puissante sur les couleurs et les étoffes, surtout sur les laines et les soies, on ne peut en faire usage qu'avec les plus grands ménagements. Il y a, de plus, à considérer que dans leur état de causticité, qui est celui où ces corps peuvent dissoudre les huiles avec plus de facilité, ils attaquent les tissus et les couleurs avec une grande énergie. On paralyse, au reste, ces effets trop énergiques des alcalis, par une injection de vapeur d'eau, avant et après l'application de l'alcali, ce qu'avec un peu d'habitude, le dégraisseur pratiquera de manière à n'être pas réduit à employer les sels alcalins.

Ces sels résultent ordinairement de la combinaison des alcalis avec l'acide carbonique, ce qui diminue considérablement leur effet alcalin sur les corps huileux. Les sels dont on fait l'usage le plus fréquent, pour le dégraissage, sont les sous-carbonates de potasse et de soude ; on emploie rarement le sous-carbonate de magnésie, qui cependant est préférable pour les étoffes précieuses et de nuances très-délicates.

On peut néanmoins, lorsqu'il s'agit d'étoffes blanches, de fil ou de coton, se servir des alcalis caustiques ; mais leur emploi, à l'état de causticité, exige, outre les injections de vapeur que nous venons de recommander, en tout état de cause et sur toute espèce d'étoffe, d'autres précautions qui seront indiquées quand nous parlerons de substances qui altèrent ou détruisent les couleurs.

L'ammoniaque (alcali volatil) liquide ou concrète, n'a pas, au même degré, les inconvénients des alcalis fixes ; mais son action n'est pas non plus aussi active ni aussi efficace. Les combinaisons des alcalis avec les huiles, formant ce qu'on connaît dans le commerce sous le nom de *savon*, ont la propriété de dissoudre une nouvelle quantité d'huile ou de tout autre corps de nature graisseuse, de manière qu'on peut les employer pour enlever les taches d'huile, et l'on s'en sert alors à l'état de savon, ou bien en dissolvant le savon lui-même dans l'alcool (esprit-de-vin), formant ce qu'on appelle *essence de savon,* ou bien encore avec le savon de fiel de bœuf, dont nous avons donné la composition.

Les terres absorbantes, telles que la craie et les terres savonneuses, qui, presque toutes, contiennent beaucoup de magnésie, se combinent encore avec les corps graisseux, et on les emploie pour enlever les taches, sous le nom de pierre à détacher ou à dégraisser.

Le fiel de bœuf, le jaune d'œuf présentent aussi de grands avantages dans tous les cas dont il s'agit, car s'ils sont d'une faible énergie, ils sont aussi sans aucun inconvénient dans leur emploi. Ces matières animales ont la propriété de dissoudre les corps graisseux sans altérer les tissus, ni sensiblement la plupart des couleurs, de sorte qu'elles sont d'un très-grand usage.

On combine même assez ordinairement, ou l'on mélange ensemble quelques-uns des corps dont il vient d'être parlé, pour produire plus d'effet. C'est ainsi qu'on mélange le savon, le fiel, le jaune d'œuf, avec les terres savonneuses, qui donnent la consistance pour former des pierres à *détacher.* 6 litres d'eau, 122 grammes de soude ou de potasse, 2 fiels de bœuf, 61 grammes de savon noir, et le jus d'un citron, bouillis ensemble pendant trois à quatre minutes, forment, suivant M. Buzelay, une lessive qui, tirée à clair, peut s'employer à froid ou à chaud, pour faire disparaître le plus grand nombre des taches graisseuses.

L'éther sulfurique a aussi la propriété de dissoudre les huiles ; ce dissolvant serait d'autant plus avantageux qu'il n'attaque ni les couleurs ni l'étoffe, mais il a l'inconvénient d'être trop volatil et d'abandonner trop aisément le corps qu'il tient en dissolution, ou de s'en séparer, lorsqu'on est forcé de recourir à la chaleur pour enlever des corps compactes et pesants, tels que la poix, la térébenthine, les huiles grasses.

M. Giobert a proposé, dit Chaptal, l'alcool camphré, comme le meilleur dissolvant des principes huileux ; mais il fait observer avec raison que, pour produire son effet, il faut qu'il soit rectifié avec le plus grand soin, et qu'il soit saturé de camphre autant que possible. Cet habile chimiste prescrit en même temps de ne pas nettoyer avec de l'eau la tache qu'on a dissoute, pour ne pas précipiter sur l'étoffe une portion de camphre, qu'on ne pourrait faire disparaître ensuite que par une nouvelle quantité d'alcool ordinaire. L'éther camphré est préférable à l'alcool.

Mais la substance la plus généralement employée pour enlever les taches d'huile, est l'*huile volatile,* ou *essence de té rébenthine;* elle agit d'autant mieux qu'elle est plus récente, et nous avons dit qu'il était nécessaire de la rectifier en la distillant sur la chaux vive ; ainsi rectifiée, cette huile volatile dissout tous les corps huileux, toutes les résines, et n'altère, en général, ni les couleurs ni les tissus. On peut remplacer l'essence de térébenthine par d'autres huiles essentielles d'une odeur plus agréable, telles que l'huile essentielle de bergamote, d'aspic, et l'on peut aussi, en la mêlant avec elles, masquer la mauvaise odeur qu'elle a. Ce sont, en général, des préparations de cette nature, qu'on vend dans le commerce sous le nom d'*essences*, et qui, pour la plupart, ont besoin d'être rectifiées, comme l'essence de térébenthine, par une nouvelle distillation sur la chaux vive.

Lorsque les corps graisseux sont très-tenaces, comme le sont les huiles cuites, la poix, etc., la plupart des réactifs que nous venons d'indiquer ne pourraient agir sur eux qu'en aidant leur action par une chaleur assez forte, ce qui n'est pas toujours praticable sans danger ; mais, dans ce cas, on cherche d'abord à rendre les corps graisseux plus fluides, en y ajoutant une huile très-liquide et du beurre fondu, et en aidant ensuite l'action du dissolvant par un léger degré de chaleur. De tous les réactifs qui ont la propriété d'enlever les taches simples, formées par les corps graisseux, la chaleur est le moyen qu'on emploie le plus généralement, parce que la chaleur dissout les huiles, et qu'en la maintenant suffisante, les huiles après s'être étendues, finissent par se réduire en vapeurs ; il suffit de l'appliquer à quelques-uns des corps graisseux, et de les tenir dans un état liquide pour les évaporer ; tels sont la cire, le suif, etc. Mais il faut avoir égard aux différents degrés de chaleur auxquels ces différents corps graisseux se volatilisent, car souvent on risque, par une application trop brusque de la chaleur, ou par une chaleur trop forte et trop prolongée, de roussir l'étoffe en enlevant la tache graisseuse. Quant aux corps qui ne sont pas susceptibles de se volatiliser à un degré de chaleur incapable d'altérer l'étoffe, on se borne à les liquéfier ; à cet effet, on met l'étoffe tachée entre des papiers non collés, et on applique dessus un corps chaud capable de faire fondre la tache ; le corps graisseux, dès qu'il est ramolli, passe dans les papiers avec lesquels il est en contact immédiat, et abandonne l'étoffe. On fait disparaître la tache en entier, en répétant plusieurs fois l'opération, et on lui présente chaque fois du papier qui n'en soit pas imprégné : il est toujours bon, après cette opération, de mettre un peu d'éther pour achever le dégraissage.

Enlèvement des taches simples formées par les corps résineux. — On considère comme *corps résineux*, la colophane, la sandaraque, le vernis, la poix, et généralement toutes les substances très-inflammables qui se dissolvent dans l'alcool. Ce sont surtout celles de ces substances qu'on est obligé de liquéfier pour en faire usage, qui font les taches.

Les réactifs qui peuvent enlever ces taches sont, pour la plupart, ceux dont il a été précédemment parlé, mais comme le plus grand nombre d'entre eux ne peut agir qu'autant que les corps résineux ont été convenablement ramollis, on n'indiquera ici que l'alcool et l'éther, qui, à l'état de pureté et bien rectifiés, ont la propriété de dissoudre les résines, et de n'altérer en aucune manière ni les étoffes, ni la plupart des couleurs.

On peut employer aussi l'essence de térébenthine, ou seule, ou étendue d'alcool, surtout lorsque la tache est formée par un corps tenace, la résine ou les vernis ; mais alors, on est obligé de ramollir la tache avec un fer chaud avant d'appliquer l'essence, et il est nécessaire de la laver ensuite avec de l'esprit-de-vin, de l'éther, la préparation particulière, connue dans le commerce sous le nom d'*eau de la reine de Hongrie* ; ou tout autre mélange d'essence volatile et d'ammoniaque.

Enlèvement des taches simples formées par les sucs végétaux. — Indépendamment de leur acide qui attaque les couleurs et les fait changer, tous les sucs colorés des végétaux font tache sur les étoffes en y déposant la couleur qui leur est propre. Nous allons d'abord nous occuper de ces sucs colorés, qui n'ont point d'action acide, nous réservant de parler ailleurs des sucs qui attaquent les couleurs et les font changer.

Lorsque les sucs dont il s'agit sont récemment déposés sur une étoffe, une simple solution à l'eau froide suffit pour les faire disparaître. Mais lorsqu'on leur a donné le temps de sécher, ils adhèrent alors avec plus de force, et l'eau seule, même à l'état de vapeur, ne suffit pas toujours pour les enlever. Il faut recourir alors à d'autres agents, parmi lesquels on distingue l'acide sulfureux, liquide ou gazeux, et le chlore, seul ou combiné avec la potasse : cette dernière combinaison est généralement appelée *eau de javelle*, du nom de la fabrique où on l'a préparé et employé pour la première fois à cet usage.

Ces deux réactifs ne peuvent pas se garder longtemps sans perdre une grande partie de leurs vertus, et sans éprouver dans leur nature des changements qui en altèrent la qualité et leur donnent de nouvelles propriétés ; comme d'ailleurs ces deux préparations ne se trouvent pas ordinairement dans le commerce telles qu'il les faut pour être employées à enlever les taches de fruits, nous avons pensé qu'il pouvait être utile à ceux qui exercent l'art du teinturier-dégraisseur de connaître les procédés par lesquels on peut obtenir ces réactifs, ainsi que tous ceux qui servent, ou simples ou combinés, à enlever toutes espèces de taches, et nous avons décrit avec soin toutes ces préparations dans les IVe et Xe chapitres de cet ouvrage, auxquels le teinturier devra toujours recourir en cas de besoin.

Enlèvement des taches simples formées par les oxydes de fer (la rouille). — On comprend ordinairement, sous le nom de taches de rouille, les taches que produit le fer sur une étoffe, quoiqu'elles soient de deux espèces, suivant l'état d'oxydation du métal. De tous les métaux connus, le fer est celui qui est le plus employé à nos usages, et comme c'est un de ceux qui s'oxydent avec le plus de facilité, en donnant l'oxyde qui a le plus d'affinité avec les tissus de nos étoffes de fil, de lin et de chanvre, et surtout avec ceux de coton, les taches qu'il produit sont aussi fréquentes que difficiles à enlever.

Le fer, déposé sur une étoffe, peut s'y trouver dans deux états différents, d'où il suit qu'il n'est pas toujours soluble dans les mêmes dissolvants ; il faut donc distinguer l'état du fer dans deux circonstances : 1° lorsqu'il est à l'état d'oxyde noir, c'est-à-dire voisin de l'état métallique ; 2° lorsqu'il est à l'état d'oxyde rouge, ou très-chargé d'oxygène.

Dans le premier état, il adhère beaucoup moins à l'étoffe, et on peut l'enlever avec l'acide sulfurique ou avec l'acide hydrochlorique, l'un et l'autre acide affaiblis de 12 parties d'eau, au moins, pour ne pas altérer l'étoffe.

Il suffit de tremper l'étoffe tachée dans les acides, et de l'y laisser s'humecter convenablement ; on a l'attention de frotter la tache avec les mains, en repliant et frottant l'étoffe sur elle-même, lorsqu'elle résiste à l'action des acides : il faut laver ensuite l'étoffe avec grand soin dans l'eau claire, pour enlever tout l'acide dont le tissu est imprégné. L'injection de vapeur d'eau, avant et après l'application des acides étendus, préviendra toute espèce de cerne.

On peut encore, dans tous les cas, employer la crème de tartre (bitartrate de potasse) réduite en poudre très-fine, et dont on recouvre la tache avant de l'humecter ; on laisse agir cette poudre humide pendant quelque temps, après quoi on frotte avec le plus grand soin.

La crème de tartre est préférable aux acides qu'on vient de citer, parce qu'elle attaque bien moins les étoffes, et surtout parce qu'elle altère moins les couleurs que ces acides, qui tous les deux ont une action décolorante.

Mais lorsque le fer est très-oxydé, et que la couleur de la tache est jaune-rougeâtre plus ou moins intense, alors les acides dont il a été parlé, surtout les acides sulfurique et hydrochlorique, n'agissent pas sensiblement sur lui, et il faut recourir à d'autres agents.

L'acide oxalique mérite la préférence sur tous les corps qu'on peut employer; il a la propriété de dissoudre l'oxyde de fer avec une grande facilité, et de ne pas attaquer sensiblement, pendant son action sur l'oxyde, les étoffes sur lesquelles on l'applique.

L'acide oxalique a la propriété de dissoudre facilement tous les oxydes de fer. On l'emploie à cet usage, ou réduit en poudre et appliqué sur la tache qu'on mouille légèrement, pour aider l'action de l'acide, ou bien à l'état de dissolution.

On peut remplacer l'acide oxalique par quelques-unes de ses combinaisons, telles que celle qu'il forme avec la potasse et qui constitue le *sel d'oseille* du commerce; mais sa vertu est moins énergique; on s'en sert néanmoins avec avantage; et le sel d'oseille était même le principal dissolvant de l'oxyde de fer avant la découverte de l'acide oxalique.

Comme les taches où le fer est peu oxydé se dissolvent plus aisément et dans un plus grand nombre d'acides que celles où le métal est combiné avec plus d'oxygène, M. Giobert a proposé de faire rétrograder l'oxydation, en versant sur les taches d'oxyde jaune ou rouge un peu de graisse fondue, qu'on tient pendant quelque temps à l'état liquide à l'aide d'une légère chaleur; il fait observer qu'après cette opération préliminaire, on peut enlever ces taches avec l'acide sulfurique affaibli.

On voit qu'en définitive le moyen le plus simple et le plus sûr d'enlever toute espèce de tache simple, formée par le fer, est toujours l'acide oxalique.

§ 55. RÉACTIFS POUR LES TACHES COMPOSÉES.

On désigne, ainsi qu'il a été dit, sous le nom de *taches composées*, celles qui sont formées par l'action réunie de plusieurs substances.

Il arrive souvent que ces substances sont de nature différente; de sorte qu'il faut recourir à l'action successive de plusieurs agents pour détruire ces taches. C'est ce qui arrive lorsqu'on a à enlever des taches d'encre, de cambouis, de la boue des ruisseaux, etc.

Dans plusieurs de ces cas, on commence par des lavages à l'eau, plus ou moins chaude, ou même à l'état de vapeur, afin d'enlever une partie de la tache, et l'on termine par l'acide oxalique, ou le sel d'oseille, pour faire disparaître le résidu grisâtre et presque toujours ferrugineux qui reste fixé sur l'étoffe après les premiers lavages. Il est plus facile d'enlever les taches d'encre, lorsqu'elles sont fraîches, que lorsqu'elles ont vieilli sur l'étoffe; car, dans ce dernier cas, non-seulement l'oxyde de fer, qui fait la base de l'encre, a pénétré plus avant dans le corps de l'étoffe, mais l'oxydation a fait des progrès; et le fer, dans ce dernier état, n'est plus soluble que par l'acide oxalique.

Lorsque les *taches de rouille* sont anciennes *sur un fond blanc*, et qu'elles ont passé plusieurs fois à la lessive, elles résistent aux agents ordinaires. On a recours alors à l'emploi des substances qui, ayant une grande affinité pour l'oxygène, ramènent l'oxyde de fer à un degré moindre d'oxydation, état dans lequel il est, ainsi que nous l'avons déjà dit, plus soluble dans les acides. Le protochlorure d'étain (sel d'étain) en dissolution (1 de sel et 5 d'eau) est un réactif très-convenable et que recommande M. Thillaye. On humecte la tache avec ce liquide, après l'avoir couverte avec de l'acide oxalique. La tache ne tarde pas à disparaître; on lave ensuite avec de l'eau, pour enlever l'étain, on passe dans un acide faible et l'on rince.

Lorsque la tache est récente, l'emploi d'un acide quelconque, tel que le jus de citron, l'acide sulfurique affaibli, suffisent pour détruire entièrement l'empreinte de l'encre. On peut encore se servir avec avantage du chlore. Chaptal fait observer, à ce sujet, que ce dernier réactif est le seul qu'on puisse employer, lorsqu'il s'agit d'enlever une tache d'encre sur un papier ou sur un livre imprimé, parce qu'il a la propriété de dissoudre l'encre ordinaire, sans altérer en aucune manière l'encre d'impression.

L'usage du chlore est fort étendu; il a la propriété de détruire toutes les couleurs végétales, même celles qui résistent aux autres acides, telles que celle de l'indigo; de sorte que toutes les fois qu'il s'agit d'enlever un principe colorant végétal qui forme une tache sur une étoffe, on doit s'en servir de préférence à tout autre agent; mais, par cela même qu'il détruit les couleurs végétales, on ne peut l'employer que dans le cas où les taches existent sur des étoffes sans couleur ; dans toute autre circonstance, il convient de lui substituer l'acide sulfureux, qui conserve, ainsi qu'on l'a déjà annoncé, la plupart des couleurs.

Après avoir trempé les tissus dans le chlore liquide affaibli, et les y avoir laissés séjourner pendant assez de temps pour que la couleur jaunâtre disparaisse, on les passe à l'eau froide, et on renouvelle les immersions jusqu'à ce que l'odeur de l'acide soit dissipée.

On peut repasser les tissus de nouveau dans le chlore, en les sortant du bain d'eau fraîche, si l'on juge que la couleur blanche n'ait pas été suffisamment rétablie par une nouvelle immersion.

Il est bien entendu que le chlore a été suffisamment affaibli pour ne pas attaquer le tissu lui-même.

Après avoir donné la marche générale à suivre pour enlever les taches composées, nous pensons que le dégraisseur, en s'aidant des principes que nous avons posés pour le guider dans l'enlèvement des taches simples, n'éprouvera aucune difficulté pour venir à bout de toute espèce de tache quelque compliquée qu'elle soit.

Les *taches de sauce* contiennent le plus souvent de l'huile, du sang, et un acide faible (vinaigre, jus de citron ou de fruit) ; il est facile de voir, d'après ce qui précède, qu'elles doivent être traitées d'abord par l'essence de térébenthine pour enlever l'huile, par l'acide oxalique pour enlever le sang, par un peu d'ammoniaque pour neutraliser les acides, et enfin par l'éther pour rétablir les nuances et le lustre de l'étoffe.

Les *taches de peinture* s'enlèvent assez bien, toutes récentes, avec de la mie de pain ; quand elles sont sèches, il faut l'emploi combiné de l'essence de térébenthine et d'alcool pour enlever l'huile et la couleur ; si cette couleur est un oxyde de fer, il faut recourir à l'acide oxalique ; si la couleur est un sel de plomb, l'eau oxygénée sera d'un bon emploi, surtout pour les étoffes blanches ; dans tous les cas de taches composées, il sera bon de terminer par l'éther, et de s'assurer, par une exposition de quelques heures à l'air libre, que la tache composée n'a en rien affaibli, altéré ou détruit la nuance de l'étoffe, car il est rare qu'une tache composée ne produise pas un peu d'altération de couleur.

Taches sur étoffes épaisses. — Un soin important et qu'il ne faut pas négliger, pour les taches composées, c'est d'opérer à la fois à l'endroit et à l'envers de l'étoffe, quand on le peut, afin que la tache disparaisse complétement et pour toujours ; car il arrive fréquemment, pour les étoffes épaisses surtout, que la tache n'ayant été enlevée qe'à l'endroit et en partie, la chaleur du corps ou toute autre cause fait reparaître la tache, qui avait pénétré la totalité de l'étoffe et qui s'était réfugiée à l'envers.

Taches mercurielles. Vauquelin recommande, pour enlever les taches que l'onguent mercuriel (mercure et graisse), laisse sur le linge, une lessive caustique composée de 50 parties d'eau, 1 sous-carbonate de soude et $^1/_2$ chaux vive. Quand le linge a bouilli dans cette lessive, et que la graisse est dissoute, on enlève la tache noirâtre du mercure avec du chlore liquide (12 eau et 1 gaz chlore) ; on lave à l'eau pure d'abord, et ensuite à l'eau de savon. Les chlorures de chaux et de soude font également disparaître ces taches mercurielles.

§ 56. RÉACTIFS POUR RÉTABLIR LES COULEURS ALTÉRÉES OU DÉTRUITES.

Nous avons déjà dit que ce qu'il y avait de plus difficile dans l'art du dégraisseur, c'était de rétablir les couleurs altérées ou détruites, et en effet, il faut, pour bien remplir une pareille indication, toute la science d'un teinturier habile ; car non-seulement il faut rétablir des couleurs altérées, mais encore il peut s'agir de faire revivre des couleurs qui ont été détruites ; et il est plus facile de teindre une étoffe en entier que de retrouver la nuance sur certaines parties.

Le dégraisseur ne peut convenablement parvenir à ce double résultat qu'après avoir bien étudié les effets que produisent sur les différentes couleurs les divers corps qui peuvent les altérer, ainsi que la composition des couleurs elles-mêmes ; ce qui suppose les connaissances du teinturier réunies à celles du chimiste.

Il doit donc s'occuper d'abord des acides, des alcalis, des sucs astringents, comme étant les principales substances dont les effets peuvent altérer les couleurs des corps. Les acides rougissent les couleurs noires, fauves, violettes, puces, et généralement toutes les nuances qu'on donne avec l'orseille, les astringents et les préparations de fer.

Les bleus d'indigo et de Prusse, les noirs faits sans préparations de fer, les violets qui résultent de la combinaison de la garance ne sont pas susceptibles d'éprouver ces changements de la part des acides.

Les acides détruisent les jaunes légers et font passer le vert au bleu sur les étoffes de laine ; ils pâlissent les jaunes plus intenses ; ils rosent les ponceaux ; avivent et éclaircissent les rouges de fernambouc ; ils jaunissent le bleu fourni par le campêche et le sulfate de cuivre ; ils avivent l'indigo et le bleu de Prusse.

L'effet des acides n'est pas le même pour tous, parce que tous n'ont pas la même activité ; les acides minéraux détruisent la plupart de ces couleurs, tandis que les acides végétaux ne font que les nuancer, les changer, les altérer sans les détruire.

L'urine, surtout celle de certains quadrupèdes, tache en jaune pâle presque toutes les couleurs ; les bleus, les roses, les violets d'orseille, les couleurs obtenues par les astringents et le fer, tout prend de la part de cette humeur animale, une teinte jaune, pâle et sale ; dans tous ces cas, la couleur est presque détruite. L'urine récente et chaude produit seule ces effets ; et on peut, dans cet état, l'assimiler aux acides ; mais lorsqu'elle a fermenté, elle prend alors un caractère alcalin, et ses effets sont ceux qui appartiennent à cette classe de corps.

Les alcalis tournent au violet les rouges de fernambouc, de cochenille, etc. ; ils jaunissent les verts sur laine ; ils brunissent les jaunes, et donnent à quelques-uns une teinte orangé-rougeâtre ; ils jaunissent et font passer à l'aurore les couleurs du rocou ; ils foncent tous les violets qu'on porte sur la laine et la soie ; ils jaunissent le vert qui a l'indigo pour base, de même que les couleurs faites par les astringents.

La sueur qui se corrompt sur une étoffe produit l'effet des alcalis.

Les sucs astringents des végétaux, la préparation, l'infusion ou décoction de quelques-uns, forment sur les étoffes des taches qui sont très-faciles à enlever lorsqu'elles sont portées sur des tissus sans couleur, parce qu'elles rentrent alors dans la classe des sucs végétaux ordinaires ; mais ils altèrent les couleurs lorsqu'ils tombent sur certaines étoffes colorées : c'est ainsi, par exemple, que lorsque la couleur *nankin* est donnée par l'immersion d'une étoffe dans une préparation de fer, les sucs astringents y produisent une teinte d'un violet-verdâtre plus ou moins sale ; lorsqu'ils agissent sur des noirs, des violets, des ponceaux, des puces, des bruns, dont la base est l'oxyde de fer, ils y portent encore des modifications infinies ; et en général, ces sucs nuancent, modifient et tournent toutes les couleurs dans lesquelles on fait entrer les oxydes de fer.

Rétablir les couleurs altérées. — Nous savons qu'en général les acides rétablissent les couleurs altérées. Parmi les acides connus, ou les combinaisons acides, il n'est aucune préparation qui soit plus propre à rétablir les couleurs altérées, que la dissolution d'étain par l'acide hydrochloronitrique ; dissolution qui est connue dans les arts sous le nom de *composition pour l'écarlate*, et dont nous avons décrit avec soin les meilleures préparations, Chap. IV. § 17. Seulement, il faut avoir l'attention de ne pas employer cette composition trop forte, parce que dans cet état, non-seulement elle pourrait agir sur le tissu de l'étoffe, mais elle donnerait une teinte orangée à l'écarlate.

L'impression désagréable que produit la sueur qui imprègne les vêtements sous les aisselles et ailleurs, disparaît par l'application de cette dissolution ; il suffit en effet d'en imprégner l'étoffe pour rétablir aussitôt la nuance primitive de l'écarlate même, et à plus forte raison celle des nuances moins délicates.

Nous savons qu'en général l'effet des acides faibles, tels que ceux de quelques fruits, du vinaigre, etc., etc., peut être combattu avec avantage par les alcalis ; mais de tous les alcalis, l'ammoniaque liquide (alcali volatil) est celui dont l'emploi est le plus convenable et le plus facile ; il suffit d'imbiber l'étoffe de cette substance pour rétablir la couleur primitive. Cet alcali a sur les alcalis fixes l'avantage de ne pas altérer l'étoffe et de produire un effet plus prompt. Après avoir ainsi établi d'une manière générale l'emploi du réactif acide le plus convenable pour rétablir la couleur altérée par une substance alcaline, et l'emploi du réactif alcalin le plus convenable pour rétablir la couleur altérée par une substance acide, il ne nous reste plus qu'à recommander au dégraisseur le plus grand soin et la plus grande propreté dans l'emploi de ces réactifs : pour éviter la cerne (*cercle d'altération qui environne la tache enlevée*), il suffit toujours de frotter légèrement l'étoffe avec un linge fin imbibé d'éther récemment distillé, en continuant ce frottement léger et étendant le cercle doucement et graduellement jusqu'à ce qu'il ait entièrement disparu et que l'étoffe soit à peu près sèche.

Rétablir les couleurs détruites. — Cette partie de l'art du teinturier-dégraisseur est, suivant Chaptal, peu pratiquée ; et, dans l'impossibilité de faire revivre avec tout son éclat, ou de rétablir dans toute sa pureté une nuance primitive, affaiblie ou altérée, on se borne à peigner rudement l'étoffe avec le chardon à foulon, la carde ou la brosse, pour en tirer le poil caché dans le tissu et en recouvrir la surface.

Comme dans l'art du teinturier-dégraisseur il ne s'agit point de porter une nouvelle couche de teinture sur toute une étoffe, mais d'appliquer sur un point déterminé une nuance assortie à la couleur qui n'a point été altérée, il n'est pas aisé d'atteindre ce but; car, pour cela, l'artiste doit avoir des connaissances de détail qui sont très-souvent étrangères aux plus habiles teinturiers.

D'un autre côté, comme très-souvent le mordant a disparu avec la couleur, il devient nécessaire de le rétablir pour ne pas opérer un vrai *barbouillage*; et telle peut être la nature de ce mordant, qu'il soit impossible d'en imprégner quelques points isolés ; dès-lors on ne peut que masquer une tache par l'application d'une couche de couleur, plus ou moins durable.

On peut établir, en général, que dans les procédés de teinture des étoffes de nature différente, il y a des différences notables, tant dans les méthodes d'application que dans les principes colorants qui sont employés.

Ces différences sont surtout très-remarquables entre les étoffes végétales et les étoffes animales.

La nature des premières permet de les préparer par les alcalis, d'en aviver les couleurs par des lessives très-fortes, etc., tandis que de pareils agents dissoudraient le tissu des matières animales.

D'un autre côté, les principes colorants qui ont de l'affinité avec la laine ou la soie n'en ont pas toujours avec le coton; la cochenille et le kermès en fournissent un exemple. Aussi les couleurs s'altèrent-elles avec plus ou moins de facilité, selon la nature de l'étoffe sur laquelle elles sont portées, ce qui fait varier les moyens de les y rétablir.

Il existe aussi de très-grandes différences dans la manière dont les couleurs de même nature se fixent sur les étoffes; tous les bleus sur la laine, depuis le plus foncé jusqu'au plus clair, s'obtiennent par le seul indigo qu'on dissout par les alcalis ou par les acides; tandis que pour le bleu le plus plein sur la soie, on est obligé de donner à l'étoffe un *pied* (1) d'orseille avant de la passer à la cuve, et un *pied* de cochenille lorsqu'on veut obtenir un *bleu fin*. On donne encore à la soie un beau bleu dit de *roi*, en *lissant* (2) les soies sur un bain de vert-de-gris, et les passant ensuite dans un bain de bois d'Inde, on le rend solide par le moyen de l'orseille qu'on lui donne à chaud, et en terminant l'opération par un bleu de cuve. On voit, d'après cela, que les bleus doivent être plus altérables sur la soie que sur la laine et les

(1) On appelle, dans la teinture, *donner un pied*, mettre une première couleur sur une étoffe pour en appliquer une autre par-dessus, et faire par conséquent une couleur composée.

(2) *Lister* ou *liser* : on appelle ainsi l'opération qui consiste à plonger la soie dans le bain, de manière qu'elle soit entièrement trempée, et on réitère cette manœuvre jusqu'à ce que la soie ait pris uniformément la teinte qu'on veut lui donner.

autres étoffes ; que les acides qui agissent sensiblement sur toutes les substances, lorsqu'ils servent de pied à l'indigo, dans le bleu sur la soie, en doivent porter une impression marquée sur celui-ci, et ne pas altérer les autres.

On peut tirer de ces faits une autre conséquence ; c'est que pour rétablir la couleur bleue dégradée sur la soie, il faut recourir aux matières mêmes, qui, seules, donnent assez de plénitude à l'indigo pour fournir des bleus foncés, tandis qu'il suffit d'une simple dissolution d'indigo pour régénérer le bleu de la laine et du coton. La dissolution d'une partie d'indigo dans quatre parties d'acide sulfurique, étendu d'une quantité convenable d'eau pour lui donner la teinte nécessaire, peut être employée avec succès pour reparer une couleur bleue altérée sur la laine ou sur le coton.

Les rouges présentent de semblables différences ; la cochenille, traitée par les mordants de crème de tartre et de dissolution d'étain, fournit un cramoisi fin à la soie, un superbe écarlate à la laine, et une couleur de chair très-pâle au coton. Si l'on supprime la crème de tartre, et qu'on la remplace par l'alun dans le bain de préparation, la laine sortira cramoisie. Une dissolution très-faible d'alcali suffit encore pour tourner l'écarlate en cramoisi.

Comme le ponceau sur la soie résulte de l'application d'un *pied* de rocou et de rouge de carthame, il pâlit par les alcalis et s'avive par les acides.

Les nacaráts, les roses, les cerises, les couleurs de chair, généralement obtenus par le bain de carthame, se détruisent par les alcalis et reparaissent par les acides.

La soie alunée, passée dans la décoction de bois de Brésil, prend un cramoisi faux qu'on rose par la dissolution des cendres gravelées. Si, après lui avoir donné un *pied* de rocou, on l'alune et qu'on la teigne au bain de Brésil, il en résulte un ponceau faux.

On teint pareillement toutes les espèces d'étoffes en rouge, par le moyen de la garance ; mais cette couleur est plus solide sur le coton, le mordant qui s'y fixe est différent de celui qui la retient sur la laine.

Quelles que soient, dit Chaptal, les nuances que prennent les mêmes principes colorants rouges qu'on porte sur les diverses étoffes, on peut établir quelques procédés invariables pour les rétablir ou les réparer lorsque les nuances sont détruites ou altérées.

Ainsi, lorsque l'écarlate a souffert ou est altérée, il suffit, pour la raviver, d'une dissolution d'étain et de cochenille.

Le bois de Brésil et l'alun font reparaître le cramoisi.

L'orseille qu'on peut forcer par les alcalis, roser par les acides, et nuancer de mille manières en la mêlant avec le brésil, le campêche et le fustet, fournit toutes les teintes qu'on peut désirer.

Les mêmes matières tinctoriales servent à donner la couleur jaune à toutes les étoffes ; la gaude fournit un jaune franc et solide ; aussi la préfère-t-on pour la soie.

Le bois jaune ne produit qu'une couleur sombre quand on l'emploie sans mordant.

Le rocou fournit un jaune-rougeâtre ; chacune de ces matières tinctoriales reçoit des altérations différentes de la part des mêmes agents ; ce qui exige des réactifs appropriés à chaque sorte de principes colorants, et l'emploi d'une couleur identique lorsque la couleur primitive a disparu.

Le noir ne présente pas une grande différence, ni dans sa composition, ni dans ses effets sur les diverses étoffes ; la base en est toujours un principe astringent, un oxyde de fer et du campêche, et l'on peut se borner à cette simple composition pour former des nuances capables de rétablir sur une étoffe la couleur dégradée.

Quant aux couleurs composées, dont les éléments ne sont pas tous d'une égale solidité, et que leur différente nature rend, suivant Chaptal, plus ou moins *impressionnables* aux divers agents, il s'ensuit que, par la dégradation insensible de l'une des couleurs composantes, on voit, par degrés, prédominer celle qui est la plus fixe ; c'est ainsi qu'assez généralement, dans les couleurs vertes, le bleu survit au jaune, surtout lorsque le premier est fait à la cuve. On rétablit aisément la couleur composée en reportant sur l'étoffe le principe colorant qui a disparu.

Toutes les couleurs auxquelles on a été obligé de donner un *pied* à l'aide d'une matière étrangère, peuvent être considérées comme des couleurs composées. C'est ainsi que l'orseille et la cochenille qu'on porte sur la soie pour produire le *bleu plein* ou le *bleu fin*, le rocou qui fait base du ponceau, se dégradent aisément, et alors la couleur primitive en est altérée, nuancée, etc.

Les violets fins sur soie s'obtiennent par la cochenille et la soude ; les violets faux sont produits par l'orseille et le campêche. Le violet sur coton se donne par deux procédés bien différents ; l'un consiste à passer à la cuve d'indigo le coton garancé ; l'autre à porter la garance sur l'oxyde de fer déposé sur le coton. Il s'ensuit, en considérant ces compositions, que chaque réactif doit agir différemment sur chacune d'elles, et que, pour les rétablir, il faut imiter la composition primitive.

Tous les gris-bruns, les pucés, et généralement toutes les nuances sombres qui forment aujourd'hui la presque totalité de nos couleurs d'usage dans les étoffes de laine, sont des mélanges, en diverses proportions, de bleu, de jaune ou de rouge avec le noir; l'urine les tache en jaune, les acides en rouge, et il suffit presque toujours d'employer les lessives alcalines pour rétablir la couleur ainsi altérée. Mais lorsqu'elles ne produisent pas l'effet désirable, ou y porte de la décoction de noix de galle, ou un peu de dissolution de fer, suivant le besoin.

CHAPITRE XII.

BLANCHIR A NEUF; RÉSERVE; LUSTRAGE ET APPRÊT.

—

§ 57. BLANCHIR A NEUF.

Cachemires, mérinos, poils de chèvre. — On ajoute à de l'eau froide bien pure deux cuillerées d'essence de savon et une cuillerée de fiel de bœuf; on lave rapidement dans ce bain une fois, ou même deux, s'il est nécessaire, et l'on rince à l'eau froide, avec un bain très-propre et très-léger d'alun, qui empêche les couleurs de couler; on tord entre deux linges, ou épingle sur le métier, et on sèche à l'ombre et au grand air.

Satin blanc, et en général tous les tissus de soie. — On mêle ensemble une partie de savon blanc, deux parties de miel blanc et quatre parties d'eau-de-vie, et l'on fait chauffer doucement le tout jusqu'à ce que le mélange devienne complet et bouillant. On frotte ce mélange très-chaud avec une brosse douce sur la soie à blanchir qu'on a étendue sur un marbre très-propre, nettoyé exprès avec un peu d'eau-de-vie, et après avoir frotté de manière à faire disparaître toute espèce de crasse, on plonge la soie successivement dans plusieurs eaux froides en l'y agitant fortement, sans la rincer ni la tordre, de telle sorte que la dernière eau ne soit nullement altérée par l'étoffe qu'on y plonge. On laisse ensuite ressuer la soie entre deux linges blancs, pendant une heure environ, suivant la saison, et on la repasse, encore humide, avec un fer chaud. Le satin reprend ainsi toute sa fraîcheur et tout son lustre.

Quelquefois on remplace le savon dur de soude, par du savon mou de potasse (savon noir, savon vert). On peut encore employer le mélange de deux parties d'essence de savon et d'une partie de miel blanc, mais toujours à chaud, et en ayant soin qu'il soit appliqué bien chaud et bien également. Si le mélange s'épaissit, il convient d'y ajouter un peu d'eau-de-vie pour le rendre plus coulant.

L'emploi du fer chaud dispense d'épingler et de sécher; il est bien entendu que l'étoffe a dû être dégraissée d'avance, si elle avait des taches considérables; mais toutes les taches légères disparaissent par ce mode simple de blanchiment, dans lequel la plus grande propreté de la brosse, des eaux de lavage et du fer à repasser, est une condition non moins essentielle que la grande chaleur du mélange et du fer à repasser qui doit abattre tous les plis et les effacer complètement.

§ 58. RÉSERVE.

M. Klein, teinturier-apprêteur, a publié un procédé de réserve pour la teinture des châles brochés, qui peut recevoir un grand nombre d'applications utiles dans l'art du teinturier-dégraisseur, et qui consiste dans les manipulations suivantes.

On réduit en poudre fine des blancs d'œufs desséchés à l'air libre; on réduit de même de la terre de pipe qu'on a, de plus, le soin de passer au tamis de soie; avec le mélange de 125 grammes de cette poudre de blancs d'œufs, et 50 grammes de cette poudre de terre de pipe, le tout délayé avec 15 grammes de farine, on fait une bouillie que l'on broie dans un mortier jusqu'à ce que le mélange, qui constitue la réserve, soit bien homogène.

Cette réserve s'applique, soit avec un pinceau un peu rude, soit avec un bloc de bois gravé exprès, sur toutes les parties de l'étoffe qu'on veut préserver de la teinture; on saupoudre ensuite ces parties réservées, tant à l'endroit qu'à l'envers, de la poudre de blancs d'œufs desséchés, et on les repasse avec un fer chaud, qui coagule entièrement cette réserve, désormais insoluble dans les bains de teinture.

Quand la teinture est terminée, la réserve s'enlève en la détachant avec l'ongle; et un simple frottement à la main la fait complètement disparaître.

§ 59. LUSTRAGE ET APPRÊT.

Nous croyons n'avoir omis aucun des procédés, aucun des réactifs, dont l'emploi est le plus convenable dans l'art du dégraisseur, et nous avons joint la teinture au dégraissage, parce que l'un de ces arts a sans cesse besoin de recourir à l'autre pour un grand nombre d'indications, que nous avons pu nous dispenser ainsi de répéter. Il nous reste à parler du lustrage et de l'apprêt, pour compléter tout ce qui est relatif au dégraisseur.

Après avoir dégraissé, ou reteint les étoffes qui lui ont été confiées, le teinturier-dégraisseur doit donner tous ses soins à rétablir la teinte et l'apprêt primitifs, et il y parvient à l'aide des moyens suivants :

Laine. — Les draps, les étoffes de laine à longs poils, et communes, se brossent à la carde, et se pressent entre les cartons à froid ou à chaud.

Les mérinos, napolitaines et autres tissus légers se passent à l'eau de gomme très-légère, s'épinglent bien à droit fil et sans contretirer, sur des métiers, avec de fortes épingles, et se pressent ensuite entre les cartons, comme les draps. On met un carton entre chaque pli d'étoffe ; on chauffe le plateau et les plaques de tôle, et on charge de poids par-dessus les cartons grossiers, ou bien on presse avec la vis. Si les couleurs sont peu foncées, on chauffera très-peu.

Pour les habillements confectionnés, on étend dessus un linge fort et blanc, on l'imbibe d'eau et on repasse sur le linge avec des fers de tailleur, extrêmement chauds ; on contretire avec soin, l'on donne au revers et au collet les formes voulues, et on les conserve en suspendant l'habillement sur des cerceaux.

Les gazes, crêpes, cachemires, etc., se gomment très-légèrement à la gomme adragante, s'épinglent avec soin sur les métiers, bien de droit fil sans jamais contretirer, et se font sécher à l'ombre, au grand air.

Soie. — Les soieries se gomment fortement à la gomme arabique ou à la gomme adragante, suivant que la couleur est plus ou moins foncée ; on les épingle sur le métier et on fait sécher au grand air.

M. Laffite de Lectoure a proposé un nouveau procédé pour apprêter les tissus de soie reteints ou blanchis.

Du gluten étant dissous dans l'alcool ou dans l'acide acétique, à une chaleur de 50 à 60 degrés au bain-marie, la soie est imprégnée d'une dissolution de ce gluten, ensuite collée sur une table.

Ce collage se fait au moyen d'une brosse ordinaire, jusqu'à ce que la soie sèche.

Cet apprêt lui redonne son moelleux, son élasticité et son brillant.

Le velours se gomme légèrement à l'envers, s'épingle, se

passe au fer chaud, et on relève le poil avec une brosse douce.

M. F. Kuhlmann a proposé depuis peu de nouveaux modes d'apprêts que nous devons faire connaître :

« *Apprêts siliceux.* — L'industrie de l'apprêtage des étoffes a, dit-il, aussi déjà fixé mon attention; j'ai mis en application les dissolutions siliceuses pour obtenir, tant pour les fils que pour les tissus, des apprêts plus ou moins consistants. Pour cela il suffit d'imprégner d'abord les objets à apprêter d'une dissolution siliceuse plus ou moins concentrée, puis, comme cela se pratique généralement pour le calendrage à chaud, de faire passer les étoffes avant dessiccation complète, et sous une légère pression, sur des cylindres chauffés à la vapeur. En laissant les tissus imprégnés de silicates exposés au contact de l'air pendant quelques jours et en les passant ensuite à l'eau avec ou sans addition d'un peu de sel ammoniac, on obtient un *apprêt chiffon*. Cette méthode d'apprêtage, outre l'avantage de rendre les étoffes moins inflammables, présente celui plus important encore de laisser à la consommation une quantité considérable d'amidon ou de gélatine, perdue par les procédés actuels.

» Toutefois, pour les étoffes susceptibles de grands frottements, l'enduit siliceux n'ayant pas assez d'élasticité, il est utile d'ajouter un peu d'amidon à la dissolution du silicate de soude.

» Mes efforts se sont appliqués à obtenir un apprêt permanent susceptible de lavage et conservant aux étoffes la propriété de reprendre, par le calendrage à chaud, leur consistance première. Là surtout se trouvait à réaliser une grande économie de matières susceptibles de servir à l'alimentation.

» *Apprêt au tannate de gélatine.* — Je suis parvenu à résoudre ce problème au moyen de mon enduit de cuir artificiel. Les étoffes étant imprégnées à chaud d'une dissolution plus ou moins concentrée de gélatine sont parfaitement séchées, puis trempées dans une dissolution de noix de galle ou de toute autre matière tannante, pour ensuite, après ou même sans lavage, être calendrées à chaud et être livrées à la consommation.

» Les tissus blancs prennent dans cette succession d'opérations une teinte chamois-clair; pour l'apprêtage de même que pour l'impression, il serait donc utile de pouvoir obtenir économiquement une dissolution tannante incolore. Plusieurs applications de cuir artificiel peuvent avoir lieu successivement sur la même étoffe. »

Coton. — Le coton se repasse au fer peu chaud, et se lustre entre deux cylindres. On supplée aux cylindres par une table avec coulisse ou garnie d'un verre rond ou d'une agate ; une vis applique le coulisseau de manière que l'étoffe, préalablement passée à la cire blanche, glisse doucement entre la table et le coulisseau.

On presse aussi le coton à froid, entre les cartons.

Machine à lustrer. — Cette machine à cylindre est employée dans les ateliers de M. Leroy, teinturier-apprêteur à Paris, et nous en donnerons les dessins, fig. 6 à 15, avec la description détaillée, parce qu'elle nous a semblé l'appareil le plus ingénieux et le plus commode pour un teinturier-dégraisseur.

Les étoffes, au sortir du métier à tisser, ne présentent point encore cette apparence agréable qui en favorise le débit, et qu'elles n'acquièrent que par des apprêts ultérieurs, appropriés à chaque nature de tissu.

Les deux principales conditions à remplir pour donner le lustre qui résulte de l'aplatissement des fils, sont de présenter bien carrément les tissus à la pression, et de donner à la surface pressante, qui doit immédiatement appuyer sur le tissu, le poli le plus vif que le corps dont on se sert peut recevoir. Le concours d'une légère humidité ou de la chaleur est nécessaire pour accomplir cette opération, et lorsque le duvet du tissu est très-élastique, ce qui est le cas pour les matières animales, l'action pressante doit se prolonger un certain temps avec le degré primitif d'intensité qu'on lui a donné ; on obtient cet effet au moyen des presses ordinaires ou hydrauliques, en interposant entre chaque couche de tissu les cartons lustrés et des plaques métalliques chauffées.

Les matières végétales prennent, en général, le lustre instantanément et à la suite d'une pression de très-courte durée. Les machines employées à cet usage sont composées d'un nombre plus ou moins grand de rouleaux, entre lesquels on fait circuler l'étoffe. Pour la bien lustrer et lui donner la forme nécessaire, il faut employer à la fois pression, frottement et forte chaleur : ces trois effets sont produits par une machine très-simple, qui consiste en trois cylindres superposés, dont l'un est est en cuivre ou en fer forgé, et les deux autres en bois ; si tous les cylindres étaient métalliques, comme dans les laminoirs, leur inflexibilité réciproque couperait l'étoffe ; il a donc fallu combiner, avec un cylindre très-dur, d'autres cylindres qui fussent susceptibles d'une certaine flexibilité. Les rouleaux de bois dont on se servait pour cet usage ont le défaut de se déformer, et de ne pas résister aux efforts qu'ils éprouvent; souvent même, il arrive qu'au premier tour un de ces rouleaux vient à se fendre, et que la dépense assez forte de sa construction est en pure perte. C'est pour remédier à cet inconvénient qu'on a imaginé les cylindres en rondelles de papier, qui réunissent à l'avantage de soutenir, pendant plusieurs années, un travail journalier, celui de donner aux étoffes un lustre plus parfait. On trouve, dans le *Bulletin de la Société d'encouragement*, la manière de construire ces cylindres en papier adoptés aujourd'hui dans toutes les fabriques.

Le cylindre métallique, qui est creux et peut être chauffé intérieurement, se trouve entre les deux autres cylindres. L'étoffe passe entre le cylindre inférieur et celui du milieu, puis elle repasse entre ce dernier et le cylindre supérieur, de manière à sortir du côté opposé à celui par où elle est entrée. Les cylindres sont mis en mouvement par une roue hydraulique, par une machine à vapeur ou par tout autre moteur ; ils ont une longueur plus grande que la largeur de l'étoffe la plus large.

Pour chauffer le cylindre métallique, on s'est servi pendant longtemps de barres de fer rougies au feu, qu'on introduisait dans le vide que laissent l'axe et les croisillons qui portent le cylindre ; on conçoit que cette chaleur ne pouvait être uniforme, qu'elle allait toujours en décroissant, et qu'on était obligé de renouveler continuellement les barres de fer.

Ce système de chauffage, dont on a reconnu les inconvénients, a été abandonné, et on a adopté celui de la vapeur, qui distribue la chaleur plus également, et supplée au travail fatigant du placement ou du déplacement des barres de fer ; pour cela, on n'a eu besoin que de changer le cylindre métallique pour l'approprier à recevoir la vapeur. Ce cylindre est entièrement creux, et a environ 27 millim. d'épaisseur; les deux tourillons sont également creux, de manière cependant qu'ils peuvent rouler avec facilité sur leurs coussinets, ils doivent être hermétiquement fermés, afin que la vapeur qu'ils sont destinés à recevoir ne puisse trouver aucune issue pour s'échapper ; cette vapeur entre par l'un des tourillons, et remplit l'intérieur du cylindre ; après avoir produit son effet, elle sort par un tuyau pratiqué à l'autre bout ; mais comme elle conserve encore beaucoup de chaleur, il y aurait de la perte à la laisser échapper ; on s'en sert à d'autres usages, ou on la condense pour ramener dans la chaudière l'eau de condensation.

La machine employée par M. *Leroy* est construite sur ce principe; nous en avons fait lever le dessin dans l'atelier même. (*Voyez* fig. 6 à 15.) Elle se compose de trois cylindres superposés, dont celui de dessus C', et l'inférieur C, sont en papier, et le cylindre intermédiaire D est en cuivre fondu, bien décapé et poli; ces cylindres sont montés dans un châssis solide en fonte A, qui repose sur deux forts madriers en chêne B. La vapeur est fournie au cylindre métallique D, qui est creux, par la chaleur d'une petite pompe à feu de la force d'un cheval et demi, construite avec beaucoup de soin, et qui sert en même temps de moteur à la machine; après avoir chauffé le cylindre, la vapeur passe dans un tuyau H, d'où elle est conduite dans des cuves de teinture, qu'elle fait bouillir; pour la retenir dans l'intérieur du cylindre, le tuyau d'entrée G entre dans un ajustage conique *h*, qui le ferme hermétiquement; le tuyau H s'ajuste de la même manière, et est pressé contre l'embase conique *i*, par un ressort U, qui l'empêche de balletter. Aucune soupape n'est adaptée à ces tuyaux, le passage continuel de la vapeur à travers le cylindre ayant été reconnu suffisant pour lui communiquer le degré de chaleur nécessaire.

Le cylindre en papier C tourne sur des coussinets fixes, tandis que les deux autres tournent sur des coussinets amovibles. Cette disposition a pour objet de presser les cylindres l'un sur l'autre, et de les relever lorsque le service l'exige. La pression du cylindre supérieur sur celui en métal s'opère à l'aide de deux grands leviers II mobiles sur leurs centres *a a*, et dont les extrémités, entaillées de crans *d d*, comme une romaine, portent les deux tringles verticales JJ; ces tringles se réunissent à deux autres leviers K, mobiles sur les points *b e*, et chargés de poids L. On conçoit que plus ces poids seront lourds, plus le levier K descendra et tirera les tringles JJ, lesquelles, à leur tour, feront baisser le levier I. Celui-ci prend son point d'appui sur les tourillons du rouleau supérieur C', par l'intermédiaire d'une pièce Q, qui porte sur une espèce de clef R, mobile sur le point *f*, et embrassant le coussinet *g*. En rapprochant ou éloignant plus ou moins les tringles JJ du centre des leviers II, on peut graduer la pression, suivant la nature de l'étoffe soumise à l'action de la machine.

Pour relever les cylindres, on se sert d'un treuil N, dont l'axe porte une roue dentée O, dans laquelle engrène un pignon P, qu'on fait tourner au moyen d'une manivelle. Une corde M, enroulée sur ce treuil, passe dans une poulie accrochée au plafond, et vient s'attacher au levier I; en tirant cette corde, le levier et le support Q se lèvent, mais ils ne désengrènent point les cylindres; cet effet est produit par deux pièces en forme de lunettes SS qui s'engagent par leurs extrémités inférieures dans les axes du cylindre C', et par leur autre extrémité dans une partie saillante du support Q, où elles sont retenues par des vis *h*. De cette manière le cylindre C' est soulevé. Lorsqu'on veut également soulever le cylindre métallique, on commence par dégager les tuyaux G et H; on accroche sur les tourillons de ce cylindre des lunettes T, semblables aux précédentes, et qui tiennent aux axes du cylindre supérieur, et en faisant agir le treuil, on enlève les deux cylindres à la fois.

Le moteur est appliqué au cylindre métallique, dont l'axe porte une roue dentée E, dans laquelle on engrène un pignon F monté sur l'arbre de la machine à vapeur; les deux autres cylindres tournent par l'effet de la pression qu'ils éprouvent de la part du cylindre métallique, mais dans un sens opposé, ainsi que l'indiquent les flèches de la coupe, fig. 7. L'étoffe posée sur la table Y est engagée entre les barres X placées devant l'ouvrier, et dont les arêtes sont arrondies pour ne pas occasionner de déchirures; de là on la fait passer, en la tendant, afin qu'il ne se forme pas de plis entre le rouleau inférieur et le cylindre métallique qu'elle embrasse sur une moitié de sa circonférence, puis sur le rouleau supérieur, et finalement elle est reçue de l'autre côté de la machine par un ouvrier debout qui la plie au fur et à mesure. Le passage de l'étoffe est indiqué par la lettre Z dans la coupe, fig. 7, elle sort de la machine parfaitement lustrée. On peut en préparer de cette manière 1,800 mètres par jour.

Comme la force de la machine était plus que suffisante pour faire tourner les cylindres, et que, cependant, il était impossible de réduire la capacité de la chaudière, M. Leroy a cherché à employer l'excédant de vapeur, et il est parvenu à la distribuer dans ses ateliers, d'une manière utile, en chauffant, au rez-de-chaussée des cuves de teinture, et au premier étage un vaste séchoir, etc.

La figure 6 est l'élévation vue de face, de la machine à cylindre.

Fig. 7. Coupe par le milieu.

Fig. 14 et 15. Les pièces en forme de lunettes des cylindres supérieurs et métalliques, vues séparément.

Fig. 8. La machine vue du côté droit.

Fig. 9. Coupe verticale passant par l'axe des cylindres métalliques.

Fig. 10 et 12. Clef qui appuie sur le coussinet du rouleau supérieur, vue de face et de côté.

Fig. 12 et 13. Ressort qui maintient le tuyau H contre l'embase conique des tourillons du cylindre D.

A, bâtis en fonte ; B, semelles composées de deux forts madriers en chêne ; C, cylindre inférieur (en papier) ; C', cylindre supérieur ; D, cylindre creux en cuivre ; E, roue dentée, montée sur l'axe de ce cylindre ; F, pignon engrenant dans cette roue ; G, tuyau d'entrée de la vapeur ; H, tuyau de sortie ; II, grands leviers en forme de romaine ; JJ, tringles verticales accrochées à ces leviers ; KK, autres leviers inférieurs ; L, poids dont sont chargés ces leviers ; M, corde attachée au levier I, et passant sur une poulie accrochée au plafond, et qui n'a pu être dessinée sur la planche faute d'espace ; N, treuil ; O, roue dentée, montée sur l'axe du treuil ; P, pignon engrenant dans cette roue ; Q, support qui exerce la pression sur le cylindre supérieur ; R, clef qui embrasse le coussinet de ce cylindre et reçoit la pression directe de la pièce précédente ; SS, lunettes du cylindre supérieur ; TT, lunettes embrassant les tourillons du cylindre métallique ; U, ressort qui appuie le tuyau H contre son embase ; V, traverse supérieure du bâtis ; XX, barres sur lesquelles passe l'étoffe ; Y, table sur laquelle elle est posée ; Z, passage de l'étoffe sur les cylindres.

a, centre de mouvement du levier I ; b, centre de mouvement du levier K ; c, tourillons des tringles JJ ; d d, crans taillés sur l'extrémité du levier I ; e, rochet qui arrête le mouvement du pignon P ; f, centre de mouvement de la clef R ; g, coussinet du cylindre supérieur ; h, embase conique du cylindre D ; i, partie conique du tuyau ; kk, vis qui arrêtent la lunette S sur le support Q.

§ 60. DESCRIPTION DE DIVERSES MACHINES UTILES AU TEINTURIER ET AU DÉGRAISSEUR.

Fig. 16 et 17. — *Machine à enrouler les étoffes destinées à être blanchies ou dégorgées. — Coupe et plan.* — A B C D, bâtis en bois qui supporte toutes les pièces de la machine.

E, cylindre en bois que l'on met en mouvement par une manivelle M, ou par une poulie lorsque l'on peut disposer d'un moteur. Il sert de rouleau d'appel pour faciliter l'enroulage de la pièce sur la bobine F, laquelle se trouve traversée par un arbre mobile dont les tourillons se meuvent entre les coulisses K. Afin de déterminer une pression sur le rouleau inférieur, le levier H exerce une pression qui peut varier au moyen du contre-poids G. Pour maintenir la pièce convenablement tendue, on la fait passer sur des barres I I I, comme l'indiquent les flèches. Nous avons souvent indiqué pour le teinturier et pour le dégraisseur l'utile emploi de cette machine à enrouler les pièces ; seulement nous ferons observer qu'il est bon de la faire construire de manière que ses dimensions puissent varier de manière à servir pour des tissus de toutes largeurs.

Fig. 18 et 19. — *Appareil à blanchir les étoffes de laine en les maintenant au large ; autrement dit, blanchiment à la roulette.* — *Coupe et plan.* — ABCD, cuve en sapin. C'est à la partie supérieure de la cuve que se place la bobine E dont les pièces doivent être soumises à l'opération du blanchiment : inférieurement et au-dessous du niveau du liquide sont des rouleaux *a a a*, etc., *b b b*, etc., mobiles sur un axe. La pièce passe en dessous des rouleaux inférieurs *b b b*, etc., et dessus ceux placés supérieurement *a a a*, etc., en suivant le trajet indiqué par les flèches. En sortant de la cuve, elle vient passer entre deux rouleaux presseurs F G, afin d'éviter la perte de bain, et s'enroule sur une bobine H qui est adaptée sur une fourchette mobile qui s'éloigne à mesure que le diamètre augmente. La pression des rouleaux presseurs est déterminée par le poids I. On doit avoir plusieurs de ces machines ; les unes devant servir aux bains de carbonate, d'autres à rincer, et aux passages en savon. Leurs dimensions doivent varier selon la largeur des étoffes, en sorte qu'il est bon que leur construction puisse permettre de les faire servir pour des tissus de toutes largeurs.

Fig. 20 et 21. — *Tambours à vapeurs.* — *Coupe et plan.* — Cette machine se compose de trois cylindres en cuivre ABC. Ils sont maintenus sur un bâtis en fonte, au moyen d'axe et de coussinets. Ce que nous dirons de l'un d'eux doit s'appliquer aux deux autres.

Le cylindre est creux ; l'axe qui le supporte est également creux ; dans l'intérieur de l'axe creux traverse un tube qui amène la vapeur au centre du tambour. A l'autre extrémité, est également un axe creux traversé par un tube, qui sert d'une part à donner issue à l'excès de vapeur, et d'autre part à vider l'eau condensée dans l'intérieur du tambour. Pour parvenir à ce dernier résultat, on construit dans la partie intérieure du tambour, une vis qui conduit l'eau à une des extrémités et la verse dans une gouttière qui la conduit au tuyau d'échappement. DE, petits cylindres en cuivre qui servent à conduire la pièce ; E, bobine sur laquelle se trouve enroulée la pièce que l'on fait passer sur les tambours en l'appelant par la bobine G au moyen d'une manivelle. Les flèches indiquent la marche que suit l'étoffe. Ces tambours à vapeur servent à l'apprêt des étoffes et à les sécher au besoin.

Fig. 22. — *Crecelle à dégorger*. — Caisse en bois qui renferme deux rouleaux d'un assez fort diamètre. L'une des figures donne une coupe de côté afin de faire saisir l'ensemble de l'appareil, et l'autre figure dans la coupe suivant la longueur... A A', rouleau fixe tournant sur deux axes; à l'extrémité de l'un des axes est une poulie *a a'*, qui sert à commander le moulinet BB'; à l'autre extrémité de l'axe, est une poulie qui sert à recevoir le mouvement par le moteur de l'établissement. C C', rouleau supérieur mobile : les axes se meuvent dans une rainure verticale, afin de permettre aux rouleaux de présenter plus ou moins d'écartement, selon l'épaisseur que présentent les divers tissus. D, plan incliné pour faire tomber l'étoffe de l'autre côté des rouleaux; cette disposition est d'autant plus nécessaire qu'elle évite que l'étoffe ne se mêle. E, niveau du liquide.

Les flèches indiquent la marche de l'étoffe.

Fig. 23 et 23 *bis*. — *Chambres au soufre (soufroir)*. — Coupe et plan d'un soufroir.

Les chambres au soufre sont en maçonnerie; leur dimension est variable; nous ferons observer qu'il convient mieux d'avoir deux chambres moyennes qu'une trop grande. Les murs inférieurs ne présentent rien de remarquable. La partie supérieure de la chambre est garnie de barres en sapin, ou mieux de tubes en verre comme l'indiquent la coupe et le plan de la figure; c'est sur ces barres que l'on étend les pièces. A la partie supérieure de la chambre et au centre, est une soupape qui s'ouvre dans l'intérieur d'une cheminée en bois; aux quatre angles sont placés quatre réchauds ou chaudières à brûler le soufre, ordinairement en fonte de fer, et élevées de terre d'environ 4 décimètres. Vers chacune des chaudières il existe une porte que l'on ferme ensuite quand l'opération marche. Elles servent à introduire les chaudières lorsque le soufre est bien enflammé. Enfin on laisse une porte latérale qui sert au service de la chambre, et que l'on mastique bien lorsque l'on fait marcher l'opération. L'inspection de la figure est suffisante pour bien comprendre.

Pour opérer, on doit s'y prendre de la manière suivante : Les pièces étant bien égouttées, on les étend sur les barres, lorsque toute la chambre est garnie; on visite la soupape supérieure, que l'on ferme avec de la terre à four mélangée de crottin de cheval; et, pour cette manutention, il existe une porte à la cheminée en bois. La porte de la chambre, qui doit être double, est ensuite fermée, et les jointures convenablement mastiquées. On répartit le soufre dans les quatre réchauds, et après les avoir allumés au dehors, on les introduit dans la chambre par les ouvertures latérales, que l'on ferme et mastique ensuite. Pour retirer les pièces, on ouvre la soupape supérieure, et les quatre portes latérales. Après environ une heure, on ouvre la porte d'entrée; dès que les vapeurs du soufre sont assez dissipées pour que l'on puisse entrer dans la chambre, on retire les pièces dans des paniers.

APPENDICE.

I. APPAREILS NOUVEAUX A L'USAGE DES TEINTURIERS.

Appareil à laver les fils après la teinture.

L'appareil dont on va donner la description paraît remplir toutes les conditions nécessaires pour bien dégorger et laver les fils qui ont été passés au mordançage ou en teinture ; il exécute tous les mouvements qu'opère la main de l'ouvrier dans ce travail, c'est-à-dire qu'il lave d'abord les fils en les agitant çà et là dans l'eau, puis les fait tourner sur eux-mêmes pour présenter sans cesse de nouvelles surfaces à l'action de l'eau et les déterger dans toute leur masse.

La disposition pour agiter les fils est très-simple et consiste en une sorte de mouvement de pendule. La fig. 24 la représente en perspective.

Dans un bâtis en bois A, d'environ 2 mètres de hauteur, et d'une longueur proportionnée, qu'on établit sur le cours d'eau où doit s'opérer le lavage, tourne dans le haut en va-et-vient et sur coussinets un arbre B armé de tourillons à ses extrémités. Cet arbre porte par-dessous des barres pendantes en bois, de 2 mètres environ de longueur sur 8 centimètres d'équarrissage, disposées parallèlement les unes aux autres à une distance de 60 à 65 centim entre elles, et qui, sous l'influence du mouvement de leur arbre, oscillent comme le ferait une pendule. A quelques centimètres au-dessus de leur extrémité inférieure, ces barres sont pourvues, à droite et à gauche, des dispositions nécessaires pour recevoir les fils qu'on veut laver, et dont on comprendra mieux la structure à l'inspection des fig. 3 et 4, et en disant que ce sont ces espèces de bobines ou de petits tours sur lesquels on place les écheveaux de fils à laver.

Le moyen le plus commode pour communiquer à l'appareil un mouvement oscillatoire consiste dans l'emploi d'un bouton de manivelle H, placé excentriquement sur le rayon d'une roue J, mue à bras d'homme ou par la force de la vapeur, et d'une bielle G. Cette bielle, à mesure que la roue tourne, promène plus ou moins vivement dans l'eau, en avant et en arrière, les fils suspendus aux bobines, les dégorge et lave efficacement. Un mouvement de 1 mètre à 1^m.25 d'étendue dans la portion inférieure de l'appareil est celui qui paraît le plus convenable ; mais en changeant le bouton H de place, rien n'est plus facile que de faire varier ce mouvement, ou, plus simplement encore, en faisant monter ou descendre le point ou la bielle G s'assemble avec le premier bras C.

Il ne suffit pas, toutefois, d'agiter simplement çà et là les écheveaux de fil dans l'eau, il faut encore les changer de position et les tourner. Si on place un écheveau de fil sur une des mains, qu'on introduise l'autre main dans cet écheveau, puis qu'on fasse mouvoir la seconde à quelque distance autour de la première, qui reste immobile, le fil non-seulement remontera et descendra successivement, mais, en outre, il tournera autour de la main fixe: Or, on peut produire le même effet que celui qui a lieu quand le fil embrasse les deux mains en se servant de deux bobines, dont l'une tourne autour de l'autre, ainsi qu'on l'a représenté en coupe dans la fig. 25, où a est la bobine fixe et b, b, b, les diverses positions de la bobine mobile. C'est sur ce principe que sont basées les dispositions appliquées à la machine, et qu'on aperçoit en élévation vue de côté dans la fig. 26, et en coupe dans la fig. 27, des bras C, C de la fig. 24, mais sur une plus grande échelle.

B est, avons-nous dit, l'arbre sur lequel sont assemblés ces bras C, et avec lequel ils se meuvent; K une bobine double, en saillie sur les deux côtés du bras d'environ 30 à 40 centim. Cette bobine est fixée dans son milieu dans ce bras. De part et d'autre elle porte des gorges tournées sur lesquelles sont calées des poulies à gorge L, L, sur le plat desquelles est fixé un bras de manivelle portant à l'extrémité et parallèlement à la bobine K une autre bobine M, qui, lorsque les poulies L viennent à tourner, tourne ainsi de la manière indiquée au pointillé dans la fig. 26 autour de K comme centre. La machine consiste en plusieurs dispositions analogues placées à distance entre elles pour laisser l'espace nécessaire à l'introduction des écheveaux sur les bobines.

Maintenant, pour faire mouvoir les poulies L, ainsi que les bobines M, on a disposé, comme l'indique la fig. 24, un petit arbre qui s'étend en avant de tous les bras C, et qui tourne dans des coussinets vissés sur ces derniers. Cet arbre, à droite et à gauche de chaque bras, est pourvu de petites poulies N, N, qui sont exactement à l'aplomb des poulies L, L, et en communication avec elles au moyen de cordes sans fin. A son extrémité extérieure, cet arbre présente une poulie à gorge fixe Q d'un plus fort diamètre, qui est commandée au moyen d'une courroie sans fin par une autre poulie folle du même genre R, fixée sur l'arbre transversal B de l'appareil. Sur ce même arbre et faisant corps avec cette même poulie R, en est une autre C, folle aussi et qui est mise en mouvement au moyen d'une corde sans fin F, passant sur une poulie E, calée sur la grande roue J, qui imprime le mouvement à l'appareil.

On voit donc que E commande R, que R entraîne D, qui fait mouvoir Q, lequel, par l'entremise de N, N, fait agir les poulies L, L, qui impriment le mouvement de circulation aux bobines M, M autour de celles K, K. Si toutes ces poulies sont de même diamètre, ou seulement celles qui se commandent directement, il en résulte que pour un mouvement d'aller et de retour de l'appareil, M fera un tour en circulant autour de K, et que, dans ces mouvements complexes, on présentera constamment de nouvelles portions de fil à l'action de l'eau. Si on change le diamètre respectif de ces poulies, la circulation des bobines M sera plus ou moins accélérée.

Il sera facile à chacun, d'après ces données, de construire un appareil conforme à ses besoins. Le nombre des bras pendants C se règle d'après la largeur du canal ou du cours d'eau dont on dispose, et quand il est très-étroit, on peut très-bien mettre deux appareils de ce genre l'un derrière l'autre, mais se commandant réciproquement ou mus par la même roue.

Les cordes en gutta-percha sont ce qu'il y a de mieux pour cet appareil.

La force nécessaire pour faire fonctionner l'appareil est peu considérable. Le temps pour la charger, très-court, puisqu'en moins de 2 minutes on peut y charger d'écheveaux 12 à 18 bobines. Le lavage marche avec rapidité, et chaque bobine double remplace au moins un homme. Quand le mouvement est imprimé par une machine, il suffit, pour le service, d'un seul homme qui, pendant le lavage, a le temps de renouer les écheveaux ou les mateaux.

Machine à laver, par M. H. Bridson.

L'opération du lavage et du dégorgement des tissus, qui paraît si simple et d'un intérêt secondaire, est cependant un objet de la plus haute importance dans les grands établissements où l'on s'occupe de la teinture, du blanchiment et de l'impression de ces tissus. Sans un système économique de purification, un imprimeur en toiles peintes doit renoncer à tout espoir d'exceller par la beauté ou la netteté dans la combinaison de ses couleurs, le blanchisseur à l'idée d'atteindre un blanc pur et parfait, et le teinturier à l'éclat et à la vivacité des nuances. Dans toutes ces opérations, l'abondance et la pureté des eaux sont, la plupart du temps, des causes déterminantes pour le choix d'un emplacement; mais quand on ne peut jouir de l'avantage d'un cours d'eaux abondantes, pures et sans action chimique, c'est un bon système de lavage mécanique qu'on doit surtout chercher à réaliser.

On a introduit depuis peu dans cette branche de travail un appareil à rincer, laver et dégorger les tissus, de l'invention de M. H. Bridson, de Bolton-le-Moors, en Lancashire, qui mérite d'être connu, à raison de sa simplicité et de son efficacité, et où le point essentiel de la nouveauté consiste dans la substitution de batteurs plats ou châssis tournants aux cylindres ronds ou à section polygonale ordinaire.

La figure 28 est une perspective de ce laveur complet, et où l'on voit les engrenages qui font mouvoir les pièces tournantes.

La figure 29, une section longitudinale sur une plus grande échelle.

La figure 30, une section transversale correspondante, c'est-à-dire à angle droit avec la figure 29.

Le corps principal de la machine consiste en une cuve ouverte, rectangulaire A, en fonte, qu'on tient à moitié remplie avec de l'eau destinée au lavage. Un couple d'arbres horizontaux B, C, posés transversalement dans cette cuve, sont portés par des coussinets dans deux plaques latérales opposées. Ces arbres font saillie en dehors des parois pour porter les roues dentées D et E; tous deux tournent dans la même direction par la révolution de l'arbre moteur intermédiaire F, qui porte une troisième roue dentée G engrenant dans les deux autres. Sur chacun de ces arbres B et C sont enfilés et fixés près des parois un couple de disques H et I, portant les barres parallèles J diamétralement opposées, qui constituent les batteurs ou châssis tournants, agissant sur les tissus pendant le mouvement de lavage. Ces détails constituent à peu près toute la machine.

La même roue centrale G commande aussi une roue placée au-dessus K de même dimension pour faire marcher les cylindres essoreurs L. Ces cylindres ont un grand diamètre, une largeur assez considérable, et roulent dans des coussinets établis dans des montants M, que supporte une traverse posée sur les bords de la cuve, bords sur lesquels se trouve aussi fixé un palier N pour soutenir l'extrémité de l'arbre moteur du cylindre inférieur. Les coussinets de ce dernier cylindre sont fixes, mais ceux du cylindre supérieur sont mobiles, et peuvent être ajustés à volonté dans des coulisses verticales découpées dans les montants à l'aide de vis couronnées de roues à main qui servent à donner la pression requise aux tissus à mesure qu'ils passent.

Quand on prépare la machine au travail, les arbres et les barres J du mouvement du lavage sont amenés dans un même plan, et le niveau de l'eau réglé sur la ligne des centres de ces arbres. Les tissus qu'on veut laver sont introduits par l'extrémité D de la cuve, où l'on en a représenté deux rouleaux ou longueurs. De là ils descendent sous le rouleau de guide fixe P, puis passent entre deux cylindres de pincement Q, Q, roulant dans des appuis posés sur les côtés d'une cloison R, et qu'on peut ajuster à volonté de hauteur avec des vis et des roues à main.

Après avoir quitté ces cylindres, les tissus redescendent sous un autre rouleau de guide S, puis entre la première paire de barres verticales de guide T; ils se dirigent alors vers l'extrémité opposée de la cuve, en passant sous le batteur, et sont ramenés sur les barres supérieures J. De là ils reviennent vers le devant de la cuve, où ils passent de même autour de la barre T du disque I, ce retour ayant lieu par la seconde paire ou espace des barres verticales de séparation T. Alors ils retournent par un troisième espace des barres T et en contact avec les batteurs, et remontent sur le rouleau de guide U au niveau de l'eau à l'extrémité de décharge. Enfin, ils passent à l'extérieur du rouleau V et sortent de l'appareil par les cylindres essoreurs L; et, comme il y a deux lignes ou lez de tissus qu'on traite en même temps, il est clair qu'ils suivent la même marche.

Une des particularités de cette disposition, c'est que pendant que les batteurs tournent, les lés ou longueurs qui leur sont opposés dans la cuve, fouettent continuellement l'un sur l'autre et sur la surface du liquide pendant tout le temps qu'elles mettent à passer de l'entrée à la sortie. Cette action est d'ailleurs manifeste par la disposition des batteurs dans les dessins, car, tandis qu'à une époque de la révolution, lorsque les batteurs et leurs arbres sont dans un même plan horizontal, les lés des tissus qui traversent sont en contact absolu, au bout d'un quart de tour de ces batteurs ils sont séparés de toute la distance diamétrale qui existe entre les barres d'un même batteur. Cette action de fouettage a un effet important sur le lavage, puisqu'elle tend à chasser les impuretés renfermées dans les étoffes par les vigoureuses secousses qu'elle leur imprime, en même temps qu'elle facilite la saturation quand l'appareil est employé à des opérations de blanchiment, de teinture ou d'impression.

On remarque aussi un autre caractère de nouveauté dans la disposition de cet appareil, et qui a pour objet de faire frapper le tissu sur le liquide suivant une ligne parallèle à la surface du fluide ; en effet, l'eau étant juste au niveau des centres des arbres, il est clair que les lés descendent sur le liquide avec une énergie considérable, tandis que ceux qui sont au-dessous de la ligne d'eau sont en même temps violemment agités et rincés ; et comme ces lés sortent de l'eau après chaque immersion avec une action simultanée qui tend à les ouvrir à leur plus grande largeur, ils soulèvent avec eux une grande quantité d'eau, produisent ce qu'on appelle dans les blanchisseries un pompage (*swill*) complet, ayant pour effet d'ouvrir les plis et de préparer de nouvelles surfaces à cet énergique battage.

L'eau pure arrive constamment dans la cuve par le tuyau W, et le flot en est dirigé sur le tissu qui sort, au moment où, remontant pour la dernière fois, il se dirige vers les cylindres essoreurs, de manière à enlever et détacher toutes les impuretés qu'il pourrait entraîner. Cet effet est d'autant plus complet que l'étoffe lavée quitte l'eau dans un état extrêmement ouvert et complètement dépourvu de torsion. Le point où se décharge l'eau sale n'a pas grande importance, puisque l'eau claire se mélange avec la totalité du liquide immédiatement après son arrivée, mais on suppose que son flot impur sort au niveau des centres des divers tourillons des rouleaux de guide dans l'auge, la cuve, ou par le tuyau de décharge X.

Plus les châssis tournants ont de largeur, plus aussi est considérable le battage et l'agitation du tissu ; d'ailleurs la machine peut marcher d'une manière proportionnellement plus lente pour une égale alimentation.

Quand on traite des tissus forts ou corsés par cette machine, on peut désirer dans la pratique d'introduire une série de barres ou de rouleaux dans le même plan que l'axe du batteur pour augmenter l'effet du battage, et la machine peut être modifiée en se servant de rouleaux cylindriques ou polygonaux disposés excentriquement sur leur axe au lieu des châssis tournants.

On a aussi essayé d'autres modifications d'une moindre importance, mais toutes dépendent intrinsèquement de l'action particulière constamment variable, différentielle ou diagonale du fouettage des tissus. Le dernier rouleau guide V a aussi été ajusté dans des mortaises au lieu d'être fixe dans des appuis; en maintenant la tension nécessaire sur le tissu au moyen de l'action élastique d'un ressort de caoutchouc à chacune des extrémités de l'arbre. C'est là une disposition précieuse et presque indispensable qui supprime le tirage ou l'appel des cylindres essoreurs L, ainsi que la tension qui a lieu entre le guide U et ces cylindres, et compense toute l'irrégularité dans l'alimentation qui pourrait avoir lieu lorsque le tissu sort de l'eau.

Les cylindres de pincement Q servent à régler la tension du tissu, parce que la machine a une tendance à se relâcher dans ses effets de tension pendant le passage. Ce mode de règlement est indispensable quand on travaille sur la même machine les étoffes légères et les tissus épais.

Ce système de lavage a été appliqué depuis un certain temps dans la fabrique de MM. Ridgway, Bridson et Cie, et des épreuves pratiques multipliées ont démontré qu'on pouvait tout aussi bien y laver complètement les étoffes très-corsées, et y passer les mousselines les plus légères et les tissus les plus vaporeux sans les érailler et sans y produire la moindre avarie. D'ailleurs, il est facile de se faire une idée de la vivacité et de la force du coup qu'éprouvent ces tissus par le fouettage à la surface d'un liquide.

Appareil à teindre les tissus, par M. J. WORRALL,
teinturier-apprêteur.

L'invention consiste dans un mode pour teindre les tissus au moyen d'un appareil qui économise la main d'œuvre, évite les pertes de la matière colorante, sature et fixe la couleur dans le tissu plus complètement qu'on ne l'a fait jusqu'à présent par les méthodes ou les procédés ordinaires.

On parvient au but proposé 1° en passant simultanément plusieurs pièces de tissus à travers l'appareil; 2° en remontant les pièces de tissus sur un cylindre d'appel placé au-dessus de la cuve et parallèlement aux cloisons qui forment les bacs; 3° en employant un tuyau chauffé par la vapeur ou autre moyen convenable pour séparer les pièces avant leur passage sur les cylindres d'appel, et en même temps admettant l'air sur les faces internes de chaque pièce et chauffant celles-ci; 4° en se servant d'un tuyau percé de trous pour séparer les pièces avant ou après (à volonté) qu'elles ont passé sur les cylindres d'appel à travers les trous duquel le bain de couleur ou le mordant sont injectés avec force sur les deux faces du tissu, afin de le saturer plus complètement; et 5° en introduisant un cylindre dans un ou plusieurs bacs dans lequel circule de la vapeur d'eau ou autre agent de chauffage pour chauffer les tissus ainsi que le bain de teinture qui l'environne.

La figure 31 représente une coupe en élévation de la disposition générale de l'appareil, et où l'on voit la direction ou la marche que suit le tissu pendant le travail de la teinture et son passage successif sur et sous les divers cylindres.

a, a, ensouples sur lesquels le tissu a été enroulé avant de passer en teinture; *b,* cylindre sur lequel circulait d'abord les différentes pièces de tissu; de là, ces pièces passent sous le rouleau de guide *c,* puis remontent des deux côtés sur le cylindre de vapeur *d,* et sont rejetées sur le cylindre d'appel *e,* d'où elles descendent des deux côtés du tuyau percé de trous *f,* et ainsi de suite successivement sur un rouleau de guide et un cylindre d'appel, jusqu'à ce qu'elles arrivent sous le cylindre à vapeur *g* qui leur sert aussi de guide. Après quoi les pièces sont mises en contact et passent sur ou sous les cylindres suivants de la manière qu'on a décrite.

h, tuyau qui alimente de vapeur les tuyaux *d, d; i,* portion du bâtis qui porte des appuis dans lesquels roulent les cylindres d'appel pendant la marche du tissu; *k, k,* bacs ou divisions contenant les bains de teinture, de rabattage, etc.; *l', l',* autre cuve placée à l'extrémité de la précédente, et contenant une solution de sulfate de fer ou autre mordant approprié pour fixer la couleur immédiatement sur le tissu, lorsque celui-ci abandonne la première cuve; *d, d, d,* tuyaux de vapeur alimentés par le tuyau principal *h; e, e, e,* cylindres d'appel (on a enlevé la position du bâtis qui les soutient et dans lesquels ils tournent pour permettre de voir la disposition des tuyaux de vapeur *d, d*); *f, f,* tuyaux par lesquels la liqueur colorante est injectée sur le tissu, liqueur qu'on pompe dans les bacs *k, k; l, l,* bacs ou mordants qu'on monte aussi au moyen de pompes foulantes placées sur les côtés de la cuve, pompes qui sont mises en jeu par des manivelles disposées sur les arbres des cylindres d'appel. On peut augmenter ou diminuer la course du piston de ces pompes en modifiant la longueur du bras des manivelles ou de leurs boutons, afin de n'élever que la quantité de liqueur nécessaire à l'espèce de tissu sur lequel on opère.

Le tuyau de vapeur *h* est établi commodément sur l'un des côtés des cylindres d'appel qui remontent les tissus qui ont plongé dans les bacs, et les tuyaux percés de trous sur le côté du cylindre par lequel les tissus descendent dans le bac suivant. Tous les arbres des cylindres d'appel qui doivent tourner avec une vitesse uniforme sont mis en mouvement simultanément par un système d'engrenages. Sur un des côtés de la cuve et communiquant avec le bac qui contient le gros tuyau de vapeur g, on dispose un appareil pour mesurer et régler la quantité de liqueur colorante qui coule dans ce bac, en y établissant un robinet à flotteur qui se ferme quand le bac est plein.

Chacun des cylindres d'appel au-dessus de la première cuve (excepté le dernier), est pourvu de chaque côté d'un tuyau de vapeur et d'un tuyau percé de trous qui lui est parallèle. Par tous ces tuyaux à trous placés au-dessus des bacs k, k, excepté le premier, on injecte de la liqueur du bain des deux côtés des tissus par les moyens décrits ci-dessus, et dans le premier seulement, de l'eau de chaux ou autre liqueur convenable, et par les tuyaux à trous au-dessus des bacs l, l, un mordant approprié à la couleur.

Quand on a fait passer à la fois plus d'une pièce de tissu à travers l'appareil, on place le tuyau de vapeur et le tuyau percé entre les deux pièces, chaque tuyau étant en contact avec ces deux pièces, une de chaque côté de sa surface, afin de s'opposer à ce que les pièces se touchent réciproquement.

Appareils tournants de blanchiment, par M. J. WALLACE.

M. J. Wallace a eu l'idée de faire servir le dash-wheel qu'on n'avait employé jusqu'à présent qu'au lavage des tissus ou autres objets analogues, comme appareil, avec ou sans double enveloppe, propre à exécuter, soit à froid ou à chaud, soit avec l'intervention de la vapeur d'eau ou autres fluides, toutes les manipulations auxquelles on est obligé d'avoir recours pour opérer des matières filamenteuses et textiles, ainsi que pour les dégorger, les savonner, les laver, les rincer et les sécher. Cette idée paraît fort heureuse en ce qu'elle simplifie singulièrement les manipulations propres à chacune de ces opérations, puisqu'elles s'exécutent toutes dans un seul et même appareil, sans qu'il soit nécessaire d'y toucher, et, d'un autre côté, parce que les objets qu'on se propose de blanchir sont, par le mouvement même de l'appareil, mis à chaque instant dans chacune de leurs parties en contact avec de nouvelles portions des lessives, des eaux de savon, des solutions de chlorures, etc. Nous attachons beaucoup d'importance à ce nouveau mode de travail et sommes, en conséquence, convaincus qu'on accueillera avec intérêt la description avec figures de deux des principales formes qu'on a déjà données en Angleterre au système des roues ou appareils à blanchiment de M. Wallace.

Fig. 32, élévation complète par-devant du dashwheel à blanchir, pourvu de ses tuyaux adducteurs de vapeur, de lessive, d'eau de savon, de solution de chlorure, etc., pour opérer le travail du blanchiment.

Fig. 33, section en élévation de la roue à angle droit avec la fig. 32.

Fig. 34, élévation vue par derrière de la roue seule.

Fig. 35, plan de la roue, de ses engrenages et de son embrayage.

L'enveloppe extérieure A de la roue est portée sur un arbre tubulaire B roulant sur des coussinets portés sur les paliers ou colonnes C,C. La vapeur arrive par le tuyau D qui débouche au moyen d'une boîte à étoupes dans l'extrémité extérieure de l'arbre tubulaire de la roue, se répand dans sa cavité, et, de là, par les ouvertures dont il est percé dans l'enveloppe de la roue. Celle-ci est mise en mouvement par l'arbre E sur lequel est calée une roue d'angle avec embrayage qu'on manœuvre à l'aide du levier à poignée F, roue d'angle qui en commande une autre de même forme fixée sur l'une des extrémités de l'arbre creux.

Les liqueurs propres à dégorger, laver et blanchir, sont contenues dans un réservoir en bois G établi au-dessus de la roue, qui est pourvu de cloisons pour former autant de compartiments dans lesquels on dépose ces diverses liqueurs. Du fond de chacun de ces compartiments part un tuyau H, I, J et K, qui se recourbe pour venir communiquer avec des tuyaux verticaux correspondants destinés à transporter les liquides dans l'arbre creux de la roue. Ces tuyaux verticaux sont ouverts à leur sommet et suffisamment prolongés vers le haut, pour donner une colonne liquide d'une force suffisante pour vaincre la résistance que présente la pression à l'intérieur de la roue. Tous ces tuyaux verticaux se terminent à leur extrémité inférieure dans une chambre horizontale L d'où part un tuyau M qui vient, en se recourbant, s'emboîter dans l'extrémité interne de l'arbre tubulaire avec lequel il s'assemble au moyen d'une boîte à étoupes. La tige à poignée et pendante N permet à l'ouvrier de distribuer comme il lui plaît et, suivant les besoins, les matières fluides et liquides. Cette tige est articulée à l'extrémité du bras le plus long d'un grand levier placé dans le haut, lequel à son tour commande une autre disposition de levier faisant manœuvrer une tringle qui descend dans l'un des tuyaux verticaux et porte à sa partie inférieure une soupape qui sert à régler la communication avec le tuyau M. Chaque tuyau vertical a sa tige à poignée propre N, ses renvois et sa soupape, de façon que l'ouvrier exerce un contrôle complet sur sa machine. On remarquera toutefois qu'il y a cinq tuyaux verticaux, tandis qu'il n'y en a que quatre en communication avec le tuyau M; la raison en est simple, c'est que celui qui amène l'eau n'est pas en communication avec le réservoir chambré, mais charrie directement ce liquide dans la roue par le tuyau horizontal O.

Les articles sont introduits dans la roue et en sont retirés par quatre portes à coulisse représentées dans la vue de face, fig. 32. La vue opposée de la roue, fig. 34, fait voir le moyen adopté pour se débarrasser, quand cela est nécessaire, des liquides accumulés dans le bas de la roue. Une petite roue à poignée P disposée sur un arbre vertical à vis sans fin, commande un segment hélicoïde calé sur un arbre transversal Q passant derrière la roue. L'autre extrémité de cet arbre est articulée sur l'extrémité libre d'un levier coudé R, dont l'autre extrémité est enfilée sur un tourillon S, lui servant de point de centre et fixé dans une solive en bois. Cette face postérieure de la roue porte sur le bord et tout autour un anneau de petits trous, et l'ouverture de ces trous est réglée par les pièces T, T, sortes de vannes en forme de segment, au nombre de quatre, avec une queue dirigée comme un rayon vers le centre de la roue et fonctionnait comme des verroux dans des guides sur le fond de celle-ci. Lorsqu'on veut vider la roue, on la fait tourner jusqu'à ce que l'un de ces verroux se trouve dans une position verticale, puis en tournant la roue P, on relève le levier R qui remonte le segment qui se trouve placé alors au point le plus bas, ainsi que le fait voir la fig. 34. Ce levier porte sur le côté un petit loquet, et chaque queue un petit mantonnet à son extrémité, de façon que quand on relève le levier, le loquet et le mentonnet se trouvent en contact, et qu'il y a élévation suffisante de la vanne pour l'évacuation par les trous du liquide à l'intérieur.

Cet appareil a d'abord été employé à blanchir les mousselines pour rideaux, mais il a également bien réussi pour les calicots, les damas épais, les grosses toiles, ainsi que dans le blanchiment des chiffons pour les fabriques de papier. On l'a déjà même appliqué aux diverses branches dont se compose l'art du blanchiment et à toutes les opérations des lavages de toute sorte sur la plus grande échelle, et, entre autres, au blanchissage du linge.

Les moyens mécaniques employés dans ce dernier cas

consistent simplement en une série de dash-wheels à vapeur, avec réservoir, l'un pour la lessive, l'autre pour la solution de savon, et, au besoin, un troisième pour l'eau de javelle.

M. Wallace a aussi imaginé de donner à l'arbre de sa roue une disposition oblique sous un angle qu'on peut faire varier à volonté, afin qu'elle puisse remplacer les tonnes à décrasser et à polir les matières solides, et que les objets soient, pendant la révolution, soumis en même temps à un choc et à une action énergique de frottement. Il l'a aussi convertie en un appareil sécheur, ainsi que nous l'avons déjà dit dans notre premier article, en faisant les divisions diamétrales et les fonds à parois doubles, et entourant la roue d'une double enveloppe. La vapeur en circulant entre ces doubles parois présente ainsi une très-grande surface de chauffe et d'évaporation pour les articles renfermés dans les compartiments. A mesure que la roue tourne, les articles retombent d'une cloison chauffée sur l'autre, ce qui en produit la dessiccation avec rapidité. Enfin, cette roue peut servir de séchoir en faisant passer sur sa circonférence extérieure des tissus pour profiter de la chaleur qui émane de sa surface.

En poursuivant ce sujet, M. Wallace a eu aussi l'idée de convertir l'appareil centrifuge ordinaire ou l'hydro-extracteur en un appareil à dégorger, rincer et blanchir, ainsi qu'il l'avait exécuté pour le dash-wheel. Ce mode d'emploi de l'appareil centrifuge paraît très-rationnel, attendu que les matières chimiques sont chassées avec toute la force qu'on désire à travers les fibres des objets, et que ce procédé de pénétration peut être poursuivi aussi longtemps qu'on le juge convenable avec une énergie incessante d'action ou d'effet pratique. Nous présenterons, en conséquence, ici, quelques-unes des considérations qui ont guidé l'inventeur, et un exemple du dépositif qu'il a imaginé, en les empruntant à la spécification même de la patente qu'il a prise pour cet objet.

« Le but que je me suis proposé, dit-il, est d'étendre les opérations et de perfectionner les effets pratiques de l'hydro-extracteur, appareil employé jusqu'ici à essorer, sécher ou séparer des matières entre elles et d'en rendre le service plus utile aux blanchisseurs, aux apprêteurs et aux manufacturiers qu'il ne l'a été jusqu'à présent. L'appareil centrifuge qui consiste ordinairement en une cage ou enveloppe en matériaux perméables ou à claire-voie qu'on monte sur un arbre vertical, est employé, dans le cas présent, à blanchir, dégorger, rincer et sécher diverses espèces de produits.

Dans ce nouveau mode, on fait arriver, à l'intérieur de l'enveloppe, par un arbre tubulaire, de la vapeur d'eau, de l'eau chaude ou d'autres agents chimiques qu'on veut mettre en contact avec les objets. La vapeur qu'on lance pour venir en aide aux opérations est, comme on vient de le dire, amenée de préférence par l'arbre tubulaire, mais elle peut être introduite par la périphérie et projetée sur la paroi tournante et perméable de la chambre ; ou bien on peut la faire descendre par le haut de cette chambre au moyen d'un tuyau passant par l'ouverture centrale pour l'introduction des objets.

» Un appareil de ce genre est évidemment disposé pour opérer avec beaucoup d'efficacité sur les tissus ou les matières premières, attendu que les ingrédients pour le blanchiment, le lessivage et le rinçage ainsi que la vapeur peuvent être lancés avec énergie et rapidité sur ces matières et à travers leur substance dans la chambre rotative par l'effet de la force centrifuge due à la rapidité du mouvement de l'appareil ; et comme ces ingrédients, solides ou fluides, sont rejetés à la circonférence de la chambre, on peut les ramener à maintes reprises sur les objets jusqu'à ce qu'on ait obtenu l'effet désiré.

» L'appareil centrifuge appliqué de cette manière peut tourner sur un arbre vertical ou sur un arbre plus ou moins incliné sur la ligne verticale. Il y a plus, c'est qu'au lieu d'un appareil dégorgeur et blanchisseur de cette espèce, on peut employer, pour cet objet, une forme modifiée de dash-wheel, c'est-à-dire une chambre de dash-wheel, portant sur appuis d'un seul côté, et tournant sur un arbre horizontal ou incliné. La chambre, dans ce cas, est placée au-dessus de ses appuis, de façon que la partie antérieure où se place l'ouvrier est parfaitement libre et accessible pour lui, et que les objets peuvent être déposés dans la chambre tournante pendant qu'elle est en mouvement, attendu que rien, dans l'ouverture centrale, ne s'oppose au dépôt et à l'enlèvement des objets. Ce dash-wheel peut être organisé avec un nombre quelconque de divisions, être une chambre perméable ou imperméable, suivant que les matières fluides employées au traitement des objets doivent ou non traverser les parois de la chambre.

» La fig. 36 est une section verticale de l'appareil centrifuge avec une portion des détails en élévation.

» La fig. 37, une élévation vue par le côté de la machine.

» Cette machine, qui ressemble, dans sa structure générale, à un hydro-extracteur, consiste en une enveloppe cylin-

drique ou récipient A, A, monté sur un arbre vertical B, B
et placé à l'intérieur d'une chambre cylindrique C, C. Le
récipient A est en toile métallique et attaché sur une car-
casse en métal, par conséquent perméable aux divers fluides. L'arbre B est assemblé par un manchon D avec un bout
d'arbre E disposé dessus sur la même ligue, et qui porte,
dans le haut et dans le bas, dans des colliers F, G boulonnés sur le bâtis H, H, dont les montants se raccordent entre
eux par un arc de cercle, et qui est boulonné sur la chambre C, C. Le manchon D a été introduit pour limiter les dé-
placements angulaires de l'arbre B dont la crapaudine I est
mobile, pour bien établir la verticalité.

L'arbre E porte la poulie J qui peut glisser sur rainure dans
le sens vertical, et on la fait monter ou descendre suivant les
besoins, à l'aide du levier à fourchette K. La surface convexe de cette poulie J est en contact avec le plat d'un grand
disque L qui la commande, et ce disque est calé sur un arbre horizontal M, porté sur des appuis boulonnés sur le bâtis.
Cet arbre M porte des poulies fixe et folle N, afin de recevoir
la courroie motrice qui part d'un arbre de transmission
placé au-dessus, et cette courroie est rejetée sur l'une ou
l'autre poulie par un levier coudé à fourchette O. Une équerre
P boulonnée derrière le bâtis reçoit dans un œil la tige d'une
vis Q qui sert à faire avancer l'arbre M de manière à ce que
le disque L soit en contact permanent de commande avec la
poulie J. Cette poulie étant mobile sur son arbre, on voit
qu'on peut faire varier à volonté la vitesse de circulation du
récipient, c'est-à-dire la réduire ou l'augmenter, suivant que
la poulie J est poussée plus près ou plus loin du centre du disque J. Toutes ces pièces et leur jeu sont communes aux hy-
dro-extracteurs ordinaires, mais la manière dont l'appareil
est disposé pour remplir le but de la présente invention sera
mieux comprise par la description qui va suivre :

« La portion inférieure de l'arbre E est creuse et les collets
qu'il porte affectent avec son appui inférieur G la forme d'une
boîte à étoupe creuse, communiquant avec le tuyau R ; cet
arbre E porte des ouvertures qui communiquent avec la cavité
vide de cette boîte à étoupe. L'arbre B est également creux,
et un dé en métal ou une pièce d'assemblage flexible S est
insérée au point d'assemblage. La portion inférieure de cet
arbre B est percée de trous pour que les fluides ou les liquides
puissent sortir de sa cavité centrale. La vapeur ou autre fluide
introduit par le tuyau R entre donc par l'assemblage de la
boîte à étoupe dans la cavité de l'arbre B, et s'en échappe
pour se répandre dans un espace renfermé dans une cage T

percée de trous, et de là dans le récipient A, A ; en sortant de cette cage elle est chassée à travers les objets ou les articles sur lesquels on opère. Des tuyaux de branchement U,U sont également disposés sur l'arbre tubulaire B pour transporter cette variété ou autre fluide dans des tuyaux percés de trous V,V qui entourent le récipient. C'est ainsi que la vapeur introduite dans l'appareil, passe à travers les tissus et autres objets qu'on veut soumettre aux opérations.

» On a aussi ménagé des dispositions pour introduire l'eau ou des liquides ou même la vapeur dans le récipient A, au moyen d'un tuyau W dont l'ouverture débouche dans la portion ouverte du récipient. Un couvercle X, fixé sur le sommet de la chambre C, s'oppose à la dissipation de la vapeur ou autre fluide, et ce couvercle est muni d'une porte à charnière pour l'introduction et l'enlèvement des objets.

» Les liquides qui ont passé dans le récipient A, à travers les pièces, s'échappent par ses parois perméables et à claire-voie, au travers desquelles ils sont chassés par la force centrifuge que détermine le mouvement rapide de circulation imprimé à ce récipient. Ces liquides sont recueillis dans la chambre G, d'où ils sont extraits par un conduit V pour être repassés à plusieurs reprises à travers les objets, en les réintroduisant dans l'appareil par les tuyaux R ou W ou par tous deux.

» Lorsque les objets ont subi suffisamment l'action de la vapeur ou des autres fluides ou liquides, on peut les faire sécher avant de les enlever en faisant cesser l'introduction de ces derniers, et maintenant l'appareil en état de rotation jusqu'à ce que la force centrifuge en ait chassé toute l'humidité, comme dans le cas de l'hydro- extracteur ordinaire.

Appareils à griller et apprêter les étoffes,
par M. HUILLARD.

Ces appareils sont basés sur l'application de la vapeur surchauffée aux opérations du grillage et de l'apprêt des tissus en faisant passer ceux-ci sur une surface métallique portée à une haute température par de la vapeur surchauffée.

La fig. 38 est une vue en élévation de l'appareil de grillage.

La fig. 39, une section de ce même appareil.

a,a', chaudière de grillage composée de deux plaques en fer demi-cylindriques assemblées à leurs extrémités, de manière à ne former qu'une seule capacité intérieure annulaire

a'' dans laquelle circule la vapeur surchauffée. Ce vase est établi sur le foyer d, et la partie extérieure a avec laquelle le tissu se trouve en contact est aussi unie et lisse qu'il est possible ; c, tube placé à l'intérieur du foyer. La vapeur, à partir du purificateur, entre dans ce tube par le robinet c' et passe par le tuyau c'' dans le vase a,a' en se surchauffant jusqu'à un certain degré dans ce passage. Elle achève de se surchauffer en traversant le vase a,a' d'où elle s'échappe par le tuyau c''', fig. 39 ; d', soupape de sûreté ; d'', d'', deux reniflards ; e, cadran d'un pyromètre qui indique la température de la vapeur surchauffée et où l'index est mis en jeu par des tiges métalliques placées à l'intérieur de la vapeur et attachées sur l'un des fonds de la chaudière de grillage, afin de montrer par leur dilatation et leur contraction la température de la vapeur ; f, purificateur dans lequel la vapeur qui arrive du générateur entre par le tuyau f et le robinet f'' pour sortir par le robinet $''f$ et le tuyau f''' et entrer dans le tube c. La vapeur est introduite dans la partie inférieure du purificateur par le tuyau recourbé f', le quitte dans la partie haute par le robinet $''f$, et toute l'eau de condensation, ainsi que les impuretés que la vapeur a pu entraîner, tombent au fond, d'où on peut les évacuer par un robinet g. Il existe aussi un trou d'homme g' pour pouvoir nettoyer le purificateur à la fin de chaque opération.

h,h, montants latéraux de l'appareil destinés à porter diverses parties ; k, ensouple sur laquelle est enroulé le tissu m,m qu'il s'agit de griller ou d'apprêter. Ce tissu passe sur la surface a de la chaudière à vapeur surchauffée et de là sur l'ensouple k', puis est transporté d'un ensouple sur l'autre jusqu'à ce que le grillage ou l'apprêt soient complets. n,n, deux rouleaux destinés à augmenter ou diminuer l'intensité du contact entre le tissu et la surface a, ces deux rouleaux sont portés par les leviers n',n', que maintiennent dans des positions déterminées quelconques des chevilles passant par des trous percés dans les demi-cercles n'',n'' ; $o\,o$, lames ou épées attachées sur les montants latéraux qui agissent sur la face inférieure du tissu à chacun de ces passages sur la surface chauffée de la chaudière au grillage, afin d'enlever le duvet grillé produit par cette opération. p,p,p, petit tuyau de branchement partant du purificateur pour charrier la vapeur aux tuyaux p',p' placés sous le tissu et percés de trous pour le mouiller et s'opposer à ce qu'il soit parfois brûlé par l'action de la vapeur surchauffée sur la plaque de grillage ; p'',p'', robinets pour régler l'afflux de cette vapeur dans les tuyaux p',p'.

Les perfectionnements dans l'apprêt des tissus consistent :

1º Dans l'emploi des cyanures des métaux, et, de préférence, des cyanures de zinc ou d'étain, pour apprêter les tissus en remplacement de la gomme, de l'amidon, de la gélatine, etc., les cyanures étant fixés dans le tissu en passant celui-ci sur l'appareil à vapeur surchauffée, ce qui oxyde l'apprêt métallique;

2º Dans l'emploi de la même manière de l'apprêt siliceux pour les tissus, apprêt qu'on fixe dessus en exposant ceux-ci à l'action de la vapeur surchauffée comme dans le cas des cyanures, au moyen de quoi l'apprêt est vitrifié. Cet apprêt s'applique avec un silicate qu'on appelle pâte de silex et qu'on prépare comme il suit :

On mélange trois parties de sable blanc bien pur avec deux parties de soude pure et sèche, et à ce mélange on ajoute du charbon de bois en poudre dans la proportion de 1/10 du poids de la soude. Le tout est intimement mélangé, puis placé dans un creuset de terre qu'on ne remplit pas en entier et qu'on coiffe de son couvercle. Ce creuset est alors placé dans un four à réverbère et chauffé peu à peu pendant quatre à cinq heures, temps au bout duquel les matières étant vitrifiées et presque blanches sont versées sur une tôle. Lorsque cette masse vitreuse est refroidie, on la pulvérise dans un mortier en fer et on la passe par un tamis en crin. Cette poudre est ensuite bouillie pendant deux ou trois heures dans cinq à six parties d'eau pure, en ayant soin d'agiter constamment pour empêcher que le fond de la chaudière ne brûle. Lorsque la poudre est presque entièrement dissoute, on laisse reposer une heure ou deux, puis on décante, et la liqueur décantée est évaporée aussi rapidement qu'il est possible jusqu'à consistance de sirop, qu'on verse tout chaud dans un vase en terre ou en verre qu'on tient bouché. Cette liqueur constitue un silicate de soude ou verre soluble liquide.

Pour obtenir la pâte de silex, on verse peu à peu cette liqueur dans de l'acide chlorhydrique légèrement étendu d'eau, ce qui forme un précipité gélatineux très-volumineux qu'on laisse déposer pendant quelque temps, puis on y ajoute un peu d'eau froide pour l'étendre et l'amener à la consistance d'une pâte fluide qu'on jette sur un filtre et lave à plusieurs reprises avec un peu d'eau froide, jusqu'à ce que l'eau qui s'écoule ne renferme plus ni chlorure de soude ni excès d'acide. On laisse alors égoutter cette pâte et on la conserve dans des vases en terre. Le silicate de soude ou verre soluble dont on l'obtient aurait pu, il est vrai, être employé dans quelques cas; mais comme il est alcalin, il ne conviendrait pas aux tissus teints en toutes couleurs, tandis que la pâte de silex ne présente pas cet inconvénient;

3° Dans la fixation des apprêts au moyen de la vapeur surchauffée agissant sur les tissus au moyen d'un appareil convenable quelconque, mais de préférence l'appareil de grillage ci-dessus décrit. La seule différence dans l'application de cet appareil consiste dans le degré de chaleur employée ou dans la manœuvre du tissu. On fera remarquer que ce procédé, appliqué sur la matière métallique ou vitreuse de l'apprêt, incorpore cette matière dans le tissu ou plutôt dans ses fibres, au lieu de former une couche ou léger enduit comme les apprêts à la gomme ou autres qu'on ne soumet pas à ce procédé.

L'appareil perfectionné pour l'apprêt des tissus, et qui est plus particulièrement affecté à l'application des apprêts ci-dessus, est représenté en élévation et de côté dans la fig. 40.

a,a, bâtis; b,b, séries de rouleaux placés dans un bac c,c, qui contient le bain d'apprêt; c'est entre ces rouleaux que passe le tissu d,d, qui est roulé sur un ensouple e, et où il s'imprègne complètement et uniformément avec l'apprêt; f,f, vis pour régler la distance entre les rouleaux dont le rang supérieur est couvert de gutta-percha, afin de ne pas détériorer le tissu; g, cylindre d'essorage surmonté d'un autre cylindre g' qui, en pressant sur le tissu, exprime l'excédant du liquide qui retombe dans le bain par le plan incliné h; k, cylindre déplisseur à rainures obliques découpées sur sa périphérie pour empêcher le tissu de faire des plis et le tenir constamment tendu dans la direction de sa largeur; m, cylindre chauffé par de la vapeur ordinaire et sur lequel le tissu passe après avoir été essoré par les cylindres g,g'. L'effet de ce cylindre m est de produire une dessiccation partielle du tissu avant qu'ait lieu l'action des cylindres fouleurs; k', autre cylindre de tension semblable au cylindre k; n, n', deux cylindres fouleurs, dont celui supérieur est couvert de gutta-percha pour modérer les effets de la pression sur l'étoffe, pression qui est réglée par la vis o; k'', autre cylindre de tension semblable à celui k, p, second cylindre chauffé par la vapeur ordinaire pour opérer une nouvelle dessiccation, mais non complète encore, du tissu qui quitte l'appareil d'apprêt dans un état moite, mais non humide; i, autre cylindre de tension semblable aux premiers; q, ensouple sur lequel le tissu foulé s'enroule et d'où il est porté à l'appareil à vapeur surchauffée pour fixer l'apprêt, ou plutôt dans le cas des apprêts perfectionnés pour oxyder la matière métallique ou vitrifier celle siliceuse contenue dans le bain d'apprêt.

Voici maintenant le mode d'opérer sur le tissu, quelle que soit sa nature.

Ce tissu, après avoir été enlevé sur le métier de tissage, est transporté sur l'appareil de grillage où la température est élevée de 300° à 400° C., suivant que l'exige la nature du tissu, pour le rendre uni et brillant ; à cet effet, il est passé à l'endroit à plusieurs reprises sur la surface chauffée, ainsi que sur l'envers si l'étoffe le permet ou l'exige. Le duvet formé par le grillage est enlevé par les lames ou épées *o* dans le passage dans un sens et dans l'autre sur la surface chauffée. Néanmoins, en quittant l'appareil de grillage, le tissu est de plus soumis à l'action d'un ventilateur qui enlève tous les filaments grillés qui peuvent encore rester à sa surface, afin qu'il soit parfaitement net avant d'être transporté dans la machine à apprêter. Supposons que l'apprêt dont on fait usage soit celui vitreux, fait avec la pâte de silex. Voici comment on opère :

La pâte est mélangée dans le bain avec de l'eau dans la proportion de 1 kilogramme par 10 litres d'eau modérément chaude, mais suffisamment pour rendre cette silice soluble, et le tissu est transporté dans la machine à apprêter, soit sur les ensouples de celle à griller, soit sur les ensouples de celle à apprêter. La description qu'on a donnée de ce dernier appareil rend inutile d'entrer dans des détails sur la manière dont il opère, on doit seulement se rappeler que le tissu en sort à l'état moite mais non humide, et c'est dans cet état qu'il est reporté à la machine à griller, afin de fixer l'apprêt après qu'on a fait descendre la température de l'appareil entre 150° et 200° C., changement de température qu'on obtient et règle aisément au moyen du pyromètre. Le tissu est alors passé sur la surface de cet appareil chauffé par la vapeur surchauffée qui vitrifie la pâte de silex (ou oxyde le métal des cyanures), sans former d'enduit ou d'épaisseur sur le tissu ni sur la surface des fils eux-mêmes, mais en constituant une sorte de combinaison entre les matières fibreuse et vitreuse, et en donnant un éclat lustré remarquable à l'étoffe tout en lui conservant sa souplesse.

Laveur mécanique pour les fabricants et les blanchisseurs,
par M. CRAWFORD.

Les hommes de pratique intelligents, qu'on rencontre en grand nombre en Angleterre parmi les fabricants de toiles,

les blanchisseurs, les imprimeurs sur toiles peintes, les apprêteurs ou autres, et en général tous ceux qui s'occupent plus ou moins directement de la fabrication des tissus, ont depuis peu dirigé leur attention et toute l'énergie dont ils sont capables, vers le perfectionnement des appareils mécaniques à laver et à dégorger comme une des branches de ces industries qui promettait des résultats d'une haute importance. On a jusque dans ces derniers temps fait peu de chose pour adapter les dispositions mécaniques à ce service, malgré qu'il fut évident depuis longtemps qu'un appareil qui se prêterait aux divers besoins de l'industrie, c'est-à-dire qui opérerait également bien sur différents genres de tissus était une chose tout particulièrement désirable. Il s'agissait donc de trouver un appareil propre à laver, dégorger et nettoyer les tissus qu'on lui soumettrait, avec énergie et rapidité, de manière à produire beaucoup de travail, appareil qui d'un côté ne laissa passer aucun point du tissu sans opérer dessus, et de l'autre n'apporta aucun préjudice à la nature ou à la condition de celui-ci.

M. Crawford croit avoir rempli ces diverses conditions avec le laveur qu'il a imaginé et que nous allons décrire : laveur qui a du moins parfaitement rempli le but dans le grand établissement qu'il dirige à Glasgow où l'on s'occupe plus spécialement des impressions et de la teinture en rouge turc.

Cet appareil dans la modification particulière qu'il présente pour laver les pièces qui sortent de la cuve à garance et pour des dégorgeages généraux et complets, consiste en un bâtis rectangulaire pourvu de cylindres, de planches à laver, d'un châssis fouetteur et d'engrenages moteurs.

Le bâtis est divisé en une série d'étages, placés les uns au-dessus des autres, comme ceux d'une habitation, et chacun de ces étages porte une planche à laver ou plate-forme fixe, interrompue au centre et vers le point d'interruption de laquelle chacune des moitiés s'incline. Les tissus roulés sous la forme d'une corde continue, passent d'abord entre un couple de cylindres de fond ou cylindres d'appel qui dirigent la corde de tissu autour d'un long cylindre horizontal, d'un très-fort diamètre roulant sur des appuis portés sur l'un des côtés de l'extrémité de l'étage le plus bas de la série. La corde embrasse ce cylindre, puis s'avance horizontalement à travers l'étage à ce niveau, en passant dans sa marche à travers un châssis à mouvement vertical alternatif qui fonctionne entre les bords contigus des plates-formes ou planches à laver de tous les étages où ces planches offrent, comme on l'a dit, une interruption au centre. Pour son passage à l'extrémité opposée de cet étage il existe un cylindre horizontal correspondant au précédent sur lequel passe la corde pour revenir par l'étage au-dessus en traversant encore le châssis à mouvement alternatif pour gagner le premier cylindre. La corde embrasse une seconde fois ce cylindre, puis traverse de nouveau l'étage inférieur et ainsi de suite, jusqu'à ce qu'elle ait accompli le nombre requis de voyages aller et retour. Les cylindres sont commandés ensemble afin de marcher simultanément, de conduire la corde dans sa marche en avant et en arrière sur ces cylindres et à travers les étages, pendant que des jets d'eau ou autre liquide tombent avec force sur l'étoffe lors de son passage, et que le châssis vertical secoue et plaque les lès tendus de la corde avec rapidité et énergie sur les planches à laver placées au-dessous, ce châssis étant manœuvré à l'aide de manivelles placées dans le haut ou par tout autre mécanisme à mouvement alternatif. A mesure que le liquide épurateur ou laveur tombe, il est reçu sur la planche au-dessous et jusqu'à ce qu'il s'écoule au centre de l'appareil, l'action de placage ou fouettage exercée par le châssis alternatif le fait pénétrer entre et dans toutes les fibres du tissu. Quand ce liquide s'est écoulé au centre, il est reçu dans une gouttière et conduit dans une chambre latérale de fond, dans laquelle la corde de tissu lavée par première intention dans l'étage du bas est déchargée en entier de dessus les cylindres. Là, ce tissu tombe mollement et librement, s'ouvre pour recevoir ce qu'on appelle un lavage à tissu ouvert en opposition à celui qu'il a éprouvé à l'état de corde ou roulé dans l'étage de l'appareil.

De cette chambre de lavage à tissu ouvert, la toile ramenée à l'état de corde est remontée et reprise par le second couple d'étages de la série qu'il traverse et où elle est traitée absolument de la même manière que dans le premier, puis ramenée de nouveau dans une seconde chambre de fond à lavage ouvert.

On continue cette manœuvre dans toute la série des étages jusqu'à ce que le tissu sorte enfin par celui supérieur dans un état complet de lavage. Chaque étage est pourvu de jets d'eau, et il est évident qu'à mesure que le tissu passe sous et à travers ces jets et qu'il est en même temps violemment secoué par les planches à laver, il doit éprouver une action de lavage et de dégorgeage des plus complètes, et des plus énergiques. Des dispositions sont prises pour faire varier l'étendue du mouvement alternatif du châssis vertical, et la rapidité de ce mouvement.

La fig. 41 représente les détails de cet excellent appareil en coupe suivant l'élévation.

La fig. 42 en est une vue aussi en élévation du côté des engrenages moteurs et des mouvements.

Les deux montants latéraux en fonte A,A constituent le bâtis principal du laveur. Ces montants sont recouverts sur leurs faces et sur leurs extrémités de planches ou madriers, de manière à former une chambre à laver d'une grande solidité. A l'intérieur, ils portent des tasseaux pour soutenir six ais B,B qui constituent autant de planches à laver. Tous les mouvements des engrenages sont commandés par un arbre inférieur horizontal, portant une roue d'angle C, en prise avec une roue correspondante D, calée à l'extrémité inférieure d'un arbre vertical E. Cet arbre au moyen de trois couples de roues d'angle F,F,F, fait fonctionner les trois gros cylindres extrêmes G,G,G, portés par des supports sur la partie extérieure du bâtis principal. L'extrémité inférieure de cet arbre vertical roule dans une crapaudine établie sur le plancher, tandis que son extrémité supérieure est maintenue dans un collier que porte une console H, boulonnée sur le bâtis. Au delà du collier, il existe un quatrième couple de roues d'angle J, qui établissent une communication de mouvement entre l'arbre et l'extrémité d'un cylindre à deux nappes coniques K, qui produit le mouvement de secousse du châssis.

Tous les étages ou les planches à laver de l'appareil sont abondamment pourvus d'eau au moyen d'un tuyau vertical L, portant un robinet régulateur à son extrémité supérieure. De ce tuyau principal, ainsi que des tuyaux verticaux internes et de branchements M, s'élancent dans toutes les subdivisions des jets d'eau N, sur les tissus, qui traversent la machine.

Un anneau de guide O, attaché au plafond de l'atelier sert à faire arriver le tissu P. En quittant cet anneau, celui-ci descend dans la direction de la flèche pour s'enrouler sur un appareil de guide à trois rouleaux Q, de manière à plonger dans l'eau de la division extérieure de la petite chambre de fond R. En quittant cette chambre, le tissu passe à travers une fente horizontale pratiquée dans la planche ou madrier qui clot la machine pour arriver dans la subdivision inférieure ou l'étage du bas de la série. En poursuivant sa route, il passe entre la paire inférieure de rouleaux ou de barres S,S, du châssis à mouvement alternatif vertical T, qui lui communique le mouvement de secousse ou d'agitation nécessaire, puis vient s'enrouler sur le cylindre d'arrière V, qui correspond à celui le plus inférieur des cylindres d'avant G. Après avoir tourné autour de ce cylindre, la corde de tissu revient à travers le second étage de l'appareil et atteint ainsi de nouveau le cylindre d'avant G, autour duquel elle tourne en répétant ce mouvement d'enroulement deux ou trois fois. Après ces voyages successifs la corde descend, ainsi que l'indique la flèche en V attirée qu'elle est entre le cylindre de pincement W, et le cylindre de fond G et est jetée sur un petit rouleau de guide dans la chambre à eau X, au niveau du plancher. En quittant cette chambre, le tissu remonte en Y, et entre dans le troisième étage ou division de l'appareil, traverse le châssis fouetteur, en tournant autour des cylindres d'arrière et du centre et revient en avant le nombre de fois déterminé, descendant finalement en Z, en passant autour du rouleau de guide dans la division intérieure de la chambre R. De cette chambre le tissu remonte pour la dernière fois, passe par les cinquième et sixième étages et est livré en *a* dans un état parfait de lavage.

L'action de fouettage ou de placage dont il a été question, est opérée comme on le dit par le cylindre conique à deux nappes K au moyen d'une courroie sans fin *b* qui passe sur une poulie conique *c* dont l'axe roule dans des paliers placés immédiatement au-dessus du centre de la machine. Une tige mobile, avec une fourchette double *d*, est disposée pour permettre à l'ouvrier de rejeter la courroie motrice *b*, dans tel point qu'il le juge convenable des cylindres coniques, de manière à faire varier la vitesse de la révolution de la partie motrice *c*, cette vitesse pour K restant constante.

L'arbre de la poulie *c*, porte à chaque extrémité un plateau à manivelle *e* dans la coulisse duquel on peut ajuster, à volonté, des boutons pour manœuvrer les bielles pendantes *f*. Les extrémités inférieures de ces bielles sont de même assemblées sur des boutons sur les bords opposés du châssis alternatif T, boutons qui fonctionnent dans des coulisses sur les montants principaux, et comme les plateaux à manivelle *e*, tournent avec rapidité, il en résulte que le mouvement rapide correspondant du châssis, plaque avec énergie les cordes de tissu qui passent entre ses rouleaux sur les diverses planches à laver de l'appareil. L'eau qui tombe des différents jets, sur ces cordes, les lave à mesure qu'elles avancent et tombent enfin par les ouvertures au centre de ces planches pour être reçue dans une gouttière *g* disposée dans le bas et au milieu, d'où elle s'écoule par le conduit *h*, et se rassemble dans la chambre R. Les coulisses, dans les plateaux à manivelle, fournissent un moyen prompt pour faire varier l'étendue du mouvement du châssis alternatif, et cet ajustement combiné avec celui de la vitesse de révolution du cylindre à nappes coniques suffit pour permettre d'ajuster avec délicatesse toutes les capacités de l'appareil aux besoins divers que peut avoir le manufacturier, le blanchisseur ou l'apprêteur.

Appareil pour l'apprêt des tissus, par M. SAMPSON.

L'appareil dont on va donner la description est destiné à l'apprêt de divers tissus, tels que les alpacas, les tissus mélangés, les barèges, les orléans, les cobourgs ou autres analogues, en mettant ces tissus en contact avec une série de surfaces chauffées, les unes mobiles et les autres fixes, combinées à une machine à plier d'une forme modifiée, de manière à leur donner un lustre et un apprêt semblables à ceux qu'on leur communique ordinairement aujourd'hui par l'emploi des cartons, des plaques chauffées, etc.

La figure 43 est une section suivant la longueur de l'appareil dont il s'agit.

a, a, bâtis de la machine; le tissu sur lequel on veut opérer est livré par des cylindres ou des ensouples, et l'une de ces pièces est représenté en *b*; le tissu, à mesure qu'il se déroule de dessus cet ensouple, et dont on voit la marche indiquée au pointillé, est conduit d'abord entre les barres *c, c*, puis il passe entre un couple de cylindres qui tournent en contact, de là sur le cylindre chauffé *e*, en partie autour des petits cylindres *f* et *g*, sur un autre cylindre chauffé *h*, en partie autour du petit cylindre *i*, puis embrasse en grande partie le cylindre chauffé *j*, d'où il passe d'abord en partie sur les cylindres *k* et *l*, puis sur le cylindre chauffé *m*, d'où il est attiré par un couple de cylindres *n, n*.

Ce tissu peut être passé dans l'appareil à l'état sec ou à l'état humide, et afin qu'il offre une longueur continue, on en coud plusieurs pièces ensemble ou on les unit de toute autre manière, afin qu'elles se suivent l'une et l'autre successivement.

L'un des cylindres dont il a été question ci-dessus reçoit le mouvement d'une courroie partant d'un premier moteur, agissant sur une poulie ou un tambour sur son arbre sur lequel est également calé un pignon qui engrène et commande une roue dentée sur l'arbre du second cylindre. A l'autre bout de ce dernier arbre est établie une autre roue dentée qui, par l'entremise de roues intermédiaires, imprime le mouvement à un pignon fixé sur l'arbre de l'un des deux cylindres *n*, qui servent à attirer le tissu à travers cette partie de l'appareil.

Les cylindres *e*, *h*, *i*, *j* et *m*, dans la disposition représentée, tournent par l'action de frottement du tissu, tandis que les cylindres *f*, *g*, *k* et *l*, sont fixes, ce qui augmente le lustre du tissu par le frottement qui a lieu à sa surface.

On peut faire circuler ou bien fixer un nombre quelconque de cylindres suivant le degré de frottement qu'on veut donner au tissu sur lequel on opère.

On préfère que la surface du cylindre *i* soit en cuivre, parce que ce métal prend un poli bien plus parfait que le fer, et qu'il est beaucoup meilleur conducteur de la chaleur, ce qui procure un plus bel apprêt à l'étoffe. Tous les cylindres chauffés le sont à la vapeur ou à l'air chaud qu'on introduit à leur intérieur par l'un de leur tourillons.

En quittant les cylindres *n*, *n* le tissu passe sous une barre *o* qui, à l'aide des poids dont elle est chargée, sert à le maintenir fermement pendant qu'il se rend de ces cylindres sur la table à inspection *s* de la machine à plier. Cette table est en métal et creuse, de même que la table à plier *t*, de manière à pouvoir les chauffer l'une et l'autre à la vapeur ou autrement, et de compléter ainsi le travail de l'apprêt du tissu après qu'il a été soumis à l'action de la série des cylindres. D'ailleurs, ces tables étant en métal conduisent mieux la chaleur et conservent plus longtemps leur forme régulière.

Appareil à empeser les tissus, par M. W. CUNNINGHAM.

Le travail nécessaire pour distribuer l'empois sur les tissus tel qu'on l'exécute dans les ateliers pour le blanchiment et l'apprêt des toiles et autres tissages, est certainement un des plus pénibles qu'on puisse faire dans ces établissements. Jusque dans ces derniers temps, les immenses quantités de tissus divers qui passent par les mains des apprêteurs étaient empesées à la main ou au moyen d'appareils grossiers et fort peu efficaces; mais depuis que l'industrie en question a pris un vaste développement, on s'est attaché à perfectionner les moyens imparfaits dont on avait fait usage jusque-là, on a essayé diverses inventions mécaniques propres à exercer avec plus de perfection le travail de l'empesage et entre autres on a accueilli avec faveur une machine à empeser inventée, en 1854, par M. Cunningham et dont nous allons présenter une description.

Le principe sur lequel repose la construction de cette machine consiste dans l'emploi d'un rouleau empeseur tournant avec rapidité, auquel l'empois est fourni par une auge alimentaire et comme ce rouleau tourne avec une vitesse beaucoup plus grande que le tissu ne circule sur lui, il en résulte que l'empois est frotté dessus et pénètre ainsi jusqu'au cœur même des fils.

La figure 44 présente une élévation en coupe de la machine de M. Cunningham.

L'appareil se compose de deux bâtis en regard reliés ensemble et consistant chacun en deux montants latéraux en fonte A, A assemblés deux par deux par une série d'entretoises B, B et se reliant l'un à l'autre, dans le haut, par deux tringles longitudinales C. Le rouleau empeseur D est porté sur coussinets à l'intérieur des montants B, B, et dans cet exemple, il fonctionne dans une auge E qui contient la bouillie d'amidon. Cette auge est portée à ses extrémités par les montants et ouverte sur l'un de ses côtés pour recevoir le rouleau D. On l'ajuste sur la périphérie de ce rouleau au moyen de vis F de manière à ce que son bord ouvert soit en contact intime avec la surface couverte de celui-ci, afin que l'amidon ne puisse s'échapper par les lignes de contact. Ce rouleau tourne dans la direction de la flèche et en passant dans l'auge, il se charge d'une couche mince d'amidon dont on rend l'épaisseur bien uniforme à l'aide d'une râclette ou docteur G placé un peu au-dessus de la surface du bain d'amidon et qu'on peut ajuster à volonté au moyen des vis H, afin de pouvoir mettre son bord à telle distance qu'on désire de la surface du rouleau, suivant l'épaisseur à laquelle on veut réduire la couche d'amidon.

Le tissu L, L qu'on veut empeser est déroulé sur un cylindre I, et passe d'abord sur deux tendeurs J et K, afin de l'unir et d'en faire disparaître les plis. Le tendeur J est du genre de ceux dits fixes et consiste en un rouleau de bois à coulisses spirales ou inclinées découpées à sa surface et courant en directions opposées de chaque côté à partir du milieu de sa longueur. Le tendeur K est aussi d'une espèce connue et consiste en un cylindre composé de douves coupées au centre et se séparant dans la longueur au moyen de disques obliques de guide et d'une tige fixe. Du reste, on peut se servir de tendeurs quelconques.

Ce tissu L, L passe ensuite sur un rouleau de guide M et de là sur et entre des cylindres de pincement N et N', d'abord sous le cylindre N, puis entre les deux, et enfin sur le cylindre supérieur N', d'où il descend pour s'engager sous deux rouleaux de guide O et P placés dans une position telle qu'ils forcent le tissu à se mettre en contact avec le rouleau empeseur D, dans l'espace Q entre eux, espace où il reçoit l'application de l'empois. De là, il est rejeté sur le rouleau-guide R, puis sous le cylindre sécheur S chauffé à la vapeur, sur le guide T, sous un second cylindre sécheur U et enfin sur le rouleau de décharge V.

Le cylindre empeseur est mis en mouvement par une courroie et son arbre porte un couple de poulies W pour la recevoir. A l'autre extrémité de cet arbre, est calée une poulie X dont la courroie est rejetée sur une autre poulie Y calée sur l'arbre du rouleau de décharge V et qui le fait mouvoir. L'axe de ce rouleau V porte une autre poulie Z, qui envoie une courroie à une poulie *a* sur l'arbre du cylindre de pincement N et c'est ainsi que le tissu qu'il s'agit d'empeser traverse la machine.

Les différents détails de cette machine peuvent être mis en action de diverses manières, mais il est essentiel que le rouleau empeseur D tourne avec une rapidité bien plus grande, que le tissu ne chemine sur lui de façon à ce que l'empois pénètre dans les pores de celui-ci.

Appareil à teindre en plusieurs couleurs, par COLOMBE *et* LALAN, *à Suresne.*

Cet appareil, fig. 45, 46, 47, 48, se compose : d'un réservoir A en cuivre et contenant la couleur ; d'un ou plusieurs conduits B destinés à l'écoulement de la couleur ; d'un ou plusieurs tuyaux C, dits de distribution, par lesquels la couleur arrive aux ajutages D, qui, traversant les petits cylindres E, la portent, par les orifices D', sur la pièce à teindre ; de petits cylindres E, en cuivre, sont garnis de drap destiné à égaliser les couleurs sur la pièce, au fur et à mesure qu'elles y arrivent ; deux boîtes en bois F, F, contiennent la vapeur au moyen de laquelle les couleurs sont fixées sur chaque pièce que l'on fait passer ; enfin des rouleaux H, placés à chaque extrémité, sont destinés à y appeler et recevoir alternativement, dans un sens et dans l'autre, les pièces à teindre.

Pour opérer, on place la couleur à appliquer dans le réservoir A ; ce réservoir a un double fond (voyez la figure 47), disposé de manière à ce qu'on puisse, au besoin, y introduire la vapeur et l'y faire circuler sans qu'elle communique avec les couleurs ; par ce moyen, toutes les parties du bain peuvent être échauffées au degré convenable, sans que l'on ait à craindre que l'intensité des couleurs soit diminuée par la condensation de la vapeur.

Ainsi convenablement préparée, la couleur descend du réservoir A, par le conduit B, dans le tuyau de distribution C, couché horizontalement entre les deux boîtes F, F. De ce dernier tuyau, qu'elle remplit bientôt par l'effet de la pression résultant de l'élévation à laquelle est le réservoir A, la couleur est d'abord portée dans chacun des petits tubes coniques, dits justages, vissés, de place en place, sur le tuyau de distribution C, et traversant les petits cylindres E, E, à la superficie supérieure desquels leur orifice D' vient affleurer, bientôt elle en rejaillit et se trouve ainsi portée sur la pièce à teindre.

Cette pièce, en effet, placée sur la bobine I, se déroule sur le rouleau d'appel H, et passe alternativement dans les boîtes F F, à travers lesquelles elle est grillée et maintenue par les rouleaux G' G' G' mus eux-mêmes par les poulies G G G; dans ce trajet, elle est nécessairement mis en contact avec les cylindres E, E, E, d'où les couleurs s'échappent par les orifices D'; elles se trouvent, par l'action de ces cylindres, égalisées aussitôt qu'arrivées sur la pièce. Quant à celles non employées, elles tombent dans le fond placé au-dessous des cylindres et s'en écoulent par le conduit M.

D'un autre côté, les couleurs sont fixées sur la pièce au moyen de la vapeur que portent dans les deux boîtes FF, les conduits O, O, dont l'embouchure est surmontée par un champignon de métal O', destiné à éviter qu'à son arrivée la vapeur ne heurte la pièce et ne fasse tache en la frappant.

Enfin, lorsqu'à son premier passage sur les cylindres E, E, E, la pièce n'a pas reçu la teinte convenable, on la fait repasser dans les boîtes F, F, au moyen des rouleaux de rappel H, H, et l'opération se trouve ainsi terminée.

C'est ainsi que fonctionne le teinturier mécanique, quand on ne veut obtenir qu'une seule couleur disposée par bandes à teintes décroissantes.

Quand, au contraire, on veut teindre simultanément en couleurs différentes, on substitue au réservoir A, qui, dans le premier cas est une boîte sans division, un réservoir ayant autant de compartiments intérieurs que l'on entend employer de couleurs distinctes; on augmente en même nombre les conduits de descente B et les tuyaux de distribution C, sur lesquels sont vissés les ajutages convenables; de cette manière, chaque couleur arrive en même temps et sans confusion sur la partie de la pièce qui doit la recevoir, en traversant les cylindres EE, allongés eux-mêmes en conséquence.

Ces modifications, que l'on effectue aisément en peu d'instants, n'exigent que le matériel de rechange nécessaire, et suffisent, on le conçoit, pour permettre au teinturier-mécanique de teindre avec plusieurs couleurs à la fois, aussi facilement et aussi promptement qu'alors que l'on n'en emploie qu'une seule.

Perfectionnements apportés aux appareils destinés à étendre, sécher et apprêter les tissus, par M. PHILIPPI.

Les perfectionnements s'appliquent à l'appareil destiné à étendre, sécher et apprêter les tissus, et consistent dans un nouvel arrangement de mécanisme permettant d'exécuter ces mêmes opérations d'une manière expéditive et économique.

Ces opérations peuvent, en outre, être accomplies, sans aucune interruption, dans toute la longueur de l'étoffe ou d'un certain nombre de pièces d'étoffe réunies ensemble et soumises au même traitement.

Les opérations qui consistent à étendre, sécher et apprêter les tissus, sont d'ordinaire limitées à deux points principaux : l'un de sécher les tissus avec un certain apprêt, l'autre de les sécher en les étendant.

L'invention a rapport à ces deux objets.

L'apprêt particulier que l'on peut obtenir à l'aide de l'appareil perfectionné, est cet apprêt élastique bien connu, applicable surtout aux mousselines, linons et autres tissus légers.

Cet apprêt élastique est obtenu en enlevant ou en prévenant la raideur de l'étoffe pendant qu'elle sèche.

A cet effet, on amène ou étire les fils du tissu dans une direction diagonale, de manière à défigurer les formes et les dessins des mailles.

Ainsi, en changeant la position et la direction des fils, l'empois ou autre apprêt qui, autrement, remplirait les interstices, se trouve cassé entre les mailles du tissu.

On obtient l'apprêt désiré, qui embellit et relève l'apparence de l'étoffe, tout en lui donnant de la souplesse et de la douceur au toucher.

Cet apprêt élastique, décrit ci-dessus, n'était obtenu qu'en partie et d'une manière imparfaite par les ouvriers qui remuaient, en l'étirant, chaque bord ou lisière du tissu alternativement; quelquefois le tissu était tendu sur un cadre ordinaire; mais récemment on a obtenu plus de succès à l'aide d'un nouveau moyen pour apprêter les étoffes, et qui consiste à placer une seule pièce sur le cadre, à la tendre dans sa largeur, et enfin à faire osciller les barres portant l'étoffe tendue au moyen d'un appareil oscillatoire. On faisait ainsi tendre diagonalement l'étoffe par les oscillations répétées ou mouvements de va-et-vient des barres latérales de cet appareil pendant l'opération du séchage.

L'apprêtage des étoffes par l'appareil et le procédé susdit

prend un temps considérable, c'est-à-dire que chaque pièce exige à peu près quinze minutes.

J'ai découvert un nouveau moyen d'obtenir cet apprêt élastique à l'aide d'une disposition par laquelle l'étoffe peut être préparée par une seule opération continue.

Le mécanisme et l'appareil sont disposés et arrangés pour produire un mouvement lent d'un côté du tissu d'abord, et ensuite de l'autre.

Je puis, par ce mouvement progressif, opérer sur une pièce ou tout nombre convenable de pièces, sans la moindre interruption.

Fig. 49, plan de l'appareil perfectionné pour étendre, sécher et apprêter les tissus.

Fig. 50, élévation de côté du même.

Fig. 51, vue de face de l'appareil de droite ou appareil moteur.

Fig. 52, section longitudinale du même.

Fig. 53, section transversale prise par le centre dudit appareil, du côté gauche, côté par lequel se fait l'alimentation.

a, bâtis principal auquel sont fixés deux barreaux glisseurs *b*, *b* qui peuvent être ajustés, au besoin, au moyen de fentes.

Les deux barres *b*, *b* supportent sur des consoles convenables, la barre de tension *c*, *c* qui est légèrement creuse ou concave au milieu, afin de laisser le tissu lâche au moment où il entre dans la machine.

Les barres *b*, *b* supportent également deux arbres transversaux; sur chacun sont placées librement six bobines, plus ou moins, à volonté, *d*, *d*, *d*, *e*, *e*, *e*. Ces bobines sont faites en bois ou autre matière convenable, et tournent librement et indépendamment les unes des autres sur lesdits arbres.

Les bobines *d*, *d*, *d*, sur l'arbre supérieur, sont couvertes de flanelle, de feutre ou autre substance convenable.

Les trois cylindres *e*, *e*, *e*, sur l'arbre inférieur, sont évidés et couverts de métal, de manière à former des poulies sur lesquelles passent les courroies ou bandes sans fin *f*, *f'* en cuir ou autre matière convenable.

Ces bandes ou courroies *f*, *f'* sont armées d'épingles ou de pointes à leur face extérieure, de manière à prendre les bords du tissu pendant l'opération.

On peut faire glisser les consoles qui portent l'arbre supérieur sur la barre transversale *g g*, en tournant à la main la vis *h*, lorsque le feutre vient à s'user par l'action des épingles ou pointes dont les courroies sans fin sont armées.

A la barre transversale *g* est aussi fixée une courte chaîne ou poids flexible *i*, bien recouvert de feutre ou de flanelle, laquelle chaîne pèse sur la mousseline ou autre tissu, comme on le décrira ci-après.

Les bandes ou courroies sans fin *f, f* voyagent ou passent à travers les barres *k, k*, faites de bois ou autre matière convenable. Les extrémités de ces barres sont supportées et tournent sur des pivots.

Ces barres, que je préfère de la longueur de 2ᵐ.50, sont réunies par des articulations, et, à chaque articulation, reposent sur des supports *l, l*, sur lesquels elles peuvent glisser latéralement; mais elles sont fixes quant à leur direction longitudinale.

On maintient ces barres à distance ou écartées au moyen de cordes *m, m* qui embrassent des poulies.

Lesdites cordes sont tendues par des poids, en raison de la force du tissu que l'on veut apprêter.

Il est évident que des bandes élastiques ou des ressorts peuvent être employés dans le même but; mais je préfère l'usage de poids.

Du côté de la machine par où se délivrent les étoffes, et par où le mouvement est imprimé, le bâtis principal *a a* porte un barreau transversal, muni d'un pivot sur lequel oscille le cadre qui porte le rouleau ci-après décrit, qui enlève les tissus et qu'une bande élastique *o'* empêche d'osciller trop loin.

Le même bâtis supporte également, sur des coussinets convenables, l'arbre transversal *pp*, sur lequel les poulies à rebord *q, q* sont fixées de manière à tourner librement et indépendamment l'une de l'autre, et aussi indépendamment dudit arbre.

Sur l'embase de chacune de ces poulies *q, q* est fixée une roue à éperon *r r*, dans laquelle prennent les cliquets *s s*.

Ces cliquets sont toujours maintenus en contact avec lesdites roues au moyen de bandes élastiques ou de ressorts.

Le bâtis *a* porte aussi un autre arbre transversal *t*, sur lequel sont fixées deux moitiés de poulies *u u* dans des directions opposées l'une à l'autre, et aussi deux moitiés correspondantes de roues à éperon *v, v'*, qui engrènent dans les roues à éperon *r r*.

Autour des demi-poulies *u u* s'étend un rebord qui forme un cercle complet, de manière à guider la courroie jusqu'à la poulie supérieure.

Ces poulies sont couvertes de cuir ou autre matière convenable, et agissent comme des poulies à friction pour appeler les bandes sans fin *f f'*.

Sur une extrémité de l'arbre *t* est fixée une roue à éperon *w*, qui met l'appareil en communication avec un moteur convenable.

Une roue à éperon x est fixée sur l'arbre p et engrène dans la roue w. Elle a pour objet de permettre de tourner l'appareil à la main, au besoin, à l'aide d'une manivelle fixée sur l'extrémité carrée dudit arbre p.

Sur l'autre extrémité de l'arbre t sont deux poulies $y\,y$ pour faire mouvoir le cylindre enrouleur z, au moyen de la bande ou courroie t.

Les courroies f, f', à leur retour, passent sur les poulies à rebord $q\,q$, et sous des contre-poulies, non représentées au dessin, placées à moitié distance entre ces poulies, de manière à empêcher la courroie de vibrer ou de se balancer et d'arracher les épingles.

La distance entre les deux extrémités de la machine peut être de toute longueur convenable, mais l'inventeur conseille de la faire de la longueur d'une pièce de mousseline, à peu près de 27 mètres.

La machine doit être entourée de murs et chauffée d'une manière convenable jusqu'à un degré suffisant pour sécher le tissu pendant son trajet, depuis le côté où se fait l'alimentation jusqu'à celui où se délivrent les étoffes.

Dans les dessins, on a représenté la machine chauffée au moyen de tuyaux 3,3 placés au centre, au-dessous des barres $k\,k$.

Les barres et les courroies étant protégées contre l'action directe de la chaleur par la plaque de fer 44, qui force également la chaleur produite à passer à travers le tissu pendant l'opération, il est évident qu'on peut donner de la chaleur au moyen de tuyaux ou de surfaces remplies d'eau bouillante ou de vapeur.

Les barres $k\,k$ diminuent graduellement en largeur sur une distance de $5^{m}.10$ à chaque extrémité, jusqu'à ce qu'elles soient amenées à une largeur inférieure de 20 centimètres à celle voulue pour le tissu.

On peut ainsi accrocher ou décrocher le tissu sans danger pour les lisières, le reste du tissu étant ramené à la largeur voulue et maintenu dans cet état au moyen des cordes tendues par des poids $m\,m$.

L'appareil est d'abord tourné à la main jusqu'à ce qu'une des roues en forme de D, soit v', ait son centre à peu près en face du centre de la roue à éperon correspondante; l'autre roue en forme de D, soit v, étant au-dessous du centre et hors de portée.

Un des bords du tissu est présenté par l'ouvrier aux

épingles de la courroie *f'*, au côté de la machine par où se fait l'alimentation. La machine est mise en opération quand la courroie, qui est en mouvement, en passant entre les cylindres supérieur et inférieur *d* et *e*, emporte les bords du tissu humide et raidi, fermement pressés contre les épingles ou accrochés par ces épingles.

Le diamètre des roues et poulies étant à peu près de 45 centimètres, un quart de révolution de l'arbre forcera la poulie gauche à attirer la bande *f'* d'environ 35 centimètres, désengrenant la roue *v'* et engrenant celle *v*. L'autre bord du tissu est alors accroché aux épingles de la courroie *f*, et avance, par une demi-révolution des poulies, d'environ 70 centimètres.

Afin de donner aux épingles une prise plus solide, le poids flexible *i*, accroché sur la barre transversale *g*, est placé ou laissé sur le tissu de manière à maintenir la toile pressée contre les épingles.

On voit qu'à la première demi-révolution, et toutes les demi-révolutions suivantes de l'arbre moteur, chaque lisière du tissu sera alternativement tirée en avant d'environ 70 centimètres, tandis que l'autre côté sera stationnaire et que l'appareil marchera d'une manière continue.

Par ce mouvement progressif d'une lisière du tissu, et pendant le séchage, l'inventeur obtient l'apprêt élastique désiré. Aussitôt que la tension d'un côté est terminée, les poids *m* ramènent les barres *k*, *k* à leur position première ou à la largeur voulue par la nature du tissu que l'on apprête.

Comme le mouvement des lisières du tissu est alternatif, on verra que la partie des barreaux et courroie qui délivre les étoffes apprêtées doit être plus étroite, comme on l'a dit ci-dessus, que la partie de la machine par où se délivre le tissu; celui-ci passe sous le cylindre enleveur *o o*, qui oscille sur son pivot de manière à se prêter au mouvement du tissu qu'on apprête.

Le tissu passe ensuite sur des rouleaux guides, revient dans la chambre chauffée, afin de sécher totalement les lisières, double le cylindre 5 et s'enroule définitivement sur le cylindre *z*.

Il est évident que le mouvement latéral des barres *k*, *k*, en communication avec les articulations susdites, permettra d'ajuster les barres en raison des différentes largeurs des pièces qui passent sur elles, pourvu que leur largeur ne diffère pas de plus de 10 à 15 centimètres.

Le mouvement alternatif et progressif peut être obtenu de diverses manières : par une crémaillère, un excentrique ou une manivelle, ou par tout autre moyen mécanique au lieu des demi-roues ou roues en D susdites.

Il est évident aussi que, au lieu de ce mouvement progressif ou alternatif, un mouvement progressif inégal offrirait le même résultat; ainsi, une des lisières du tissu pourrait avancer rapidement, tandis que l'autre avancerait lentement, et *vice versâ*. Un mouvement inégal et progressif peut être obtenu au moyen de quatre roues elliptiques, placées respectivement hors de leurs centres sur les deux arbres, à l'extrémité de la machine où se communique le mouvement au moyen des poulies à courroie.

Appareil à l'aide duquel on peut dresser, élargir et sécher plusieurs pièces d'étoffe à la fois, par MM. VALLERY et LACROIX, de Rouen.

Les appareils construits jusqu'à ce jour dans le but d'élargir les tissus n'ont été appliqués qu'aux apprêts des étoffes légères, telles que les foulards, les jaconas et les mousselines, et les inventeurs n'ont jamais eu d'autre but.

Les machines n'ont, en effet, comme moyens de séchage que des organes tout-à-fait insuffisants pour agir efficacement sur des tissus de coton épais, qui exigent pour être amenés au degré de siccité convenable, d'être présentés sur des surfaces de chauffe très-grandes. Leurs appareils élargisseurs, assez puissants pour apprêter des tissus légers, ne pourraient jamais opérer sur des tissus forts.

L'objet que nous nous sommes proposé dans la combinaison de la machine qui va être décrite, a été de rendre l'élargissement facile et falcultatif pour toutes les espèces de tissus, depuis les plus légers jusqu'aux plus épais, et d'obtenir en même temps le séchage complet des étoffes soumises à son action. Notre appareil présente l'avantage remarquable de pouvoir être appliqué à toutes les machines déjà employées au séchage des étoffes, et notamment aux séchoirs à cylindre dans lesquels on introduit de la vapeur, séchoirs qui existent chez un grand nombre de manufacturiers et d'apprêteurs, et dont l'action est assez puissante pour permettre de sécher complètement les étoffes les plus épaisses, et cela, en apportant si peu de dérangement dans la disposition de ces machines, que celles-ci, bien que munies de notre appareil dresseur et élargisseur, peuvent à volonté fonctionner avec ou sans cet appareil.

Fig. 54, plan de l'appareil.

Fig. 55, sa section longitudinale et verticale.

Les figures 56, 57 et 58 représentent des détails qui seront expliqués ci-après.

Cet appareil se compose essentiellement du cylindre A, des chaînes B, des guides C et D, des galets E et F, et des anneaux G.

Les cylindres A, en cuivre sont creux, et chauffés intérieurement par la vapeur conduite par les tuyaux a. Ils sont tous rangés les uns à côté des autres sur un même plan, reçoivent un mouvement de rotation des poulies motrices H, et se communiquent ce mouvement à l'aide des roues K et des pignons L. Ce sont des cylindres, qui reçoivent sur leur pourtour l'étoffe mouillée, l'entraînent dans leur mouvement de rotation, la chauffent et par suite la sèchent.

Les chaînes B, dont la fonction est de saisir l'étoffe au fur et à mesure que celle-ci est présentée à l'action de l'appareil, de la tendre, de l'élargir, de la conduire et de la maintenir sur les cylindres A, peuvent être construites de bien des manières pour remplir efficacement le but proposé.

Les figures 56 et 57 représentent deux chaînes qui ne diffèrent entre elles que dans leur mode de saisir l'étoffe. Toutes les deux sont composées de petites plaques reliées ensemble par des charnières, dont les unes, fig. 3, sont armées de pointes ou aiguilles qui entrent dans la lisière de l'étoffe, et dont les autres, fig. 57, forment des pinces, qui saisissent cette même lisière en la serrant. Elles sont toutes munies, en b et b', d'encoches ou rainures qui, à l'aide des guides C et D, des galets E et F, et de l'anneau G, permettent de donner aux chaînes la direction qu'il est utile de leur faire prendre.

Ce sont les chaînes composées avec les plaques dessinées dans la figure 56 qui sont représentées en fonction dans les figures 54 et 55. Il suffit pour poser l'étoffe sur ces chaînes, d'en présenter la lisière en X et de les raidir légèrement, pour que celles-ci soient percées et maintenues par les pointes des plaques.

Si on voulait employer des chaînes composées des plaques représentées dans la figure 57, il faudrait placer en X, c'est-à-dire à l'endroit où l'étoffe est posée sur les chaînes, et en X', celui où l'étoffe en est séparée, une pièce en fer disposée de telle façon, qu'elle appuie sur le bouton d de la tige supérieure de la pince, et fasse ouvrir celle-ci de manière qu'elle puisse recevoir l'étoffe en X et la laisser échapper en X'.

Les guides C et D sont deux pièces en fonte posées sur les traverses M. Les unes, C, supérieurs, entrent dans la rainure *b* des plaques qui composent les chaînes ; les autres, D, entrent dans la rainure *b'* de ces mêmes plaques, et concourent ensemble à tenir les chaînes dans leur direction. Les guides de la chaîne qui reçoit un des côtés de la pièce d'étoffe à élargir et sécher pouvant être éloignés ou rapprochés des guides de celle qui reçoit l'autre côté de cette pièce, au moyen des coulisses ménagées dans les traverses M, on conçoit aisément qu'il est facile de régler l'appareil de façon à recevoir des étoffes de toutes les largeurs.

Les anneaux G sont placés sur les cylindres A. Ils sont munis en *g*, fig. 5, de pattes à coulisses à l'aide desquelles on peut les régler facilement. Munis d'une saillie ou rebord en *h*, qui entre dans la rainure *b* des plaques B, ils continuent à diriger et à maintenir les chaînes au fur et à mesure que celles-ci sortent des guides C et D et se présentent sur le pourtour des cylindres A.

Les galets E ont aussi pour effet de maintenir et diriger les chaînes. Comme les anneaux G, ils sont munis d'un rebord qui entre dans la rainure *b'* des plaques B.

L'axe E' des galets E est monté sur un support à coulisse qui obéit à la vis N, de sorte que ces galets servent à tendre les chaînes en même temps qu'ils les dirigent.

Les galets F, quoique plus petits que les galets E' ont la même forme et remplissent le même but que ceux-ci, avec cette seule différence que leur rebord entre dans la rainure *b* des plaques B.

P, P sont des rouleaux sur lesquels passe l'étoffe, et qui ont pour effet de mettre celle-ci en contact avec la plus grande portion possible de la surface des cylindres A.

R, bâtis de l'appareil.

Voici les fonctions de l'appareil :

Lorsque les chaînes ont été placées sur les cylindres suivant la largeur que l'on veut donner à l'étoffe, et que les guides ont été disposés convenablement, les ouvriers placés en tête de l'appareil présentent chacune des lisières de l'étoffe destinée à être dressée, élargie et séchée, soit aux aiguilles, soit aux pinces des plaques qui composent les chaînes. Celles-ci mises en mouvement par les cylindres sécheurs, entraînent l'étoffe avec elles, la tendent à la largeur déterminée et la conduisent ainsi autour des cylindres, plus ou moins loin, selon qu'elle est plus ou moins épaisse et, par conséquent qu'elle est plus ou moins difficile à sécher. La longueur des chaînes est déterminée par le degré de siccité qu'il est nécessaire de donner à l'étoffe pour que, une fois séparée des chaînes et, par conséquent, abandonnée à elle-même, elle se sèche complètement sans retrécir.

On comprendra la nécessité de ne pas faire parcourir aux chaînes toute la longueur de l'appareil sécheur, si l'on considère que les lisières, tenues par les aiguilles ou serrées fortement dans les pinces, n'ont pas été soumises au même degré de chaleur que les autres parties de l'étoffe entièrement en contact avec les cylindres, et qu'elles ne sont pas parfaitement sèches. Il est donc convenable que l'étoffe, après avoir été abandonnée à elle-même, continue d'être mise en contact avec les cylindres sécheurs, afin que les lisières se trouvent séchées à leur tour.

Certificat d'addition, en date du 1er *avril* 1851.

Voici un appareil à dresser, élargir et sécher les étoffes horizontalement. Nous y joignons une pince qui diffère de celle que nous avons décrite dans le brevet primitif, et dont la disposition est mieux appropriée aux fonctions qu'elle est destinée à remplir :

Fig. 59, élévation longitudinale de l'appareil.
Fig. 60, plan du même.
Fig. 61, élévation par le bout.
Fig. 62, coupe transversale.
Fig. 63, nouvelle pince vue en dessus.
Fig. 64, projection latérale de cette pince.

A, est le bâtis de l'appareil, assemblé à l'aide des traverses B, C, D. Ces traverses servent aussi à recevoir les guides directeurs G et G' des chaînes E.

Les chaînes E sont composées de pinces semblables à celle qui est dessinée fig. 63 et 64, et que nous décrivons ci-après. Ces chaînes sont tendues à chaque extrémité de l'appareil par les hexagones F, dont elles reçoivent un mouvement de translation dans le sens indiqué par les flèches, et sont réglées et maintenues à un écartement convenable à l'aide des guides directeurs G et G'.

Les hexagones F sont montés sur les axes *a* et reçoivent eux-mêmes le mouvement des poulies motrices *b*, à l'aide des pignons *d* et des roues *e*.

Les guides directeurs G sont posés sur les traverses B et les guides G' sur les traverses C. On peut régler leur écartement les uns des autres à l'aide des coulisses pratiquées dans ces traverses.

Les traverses D servent à soutenir les supports H, qui ont pour objet d'empêcher les chaînes de se déverser.

La pince représentée fig. 63 et 64 se compose de trois parties distinctes :

Le dessous K ;
Le dessus L ;
Le levier M.

Le dessous de la pince porte une pièce carrée en fer K', et est muni en son centre de deux crochets l, qui servent à relier les pinces entre elles et à en former une chaîne continue. Il présente, de plus, en l', une espèce de talon ou rebord en équerre qui, glissant le long des guides G et G', permet de donner aux chaînes la direction voulue.

Le dessus de la pince est percé d'un trou carré qui donne passage à la pièce K', qui lui sert de conducteur dans le mouvement qu'il opère pour s'ouvrir et se fermer. Pour s'ouvrir, il cède au ressort à boudin enfilé sur la pièce K', qui le soulève ; pour la fermer, il obéit au levier M, qui presse sur le centre de sa partie supérieure. Le dessus de la pince est, en outre, muni de deux petites vis sur les têtes desquelles agit ce levier, et qui, par conséquent, permettent de régler la pression de celle-ci.

Le levier M est une espèce d'excentrique relié à la pièce K' par un axe. Il est disposé de telle façon qu'il presse fortement sur le dessus de la pince, lorsqu'il est rabattu, et cesse, au contraire, d'agir lorsqu'il est relevé. La figure 64 le représente au moment où il ferme la pince. La forme du levier est calculée de manière qu'il permette au dessus de la pince de se soulever d'un centimètre environ lorsqu'il est relevé.

Les leviers P, munis de poids curseurs et maintenus dans les fourchettes R, qui leur servent de guides, ont pour but, en agissant sur l'extrémité du levier M, de faire fermer les pinces.

Les pièces T, en forme de coins, placées le long du support H, agissent en sens contraire des leviers P, et ont pour objet de les faire ouvrir.

La fonction de l'appareil ci-dessus est analogue à celle de la machine décrite dans le brevet primitif. Lorsque les chaînes ont été réglées sur les guides suivant la largeur qu'on veut donner à l'étoffe, et que ceux-ci ont été disposés convenablement, les ouvriers placés en tête de l'appareil présentent les lisières de l'étoffe aux pinces qui composent les chaînes. Celles-ci, mises en mouvement par les hexagones F, entraînent l'étoffe avec elles, la tendent et la conduisent en lui faisant parcourir ainsi toute la longueur de l'appareil ; elles la ramènent en dessous jusqu'au point T', où les pinces sont ouvertes et abandonnent l'étoffe à elle-même. La vitesse avec laquelle on fait mouvoir les chaînes est déterminée par la plus ou moins grande difficulté que présentent à sécher les étoffes soumises à l'action de l'appareil.

Il est presque inutile de rappeler ici que l'appartement dans lequel on fait fonctionner l'appareil doit être chauffé à une température convenable, à l'aide de tuyaux communiquant avec un fourneau, et dans lesquels on introduit de la vapeur.

Certificat d'addition, en date du 20 avril 1852.

L'objet de cette seconde addition est une pince qui diffère de celles qui ont été déjà décrites.

La figure 65 représente cette pince vue en dessus.

Fig. 66, élévation de la pince.

Fig. 67, la même, vue par le bout lorsqu'elle est fermée.

Fig. 68, la même, vue par bout également lorsqu'elle est ouverte.

Le dessous de la pince A est muni en A d'un rebord qui sert à guider celle-ci dans sa marche, et en *a*, d'oreilles à l'aide desquelles on unit les pinces entre elles au moyen des bouts de chaînes *a'*.

Le dessous de la pince est, en outre, muni d'une colonnette B carrée, en fer sur laquelle est relié le levier à excentrique D au moyen de la broche *b*, qui sert d'axe à ce levier.

Le dessus de la pince C est percé d'un trou dans lequel passe la colonnette B, qui guide ce dessus de pince dans son mouvement de haut en bas, et de bas en haut. Le trou, juste de largeur avec la colonnette dans le sens *d d'*, est plus grand dans le sens BB', de manière à permettre que le dessus de la pince puisse reculer de huit à dix millimètres.

Le levier à excentrique D presse fortement sur la pince lorsqu'il est rabattu, et cesse, au contraire, d'agir lorsqu'il est relevé. Le levier est muni en EE d'une came, qui, combinée avec l'encoche formée par les deux parties saillantes F et G du dessus de la pince, fait avancer ce dessus de la pince lorsqu'il la ferme, et la fait reculer lorsqu'il l'ouvre, ainsi qu'on le voit dans les figures 67 et 68.

Les vis K, placées sur le dessus de la pince, servent à régler la pression du levier D.

Le ressort à boudin M, qui entoure la colonnette B, a pour objet de soulever le dessus de la pince lorsque le levier est relevé, et, par conséquent, cesse d'agir.

Certificat d'addition, en date du 12 juillet 1853.

L'objet de ce troisième certificat d'addition est une modification essentielle apportée dans la disposition représentée et décrite particulièrement dans notre premier certificat d'addition, en date du 1er avril 1852.

Fig. 69, élévation longitudinale de l'appareil modifié.

Fig. 70, plan du même.

Les figures 71 et 72 représentent des détails qui seront expliqués ci-après.

Le bâtis A de l'appareil est absolument semblable à celui qui est décrit dans notre premier certificat d'addition.

Il est muni dans sa partie supérieure et vers le milieu de sa hauteur, et à distances égales, de coussinets B, B, B, qui reçoivent les vis C, fig. 71.

Les vis sont filetées moitié pas à droite et moitié pas à gauche. Elles sont mises en mouvement à l'aide des pignons d'angle D, D, D, adaptés à l'une des extrémités de leurs axes, qui engrènent avec les pignons d'angle E, E, E, fixés sur les séries d'arbres G, G, G et G', G', G', placés le long du bâtis. Les séries d'arbres reçoivent un mouvement simultané de la poulie motrice H, par l'intermédiaire du pignon K et des pignons K'.

Les filets des vis C, C, C, moitié pas à droite et moitié pas à gauche, doivent être disposés de telle sorte qu'ils développent leurs hélices du centre de ces mêmes vis à leurs extrémités, lorsque celles-ci sont mises en mouvement dans le sens indiqué par la flèche fig. 69.

M, M, M sont des rouleaux qui, maintenus sur les vis C, C, C, par les fourchettes ou guides N, N, N, pressent sur ces vis avec plus ou moins d'énergie, à l'aide des leviers O, O, O et des poids curseurs P, P, P.

Ces rouleaux peuvent être faits en bois ou métal, et garnis ou non de flanelle, de feutre, de gutta-percha, de caoutchouc.

La fonction de cet appareil est très-simple, l'extrémité de la pièce d'étoffe à dresser, élargir et sécher, enroulée sur un cylindre, est passée entre la première vis et son rouleau presseur, puis également entre la deuxième vis et son rouleau presseur, et ainsi de suite jusqu'à la dernière vis ; elle est reçue sur un deuxième cylindre lorsqu'elle quitte la dernière vis ; elle peut même être présentée à l'appareil immédiatement après sa sortie de la machine qui lui donne l'apprêt, et, dans ce cas, l'appareil à dresser, élargir et sécher, est précédé de cette machine. La condition essentielle à observer est que la vitesse donnée à l'étoffe soit un peu moindre que celle donnée aux vis, de manière que les hélices de celles-ci puissent agir sur l'étoffe en la tendant dans le sens de la largeur. L'action de ces hélices est rendue plus ou moins énergique sur l'étoffe, suivant l'effet que l'on voudra obtenir, à l'aide des rouleaux presseurs M, M, M, des leviers O, O, O et de leurs poids curseurs P, P, P.

On concevra aisément que le nombre des vis adaptées à l'appareil et la longueur même de celui-ci ne sont pas limités, et qu'ils doivent être mis en rapport avec la force et le genre de l'étoffe que l'appareil est destiné à dresser, élargir et sécher.

On pourrait, au besoin éviter l'emploi des rouleaux presseurs, en ayant recours à la disposition représentée fig. 4. Les vis, placées ainsi trois par trois, agiraient avec efficacité sur l'étoffe.

Machines destinées à laver, passer à la vapeur, sécher et finir les étoffes en coton, en fil ou en laine, par M. KASH-LOWSKI, de Berlin.

Cette invention consiste : premièrement, dans la disposition d'un appareil servant à laver les étoffes et les tissus, en trempant, rinçant, battant et pressant successivement et régulièrement, les plis lâches de ces étoffes ou tissus.

Les principaux avantages qu'on retire de cet appareil, sont les suivants :

1º Le tissu, en passant dans la machine, n'est soumis à aucune tension.

2º En changeant régulièrement les plis entre les battoirs et en les trempant et les rinçant successivement, on obtient un lavage plus parfait qu'on n'a pu le faire jusqu'à ce moment.

La figure 73 représente une vue extrême de la machine.

La figure 74 en est une vue latérale.

La figure 75 en est une coupe verticale.

a, a, parties principales de l'encadrement, sur lequel est monté le treuil ou rouleau *b,* avec son volant *c.*

Sur l'un des bras de ce volant se trouve un bouton *d* destiné à recevoir l'extrémité de la bielle *e e,* laquelle, au moyen des plaques latérales *e', e',* est attachée au levier *f* et à la tige d'un piston.

g, cliquet fixé par une broche dans le double levier *f* et engrenant la roue à rochet *h,* laquelle est fixée à l'axe d'un prisme hexagone *i.*

j, prisme à quatre faces correspondant avec les faces du prisme hexagone *i*.

Sur chaque extrémité de *j* est fixée une plaque *j'*, qui s'engrène dans des chevilles ou parties saillantes *i'*, attachées aux extrémités du prisme hexagone *i*.

A chaque révolution du volant *c*, la bielle *e* soulèvera le levier *f* et fera faire au prisme *i* un sixième de révolution, et, au moyen des broches et des plaques ci-dessus décrites, celui-ci fera élever et abaisser le prisme supérieur *j*, tout en lui faisant faire en même temps un quart de révolution; c'est ainsi que les surfaces planes de ces prismes sont successivement en contact.

k, k sont deux tringles auxquelles est suspendu le prisme supérieur *j*.

t, t, broches-guides pour conduire l'étoffe de l'auge *rr* sur le treuil.

a, rouleau de pression dont les parties *u', u'* reposent sur deux parties circulaires *b', b'* du treuil *b*, comme l'indique la figure 74, dans le but de saisir, presser et délivrer le tissu.

Le mouvement peut être donné à cette machine au moyen de roues ou poulies fixées sur l'extrémité du treuil *b*; mais le mouvement peut aussi être obtenu, ainsi que cela est indiqué, au moyen d'un petit cylindre à vapeur *l*, muni d'un piston ordinaire et de soupapes.

La tige du piston est attachée à la bielle et au levier *f*, lesquels sont reliés avec les plaques latérales *e', e'* et la tige de la tringle *m*.

n, tringle donnant le mouvement aux soupapes au moyen de l'excentrique *o*, monté sur l'arbre du volant *c*.

p, tube amenant la vapeur de la chaudière.

q, q, q est le tube qui reçoit la vapeur perdue.

Ce tube se continue dans l'eau de l'auge *r, r*, et l'auge, à sa partie extérieure, a une soupape *s*, construite de telle manière qu'elle se ferme par son propre poids.

L'étoffe qu'on veut laver passe par-dessus le treuil *b* entre les prismes *i* et *j*, et plonge dans l'auge *rr*, remplie d'eau.

On verra, en se reportant à la figure 75, que quand la machine est mise en mouvement, le treuil *b* tire le tissu hors de l'eau de l'auge *rr*, et il le fait en plis sur le côté supérieur du prisme hexagone *i* : or, comme chaque révolution du treuil fait mouvoir le prisme hexagone *i* dans la direction des flèches, le prisme supérieur au moyen des broches et des plaques décrites plus haut, tombera sur les plis du tissu et en fera sortir les souillures et l'eau.

La figure 76 représente les plaques à tourillons *i'*, en fonte de fer, fixées aux extrémités du prisme *i*.

La figure 77 est une coupe de ces plaques.

Ces plaques à tourillons sont assujetties aux prismes en bois, au moyen d'écrous et de noix à mortaise, ainsi que par des anneaux excentriques, taillés en forme de coins, coulés sur les plaques, de façon à faire corps avec les bois lorsqu'on les visse d'une manière serrée.

Lorsqu'on se sert de cette machine, on peut introduire l'étoffe qu'on veut laver, entre deux surfaces frottantes *u'*, *b'*, et puis la conduire en spirale autour de *i* et de *b* jusqu'à ce qu'elle soit engagée entre l'autre paire de surfaces *u'*, *b'*, en guidant le tissu dans ses mouvements au moyen des broches *t, t*; ou bien les extrémités des pièces de tissus peuvent être reliées ensemble de manière à former pour le moment une série de bandes sans fin, qui passeront simplement, en continuité, autour des parties *i* et *f*, jusqu'à ce qu'on ait effectué le lavage comme on le désire : les broches *t* servent à maintenir les différentes pièces séparées l'une de l'autre.

La seconde partie de cette invention consiste dans un appareil au moyen duquel on peut laver les tissus pendant qu'ils sont dans leur largeur entière, en les faisant passer par des ouvertures étroites, où on fait passer aussi un courant d'eau rapide.

Fig. 78, coupe longitudinale de cet appareil à laver.

Fig. 79, coupe transversale.

Fig. 80, plan, ou vue horizontale.

a, a, citerne munie des cloisons *b, b*.

c, c, rouleaux autour desquels on passe le tissu dans sa largeur entière.

d, d, plongeurs mus de bas en haut et de haut en bas par les leviers *e, e*, qui sont fixés aux arbres *f, f*.

g, g, leviers fixés aux extrémités des arbres *f, f*.

h, h, tringles reliant les excentriques *i, i* avec les bras *g, g*, fixés aux arbres *f, f*.

k est un arbre mû par des poulies ou par d'autres moyens convenables, et portant les deux excentriques *i, i*.

On verra, en se reportant à la figure 78, que quand l'arbre *k* tourne, le mouvement est donné, au moyen des excentriques et des leviers, aux plongeurs *d, d*, et qu'on fait ainsi passer l'eau par les ouvertures étroites *l, l, l*, au travers desquelles passe le tissu.

Les ouvertures *l, l* ont leurs faces garnies de cuivre rugueux, afin que le courant d'eau agisse sur les deux côtés du tissu.

m, tube servant à alimenter la machine, d'eau coulant d'une division de l'auge à l'autre, dans la direction des flèches que l'on voit dans la figure 6, et s'échappant par l'ouverture *n*.

La troisième partie de mes perfectionnements consiste en un arrangement particulier des caisses à vapeur pour sécher les tissus. Les caisses ou boîtes à vapeur dont on se sert ordinairement sont placées à plat, côte à côte, et le tissu est séché à mesure qu'il passe, principalement par son contact avec les boîtes à vapeur.

Dans l'arrangement perfectionné vu dans les figures g, g^1, g^2, les boîtes à vapeur *a, a* sont construites et placées de manière à former des passages *b, b* étroits, et où agissent les courants d'air chauffés que l'on fait arriver contre le tissu.

Par ces procédés, on effectue le séchage plus vite et dans un espace plus restreint.

La quatrième partie de mes perfectionnements consiste en une machine destinée à donner le fini des étoffes, obtenu jusqu'ici par le cylindre à boîte et le moulinet à battre.

Les principaux avantages de cette machine perfectionnée sont les suivants :

1° La pression sur le tissu, pendant le cylindrage, peut être variée suivant le genre de fini qu'on désire ;

2° L'on peut lui donner une vitesse beaucoup plus grande, de manière à faire une plus grande quantité de travail ;

3° Il faut un espace moindre et moins de force ;

4° Cette machine est si légère et si ramassée sur elle même, qu'on peut la placer facilement à un étage élevé.

La figure 79 représente une vue de face de cette machine à finir.

La figure 80 en est une coupe transversale, suivant la ligne AB de la figure 79.

La fig. 81 en est une vue horizontale.

La figure 82 en est une coupe transversale, suivant la ligne CD de la figure 79.

a, a, parties principales du cadre, reposant sur des poutres en bois *b, b*.

c, table supérieure, stationnaire, fixée solidement au cadre *a a*.

d, table de fond, mobile, supportée sur le levier bifurqué *e*, lequel repose sur le support *ff*, il est élevé et abaissé à son extrémité par le mouton hydraulique *g*.

n, retrait à l'extrémité du levier *e e* ; il renferme des anneaux ou cercles en caoutchouc vulcanisé, *x, x*, destinés à donner de l'élasticité au levier *e*.

h, plaque transversale, mue dans une direction horizontale par la tringle du piston à vapeur *i i*.

k, cylindre à vapeur supporté par les axes *l, l*.

m, soupape à tiroir.

L'étoffe doit être fixe et enroulée sur les cylindres *g, g'*, lesquels sont placés, l'un au-dessous de la plaque transversale *h*, l'autre au-dessus, ainsi qu'on le voit dans la figure 1.

On verra qu'en forçant de l'eau dans le cylindre hydraulique et sous le mouton hydraulique *g*, l'extrémité du levier *e* sera élevée et élèvera la table de fond *d*, et qu'ainsi on pressera les deux cylindres *g, g'*, entre la table du sommet et celle du fond et la plaque transversale *h*.

En donnant le mouvement horizontal et de va-et-vient à cette plaque, on fait rouler les cylindres *g* et *g'* en avant et en arrière, et on varie la pression à volonté, suivant le fini qu'on désire.

Afin d'achever le fini obtenu jusqu'à ce jour par les machines à chauffer, les surfaces de tables *c* et *d* et la plaque transversale *h*, qui agissent sur le tissu, ne doivent pas être planes; mais elles doivent avoir des saillies ressemblant aux gros bouts des battoirs.

Ces saillies forment des dentelures dans le cylindrage de l'étoffe ou produisent le même effet que le corps du battoir ou la tapette.

Séchoir de fils et tissus, par M. VETILLARD.

J'ai inventé, en 1852, un séchoir pour fils, qui est caractérisé par une disposition particulière de châssis mobiles sur lesquels sont tendus les fils à sécher, et auxquels on peut donner un mouvement progressif dans une direction opposée à celle du courant d'air.

Quand il s'agit de tissus, les objets à sécher sont également mis en mouvement, mais on supprime les châssis et on les remplace par des guides ou des cloisons fixes.

J'ai modifié la première disposition des châssis, de manière à les rendre propres à sécher d'autres substances, telles que laine non filée, chanvre, lin, fécule, amidon, légumes, etc., et en général tout ce qui pourra se placer sur des châssis.

Au lieu d'être à jour, ces châssis sont fermés par un diaphragme en toile, en métal, ou autrement; ils se trouvent alors munis d'un fond et ont la forme de tiroirs; seulement le fond n'est pas complètement clos.

Il reste une ouverture de toute la longueur du châssis et de quelques centimètres de large.

Cette ouverture se trouve alternativement près d'un côté du châssis et près du côté opposé du châssis adjacent.

On dispose sur ces fonds les substances à sécher.

Le courant d'air, au lieu de monter directement à travers les châssis, parcourt en zigzag les espaces vides laissés entre eux et les objets à sécher, ainsi que l'indiquent les flèches, fig. 83.

Je vais donner la description de l'appareil représenté dans cette figure.

Je décrirai en même temps un mécanisme pour descendre et supporter les châssis, autre que celui décrit au brevet.

Ce mécanisme, du reste, peut être modifié de différentes manières, le principe de l'appareil restant toujours le même.

AA, caisse hermétiquement jointe, enfermant les châssis, et traversée de bas en haut par un courant d'air chaud produit d'une manière quelconque.

B, arrivée de l'air chaud.

D, sortie de l'air chaud.

CC, châssis mobiles empilés les uns sur les autres dans la caisse A.

On les y voit en coupe, tandis que celui qui est sorti de la caisse est vu en élévation.

Dans les premiers on aperçoit les fonds qui arrivent jusqu'à quelques centimètres d'un côté, de manière à permettre à l'air qui s'introduit entre deux châssis, de passer dans l'intervalle au-dessus, jusqu'à ce qu'il ait gagné le haut de la caisse.

On introduit les châssis chargés d'objets à sécher, par la porte E, et on les retire par la porte F.

A mesure qu'il en sort un par le bas, on fait descendre la pile entière de la hauteur d'un châssis, puis on en introduit un par le haut, et ainsi de suite.

Aussitôt qu'un châssis a été retiré, on amène à la position verticale quatre leviers G G', dont deux seulement sont vus dans la figure, et qui sont fixés deux à deux sur un même arbre $a a'$.

Le mouvement leur est communiqué au moyen d'un levier L, placé en dehors de la caisse, et fixé sur l'arbre a.

Le levier G se trouve lié au levier G' par une traverse m, de sorte qu'ils marchent tous quatre parallèlement entre eux.

En ce moment, ils soutiennent la pile de châssis qui porte sur quatre galets $e e$ placés à l'extrémité des leviers.

En faisant parcourir un arc de cercle au levier L, dans la

direction du derrière de la caisse, on fait décrire un arc semblable aux leviers G G', jusqu'à ce que les galets viennent se poser sur la traverse H, le dernier châssis est arrivé alors sur les roulettes *r r*.

Pour pouvoir le retirer facilement hors de la boîte, il faut qu'il se trouve dégagé de tous ceux qui pèsent sur lui.

On y parvient au moyen du mécanisme décrit dans la figure.

Sur une traverse, fixée solidement au côté de la caisse, se trouvent deux arrêts en fer *o o*, pouvant se mouvoir dans un plan horizontal, au moyen des petits arbres *p* sur lesquels ils sont fixés.

Sur le côté opposé de la caisse, supposé enlevé dans le plan, se trouvent deux arrêts semblables et placés symétriquement aux premiers.

Les arrêts sont articulés deux par deux à une traverse *s* munie d'une coulisse *i i'*, dans laquelle glisse une aiguille *g* qui, en heurtant les extrémités de la coulisse *i i'*, pousse la traverse à gauche ou à droite, et, par suite, amène les arrêts vers les châssis ou les fait appliquer contre la grande traverse sur laquelle ils sont fixés.

L'aiguille *g* fait corps avec la traverse *m*.

Lorsqu'on veut faire descendre un nouveau châssis, on pousse le levier L vers le devant de la boîte, les leviers G, G' viennent alors s'appuyer sous les châssis et dégager les arrêts *o o*.

A ce moment, l'aiguille *g* heurte le fond *i'* de la coulisse, et, par suite, applique les arrêts contre la traverse.

On fait alors basculer le levier L en sens inverse; toute la pile de châssis descend, supportée par les leviers G, G'.

Quand le dernier châssis est prêt d'arriver en bas, l'aiguille *y* heurte le fond *i* de la coulisse, les arrêts sont lancés vers les châssis et viennent s'introduire entre les deux derniers, au moyen des encoches *x x*, ménagées à la partie supérieure du dernier.

Tous les châssis au-dessus se trouvent alors suspendus sur les quatre arrêts; celui de dessous continue à descendre encore de quelques centimètres, jusqu'à ce qu'il pose sur les roulettes *r, r*.

Il se trouve alors dégagé des autres et peut être retiré sans difficulté.

La figure 84 représente une modification de l'appareil décrit dans le brevet pour le séchage des tissus. Cet appareil consiste en une caisse AA fermée hermétiquement, et dont la section se trouve en partie formée par des cloisons horizontales C... qui laissent une ouverture de toute la largeur d'un côté de la caisse, pour que la toile puisse passer d'un compartiment dans l'autre.

Ces ouvertures se trouvent alternativement d'un côté à l'autre de la caisse.

La toile enroulée sur le cylindre B entre dans l'appareil en passant entre les cylindres *e,e*, qui forment l'orifice d'entrée, et traversent l'appareil en zigzag, dans la direction des flèches, et en passant sur les cylindres ou guides *f, f*... jusqu'à ce qu'elle arrive au bas de la caisse, d'où elle sort entre les cylindres *e', e*.

Les flèches courbes indiquent la direction du courant d'air chaud qui arrive par le fond de la caisse, et s'échappe par la partie supérieure.

Cet appareil peut servir pour toutes sortes de tissus, comme aussi pour les chaînes teintes, blanchies ou encollées.

L'inspection de la figure suffit pour en faire comprendre la manœuvre.

II.   ACIDE CHRYSAMMIQUE.

Dans ces derniers temps on a fait usage en teinture d'un acide particulier qu'on prépare avec la résine d'aloès et qui, par ses belles propriétés a mérité de fixer l'attention des praticiens. Un des premiers qui ait cherché à faire des applications de cet acide, est M. le doct. Sacc, qui a publié dans le bulletin *de la Société industrielle de Mulhouse*, n° 127, p. 143, une notice qui mérite de trouver place ici dans son entier, ainsi que le rapport que M. A. Schlumberger a cru devoir faire à ladite société de ce travail remarquable.

1° Nous nous occuperons d'abord, dit M. Sacc, dans sa notice, de l'aloès pur, puis de l'aloès partiellement oxydé, tant pur qu'uni avec l'ammoniaque ou la soude, et enfin de l'aloès totalement transformé en acide chrysammique.

Aloès pur.

La gomme résine dont nous nous sommes servi était de l'aloès succotorin ordinaire avec lequel on prépara une infusion à 100 grammes d'aloès par litre d'eau bouillante.

1. Bain d'aloès. . . . . 1/2 litre.
   D'eau. 1/8
   Acétate aluminique 1/8
2. Gomme Sénégal . . . . 575 gram.

    Bain d'aloès. . . . . 1/4 litre.
    Pyrolignite ferreux à 5° B. 1/4

3. Gomme. . . . . 375 gram.
    Bain d'aloès. . . . . 1/2 litre.
    Aluminate sodique à 3° B. 1/2

4. amidon grillé. . . . . 150 gram.
    Bain d'aloès. . . . . 1/2 litre.
    Stannate sodique . . . . 20 gram.
    Amidon grillé. 135

Tous ces essais ont été imprimés au rouleau sur calicot et laine, fixés à la vapeur et lavés. I, donne sur calicot une teinte noisette fort pâle, et jaune serin sur laine; II, noisette foncé sur calicot et bistre clair sur laine; III, noisette très-vif sur calicot, et IV, une teinte poussière très-claire. III et IV n'ont pas été imprimés sur laine.

L'aloès employé seul, ne fournissant point de couleurs belles et nourries, on essaya de l'additionner d'acide nitrique dans la composition suivante, faite avec :

    Bain d'aloès. . . . . 1/2 litre.
    Gomme. , ... 360 gram.
    Acide nitrique à 36° B. 10

On imprima sur laine, on fixa à la vapeur, on lava et on obtint une couleur jaune très-claire, qui passa au jaune vif quand on l'eut virée en lait de chaux. Nous forçâmes la dose d'acide nitrique dans cette autre couleur :

    Bain d'aloès. . . . . 1/2 litre.
    Gomme. . . . . 360 gram.
    Acide nitrique. 50

Après avoir fixé à la vapeur et lavé, la couleur obtenue était d'un assez beau jaune, qui passa au noisette après avoir été virée en chaux. Si cette couleur avait été produite par l'acide nitrique, elle aurait passé à l'orange dans ces conditions; il demeurait donc évident qu'elle était due à l'aloès seul, auquel l'acide nitrique n'avait servi que de dissolvant. Il fallait le prouver en employant un autre dissolvant de l'aloès, incapable de l'oxyder. Nous choisîmes l'ammoniaque pour la couleur que voici :

    Bain d'aloès. . . . . 1/2 litre.
    Gomme, à tiède. . . . . 360 gram.
    Ammoniaque caustique. 50

Après avoir été fixée à la vapeur, la couleur est d'un

jaune-brun plus foncé que celui du précédent échantillon ; elle passe au brun clair sous l'influence de la chaux.

Aloès partiellement oxydé.

On chauffe au bain d'eau 250 gram. d'aloès avec 2 kilog. d'acide nitrique à 36° B. jusqu'à ce que l'effervescence, très-vive d'abord, se soit calmée, et on étend d'un égal volume d'eau :

Bain ci-dessus.	1/2 litre.
Eau de gomme	1/2

On imprima cette couleur à la main sur laine, on fixa à la vapeur, et on lava. I, est tel quel, sa teinte est brun foncé très-nourri ; II, a été viré dans une solution très-étendue et froide de chloride stannique, et III, dans une dite de chlorure stanneux. Il est facile de voir que le chloride stannique a éclairci le magnifique brun du numéro I, que le chlorure stanneux a fait passer, au contraire, au bistre très-foncé. Nous verrons tout à l'heure que cette dernière réaction est aussi produite par le sulfate ferreux, en sorte qu'on peut la croire commune à tous les corps réducteurs.

Le blanc des échantillons ayant un peu jauni par un dégagement de vapeurs nitreuses, nous avons légèrement sursaturé avec de l'ammoniaque caustique le bain ci-dessus, avec lequel nous avons préparé les trois compositions suivantes :

1. Bain saturé d'ammoniaque.	1/2 litre.
Eau de gomme	1/2
2. Bain saturé.	1/2 litre.
Eau de gomme	1/2
Solution de chloride stannique à 60° B.	1/2

On imprima I, et :

3. Bain saturé.	1/4 litre.
Acétate aluminique.	1/4
Tartrate sodique.	50 gram.
Eau de gomme.	1/2 litre.

On imprima I et II, à la main, sur laine, et au rouleau sur toile ; III, au rouleau sur les deux, puis on fixa à la vapeur. Le numéro II a fortement attaqué la toile, comme on devait s'y attendre. I, donne sur laine une superbe teinte mousse foncé, et sur coton un beau gris-souris qui résiste au savon bouillant et peut être teint en garancine avec les mordants ordinaires ; ce qui nous a permis de créer un genre charmant et très-bon marché, puisque ce nouveau gris-vapeur, ne contenant pas de mordant, n'attire point la matière colorante de la garancine ; II, produit sur la laine un bistre très-foncé, et sur coton un gris-rouge intense ; donne sur laine un joli vert-mousse, et un beau gris sur toile.

En passant dans le bain ammoniacal de la laine et la séchant ensuite à l'air, elle s'y tient en vert-mousse très-solide.

A mesure que le bain acide saturé d'ammoniaque se refroidit, il se remplit d'aiguilles noirâtres très-brillantes (1), qu'on peut conserver indéfiniment, et avec lesquelles nous avons préparé les deux couleurs suivantes :

1. Chrysammate ammoniaque en pâte.	.	100 gram.
Chlorostannate ammonique	. . . .	25
Gomme.	. .	250
Eau bouillante.	.	1/2 litre.
2. Chrysammate ammonique.	. . . .	100 gram.
Eau	.	1/2 litre.
Leïogomme.	. .	250 gram.

On imprime au rouleau : I, sur laine et soie ; II, sur toile stannatée, on fixe à la vapeur et on lave. I, donne un beau vert-mousse sur laine, un gris verdâtre sur soie, et II, ne fournit sur toile qu'un mauvais gris jaunâtre assez clair. Les aiguilles noires sont donc bien la matière colorante du mélange, puisqu'elles produisent les mêmes couleurs que le bain impur dans lequel elles ont pris naissance.

Au lieu de saturer le bain d'aloès partiellement oxydé, avec de l'ammoniaque qui l'attire en le réduisant sans doute, nous l'avons légèrement sursaturé avec de la soude caustique à 35° B. Le bain prit une couleur brun foncé et fut employé aux quatres couleurs suivantes :

1. Bain de chrysammate sodique	. . .	1/8 litre.
Eau bouillante tenant en dissolution.	.	1/8
Sulfate ferreux	. .	25 gram.
Eau de gomme	.	1/4 litre.
2. Bain.	.	1/8 litre.
Eau	.	1/8
Chlorure stanneux	. .	25 gram.
Eau de gomme	.	1/4 litre.
3. Bain.	.	1/8 litre.
Eau	.	1/8
Chloride stannique	. .	10 gram.
Eau de gomme	.	1/4 litre.

(1) Ces aiguilles ont reçu le nom de chrysammate ammonique.

4. Bain . . . . , ... 1/4
Eau 1/8
Aluminate sodique à 30° B 1/8
Amidon grillé . . . . 250 gram.

On imprime au rouleau sur laine et sur toile. La série A fut lavée après douze heures d'exposition à l'étendage et la série B après le vaporisage. La série A présente une jolie collection de jaunes plus ou moins orangés, qui, en B, passent au brun plus ou moins vert. La série B seule donne sur calicot des couleurs solides; toutes sont grises. Il est à remarquer qu'aucune de ces couleurs ne tombe au lavage; elles restent combinées en totalité avec l'étoffe.

Acide chrysammique.

On chauffe au bain d'eau 8 kilog. d'acide nitrique à 36° B., dans lequel on a mis 1 kilogram. d'aloès en gros morceaux. Quand l'effervescence s'est calmée, on ajoute encore 1 kilog. d'acide nitrique et on chauffe de rechef aussi longtemps que le dégagement de gaz continue. La liqueur est versée alors, en petits filets, dans une grande masse d'eau froide qu'on agite fortement; immédiatement l'acide chrysammique se sépare en flocons qui gagnent le fond du vase en peu d'heures. On lave par décantation jusqu'à ce que l'eau commence à se teindre en rose, puis on jette l'acide sur un filtre où on le lave à l'eau distillée, jusqu'à ce qu'elle se teigne en beau pourpre; bien desséché, cet acide pèse, suivant la pureté de l'aloès employé, 40 à 50 grammes; il se présente sous la forme de petites écailles d'un beau jaune doré. Quoiqu'à peu près insoluble dans l'eau, cet acide la colore cependant en pourpre magnifique, ce qui indique assez combien sa force tinctoriale est immense. L'acide chrysammique est bien certainement la matière colorante la plus riche que possède actuellement la teinture. C'est à Boutin qu'on doit sa première application à l'industrie, qui semble l'avoir oubliée dès lors.

L'acide chrysammique seul teint la laine en brun très-foncé et admirablement riche, la soie en brun pourpré, tandis que le chrysammique sodique communique à la laine une belle couleur cannelle. Chose étrange, fait unique jusqu'ici dans l'histoire des acides organiques bien définis, l'acide chrysammique teint cependant les mordants alumiques en beau violet; mais il reste sans action sur les mordants de fer. Le violet obtenu sur toile par le chrysammamate aluminique ne résiste pas au savon.

Appliqué directement, l'acide chrysammique donne de charmantes nuances grises sur tissus préparés au stannate sodique, et noisette, sur tissus non préparés comme l'indiquent les échantillons 1 et 2. Sur toile préparée au stannate, ou non préparée, on n'a obtenu qu'une teinte rose très-pâle et terne. La couleur employée a été faite avec :

1 gramme d'acide chrysammique broyé dans 1/32 litre d'alcool et jeté dans 1/2 litre d'eau de gomme; imprimée à la main et fixée à la vapeur.

Ces couleurs sont, comme la plupart de celles qui dérivent de l'acide chrysammique, remarquables par leur grande vivacité.

2° Voici maintenant le rapport fait à la société industrielle de Mulhouse par M. Albert Schlumberger, au nom du Comité de chimie, sur la notice de M. le docteur Sacc, traitant de l'application de l'aloès et de ses dérivés dans la teinture de l'impression des tissus.

L'aloès est une gomme résine dont on a cherché à différentes reprises à utiliser les propriétés colorantes. Il paraît, comme le dit du reste M. Sacc à la fin de son mémoire, que c'est à Boutin que l'on doit les premières applications de cette résine pour le teinture des étoffes. Leuchs, dans son *Traité sur les matières colorantes*, mentionne aussi l'aloès comme un corps qui pourrait recevoir des applications dans l'industrie; ensuite est venu M. Robiquet fils, qui a poursuivi les essais de teinture de Boutin, sans cependant y avoir ajouté des faits plus importants.

M. le docteur Sacc, de son côté, s'est occupé de ce travail; il a fait une nombreuse série d'essais qui présentent le plus haut intérêt et qui prouvent que l'aloès a été délaissé à tort, tandis qu'il pouvait figurer dignement parmi le nombre des matières colorantes qui nous servent dans nos fabriques. En examinant l'intéressant travail de M. Sacc, on trouve que l'aloès, en colorant très-bien la laine, la soie et le coton, donne, suivant les préparations qu'on lui fait subir, une foule de nuances différentes, telles que rose, hortensia, raisin de Corinthe, violet, gris, puce, marron, cannelle, bois, olive, myrthe, orange, jaune, etc., etc.

Nous avons répété avec soin tous les essais de M. Sacc, et nous donnons ici les résultats des faits les plus saillants que nous avons pu observer, en confirmant tout ce qui a été fait par ce savant chimiste.

En imprimant de l'eau gommée dans laquelle on a fait dissoudre 2 grammes d'acide chrysammique par litre, on obtient, avant le vaporisage, des teintes roses sur coton et laine, mais plus belles encore sur soie, qui résistent très-bien au lavage et dont la nuance ne change pas sur tissu mordancé à l'étain. Si, au contraire, on expose à la vapeur d'eau, il y a changement complet, et au lieu d'avoir du rose, on a du violet sur les trois espèces de tissus ; mais alors c'est la laine qui prend la teinte la plus nourrie et la plus riche. Si, au lieu d'imprimer l'acide chrysammique, on opère par teinture et que l'on immerge de la laine, de la soie et du coton dans une très-faible dissolution d'acide chrysammique dans l'eau, en chauffant jusqu'à l'ébullition, on trouve que la soie se teint en raisin de Corinthe, la laine en marron très-foncé et que le coton ne se colore pas. Si cette fibre textile est mordancée en fer et en alumine, comme pour les teintures en garance, on s'aperçoit que l'alumine se teint en violet et qu'aucune portion du colorant ne se porte sur le fer, fait que M. Sacc a observé et qu'il considère, à juste titre, comme un des plus curieux dans la teinture des tissus.

L'acide chrysammique pur, préparé directement, serait peut-être un peu cher si on voulait s'en servir comme matière colorante, d'autant plus que les nuances qu'il fournit peuvent être obtenues par les moyens de teinture ordinaires et connus ; mais c'est une teinture si simple et si facile, que si l'on pouvait faire de ce corps un produit accessoire, par exemple, chauffer l'aloès avec de l'acide nitrique, au lieu de se servir de fécule et autres substances qui, en proportion, sont très-chères, on pourrait dégager des vapeurs nitreuses très-abondantes, qui sont toujours utiles au fabricant de produits chimiques. Par ce moyen, l'acide chrysammique serait tout formé, on n'aurait qu'à le précipiter par l'eau et le recueillir. Les dérivés impurs de l'aloès donnent des teintes tellement nombreuses et variées, que c'est principalement sur ceux-ci que M. Sacc appelle l'attention des teinturiers et des imprimeurs ; l'aloès, au prix auquel il se trouve dans le commerce, pourra certainement fournir des couleurs à bon marché.

Nous passerons maintenant en revue les nuances que l'on peut obtenir au moyen des chrysammates d'ammoniaque et de soude impurs, sans oublier de répéter que cette classe de composés pourra principalement offrir de grands avantages au fabricant de toiles peintes.

Le chrysammate ammonique sans addition de sels métalliques, donne sur coton mordancé à l'étain ou non, un gris franc et nourri ; sur soie la teinte vire au noisette ; sur laine elle devient jaune avant le vaporisage et olive après cette opération.

Avec une addition de chloride stannique on a des teintes chamois et saumon sur coton, cannelle sur soie et laine.

L'alun donne, avec ce même composé, du chamois sur soie et coton, et du jaune sur laine, avant le vaporisage ; tandis qu'après l'action de la vapeur d'eau, le coton devient gris perle, la soie d'un très-beau mode, et la laine couleur bois foncé.

Avec le sulfate ferreux, les teintes ne changent pas sensiblement sur coton, soie et laine, avant ou après le fixage à la vapeur ; sur tous ces tissus on obtient alors une jolie nuance bistre.

Le chlorure stanneux agit dans le même sens que le sulfate ferreux, c'est-à-dire qu'on ne retrouve plus ces différences de teintes sur les trois espèces de tissus ; le coton, la soie et la laine prennent uniformément une teinte bistre clair.

Le chrysammate sodique employé de la même manière que le précédent, fournit à très-peu de chose près les mêmes tons que le chrysammate d'ammoniaque, si ce n'est que, sans addition de sels, il donne sur laine, avant le vaporisage, un maïs très-vif, tandis que le chrysammate d'ammoniaque ne donne que du jaune citron. En passant en revue les différentes teintes que l'on obtient avec le concours de sels métalliques réducteurs et non réducteurs, nous avons fait connaître que les premiers agissent de la même manière et fournissent des couleurs grises, tandis qu'avec les derniers on obtient une grande variété de nuances, ne ressemblant pas à celles dont nous venons de parler. J'ai donc essayé de passer une partie de la série d'échantillons dans une solution de chlorure stanneux faite pendant dix minutes environ ; toutes les nuances se sont modifiées, excepté celles qui étaient fournies par des couleurs contenant déjà du sulfate ferreux ou du chlorure stanneux. L'action réductrice de cet agent a ramené la cannelle, l'olive, le brun, le bois au bistre ressemblant presque entièrement à la couleur primitive. Le violet, que l'on obtient au moyen de l'acide chrysammique pur sur laine, a aussi été transformé en un superbe gris perle. En employant l'aloès simplement dissous dans l'eau et mélangé ou non avec des mordants, on n'a que des teintes pâles que M. Sacc a jugées lui-même peu convenables et peu avantageuses.

Arrêtons-nous maintenant un peu sur un fait tout-à-fait nouveau et qui, sans contredit, est très-important : c'est l'application du *chrysammate ammonique* comme fond gris à garancer. Ainsi que le dit l'auteur du mémoire, en préparant le chrysammate d'ammoniaque impur, on voit se déposer à la fin de l'opération une masse de petits cristaux bruns noirâtres. Ces cristaux sont dus à la décomposition du chrysammate d'ammoniaque et constituent un nouveau corps, auquel on a provisoirement donné le nom de *chry- sammate ammonique.* Dissous dans l'eau bouillante et épaissis à la gomme sénégal, ils donnent, après vaporisage sur calicot, un gris de perle très-solide, qui peut être imprimé et fixé avec les couleurs garancées, sans qu'après la teinture on s'aperçoive d'un changement de teinte; cela prouverait donc que la matière colorante ne se porte pas sur cette couleur et que l'on pourrait imprimer et teindre un fond très-chargé, comme si l'on teignait un fond blanc; par cela, économie de garance.

Il paraît donc, d'après les expériences de M. Sacc, que nous avons répétées, que l'aloès pourrait bien être la source d'une nouvelle série de couleurs remarquables, tant par leur multiplicité que par leur fixité et leur bon marché; en outre, que peu de corps sont capables, comme cette résine, de fournir cette immense variété de nuances, si ce n'est encore l'indigo, avec lequel on est aussi parvenu, mais d'une manière beaucoup plus dispendieuse, à produire des teintes aussi variées.

En effet, n'y aurait-il pas là un grand avantage, si, dans une cuisine à couleur, on avait un bain type du chrysammate dont on pourrait varier la teinte à volonté en mettant, soit un mordant de fer, d'alumine, d'étain, etc., dans une portion de la couleur; puis, en l'imprimant sur soie, laine et coton, on verrait changer la nuance sur chacun des tissus, suivant le mordant que l'on aurait employé?...

Tout en rendant justice aux travaux qui ont été faits antérieurement, on verra sans peine que c'est M. Sacc qui a fait le plus grand pas pour tenter l'application de l'aloès et de ses dérivés à la fabrication des tissus peints, et l'industrie aura un jour à remercier ce chimiste distingué de l'intéressante communication qu'il a faite dans le sein de votre Société.

3° M. A. Lindner a aussi publié sur la préparation de l'acide chrysammique et sur son emploi dans la teinture en laine, un mémoire dont nous présentons ici un extrait.

Si l'acide chrysammique préparé avec la résine d'aloès et l'acide azotique n'a pas, jusqu'à présent, fourni de résultats favorables dans la teinture sur soie, son importance dans la teinture sur laine lui a donné des titres réels à notre attention. En effet, tandis que dans le premier cas il n'a fourni encore qu'un brun cerise solide et saturé, on produit au contraire sur laine une foule de nuances qu'on peut fondre les unes dans les autres, et dont les gris, entre autres, à raison de leur solidité, sont aujourd'hui très-employés.

Après m'être occupé pendant plusieurs années de l'étude de l'acide chrysammique sous le rapport de ses applications techniques, j'ai réussi à l'introduire dans quelques teintureries pour gris solides sur laine. Je me propose, en faisant participer le public à mon expérience, de rendre plus générale l'emploi de cette belle matière colorante subjective.

1. *Préparation de la matière colorante.*

En ce qui concerne la préparation de la matière colorante, on n'a pas besoin pour cette préparation en grand d'employer, ainsi que le prescrit M. Liebig pour une opération en petit, de 8 à 9 parties d'acide azotique pour 1 partie de résine d'aloès. Je me suis assuré que dans tous les cas 6 parties d'acide azotique du commerce suffisaient quand on procédait de la manière suivante.

On introduit 30 kilogrammes d'acide azotique du commerce dans une cornue d'une capacité de 80 à 100 litres et on y ajoute environ 500 grammes d'aloès de la meilleure qualité. On chauffe la cornue et son contenu au bain-marie sous une cheminée qui tire bien jusqu'à ce qu'il se dégage des vapeurs rutilantes. On retire alors le feu et on introduit dans la cornue le reste de l'aloès ou 4 kil., 500 par petites portions. Je me sers pour cela d'une grande pincette, car quand on fait cette opération à la main, l'épiderme qui se trouve ainsi exposé au courant d'acide hypoazoteux qui se dégage, est dissous et détruit. Après que toute la quantité d'aloès a été introduite et qu'il ne se dégage plus de vapeurs rouges, on verse le contenu de la cornue dans une capsule plate, on évapore jusqu'à consistance de bouillie au bain de sable et on termine l'évaporation jusqu'à siccité au bain-marie. L'évaporation jusqu'à siccité a pour double but, de chasser l'acide libre et d'en séparer les dernières portions de couleurs dissoutes dans l'acide étendu.

Enfin on verse la masse jaune d'or sur un filtre, on la lave à plusieurs reprises à l'eau froide et on fait sécher à une douce température.

Si on complétait l'évaporation totale sur le bain de sable on courrait le risque de charbonner le produit (1).

(1) Il ne m'est arrivé qu'une seule fois de régler si bien la température du bain de sable que j'ai pu y préparer une masse sèche non altérée. Mais en refroidissant, il s'est formé des rayons noirs qui, partant du milieu du fond, ont été constamment en augmentant et n'ont pas tardé à donner à la masse entière une coloration vert-noir.

Le produit en matière colorante est en moyenne de 66 2/3 pour 100 de l'aloès employé. Les frais de 1 kilogramme sont d'environ 7 francs.

Les cornues en verre peuvent être remplacées par des cornues en fonte blanche ou truitée qui résistent mieux aux acides que la fonte grise.

2.   *Teinture de la laine en acide chrysammique.*

Si on démêle dans une chaudière remplie d'eau de rivière ou de source 1^{kil}.25 du pourpre d'aloès ainsi produit, qu'on fasse bouillir, puis rafraîchir et qu'on introduise 15 kilogram. de laine bien lavée, non mordancée dans ce bain, cette laine, après un bouillon d'une heure, prendra une belle couleur brune. Si on double la quantité de l'acide chrysammique, on obtient un noir velouté qui, toutefois à raison de son prix élevé, ne recevra probablement que peu d'applications.

Si l'on fait dissoudre 750 grammes d'acide chrysammique dans l'eau à laquelle on ajoute 1 kilogramme de soude calcinée, on obtient un liquide du plus beau pourpre qui, au bout de quelques jours, a acquis sa plus haute intensité et suffit pour communiquer à 15 kilogrammes de laine et par un bouillon d'une demi-heure, une belle couleur bleuâtre. La laine a besoin d'être lavée avec le plus grand soin, mais non pas mordancée. Si, pour la même quantité de laine, on emploie le double de pourpre d'aloès, on obtient un bleu qui a la plus grande ressemblance avec le bleu de cuve modifié par l'orseille.

Si on neutralise la liqueur filtrée qu'on recueille par les lavages de l'acide chrysammique brut obtenu par l'évaporation avec une bouillie de craie et qu'on filtre la liqueur neutralisée pour en séparer le précipité qui s'est formé, on obtient encore avec cette liqueur diverses nuances plus ou moins claires de vert olive, suivant qu'on emploie le bain à des degrés plus ou moins grands de concentration.

Enfin l'acide chrysammique reçoit encore une application des plus importantes en s'en servant pour fixer d'autres couleurs qui ne sont pas bon teint. Par exemple, si l'on ajoute 3 kilogrammes d'orseille, et 250 grammes de pourpre d'aloès qu'on a fait dissoudre préalablement dans une lessive de soude caustique, on obtiendra ainsi une couleur d'orseille insensible aux effets de l'air et de la lumière.

D'abord je la crus charbonnée, mais des recherches ultérieures m'ont appris que sa capacité colorante n'en avait été nullement atténuée. Exposée à l'air et à la lumière, cette modification noir-verdâtre a passé peu à peu au jaune.

L'extrait d'orseille qu'on trouve dans le commerce communique à la laine des couleurs plus éclatantes que l'orseille ordinaire ; mais elles manquent également de solidité. J'ai trouvé que quand on mélange 5 kilogrammes de cet extrait avec 500 grammes de pourpre sec d'aloès, qu'on abandonne quelques jours le mélange à lui-même, les couleurs qu'on obtenait ainsi, sont solides sans qu'elles perdent de leur feu. Il est très-présumable que le produit qu'on rencontre dans le commerce sous le nom d'*orseille liquide* (*liquid-archil*) et qui sert à teindre en orseille bon teint, n'est qu'une solution d'acide chrysammique dans un extrait d'orseille.

L'acide chrysammique est donc une des matières colorantes les plus solides qu'on puisse offrir au teinturier sur laine et parfaitement digne qu'on en fasse le sujet de nouvelles expériences et d'une étude plus étendue.

Si par la suite, l'acide chrysammique venait à être employé en grand, il est très-présumable que de petites fabriques d'acide sulfurique pourraient utiliser directement pour la marche de leurs chambres en plomb, l'acide hypoazoteux qui se dégage dans sa préparation, et n'hésiteraient pas à en entreprendre la fabrication.

4° Disons en terminant un mot sur la sophistication de l'aloès qu'on pratique malheureusement trop communément, et sur les moyens de la découvrir, moyens que nous extrayons du *Technologiste*.

Aujourd'hui, dit ce recueil, que l'aloès va sans doute jouer un rôle important dans l'industrie de la teinture, grâce aux essais habilement dirigés du docteur Sacc, il ne sera pas inutile de donner un moyen à l'aide duquel on peut découvrir les sophistications qu'on ne manquera pas de pratiquer largement sur cette substance. A cet égard, nous trouvons dans un ouvrage périodique publié en Allemagne : *Recueil trimestriel pour la pharmacie pratique*, de M. Wittstein, t. III, p. 563, un procédé dû à M. N. Gille, pour découvrir ces sortes de sophistications, procédé que nous allons faire connaître dans les termes mêmes suivant lesquels l'auteur l'a exposé sommairement.

« Je recommande, dit-il, le procédé nouveau qui suit, et dont j'ai eu maintes fois l'occasion de constater les bons résultats.

» On fait chauffer l'aloès qu'on soupçonne d'avoir été falsifié avec dix fois son poids d'eau, renfermant de 2 à 3 p. 100 de carbonate de soude, et agitant continuellement afin qu'il ne reste rien sur le fond du vase. La solution s'opère facilement, et si l'aloès est pur, il ne se dépose rien en refroidissant et en abandonnant au repos. Si, au contraire, l'aloès est impur, on voit se déposer, non-seulement les résines étrangères, mais encore les autres substances qu'on a ajoutées à dessein, et même les impuretés accidentelles que la matière peut renfermer. Parfois on peut déjà, pendant l'ébullition et à l'odeur qui se développe, reconnaître la présence de la résine de pin. Mais on retrouve celle-ci bien plus sûrement, et avec toutes les propriétés caractéristiques, après le refroidissement, et quand on a décanté la liqueur surnageante.

En traitant l'aloès, comme il vient d'être dit, avec une eau alcaline, il reste naturellement à l'état insoluble les ocres, les os calcinés à blanc, etc., qui servent assez communément à allonger ce produit. Quant aux autres substances qui servent aussi à ces sophistications, telles que la gomme arabique, la gomme laque, etc., on ne doit en soupçonner le mélange que dans les sortes d'aloès du prix le plus élevé. Pour en démontrer la présence, il suffit de traiter l'aloès par l'alcool concentré, qui laisse la gomme arabique aussi bien que la majeure partie de la gomme laque à l'état insoluble.

III. ACIDE MOLYBDIQUE ET ACIDE PICRIQUE.

1° L'acide molydbique a depuis peu été usité en teinture, et les chimistes ont indiqué divers modes économiques pour sa préparation, mais les travaux les plus complets sur l'emploi de cet acide en teinture est d'abord celui qui a été publié par M. le docteur F. Keller, puis ensuite celui qu'on doit à un habile chimiste manufacturier, M. W. H. de Kurrer. Nous présenterons ici un extrait de ce dernier comme étant d'un grand intérêt pour les teinturiers.

M. le docteur F. Keller, dit M. de Kurrer, a publié une note contenant un procédé pour produire, au moyen de la combinaison de l'acide molybdique avec le chlorure d'étain, une matière colorante pouvant en partie remplacer les couleurs d'application au bleu d'indigo dans l'impression des toiles de coton. Cette publication m'a déterminé à entreprendre quelques expériences précises sur ce sujet, avec d'autant plus d'intérêt qu'on pouvait entrevoir une application pratique et utile des combinaisons de l'acide molybdique dans l'impression des étoffes de soie, de coton et de lin, d'après les indications toutes favorables qu'avait donné cet auteur dans cette note.

Dans ces expériences, je me suis servi de l'acide molybdique préparé dans la célèbre fabrique de produits chimiques de M. C.-E. Brosche, à Prague, ainsi que du molybdate de soude contenant de l'acide phosphorique. Cet acide molybdique, pour les besoins des arts, a été préparé par le chimiste de la fabrique, M. Christl (d'après la méthode qu'on a fait connaître dans le *Technologiste*, t. XIV, p. 293), de la manière suivante. On fait fondre ensemble des poids égaux de molybdate de plomb au mélinose (*gelbbleierz*) réduit en poudre, et de la soude calcinée dans un creuset de fer, et on décante le molybdate de soude fondu sur le plomb qui s'est séparé, puis on prépare avec de l'eau chaude une solution concentrée de ce molybdate qu'on décompose par un excès d'acide azotique, et on fait bouillir jusqu'à ce que l'acide molybdique s'en soit séparé sous la forme de précipité d'un beau jaune serin, qu'on lave avec de l'eau pure, qu'on fait sécher, et qui sous cet état pèse à peu près le tiers du minerai employé.

L'acide molybdique préparé de cette manière n'était pas chimiquement pur, mais parfaitement propre à être employé dans les teintureries.

La fabrique en question livre le molybdate de soude contenant de l'acide phosphorique sous la forme d'un beau sel blanc cristallin qui, à raison de ce qu'il s'effleurit aisément à l'air, a besoin d'être conservé dans des vases fermés. Pour les premières expériences j'ai tiré cette combinaison de la fabrique même sous la forme d'une liqueur claire comme de l'eau, marquant 20° à l'aréomètre de Baumé ; mais lorsqu'il s'agira de transports un peu lointains, il faudra donner la préférence au sel en cristaux comme plus commode et présentant sous cette forme plus de sécurité.

Quant au molybdate d'ammoniaque que j'ai destiné à mes expériences, je l'ai préparé moi-même, en dissolvant l'acide molybdique dans l'ammoniaque caustique de la manière suivante. On a introduit peu à peu dans l'ammoniaque caustique de l'acide molybdique pulvérisé, tant qu'elle a pu en dissoudre. La solution de l'acide molybdique dans ce réactif est accompagnée d'une élévation notable de température et se présente sous la forme d'une liqueur jaune vineux clair, qui possède une forte odeur ammoniacale et doit être conservée dans des vases bien bouchés.

Après ces préliminaires, je passe aux résultats que j'ai obtenus dans la teinture en uni et l'impression avec les composés d'acide molybdique et le chlorure d'étain sur étoffes de soie, de coton et de lin, et je commence par la soie en écheveaux, en fil et en tissu, auxquels la nouvelle matière colorante paraît devoir être appliquée avantageusement.

Teinture de la soie et des étoffes de soie. — On obtient la couleur bleu foncé la plus intense, qui est une combinaison de molybdate d'oxyde de molybdène et de molybdate d'étain, lorsqu'on imprègne la soie et les tissus de soie avec du molybdate d'ammoniaque, qu'on passe, après avoir fait sécher, dans un bain d'acide chlorhydrique et immédiatement, sans un lavage à l'eau, dans un bain de chlorure d'étain (sel d'étain) pour développer la couleur bleue, et qu'aussitôt après on lave à l'eau courante et qu'on fait sécher.

On obtient des bleus plus clairs et en diverses nuances et jusqu'au gris cendré clair à reflet bleuâtre, lorsqu'on étend le molybdate d'ammoniaque ou la base avec de l'eau de rivière pure.

La soie et les tissus de soie imprégnés avec une solution de molybdate de soude marquant 20° Baumé, séchés et passés de même dans des bains d'acide chlorhydrique et de chlorure d'étain, prennent un bleu moyen vif. Une partie en volume de molybdate de soude marquant 20° Baumé, mélangée à une partie d'eau de rivière pure, fournit un bleu qui est un peu plus clair que le précédent. Une partie de molybdate de soude étendue de trois parties d'eau donne un bleu qui a un ton sensiblement plus clair que le premier. Avec de plus fortes proportions d'eau, on obtient diverses dégradations en bleu clair, qui, en étendant encore davantage le sel molybdique avec l'eau, passent à un joli ton gris bleuâtre qui sera sans doute fort recherché.

Lorsqu'on imprègne à deux reprises différentes la soie et les tissus de soie avec une solution de 0^{kil}.,500 de molybdate de soude cristallisée et 1,5 litre d'eau de rivière bien claire, à laquelle, après le refroidissement, on a ajouté 15 à 16 grammes d'ammoniaque liquide, qu'après chaque imprégnation on a fait sécher, puis qu'on passe dans un bain de chlorure d'étain, on obtient un bleu moyen un peu plus clair que par le procédé précédent. Une partie en volume de la solution étendue d'une partie d'eau de rivière dans laquelle on traite deux fois le tissu, fournit un bleu moyen assez intense, tandis qu'en ne traitant qu'une seule fois on a une couleur claire, virant au gris perlé. La base affaiblie avec une quantité d'eau proportionnellement plus forte encore, fournit de beaux tons gris bleuâtres se dégradant jusqu'au gris perle, et qui sont fort agréables à l'œil.

Toutes ces nuances, préparées sur soie et étoffes de soie avec les composés d'acide molybdique et le chlorure d'étain, se distinguent par leur solidité et leur persistance extraordinaire à l'air et à la lumière. J'ai exposé depuis les nuances les plus foncées jusqu'à celles les plus claires, pendant trois mois, entre deux fenêtres, à l'action des rayons solaires et de l'air atmosphérique, sans y remarquer le plus léger changement dans le ton des couleurs. Ce résultat d'une haute importance, ainsi que la facilité et le bon marché des préparations, me semble assurer aux couleurs au molybdène un rang distingué dans la teinture sur soie, et j'ai tout lieu de croire qu'on n'aura qu'à se féliciter de cette application.

Dans l'impression sur soie, au contraire, les composés d'acide molybdique, par les mêmes raisons que pour les impressions sur tissus de coton, ne recevront que des applications bornées, parce qu'on ne peut produire ainsi qu'un bleu local (topique).

Teinture sur tissus de coton. — Les teintures en uni sur tissu de coton paraissent moins belles et moins intenses que celles sur soie. On obtient les bleus les plus foncés et les plus purs de ton avec le molybdate d'ammoniaque, mais déjà le bain étendu de trois parties d'eau ne fournit plus qu'un gris virant fortement au bleu, nuance du reste qui n'est pas sans agrément.

Les tissus de coton qui ont été piétés deux fois avec une solution de molybdate de soude contenant de l'acide phosphorique et marquant 20° Baumé, séchés après chaque passage, puis passés dans un autre bain de chlorure d'étain, prennent une nuance bleu clair foncé, avec une disposition particulière à virer au gris de plomb clair. Si l'on étend la solution de molybdate de soude avec de l'eau, depuis une jusqu'à huit parties, et qu'on s'en serve pour faire un fond sur le tissu, on obtient des dégradations de nuances se rapprochant de plus en plus du gris, mais qui toutes ont un léger reflet bleu.

On observe des phénomènes absolument identiques lorsqu'on emploie pour l'imprégnation des tissus une solution de 0^{kil},300 de molybdate de soude contenant de l'acide phosphorique dans 1 1/2 litre d'eau, avec addition de 15 à 18 grammes d'ammoniaque liquide, puis que pour les tons plus clairs on étend la base d'une plus ou moins grande quantité d'eau.

Avec ces nuances diverses qui toutes résistent aussi bien à l'air et à la lumière que celles sur soie, on peut produire par impression des dessins en blanc, en mordançant les tissus de coton teints en bleu d'indigo avec du chromate de potasse, et en détruisant la couleur de fond avec un enlevage acide à la place duquel on voit apparaître les blancs.

Emploi dans l'impression du coton. — Les indications fournies par M. Keller, sur les applications qu'on peut faire de l'acide molybdique et de ses combinaisons dans l'impression des tissus de coton, m'avaient fait concevoir l'espérance qu'on pourrait produire par l'acide molybdique et le chlorure d'étain tous les imprimés qu'on obtient aujourd'hui par l'indigo. Mais j'ai été complètement désappointé lorsque j'ai introduit les tissus de coton ou de soie imprégnés de molybdène dans un bain d'acide chlorhydrique. J'ai fait varier à l'infini les circonstances, j'ai employé un bain aussi riche que possible en acide, je l'ai appliqué à chaud et à froid, même avec addition de sel ammoniac, et je n'ai jamais pu parvenir à produire un jaune solide sur les tissus; il ne s'est développé, au contraire, qu'une faible nuance jaunâtre qui a presque entièrement disparu par des lavages à l'eau. Les tissus lavés n'ont pris dans un bain de chlorure d'étain qu'un ton faible de bleu ou de gris.

Toutes les tentatives ultérieures que j'ai pu faire avec d'autres acides, par exemple l'acide acétique, l'acide tartrique, l'acide oxalique et l'acide citrique pour décomposer les molybdates alcalins sur étoffes de coton ou de soie, et développer ou fixer ainsi une couleur jaune, n'ont eu aucun succès. Dans le bain de chlorure d'étain, les tissus, au lieu de se teindre en bleu, ne prennent qu'une couleur pâle gris sale : preuve que tous ces acides sont impuissants pour décomposer les combinaisons de l'acide molybdique, et qu'on ne peut employer pour cet objet que l'acide chlorhydrique.

Puisqu'on ne réussit pas complètement à précipiter l'acide molybdique jaune sur les tissus, que cet acide ne s'unit pas assez solidement avec la fibre pour résister à l'action de l'eau après un passage dans le bain d'acide chlorhydrique, il ne faut pas songer à en faire une application étendue dans l'impression sur étoffes.

Il ne m'est arrivé dans aucune circonstance de réaliser les espérances conçues par M. Keller, même d'une manière approchée, et par conséquent, d'après mes expériences, l'emploi des combinaisons de l'acide molybdique aux impressions sur tissus de coton se borne uniquement, indépendamment du rôle de rongeant pour les blancs dont il a été question ci-dessus, aux applications comme couleur bleue locale, ce que j'ai fait du reste de la manière suivante.

On épaissit une solution de molybdate de soude marquant 20° Baumé avec de l'albumine pour l'amener à l'état des couleurs d'impression. Aussitôt après que le dessin est imprimé et sec, le tissu est passé immédiatement dans un bain de chlorure d'étain qui développe la couleur bleue qui, sur fond blanc, forme un bleu moyen intense. Après le passage au bain de chlorure d'étain, on lave à l'eau et on fait sécher.

Au lieu d'albumine, on peut épaissir la couleur d'application avec de l'amidon grillé ou de la gomme adragante.

Je n'ai pas non plus réussi, ainsi que l'annonce M. Keller, à produire un vert avec les bains épuisés de chlorure d'étain, et cela par une raison toute naturelle : c'est qu'il n'y a pas de jaune de molybdène de fixé.

La couleur d'application bleue au molybdène sur coton résiste aussi bien à la lumière et à l'air que les précédentes.

Expériences de teinture sur lin. — L'affinité du bleu de molybdène pour la fibre du tissu de lin est tellement faible que lorsque celle-ci est imprégnée avec une solution de molybdate de soude marquant 20° Baumé, qu'on a étendue de son volume d'eau ,qu'on fait sécher, qu'on passe ensuite dans le bain d'acide chlorhydrique et immédiatement dans celui de chlorure d'étain pour y développer la couleur, on ne voit apparaître qu'un gris bleuâtre. Une base étendue d'une plus grande quantité d'eau ne fournit naturellement que des gris encore plus pâles.

2° M. Quinon, de Lyon, a proposé d'employer l'acide picrique dans la teinture sur soie et sur laine, et à cet effet, il a indiqué un procédé de préparation de cet acide, où l'on emploie l'acide azotique, l'huile essentielle de gaz et l'acide sulfurique, ce procédé exige beaucoup de temps et de précautions et fournit cet acide sous la forme d'une matière résineuse qu'on dissout dans une quantité d'eau qui varie suivant la nuance qu'on veut obtenir. C'est dans le bain ainsi préparé, et porté à la température de 30 à 40° C., qu'on passe la soie non mordancée, qu'on introduit ensuite, sans la laver, dans la chambre chaude pour y fixer la couleur.

Cette couleur est très-belle et très-solide, et son prix est fort peu élevé ; mais on trouve dans le journal allemand intitulé : *Deutschen Muster Zeitung*, 1851, n° 1, que les rédacteurs de ce recueil ont entrepris des expériences pour s'assurer s'il ne serait pas possible d'éviter la préparation directe de l'acide picrique et d'obtenir la couleur qu'il fournit par des moyens plus familiers et plus faciles pour le teinturier.

En conséquence, on a versé de l'acide azotique marquant 35° B. dans un grand vase en verre posé sur un bain-marie

et on a chauffé de 88° à 100° C., puis on a versé parties égales
de cet acide chaud dans quatre grands verres qui renfer-
maient :

Le premier, une solution sulfurique d'indigo mar-
quant. . . . . 24° B.
Le deuxième, un extrait de quercitron marquant. 10° B.
Le troisième, un extrait de bois rouge marquant. 10° B.
Le quatrième, un extrait de campêche marquant. 10° B.

Après une vive effervescence qui s'est manifestée lors du
mélange des liqueurs, mais qui a été moins active avec l'extrait de campêche que pour les autres matières, il y a eu
décomposition et changement de couleur. La liqueur de la
solution sulfurique d'indigo est devenue jaune ; celle de l'extrait de quercitron, orangé saturé ; celle de l'extrait de bois
rouge, jaune brunâtre, et celle de l'extrait de campêche brun
rouge.

Les liqueurs ainsi obtenues ont été suffisamment étendues,
puis on y a travaillé à la chaleur de la main de la soie blanche
décreusée. Après avoir laissé à cette soie le temps suffisant
pour s'emparer de la matière colorante, on l'a retirée de ces
bains, lavée et fait sécher. Cette soie, sans que son éclat ou
sa force aient été en rien modifiés, avait acquis :

Dans le bain de dissolution sulfurique d'indigo, une couleur
jaune intense ;

Dans le bain d'extrait de quercitron, une couleur jaune
pâle ;

Dans le bain d'extrait de bois rouge, une couleur jaune
rougeâtre ;

Dans le bain d'extrait de campêche, une couleur bronze
doré ;

Par un séjour plus prolongé de la soie dans les bains de
teinture, ainsi que par la concentration de ceux-ci, on a pu
obtenir les nuances plus foncées de ces mêmes couleurs (1).

M. Stenhouse, et plus tard M. Warzington et M. Bœttger, ont
démontré que le *yellow-gum* des Anglais, ou gomme de Bo-
tany-Bay, résine qu'on extrait du *Xanthorrœa hastilis*, qui
commence à arriver en abondance en Europe, était la matière qui fournissait la plus forte proportion d'acide picrique.
Cette matière, suivant ces chimistes, donnait jusqu'à 50 pour
100 de cet acide, et malgré son prix élevé de 80 à 90 fr. le

(1) On peut consulter, au sujet de l'emploi de l'acide picrique en teinture sur soie,
laine et coton, un Mémoire de M. J. Girardin, de Rouen, inséré dans le *Journal de
pharmacie*, janvier 1852, p. 30.

quintal métrique, il y aurait encore avantage à se servir de cette substance pour cet objet. Mais M. Bolley de Zurich a entrepris quelques expériences à ce sujet qui ont démontré que cette résine fournissait au plus 25 pour 100 d'acide picrique, et que ce ne pouvait être que dans des cas exceptionnels qu'on devait en avoir extrait jusqu'à 50 pour 100.

D'un autre côté, M. Bouvy a pris, à la date du 3 septembre 1850, un brevet pour l'extraction de l'acide nitro-carnaubique, qui présente, suivant lui, tous les caractères et les propriétés de l'acide picrique. Voici la spécification du brevet même :

Jusqu'à ce jour, dit le breveté, l'acide picrique résultant d'une altération profonde de l'indigo, se préparait en traitant l'indigo par huit ou dix fois son poids d'acide azotique. Aujourd'hui il se prépare encore par l'action du même acide sur l'huile de goudron.

On fait ordinairement chauffer de l'huile de goudron avec trois fois son poids d'acide azotique, en le versant par un entonnoir effilé, pour prévenir toute projection ; puis on fait bouillir avec l'acide jusqu'à consistance sirupeuse ; alors on effectue plusieurs lavages à l'eau froide et à l'eau chaude, pour séparer l'acide des matières résineuses, et on évapore de manière à se procurer des cristaux.

Cette opération, outre qu'elle est longue et dispendieuse, présente de grands dangers, et on a été obligé de renoncer à préparer ainsi cet acide si précieux pour la teinture de la laine, de la soie et des tissus de matières animales.

Une circonstance fortuite m'a donné le moyen de le produire plus facilement que cela n'a été fait jusqu'à ce jour, et la substance dont on peut l'extraire est la cire de Carnauba, produit céroïde d'un arbre du Brésil. Pour cela, il suffit de la chauffer au contact de l'acide azotique dans un vase en porcelaine. La chaleur doit être assez douce et telle qu'elle ne brûle pas la matière. Un bain-marie pourrait convenir, mais il chauffe trop lentement pour que la réaction s'opère.

La carnauba, primitivement d'un blanc-gris, devient jaunâtre par son contact avec l'acide azotique, se décompose et forme une matière tinctoriale présentant les caractères de l'acide picrique, et que j'appellerai *acide nitro-carnaubique*, pour indiquer son origine.

Sans déterminer d'une manière précise les proportions que l'application industrielle donnera probablement d'une manière plus exacte, voici celles qui m'ont donné un assez beau résultat pour offrir des avantages considérables sur ceux obtenus jusqu'à ce jour.

Prenez 100 grammes de cire végétale de carnauba, concassez et ajoutez 75 grammes d'acide azotique du commerce à 40°, chauffez jusqu'à ce que la matière étant complètement dissoute, les vapeurs rutilantes de l'acide hypoazotique aient disparu. Sous l'action de la chaleur, le gaz qui se dégage pourrait faire monter un peu le liquide; on y remédie facilement en favorisant son dégagement par l'agitation. Laissez reposer jusqu'à la température de 75° environ, ajoutez doucement de l'alcool jusqu'à ce que la partie supérieure de la matière commence à se solidifier, laissez reposer ensuite pendant quelque temps en inclinant le vase, et le résultat se produira par l'apparition d'une matière jaune qu'on versera dans un vase à part. En laissant reposer sous l'action d'une chaleur de 30 à 35°, l'acide cristallisera en lames minces d'un beau jaune. On obtiendra ainsi au moins 25 à 30 grammes de l'acide que j'appelle nitro-carnaubique.

En répétant les lavages à l'alcool, je pense qu'on en obtiendrait une quantité plus considérable.

En alliant le résidu soit à du suif, soit à de la cire du commerce, on peut produire une cire qui sera applicable à certains usages auxquels la cire est employée aujourd'hui.

Quant à l'acide, sans préjuger de tous les emplois auxquels on pourra l'appliquer, les expériences auxquelles je l'ai soumis comme matière tinctoriale, m'ont donné pour résultat un jaune très-riche, d'une nuance plus ou moins foncée, suivant le degré de saturation de la dissolution.

1 gramme de cet acide cristallisé, dissous dans une quantité d'eau suffisante, permet de teindre en jaune 1 kilogramme de soie.

Les étoffes de soie prennent, comme la soie grége, une teinte très-belle et très-pure, sans altérer en rien leur brillant. Il en est de même pour la laine et les lainages.

Au moyen de la potasse on peut varier les nuances jusqu'au jaune orangé.

J'ai soumis des étoffes de soie déjà teintes en diverses couleurs, et j'ai obtenu des nuances très-remarquables.

Je pense que d'autres corps que l'acide azotique, mais agissant d'une manière analogue sur cette cire, pourraient également servir à produire l'acide picrique.

IV. GARANCE.

La garance est une des matières colorantes sur laquelle on a le plus travaillé dans ces derniers temps. On a soumis la racine de cette plante à une foule de traitements sur la fermentation, les acides, les sels, les alcalis, etc., soit pour en préparer des extraits plus concentrés, soit pour en mettre en liberté le principe colorant utile. Dans l'impossibilité de rapporter ici tous les travaux qui ont été entrepris par les plus habiles chimistes et par les fabricants les plus expérimentés, nous nous bornerons à en signaler quelques-uns qui nous ont paru mériter une mention particulière.

1° Dans un rapport fait à la Société industrielle de Mulhouse, et inséré dans son Bulletin n° 117, p. 99, relativement à un prix proposé pour la fabrication d'un extrait de garance, on trouve les détails suivants sur un procédé de MM. Julian et Roquer.

Nous devons à présent vous donner connaissance du brevet de M. Julian. Voici ce qu'il contient d'essentiel :

« Nous opérons sur les alizaris français ou étrangers, réduits préalablement en poudre par la trituration. Cette garance est brassée convenablement dans de grandes caisses, avec de l'eau froide ou chaude ; eau que, suivant son degré de pureté, nous traitons par un acide quelconque pour enlever le calcaire. De là, nous faisons couler dans des cuves-filtres.

» Suivant les couleurs que l'on veut obtenir en teinture avec ce produit, nous laissons la poudre de garance ainsi délayée dans les cuves-filtres depuis un jour jusqu'à cinq ou six jours, suivant que nous avons voulu qu'il s'établisse ou non une fermentation alcoolique. Alors que la cuve-filtre est parfaitement égouttée, nous soumettons cette pâte homogène aux presses hydrauliques, dans des couffins.

» L'eau résultant du filtrage de la garance et du pressage est ou non recueillie, suivant que nous avons voulu qu'il s'établisse ou non une fermentation alcoolique. Des presses, nous transportons aux étuves pour sécher, et de là, triturer et entonner.

» Au moyen de cette fabrication, nous arrivons à réduire la poudre de garance jusqu'à moitié, et même 60 pour 100.

» Dans le cas de fermentation, avec ou sans levure de bière, nous recueillons ces eaux ainsi fermentées avec le contact de la garance provenant des cuves-filtres et des presses hydrauliques dans des cuves en bois, d'où nous les soumettons à la distillation alcoolique. »

Nous ne croyons pas utile d'examiner ici ce qu'il y avait de nouveau dans le procédé que nous venons de décrire ; et sans nous arrêter au mode de préparation de la fleur de garance, nous allons rechercher si le produit livré au commerce par

MM. Julian et Roquer remplit toutes les conditions exigées par votre programme.

Tous les membres du comité de chimie qui ont employé ce produit ont été unanimes à reconnaître qu'il a toujours présenté jusqu'ici la plus grande régularité dans sa qualité, et qu'il offre un avantage marqué sur l'emploi de la garance elle-même.

La propriété essentielle de la fleur de garance de MM. Julian et Roquer, celle qui a le plus contribué à généraliser si promptement son emploi, c'est la faculté qu'elle a de produire, à la teinture, des violets plus beaux et plus purs, quoique aussi solides, que ceux fournis par la garance. Cet avantage est dû à ce que la fleur se trouve débarrassée de toutes les parties solubles, mucilagineuses, sucrées, acides, etc., qui accompagne la garance, et dont la combinaison avec les mordants de fer a une influence fâcheuse sur les violets, quand elles sont encore présentes à la teinture. La fleur de garance produit aussi, avec les mordants d'alumine et de fer, des couleurs plus foncées que celles que donne la garance dans les mêmes circonstances. Nous devons attribuer ce fait à une action dissolvante exercée par les principes solubles sur les mordants pendant l'acte de la teinture. Cet affaiblissement des mordants par la garance permet d'employer avec la fleur des mordants 15 à 20 pour 100 plus faibles, pour obtenir la même intensité de couleur. Les nuances rouges et roses sont aussi éclatantes que celles que fournit la garance, et semblent présenter plus de solidité.

L'emploi de la fleur présente, à plusieurs égards, une économie sur celui de la garance, quoique cet avantage ne porte guère sur son prix relatif. Elle laisse un meilleur blanc après la teinture et permet ainsi d'affaiblir ou de diminuer les passages en savon et en avivage. En outre, on peut passer un plus grand nombre de pièces dans le même bain, ce qui procure une économie de temps et de combustible.

On doit faire remarquer aussi que la teinture avec la fleur se fait plus régulièrement et n'est pas sujette aux pertes de matières colorantes qui se présentent quelquefois par suite d'un abaissement de la température du bain avec la garance ordinaire.

Ce nouveau produit, privé des matières solubles, permet d'ajouter, pendant l'acte même de la teinture, une nouvelle dose de fleur de garance, lorsqu'on s'aperçoit que le bain n'est pas assez riche, ce qui ne peut se faire avec la garance ordinaire. On évite ainsi une nouvelle teinture des mêmes pièces, qui entraîne toujours une perte de temps, de combustible et même de matière colorante.

Sous le rapport du transport et de sa conservation dans les magasins, la fleur de garance présente aussi des avantages sur la garance, parce qu'elle fournit deux fois autant de matière colorante sous le même poids, et qu'on n'aura plus à craindre les avaries provenant de l'action de l'humidité sur les matières solubles, ce qui a donné lieu à tant de procès.

D'après toutes ces considérations, le comité de chimie a décidé, à une grande majorité, qu'il vous serait demandé une médaille d'or pour MM. Julian et Roquer, dont le produit satisfait complètement aux diverses conditions exigées par notre programme. Cependant, si on voulait s'en tenir rigoureusement au développement que la Société industrielle a publié sur ce prix, on aurait pu désirer un produit qui permît d'utiliser une plus grande partie de la matière colorante que renferme la garance; car la fleur de MM. Julian et Roquer laisse encore subsister des pertes considérables dans son emploi en teinture, sans compter celles qu'on éprouve peut-être pendant sa séparation.

D'après des expériences faites chez MM. Dolfus-Mieg et Cie, nous pouvons déterminer approximativement en chiffres la perte de matière colorante qu'on éprouve dans la teinture en fleur de garance. Pour donner plus d'exactitude à ces essais, on a opéré sur plusieurs mille kilogrammes. 100 parties de fleur de garance de MM. Julian et Roquer ont laissé après la teinture :

165 parties d'un résidu humide, qu'on a exprimé à la presse hydraulique, et qui ont rendu 62,40 de résidu sec. Ce résidu traité par l'acide a fourni :

135 parties de garancine humide, d'un pouvoir tinctorial égal à 1/6 de celui de la garancine, et équivalant par conséquent à

22,50 parties de garancine. Celle-ci ayant un pouvoir quadruple de celui de la garance ordinaire, représentait par conséquent

90 parties de garance.

Il suit de ces expériences que

100 parties de fleur de garance, représentant 200 parties de garance, donnent par les résidus de la teinture une perte nette de matière colorante, sans compter ce qui a été emporté par les eaux de teinture qu'on n'a pas recueillies, les déchets occasionnés par la fabrication de garancines,

et ce qui est resté dans le résidu, après la teinture en garancines.

Les mêmes expériences ont été faites comparativement sur la garance ordinaire.

100 parties de garance rosée ont laissé après la teinture :

84,90 parties de résidu humide, qu'on a exprimé à la presse hydraulique, et qui ont donné 32,26 parties de résidu sec. Ce résidu, traité par l'acide, a donné :

69,60 parties de garancine humide, représentant 1/6 de son poids, soit :

11,60 parties de garancine équivalant à 46,40 parties de garance.

Ainsi la perte avec la garance rosée a été de 46,40 pour 100, lorsqu'elle était de 45 pour 100 avec la fleur.

On peut remarquer que le résidu laissé par la fleur n'est pas tout à fait le double de celui fourni par la garance. La faible différence qu'on a trouvée pourrait provenir de ce que, par suite de sa plus grande finesse, la poudre de la fleur s'attache davantage aux pièces, et qu'elle passe plus facilement à travers les filtres.

Malgré ces observations, le comité de chimie prenant en considération les véritables services rendus à l'industrie des toiles peintes par la fleur de garance, vous propose de décerner la médaille d'or à MM. Julian et Roquer, de supprimer le prix n° 8 de votre programme et d'insérer dans votre Bulletin le présent rapport, dont copie sera envoyée à MM. Roux et Julian.

2° M. Schunck est un habile chimiste anglais, qui s'est beaucoup occupé de l'analyse chimique de la garance et y a même découvert plusieurs principes nouveaux. De concert avec M. Pinkoffs, il s'est fait breveter en France à la date du 4 avril 1853, pour un mode de traitement de la garance et des autres plantes de la famille des rubiacées. Nous allons donner la substance de son brevet.

Le mode de traitement des rubiacées dont il va être question, consiste :

1° A exposer la garance ou les autres plantes de la famille des *rubiacées*, ou la garance épuisée, ou toute préparation de garance et de plantes de la même famille, ou la garance épuisée, lavée ou fermentée, et la garancine et le garanceux, soit à l'action combinée de la vapeur d'eau et d'une température élevée dans un vase clos, soit à un courant à vapeur à haute pression, c'est-à-dire de la vapeur à une température plus élevée que 100 degrés centigrades.

Nous donnerons au produit ainsi obtenu le nom d'*alizari du commerce*.

2° A préparer une meilleure qualité de garancine avec toute espèce de garance ou de plantes de la même famille, ou une meilleure qualité de garanceux avec de la garance épuisée à l'aide de l'action ordinaire d'acides concentrés, tels que l'acide sulfurique ou l'acide muriatique, combinée avec de la vapeur à haute pression, c'est-à-dire de la vapeur à une température plus élevée que 100 degrés centigrades.

Pour réaliser la première partie de notre invention, nous procédons de la manière suivante : il faut prendre un vase de cuivre, de fer ou de métal, ou même de verre, ayant une force suffisante pour résister à une pression considérable exercée intérieurement et d'une construction telle, que l'on puisse l'ouvrir et le fermer facilement.

Dans ce vase on dépose une certaine quantité de garance ou de préparation de garance.

Si la substance est très-sèche, on peut l'humecter d'abord avec un peu d'eau, soit pure, soit légèrement chargée d'un alcali ; cependant l'humidité que la garance contient généralement, et qui, presque imperceptible, est communément appelée *humidité hygroscopique*, produit assez de vapeur pour le but que nous nous proposons.

Quand on emploie un vase de métal, il est bon de le doubler intérieurement de verre ou de bois, afin que la garance, etc., ne puisse venir en contact avec le métal.

La substance une fois introduite, on ferme le vase et on en chauffe graduellement le contenu jusqu'à ce qu'il atteigne une température dépassant 100 degrés, et que l'on pousse au delà de cette limite, autant que l'expérience de l'ouvrier le jugera avantageux pour le traitement de la matière soumise à l'opération ; on maintient la substance à cette température aussi longtemps qu'il est nécessaire, ce qui est déterminé par l'expérience.

Nous ferons remarquer que quelques espèces de garance, telles que celles déjà lavées ou qui ont déjà fermenté, sont beaucoup améliorées quand on ne leur fait subir l'action de la température humide et élevée que pendant un temps très-court, soit de cinq minutes à une demi-heure ; mais, en règle générale, il vaut mieux continuer l'opération plus longtemps, c'est-à-dire pendant plusieurs heures, à une température de 118 degrés environ.

Pour porter la chaleur du vase à un degré plus élevé que celui de l'eau bouillante, on le plonge dans un bain d'huile, d'acide sulfurique ou de métal fusible, ou de chlorure de zinc ou de tout autre liquide que l'on peut élever à la température voulue sans danger de volatilisation.

On chauffe le bain par l'action directe du feu jusqu'au degré voulu, que l'on détermine à l'aide d'un thermomètre suspendu dans le bain.

Ou bien on peut envelopper le vase, totalement ou partiellement, d'une forte chemise de fer, et, dans la capacité ainsi formée, introduire un serpentin dans le vase, ou enfin, on peut employer une autre disposition d'appareils convenables pour produire le résultat voulu et bien connue des personnes au courant de ce genre d'industrie.

Quand le vase a été maintenu à la température voulue pendant un certain temps, on le laisse refroidir, puis on l'ouvre et on en retire le contenu, qui doit être lavé à l'eau froide et comprimé, après quoi il est prêt à être employé. Si l'on le fait sécher, il faut le moudre et le réduire en poudre aussi fine que possible.

Voici une disposition que l'on peut substituer à la précédente.

On prend un vase de métal, ou de toute autre matière capable de résister à une pression considérable exercée intérieurement.

Ce vase est armé d'un double fond perforé sur lequel la substance est placée; près du fond est un petit robinet qui sert à laisser échapper l'eau ou tout autre liquide, et en haut et en bas sont des tuyaux pour le passage de la vapeur.

La substance sur laquelle on opère étant placée sur le double fond, le vase est fermé, et l'on ouvre une soupape pour laisser entrer un courant de vapeur à haute pression, qui passe à travers la substance que l'on travaille et qui s'échappe, pendant quelque temps, par le robinet inférieur.

On ferme ensuite ce dernier, et l'on laisse agir la vapeur sur le contenu pendant le temps nécessaire; on intercepte le courant; puis on ouvre le vase et on retire le contenu que l'on laisse refroidir; on le lave ensuite à l'eau froide, si l'on veut, et on le comprime; il est alors prêt à être employé. Si on le sèche, il faut le moudre et le réduire en poudre très-fine.

Une certaine quantité de liquide provenant de la condensation de la vapeur dans le vase et contenant quelques parcelles de garance, s'accumule sous le double fond, on le laisse échapper de temps en temps par le robinet inférieur que l'on ouvre à cet effet pendant l'opération.

Le temps pendant lequel la matière doit rester soumise à l'action de la vapeur et la température de celle-ci sont laissées à l'appréciation de l'ouvrier, qui les modifiera suivant l'effet à obtenir ; nous préférons cependant employer de la vapeur ayant une tension égale à 2 kilogrammes par centimètre carré.

Après qu'on a placé la substance dans le vase, et avant de soumettre ce dernier à l'action de la chaleur, on peut en retirer l'air à l'aide d'une pompe pneumatique ordinaire, afin d'opérer un vide partiel dans le vase.

Quand, par notre procédé, la garance est soumise à la puissante action de la vapeur à haute pression, avant d'être changée en garancine ou autre préparation de garance, par l'effet d'acides concentrés, il est utile, après que l'opération de chauffage est terminée, de traiter la garance par les procédés généralement employés pour faire de la garancine ou du garanceux, à une température de 100 degrés environ, puis on enlève l'excès d'acide avec de l'eau froide.

Mais le mode de fabrication, que nous préférons à tous les autres, consiste à traiter la garance, épuisée ou non, par l'acide sulfurique ou muriatique concentré, et à aider l'action chimique par la chaleur appliquée d'une manière convenable, comme lorsque l'on fait de la garancine ordinaire, puis laver le tout à l'eau froide, afin d'enlever toute trace d'acide.

Il est bon aussi de neutraliser les dernières traces d'acide avec de l'eau contenant une petite quantité d'alcali ou d'autres substances analogues, car la présence d'un alcali dans la garance vaut mieux que celle d'un acide.

On filtre ensuite le tout, on comprime, puis on soumet la matière ainsi traitée à l'action d'une température plus élevée ou d'un courant de vapeur à haute pression, pendant un temps dont la durée variera suivant l'effet à obtenir ; ladite pression devant équivaloir à 2 kilogrammes environ par centimètre carré.

On peut continuer l'opération utilement pendant quatorze heures ou davantage sur la substance traitée, surtout quand on veut qu'elle produise une nuance supérieure de lilas ; mais si la pression est plus grande on peut diminuer le temps.

L'opération dont on vient de parler cause une perte considérable de poids, ladite perte variant suivant l'intensité du traitement. Mais cette perte est plus que compensée par la supériorité de l'article produit ; car notre alizari du commerce peut être employé comme matière tinctoriale sans avoir recours subséquemment à l'emploi ordinaire de l'eau de savon, etc. Ou bien, si on le désire, les opérations peuveut être adaptées avec avantage quand on veut obtenir une pureté de couleur plus grande encore.

Il est à remarquer aussi que les articles à teindre dans le bain peuvent être soumis à une ébullition prolongée dans le bain, et avec beaucoup moins de danger pour la couleur que cela n'a lieu avec l'emploi de la garance ordinaire.

La seconde partie de notre procédé peut être mise à exécution de la manière suivante :

On prend un vase semblable à celui décrit dans la première partie, et dans lequel on place une certaine quantité de garance, épuisée ou non, et mélangée ou humectée avec une solution aqueuse d'un acide violent ; on ferme le vase, et, par le tuyau de vapeur, on introduit un courant de vapeur à haute pression, que l'on laisse agir sur le contenu du vase pendant plusieurs heures.

On ouvre ensuite le vase, et on en lave le contenu à l'eau froide pour ôter l'excès d'acide ; puis, après l'avoir comprimé et séché, il faut le moudre comme pour la garance qui doit être employée à la fabrication de la garancine ou du garanceux.

Ce procédé diffère de celui ordinairement employé, en ce que, d'après le système habituel, le mélange de garance, épuisé ou non, et d'acide en solution, est chauffé, par un courant de vapeur, à une température de 100 degrés et dans un vase couvert, tandis que, dans notre système, le mélange est chauffé dans un vase clos et avec de la vapeur plus élevée que 100 degrés.

Les avantages que notre garancine ou garanceux présente sur ceux produits par les procédés ordinaires, consistent en ce que les couleurs sont plus vives et plus solides et les blancs plus purs, en un mot, nous obtenons jusqu'à un certain point les avantages qu'offre l'alizarine du commerce.

3° On doit à M. J. Hyggin un mode de purification de la garance et de ses préparations, qui se résume dans la note ci-après :

La garance et les plantes du même genre, ainsi que la plupart des préparations qu'on en obtient, renferment, indépendamment de la matière colorante, certaines substances, telles que la pectine, l'acide pectique, des résines, etc., qui n'agissent point comme colorants vrais, mais s'attachent aux mordants pendant le travail de la teinture, et forment ainsi, avec la matière colorante, des combinaisons qui se fixent jusqu'à un certain point sur les parties blanches ou non mordancées, lesquelles, par conséquent, exigent de nouvelles opérations pour en rendre les couleurs vives et pures, ou leur donner un beau blanc. Pour parvenir au but, j'opère sur les matières colorantes, de manière à prévenir les effets pernicieux des substances nuisibles indiquées ci-dessus, soit en les éliminant complètement au moyen de réactifs capables de les dissoudre, soit en formant avec elles des composés insolubles dans l'eau, afin de s'opposer à leur action pendant la teinture.

Maintenant, quoique mon procédé réussisse bien quand on opère sur la garance et le munjeet, surtout lorsqu'on les a fait fermenter ou tremper, il vaut mieux agir sur les préparations qui ont été traitées par les acides, telles que la garancine, le garanceux, ou leurs extraits, et c'est à ces sortes de préparations que je bornerai particulièrement ce que je vais dire ici.

Je prends la garancine ou le garanceux préparés par le procédé bien connu de l'ébullition ou de la vaporisation de la garance avec un acide, et je lave complètement avec de l'eau. On est dans l'usage ordinairement pour économiser le temps, de neutraliser les dernières portions d'acide qui restent dans la garancine en lavant avec de l'eau contenant une petite quantité d'alcali ou de substance basique, et donnant parfois un léger excès d'alcali afin d'être certain de la neutralisation de l'acide ; moi je préfère laver avec l'eau seule jusqu'à ce que l'acide soit éliminé en totalité.

Dans cet état, je verse la garancine dans un vaisseau qui peut être convenablement chauffé et j'y ajoute de l'eau pour la rendre suffisamment fluide. J'introduis alors la substance que je désire combiner avec les impuretés de la garancine et je chauffe le mélange à une haute température, pendant tout le temps jugé nécessaire à l'échantillon particulier de garance sur lequel on opère. En général, une température bouillante ou à peu près, prolongée pendant deux heures environ, produit un bon résultat, mais les variations qu'on rencontre dans la constitution des différentes garances peuvent modifier ces détails, et une température moins élevée, prolongée moins longtemps convient mieux à certaines qualités de garance qu'à d'autres.

La proportion de l'agent purificateur varie aussi par les mêmes raisons. Et lorsque l'opération est considérée comme terminée, on laisse refroidir le mélange, on le jette sur un filtre, et on le lave avec de l'eau jusqu'à ce que les impuretés solubles soient suffisamment entraînées. La garancine purifiée est alors dans un état propre à être employée aux bains de teinture, ou bien on peut la mettre en presse, la faire sécher et la réduire en poudre fine.

Les substances dont je me sers pour purifier la garancine ou les préparations de garance comme on l'a dit ci-dessus, sont les alcalis, les terres alcalines, ou des combinaisons de ces corps avec les acides, qui, lorsqu'on les fait bouillir avec l'acide pectique, se combinent avec lui pour former des composés solubles ou insolubles dans l'eau, en faisant remarquer que les substances qui se combinent avec l'acide pectique, se combinent en général aussi avec les substances colorantes qui ne sont pas des colorants vrais, comme les résines, etc. Toutefois, il est prudent de ne pas faire usage des sels alcalins ou de terres alcalines qui abandonnent aisément leur oxygène, et qu'on désigne communément par l'épithète d'oxydants. Quelques substances organiques, non pas des sels, peuvent également être employées à l'opération ci-dessus; ainsi le mucilage, la gélatine, le sucre et généralement toute substance qui, quand on la fait bouillir ou qu'on la chouffe avec l'acide pectique, s'y combine, peuvent être appliqués à purifier les préparations de garance, suivant le mode décrit ci-dessus.

Pour mieux faire comprendre le procédé que je propose, je décrirai le moyen que j'emploie pour la garance du Levant de la plus belle qualité.

Après avoir converti cette garance en garancine à la manière ordinaire, en la traitant par l'acide sulfurique et débarrassé soigneusement de l'acide par des lavages, je dépose dans une cuve une quantité de cette garancine humide qui en représente environ 250 kilog. à l'état sec, et j'y ajoute 1,000 litres d'eau et une solution d'arsénite de soude préparée en faisant bouillir 8 kilog. de carbonate de soude cristallisé dissous dans l'eau, avec un excès d'acide arsénieux pendant une demi-heure, filtrant pour recueillir l'acide arsénieux non dissous, et n'employant que la liqueur claire. Je porte le mélange à l'ébullition, ou à peu près, je soutiens pendant une heure à cette température, je laisse refroidir, je jette sur un filtre, je lave avec 10 hectolitres d'eau ou jusqu'à ce que tout l'arsénite liquide soit entraîné. La garancine est alors prête pour l'usage, ou bien on peut la faire sécher et la moudre.

On peut employer beaucoup d'autres sels que l'arsénite de soude, mais celui-ci fournit de très-bons résultats. D'ailleurs, il y a certains cas où un traitement de courte durée des mélanges chauffés ou des solutions est chose nécessaire, et quoiqu'on obtienne un meilleur effet en filtrant la garancine ou les préparations de garance avec un agent purificateur à une température au-dessus de celle naturelle de l'eau, pendant un temps suffisant pour former des combinaisons avec l'acide pectique, etc., puis ramenant à la température à laquelle on commence ordinairement les opérations de teinture, et enfin procédant à cette teinture sans filtrations ni lavages préalables.

Quand on opère sur le garanceux, il convient de ne prendre que la moitié environ de la quantité de l'agent purificateur indiqué pour la garancine, toutes les autres circonstances restant les mêmes, et enfin quand on voudra opérer sur des extraits de garance ou de garancine contenant de l'acide pectique ou des résines (mais ne renfermant pas de fibre végétale), une quantité beaucoup moins grande d'eau suffira.

4° M. Kœchlin a aussi publié une note sur un extrait de garance exempt de tout ligneux et rendant en teinture des nuances aussi vives et aussi solides que la garance elle-même. En voici la substance :

On emploie les oxydes organiques neutres, tels que l'acétone, l'hydrate méthylique, etc., seuls ou mélangés à des alcools ou à des matières hétérogènes. Ces oxydes ou ces mélanges servent comme dissolvants de la matière colorante de la garance.

On se sert soit de la garance moulue, soit de la garance fermentée, sèche ou humide, appelée communément fleur de garance, selon le degré de richesse qu'on veut donner au produit.

C'est par macération et expression qu'on sature la liqueur dissolvante. Le bain dissolvant étant saturé, on précipite la matière colorante, avec les substances insolubles qui l'accompagnent, par une suffisante quantité d'eau, c'est-à-dire jusqu'à ce qu'une addition d'eau n'y produise plus de précipité. Le précipité ayant été filtré et séché, constitue l'extrait de garance, obtenu sans le concours de la chaleur.

Quand on veut activer la formation du précipité, on rend l'eau légèrement acide par l'acide sulfurique ; mais alors il faut bien laver le précipité à l'eau, pour en enlever l'acidité qui pourrait nuire à la teinture.

5° M. Ed. Schwarz, qui s'est beaucoup occupé de travaux sur la garance, a publié, dans le Bulletin de la Société industrielle de Mulhouse, n° 124, p. 366, des recherches pour trouver un moyen de mieux utiliser la matière colorante de la garance dans l'opération de la teinture dont nous allons rendre compte.

C'est un fait généralement reconnu et prouvé par l'expérience, que dans la teinture en garance on utilise tout au plus les deux tiers de la matière colorante renfermée dans cette racine. Le dernier tiers est retenu par le résidu, qu'il faut traiter à chaud par de l'acide sulfurique assez concentré pour en détruire la partie ligneuse, si on veut utiliser encore les parties colorantes qu'il renferme.

La perte que l'on éprouve en teignant avec de la garancine, est beaucoup moindre, parce que, dans la fabrication de ce produit, on détruit environ la moitié du ligneux, ce qui n'empêche pas la partie restante d'exercer son pouvoir absorbant.

Ce n'est qu'en décomposant, qu'on parvient à utiliser entièrement la matière colorante. C'est là le problème qui a été résolu par la fabrication du carmin de garance, laquelle consiste à traiter cette racine par de l'acide sulfurique concentré à une température convenable, pour qu'il n'y ait ni formation de charbon ni altération de la couleur. Cependant ces traitements ne laissent pas que d'être assez dispendieux, de sorte qu'on dépense en matière sulfurique et en manutention une partie notable de l'économie que l'on fait sur la matière colorante.

Il s'agit donc de savoir s'il serait possible de trouver un moyen plus économique, soit d'altérer la matière ligneuse, soit de diminuer son pouvoir absorbant. C'est là ce que j'ai tenté, sans succès à la vérité, dans les essais que je vais avoir l'honneur de communiquer.

Premier essai. J'ai réduit de la fleur de garance, par une longue trituration, à l'état de poudre impalpable, et j'ai teint avec un certain poids de cette poudre, comparativement à un poids égal de fleur de garance non triturée. Le résultat de cet essai a été en défaveur de la matière triturée. Ce résultat, quoique inattendu pour moi, peut s'expliquer par le plus de surface absorbante que le ligneux ainsi divisé présente à la matière colorante en dissolution.

Deuxième essai. J'ai trempé un poids déterminé de fleur de garance dans de l'alcool du commerce; puis j'ai ajouté la quantité d'eau nécessaire pour y teindre un coupon d'essai. Ce traitement n'a donné lieu à aucun avantage sous le rapport du rendement. L'essence de térébenthine, employée de la même manière, n'a pas donné un résultat plus favorable. Ces deux essais n'ont donc pas satisfait à mon but, qui était de faciliter la dissolution de la matière colorante en teinture par l'addition d'un dissolvant plus puissant que l'eau.

Troisième essai. Dans le but d'envelopper la matière ligneuse d'une substance qui l'empêchait de se colorer au bain de teinture, j'ai broyé de la fleur de garance avec le quart de son poids de colophane, et j'ai procédé en teinture, comme de coutume. Le bain se caractérisa par une teinture jaunâtre et ne fit point d'écume. Les couleurs qui sortirent de ce bain offrirent une augmentation d'intensité que j'évaluai à 15 pour 100 ; mais elles résistèrent moins aux opérations d'avivage que les couleurs de la fleur de garance en son état naturel. Pour trouver la raison de ce double résultat, j'ai appliqué le même procédé à la garancine et au carmin de garance, et, dans les deux cas, je n'ai pu remarquer aucune augmentation de rendement, de sorte que les effets de l'addition de la colophane, dans le premier cas, proviennent probablement de ce que cette résine neutralise une partie du calcaire renfermé dans la fleur de garance, et augmente ainsi son pouvoir colorant, tout en diminuant la solidité des couleurs, ce qui constate l'opinion généralement reçue que, pour que la matière colorante de la garance puisse fournir des couleurs solides aux opérations d'avivage, il faut qu'elle soit combinée à une légère partie de chaux, laquelle contribue, en outre, à la vivacité des nuances.

Quatrième essai. J'ai fait macérer, pendant une demi-heure, de la fleur de garance dans de l'acide hydrochlorique du commerce ; je l'ai ensuite lavée à l'eau jusqu'à neutralité ; j'ai séché et j'ai teint avec la matière ainsi traitée. Cette opération, qui avait pour but de décomposer et de dissoudre les sels calcaires contenus dans la fleur de garance, n'a pas donné lieu à une augmentation de rendement, et, en outre, les couleurs obtenues n'ont pas résisté aux opérations d'avivage.

L'acide acétique, employé à chaud en place de l'acide hydrochlorique, ne m'a pas fourni de meilleurs résultats.

Cinquième essai. J'ai trempé pendant quelques heures de la fleur de garance dans une décoction de bois de Sainte-Marthe, puis je l'ai lavée et séchée. Le but de ce traitement a été de saturer la partie ligneuse d'une matière colorante, meilleur marché que celle de la garance, espérant que celle-ci serait alors absorbée en moindre quantité dans l'opération de la teinture. Mais, encore cette fois, mes espérances se sont trouvées déçues, et même les couleurs obtenues, surtout le fin rouge, fléchirent d'une manière inattendue aux opérations d'avivage.

Je regrette de n'avoir que des résultats négatifs à faire connaître ; j'espère cependant que cette communication pourra être de quelque utilité, en servant de renseignement à ceux qui voudraient faire des recherches dans le même but.

6° M. Ed. Schwarz, dans le Bulletin de la Société industrielle de Mulhouse, n° 142, p. 320, est revenu sur ce sujet dans une note intitulée : *sur un extrait de garance par l'acide sulfurique concentré*, note que nous reproduisons ici dans son entier :

La solubilité de la matière colorante de la garance dans l'acide sulfurique concentré, est un fait connu de tous les chimistes; mais je ne crois pas que jusqu'à présent quelqu'un ait fait usage de cet acide, comme véhicule, pour préparer un extrait de garance. Voici les détails du procédé que j'ai employé pour arriver à ce but :

J'ai, dit-il, réduit à 60 degrés de l'aréomètre de Baumé, 3 kil. 1/2 d'acide sulfurique du commerce. Après le complet refroidissement du mélange d'acide à 66 B. et d'eau, j'y ai ajouté peu à peu 200 grammes de fleurs de garance, qui équivalent à 400 grammes de garance lavée à l'eau.

Après une demi-heure de macération, j'ai jeté le tout sur un filtre de flanelle grossière. La filtration s'est faite lentement; néanmoins, j'ai regagné presque complètement mon liquide, qui se trouvait coloré alors d'une teinte orangée très-intense. J'ai versé ce liquide dans deux litres d'eau, et aussitôt la matière colorante qui s'y trouvait en dissolution a été précipitée entièrement. J'ai filtré une seconde fois; mais à travers une flanelle plus fine et plus serrée. Comme la première portion de liquide qui passait était encore légèrement trouble, je l'ai versée de nouveau sur le filtre, et alors j'ai recueilli un acide presque incolore pesant 35 degrés à l'aréomètre Baumé. Ce résultat était prévu; car je m'étais assuré, par un essai préalable, que la matière colorante de la garance, soluble dans l'acide sulfurique de 60 degrés, cesse de l'être à 35 degrés.

Les deux matières restées sur les filtres, ayant été lavées à l'eau jusqu'à parfaite neutralité, puis séchées et pesées, m'ont fourni 90 grammes de résidu, teignant comme deux fois son poids de garance, et 12 grammes d'extrait, équivalant à trente fois son poids de garance. Quant à l'acide de 35 degrés que j'ai recueilli de cette expérience, j'ai pu m'en servir pour une opération subséquente, après l'avoir concentré, par évaporation, jusqu'à 60 degrés. De même les deux filtres de flanelle, quoique légèrement affaiblis par l'action de l'acide, m'ont pu servir plusieurs fois.

L'extrait obtenu par ce procédé, ne pourrait certainement pas rivaliser de prix avec la garancine, à laquelle il peut être assimilé par la nature des couleurs qu'il fournit en teinture; mais lorsqu'on en fait usage pour l'impression et fixation à la vapeur sur toile mordancée, il fournit des couleurs aussi vives et aussi solides que l'extrait alcoolique de garance.

L'exécution en grand du procédé que je viens de décrire, me paraît possible; il resterait à savoir quelle serait l'importance des frais de concentration de l'acide sulfurique, de 35 degrés à 60 degrés. De ces frais, dépend principalement le prix de revient de ce produit.

Quand même ce procédé d'extraction de la matière colorante de la garance ne trouverait pas d'application en grand, il n'en reste pas moins intéressant de savoir qu'avec l'acide sulfurique concentré, on obtient un produit égal, par son pouvoir colorant, à celui que fournit l'alcool du commerce.

Le traitement de la garance et du munjeet a été l'objet de nouvelles recherches de la part de M. S. Pinkoffs, auquel on doit la note suivante.

Le perfectionnement proposé dans le traitement de la garance ou autre plante de cette famille, de la garance épuisée ou ses autres préparations, de la garance lavée, fermentée, de la garancine ou du garanceux, ou de toute autre préparation, sous quelque nom qu'elle soit connue dans le commerce, consiste à y mélanger des acides gras ou leurs composés, et ensuite à exposer ce mélange à l'action des acides concentrés. A cet effet, on mélange une certaine quantité de savon ou d'un composé d'acide gras dissous dans l'eau, à la garance ou à ses préparations, et on porte à la température de l'ébullition. Quand le tout a été refroidi, on ajoute l'acide concentré jusqu'à ce que la réaction soit complète.

Quoiqu'on puisse faire éprouver ce traitement avec avantage à la garance dans son état primitif et à ses diverses préparations, telles que la garancine, etc., il est cependant préférable de l'appliquer à une garance qui a été préalablement lavée ou fermentée et lavée. L'opération peut très-bien se faire à froid, surtout quand on agit sur une garance sur laquelle on a déjà fait agir les acides concentrés, mais il y a avantage à chauffer à 80° C. quand on y mélange les matières grasses et lorsqu'ensuite on ajoute l'acide. Enfin on peut se servir de l'acide sulfurique, mais l'acide chlorhydrique paraît préférable.

J'entre, après cette exposition, dans quelques détails d'exécution.

A la garance qui a été lavée préalablement, on ajoute une solution de savon proportionnellement au poids de cette garance avant le lavage. Après avoir agité ce mélange pendant dix à quinze minutes, on porte le tout à 80° pendant une heure environ. On laisse refroidir et on ajoute peu à peu de l'acide chlorhydrique jusqu'à ce qu'il y ait une réaction acide bien établie. On étend alors avec de l'eau et on abandonne le tout au repos. On décante ensuite autant d'eau qu'il est possible, puis on ajoute encore de l'eau que l'on porte à 80° ; on laisse refroidir et on décante la portion liquide. C'est avec la matière ainsi obtenue qu'on prépare la garancine par l'une des méthodes connues.

Les avantages qui résultent de ce mode de traitement par les acides gras ou leurs composés, puis ensuite un acide concentré, sont que les couleurs produites par la matière ainsi obtenue sont, sous plusieurs rapports, plus profitables, plus solides et plus brillantes, surtout quand on les combine avec les mordants aluminés, que lorsqu'on les prépare par toute autre voie.

V.   HYPOSULFITES.

M. E. Kopp, de Saverne, a présenté, sur l'emploi des hyposulfites comme mordants, à la Société industrielle de Mulhouse, un Mémoire dont cette Société a ordonné l'insertion dans son bulletin, vol. 28, p. 435, et que nous croyons utile de reproduire ici.

Ces recherches ont été provoquées par l'existence de certaines analogies qu'on remarque entre les propriétés des hyposulfites et des acétates, et par la considération des raisons qui ont fait donner la préférence à ces derniers pour la préparation des mordants.

Ces raisons sont : la solubilité des acétates dans l'eau ; la faiblesse de leur acide, qui n'attaque ni la fibre végétale ni la fibre animale ; la facilité avec laquelle l'acide acétique est éliminé de sa combinaison avec les bases, même par le seul fait de la dessiccation, lorsque ces bases sont des sesquioxydes.

Les mêmes considérations s'appliquent également aux hyposulfites : ils sont généralement solubles dans l'eau ; leur acide est extrêmement faible et ne peut même pas exister à l'état de liberté, puisqu'il se décompose immédiatement en acide sulfureux et en soufre, qui tous deux sont sans action corrosive sur la fibre végétale et animale ; enfin, les hyposulfites à bases de sesquioxydes sont décomposés généralement par le fait seul de la dessiccation.

Les acétates de soude et de chaux trouvent leurs analogues dans les hyposulfites de soude et de chaux, qui tous sont facilement solubles et cristallisables. Mais, par contre, l'acétate de plomb ne peut être comparé à l'hyposulfite de la même base, ce dernier étant très-peu soluble dans l'eau.

Sous ce rapport, l'avantage est évidemment du côté des acétates ; mais cet avantage, quoique incontestable, paraîtra cependant un peu moins important, en considérant que dans la plupart des cas les acétate et pyrolignite de plomb peuvent être remplacés par l'acétate et le pyrolignite de chaux.

Je n'insisterai pas sur la préparation de l'hyposulfite de chaux (point de départ pour l'obtention de tous les autres hyposulfites), parce qu'elle est parfaitement connue. Je rappellerai seulement que ce sel se produit avec la plus grande facilité et d'une manière extrêmement économique par la réaction du gaz sulfureux, soit sur la chaux retirée des épurateurs de gaz de l'éclairage, soit sur le sulfure et l'oxysulfure de calcium.

En employant le résidu actuellement jeté de la fabrication du sel de soude, j'ai trouvé avantageux d'opérer de la manière suivante :

On mélange l'oxysulfure basique de chaux avec environ 10 à 15 pour 100 de son poids de soufre en poudre fine, et l'on fait bouillir le tout dans une chaudière en fonte pendant une heure, avec 12 à 15 fois son poids d'eau. Une partie de la chaux vive de l'oxysulfure de calcium se trouve transformée en sulfure de calcium soluble. Après refroidissement, on introduit le liquide avec le résidu encore insoluble dans un appareil approprié, muni d'un agitateur, pour les soumettre à l'action d'un courant de gaz sulfureux obtenu par la combustion soit de soufre, soit de pyrites.

Mon appareil se composait d'une caisse en bois, renfermant une roue à palettes dont la rotation produisait une agitation très-violente du liquide, en même temps qu'une aspiration dans le sens de la rotation. Le gaz sulfureux arrivait à la partie supérieure de l'une des extrémités de la caisse. Au moyen de cloisons partant du couvercle et descendant jusqu'à une distance peu considérable du liquide, on oblige le gaz de se rapprocher de la surface de ce liquide et de se tamiser, pour ainsi dire, à travers les nombreux jets et filets produits par la rotation de la roue.

Une seconde cloison, tout à fait semblable à la première, mais placée derrière la roue, obligeait de nouveau les gaz de se rapprocher de la surface du liquide avant de pouvoir se dégager par un conduit situé à la partie supérieure de l'autre extrémité de la caisse. Ce conduit ou canal amenait le gaz dans un deuxième appareil tout à fait semblable au premier, dans lequel étaient absorbées les dernières traces d'acide sulfureux ; l'azote non absorbé se dégageait ensuite dans la cheminée.

On continuait le courant de gaz sulfureux jusqu'à ce que le liquide du premier appareil présentât une réaction très-légèrement acide. Au moyen d'un robinet de décharge, on vidait alors l'appareil, et on faisait couler dans la première caisse les matières contenues dans la deuxième, laquelle était de nouveau presque à moitié remplie d'un nouveau mélange de sulfure et d'oxysulfure de calcium, et ainsi de suite. La solution légèrement acide d'hyposulfite de chaux était ensuite neutralisée par un peu d'oxysulfure de calcium. On la laissait reposer pendant quelque temps pour permettre aux impuretés de se déposer; puis on décantait le liquide clair et incolore, qui était une solution d'hyposulfite calcique à peu près pur. Cette solution, évaporée à une douce température, qui doit être d'autant moins élevée que la liqueur devient plus concentrée, fournit de beaux cristaux de sel hydraté, ayant pour formule $S_2O_2, CaO + 6\,aq$.

Ce sel n'est point parfaitement stable, car j'ai eu plusieurs fois l'occasion d'observer que des cristaux, quoique conservés dans des vases fermés, y étaient devenus humides et s'étaient transformés en une bouillie blanche jaunâtre, formée d'un mélange de soufre et de sulfite de chaux. En effet:

$S_2O_2, CaO + 6\,aq$ donne naissance :

$5\,aq$ libre,

S — soufre libre,

$SO_2, CaO + aq$, sulfite de chaux.

Si cette décomposition a lieu au contact de l'air, il y a absorption d'oxygène, et le sulfite de chaux passe peu à peu à l'état de sulfate de chaux.

Cette même altération se produit lorsqu'on fait bouillir une solution concentrée d'hyposulfite de chaux.

Je dois cependant faire remarquer que très-souvent j'ai conservé des cristaux d'hyposulfite de chaux sans aucune altération pendant des mois et des années, et cela sans prendre de précautions particulières.

La solution de ce sel sert à préparer la plupart des autres hyposulfites solubles, tels que ceux de soude, de fer, de chrome, d'alumine, etc., dont les bases forment avec l'acide sulfurique des sulfates solubles.

Par double décomposition, il se précipite du sulfate de chaux peu soluble, qu'on lave un peu et qu'on exprime.

L'hyposulfite de soude est un sel très-stable, cristallisant avec une grande facilité en beaux cristaux, de la formule $S_2O_2, NaO + 5\,aq$; dont la solution supporte une ébullition même prolongée sans la moindre altération, et qu'on peut dessécher complètement à une température qui ne dépasse pas beaucoup 100° centigrades.

Le prix de revient de l'hyposulfite de soude cristallisé ne dépasse guère 10 centimes en Angleterre et 20 centimes en France, le kilogramme.

Hyposulfite d'alumine.

Lorsqu'on veut préparer une solution d'hyposulfite d'alumine pur, il faut décomposer 4,167 grammes de sulfate d'alumine ($3 SO^3 Al^2O^3 + 18 aq$), dissous dans l'eau, par 4,875 gr. d'hyposulfite de chaux cristallisé, filtrer et exprimer fortement le précipité de sulfate de chaux.

La solution d'hyposulfite d'alumine ainsi obtenue est claire, limpide, et se conserve très-longtemps, même au contact de l'air. Il se dépose seulement à la longue un peu de soufre, et il se régénère une quantité proportionnelle de sulfate. En comparant la densité des dissolutions d'acétate et d'hyposulfite d'alumine pures, renfermant la même quantité d'alumine, on observe que les décimales du nombre exprimant la densité de l'hyposulfite sont presque exactement le double de celles qui expriment la densité de l'acétate : ainsi, par exemple, une solution d'hyposulfite d'alumine de 1,20 par séparation, contient à peu près autant d'alumine qu'une solution d'acétate d'alumine de 1,10 de pesanteur spécifique.

Lorsqu'on fait bouillir la solution d'hyposulfite d'alumine, il se dégage de l'acide sulfureux et l'on obtient peu à peu un dépôt de plus en plus abondant d'alumine et de soufre. La même chose arrive lorsqu'on évapore la solution à siccité.

La solution d'hyposulfite d'alumine s'épaissit facilement à froid par la gomme et l'amidon grillé, ou par le leïogome. On peut même, à la rigueur, l'épaissir à chaud par l'amidon et la farine ; mais, dans ce cas, il y a toujours dégagement d'acide sulfureux et décomposition partielle du mordant.

L'expérience a démontré, en analogie avec ce qu'on remarque avec l'acétate d'alumine pur, que l'hyposulfite d'alumine est un mordant moins avantageux lorsqu'il est pur que lorsqu'il renferme une certaine proportion de sels de soude, de potasse et d'ammoniaque.

En opérant avec de l'alun, on trouve que 6 kilogr. d'alun sont décomposés complètement soit par 4 kil.,65 d'hyposulfite de soude ($S^2O^2, NaO + 5 aq$), soit par 4 kil.,85 d'hyposulfite de chaux cristallisé ($S^2O^2, CaO + 6 aq$). Il s'ensuit que 2 kilogr. de ce dernier sel peuvent remplacer environ 3 kilogr. d'acétate de plomb.

Mais les sulfates s'épaississant avec une certaine difficulté à l'amidon, j'ai fixé mon attention sur l'hydrochlorate d'alumine, comme le sel d'alumine intermédiaire pour la préparation du mordant de l'alumine à l'hyposulfite.

Des expériences faites sur une petite échelle m'avaient d'abord fait penser que l'hydrochlorate d'alumine, obtenu par double décomposition de l'alun par le chlorure de calcium, se laissait épaissir sans inconvénient à l'amidon. Mais des essais que M. Scheurer, de Thann, a eu l'obligeance de faire exécuter plus en grand, sous la direction de M. Mélier, chimiste de sa fabrique, ont bientôt démontré que cet hydrochlorate d'alumine, en vertu de sa réaction acide franche, liquéfiait l'amidon, et que le mordant perdait toute consistance par une ébullition assez peu prolongée.

Cette difficulté m'obligea à faire une étude plus approfondie de l'hydrochlorate d'alumine, qui me fit observer quelques faits nouveaux et donna naissance au procédé suivant:

On décompose 6 kilogr. d'alun par une solution de chlorure de calcium renfermant 2 kil. 780 de chlorure de calcium anhydre.

L'alun ammoniacal étant en ce moment l'alun le plus répandu dans le commerce, c'est avec lui que je fis mes expériences.

La solution de chlorure de calcium s'obtient à vil prix par la décomposition des résidus de la préparation du chlore au moyen de la chaux vive, et sa séparation est même devenue obligatoire dans le nouveau procédé de régénération de peroxyde de manganèse de M. Dunlop, dans lequel le chlorure de manganèse est transformé en carbonate de manganèse au moyen de chaux.

Il est nécessaire de faire bouillir quelques instants la solution de chlorure de calcium avec un petit excès de chaux vive, non-seulement pour être certain de l'élimination de toute trace d'oxydes manganeux et ferreux, mais encore pour précipiter toute la magnésie et obtenir un chlorure de calcium un peu basique.

Ce dernier peut même être obtenu par le refroidissement de solutions assez concentrées en petites aiguilles minces très-allongées qui, au contact de l'air, attirent à la fois l'humidité et l'acide carbonique, et se transforment en une solution de chlorure de calcium neutre beaucoup plus soluble, et un résidu insoluble de chaux et de carbonate de chaux.

Le tableau suivant donne, d'après Richter, la quantité de chlorure de calcium que renferme une solution d'une densité donnée.

Densité 1,45. . . . . 41,9 pour 100 de sel.
— 1,42. . . . . 40,4 —
— 1,39. . . . . 38,3 —
— 1,36. . . . . . , . . . 36,5 —
— 1,33. . . . . 34,6 —
— 1,30. . . . . 32,4 —
— 1,27. . . . . 29,7 —
— 1,24. . . . . 26,9 —
— 1,21. . . . . 23,9 —
— 1,18. . . . . 20,8 —
— 1,15. . . . . 17,6 —
— 1,12. . . . . 14,4 —
— 1,09. . . . . 11,2 —
— 1,06. . . . . 7,7 —
— 1,03. . . . . 3,0 —

En employant sur 6 kilogrammes d'alun une solution de calcium renfermant 2,780 de sel sec, la décomposition est complète ; l'acide sulfurique se précipite à peu près entièrement à l'état de sulfate de chaux, et la liqueur contient de l'hydrochlorate d'alumine et du chlorure ammonique.

On évapore la solution dans des vases en plomb, en grès ou même dans des chaudières bien émaillées, jusqu'en consistance sirupeuse pas trop épaisse. Par le refroidissement, le liquide se remplit de cristaux.

Ceux-ci ne sont autre chose que du sel ammoniac, imprégné d'une solution très-concentrée d'hydrochlorate d'alumine. En abandonnant le tout pendant vingt-quatre à trente-six heures au contact de l'air, l'hydrochlorate d'alumine qui imprègne le sel ammoniac, attire l'humidité, se liquéfie davantage, et finit par s'écouler presque complètement.

Le sel ammoniac, ainsi obtenu, peut servir avantageusement à préparer, au moyen de sulfate d'alumine impur une nouvelle quantité d'alun ammoniacal.

La solution d'hydrochlorate d'alumine ne renfermant plus que de petites quantités de sel ammoniac, est ensuite évaporée de nouveau à une température voisine de 150°, jusqu'à ce qu'elle se recouvre d'une pellicule assez forte, et que toute évaporation ait à peu près cessé. Par le refroidissement, le tout se prend en masse solide, blanche, déliquescente, et, par conséquent, très-facilement soluble dans l'eau. On peut aussi se contenter d'évaporer la solution d'hydrochlorate d'alumine en consistance sirupeuse très-épaisse. Dans l'un ou l'autre de ces états, ce sel, sous un très-petit volume, représente une quantité d'alumine extrêmement considérable.

Pour préparer le mordant épaissi à l'amidon ou à la farine, on n'a plus qu'à cuire d'abord convenablement l'empois au moyen de l'eau pure, tout au plus légèrement acidulée par quelques gouttes d'acide acétique, à laisser refroidir l'empois, et à lui incorporer, lorsqu'il n'est plus que tiède, l'hydrochlorate d'alumine, soit sec, soit en solution sirupeuse. On obtient ainsi facilement un mordant très-épaissi et d'une consistance convenable.

Sa préparation n'est guère dispendieuse, le sel ammoniac (ou le chlorure potassique, qu'on obtiendrait en opérant avec l'alun potassique), couvrant au moins en partie les frais de manipulation et d'évaporation.

Pour transformer maintenant le mordant d'hydrochlorate en hyposulfite d'alumine, on ajoute à la couleur épaissie et à froid une quantité d'hyposulfite de soude cristallisé, telle qu'environ les 2/3 ou les 3/4 de l'hydrochlorate d'alumine soient transformés en hyposulfite d'alumine.

L'addition de ce sel, qui se dissout avec une extrême rapidité et en produisant un abaissement de température sensible, ne change rien à la consistance du mordant.

Comme il peut se présenter des cas où il serait plus avantageux d'employer l'hydrosulfite anhydre, on n'a qu'à observer que 100 parties de sel cristallisé renferment 63 pour 100 de sel desséché et anhydre.

Le mordant hyposulfite d'alumine m'a paru présenter sur les mordants à acétate d'alumine les avantages suivants :

Il est d'abord plus économique, surtout lorsqu'il s'agit de mordants peu ou pas épaissis, lorsqu'on plaque les pièces, etc.; et à force égale, il donne généralement des nuances plus nourries.

C'est, de tous les mordants d'alumine, celui qui se fixe le plus rapidement et le plus complètement.

Enfin, il possède la propriété d'empêcher jusqu'à un certain point la fixation du fer, de telle manière qu'un hyposulfite d'alumine, même souillé d'un peu de fer, si l'on ne prolonge pas trop le fixage et le séchage après l'application du mordant, peut cependant fournir des nuances aluminiques très-pures. Cela provient de ce que le fer ne peut se fixer sur la fibre textile qu'à l'état d'oxyde ou de sous-sel ferrique, et de ce que l'hyposulfite ferrique n'existe pas.

Dès qu'un sel ferrique est en présence d'un hyposulfite, le sel ferrique est réduit à l'état de sel ferreux, et il en résulte évidemment qu'aucune parcelle de fer ne peut se fixer sur le tissu, tant qu'il existe encore dans le mordant la moindre quantité d'hyposulfite d'alumine non décomposé. Ce n'est qu'après que l'alumine s'est complètement fixée, qu'après que l'acide hyposulfureux libre a disparu en se décomposant, que le fer peut s'oxyder à son tour et se combiner à la matière textile.

J'ajouterai encore que l'addition de nitrate de soude ou de nitrate de zinc, si utile dans la préparation des mordants épaissis à l'amidon à base d'acétate d'alumine, m'a paru peu avantageuse dans la préparation des mordants à base d'hyposulfite d'alumine.

Hyposulfite de fer.

Le bas prix du pyrolignite de fer et le peu de concentration des solutions ferrugineuses employées comme mordants, ne laissent au mordant à base d'hyposulfite de fer qu'un intérêt tout au plus scientifique.

Comme je l'ai déjà fait observer, l'hyposulfite ferreux existe seul; tout sel ferrique étant immédiatement réduit à l'état de sel ferreux par l'addition d'un hyposulfite soluble quelconque. Lorsqu'on fait l'expérience avec une solution ferrique un peu concentrée, on remarque qu'en y ajoutant l'hyposulfite alcalin avec quelque précaution, la liqueur prend une teinte pourpre noirâtre très-foncée. Mais cette coloration particulière est très-éphémère; à peine formée, elle disparaît tout-à-coup, et la liqueur devient presque incolore; en même temps le sel ferrique est complètement transformé en sel ferreux.

L'hyposulfite ferreux se prépare facilement soit par l'action de l'acide sulfureux sur le protosulfure de fer délayé dans l'eau, soit par la décomposition du sulfate ferreux au moyen de l'hyposulfite de chaux. Ce sel est assez stable et supporte l'ébullition. La solution exposée au contact de l'air absorbe de l'oxygène, laisse déposer du soufre et se convertit peu à peu en sulfate ferreux. La liqueur reste bleue verdâtre et limpide tant qu'il y existe encore de l'hyposulfite ferreux; et ce n'est qu'après sa transformation complète en sulfate, qu'on y voit à la longue apparaître les réactions d'un sel ferrique, en même temps qu'il se précipite du sous-sulfate ferrique.

L'hyposulfite ferreux pur, récemment préparé, est un mordant moins efficace que lorsqu'il est resté quelque temps exposé au contact de l'air (cas dans lequel il contient une certaine quantité de sulfate), ou lorsqu'il est préparé par l'addition d'hyposulfite de soude à du sulfate ou à du chlorure ferreux.

En employant comme mordant une solution renfermant

un mélange de chlorure ferreux et d'hyposulfite de soude, l'épaississage peut avoir lieu d'une manière quelconque sans aucune difficulté.

Ce mordant présente évidemment cette circonstance favorable, qu'il renferme un corps qui tend à retarder l'absorption de l'oxygène par l'oxyde ferreux, lors de son passage à l'état d'oxyde ou de sous-sel ferrique. Aussi le sel se fixe-t-il très-intimement à la toile et sans que celle-ci soit sensiblement affaiblie. Lorsque le sel ferreux a été additionné d'un peu d'acide arsénieux, on remarque que ce dernier est transformé en sulfure d'arsenic jaune.

À la teinture, le mordant d'hyposulfite se comporte comme les autres mordants de fer. Il se mélange parfaitement avec le mordant d'hyposulfite d'alumine et fournit avec la garance et la garancine des nuances puces ou chocolat. Il faut seulement avoir soin de laisser les fils ou tissus un temps suffisant à l'étendage après l'application d'un pareil mordant mixte, puisque le fer ne se fixe qu'après l'alumine. Trente-six heures d'exposition sont généralement suffisantes.

Hyposulfite de chrome.

Ce sel se prépare d'une manière analogue à l'hyposulfite d'alumine, en décomposant le sulfate chromique, ou l'alun de chrome par l'hyposulfite de chaux, ou bien en ajoutant à un sel chromique soluble (sulfate, chlorure, nitrate), de l'hyposulfite de soude.

L'hyposulfite de chrome est en général un mordant moins stable que le sel correspondant d'alumine; aussi convient-il de ne pas le préparer trop longtemps à l'avance. La dessiccation seule suffit, dans la plupart des cas, pour opérer la fixation d'une manière assez complète; il faut cependant éviter d'employer des solutions chromiques trop acides, qui occasionneraient une décomposition trop rapide et une perte inutile de l'acide hyposulfureux.

Pour épaissir l'hyposulfite de chrome, il faut employer les mêmes précautions que pour l'épaississage de l'hyposulfite d'alumine. Sa fixation n'exige point un passage en alcalis.

L'hydrosulfite de chrome, préparé par la décomposition de l'alun de chrome (c'est-à-dire d'un sel chromique violet) au moyen d'hyposulfite de chaux, fournit directement sur fils ou tissus de coton, une nuance verte assez pure, tandis que le mordant préparé par l'hyposulfite de soude et des sels chromiques verts, donne une teinte verte grisâtre. Les deux couleurs sont très-solides.

En teignant un mordant faible d'hyposulfite de chrome en

garance ou en garancine, on obtient des nuances roses brunâtres qui résistent parfaitement au savon. Appliqué sur toile huilée, ce mordant un peu plus fort donne, avec la garance, une couleur brune cramoisie qui supporte très-bien toutes les opérations du rouge d'Andrinople, mais dont la nuance est malheureusement terne et sans éclat. Probablement l'hyposulfite de chrome pourrait trouver une application utile pour l'enluminage en vert solide des pièces teintes en garancine, puisqu'on n'aurait pas à craindre de ternir par le passage en alcali, une nuance violette très-tendre et très-délicate.

Hyposulfite d'étain.

L'action particulière qu'exercent les hyposulfites (et comme conséquence l'acide sulfureux) sur les différents sels d'étain, permet d'en faire une application sinon importante, du moins assez curieuse.

Tous les sels d'étain étant acides, lorsqu'on les mélange avec un hyposulfite alcalin, une partie de l'acide hyposulfureux est mis en liberté. La réaction qu'il exerce ensuite sur les sels d'étain est différente, suivant l'état d'oxydation de ces derniers.

Avec les sels stanneux, il y a promptement formation de sulfure ou d'oxysulfure stanneux, qui se précipitent insolubles dans les liqueurs. Avec les sels stannoso-stanniques, cette formation n'a lieu qu'après un temps plus ou moins prolongé, dépendant soit de la concentration des liqueurs, soit de l'excès de l'un ou l'autre de ces sels; enfin, avec les sels stanniques, il n'y a pas d'étain précipité dans les liqueurs (s'il se forme un précipité, il est presque entièrement composé de soufre); mais si l'on dessèche et si la dessiccation a lieu sur la toile, une grande quantité d'étain est fixée sur le tissu.

Il résulte de ces observations, qu'en employant les hyposulfites, il faut éviter de les mélanger avec les sels stanneux purs, mais qu'au contraire, il faut toujours faire usage des sels stanniques, ou de mélanges de sels stanneux et stanniques.

L'addition de l'hyposulfite de soude empêche les sels d'étain d'attaquer la fibre textile, même lorsque l'on n'emploie que la moitié de la quantité nécessaire pour neutraliser l'acide qui était combiné avec l'étain.

En teignant en garancine un mordant obtenu en ajoutant à de l'empois d'amidon tiède, environ le dixième de son poids d'un mélange de chlorure stanneux et d'oxymuriate d'étain, et plus tard, 1/30 en bois d'hyposulfite de soude, j'ai obtenu d'assez belles nuances oranges, résistant très-bien à la lumière, mais moins bien au savon.

Dans les lignes qui précèdent, j'ai pris la liberté d'attirer l'attention des membres de la Société sur les applications auxquelles les hyposulfites pourront donner naissance, en vertu du peu de stabilité, des qualités peu corrosives et du pouvoir réducteur de leur acide.

En songeant à la propriété sulfurante que possèdent les hyposulfites vis-à-vis d'autres sels, tels que, par exemple, le chlorure d'antimoine, le chlorure d'arsenic, le nitrate de bismuth, qu'ils transforment en sulfures oranges, jaunes et brun noirâtres, on ne peut s'empêcher de penser que dans cette direction également, on pourrait peut-être trouver quelque application utile à l'industrie de la toile peinte.

Le but de ce travail a été principalement de chercher à augmenter le nombre assez restreint de la classe des sels dont les propriété sont telles qu'elles puissent être utilisées pour la préparation des mordants.

VI. MUREXIDE.

Avant de nous occuper de l'application de cette belle couleur, nous entrerons dans quelques détails sur les matières premières qui la produisent et sur sa préparation.

1° *Préparation de l'acide urique avec la fiente de pigeon.* — On dissout 300 grammes de borax dans 36 litres d'eau, et on suspend dans cette solution deux sacs de laine dans chacun desquels on introduit 2 kilogrammes de fiente de pigeon, et on fait bouillir pendant une heure. Au bout de ce temps on enlève les sacs, on les laisse égoutter, et on dissout 250 grammes de sel ammoniac dans la liqueur, après douze heures, il s'est formé un précipité blanc grisâtre d'urate d'ammoniaque, qu'on recueille en décantant la liqueur brune qui surnage. On renouvelle l'eau jusqu'à ce qu'elle ne colore plus, et on dissout le précipité dans une solution étendue de borax, ce qui laisse une masse pâteuse abondante. La solution brune filtrée au papier est versée dans un mélange chaud de 15 grammes d'acide sulfurique et 30 grammes d'eau, et l'acide urique brun clair qui se dépose en refroidissant est, par des dissolutions répétées dans la potasse et des précipitations par l'acide sulfurique, obtenu enfin à l'état blanc. Le produit est de 3 pour 100.

2° M. R. A. Brooman a indiqué un autre procédé pour l'extraction et application de nouvelles matières colorantes qu'on extrait du guano ou autres substances contenant de l'acide urique.

Son procédé se décompose en quatre opérations dont voici d'abord l'aperçu :

1° Purification du guano et autres matières contenant de l'acide urique, au moyen des acides qui dissolvent toutes les matières étrangères nuisibles et laissent l'acide urique mélangé avec les matières insolubles et non nuisibles. Ces matières purifiées sont ensuite tout aussi propres à la fabrication de divers produits provenant de l'oxydation de l'acide urique que cet acide obtenu par le procédé dispendieux des alcalis.

2° Préparation d'une nouvelle matière colorante qu'on appelle *carmin de pourpre*, en évaporant les solutions d'acide urique ou les produits purifiés qu'on a obtenus au moyen des acides.

3° Fixation sur les fils et tissus de soie, laine, coton ou autre matière par voie de teinture ou d'impression du carmin de pourpre ainsi que des autres couleurs obtenues de l'acide urique par le moyen des sels de mercure, de zinc, etc., afin de former dans ces fils ou tissus des purpurates métalliques.

4° Fabrication des purpurates métalliques sous forme de laques ou poudres colorées, et application aux papiers, aux tissus et à la peinture.

Passons maintenant à la manière de procéder pour réaliser la première opération.

Le guano, ou autre matière contenant de l'acide urique, est chauffé dans un vase convenable avec de l'acide chlorhydrique étendu d'eau, et on favorise l'action par l'application de la chaleur. On abandonne alors au repos, on décante et on fait passer la même liqueur acide sur de nouvelles portions de guano, jusqu'à ce qu'elle soit complétement saturée. La première portion de guano est reprise et traitée par une nouvelle dose d'acide étendu, puis lavée à plusieurs reprises avec de l'eau, égouttée et séchée. Le but de cette opération est de dissoudre les sels tout formés dans le guano, à savoir, le sel ammoniac, les carbonates et oxalates de chaux et de magnésie, le phosphate ammoniaco-magnésien, etc., et enfin de décomposer les urates. Ainsi traitée, la matière ne renferme plus que de l'acide urique avec du sable, du sulfate de chaux et autres corps insolubles, ainsi que des détritus organiques colorés en jaune et elle peut être employée aussi avantageusement que l'acide urique à la fabrication des produits résultant de l'oxydation de cet acide. La liqueur chlorhydrique sera plus ou moins foncée en proportion du temps qu'elle est restée plongée dans le bain ou de la force de ce bain.

Pour teindre les laines en pourpre ou en aurore, elles doivent d'abord recevoir un mordançage avec un sel de mercure, je suppose le bichlorure avec addition d'acide oxalique, de sulfate ou de tartrate de mercure, etc. ; à ces mordants on ajoute un agent d'oxydation, tels que le chlorure de chaux, l'eau chlorée, le bichlorure d'étain, etc., afin de maintenir le mercure à l'état de peroxyde. Après que la laine a reçu le mordant et qu'elle a été dégorgée, on la passe dans un bain de carmin de pourpre seul ou mélangé avec des sels des métaux alcalins, tel que l'oxalate de soude, etc. Si l'on veut obtenir des nuances jaunes, on remplace les sels de mercure par les sels de zinc.

Pour l'impression des cotons, on les imprime d'abord à l'acétate de mercure ou à l'acétate de zinc, puis on teint dans une solution de carmin de pourpre et on lave. Le coton sera imprimé en jaune et en rouge sur fond blanc.

Le procédé qu'on vient de décrire pour fixer le carmin de pourpre peut aussi être appliqué à la fixation sur matières qui doivent être teintes ou imprimées en murexide pur (purpurate d'ammoniaque), en purpurates solubles de soude, de potasse, etc., ou en toute autre matière colorante résultant de l'oxydation de l'acide urique. Ce même procédé peut aussi être adopté pour fixer les produits incolores de l'oxydation de l'acide urique, tels que l'alloxane ou une solution simple d'acide urique dans l'acide azotique. En soumettant l'article teint à la chaleur, il acquiert une nuance rouge. Pour fixer cette couleur et obtenir des rouges et des jaunes solides, il faut passer par une solution d'un sel de mercure ou de zinc.

Ces matières colorantes peuvent être appliquées d'une manière satisfaisante à la teinture des tissus sous forme de dessins à l'aide des rongeants, et les dessins apparaissent en blanc, jaune, bleu, vert, gris, etc. par le secours d'agents convenables ; enfin ces nuances peuvent se combiner avec celles d'autres matières colorantes, de façon que le tissu peut recevoir deux bains de teinture et qu'on produit ainsi une grande variété de dessins simples ou composés.

Je vais enfin décrire la manière de procéder à la quatrième opération. Le carmin de pourpre, le murexide, ou autre matière colorante résultant de l'oxydation de l'acide urique, traités par des solutions de certains sels métalliques donnent des précipités complétement insolubles, ou à peu près (purpurates métalliques), dont quelques-uns possèdent un grand éclat. Ces précipités, quand ils sont secs, fournissent des poudres ou laques qu'on peut avec avantage employer en peinture et dans l'impression des papiers de teinture et des tissus. Ainsi les précipités obtenus par l'acétate ou l'azotate de mercure combinés directement avec la solution de carmin de pourpre ou autre matière dérivée de l'acide urique par voie d'oxydation et par le moyen de bichlorure de mercure mélangés d'abord avec les matières colorantes ci-dessus, puis enfin précipités par un sel alcalin donnent des laques pourpre, violette et aurore. Celles obtenues par les sels de zinc sont jaune, orange, etc.

3° M. W. Clark a proposé aussi un procédé pour la fabrication du murexide.

On sait, dit-il, que quand on traite une solution d'alloxane et d'alloxantine par l'ammoniaque ou le carbonate d'ammoniaque, on obtient dans beaucoup de cas du murexide d'une pureté plus ou moins parfaite et en quantité plus ou moins grande, suivant que l'opération a été conduite avec plus de soin et de régularité. Voici pour cet objet le procédé qu'on propose.

L'alloxantine à l'état de poudre ou en cristaux, est soumise au contact de l'ammoniaque gazeuse. C'est suivant le degré de concentration du gaz ammoniac employé que la transformation de l'alloxantine en murexide s'effectue plus ou moins rapidement. Afin d'obtenir un résultat parfait, il est essentiel de chasser autant que possible l'humidité, pendant que l'ammoniaque agit sur l'alloxantine.

Quand celle-ci, à l'état de solution ou à l'état sec, est traitée par l'ammoniaque liquide, il se produit une coloration plus ou moins prononcée qui provient de la formation du murexide ; cette coloration disparaît par une simple exposition à l'air. Pour la conserver et obtenir du murexide d'une nature bien pure, on traite l'alloxantine à l'état sec ou humide, ou en solution dans l'ammoniaque dissous dans l'alcool, ou dans l'eau mélangée d'alcool. Après un contact de une ou plusieurs heures, le produit est filtré et séché, afin d'en chasser en même temps l'excès de la solution ammoniacale.

On obtient aussi du murexide en traitant l'alloxantine sèche ou humide par le gaz ammoniac mélangé à des vapeurs alcooliques.

On fera remarquer que l'exclusion presque totale de l'humidité pendant l'action chimique de l'ammoniaque sur l'alloxantine qu'on a recommandée ci-dessus, n'a pas besoin d'être observée en présence des vapeurs alcooliques, attendu que le murexide est insoluble dans l'alcool et, par conséquent, est peu susceptible d'être attaqué par une action trop prolongée de l'ammoniaque.

Le carbonate d'ammoniaque peut, si on le désire, être substitué à l'ammoniaque dans l'un ou l'autre des procédés décrits ci-dessus; il en est de même de l'éther et des vapeurs d'éther qu'on peut substituer à l'alcool ou aux vapeurs alcooliques.

Pour obtenir le murexide parfaitement pur, le produit récolté dans l'un des procédés ci-dessus est dissous dans l'eau filtrée, mis à cristalliser, ou précipité de sa solution par le carbonate d'ammoniaque; mais pour les usages de l'industrie, on peut se dispenser de cette purification.

4° Jusqu'à présent, les renseignements les plus complets qu'on possède sur le murexide et ses applications, sont un mémoire traitant du rouge de murexide sur la laine, que M. Albert Schlumberger a fait insérer dans le bulletin de la Société industrielle de Mulhouse, n° 123, p. 212.

MM. Liebig et Wœhler, dit M. A. Schlumberger dans son mémoire, ont fait connaître, il y a quelques années, une nouvelle substance colorante, dérivée de l'acide urique; mais ils n'en avaient pas encore fait l'application sur les tissus de laine, lorsque M. le docteur Sacc en eut l'idée.

En traitant l'acide urique par le procédé recommandé par ces messieurs, et avec les précautions que j'indiquerai plus loin, M. Sacc obtint le corps connu sous le nom d'*alloxane*; il est formé de petits cristaux blancs, qui, par suite de leur transformation en *murexide* (1), tachent la peau en rouge, phénomène qui fit penser à M. Sacc que, puisque cette matière teignait l'épiderme, elle pourrait aussi colorer la laine. Il l'essaya, et, en effet, il obtint une couleur amaranthe, incomparablement plus belle que celle fournie par la cochenille. C'était donc dans une dissolution d'alloxane qu'il teignit un morceau de laine préalablement préparée, et qu'il fit virer au rouge par des traitements que j'expliquerai. Encouragé par les conseils de M. Sacc, ainsi que par la beauté et la nouveauté de ses produits, je fis une série d'expériences, que je prends la liberté de communiquer.

Pour produire cette coloration, on peut avoir recours, non-seulement à l'acide urique pur, mais encore à cet acide, tel qu'il se trouve dans les excréments de serpents (particulièrement de boa), lesquels, ainsi qu'on le sait, renferment de 75 à 90 pour 100 d'acide urique pur.

J'indiquerai d'abord la manière que j'ai employée avec succès, pour avoir cet acide dans un état de pureté assez grand. J'ai fait bouillir 500 grammes d'excréments des ser

____

(1) Le murexide était déjà connu de Prout, sous le nom de *pourprate d'ammoniaque*

pents dans dix litres d'eau alcalisée par un litre de soude caustique à 38° Baumé. Après une ébullition prolongée jusqu'à dissolution complète de la substance, j'ai filtré la liqueur, composée presque uniquement d'urate de soude. La liqueur claire a de nouveau été portée à l'ébullition, puis précipitée par un léger excès d'acide chlorhydrique. Au premier moment, le précipité était volumineux et pâteux, puis il a changé d'état et est devenu cristallin et lourd. J'ai décanté le liquide clair, et j'ai jeté les cristaux sur un filtre pour les laver et les sécher ; c'est alors de l'acide urique parfaitement blanc. De ces 500 grammes d'excréments de serpents, j'ai obtenu 370 grammes d'acide urique. Dans une autre expérience, j'ai traité 900 grammes d'excréments du boa du jardin des plantes, et j'en ai retiré 82 pour 100 d'acide urique.

Un autre procédé que M. Sacc m'a conseillé d'employer pour préparer le même acide, est celui-ci.

On prend 40 kilogrammes de fiente de pigeons sèche, qu'on fait bouillir dans environ 400 litres d'eau, rendue alcaline par 15 à 16 litres de soude caustique à 38° Baumé. On fait bouillir pendant une heure et demie, puis on laisse reposer assez longtemps pour décanter. Dans cette liqueur, composée de différentes matières organiques et d'urate de soude, on fait passer un courant d'acide carbonique, de manière à ce qu'il y soit en grand excès.

Ce traitement a pour but de tenir en dissolution la presque totalité des matières organiques, de façon à n'en laisser déposer que très-peu avec l'acide urique. (Si, au lieu d'acide carbonique, l'on s'était servi d'acide chlorhydrique, on aurait précipité avec l'acide urique toutes ces matières étrangères.) On a alors un dépôt pâteux, consistant, se filtrant très-mal, composé de 20 pour 100 environ d'acide urique ; pour le purifier, il convient de le laver à l'acide sulfurique faible, et de le traiter encore une ou deux fois par la soude, pour en précipiter l'acide urique, soit par l'acide carbonique, soit par l'acide chlorhydrique. Les excréments de pigeons traités ainsi, rendent 1/72 d'acide urique. Dans ce traitement, j'ai toujours obtenu l'acide urique passablement coloré, et je ne suis pas parvenu à le décolorer par le noir animal ; en doublant la dose de noir animal, tout l'acide urique a été absorbé, car il n'a plus été possible de précipiter dans la dissolution qui avait passé à travers le filtre.

J'ai traité aussi quelques kilogrammes de guano du Pérou de la même manière, et l'acide urique s'en est séparé très-facilement ; le guano que j'ai employé m'en a rendu 4 pour 100.

Après avoir décrit les modes les plus convenables pour la préparation de l'acide urique, base du principe rose qui nous occupe, je dois dire comment je me suis procuré la matière qui donne naissance au murexide.

D'abord j'ai réussi à le préparer en traitant directement les excréments de serpents par l'acide nitrique de la manière suivante : j'ai jeté, par petites portions, 35 grammes de cette substance dans 0,1 litre d'acide nitrique du commerce, en faisant attention de ne pas trop chauffer la masse ; lorsque j'en avais mis la dernière portion, c'était juste ce qu'il fallait pour qu'il y en eût un léger excès. J'obtins alors une liqueur jaune, très-acide et jaunissant encore la laine. En chauffant l'acide nitrique, au lieu de le faire agir à froid, on a un autre composé qui colore le bain en rouge pourpre ; toutefois, il faut bien conduire l'opération, sans cela tous les produits se décomposent, deviennent jaunes et ne teignent plus. Dans les deux premiers cas, il faut étendre ces liqueurs d'au moins sept à huit fois leur volume d'eau pour pouvoir y teindre la laine sans craindre de l'altérer.

Ce que je venais de préparer d'un côté, était de l'alloxane impure, et de l'autre côté un mélange d'alloxantine, d'acide pasabanique, d'acide mycomélinique et de murexide, lequel a produit cette coloration rouge du liquide. Cela n'empêcha pas qu'avec ces produits si différents l'un de l'autre, et tout impurs qu'ils étaient, je n'obtinsse des nuances sans pareilles et égales entre elles. Lors donc que j'avais teint la laine mordancée à l'étain, je l'ai laissée sécher, puis, pour lui donner le ton rose amaranthe, je l'ai mise, suivant l'avis de M. Sacc, sur une plaque en tôle chauffée à la vapeur, en repassant de l'autre côté avec un fer, aussi porté à la température d'environ 100°. L'échantillon, qui était blanc, devint, dès le premier contact de chaleur, d'un amaranthe vif et foncé, qui ne disparut pas par le lavage. J'essayai, d'un autre côté, de vaporiser la laine dès qu'elle eût été imprégnée d'alloxane et séchée, mais je n'ai pas eu de résultats favorables. La couleur rose ne s'est pas fait voir, et l'échantillon est devenu jaune. Il est probable que le murexide se sera formé dans le premier moment de cette température élevée, mais qu'il a été immédiatement détruit par la vapeur d'eau ; chose qui n'arrive point au moyen d'une chaleur sèche. On pourrait aussi admettre qu'en présence de l'acide stannique, le murexide ne peut pas se former, passé un certain degré de température.

Ainsi, il est évident qu'il y a décomposition, et suivant M. Sacc, formation d'un acide complexe, résineux, jaune fauve, l'acide *mycomélinique*, dont j'ai déjà parlé plus haut, et qui est toujours le résultat de la décomposition du murexide. Un fait prouve que c'est la vapeur de l'eau, ou l'eau elle-même, portée à une température élevée, qui détruit le murexide : j'ai vaporisé un morceau de laine, déjà rendu rouge par le fer chaud, et la coloration a entièrement disparu. Il en a été de même d'un échantillon que j'ai trempé dans l'eau bouillante. Ce phénomène ne peut être dû qu'à la présence de l'acide stannique qui, jusqu'à présent, a été trouvé indispensable à la réussite d'une belle nuance. Après cela, je fis de l'alloxane pure en traitant l'acide urique des excréments de serpents par l'acide nitrique, d'après les indications de MM. Liebig et Wœhler, c'est-à-dire en jetant, par très-petites portions, une partie d'acide urique dans quatre parties d'acide nitrique, de densité 1,4 à 1,5; le tout placé dans un vase d'eau froide, pour empêcher l'échauffement qui est nuisible à la formation de l'alloxane; celle-ci se dépose, au fur et à mesure qu'elle se forme, en petits cristaux grenus et blancs. On les recueille, pour les sécher, sur une brique poreuse ou au fond d'un entonnoir, à l'abri de la lumière et de la chaleur (1). Pour l'avoir plus pure, il convient de reprendre ces cristaux par l'eau et de l'évaporer au-dessous de 60° pour laisser recristalliser. J'ai fait diverses dissolutions de ces cristaux, à raison de 30, 40 et 50 grammes par litre d'eau, et j'y ai trempé des échantillons de laine mordancée; dès qu'ils en eurent été bien imprégnés, je les ai exprimés et séchés; repassés ensuite au fer chaud, ils m'ont donné de très-belles nuances amaranthes. J'ai trouvé que, pour arriver à un ton moyen, il faut avoir un bain de 35 grammes d'alloxane par litre d'eau. Au-dessus de 60 grammes, ou bien lorsqu'on teint deux fois dans un bain de 45 grammes, la nuance est tellement intense, qu'elle vire au grenat; et lorsqu'on prend un bain par trop concentré, on risque de jaunir la laine. J'ai épaissi de ces dissolutions à la gomme sénégal, et j'en ai imprimé des échantillons à la planche et au rouleau; après la dessiccation et le traitement que je leur ai fait subir, ils m'ont fourni des nuances semblables à celles du procédé par teinture.

Puisqu'un mélange d'alloxane et d'alloxantine est capable de donner du murexide, quand on les traite par le carbonate d'ammoniaque, et que cette coloration pourprée est due à cette même substance, je me suis demandé si l'alloxantine,

(1) 2 parties d'acide urique, traitées par 8 parties d'acide azotique, donnent 1 partie d'aloxane.

en la soumettant aux mêmes conditions sur les tissus de laine, ne pouvait pas aussi donner les mêmes résultats. A cet effet, je fis de l'alloxantine en faisant bouillir une partie d'acide urique dans 32 parties d'eau, en y ajoutant, goutte à goutte, autant d'acide nitrique qu'il en faut pour dissoudre la masse; une évaporation convenable laisse déposer des cristaux d'alloxantine.

L'alloxantine s'obtint mieux encore en réduisant, par l'hydrogène, une dissolution d'alloxane.

Une dissolution d'alloxantine dans l'eau, dans laquelle j'ai trempé de la laine mordancée, et traitée dans la suite comme je l'ai déjà indiqué plus haut, m'a fourni effectivement la nuance rose amaranthe; j'ai remarqué que, si, avant de repasser la laine, on l'exposait aux vapeurs ammoniacales pendant une minute, les roses devenaient plus beaux, toutefois si le bain de teinture contenait un léger excès d'acide nitrique : une exposition trop prolongée dans les vapeurs détruit le murexide.

Après avoir dit, en peu de mots, comment on opère les substances nécessaires pour avoir la coloration désirée, j'exposerai les divers essais que j'ai faits pour savoir quelle serait la manière d'agir, la plus efficace, pour avoir les nuances les plus riches et le moins de perte de matière colorante.

M. Sacc a trouvé que, pour avoir les tons les plus vifs, il faut faire usage d'une laine mordancée aux sels de bioxyde d'étain, et encore ne faut-il pas prendre le premier mordançage venu. J'ai employé successivement des laines non mordancées, qui m'ont donné des nuances rouge brique, il est vrai, beaucoup plus foncées que tout autre; des laines mordancées en sulfomuriate d'étain, mélange de sel d'étain et d'acide sulfurique, à poids égaux, convenablement étendus d'eau; cette préparation n'a donné que des tons peu vifs et jaunâtres; des laines mordancées en stannate de soude, dont je n'ai retiré que des amaranthes médiocres.

Entre toutes les préparations que j'ai employées, celle qui a le mieux réussi, et qu'il importe de suivre, est faite avec un mélange à poids égaux de bichlorure d'étain et d'acide oxalique, le tout étendu d'eau jusqu'à environ 1° B. En y laissant la laine trempée une heure à 30° R., pour ensuite la rincer et la sécher, elle convient à la teinture en alloxane.

Si l'on prend un mordant trop fort, il y a perte de matière colorante; pour le prouver, j'ai fait les essais suivants : j'ai mordancé de la laine avec des mélanges de bichlorure d'étain et d'acide oxalique, étendant d'eau depuis 6° B. jusqu'à 1°, et j'ai trouvé que la préparation n° 6 avait fait perdre à la couleur au moins 60 pour 100 en intensité et en vivacité, et que progressivement la nuance devenait plus foncée et plus belle avec l'affaiblissement du mordant, de sorte que le n° 1 était de beaucoup le meilleur.

On peut attribuer ce fait à la présence d'un trop grand excès d'acide stannique, qui pourrait, par sa couleur opaque, masquer le murexide, ou qui, en jouant le rôle d'un acide, pourrait être assez puissant pour déplacer l'ammoniaque du murexide et le décomposer.

Il vaut beaucoup mieux avoir à sa disposition des laines fraîchement mordancées, car le ton peut perdre de 20 à 30 pour 100 sur une laine mordancée vieille, comparativement à une laine fraîche.

La laine alunée par une immersion d'une heure dans une dissolution tiède d'alun, à 100 grammes par litre, lavée, séchée et teinte en alloxane, comme la laine à l'étain, a donné d'assez bons résultats, quoique de beaucoup inférieurs en vivacité à celles par l'oxyde stannique.

J'ai déjà dit, en parlant de la fixation de cette couleur, que celle-ci nécessite l'action du fer chaud; mais il y a encore de grands avantages quant à ce qu'on gagne de colorant, si, au lieu de repasser la laine immédiatement après l'impression ou la teinture, on l'expose à l'air pendant quelque temps.

Là, encore, une expérience m'a amené sur la voie d'un fait nouveau : c'est que l'aérage dans une atmosphère humide à 20° R., favorise bien mieux que l'aérage sec, la transformation de l'alloxane en murexide; cependant la chaleur sèche est utile, tandis que la chaleur humide (le vaporisage) est le principe destructif du murexide, et surtout dans le cas où il y a de l'étain. Il importe aussi de se servir toujours de dissolutions d'alloxane fraîches, car à la longue celle-ci se décompose et fournit des nuances faibles et râpées.

Le coton seul, mordancé ou non, ou associé à la laine, ne se teint pas ; il en est de même de cette fibre animalisée par le procédé de M. Broquette (1). Pour mettre hors de doute la formation du murexide sur le tissu, j'ai voulu voir si le coton seul, non mordancé, lorsqu'on l'imprime d'alloxane, ne se colore pas en rose après le passage au fer chaud et avant le lavage. En effet, l'alloxane ainsi modifiée a donné une coloration rose jaunâtre, qui est devenue plus intense par une exposition en gaz ammoniaque ou simplement par une première immersion dans l'eau ; mais malheureusement un lavage un peu fort a fait disparaître complètement la colo-

(1) Préparation au caséogomme pour les parmes à l'orseille.

ration. Ce fait prouve évidemment que le murexide ne se forme pas aux dépens du tissu, mais seulement grâce à la chaleur sèche. Le coton n'a donc point d'affinité pour cette substance.

Le tissu challys ou la soie pure, chose singulière, puisque c'est aussi une matière animale, ne prend pas non plus la couleur amaranthe, du moins la soie ne fait que se colorer en jaune rosé. On a, pour cela, un moyen sûr de reconnaître le coton ou la soie de la laine, lorsqu'il y a des mélanges frauduleux.

On pourrait dire que le rose de murexide est le principe opposé de la carthamine, laquelle se fixe très-bien sur le coton et la soie, sans adhérer à la laine. Les propriétés de cette couleur sont aussi toutes inverses de celles de la carthamine, puisque l'une ne se fixe que grâce à la chaleur, et l'autre, au contraire, se détruit au moyen de cet agent. Les rayons solaires sont sans action sur la première, et nous savons très-bien que la lumière est un des plus grands ennemis du carthame.

La même substance, comparée à l'orseille, se montre beaucoup moins sensible à l'action des acides, mais en revanche beaucoup plus sensible à celle des alcalis. Quant à l'effet de la lumière, il est aussi inactif sur le murexide qu'il est actif sur l'orseille.

Voici maintenant en peu de mots l'exposé succinct des essais que j'ai faits sur la solidité de cette matière colorante appliquée sur le tissu.

Ainsi que je l'ai déjà fait voir, la lumière n'a sur elle presque point d'influence; car j'ai eu un échantillon, teint en rose, exposé pendant deux jours aux rayons directs du soleil, sans qu'il ait été altéré le moins du monde (1).

L'eau bouillante et la vapeur d'eau à 80° R. détruisent complètement l'amaranthe obtenu par le procédé de M. Sacc; dans l'eau chauffée, la décoloration commence déjà à 55° R., et le progrès de cette décoloration augmente avec le degré de température. Cette destruction de la teinture est indépendante des propriétés du murexide, et uniquement un effet de l'acide stannique.

On a vu que la présence de ce corps était nécessaire pour arriver à la teinte la plus éclatante et la plus pourprée; mais j'ai observé depuis, que la laine mordancée, chargée d'alloxane modifiée par une première chaleur sèche, suppor-

(1) Il faut même plus de deux mois pour qu'un échantillon teint en rose et exposé directement à la lumière solaire soit complètement décoloré.

tait, non-seulement, jusqu'à un certain point, l'action de l'eau bouillante, mais encore qu'elle y acquérait une teinte égale, si ce n'est plus belle et plus foncée que celles qu'avaient données les laines préparées.

L'eau et le calorique, exempts d'acide (stannique ou autres), devenaient donc condition indispensable à la formation du murexide, et susceptibles de remplacer peut-être la chaleur sèche et le mordançage, avantages qui manquaient à ses applications principales.

L'alcool froid et l'éther sulfurique n'ont sur ce colorant aucune action, même au bout d'un temps assez long; à l'ébullition, le premier liquide le détruit, mais sans se colorer en rose comme le fait l'eau. .

Les alcalis (surtout quand ils sont caustiques) lui sont essentiellement funestes; quand on trempe un échantillon teint de murexide dans une dissolution de soude caustique, la nuance vire au violet bleu, puis ensuite se décolore. Le savon, agissant comme un alcali faible, finit à la longue par l'altérer.

Le chlore n'exerce pas d'action immédiate, car j'ai plongé un échantillon rose pendant cinq minutes dans une dissolution de chlorure de chaux à 1° B., sans que la décoloration ait été bien décidée.

Les acides acétique et oxalique ne sont pas assez énergiques pour détruire tout de suite cette couleur.

Les acides chlorhydrique, nitrique et sulfurique faibles, agissent comme décolorants, mais, cependant, le dernier acide agit moins vite que les deux premiers; et, ce qu'il y a de curieux, c'est que lorsque la couleur a été presque détruite par l'acide sulfurique, elle vire de nouveau au violet-rose par une immersion en ammoniaque.

Le bichromate de potasse, le chlorate de potasse, l'acétate de plomb et l'acétate d'alumine, sont sans action sur le murexide. Il n'en est pas de même des réducteurs, tels que le chlorure d'étain, le sulfhydrate d'ammoniaque et le sulfate de fer, qui détruisent vite la nuance rose; le chlorure d'étain la bleuit d'abord avant de la décolorer. La réduction du murexide donne naissance à une nouvelle substance, qui, à son tour, peut redevenir murexide par une oxidation bien menée. L'expérience suivante le prouve d'une manière assez remarquable : j'avais imprimé sur de la laine amaranthe une couleur au sel d'étain, la nuance a été enlevée partout où l'impression s'est réalisée; mais, au bout de quinze jours, en examinant l'échantillon, les points imprimés, qui étaient blancs, ont de nouveau repris leur ton primitif, et le murexide a repris naissance, même avec plus d'intensité.

On voit, d'après la manière dont se comporte cette matière colorante avec les différents réactifs, que c'est une des nuances rose, amaranthe, violette, qui, pour la richesse et l'éclat de ces tons, offre encore l'avantage d'être la plus solide. On remarque, en outre, que les sels oxidants sont généralement inoffensifs, et que les réducteurs décolorent momentanément cette substance ; chose qui se rattache à ce qu'a dit M. Liebig sur les propriétés du murexide.

Pour le prix de revient, c'est une question tout à fait à part, puisque jusqu'à présent la matière première n'a été qu'un produit de laboratoire. Si l'on s'est servi d'excréments de serpents, ce n'est pas qu'on ait voulu en faire un usage exclusif, mais bien parce qu'on en avait justement à sa disposition. L'extraction de l'acide urique pourrait ouvrir une nouvelle branche à la fabrication des produits chimiques; car, si l'on conservait les excréments des animaux à cloaque, animaux qui conservent dans leurs déjections intestinales tout l'acide urique qu'ils produisent, on pourrait en obtenir une moyenne de 15 à 25 pour 100 environ.

Il faut citer, en premier lieu, les oiseaux carnivores, dont les déjections sont très-riches en acide urique; les vers à soie, que l'on élève en très-grande quantité dans les pays chauds, secrètent une proportion considérable du même acide. Le guano, que l'on amène par vaisseaux du Pérou dans le Nord de l'Allemagne et en Angleterre, pourrait, par son bas prix, offrir des bénéfices à celui qui en retirerait cet acide.

Il reste donc à faire des recherches sur les moyens économiques de cette préparation, à songer à l'emploi des excréments de poules, de pigeons, etc., au lieu de les jeter sur le fumier comme on l'a fait jusqu'à présent, quoique cela puisse servir d'engrais; le cultivateur trouverait avantage à se livrer à cette spéculation. Ce sont là des conditions essentielles, si l'on veut faire usage de cette belle matière colorante; car il est à espérer que, tôt ou tard, on en verra l'emploi dans plusieurs localités manufacturières.

Enfin, il se pourrait encore qu'à force de recherches, la chimie nous fournît le moyen de produire l'acide urique artificiellement, comme elle l'a fait pour l'urée.

Que l'on ne s'effraie donc pas du prix de revient de cette riche substance, car les travaux qui se feront dans la suite devront en changer complètement la voie de préparation actuelle.

A l'appui de cette note, je remets à la Société industrielle une collection d'échantillons teints et imprimés en alloxane, et rendus amaranthes par le procédé indiqué.

En voici la liste :

1º Laine mordancée en étain, teinte en alloxane impure, séchée et repassée au fer chaud, lavée et séchée ;

2º Laine mordancée fraîche, teinte dans une dissolution d'alloxane pure à raison de 500 grammes par litre d'eau, puis rendue rouge ;

3º Laine mordancée fraîche, teinte avec le nº 2 ;

4º Laine mordancée fraîche, teinte dans une dissolution de 30 grammes d'alloxane par litre d'eau, et modifiée par le fer chaud ;

5º Chaîne coton (mi-laine), teinte en alloxane ;

6º Laine mordancée teinte à 50 grammes par litre, séchée, aérée à l'étente humide pendant deux jours, repassée, lavée et séchée ;

7º Laine mordancée teinte à 50 grammes par litre, mais aérée dans un séchoir sec et chaud, repassée, lavée et séchée ;

8º Laine mordancée à l'alun, teinte comme nº 6, et traitée de même ;

9º Laine blanche non mordancée, teinte comme le précédent.

Une série d'échantillons imprimés sur laine mordancée, fond blanc ; un échantillon soie et laine imprimé d'alloxane, qui fait voir que la soie n'attire pas comme la laine.

Une autre série teinte et imprimée sur laine, mordancée et imprimée d'abord d'un fond puce, gros vert et gros bleu.

Enfin, un échantillon vaporisé, qui fait voir que la couleur a été entièrement détruite.

Nous trouvons aussi dans le *Technologiste*, t. 19, p. 73, un Mémoire sur la teinture de la soie, de la laine et du coton avec le murexide que nous reproduisons ici.

Si l'on traite l'acide urique par l'acide azotique qu'on a étendu d'un même volume d'eau, et à l'aide d'une douce chaleur, le premier de ces acides se dissout dans cet agent d'oxydation. Si on évapore cette solution avec précaution jusqu'à siccité, on obtient une masse d'un rouge intense, qui prend une nuance rouge pourpre foncé dès qu'on la traite par l'ammoniaque. Cette réaction est tellement remarquable et certaine qu'elle avait déjà servi depuis longtemps aux chimistes pour démontrer la présence de l'acide urique dans

(1) L'étente humide marquait 20 degrés Réaumur, et 16 degrés au roséomètre.

les substances organiques. Prout avait remarqué, en 1818, que cette substance était composée d'ammoniaque et d'un corps particulier qui présentait les propriétés d'un acide, et il indiquait de la manière suivante la préparation de cet acide. On fait digérer de l'acide urique dans de l'acide azotique étendu d'eau, solution qui s'opère avec une vive effervescence. On neutralise alors l'acide azotique en excès par l'ammoniaque, et on évapore le tout avec précaution. Pendant l'évaporation, il y a changement dans la couleur de la solution qui devient peu à peu rouge pourpre, et il s'y précipite un très-grand nombre de cristaux grenus, rouge foncé, parfois d'un aspect verdâtre à la surface, cristaux qui se composent d'ammoniaque et de l'acide en question.

Le *purpurate d'ammoniaque* (murexide) cristallise en prismes à quatre pans, qui sont translucides, rouge grenat, avec reflets d'un vert magnifique. Ce dernier phénomène se remarque aussi plus ou moins chez d'autres sels alcalins, et même chez des sels des terres alcalines. Le purpurate d'ammoniaque se dissout dans environ 1500 parties d'eau à 15° C. L'eau bouillante en dissout bien davantage. La solution est colorée en beau rouge carmin ou en rouge rosé. Il est peu soluble dans l'alcool ou l'éther, et même ne s'y dissout pas du tout. Si on mélange les solutions de sels neutres d'autres bases avec la solution dans l'eau du purpurate d'ammoniaque, on obtient divers autres purpurates.

Purpurate de chaux. Si on mélange les solutions saturées et bouillantes de purpurate d'ammoniaque avec du chlorure de calcium, on obtient un précipité pulvérulent de couleur rouge écrevisse avant d'avoir été bouilli. Ce précipité est peu soluble dans l'eau froide, plus soluble dans l'eau bouillante, et la solution possède une belle couleur rouge pourpre.

Purpurate de mercure. Le perchlorure de mercure (sublimé) produit, dans la solution du purpurate d'ammoniaque, un beau précipité rouge pourpre, et la solution se décolore entièrement.

Purpurate de plomb. Si on mélange des solutions de purpurate d'ammoniaque et d'azotate de plomb, la liqueur se colore en rouge rosé, mais sans donner de précipité.

Purpurate de zinc. Une solution d'acétate de zinc donne, avec le purpurate d'ammoniaque, un précipité jaune d'or, et il se forme à la surface de la liqueur une pellicule irisée, brillante, dans laquelle dominent le vert et le jaune.

Tel est le petit nombre de combinaisons de l'acide purpurique que Prout avait déjà décrites. Leurs belles couleurs constituent un caractère suffisamment tranché pour les distinguer de toutes autres substances. Prout annonçait encore qu'on pourrait employer quelques purpurates, celui de chaux par exemple, dans la peinture, et il recommandait d'appliquer ce sel à la teinture de la laine et d'autres matières d'origine animale.

On voit donc qu'il ne restait plus à Prout qu'à appliquer en grand les belles expériences qu'il avait faites, et à les introduire dans l'industrie, introduction qui n'a eu lieu que quarante années plus tard. Le haut prix, à cette époque, de l'acide urique qui coûtait de 150 à 200 fr. le kilogramme, tandis qu'aujourd'hui on se le procure pour 10 fr., a présenté le plus grand obstacle à ce que cette découverte ait alors été accueillie par la pratique.

Le nom de murexide, appliqué par MM. Liebig et Wœhler au purpurate d'ammoniaque, a suggéré plusieurs fois l'idée que le murexide était identique à la pourpre de Tyr des anciens (*murex* était le nom d'un coquillage dont les anciens tiraient la pourpre), mais la pourpre des anciens résiste à l'action des acides les plus forts, tandis que le murexide est attaqué par les acides les plus faibles et même par un grand nombre de réactifs qui se montrent indifférents à l'égard de la plupart des matières colorantes. Les travaux de Prout, dont on vient de présenter le résumé, nous apprennent que le murexide, très-peu coloré par lui-même, peut fournir avec diverses bases, des laques, de ton et de nature variés. Il n'y a donc rien d'étonnant que les expériences entreprises sur ce sujet par M. Schlumberger, et d'autres encore, n'aient pas eu de succès, parce que ces chimistes ont dirigé tous leurs efforts pour appliquer le murexide sur les tissus à l'aide de la chaleur; or le murexide n'étant autre chose qu'un purpurate d'ammoniaque, il n'y a pas d'apparence qu'on puisse établir une combinaison solide entre lui et la fibre animale ou végétale.

Teinture de la soie et de la laine, d'après M. Depouilly. Il y a déjà deux années que M. Depouilly a réussi à teindre la soie et la laine avec le murexide. Le procédé est fort simple et réussit bien sur soie, mais il laisse encore trop à désirer sur laine.

Pour teindre la soie, on prend une solution de murexide qu'on mélange à une certaine quantité d'une solution de perchlorure de mercure. Ces deux liqueurs se troublent au bout d'un certain temps, de manière qu'on peut y plonger la soie, qui se teint immédiatement en rouge pourpre; l'intensité de la couleur dépend de la concentration du bain et des quantités de chacune des substances qu'on a employées.

Le procédé n'est pas aussi simple sur laine. Il faut, pour développer la couleur, avoir recours à un acide, par exemple, l'acide oxalique. La marche qui a fourni les meilleurs résultats dans la teinture de la laine en murexide est la suivante : la laine est bien lavée et dépouillée, puis plongée pendant un temps déterminé dans un bain concentré de murexide, où on la travaille, puis séchée à l'air. On l'introduit alors dans un bain composé ainsi qu'il suit :

Eau.	10 litres.
Sublimé.	60 gram.
Acétate de soude.	75

Le bain doit avoir une température de 40° à 50° C.

Teinture du coton d'après M. Lauth. La teinture du coton, du lin et des tissus de ce genre avec le murexide est également très-simple, grâce aux heureuses découvertes de M. Lauth. Le procédé consiste à fixer d'abord de l'oxyde de plomb sur le coton, soit en le plongeant dans un bain d'acétate de plomb, puis dans un bain de carbonate d'ammoniaque, ou bien en l'introduisant directement dans une cuve montée avec de l'oxyde de plomb et de la chaux (plombate de chaux). Par l'un ou l'autre de ces moyens, on obtient une combinaison de la fibre avec l'oxyde de plomb, et il ne s'agit plus que de développer la couleur en introduisant le tissu dans un bain d'azotate de mercure ou de sublimé, ou dans un mélange de ces deux sels, avec addition d'une certaine quantité d'acétate de soude.

Si on veut imprimer cette couleur, on prend de l'acétate de plomb suffisamment épaissi, et on y ajoute le murexide en quantité suffisante pour obtenir la nuance voulue ; on fait sécher et on passe par un bain composé de :

Eau.	100 litres.
Sublimé.	1 kilog.
Acétate de soude.	1

On obtient ainsi de forts beaux dessins, mais seulement sur certains fonds.

6° Nous ferons connaître maintenant quelques instructions récentes pour teindre et imprimer les tissus en murexide, alloxane et autres matières colorantes extraites de l'acide urique, qui ont été publiées par M. G. White.

On emploie divers moyens pour teindre ou imprimer en murexide, je suppose d'abord sur tissus ou fils de coton.

1° On peut plonger ces fils ou ces tissus dans une solution

de la matière colorante et les passer ensuite à travers une solution d'un sel métallique convenable, par exemple un sel de bioxide de mercure ou autre.

2º On peut les imprégner d'une quantité nécessaire d'un produit incolore mais susceptible de devenir coloré, dérivé de l'acide urique ou de fer congénères, tels par exemple que l'alloxane, ou une solution d'acide urique dans un agent choisi d'oxydation, après quoi, on développe la couleur rouge sur les fibres au moyen d'une température élevée, exposant à l'air ou à un autre agent, puis passant les matières filamenteuses par la solution d'un sel convenable de mercure ou d'un agent déterminé de fixation.

3º On peut les imprégner avec une solution d'un sel de mercure, qu'on fixe ou non sur les fibres, après quoi on passe par une solution de murexide ou une solution incolore susceptible de se colorer, empruntée à l'acide urique ou à ses congénères dont on développe ensuite la couleur, ainsi qu'on l'a expliqué ci-dessus.

4º Ils peuvent recevoir ou non un mordant et être soumis ensuite à une solution composée, contenant les éléments du murexide ou autre produit de l'acide urique et un sel de mercure.

5º On peut les teindre de suite dans un bain composé contenant les éléments du murexide ou autre produit colorant de l'acide urique et un sel métallique autre que celui de mercure, tels par exemple que les sels de plomb, d'étain, de zinc ou autres, et les couleurs ainsi obtenues peuvent être conservées telles ou bien rehaussées, avivées ou modifiées d'une manière quelconque, en les passant par exemple à travers une solution d'un sel choisi de mercure.

6º Ils peuvent recevoir un mordant consistant en sels métalliques, puis passés par un bain de murexide ou un bain composé comme il a été expliqué, et conserver les couleurs sous cet état ou les rehausser, les aviver ou les modifier en les passant par la solution d'un sel de mercure. On fera remarquer toutefois que les matières filamenteuses d'origine végétale, ayant peu d'affinité pour les matières colorantes, il est en général préférable d'y fixer le murexide en combinaison avec un agent métallique propre à cet objet. Par exemple, après avoir imprégné le coton avec une solution composée de murexide et de bichlorure de mercure, fixer la couleur en passant dans une solution alcaline, le carbonate ou l'acétate de potasse, je suppose, ou tout autre sel capable de précipiter le purpurate de mercure sur les fibres.

Donnons maintenant un exemple de la manière d'opérer

pour appliquer les matières colorantes en question à l'impression des calicots ou autres tissus en matières végétales.

Pour l'impression au bloc, on se sert de la solution d'un sel de mercure convenablement épaissie, à laquelle on ajoute une petite quantité de murexide. Après l'impression, on soumet à un bain de fixation, par exemple une solution faible d'ammoniaque, puis vient un coulage, un rinçage à la manière ordinaire, et enfin les tissus reçoivent le murexide en solution froide ou chaude. On lave et on avive en passant par une solution composée d'un sel de mercure, par exemple celle qu'on prépare avec le sublimé corrosif, l'acétate de soude et l'acide acétique.

Pour l'impression à la planche de cuivre et au cylindre, il est préférable d'employer un sel de plomb et de fixer celui-ci par un réactif alcalin, après quoi les tissus sont dégorgés, passés en teinture, et aussitôt que la couleur est bien développée, on rince avec soin et enfin on avive avec une solution d'un sel convenable de mercure. Le procédé qui a donné les meilleurs résultats consiste à faire usage d'une solution composée de murexide et d'un sel métallique, tel que l'azotate de plomb, un acétate acide, neutre ou basique de plomb, de zinc ou autre sel susceptible de dissoudre le murexide, d'aider à la fixation sans attaquer les planches de cuivre ou les cylindres qui servent à l'impression. Après l'impression, on laisse les pièces sécher pendant un jour ou deux, quoique la chose ne soit pas rigoureusement nécessaire, puis on passe par une solution d'un sel de mercure, surtout l'acétate pur ou impur ; ou bien, avant de fixer par un sel de mercure, on passe à travers un bain propre à fixer la matière colorante en combinaison avec sa base, puis, quel que soit le procédé dont on a fait usage, on avive, on lave et on fait sécher.

A l'aide de ces procédés, on obtient des nuances qui varient depuis le pourpre foncé jusqu'au rose, et on peut d'ailleurs les modifier plus ou moins en combinant avec les couleurs que fournit le murexide ou autres produits colorants qui dérivent de l'acide urique, d'autres couleurs parmi lesquelles on citera les noirs, les gris, les nankins, les couleurs au cachou, à l'outremer, à la garance, et celles dites vaporisées. De cette manière, on obtient par exemple, au moyen des sels de zinc, l'orangé aussi facilement que le pourpre ; on peut aussi obtenir cet orangé avec une solution d'un sel de zinc sur fond pourpre formé à l'aide des sels de mercure, ou bien en imprimant d'abord avec une solution de purpurate de zinc.

On peut dans la teinture et l'impression de la soie se servir des divers procédés décrits pour la fibre végétale, en observant toutefois que celle animale a beaucoup plus d'affinité pour les matières colorantes, et par conséquent que les agents alcalins doivent avoir moins d'énergie, ce qui a l'avantage de moins attaquer la fibre.

Les procédés décrits sont également applicables sur la laine et autre fibre animale de même nature, mais on fera bien de favoriser la fixation des couleurs sur celle-ci par une élévation de température ou en prolongeant la durée des opérations, ou enfin en combinant ces moyens. En général, ce sont les procédés décrits sous les nos 5 et 6 qui réussissent le mieux pour la laine ou autre matière analogue, tant à la teinture qu'à l'impression.

On peut obtenir aisément tant sur la fibre animale que sur celle végétale, des décharges et des réserves en mêlant au réactif qui doit ronger le murexide, une matière colorante susceptible de se fixer elle-même sur la fibre ; c'est ainsi par exemple qu'on peut enlever un jaune sur fond pourpre sur soie ou laine, en imprimant avec l'acide picrique mélangé à un acide capable de détruire le murexide. On obtient des enlevages orangés sur même fond, en imprimant avec un sel acide de zinc, et des gris plus ou moins foncés au moyen d'un protosel d'étain.

Les couleurs au murexide peuvent être encore variées par voie de double teinture, c'est-à-dire en appliquant sur la fibre d'autres couleurs pendant, avant ou après la teinture du fond en murexide, ainsi, par exemple, on obtient des violets très-riches en teignant avec le murexide sur fond bleu indigo, le jaune indien en appliquant d'abord un agent colorant jaune, puis passant en teinture en murexide. On produit des enlevages riches et des décharges blanches ou colorées de la même manière, qui est également applicable sur fibres végétales et animales.

Les matières très-disposées à la putréfaction, comme l'albumine, la caséine, le gluten ou autres substances analogues, exercent une action particulière sur le murexide, et en particulier sur les produits incolores, mais susceptibles de se colorer, dérivés de l'acide urique. Ainsi, par exemple, en imprimant avec l'alloxane épaissie avec l'albumine, on produit promptement des rouges très-intenses, couleurs sur lesquelles on peut ensuite réagir de la manière qu'on a décrite.

On peut aussi, tant en teinture, qu'en impression, se servir des purpurates métalliques à l'état de laques ou de poudres colorées, et ajoutant à ces laques des agents convenables de dissolution ou des véhicules appropriés. On a recours ensuite aux moyens qui paraissent les plus propres à faire la matière colorante de ces laques ou purpurates métalliques sur la fibre tant animale que végétale.

7° M. F. Petersen a indiqué aussi un procédé de teinture au murexide sur laine.

Depuis quelque temps déjà, la teinture de murexide a été résolue pour le coton et la soie, mais les procédés indiqués pour teindre la laine laissaient trop à désirer pour qu'ils aient reçu l'application en industrie.

Par le procédé suivant on parvient à teindre la laine d'une manière unie, et à fond, même à froid. Pour obtenir ce résultat, il s'agit tout simplement d'ôter à la laine son alcalinité et de la rendre plutôt légèrement acide. Dans cet état, la laine a une grande affinité pour le murexide et s'en charge facilement.

Procédé. On fait bouillir la laine, après être bien dégorgée, dans une eau acidulée par l'acide tartrique ou un autre acide.

Après un bouillon d'une heure environ, on sort la laine et on la transporte, sans lavage préalable, dans une dissolution de murexide dans l'eau à froid, bien que l'emploi d'une douce chaleur (30 ou 40 degrés centigrades) ne soit nullement nuisible. Un séjour d'une demi-heure à peu près dans ce bain suffit pour donner à la laine une belle couleur amaranthe.

D'après Prout, le purpurate d'ammoniaque, ou murexide, forme, avec un sel

De mercure, un précipité d'une couleur cramoisie.
De zinc,   —   — jaune.
De bismuth,   —   — orange.
De plomb,   —   — rose.
D'argent,   —   — violet.

En passant la laine teinte en amaranthe par le purpurate d'ammoniaque dans une des dissolutions de sels sus-dénommés, on obtient ces diverses nuances, dont quelques-unes présentent une plus grande solidité que le purpurate d'ammoniaque.

VII. VERT DE CHINE.

1° En 1852, M. J. Persoz a déposé sur le bureau de l'Académie des sciences un échantillon d'une matière colorante, employée en Chine pour teindre en vert les fibres textiles.

Voici comment il était parvenu à constater l'existence de cette couleur.

M. Daniel Kœchlin-Schouc, en lui remettant un échantillon de calicot teint en Chine, de nuance vert d'eau d'une grande stabilité, l'invita à rechercher la composition de cette couleur verte. Tous les essais faits sur cet échantillon, en vue de mettre en évidence un bleu ou un jaune quelconque, demeurèrent sans résultat, et il fut bientôt convaincu, par l'isolement du principe colorant, que ce vert était dû à une matière tinctoriale d'une nature particulière et *sui generis*. De plus, il devenait évident :

1º Que cette matière colorante était d'origine organique et végétale ;

2º Que le tissu sur lequel elle était fixée se trouvait chargé d'une forte proportion d'alumine et d'un peu d'oxyde de fer et de chaux, corps dont la présence implique nécessairement, comme conséquence, que pour adhérer au tissu, la matière colorante employée avait exigé le concours des mordants.

Ces résultats si positifs et cependant si contraires, non-seulement à tout ce que nous connaissons en Europe touchant la composition des verts, mais encore à tout ce qui a été écrit sur les procédés de teinture mis en usage chez les Chinois pour faire cette couleur, nécessitaient un examen plus approfondi ; aussi, vers la fin du mois de novembre dernier, M. Persoz eut recours à la complaisance de M. Forbes, consul américain à Canton, pour lui demander un spécimen de la précieuse matière. M. Forbes a eu la bonté de lui en envoyer environ 1 gramme.

Cette substance se présente en plaques minces, de couleur bleue ayant beaucoup d'analogie avec celle de l'indigo Java, mais d'une pâte plus fine, et qui diffère d'ailleurs de l'indigo par sa composition et toutes ses propriétés chimiques. Après avoir fait infuser un très-petit fragment de cette substance dans l'eau, ce véhicule ne tarda pas à se colorer en bleu foncé, avec reflet verdâtre. La liqueur portée progressivement à l'ébullition, il s'effectua, en y plongeant un échantillon de calicot sur lequel étaient imprimés des mordants de fer et d'alumine, une véritable teinture, et l'on vit passer :

Les parties du tissu recouvertes d'alumine, au vert d'eau plus ou moins foncé, suivant l'intensité du mordant ;

Les parties recouvertes d'alumine et d'oxyde ferrique, au vert d'eau foncé tirant à l'olive ;

Les parties enfin chargées d'oxyde ferrique pur, à l'olive foncé.

Quant aux parties du tissu non recouvertes de mordant, elles restèrent sensiblement blanches.

Les couleurs ainsi obtenues furent mises en présence de tous les agents auxquels nous avions précédemment soumis le vert chinois, et les résultats prouvèrent qu'elles se comportaient de la même manière. De ces expériences on peut conclure :

1º Que les Chinois possèdent une matière colorante (laque) ayant l'aspect physique de l'indigo, qui colore en vert les mordants d'alumine et de fer;

2º Que cette matière colorante ne contient ni indigo, ni aucun dérivé de ce principe tinctorial.

C'est cette matière à laquelle on a donné le nom de *vert de Chine*.

2º D'un autre côté, on lit dans une note sur une matière organique verte employée en Chine à la teinture des étoffes de coton, présentée par M. E. Mathieu-Plessy à la Société industrielle de Mulhouse, des détails intéressants sur cette matière colorante.

Déjà en 1848, M. Daniel Koechlin avait signalé dans des tissus rapportés de la Chine une couleur nouvelle. Cette couleur, d'un bleu-vert, semblait être comme appliquée au pinceau d'un côté de l'étoffe. M. Koechlin reconnut à cette nuance les caractères suivants : elle est de nature organique; liée au tissu par un mordant dans lequel l'alumine domine; sa solidité à la lumière est très-médiocre ; elle disparaît instantanément dans les chlorures décolorants ; elle ne résiste aux alcalis faibles et aux savons qu'à froid ; les acides la font virer et les alcalis la ramènent simplement. Le caractère essentiellement nouveau qu'elle offre aux réactifs est sa transformation en orange par le protochlorure d'étain. Cette réaction donne lieu à un contraste des plus rares en ce qu'il est parfaitement tranché. L'orange qu'on obtient ainsi n'est pas stable ; l'air, à la longue, ou l'action des agents oxydants régénèrent la teinte primitive.

L'acide sulfureux affecte le vert de Chine d'une façon analogue et il se produit un orange que l'action de l'air ramène peu à peu au vert.

M. Daniel Koechlin observa un accident curieux dans les tissus verts de Chine : c'était çà et là de petites taches violettes, dont l'origine semblait remonter à un emmagasinage humide. Ces taches ou piqûres violettes présentaient cette particularité, qu'elles étaient devenues matière colorante solide et résistaient à la plupart des actions destructives du vert.

Cette modification violette devenue couleur solide et cette réaction qui transformait le vert en orange, annonçaient à M. Koechlin une substance des plus intéressantes. Aussi s'empressa-t-il de communiquer ses premières observations à M. Persoz, qui les transmit à l'Académie des sciences.

Toutes ces observations avaient été faites sur les tissus venant de Chine. Depuis, M. Koechlin a pu se procurer la matière tinctoriale elle-même, au prix de 550 fr. le kilogramme, et il a chargé M. Mathieu-Plessy de communiquer à la Société industrielle de Mulhouse, les premiers essais faits à la hâte dans son laboratoire, en attendant un travail plus complet, dès que l'analyse aura donné un assez grand nombre de résultats concordants, pour qu'il soit possible de chercher à quelle famille de colorants organiques appartient la matière qui nous occupe.

Par ses propriétés particulières plus que par les nuances qu'elle produit sur coton, cette matière paraît devoir offrir aux chimistes d'intéressants sujets de recherches. Au moment où l'histoire de l'indigo semble épuisée et ne devoir s'enrichir de quelques faits nouveaux qu'à de rares intervalles et par les intelligents et laborieux efforts de jeunes praticiens jaloux d'augmenter nos connaissances sur une matière colorante qui traverse toute la fabrication depuis sa naissance jusqu'à nos jours ; voici un produit qui nous vient de la Chine, qui est une substance tinctoriale plutôt bleue que verte, et qui n'est pas de l'indigo.

Cependant Bancroft parle d'une matière qu'il appelle vert d'indigo et qui semble avoir quelque rapport avec celle-ci. On lit dans son ouvrage que Princeps, en 1790, rapporta un échantillon d'une substance verte, qui paraît la même que celle mentionnée par M. De Poivre dans ses *Voyages d'un philosophe*. Cette matière est extraite d'une plante qui porte en Cochinchine le nom de *tsai*. Bancroft donne quelques-uns de ces caractères ; mais, sur ce qu'il en dit, il serait difficile d'admettre que son vert d'indigo soit la matière à laquelle nous appliquons dans ce mémoire le nom de **vert de Chine**.

Le rapide examen que nous avons fait du vert de Chine ne nous permet pas sans doute de fixer ici son importance dans la fabrication, et si nous avons rappelé l'indigo à propos des observations dont nous allons rendre compte, ce n'est pas qu'il y ait, quant à présent, de parallèle à établir entre cette matière colorante et celle qui nous occupe ; car, autant l'indigo a été étudié, autant le vert de Chine l'est peu. Tout ce que nous pouvons dire ici, en raison de la petite quantité de matière sur laquelle ont porté nos essais, c'est en quoi le vert de Chine ressemble à l'indigo, en quoi il en diffère.

Voici le résumé de nos observations : le vert de Chine est livré au commerce dans le filtre sur lequel il a été recueilli et prend dans cet état à peu près la forme du zest d'orange ou de citron desséché à l'air. A la surface il présente un reflet bleu-vert ; sa cassure a l'éclat pourpre métallique propre à l'indigo, mais cependant plus faible. Frotté sur un corps dur, cet éclat disparaît, tandis que pour l'indigo, il augmente de beaucoup. Il est plus dur que l'indigo et offre à peu près, quand on le brise entre ses doigts, la résistance de ces petits pains de couleur ronds qu'on emploie pour la peinture à l'aquarelle. Frotté sur une feuille de papier blanc, il y laisse une trace vert-bleuâtre. Le vert de Chine se pulvérise facilement ; sa poudre se ramollit dans l'eau et se gonfle sensiblement.

Le vert de Chine est soluble dans l'eau, insoluble dans l'alcool et l'éther ; il se dissout dans les acides concentrés ou étendus et résiste à froid à l'acide hydrochlorique fumant. L'acide nitrique le détruit et la couleur ne reparaît point par un alcali. L'acide sulfurique fumant le dissout au bout de quelque temps : la dissolution, d'abord rouge, prend une teinte noirâtre, et si alors on la mêle à l'eau, il se forme un précipité noir floconneux ; le vert a disparu et les alcalis ne le font point renaître. L'hydrogène sulfuré décolore le vert de Chine dans les liqueurs acides, et les alcalis font reparaître la teinte vert-bleue. Les dissolutions d'indigo dans les acides (acides sulfindigotiques et acétate d'indigo), n'offrent point ce caractère, et pareillement la réaction du vert de Chine avec l'acide sulfureux, observé par M. Koechlin, ne se produit point avec le sulfate d'indigo.

La dissolution de vert de Chine se transforme à la longue ; au bout de huit jours, il s'y développe une couleur orange que les oxydants ramènent au bleu : ce qui semblerait indiquer que la partie jaune, après avoir produit un effet de réduction, s'est détruite puisqu'elle ne reparaît pas.

Action de l'eau de chlore faible. — Comme caractère distinctif du nouveau produit, nous n'en voyons pas de plus sûr, après l'action du protochlorure d'étain, que celle du chlorure de chaux. Lorsqu'on verse peu à peu une dissolution de chlorure de chaux à 3 c. 8° AB par litre dans la dissolution filtrée de vert de Chine, le jaune est d'abord détruit et la liqueur devient bleue : puis en continuant de verser du chlore, il se forme du violet. Cette couleur disparaît enfin à son tour ; l'élément bleu est détruit, et l'on arrive, en continuant avec ménagement l'addition du chlore, à un rose pur. Un excès de chlore ou un chlore trop fort ne permettrait point d'observer cette succession de teintes, et ce n'est qu'en se tenant en garde contre toute précipitation, qu'on arrive à produire cette curieuse réaction qui fait du vert de Chine un caméléon végétal.

La dissolution du vert de Chine précipite le sous-acétate de plomb et l'eau de chaux au bout de quelque temps.

Action des alcalis. — Chauffé avec de la potasse très-concentrée, le vert de Chine passe au jaune. Si l'opération se fait dans un petit tube assez étroit et qu'on approche une baguette de verre imprégnée d'acide chlorhydrique affaibli, il se produit des vapeurs blanches qui indiquent un dégagement d'ammoniaque. A froid, ce dégagement ne paraît pas se produire ; ce qui semble indiquer, au nombre des éléments de la matière colorante en question, la présence de l'azote, ou celle d'une substance azotée qui n'est pas cependant un sel soluble d'ammoniaque.

Le carbonate d'ammoniaque et les autres carbonates alcalins augmentent la solubilité du vert de Chine. Plus loin on verra qu'on peut tirer parti de cette propriété pour aider à la fixation de cette matière colorante au tissu.

Action de la chaleur. Cendres. — Le vert de Chine soumis à l'action de la chaleur brûle difficilement et laisse un résidu qui, suffisamment incinéré et traité par l'acide nitrique, fait effervescence. La liqueur acide, saturée ensuite par l'ammoniaque, donne un léger précipité d'alumine. La liqueur ammoniacale filtrée précipite abondamment le chlorure de barium.

Teinture. De la présence de la chaux et de l'alumine, on peut inférer que le vert de Chine est une laque, d'autant plus que les acides augmentent sensiblement sa solubilité et préservent les parties qui ne sont pas recouvertes de mordant. L'acide acétique introduit dans un bain de teinture monté avec le vert de Chine, aide à la combinaison des mordants avec la matière colorante, et l'on obtient : avec l'alumine, un vert-bleu ; avec les oxydes de fer, des résédas. Toutefois, les teintes sont faibles, et c'est surtout au vaporisage que l'on peut obtenir un fixage susceptible de donner une véritable couleur.

Le vert de Chine teint d'ailleurs aisément le coton en uni sans le concours des mordants, pour peu que les bains soient légèrement alcalins ; sur soie, le mordant est nécessaire à la teinture.

Couleurs vapeurs au vert de Chine. Mettant à profit la solubilité du vert de Chine dans le sous-carbonate d'ammoniaque, on a préparé deux couleurs, avec et sans addition de ce sel. On a imprimé ces couleurs sur chaîne-coton préparée, sur laine pure, sur toile ordinaire et toile préparée, puis on a vaporisé.

La couleur la plus intense est, sans contredit, sur toile blanche. Le carbonate augmente singulièrement la solution du colorant et le fixe aussi au tissu. Dans aucun cas, on n'a obtenu avec ces couleurs, de combinaison réelle avec la laine pure. On obtient un orange vapeur avec une dissolution aqueuse de vert de Chine additionnée de sel d'étain. Cette couleur, à la longue, verdit à l'air.

L'alun, les acides faibles, ne ramènent point le bleu-vapeur sur coton au vert. Le protochlorure d'étain fait virer ce bleu à l'orange. Le bleu sur toile préparée est plus franchement bleu, sans mélange de violet. Le bleu sur toile non mordancée attire en teinture, et cela doit être, puisque l'alumine entre en quantité notable dans la composition du vert de Chine. Il ne serait sans doute pas impossible d'éliminer cette base, et alors on aurait un bleu d'une fixation facile et susceptible d'être associée aux couleurs garance ou garancine. Ce résultat, que l'indigo ne produit que par des moyens d'une pratique compliquée, se réalisera sans doute lorsque, mieux connue, la matière dont nous venons d'esquisser les caractères sera répandue dans l'industrie par le laboratoire, qui pourra la préparer à bon marché, après en avoir fait l'objet d'une étude plus complète que celle qu'il nous est permis d'offrir aujourd'hui.

3º Cette matière ayant excité un grand intérêt, la Société industrielle de Mulhouse résolut d'ouvrir un concours pour la recherche du vert de Chine, et nous avons eu plusieurs fois l'occasion (1) d'entretenir nos lecteurs d'une belle couleur verte, d'origine végétale, qu'on appelle *vert de Chine*, et qui a attiré tout spécialement l'attention des habiles praticiens qui composent la chambre de commerce de Lyon. Cette chambre, dans sa séance du 8 janvier 1857, après avoir entendu un nouveau rapport de M. A.-F. Michel, considérant que l'emploi si important du vert de Chine dans la teinture des étoffes de soie, est actuellement limité par le prix exces-

(1) Voir le *Technologiste*, t. XIV, p. 179, t. XV, p. 128 et 184, t. XVII, p. 466 et 522.

sif et la rareté extrême de cette matière, et qu'il est dès-lors utile de rechercher s'il ne serait pas possible de remédier à cet état de chose préjudiciable à la prospérité de notre industrie; qu'il résulte des documents analysés dans le rapport de M. Michel, que l'espérance d'obtenir en France, par un procédé plus rationnel que celui usité en Chine, une matière colorante analogue au vert de Chine, ne paraît pas dénuée de fondement; enfin, que pour atteindre ce but, la meilleure voie à suivre est sans doute de stimuler les efforts, de provoquer des recherches, d'encourager les essais qui pourront être faits en vue d'arriver à découvrir la substance propre à être substituée au lo-kao, à décider que la recherche de l'indigo vert dans les végétaux ferait l'objet d'un concours dont nous donnerons plus loin le programme et les conditions, après avoir présenté en substance le rapport de M. Michel à la chambre de commerce de Lyon.

« L'accueil bienveillant que vous avez fait à mon rapport sur le vert de Chine et l'utilité que vous avez reconnue à cette teinture pour notre fabrique, m'imposaient, dit M. Michel, le devoir de continuer à m'occuper, non plus du procédé que nos habiles praticiens sauront bien perfectionner, mais des moyens d'obtenir le lo-kao à un prix qui en permît un emploi plus général. Dans ce but, j'ai cherché à me procurer des renseignements sur le prix réel de cette matière en Chine, sur l'arbuste qui la fournit et sur les procédés usités pour sa préparation et son emploi. J'ai obtenu des renseignements de quatre sources différentes; et, grâce au zèle de M. le président du conseil de la propagation de la foi, à Lyon, et des missionnaires français, qui ne reculent devant aucune difficulté lorsqu'il s'agit d'être utile à notre industrie, nous pouvons espérer d'autres informations qui achèveront peut-être d'éclairer cette question encore bien obscure. Je viens vous offrir les documents que j'ai recueillis, vous en présenter une courte analyse et vous demander votre concours pour compléter cette œuvre.

» *Premier document.* C'est une note reçue par MM. Chartron père, fils et Monnier, avec 1 kil. 300 grammes de lo-kao. Suivant cette note, le lo-kao se prépare en faisant bouillir, pour la première qualité, les baies, pour la deuxième et la troisième, l'écorce ou les feuilles de l'arbuste. Après une longue ébullition, on trouve la matière verte attachée aux parois du vase.

» L'auteur de cette note termine en disant : les Chinois qui m'ont donné ces renseignements n'avaient pas l'air d'être bien informés, j'en interrogerai d'autres.

» *Deuxième et troisième documents.*. Ils ont été reçus par notre honorable collègue, M. Aynard, avec 5 ou 600 grammes de lo-kao. Ce sont deux articles détachés des publications de la Société d'agriculture de Calcutta.

» Suivant le premier article, il y aurait deux espèces de plantes servant à la teinture verte. Ces deux espèces produisent des graines en abondance. Les graines de l'espèce cultivée donnent un extrait de couleur jaune, et celles de l'espèce sauvage, un extrait de couleur purpurine ou violette. Ces deux extraits mêlés ensemble donnent des verts de nuances différences, suivant la proportion des mélanges. Cette couleur peut être beaucoup variée par l'addition d'alun, de sulfate de fer, etc. Les Chinois s'accordent à dire que les graines sont employées à la teinture du papier seulement, que cette teinture se fait près d'une ville nommée Kia-Hing-Foo, située entre Hong-Chou-Foo et Chang-Haï.

» L'auteur de cet article dit qu'il sera aidé dans ses recherches par le docteur Lockhart, de Chang-Haï, qui entre chaudement dans ses vues, et que le Rév. M. Edkins, de la Société des missionnaires de Londres, traversant le district de Kia-Hing, en allant à Hong-Chou-Foo, avait réussi à se procurer, dans le marché de l'endroit, des copeaux ou chapelures servant à la teinture verte. Ces chapelures ont été envoyées à la Société de Calcutta.

» Le second article est un rapport de M. Ch. Murray, sur la culture des plantes pour teinture verte, dans le jardin de la Société de Calcutta depuis le mois de mars 1851. Cette culture paraît ne présenter aucune difficulté. La variété cultivée est très-robuste ; la variété sauvage a des feuilles plus petites, elle est plus délicate, tout individu sachant cultiver une plantation d'osier pourra diriger la culture de ces plantes. Les insectes ne les détruisent pas et les bestiaux paissant à côté n'y touchent jamais. On peut les multiplier par semis et par marcotte ; les boutures réussissent mal. On peut les couper en octobre à la tombée des feuilles, jusqu'en février à leur poussée. On a remarqué qu'en les coupant d'octobre en février, à 16 centimètres de terre, elles repoussaient avec beaucoup plus de vigueur. A Calcutta, une seule plante, ainsi étêtée, a produit cinquante-quatre jets, dont un avait 2 mètres de long. On croit que chaque plante, une fois dans toute sa force, produira 50 kilogrammes de branches.

» Rien n'indique que les Anglais connaissent la préparation du lo-kao ; mais, comme vous le voyez, ils sont sur la voie et s'en occupent sérieusement.

» *Quatrième document.* C'est un mémoire dont il m'a été

communiqué deux copies : la première par notre honorable collègue M. Desgrand, et la seconde par le président du conseil de la propagation de la foi à Lyon. Cette dernière copie a été retardée parce qu'elle est venue dans une boîte contenant 300 grammes de lo-kao, deux coupons de toile de coton teints en vert et un dessin colorié fait en Chine par les soins de l'auteur du mémoire, le Rév. P. L. Hélot, de la Société de Jésus.

» Ce mémoire, qui a dû coûter à son auteur de longues recherches, de minutieuses investigations, est écrit avec un ordre, une intelligence et une clarté qui ne laissent rien à désirer.

» Ce digne missionnaire explique comment il a été chargé de ce travail; il reproduit les questions que j'avais remises à M. le président du conseil de Lyon; et, après un historique exact des faits antérieurs relatifs au vert de Chine, il répond aux questions qui lui sont soumises en nous donnant des renseignements précieux sur les arbustes d'où l'on extrait le vert de Chine, renseignements heureusement complétés par le dessin colorié joint au mémoire. Il décrit d'une manière claire et précise les procédés employés par les Chinois pour la teinture des toiles de coton; soit avec l'écorce de ces arbustes, soit avec le lo-kao, et pour la préparation de ce lo-kao, comme résidu des teintures avec l'écorce, et il annonce qu'il enverra par la malle de décembre 25 kilogrammes de graines de l'un des arbustes indiqués.

» Les renseignements donnés par M. Marc Arnaud-Tison, délégué de la chambre de commerce de Rouen, en Chine, sont, sur quelques points, conformes à ceux du Rév. P. Hélot, et viennent les corroborer; le procédé de teinture de coton par le lo-kao est identiquement le même.

» Malheureusement, lorsque le Rév. P. Hélot, remplissant avec tant de zèle une mission pénible et difficile, est parvenu à trouver la ville d'A-zé, où se pratiquent ces teintures, les fabriques étaient fermées; elles ne travaillent, en effet, qu'une partie de l'année, parce que, suivant les ouvriers chinois, l'écorce sèche ne donne plus de couleur. J'ajouterai que, d'après les mêmes renseignements, la soie ne peut pas se teindre avec le lo-kao.

» *Cinquième document.* C'est encore à l'obligeance de M. le président du conseil de Lyon que je dois cette dernière note; elle est extraite d'une lettre de M. A. Aymeri, procureur des missions des lazaristes en Chine. Cette lettre est datée de Ning-Po, 22 août 1856; en voici un fragment.

J'ai remarqué sur une des montagnes à seize lieues de Péking, dans l'arrondissement de Y-Tchéou, une espèce d'écorce d'un arbre sauvage qui y est très-commun; au printemps les montagnards vont chercher cette écorce, qu'ils trouvent en assez grande quantité jusqu'à en faire un fagot de 20 livres dans une journée. Après l'avoir bien fait sécher, ils la livrent au commerce au prix modique d'environ 20 sapèques (10 centimes de France) la livre; ce sont les teinturiers qui l'achètent pour teindre en vert les toiles communes du pays... Dans la province de Péking, cet arbuste s'appelle ma-ly; ainsi l'écorce s'appelle ma-ly-pi. En écrivant à nos missionnaires de Péking, je leur ai donné toutes les indications que je me rappelai, et je ne doute point qu'à leur retour, ils transmettent tous les renseignements qu'il leur sera possible de recueillir.

» Si l'on étudie l'ensemble de ces documents, on y trouve des renseignements contradictoires sur les procédés de préparation et sur l'emploi du lo-kao. Le procédé de préparation si bien décrit par le R. P. Hélot me semble le plus probable. Ce procédé nous donne le lo-kao comme un produit secondaire, comme un résidu de la teinture des toiles de coton; il est très-compliqué, très-long, et ne fournit que des quantités presque atomiques de matière verte; il serait impraticable chez nous à cause du prix élevé de la main-d'œuvre; il faut en effet, teindre 8,000 pièces de toile de coton de 10 mètres chacune, pour obtenir 6 kilogrammes de lo-kao. Aussi ce produit se vend-il, sur les lieux, un poids d'argent égal à son propre poids, et s'il était recherché pour l'exportation, l'augmentation du prix n'aurait plus de bornes.

Deux auteurs également dignes de foi, le R. P. Hélot et M. Aymeri sont en désaccord sur un point assez important: on a dit à l'un que l'écorce sèche ne donnait plus de couleur; à l'autre, qu'on faisait bien sécher cette écorce avant de la livrer aux teinturiers. Pour l'emploi de cette couleur, les divergences ne sont pas moindres; les correspondants de la Société d'agriculture de Calcutta disent qu'avec les graines (les baies, sans doute) on teint le papier, et qu'avec l'écorce on teint les tissus de coton et de soie; on a dit au R. P. Hélot que les baies n'avaient pas d'emploi, et que la soie ne pouvait pas se teindre avec le vert de Chine. En effet, nous n'avons pas encore vu de la soie teinte, en Chine, par cette matière colorante.

» Il paraît que sur ce point, nous sommes plus avancés que les Chinois, puisque la teinture des soies avec le lo-kao s'exécute à Lyon avec beaucoup de succès; la rareté de cette matière est le seul obstacle à son extension.

» Je vous signale, messieurs, seulement une partie des contradictions que je remarque dans ces documents, pour établir la nécessité de se procurer de nouveaux renseignements. En remerciant M. le président du conseil de la propagation de la foi des documents précieux qu'il nous a fournis, j'ai indiqué les points sur lesquels de nouvelles investigations seraient nécessaires, et je l'ai prié d'en charger, autant que possible, le R. P. Hélot, comme étant plus capable que tout autre de le faire avec fruit. J'ai reçu une réponse des plus satisfaisantes.

» En attendant, devons-nous rester oisifs en présence de l'activité déployée par la Société d'agriculture de Calcutta et par les missionnaires anglicans? Je ne le pense pas; nous avons dès aujourd'hui assez de faits acquis pour nous livrer à des essais sérieux sur la préparation du lo-kao par des procédés plus rationnels que le procédé empirique des Chinois.

» Les renseignements que nous possédons, et surtout le dessin que nous devons au R. P. Hélot, nous donnent la certitude que les plantes dont se servent les Chinois pour préparer leur couleur verte sont des *rhamnus*, ou *nerpruns*. Nos botanistes connaissent plus de vingt espèces de nerpruns dont plusieurs croissent spontanément et abondamment en France, surtout dans le midi. Ce sont les nerpruns qui déjà nous fournissent la graine d'Avignon usitée en teinture, et le vert de vessie employée en peinture. On peut espérer, je crois de trouver dans ces plantes la matière colorante verte que nous désirons. Le problème à résoudre consiste à l'en extraire, à lui donner une pureté ou une modification qui la rende semblable au lo-kao de Chine. Je ne pense pas qu'avec les connaissances que nous possédons, ce problème soit insoluble. Je n'ai pas encore essayé les écorces, parce que l'idée d'y trouver une matière colorante vert-bleu me semblait anormale; mais déjà j'ai obtenu avec les baies du nerprun purgatif (*rhamnus catharticus*), qui vient spontanément dans nos baies, et avec les baies du nerprun alaterne (*rhamnus alaternus*), des verts passables. Malheureusement ces verts ne jouissent pas de la propriété de s'embellir à la lumière artificielle, propriété qui fait tout le mérite du vert de Chine. Cette propriété est peut-être due à la pureté de la matière colorante; pureté ou modification produite, peut-être aussi, par le procédé si compliqué que pratiquent les Chinois.

» Nos savants, qui ont amené à l'état de pureté beaucoup de matières colorantes en les séparant, par des procédés chimiques, des matières qui les accompagnent et les modifient, pourront, je l'espère, isoler par des procédés analogues la matière colorante des nerpruns, et nous la fournir sous le même état que le lo-kao.

» Il est à remarquer que le procédé chinois fixe sur la toile de coton la majeure partie de la matière verte et qu'il ne permet de recueillir que la partie qui échappe à la combinaison. Nous savons que cette matière colorante a pour le coton une très-grande affinité, et qu'on n'emploie aucun agent pour l'en séparer; nous comprenons que le coton doit en abandonner fort peu par de simples lavages à l'eau; de là, sans doute, l'immense quantité de toiles qu'il faut teindre pour obtenir une très-faible quantité de lo-kao. Il est donc permis d'espérer qu'un procédé rationnel, qui isolerait toute la matière verte, en fournirait une beaucoup plus grande quantité.

» Malheureusement nous n'avons pas, comme la Société d'agriculture de Calcutta, des centaines de véritables plantes chinoises à notre disposition; mais en attendant que, avec les graines qui nous sont promises, nous soyons en possession de ces précieuses plantes en quantité suffisante, nous avons tous nos nerpruns indigènes qui méritent d'être étudiés dans leurs baies et dans leurs écorces. Il me semble qu'il est permis d'espérer un résultat heureux, si nos teinturiers, et surtout nos habiles chimistes, veulent s'en occuper avec soin et persévérance. Pour stimuler leur zèle et activer les recherches, qui probablement seront longues et coûteuses, je propose à la chambre de mettre cette question au concours, en assurant un prix convenablement rémunérateur à celui qui lui présentera en suffisante quantité, au plus bas prix, à une époque fixée d'avance, un produit avec lequel on pourra obtenir sur la soie un vert solide s'embellissant à la lumière artificielle, comme on l'obtient avec le lo-kao de Chine.

» Si la chambre accueille ma proposition, elle devrait, je crois, nommer une commission qui rédigerait un programme, et, à l'époque fixée, prononcerait sur le concours. Il faudrait encore aviser au moyen de mettre à la disposition des concurrents tous les documents que nous possédons (1). »

(1) Depuis ce rapport, la chambre a reçu encore de nouveaux documents qui se rattachent à la question du vert de Chine. Ces nouveaux documents sont : 1° une note de M. Hambury de Londres, qui donne quelques détails sur la matière et les réactions qu'elle présente; 2° une note de R. J. Edkins, résidant à Chang-Haï, qui signale deux espèces de l'arbre nommé *louhtchaï*, l'une sauvage ou blanche, l'autre

Au rapport de M. Michel et aux documents qui l'accompagnent, est jointe une description avec figures des nerpruns, due à M. Seringe, dans le but de favoriser les recherches des concurrents. Les nerpruns décrits par le savant botaniste sont au nombre de sept : 1º le nerprun chinois (*rhamnus sinensis*), en chinois *hom-bi-lo-za*, figuré d'après le dessin dû au R. P. Hélot, est un arbuste au moins de la grandeur du nerprun purgatif à rameaux courts, présentant à leur base, souvent terminée en épine, des fleurs et plus tard des fruits d'abord verts et noirs à la maturité. Les feuilles sont très-grandes, souvent opposées, ovales, oblongues, entières, ondulées, courtement pétiolées et brusquement pointues, à fibres secondaires peu nombreuses, légèrement courbées.

Les autres espèces décrites ou figurées sont déjà connues, ce sont : 2º nerprun purgatif (*R. catharticus*), qui fournit le vert de vessie et est employé en pharmacie ; très-commun dans les haies et les lieux incultes ; 3º nerprun saxatile (*R. saxatilis*), ou graine de Perse, graine de Morée, graine d'Andrinople, dont le fruit fournit un carmin jaune très-employé pour teindre en jaune et en vert les bonbons ; rare en France, mais fréquent dans les lieux chauds ; 4º *nerprun tinctorial* (*R. infectorius*), ou graine d'Avignon, usitée en teinture et dont le fruit sert, avec la craie, à préparer la laque jaune, connue sous le nom de stil de grain ; commun dans la France méridionale. Toutes les espèces ci-dessus sont épineuses et à feuilles caduques, la suivante est sans épines et à feuilles persistantes ; 5º *nerprun alaterne* (*R. alaternus*), arbuste d'ornement à fruit rouge presque noir, végétant spontanément dans les contrées méridionales. Les deux dernières espèces ne sont pas non plus épineuses, mais à feuilles caduques ; 6º *nerprun bourdaine* (*R. Frangula*), bourgène bourdaine, aulne noir ou verne, d'ornement, très-commun dans nos contrées ; 7º *nerprun alpin* (*R. alpinus*), d'ornement, à fruit d'un vert très-foncé ; fréquent dans les Basses-Alpes.

La famille à laquelle appartiennent les nerpruns (*rhamacées*) renferme encore d'autres genres dont deux surtout sont communs dans les contrées méridionales. Ce sont les

jaune et cultivée, et entre dans des détails sur la préparation de la matière colorante ; 3o une note M. N. Rondot, délégué de la chambre de Paris, qui annonce qu'il a reçu des rameaux et des graines de l'arbrisseau qu'on a reconnu pour appartenir au *rhamnus sinensis*, et que ces graines ont végété à Lyon, où les plants ont déjà résisté à trois hivers.

jujubiers (*ziziphus*) et le *paliure* (*paliurus*). Les fruits du premier sont connus sous le nom de jujubes, l'autre est le *porte-chapeau* qui, au lieu d'avoir des fruits charnus comme le jujubier, les a en forme de chapeau rond, mais secs et de la grandeur au moins d'une pièce de un franc.

4° Depuis l'ouverture de ce concours, M. J. Decaisne a pu enfin établir les véritables caractères botaniques des deux espèces de nerprun qui fournissent le vert de Chine ou lokao, et que les Chinois distinguent sous les noms de *Pa-bi-lo-za* et *Hom-bi-lo-za*, au moyen d'échantillons qui lui ont été fournis par M. Natalis Rondot de Rouen, de l'une de ces plantes qui est cultivée à Lyon, et l'autre à Gand, chez M. Van-Houtte, enfin d'après de nombreux échantillons qui lui ont été communiqués par des voyageurs et des missionnaires. Ces arbrisseaux qui appartiennent bien à la section des vrais *rhamnus* sont distingués spécifiquement par M. Decaisne, qui en donne la caractéristique sous les noms de *R. chlorophorus* et *R. utilis*. La première est voisine de l'espèce connue sous le nom de *R. tinctorius*, et ne s'en éloigne que par la forme de son calice. La seconde, au contraire, rappelle par la grandeur de son feuillage le *R. hybridus* de nos jardins.

5° Si nous passons maintenant aux applications pratiques du vert de Chine, nous trouvons les renseignements les plus complets réunis sur ce sujet, dans un rapport adressé par M. A. F. Michel à la chambre de commerce de Lyon, et dont nous allons présenter un long extrait :

En 1852, M. Seringe, notre savant professeur de botanique, vous a adressé l'extrait d'une communication faite par M. Persoz à l'Académie des sciences, sur une nouvelle matière colorante verte, provenant de la Chine et inconnue en Europe. Cette nouvelle substance colorante, dit M. Michel, paraissait présenter un grand intérêt pour notre fabrique. Habitués à ne reculer devant aucune dépense, lorsqu'il s'agit d'aider aux perfectionnements de l'industrie qui fait la gloire de notre ville, vous eûtes bientôt à votre disposition une quantité de vert de Chine suffisante pour en distribuer gratuitement à tous les chimistes et industriels capables de vous éclairer sur ses propriétés et sur son importance. La distribution en fut faite par 10 à 50 gr., entre trente-six chimistes, teinturiers, imprimeurs sur étoffes et artistes peintres, à la condition de vous communiquer le résultat de leurs études. A mesure que des rapports vous sont parvenus, vous m'avez fait l'honneur de me les confier pour les examiner et vous en rendre compte. C'est bien tardivement que je viens m'acquitter de cette tâche, mais mon excuse se trouvera dans le trop petit nombre de rapports reçus tardivement aussi, et dans les essais très-nombreux auxquels j'ai dû me livrer, pour vérifier les résultats indiqués et pour exécuter des essais nouveaux que les rapports m'inspiraient. Huit rapports seulement vous ont été adressés, du 19 juin 1853 au 30 juin 1854.

Presque tous les auteurs des rapports ont fait preuve de connaissances profondes dans la préparation et dans l'emploi des matières colorantes. Je citerai particulièrement M. Charles Benner, chimiste coloriste de la maison Kœchlin et Beusard de Darnétal, et M. Duperay, chimiste coloriste à Saint-Aubin-Epinay. Le premier vous a envoyé deux rapports très-étendus, détaillant les nombreux essais auxquels il s'est livré ; il y a joint des échantillons dont quelques-uns sont assez bien réussis, sur toile de coton, avec la description des procédés qui lui ont servi à les produire ; il vous a donné aussi quelques détails historiques sur la matière verte, sur sa préparation et sur les procédés de teinture chinois : détails qui lui ont été fournis par M. Marc Arnaud-Tison, délégué de la chambre de commerce de Rouen en Chine. Le second vous a remis des échantillons parfaits sur toile de coton, classés dans un rapport où sont décrits les procédés dont il s'est servi pour la préparation et l'emploi du vert de Chine. M. Duperay est le seul qui vous ait donné un échantillon assez bien réussi sur la soie. MM. Jandin, de Lyon, Johany, de Valence, Fleury, d'Amiens, Mequillet, Noblet, Bonnet et Arnaud, et Voisin, de Lyon, vous ont envoyé des rapports moins heureux, mais qui, cependant seront utiles à consulter pour ceux qui voudront s'occuper de cette teinture. Vous avez aussi reçu une note imprimée que M. E. Mathieu-Plessy a lue à la Société industrielle de Mulhouse, au nom de M. Daniel Kœchlin, sur le vert de Chine. Cette note contient des essais préliminaires, et nous en fait espérer de plus complets et de plus utiles.

Ces rapports resteront sans doute déposés dans nos archives, où ils pourront être consultés par les intéressés ; je me dispenserai donc de reproduire ici les procédés par trop nombreux qu'ils contiennent. Cependant, je reproduirai le procédé que M. Duperay a considéré, avec raison, *comme le meilleur fruit de son travail*, pour y rectifier une erreur qui pourrait nuire à la propagation de ce procédé que je crois utile.

M. Duperay a employé pour dissoudre le vert chinois, l'eau seule, l'eau additionnée d'acide acétique, et l'eau additionnée d'acétate d'alumine. Ces dissolvants ne lui ont donné que des bains trop faibles pour teindre et surtout pour imprimer ; il a eu l'idée de précipiter par l'ammoniaque la matière colorante dissoute, pour en écarter l'excès de liquide, et il a employé le précipité à l'impression et même à la teinture avec beaucoup de succès. Il dit : « Ce moyen consiste à réunir les dissolutions aqueuses d'indigo avec celles acidulées, à y ajouter encore un peu d'acide acétique s'il en faut, afin d'obtenir une liqueur d'une saveur acide très-prononcée, et d'y verser ensuite de l'ammoniaque liquide en quantité telle que non-seulement tout l'acide soit saturé, mais qu'il s'y trouve un léger excès d'alcali ; la liqueur se trouble alors et laisse déposer un précipité coloré en bleu vert foncé, et d'une ténuité extrême, qu'il suffit de laisser tasser pour en séparer le liquide qui est à jeter. »

J'ai exécuté ces prescriptions à la lettre et je n'ai obtenu aucun précipité. Je m'y attendais, j'avais déjà reconnu que l'acétate d'ammoniaque était un des meilleurs dissolvants du vert de Chine, et je ne comprenais pas comment, en se formant dans cette matière dissoute, il pouvait la précipiter. Je remarquai alors que M. Duperay avait non-seulement des dissolutions aqueuses et acéteuses, mais encore des dissolutions alumineuses, et je pensai qu'il n'avait pas remarqué ou qu'il avait oublié de dire que les dissolutions alumineuses étaient nécessaires pour précipiter la matière colorante. J'ai ajouté de l'acétate d'alumine à ma liqueur, et instantanément le précipité a commencé à se former. On peut obtenir plus économiquement ce précipité en traitant le vert chinois par des dissolutions d'alun, qui le dissolvent beaucoup mieux que l'acétate d'alumine, et en saturant ces dissolutions par l'ammoniaque. C'est ainsi que se préparent les laques employées en peinture.

L'idée ingénieuse de M. Duperay pour obtenir le vert de Chine dans un état de division et de concentration suffisant pour l'impression et la teinture du coton, n'en sera pas moins utile. L'affinité du coton pour le vert chinois est si grande, qu'avec ce précipité on obtient des verts intenses, solides et ne déteignant pas par le frottement. Quant à la soie, dont l'affinité pour cette matière est beaucoup moindre, le précipité ne s'y combine pas chimiquement, il ne fait que s'y attacher, un fort lavage l'emporte presque tout entier, et si l'on ne lave pas suffisamment, la soie est rude au toucher et elle déteint pas le frottement ; le bel échantillon de M. Duperay a bien un peu ce défaut, malgré l'énergie du mordant qu'il lui a donné (chlorure stannique de 25° à 30°), mordant coûteux et qui probablement altérerait la soie.

Ce n'est pas la première fois que le vert de Chine est importé en Europe, sous le nom d'*indigo vert* : Bancroft, chimiste anglais, en 1793, Kurrer, chimiste allemand, en 1801, et Gustave Schwartz, de la Société industrielle de Mulhouse, en 1837, s'en sont occupés. Les essais de ces savants qui, à tort ont traité cette substance comme un indigo, n'ont produit aucun résultat pratique; serons-nous plus heureux aujourd'hui ? Les résultats obtenus par MM. Benner et Duperay, sur coton, l'échantillon sur soie de M. Duperay, et ceux que j'ai obtenus après de longues recherches, tout nous fait espérer qu'entre les mains de nos habiles teinturiers de couleurs, cette nouvelle matière colorante fournira, dans beaucoup de cas, des nuances supérieures, sous bien des rapports, à celles qu'on obtient avec les matières colorantes ordinairement employées. Si le prix du vert chinois devait rester aussi élevé, il faudrait peut-être y renoncer, au moins pour les verts ordinaires. Mais comparées à nos verts qui sont un mélange de jaune et de bleu, les nuances données par cette substance homogène sont tellement supérieures, tellement belles à la lumière que, pour certaines étoffes, le prix ne pourrait être un obstacle. En présence des étoffes grossières teintes avec cette matière, que M. de Montigny a envoyée de Chine, peut-on croire que 500 francs le kilogramme soit le prix réel de ce produit en Chine, et ne pouvons-nous pas espérer de recueillir tôt ou tard des renseignements suffisants pour préparer, en France ou en Algérie, ce produit à un prix convenable?

Messieurs, lorsque vous avez fait demander en Chine l'indigo vert, vous avez particulièrement insisté pour obtenir, si c'était possible, les procédés chinois pour la préparation et l'emploi de cette matière; vous avez demandé aussi la plante qui la fournit et la graine de cette plante. Vous avez reçu la matière verte à un prix qui me paraît exagéré ; mais vous n'avez reçu ni description des procédés, ni plantes, ni graines. Cependant on m'a assuré que la graine était arrivée à Paris, et même à Lyon. Espérons que bientôt nous connaîtrons cette plante et que, si elle n'existe pas chez nous, nous pourrons la soumettre à des essais d'acclimatation qui peut-être nous permettront de préparer économiquement le vert chinois, et de le faire entrer dans les procédés usuels.

L'indigo ordinaire a été pendant longtemps un sujet fort intéressant d'étude pour les plus savants chimistes ; aussi l'histoire de ses propriétés est aujourd'hui à peu près complète. Le vert de Chine, par ses propriétés si singulières et

si remarquables, mérite aussi une étude scientifique approfondie. Le savant professeur de chimie, M. Persoz, a commencé cette étude, et sans doute la continuera ; un savant
industriel, M. Daniel Kœchlin, s'en occupe également. Nous
pouvons donc espérer que les lumières de la science vien-
dront bientôt nous éclairer sur toutes les propriétés de cette
nouvelle matière colorante. En attendant, je vais essayer
d'enregistrer les faits les plus importants qui me semblent
ressortir des rapports qui vous ont été adressés, et des essais auxquels je me suis livré ; ensuite je décrirai un procédé
qui est d'une pratique facile et qui donne des résultats satisfaisants.

Le vert de Chine ou lo-kao, suivant M. Marc Arnaud-
Tison, n'a aucune analogie chimique avec l'indigo, ainsi que
l'a constaté dès le principe M. Persoz. Tous ceux qui ont
traité cette matière comme un indigo, ont donc pris une
mauvaise voie et se sont livrés à de nombreux essais complètement inutiles ; ils ont été induits en erreur par les ap-
parences physiques et par le nom d'indigo vert, mal à propos donné à cette substance. C'est une matière colorante
végétale combinée avec de l'alumine et de la chaux, une
espèce de laque. Cette laque a la forme d'un zest d'orange
ou de citron desséché ; à la surface elle présente un reflet
bleu-vert ; sa cassure a l'éclat pourpre de l'indigo, mais
cependant plus faible. Lorsqu'on la frotte sur un corps dur,
cet éclat disparaît, tandis que pour l'indigo il augmente
beaucoup ; elle est plus dure que l'indigo et offre une assez
grande résistance quand on la brise entre les doigts ; frottée
sur une feuille de papier blanc, elle y laisse une trace de
vert bleuâtre.

M. Persoz a reconnu que le vert de Chine est une matière
homogène, et non un composé de bleu et de jaune, comme le
sont sans exception tous les verts produits sur la soie. Un
autre fait a été constaté et donne à cette matière un grand
intérêt. Toutes les couleurs jaunes s'effacent ou s'affaiblissent
considérablement à la lumière artificielle ; il en résulte que
les verts ne sont à cette lumière que du bleu, si le bleu est
un cyanure de fer, et du gris, si le bleu est de l'indigo. Le
Le vert de Chine, au contraire, acquiert à la lumière artificielle une intensité, un éclat, une beauté extraordinaires, par
suite peut-être de son homogénéité.

Par l'union du bleu et du jaune en proportions convenables,
les teinturiers produisent sur la soie toutes les nuances de
vert qui leur sont demandées, depuis le vert-bleu jusqu'au
vert-jaune. Ils peuvent ainsi obtenir plusieurs séries de verts

différant entre elles par plus ou moins de jaune. Avec le vert
de Chine, qui est vert-bleu, on ne peut obtenir qu'une seule
série de verts du plus clair au plus foncé, mais toujours vert-
bleu. Toutefois, il est facile de donner à ce vert-bleu tout le
jaune désirable en combinant avec lui une matière colorante
jaune, l'acide picrique, par exemple. Le vert de Chine remplace alors le bleu des autres verts, et conserve toute sa supériorité à la lumière.

M. Duperay a constaté que le vert de Chine, sur coton,
jouissait d'une assez grande solidité. Sur la soie, ce vert est
d'une solidité bien suffisante, bien supérieure à celle des
verts généralement employés. Dans les couleurs de modes,
le vert de Chine remplacera avec beaucoup d'avantage le carmin d'indigo si généralement employé. Mais ici la question
de prix sera probablement un obstacle.

Il existe plusieurs espèces de vert de Chine. La première
partie que vous vous êtes procurée vous a été cédée par
M. Guinon au prix de 533 le kilogramme; elle se composait
de trois qualités qui n'ont pas présenté aux essais des différences bien sensibles. La deuxième partie vous est arrivée
directement par l'intermédiaire de MM. Desgrand père et
fils, au prix de 360 fr. le kilogramme. Cette partie était d'une
seule qualité, mais différait notablement de celle qui vous a
été cédée par M. Guinon. Les fragments en sont plus minces,
plus durs et plus brillants; la simple vue suffit pour distinguer l'une de l'autre ces deux espèces de vert chinois. Si on
ne peut les rapprocher l'une de l'autre, il faut mettre un
fragment de la matière verte dans un verre, le couvrir d'eau
ordinaire (eau légèrement calcaire); après quelques heures
d'immersion, la moindre agitation du verre colore le liquide
en vert bleu, si la matière verte est de la première espèce.
Au contraire, l'eau ne prendra aucune coloration, même après
huit jours d'immersion, si c'est de la deuxième espèce. Cet
essai bien simple suffit pour distinguer l'une de l'autre ces
deux espèces de vert de Chine.

J'ai poussé plus loin les essais comparatifs de ces deux
matières vertes.

Dans un verre à expériences pouvant contenir 120 grammes d'eau, j'ai mis un gramme de la matière verte de la
première espèce, j'y ai ajouté quelques gouttes d'eau; le
lendemain l'eau était absorbée et la matière avait augmenté de volume; j'ai encore ajouté quelques gouttes d'eau
chaque jour pendant trois jours; ensuite, avec un agitateur,
j'ai broyé et délayé facilement la matière en remplissant le
verre d'eau. Après vingt-quatre heures de repos, j'ai dé-

canté 100 grammes de liqueur claire et fortement colorée en vert-bleu très-foncé. J'ai encore décanté chaque jour une verrée de liquide coloré, pendant cinq jours; la dernière eau était très-peu colorée. J'ai fait sécher le résidu dans un petit vase pesé d'avance, et j'ai trouvé que l'eau avait dissous 30 pour 100 de la matière verte. La même opération a été exécutée sur le vert de Chine de la deuxième espèce; cette espèce n'a pas absorbé l'eau, elle n'a pas augmenté de volume; le liquide coloré pendant l'agitation se décolorait par le repos, et toute la matière verte s'est retrouvée sans perte dans le résidu; l'eau n'en avait point dissous.

Une dissolution d'alun (sulfate d'alumine et de potasse) à 5° du pèse-acide, faite avec de l'eau distillée, essayée avec les soins les plus minutieux de comparaison, en lavant les résidus avec de l'eau distillée jusqu'à épuisement, pour ne pas laisser d'alun dans le résidu, a dissous :

De la première espèce. . . . . . . 66 pour 100
De la deuxième espèce. . . . . . . 60 pour 100

Une remarque importante, c'est que la deuxième espèce de vert de Chine, qui n'est pas soluble dans l'eau, se rapproche beaucoup de la première espèce, lorsque pour la dissoudre on emploie certaines dissolutions salines; alors elle serait proportionnellement moins chère. Cependant il faut aussi remarquer qu'elle donne des nuances un peu moins belles, surtout pour les tons foncés.

Le vert de Chine est insoluble dans l'alcool et dans l'éther; la première espèce est en partie soluble dans l'eau ordinaire, un peu soluble dans l'eau distillée, qui dissout aussi une très-faible proportion de la deuxième espèce.

Les dissolutions aqueuses du vert de Chine éprouvent dans un temps plus ou moins long, suivant la température, une réaction qui transforme la couleur verte en une couleur plus ou moins rouge. Si cette transformation n'est pas ancienne, il suffit quelquefois d'une simple agitation à l'air pour ramener la couleur primitive; et, à moins que la couleur rouge ne soit développée depuis fort longtemps, l'addition d'un alcali, d'un sel alumineux, de l'eau de chaux ou d'un sel alumineux, de l'eau de chaux ou d'un sel calcaire, ramène toujours plus ou moins bien la couleur vert-bleu.

Presque tous les acides convenablement étendus d'eau augmentent un peu la solubilité du vert de Chine; mais tous, excepté l'acide acétique, altèrent plus ou moins la couleur verte; et l'acide acétique laisse apparaître la modification rouge, comme les dissolutions aqueuses. Tous les alcalis, les sels ammoniacaux et les sels alumineux, s'opposent pendant fort longtemps au développement de la couleur rouge. Le chlorure stanneux produit instantanément une couleur orange, que l'eau de chaux ramène promptement au vert-bleu. On pourrait nommer cette singulière matière un caméléon végétal.

La couleur rouge produite à la longue dans les dissolutions aqueuses du vert de Chine, et celles qui se produisent dans ces mêmes dissolutions légèrement acidifiées, teignent la soie en gris plus ou moins rouges très-solides.

Les alcalis, les sels ammoniacaux, et surtout l'acétate d'ammoniaque, augmentent considérablement la solubilité du vert de Chine ; mais ces dissolutions qui teignent bien le fil et le coton ne teignent pas la soie. L'acétate d'alumine augmente peu la solubilité du vert de Chine et ne facilite pas la teinture de la soie ; mais le sulfate d'alumine et de potasse, l'alun, augmentent beaucoup cette solubilité, et, à l'aide de certaines précautions, facilite beaucoup cette teinture. C'est avec cette dernière dissolution que j'ai trouvé un procédé d'une pratique facile et qui m'a donné de bons résultats : je le décrirai plus loin.

Toutes les dissolutions du vert de Chine que j'ai obtenues, lorsque je les ai soumises à l'action de la chaleur, se sont décomposées bien avant l'ébullition ; la matière colorante dissoute s'est transformée en précipité insoluble, impropre à la teinture, au moins pour la soie ; il faut donc renoncer à la chaleur pour cette teinture.

Les matières colorantes ont en général d'autant plus d'affinité pour les matières à teindre, que ces dernières sont plus animalisées ; la laine se teint plus facilement que la soie, et la soie plus facilement que le coton. Parmi les rares exceptions à cette règle, je citerai seulement la couleur rouge si belle, si fugace et pourtant si chère du safranum. Le vert de Chine vient se ranger dans cette exception d'une manière bien tranchée, surtout lorsque ses dissolutions sont alcalines.

Dans tout ce travail, j'ai été stimulé par le désir d'obtenir sur la soie un vert homogène, conservant sa nuance à la lumière artificielle. Ce vert sera utile surtout dans les étoffes pour meubles et pour robes de soirées. Pour ces riches étoffes, un prix de teinture un peu élevé ne sera pas un obstacle. Je me suis peu occupé du fil et du coton ; mais si nous obtenons le vert de Chine à un prix qui en permette l'emploi sur des matières d'une aussi faible valeur, les procédés ne manqueront pas, et je recommanderai pour ces teintures l'acétate d'ammoniaque à 10 degrés, comme dissolvant bien la matière verte et donnant des dissolutions très-riches, qui teignent le fil et le coton. D'un autre côté, les dissolutions alumineuses ayant servi à la teinture des soies, précipitées par l'ammoniaque, réduites par cette précipitation à un faible volume facilement transportable, pourront, je crois, être utilisées pour les fils et les cotons (procédé Duperay). Quant à la laine, qui, d'après les rapports, est rebelle à toute combinaison avec le vert de Chine, je ne l'ai pas essayée.

Plusieurs artistes peintres ont reçu de vous, le vert de Chine pour faire des essais, mais aucun ne vous avait fait de rapport. J'ai, de votre part, prié un de nos peintres lyonnais, M. Odier, de faire quelques essais. Comme il rencontrait un inconvénient grave dans l'emploi du vert de Chine à son état naturel, je lui ai donné à essayer de la matière verte épuisée par des dissolutions aqueuses, et ces mêmes dissolutions précipitées par l'alun et l'ammoniaque, sous forme de laque recueillie et séchée sur un filtre ; sous ces deux états, le vert de Chine peut s'employer avec succès pour la peinture à l'huile. Je joins ici le rapport que M. Odier m'a remis.

Il est possible aussi que le résidu des dissolutions faites pour la teinture, qui est d'environ 30 pour 100, trouve un emploi dans la peinture, soit à l'huile, soit à la colle. Ce n'est, du reste, qu'une simple indication sur laquelle j'appelle l'attention des personnes compétentes.

Procédés de dissolution verte et de teinture. — Je prépare une dissolution d'alun (sulfate d'alumine et de potasse) à 5 degrés du pèse-acide. Dans un vase à précipité, de demi-litre de capacité, je mets 5 grammes de vert de Chine ; j'y ajoute 30 grammes de dissolution d'alun, et je laisse le tout en repos pendant au moins trois jours. Ensuite, avec un agitateur, je broie la matière et la délaie en y ajoutant 250 grammes de dissolution d'alun ; j'agite le mélange trois ou quatre fois dans la journée. Le lendemain je décante avec précaution le liquide, qui est vert foncé presque noir. Je répète cette opération trois jours de suite, en évitant toujours de laisser passer le dépôt à la décantation. J'obtiens ainsi un litre de dissolution verte alumineuse, qui se conserve assez longtemps sans altération. Pour bien épuiser la matière verte, je fais une cinquième opération avec 280 grammes de dissolution d'alun, et je conserve ce bain faible pour commencer une nouvelle dissolution verte. Le résidu insoluble est d'environ 30 pour 100.

La dissolution verte alumineuse, si elle n'est pas suffisamment étendue d'eau, ne donne, comme toutes les autres dissolutions que j'ai essayées, que des nuances si faibles que j'ai été sur le point d'y renoncer. J'avais mis dans des verres, de cette dissolution, et je l'avais étendue d'eau dans des proportions très-variées. Je remarquai que les dissolutions dans lesquelles l'eau était en plus grande proportion, laissaient déposer une partie de la matière colorante. J'augmentai de plus en plus la proportion d'eau, et j'arrivai à des proportions telles que la matière colorante, quoique parfaitement dissoute d'abord, claire et limpide, se trouvait complètement précipitée le lendemain. J'attribuai ce phénomène à l'action de la chaux qui, contenue dans nos eaux, entrait en combinaison avec la matière colorante et la rendait insoluble, ou qui neutralisait une quantité suffisante d'acide sulfurique de l'alun pour permettre à l'alumine de se précipiter avec la matière colorante sous forme de laque. Pour vérifier ce fait, je mis dans de l'eau distillée et dans de l'eau calcaire, dont j'avais neutralisé la chaux par un demi-millième d'acide acétique, de très-faibles proportions de dissolution verte alumineuse. Ces dissolutions restaient indéfiniment claires, limpides et sans aucun précipité.

Le phénomène que je viens de décrire me donna l'espoir que la matière colorante parfaitement dissoute, mais placée dans des conditions où elle a une grande tendance à abandonner son dissolvant, pourrait plus facilement se combiner avec la soie ; cet espoir s'est enfin réalisé. Ces détails sont bien minutieux, cependant je les crois utiles pour faire mieux comprendre la théorie de cette opération et comme propres à servir de guide dans la pratique.

Il ne s'agissait plus que de trouver les proportions les plus convenables pour la bonne réussite des teintures et pour la plus grande économie d'une matière si chère. Il était facile de prévoir qu'une proportion d'eau trop faible laisserait une trop grande quantité de matière colorante dans le bain de teinture, faute d'une quantité suffisante de l'élément calcaire pour faciliter la combinaison avec la soie, et qu'au contraire, une trop grande proportion d'eau, précipitant la formation de la laque, une partie plus grande de cette laque échapperait à la combinaison avec la soie et ne ferait que la salir ; c'est en effet ce qui a lieu lorsque les proportions d'eau et de dissolution verte ne sont pas convenables.

Après bien des tâtonnements, j'ai trouvé qu'avec notre eau de puits, la proportion qui réussit le mieux est de 15 litres d'eau pour 1 litre de dissolution verte. Cette proportion variera sans doute avec la nature des eaux plus ou moins calcaires. D'un autre côté, cette proportion est convenable pour 1 kilogramme de soie; elle donne la nuance la plus claire en seul bain et en moins d'une demi-heure.

Pour chaque nuance de mes échantillons, au-dessus de la première jusques et y compris la quatrième, il suffit d'un bain de plus. J'ai fait les quatre nuances claires ensemble, en sortant à chaque bain la nuance finie et faisant le bain suivant dans la proportion du poids de la soie à y passer. Pour les nuances foncées, un de ces bains ne suffit plus pour faire une différence assez sensible, il en faudrait deux. Mais afin d'éviter la trop grande multiplicité de bains, je donne des bains doubles, soit 30 litres d'eau et 2 litres de dissolution verte à chaque nuance, pour 1 kilogramme de soie. J'ai fait mes cinq nuances foncées ensemble; j'ai donné d'abord trois bains doubles aux cinq échantillons pour dépasser ma quatrième nuance claire; ensuite avant chaque bain double suivant, j'ai sorti un échantillon, de manière que ma cinquième nuance a eu trois bains doubles, soit dans la proportion de 6 litres de dissolution verte pour 1 kilogramme de soie, et ma neuvième nuance sept bains doubles, soit 14 litres de dissolution verte aussi pour 1 kilogramme de soie.

Les soies, après la cuite et le lavage du savon, contiennent une certaine quantité de chaux qui leur sert de mordant pour cette teinture; aussi le premier bain de cette dissolution verte est rapidement épuisé, un quart-d'heure suffit pour l'absorption presque complète de la matière colorante. Pour continuer cette action du mordant de chaux dans les bains suivants, je donne un bain d'eau calcaire entre chaque bain de matière colorante; ces bains d'eau sont à peu près de même grandeur que les bains de teinture; il suffit d'y laisser les soies un quart-d'heure, mais il n'y a pas d'inconvénient à les y laisser un temps beaucoup plus long, même jusqu'au lendemain, en les y tenant immergées. Le renouvellement du mordant de chaux n'empêche pas qu'à mesure que la soie se charge de couleur, son affinité pour la matière colorante s'affaiblisse. Ainsi le premier bain simple est épuisé en un quart-d'heure, et il faut une demi-heure pour le quatrième; pour le premier bain double, il faut une demi-heure, et plus d'une heure pour le dernier. On reconnaît que la matière colorante est assez épuisée lorsque le bain devient blanchâtre et perd sa transparence; alors il faut sortir les soies.

Comme cette couleur n'a jamais d'inégalité de nuance, il est inutile de tordre les soies et de les remettre en bâtons après chaque bain de teinture ou d'eau; il suffit de les lever sur une grille ou sur des bâtons pour les passer d'un bain à l'autre. Les opérations faites ainsi abrègent considérablement le travail.

J'ai éprouvé beaucoup de difficul'és pour le lavage des soies après cette teinture. Pour les nuances claires, de bons rinçages nettoyaient assez bien la soie ; mais les nuances foncées déteignaient par le frottement, conservaient un mauvais toucher, et n'avaient pas tout le brillant désirable. Je ne pouvais éviter ce défaut qu'en faisant des bains plus forcés en matière colorante et qui ne pouvaient s'épuiser ; ce qui était trop coûteux et permettait difficilement d'arriver aux nuances foncées. Aujourd'hui, je donne à mes échantillons, après un léger rinçage, un bain de terre à foulon, comme on le donne ordinairement aux teintures noires pour moire antique ; ensuite mes soies se nettoient facilement ; elles sont soyeuses, brillantes, et ne déteignent plus par le frottement.

L'attention aujourd'hui portée sur cette teinture, qui comble une lacune dans notre fabrique, amènera probablement de meilleurs procédés ; en attendant, je crois celui que j'ai trouvé d'une pratique facile et d'un prix abordable pour les nuances claires ; mais les étoffes de luxe seules pourront le payer, jusqu'à ce que le prix du vert de Chine en permette un emploi plus général.

VIII.   OBJETS DIVERS.

1º *Procédés d'impression et de teinture,* par M. BROQUETTE DE GRILLON.

(Brevet d'invention de 15 ans, du 17 juillet 1847.)

Les matières colorantes qu'on emploie dans l'impression des tissus de laine, laine et soie, et soie, sont, en général, à l'état d'extraits ; on obtient ces extraits par la dissolution aqueuse des divers bois de teinture, de l'orseille, de la cochenille, etc., et par l'évaporation plus ou moins grande de ces décoctions. Mais il arrive qu'en faisant l'extraction par l'eau bouillante d'une matière colorante, on extrait en même temps diverses matières solubles qui accompagnent toujours, en plus ou moins grande quantité, les matières colorantes. Aussi, quand on évapore une dissolution aqueuse de matière colorante, on obtient pour résultat un extrait qui contient en même temps toutes les matières solubles, et cet extrait produit alors des couleurs bien moins pures que si la matière colorante eût été isolée ; cela est tellement vrai que, quand on veut teindre de la laine avec un extrait, les couleurs qui en résultent sont beaucoup plus ternes que si elles eussent été obtenues avec une dissolution aqueuse non évaporée de la matière colorante dont se compose l'extrait employé.

D'un autre côté, tous les extraits, surtout quand ils sont concentrés, déposent avec le temps toute la matière colorante qui n'est qu'en suspension ; en outre, le plus grand nombre d'entre eux déposent une matière visqueuse qui n'est probablement que de la matière colorante altérée ou dans un état particulier, et comme le dépôt qui se forme dans un extrait diminue le degré de concentration, on trouve, d'un tonneau d'extrait à un autre, une différence d'intensité variant suivant le volume du dépôt, qui varie lui-même suivant que l'extrait est vieux ou récent. Ces différences d'intensité causent nécessairement des irrégularités dans la fabrication. Mais il y a des irrégularités bien plus grandes, qui résultent de ce que les divers extraits n'attirent pas également l'humidité, et de ce que les agents chimiques qui entrent dans les couleurs augmentent ou diminuent leur tendance à absorber de la vapeur d'eau. Toutes ces causes réunies rendent la vaporisation une opération incertaine, qui présente beaucoup d'accidents.

On a donné jusqu'ici à l'opération de vaporiser, le nom de teinture sèche, ce qui semblerait indiquer que le concours de l'eau est inutile dans cette opération. Il n'en est pas ainsi cependant, car tous les fabricants ont soin de rafraîchir les pièces qu'ils doivent imprimer, soit en les tenant pendant un certain temps dans un lieu humide, soit en les mouillant dans l'opération même, et en n'ouvrant, pour commencer, que très-peu le robinet de vapeur, afin que cette vapeur, en se condensant sur les tissus, leur donne une certaine humidité qui leur est nécessaire. Sans ces précautions, on n'obtient que des couleurs faibles et grattées, à moins que les couleurs employées n'aient été rendues également hygrométriques, ce qui est extrêmement difficile. Qu'on vaporise un morceau de tissu imprimé, partagé en deux, un de ces morceaux très-sec, l'autre rendu humide, la couleur sur celui qui aura été vaporisé sec, sera faible et grattée, tandis que sur l'autre, elle sera vive et nourrie.

Il est donc constant que toutes les impressions sur laine, sauf quelques couleurs qui, comme le bleu de France, attirent fortement l'humidité, ont besoin, pour se bien combiner aux tissus, que l'on condense sur les pièces, avant ou pendant la vaporisation, la plus grande quantité de vapeur d'eau possible sans qu'il y ait coulage, et que si l'on obtient sur la même pièce en même temps des couleurs faibles, d'autres bien nourries et d'autres coulées, cela tient à ce que les couleurs se fixent inégalement parce qu'elles attirent inégalement l'humidité.

Pour remédier aux inconvénients que présente l'emploi des extraits et à ceux de la vaporisation, il fallait remplacer ces extraits par d'autres préparations, dans lesquelles les matières colorantes fussent dans un plus grand état de pureté et d'inaltérabilité, et qu'en outre ces préparations pussent se fixer aux tissus d'une manière uniforme et à un degré d'humidité aussi analogue que possible à un bain de teinture. C'est dans cette vue que j'ai entrepris les essais qui m'ont donné les résultats que je vais décrire.

Quand on verse dans une décoction de matière colorante (une décoction de fustet par exemple), un sel dont la base a beaucoup d'affinité pour la matière colorante (le chlorure de protoxyde d'étain, par exemple), un précipité insoluble a lieu, qui ne contient que peu ou point de matières solubles, lesquelles, dans ce cas, restent dans la dissolution aqueuse du bois de teinture.

Ce précipité, dans lequel la matière colorante se trouve dans un bien plus grand état de pureté que dans les extraits, se fixe parfaitement aux tissus, quoique insoluble, si la vaporisation a lieu avec beaucoup d'humidité.

La couleur obtenue à l'aide de ce précipité, peut être fixée aux tissus par la vaporisation, sans dessiccation préalable, à cause de l'insolubilité de la matière employée, et les tissus qui ont dû être séchés après l'impression, peuvent être remouillés sans qu'il en résulte aucun coulage en les vaporisant.

Ces observations faites, il ne restait plus qu'à chercher à former, à l'aide des matières colorantes et des sels employés en teinture, une variété de précipités qui donnassent, par l'impression, les couleurs qu'on obtient pour la teinture.

Les précipités qu'on peut obtenir sont en grand nombre; mais, comme ils ont une grande analogie, quant aux résultats qu'on en obtient, je me contenterai de décrire ceux que j'ai le plus étudiés et qui peuvent être d'un emploi général.

Le brevet porte donc sur l'application, à l'impression des tissus de laine, laine et soie, et soie, des précipités colorants insolubles, connus sous le nom de laques, obtenus par la séparation d'une matière colorante de sa décoction dans l'eau, au moyen d'un ou plusieurs agents chimiques, précipités pouvant, malgré leur insolubilité, se fixer aux tissus au moyen de la vapeur, et pouvant, à cause de cette même insolubilité, recevoir un nouveau mode de vaporation plus rationnel que l'ancien, parce qu'il est une véritable teinture à la vapeur, et parce que le tissu qu'on y expose est mouillé.

Voici la préparation de ces précipités : s'il s'agit du précipité du bois de Cuba, on fait une dissolution aqueuse de 100 kilogrammes de bois de Cuba réduit en copeaux, et dans ce bain, passé au tamis de soie, on verse peu à peu, en l'agitant, la dissolution de 10 kilogrammes de chlorure stannique dans un mélange de 20 kilogrammes d'eau et 4 kilogrammes d'acide sulfurique à 66 degrés.

Quand le précipité qui se forme est déposé, on décante le liquide qui surnage, et on le remplace par de l'eau qu'on renouvelle jusqu'à ce qu'elle ne soit plus acide.

Le précipité obtenu est mis sur le filtre et conservé humide.

Pour le précipité de bois de fustet, on fait une dissolution aqueuse de 100 kilogrammes de bois de fustet réduit en copeaux, dans ce bain, passé au tamis, on verse peu à peu en l'agitant, la dissolution de 10 grammes de chlorure stanneux dans 20 kilogrammes d'eau chaude.

Quand le précipité qui se forme est déposé, on décante le liquide qui surnage.

Le précipité obtenu est mis sur le filtre sans lavage préalable, et conservé humide.

Pour le précipité de gaude, on fait une dissolution aqueuse de 100 kilogrammes de gaude, et on ajoute pendant l'opération 1 kilogramme de sous-carbonate de soude. Dans ce bain, passé au tamis de soie, on verse peu à peu, en l'agitant, une dissolution de 2 kilogrammes d'alun dissous dans 8 kilogrammes d'eau chaude.

Quand le précipité qui se forme est déposé, on décante le liquide qui surnage.

Le précipité obtenu est mis sur le filtre sans lavage préalable, et conservé humide.

Pour le précipité d'orseille, on fait une dissolution aqueuse de 100 kilogrammes d'orseille préparée pour la teinture, dans ce bain, passé au tamis de soie, on verse peu à peu, en l'agitant, une dissolution de 22 kil. 500 d'alun exempt de fer, dans 100 litres d'eau chaude. Dès que le bain a été agité pendant cinq ou six minutes, on y ajoute une dissolution de 8 kil. 500 de sous-carbonate de soude dans 16 kilogrammes d'eau chaude.

Quand le précipité qui se forme est déposé, on décante le liquide qui surnage.

Le précipité obtenu est mis sur le filtre et conservé humide.

Enfin, pour le précipité de cochenille, on fait une dissolution aqueuse de 25 kilogrammes de cochenille, dans ce bain, passé au tamis; on verse peu à peu, en l'agitant, une dissolution de 6 kil. 250 de chlorure stanneux, et de 6 kil. 250 de stannique dissous dans 25 kilogrammes d'eau chaude.

Quand le précipité qui se forme est déposé, on décante le liquide qui surnage.

Le précipité obtenu est mis sur le filtre sans lavage préalable, et conservé humide.

Voici les moyens d'application :

A l'aide du bleu soluble, ou carmin d'indigo, qu'on trouve dans le commerce, et les diverses préparations colorantes qui précèdent, on peut obtenir tous les tons du jaune d'or, de jaune jonquille, de violette de Parme, de violet, de vert et autres couleurs composées, produisant ce qu'on appelle des couleurs de mode.

Je me contenterai de décrire ici la préparation des principales couleurs.

Couleur jaune d'or. — On prendra 2 kilogrammes d'une dissolution aqueuse de gomme du sénégal, d'une densité convenable, et 1 kilogramme de précipité de fustet ; le mélange étant opéré, on ajoute 30 grammes d'acide oxalique en dissolution dans un peu d'eau.

Vert par le bois de Cuba. — On prend 2 kil. 500 de précipité de bois de Cuba, on y fait dissoudre à chaud 750 gram. de gomme du Sénégal, 180 grammes d'alun et 60 grammes d'acide oxalique. Quand toutes ces matières sont bien mélangées, on y ajoute 2 kil. 500 de dissolution aqueuse de gomme du Sénégal, et 500 grammes de bleu soluble, ou carmin d'indigo, parfaitement broyés avec la dissolution aqueuse de gomme.

Autre vert par le précipité de gaude. — On prend 2 kil. 500 de précipité de gaude, on y fait dissoudre 1 kilogramme de gomme du Sénégal, on y ajoute ensuite 110 grammes d'alun, 30 grammes d'acide oxalique, 50 grammes de chlorure stannique. Toutes ces matières étant bien mélangées, on y ajoute du bleu soluble, ou carmin d'indigo, jusqu'à ce que la nuance de vert déterminée par la force du jaune soit obtenue.

Ponceau par le précipité de cochenille. — On prend 1 kilogramme de précipité de cochenille et on le mélange intimement avec 1 kilogramme de dissolution chaude de gomme du Sénégal ; on ajoute ensuite à ce mélange 65 grammes d'acide oxalique, et 65 grammes d'oxalate de potasse.

Couleur violette de Parme par le précipité d'orseille. — On prend 1 kilogramme d'une dissolution aqueuse de gomme, et on le mélange parfaitement avec 1 kilogramme de précipité d'orseille.

Pour fixer les couleurs qui précèdent, comme celles qui en dérivent, les appareils ordinaires sont convenables ; mais, comme toutes les matières colorantes qui font la base de ces couleurs sont insolubles, on ne doit exposer à la vapeur les tissus imprimés que parfaitement humides. Ainsi, les pièces imprimées au rouleau doivent être exposées à la vapeur 35 à 50 minutes sans être séchées préalablement, mais après avoir été doublées avec un doublier ou calicot mouillé.

Pour les pièces imprimées à la main, à une ou plusieurs couleurs, ou à la Perrotine, comme elles doivent être séchées préalablement, on s'assure qu'elles sont régulièrement séchées, et on les remouille en les enroulant dans un calicot régulièrement mouillé ou foulard. Après cette opération, dont la durée varie suivant la nature des tissus et le genre d'impression, on expose les pièces à la vapeur pendant 35 à 50 minutes.

Indépendamment de l'application des couleurs ci-dessus déterminées, il en est une autre qu'on va indiquer.

Jusqu'à ce jour, j'ai cherché une méthode de préparation des couleurs qui me permît de réaliser, avec perfection, les effets de teintes graduées, qu'on obtient au moyen de planches gravées en saillies également graduées, fabrication pour laquelle j'ai pris un brevet d'invention le 4 mars 1845; mais les résultats que j'ai obtenus n'ont pas été complètement satisfaisants, tant que j'ai opéré avec des matières colorantes solubles; les empreintes formées avec ces matières colorantes disparaissaient peu à peu, à cause de la tendance de ces matières à suivre la fibre du tissu.

J'ai essayé successivement toutes les substances propres à épaissir les matières colorantes; mais les gommes, par la viscosité qu'elles donnent à la couleur, ne produisent que de mauvais effets; et les amidons, qui sont plus convenables parce qu'ils procurent un épaississant moins visqueux, ne m'ont donné cependant que des couleurs ternes et grattées.

Depuis que j'ai trouvé la nouvelle méthode de préparation des matières colorantes, j'ai reconnu, dans l'insolubilité de ces matières colorantes, un moyen de réaliser avec une grande perfection les impressions graduées.

2º *Savon de teinture par M. Menuel.*
(Brevet de 15 ans, du 15 avril 1847.)

Ce savon est composé de :

Huiles ordinaires ou corps gras. . . .	80 kilog.
Huile de palme.	5
Essence de térébenthine.	15
En tout.	100

On ajoute de 5 à 6 litres de lessive de potasse à la chaux à 5 degrés, et 18 à 20 litres de lessive à 22 degrés.

Les proportions peuvent varier dans de certaines limites, suivant la qualité des éléments et la température de la cuisson ; cette cuisson doit durer de dix à douze heures.

3° *Moyen pour fixer la matière colorante de la garance à la teinture et l'impression,* par M. J.-R. JOHNSON.

Ce moyen consiste dans l'emploi de la caséine, de l'albumine, et généralement des matières organiques nitrogénées, solubles dans les alcalis, pour fixer l'alizarine ou matière colorante de la garance. Les composés organiques nitrogénés utiles pour cet objet sont ceux connus sous la dénomination de composés de protéine. Voici les divers modes employés pour cet objet :

A. On combine la matière nitrogénée avec le coton ou la fibre qu'on veut teindre ou imprimer ensuite avec la garance ;

B. On combine la matière nitrogénée avec la matière colorante de la garance qui doit servir ensuite à teindre ou à imprimer le coton.

Dans le premier cas, on imprègne le coton avec du lait dont on a enlevé la crème, et qu'on a étendu d'environ huit fois son poids d'eau, puis on sèche complètement.

a. Le tissu ainsi traité peut être recouvert uniformément par un mordant de fer ou d'alumine, et après cette préparation être travaillé comme il suit :

1° Recevoir une teinte uniforme en le passant en teinture dans un bain d'extrait de garance ;

2° Etre imprimé avec différentes formes ou dessins avec l'extrait de la matière colorante de la garance mélangée à un épaississant, et la couleur ainsi imprimée fixée par la vapeur.

b. Le tissu imprégné de lait peut être imprimé :

1° Avec les mordants ordinaires pour la garance, puis passé dans un bain de cette matière ;

2° Avec la matière colorante de la garance mélangée au mordant de sel de fer, ou d'alumine, ou un mélange de tous deux, et un épaississant en fixant à la vapeur.

Dans le second cas, on combine, comme on a dit, la matière nitrogénée avec celle de la garance avant la teinture et l'impression, soit par simple addition de l'une d'elles à l'autre, soit en les combinant ou mélangeant ensemble intimement de la manière suivante :

La matière colorante de la garance est dissoute dans l'ammoniaque, et à cette solution on ajoute celle de la matière nitrogénée, lait, albumine soluble, ou autre composé protéique dissous dans un alcali. Le mélange est précipité par un acide, et le précipité lavé renferme les matières nitrogénée et colorante dans la forme sous laquelle on l'emploie comme il suit :

1° Comme couleur d'application sur tissu imprégné d'un mordant et fixation par la vapeur ;

2° Comme couleur d'application sur tissu non mordancé, le mordant étant mélangé à la couleur avant l'impression ;

3° Enfin on peut s'en servir pour composer le bain de teinture pour le coton qu'on a imprimé au rouleau avec les mordants ordinaires pour garance.

Dans le premier cas, il vaut mieux employer une forte proportion de matière nitrogénée. Pour une partie de matière colorante pure, on ajoute environ 100 parties de lait par écrémé, et on précipite par un acide. La masse ou mélange de caséine et de matière colorante est alors lavée, et en y ajoutant une petite quantité d'alcali, elle est toute préparée pour l'impression. La caséine en partie dissoute par l'alcali agit comme épaississant.

Ou bien on forme avec la caséine, ou autre produit protéique, une sorte de mucilage avec un alcali, et on ajoute la matière colorante à la masse épaissie.

Dans les cas 2° et 3°, une petite quantité de matière nitrogénée suffit pour produire des résultats marqués, mais généralement, j'emploie environ un cinquième de la quantité de caséine indiquée ci-dessus, c'est-à-dire pour une partie de matière colorante, la caséine de vingt parties de lait écrémé, ou d'autre composé de protéine à l'état de solution.

4° Mode de dosage des indigos, par M. F. PENNY, professeur de chimie à Glascow.

La détermination de la vapeur de l'indigo, au moyen du chlore, que Berthollet avait proposé, et qui a été mise en pratique par Descroizilles, a été jusque dans ces derniers temps le mode le plus usuel, en se servant pour source du chlore, soit d'eau chlorée, soit de chlorure de chaux.

Quelques chimistes ont prétendu qu'on ne pouvait parvenir à doser avec quelque exactitude l'indigo qu'après qu'on avait enlevé les diverses impuretés qui le souillent, en le traitant, successivement par un acide étendu, un alcali caustique, l'alcool et l'eau, puis pesant ensuite le bleu d'indigo qui restait. D'autres ont donné la préférence au procédé qui consiste à réduire l'indigo bleu par des matières désoxydantes, puis à le précipiter à l'état pur et à le recueillir. Cette méthode a été recommandée au commencement de ce siècle par Pringle, qui employait les matériaux connus, savoir : le sulfate de fer et de chaux, comme agents de réduction et de solution, et précipitait l'indigo dans la solution claire par l'acide chlorhydrique. Mais les manipulations dans ce procédé sont longues et fastidieuses, et, comme l'indigo réduit, possède, comme on le sait aujourd'hui, la propriété de former avec la chaux deux combinaisons, l'une soluble et l'autre insoluble, il en résulte qu'il ne fournit pas toujours des résultats satisfaisants.

M. Dana a proposé une autre méthode, qui repose, toutefois, sur le même principe. Il fait bouillir l'indigo avec de la soude caustique, et y ajoute avec précaution du chlorure d'étain, jusqu'à ce que l'indigo bleu soit réduit et dissous complètement. Il précipite alors la solution claire par du bichromate de potasse, et lave avec soin le précipité avec de l'acide chlorhydrique étendu, on fait sécher et on pèse. (Voir le *Technologiste*, vol. II, p. 449.)

M. Fritzsche recommande de dissoudre et réduire l'indigo broyé finement, par la potasse caustique, le sucre de raisin et l'alcool, procédé qui, comme Berzelius l'a fait remarquer, est le plus propre à préparer l'indigo à l'état pur ; mais qui, comme mode d'essai de l'indigo, suppose une grande dextérité pratique chez le manipulateur (1).

La méthode de M. Chevreul, qui consiste à épuiser la solution d'indigo, comme matière colorante, avec du coton, soulève naturellement de nombreuses objections.

(1) Le procédé de M. Fritzsche étant probablement peu connu de nos lecteurs, nous essaierons d'en donner ici une description sommaire que nous empruntons au *Journal für praktische Chemie*, v. XXVIII p. 16 et 193. On prend 1 partie d'indigo, 4 parties de sucre de raisin, qu'on introduit dans une fiole pouvant contenir 40 parties de liqueur, puis on verse jusqu'à la moitié de la fiole de l'alcool bouillant, et on y ajoute un mélange de 1 partie 1/2 de solution concentrée de soude caustique avec l'autre moitié de l'alcool. La fiole ainsi remplie est fortement bouchée et abandonnée au repos pendant quelque temps ; puis, lorsque la liqueur s'est éclaircie, on la décante au siphon dans une autre fiole. La liqueur ainsi obtenue, tant que l'oxygène de l'air ne la frappe pas, est couleur rouge-jaune intense : mais aussitôt qu'elle est mise en contact avec l'oxygène, elle passe par couches par toutes les nuances du rouge et du violet au bleu, et tout le bleu d'indigo qu'elle renferme s'y dépose en paillettes. Comme toutes les autres matières, tant celles insolubles dès l'origine, que celles qui se sont dissoutes après la précipitation du bleu, ont été séparées, ce bleu est alors d'une pureté qui ne laisse rien à désirer. On le jette sur un filtre où on le lave avec un peu d'alcool, puis avec de l'eau chaude, opération nécessaire, parce qu'en général des gouttelettes d'une matière insoluble dans l'alcool se précipitent sur les cristaux qui résultent de la réaction de la soude sur le sucre de raisin. 4 grammes d'une sorte moyenne d'indigo du commerce ont donné par une première extraction 2 grammes d'indigo pur ; le résidu, soumis à une nouvelle extraction, en a fourni encore 0gr.125. Le nouveau résidu était presque complètement dépouillé de matière colorante.

M. Reinsch a conseillé de dissoudre 7 centigrammes d'indigo dans de l'acide sulfurique concentré, et de déterminer sa valeur par la quantité d'eau qu'il est nécessaire d'ajouter pour amener la couleur de la dissolution à une certaine nuance déterminée. Ce procédé, simple et d'une application facile, a été mise en pratique par le docteur Ure, dès l'année 1830. (Voir le *Technologiste*, vol. 12, p. 15.)

Les avantages et les inconvénients de toutes ces méthodes ont été exposés avec développements, par M. le docteur Bolley, dans un mémoire sur un nouveau mode qu'il a proposé, et qui consiste à se servir comme source du chlore, du chlorure de potasse et de l'acide chlorhydrique.

La méthode que je propose aujourd'hui est fondée sur ce fait, que l'indigo, en présence de l'acide chlorhydrique, est décoloré par le bichromate de potasse. Ce sel est, depuis longtemps, employé dans l'impression des tissus, comme rongeant pour l'indigo et autres couleurs, ainsi que pour le blanchiment des huiles, des graisses et autres matières. Les manipulations pour l'appliquer au dosage des indigos du commerce sont d'une extrême simplicité.

On broie intimement 64 centigrammes de l'échantillon d'indigo réduit en poudre fine avec 3 gr. 544 d'acide sulfurique fumant, et on laisse digérer le mélange pendant 12 à 14 heures hors du contact de l'air, et en agitant de temps à autre. Une fiole à fond plat avec son bouchon fermant bien, est un vase parfaitement approprié à cette opération. Il convient, toutefois, d'y introduire quelques morceaux de verre cassé, pour faciliter le contact entre l'indigo et l'acide pendant qu'on agite, et empêcher que l'indigo ne forme des pâtons que l'acide ne pourrait pas pénétrer. Il y a aussi avantage à placer la fiole qui renferme le mélange dans un lieu dont la température s'élève de 17° à 21° R., afin que l'acide puisse exercer toute son action. Toutefois, il faut éviter une température supérieure à 21°, parce qu'il pourrait se former de l'acide sulfureux qui ferait complètement manquer l'essai. On doit enfin veiller avec le plus grand soin à ce que tout l'indigo soit complètement dissous dans l'acide.

Quand on a atteint ce résultat, on verse lentement la dissolution, et en agitant toujours, dans 0 lit. 568 d'eau contenue dans une capsule, et on y ajoute aussitôt 23 grammes d'acide chlorhydrique concentré, puis on lave la fiole avec de l'eau pure.

La liqueur titrée consiste en 0 gr. 486 de bichromate de potasse pur et bien sec qu'on dissout dans 100 parties en volume d'eau. On verse avec un alcalimètre qu'on a rempli avec ces 100 parties de liqueur titrée, et cela peu à peu et par petites portions dans la solution d'indigo étendue contenue dans la capsule, jusqu'à ce qu'une goutte du mélange qu'on fait tomber sur une bande de papier blanc sans colle présente nettement une couleur brun clair sans aucun mélange de bleu ou de vert. L'opération est alors terminée, on lit sur la burette le nombre de parties de la liqueur titrée qu'on a employées, et ce nombre exprime la valeur relative de l'indigo essayé.

Pour l'épreuve d'une goutte sur le papier sans colle, on opère au mieux en mettant en contact avec la solution d'indigo l'extrémité d'une baguette de verre, qu'on applique aussitôt très-doucement sur la surface du papier. La tache qu'on produit ainsi est circulaire et bornée à une étendue suffisante. Sur ce papier sans colle, il est bien plus facile de reconnaître jusqu'aux moindres traces de couleur bleue que sur un carreau de verre, et, en outre, après la dessiccation, on peut conserver ces marques pour des comparaisons ultérieures, parce qu'elles n'éprouvent aucun changement.

Il est avantageux de chauffer doucement la solution d'indigo pendant qu'on ajoute la liqueur chromique, et nécessaire de bien agiter le mélange après chaque addition. Quand on commence, on peut verser plusieurs divisions de la burette sans avoir à craindre de faire fausse route; mais, vers la fin, il ne faut ajouter la liqueur titrée que très-lentement et avec la plus grande attention, parce qu'alors une ou deux gouttes exercent une action très-marquée. Au moyen des changements caractéristiques de couleur que le mélange présente pendant qu'on verse la solution chromique, on est suffisamment averti que l'opération tire à sa fin. La couleur bleue de la solution s'éclaircit par place, et au bout de quelque temps, elle prend un ton verdâtre, puis elle passe bientôt au brun-verdâtre, et presque aussitôt après au brun d'ocre clair.

J'ai, par cette méthode, fait avec le plus grand soin l'essai de l'indigo pur préparé par la méthode de Fritzsche, et au moyen de trois opérations, presque complètement d'accord entre elles, j'ai trouvé que 0 gr. 53 d'indigo pur exigeaient, à bien peu de chose près, 0 gr. 39 de bichromate de potasse. J'ai, en conséquence, employé cette quantité de sel pour préparer la solution dans l'alcalimètre.

Je vais faire connaître dans le tableau suivant, le résultat de mes expériences sur divers échantillons d'indigos du commerce.

	PROVENANCES.	PRIX DU KILOGRAMME en 1851.	DEGRÉS ALCALIMÉTRIQUES employés.	PROPORTION DE CENDRES en centièmes.	PROPORTION D'EAU en centièmes.
			degrés.		
Fourni par un courtier d'indigo.	Indigo des Indes orientales	16 f. 71	68	4.5	5.0
	Idem	15 85	66	5.8	6.0
	Idem	15 18	64	8.1	8.0
	Idem	14 52	54	11.0	7.0
	Idem	12 54	51.5	7.2	7.5
	Idem	12 30	54	3.6	7.0
	Idem	11 33	45	14.0	8.4
	Indigo d'Espagne	11 26	55	12.3	6.0
	Idem	10 12	50	13.0	7.0
	Idem	9 25	44.5	19.0	5.5
	Idem	7 47	28	33.4	4.5
Fourni par M. C. Tennant et Cⁱᵉ, de Glasgow	Indigo du Bengale	13 20	64	5.9	4.0
	Idem	12 54	47	24.6	5.0
	Indigo de Bénarès	12 09	45	20.7	8.4
	Indigo de Guatémala	11 22	50	16.0	6.5
	Indigo de Madras	9 66	41	10.6	6.7
	Indigo de Oude	9 66	46	6.3	8.5
	Indigo de Caraccas	9 25	52.5	16.2	6.4
	Indigo de Madras	7 26	35	33.3	6.0
F. p. MM. R. et L. Henderson, de Glasgow.	Indigo de Java	14 52	63.5	5.4	4.8
	Indigo du Bengale	12 75	59.5	7.5	5.0
	Idem	10 56	56	11.0	5.3
	Idem	8 80	45.5	14.0	7.2
	Idem	3 95	24	44.0	4.4
	Indigo de Manille	8 80	35.5	28.0	5.0
	Idem	5 28	26.5	50.0	5.4

On voit, d'après ce tableau, combien il est prudent d'estimer la valeur d'un indigo d'après ses caractères extérieurs, tels que la couleur, la cassure, la texture, l'aspect cuivré lors du frottement, le poids, etc., et qu'il est toujours nécessaire d'avoir recours, dans son estimation, à ce mode d'épreuve chimique, qui permet de faire 20 à 30 essais par jour, quand on a eu soin de faire dissoudre la veille au soir les échantillons dans l'acide.

Je crois devoir rappeler ici qu'on m'a adressé, il n'y a pas longtemps, un échantillon d'indigo pour en faire l'examen, et dont on proposait, sous le nom d'indigo raffiné, la vente à Glasgow, au prix de 10 sh. la livre (26 fr. 50 c. le kilog.) Cet indigo a donné 9 pour 100 de cendres et 2.5 d'amidon. 0gr.53 dissous dans l'acide sulfurique ont exigé 82 parties de liqueur titrée. Il est sous la forme d'une poudre très-fine et a une couleur bleue intense avec éclat cuivré. En supposant que sa qualité reste constante, il y aurait, sans nul doute, plus d'avantage à l'employer au prix de 10 sh. que la plupart des sortes d'indigo qu'on trouve dans le commerce.

Je sais très-bien qu'on peut élever, contre la méthode que je préconise, quelques-unes des objections qu'on a adressées à l'essai par le chlore. Ainsi, par exemple, il est évident que lorsqu'on n'apporte pas un soin tout particulier pour opérer la dissolution de l'indigo dans l'acide sulfurique, une partie de cet indigo peut rester sans se dissoudre, d'où il résulte que la richesse de l'échantillon est évaluée trop bas. D'un autre côté, avec les sortes inférieures d'indigo, il y a dégagement d'acide sulfureux, et par conséquent dépense d'une plus grande quantité de bichromate de potasse que ne l'exige l'indigo réel dans l'échantillon. On pourra aussi lui reprocher que le bichromate de potasse en présence de l'acide chlorhydrique peut réagir sur les autres matières renfermées ordinairement dans l'indigo ; mais, d'après les nombreuses expériences que j'ai entreprises sur des sortes très-diverses d'indigo, je crois pouvoir conclure que cette influence est bien minime et à peine sensible quand l'opération est conduite avec soin. D'ailleurs, Berzelius et M. Schlumberger ont exprimé la même conviction pour l'essai par le chlore, et cette conviction est appuyée par ce fait que l'indigo, très-riche en matière colorante brune, etc., consomme une très-faible quantité de bichromate de potasse.

Sans avoir la prétention que mon mode d'essai ait une exactitude scientifique, je le crois néanmoins très-propre à déterminer la valeur relative des diverses sortes d'indigo, et pense qu'il mérite la préférence, sous plusieurs rapports, sur les modes d'essai actuellement connus. Le bichromate de potasse est d'ailleurs un sel adapté à ce genre d'épreuve,

Teinturier.

parce qu'il est très-facile à purifier, toujours de composition constante et qu'on peut le conserver longtemps sans changement apparent.

5º *Filtres et préparation du carmin, par* M. BURCK.
(Brevet de 15 ans, du 15 mars 1845.)

L'inventeur fait passer les liquides à filtrer à travers des plaques composées par un mélange intime de terre glaise et de sciure de bois. Cette pâte à laquelle il a donné la forme voulue, est mise au four et produit une matière poreuse propre à la filtration. Ces filtres sont immobiles, ou animés d'un mouvement de rotation, suivant les circonstances.

Pour préparer le bleu d'indigo, on fait dissoudre l'indigo dans l'acide sulfurique de Nordhausen, on étend cette dissolution de 8 ou 10 fois son volume d'eau ; on filtre, on lave le dépôt, et on verse dans le liquide filtré de l'hydrochlorate d'ammoniaque jusqu'à ce que le liquide ait perdu sa couleur bleue. On filtre et on lave avec de l'eau contenant un peu de sel marin. Ce produit est du sulfo-indigotate d'ammoniaque soluble dans quarante ou cinquante parties d'eau froide.

6º *Nouveau mordant de teinture, par* M. VIZARD,
de Londres.

Je me procure des eaux-mères des fabricants d'alun, et je préfère les eaux-mères prises à cette période des procédés de la fabrique d'alun, quand on vient d'obtenir tout l'alun qui puisse être utilement retiré en état de cristallisation, et après qu'un ou plusieurs précipités de sel d'epsom ont été retirés.

Dans cet état, les eaux-mères sont appelées, en Angleterre, *salt-mothers*, et contiennent de l'alumine, des oxydes de fer, de le magnésie, de l'acide sulfurique ou acide muriatique, si on s'est servi du muriate de potasse dans la fabrication d'alun, mais il faut qu'il soit entendu que je ne me borne pas à l'emploi des eaux-mères prises au moment susindiqué, puisque les eaux-mères prises à toute autre période de procédé de fabrication de l'alun peuvent servir.

En préparant ces eaux-mères pour la teinture, j'ajoute du sel ordinaire en proportion suffisante pour que la soude puisse absorber l'acide sulfurique, formant ainsi le sulfate de soude.

L'eau ainsi préparée et obtenue contiendra de l'alumine, des oxydes de fer, de la magnésie, de l'acide sulfurique, de l'acide muriatique, du sulfate de soude, et c'est la production et l'emploi de cette eau qui constituent l'invention.

Pour le transport et la vente, je préfère évaporer jusqu'à la cristallisation, l'eau ci-dessus décrite, de manière à former un sel composé par les principes qui sont connus.

En se servant de cette invention pour la teinture, l'eau préparée ainsi qu'il a été indiqué, ou la solution du sel, doit être plus ou moins diluée d'eau, suivant la profondeur de la teinte qu'on veut produire, comme on fait avec les mordants actuellement en usage, et le bain ainsi préparé doit être appliqué aux matériaux qui doivent être teints, de la manière ordinaire d'appliquer les mordants, ainsi qu'il est bien connu dans les opérations variées des teinturiers.

7° *Préparation de l'indigo pour la teinture et l'impression, par M. W.-J. WARD.*

On prend deux litres d'une bouillie contenant environ 1 kilogramme d'indigo Bengale broyé, et on y mélange intimement 2 litres de glycose préparé avec de l'amidon de riz ou autre substance de ce groupe. On prend ensuite 1 kilogramme de chaux éteinte délayée dans l'eau qu'on mélange parfaitement avec l'indigo et le glycose, on ajoute enfin 1 kilogramme de soude caustique solide, et on agite avec un très-grand soin. Ce mélange renferme les éléments de réduction; mais comme la décomposition chimique y est faible aux températures ordinaires, il n'éprouve que bien peu de changement pendant une période de temps qui varie suivant la condition dans laquelle on le conserve, et dans les circonstances ordinaires, il se maintient suffisamment longtemps pour les besoins de la pratique. L'expérience ne tarde pas du reste à faire connaître la durée possible de cette conservation.

Le composé ainsi préparé est prêt pour les travaux d'impression qu'on exécute à la manière ordinaire, après quoi les pièces sont soumises à un vaporisage qui favorise l'action faible et dormante du glycose et réduit l'indigo. Le degré de température employé au vaporisage, et le temps pendant lequel on y soumet les pièces doit être prolongé jusqu'à ce que l'effet de réduction ait lieu complètement; c'est une affaire d'expérience; mais pour indiquer des limites, on dira que les pièces doivent être passées dans une vapeur d'une pression un peu supérieure à celle de l'atmosphère pendant environ une demi-minute; si on poursuivait plus longtemps, la couleur pourrait éprouver des avaries.

Parfois, au lieu de vaporiser les pièces, on effectue la réduction de l'indigo dans des capacités où l'on a fait le vide, et qu'on remplit d'oxygène libre ou de gaz d'éclairage.

Pour teindre ou imprimer, par exemple, avec cet indigo réduit par le glycose ou autres substances de ce groupe, on mélange ensemble les matériaux, à savoir : l'indigo, le glycose, la chaux et la soude caustique, ainsi qu'on l'a expliqué plus haut, on applique la chaleur, ou bien on abandonne

pendant un temps suffisant à la température ordinaire jusqu'à ce que la réduction ait lieu, et on monte en particulier une cuve de la manière qui suit : On prépare une suffisante quantité du mélange et on laisse la réaction se manifester, puis on introduit dans la cuve qui est prête à la teinture. Seulement, dans le cas où l'alcali pourrait être nuisible, on le neutralise par un acide, et l'indigo blanc est ensuite redissous par la chaux.

On décrira maintenant la méthode pour combiner l'indigo avec d'autres substances et en obtenir diverses couleurs, et on supposera, pour rendre la chose plus claire, que l'indigo est mélangé au glycose, à la chaux et à la soude, comme on l'a expliqué précédemment. Ce mélange, qui produirait du bleu, est modifié par le mélange de l'une ou l'autre des substances qu'on connaît ou qu'on emploie pour cet objet. On produit un vert par un sel de plomb, dont on fait varier la quantité suivant la nuance qu'on veut obtenir et en avivant par une solution de chromate de potasse; ou bien on mélange de l'alumine ou de l'oxyde d'étain à l'indigo, puis on passe dans un bain de garance, de campêche ou de toute autre matière suivant la couleur désirée.

En résumé, ce procédé repose sur la réduction de l'indigo par le glycose, les sucres de raisin, de fécule ou de canne, la dextrine et autres substances de ce groupe.

8° *Extraction de la matière colorante de la gomme-laque, par MM. C.-A. Kurtz et L.-A. Noël.*

On brise la gomme-laque ou laque en bâtons en morceaux, on extrait les fragments de bois qu'elle renferme, puis on la réduit en poudre fine dans un moulin ou un mortier, et on la passe au tamis. On prend 500 grammes de cette laque en poudre et on la tamise avec soin et peu à peu dans trois litres d'eau presque bouillante contenant environ 5 grammes de carbonate de soude, et quand les 500 grammes ont été ajoutés, on fait bouillir jusqu'à ce que la laque soit entièrement dissoute. On abandonne la liqueur au repos et on sépare l'eau ou la solution de la matière encore une fois, ou à plusieurs reprises. Les solutions ou extraits ainsi préparés sont mélangés ensemble, et le résidu insoluble jeté sur un filtre pour égoutter.

Pour précipiter la matière colorante de ces substances, on se sert d'une dissolution d'étain qu'on prépare de la manière suivante : 300 parties de sel d'étain bien exempt de zinc sont mouillées avec une petite quantité d'eau, et quand le tout est dissous on y ajoute, par petites portions à la fois, 180 parties d'acide chlorhydrique, et enfin 200 à 300 parties d'eau. Cette solution d'étain est ajoutée peu à peu aux extraits précédents, jusqu'à ce qu'il y ait précipitation de la matière colorante. On laisse alors reposer jusqu'à ce que la liqueur surnageante devienne claire. On peut ajouter un peu d'eau, puis tirer au clair, et jeter sur un filtre le précipité ou dépôt, qui alors a la consistance d'un sirop. On le mélange en cet état avec le tiers ou la moitié de son poids de kaolin ou de terre à pipe humectés d'eau qu'on fait passer à travers un tamis avec le dépôt. La pâte ainsi produite est mise en pains et séchée.

Pour en faire usage, on la dissout dans l'eau bouillante, puis on y ajoute de l'eau chaude et un petit excès d'acide chlorhydrique. La laine ou autre matière qu'on veut teindre est plongée ou bouillie dans ce bain, jusqu'à ce qu'elle ait acquis la nuance désirée.

On peut obtenir des nuances variées par des additions de tartre.

La résine ou la partie insoluble de la gomme-laque qui reste dans la première partie de l'opération est dissoute dans 6 à 6 1/2 litres d'eau bouillante contenant environ 70 grammes de carbonate de soude, et quand la dissolution est opérée, on laisse refroidir, on filtre et on blanchit au chlorure de soude. En cet état, on ajoute de l'acide acétique ou autre acide en léger excès pour neutraliser l'alcali, et la résine se coagule en flocons qu'on enlève à l'eau noire et qu'on jette dans l'eau chauffée à environ 65° C., où les flocons se réunissent en une masse poreuse. On refond cette masse dans l'eau bouillante pour la débarrasser de toute trace d'acide, et on la jette dans des moules de forme quelconque.

Quand on opère sur le lac-dye ou sur la matière colorante déjà extraite de la gomme-laque, on traite immédiatement par l'acide. A cet effet, on mouille et on fait moudre en ajoutant peu à peu de l'eau jusqu'à ce qu'on amène à l'état de pâte demi-fluide. A 500 parties de lac-dye ainsi traitées, on ajoute de 50 à 80 parties d'acide sulfurique, on mélange avec soin, on agite de temps à autre la liqueur pendant trois jours, puis on y ajoute 7,000 à 8,000 parties d'eau, on agite et on abandonne au repos. On décante l'eau, le résidu est traité de la même manière, puis mis à égoutter sur un filtre. En cet état, on ajoute 8 parties de tartre réduit en poudre, et 15 parties de terre à pipe humide qu'on broie avec le résidu, on moule ensuite en pains qu'on fait sécher. Cet extrait ou préparation est dissous dans l'eau chaude, comme précédemment, on y ajoute une portion de la solution d'étain, et on passe en teinture la laine ou autre matière dans le bain ainsi préparé.

On peut très-bien faire varier les proportions indiquées des différents ingrédients.

9° *Fabrication de l'extrait d'orseille, par M.* MARTIN.

Ce procédé consiste, contrairement à ceux suivis jusqu'à ce jour, à extraire le principe colorant des lichens avant de les soumettre aux agents propres à faire développer la couleur.

Ce principe étant soluble, il faut procéder par décoction ou par infusion.

Pour atteindre ce but, le lichen est préalablement purgé de tous corps étrangers, puis il est pilé grossièrement au moyen d'une meule verticale, après quoi il est porté dans une chaudière chauffée à feu nu ou par la vapeur : ce dernier mode est de beaucoup préférable.

Après avoir versé la quantité d'eau jugée nécessaire, 5 parties au moins pour 1 de lichen, on porte à l'ébullition, que l'on maintient pendant quatre ou cinq heures.

En procédant par infusion, on verse sur le lichen une quantité moindre d'eau bouillante, et on fait infuser en vase clos.

Après avoir opéré de d'une ou de l'autre manière, on retire le liquide au moyen d'un robinet adapté à la chaudière, et l'on soumet le lichen à une forte pression pour en extraire toutes les parties aqueuses. Ces opérations sont renouvelées jusqu'à ce que le lichen soit entièrement épuisé.

En procédant par infusion, il n'est guère possible d'extraire toutes les parties solubles, mais les produits sont plus beaux.

Après ces diverses opérations, toutes les décoctions sont réunies, et elles marquent ordinairement 3 à 4 degrés à l'aréomètre de Baumé (pèse-sirop).

On comprend que la densité varie suivant la qualité du lichen, la quantité d'eau employée, la durée et le mode des opérations.

Le lichen traité par décoction est réduit à peu près à la moitié de son poids.

Pour purger la liqueur de tous les corps qu'elle tient en suspension, on la passe au filtre, puis on la soumet à l'évaporation pour la porter au point de concentration jugé nécessaire, lequel varie de 10 à 15 degrés de l'aréomètre.

De même, lorsque l'on veut obtenir un produit plus limpide pour l'impression, il faut le soumettre à la clarification par le sang de bœuf, dans les proportions de 1/2 kilogramme pour 100 kilogrammes de liqueur.

Le sang est délayé à froid dans cette liqueur, que l'on a soin de bien agiter pour faire une égale répartition de l'albumine du sang ; ensuite on chauffe en continuant d'agiter jusqu'à ce que la température s'élève de 55 à 60 degrés centigrades; alors cessant de remuer, l'albumine ne tarde pas à se coaguler et à se porter à la surface du liquide. On continue de chauffer pour faire monter quelques bouillons qui déterminent une écume assez abondante que l'on a soin d'enlever.

La clarification étant terminée, la liqueur, amenée au degré de concentration voulu, est versée dans un vase préparé *ad hoc*. On ajoute 15 pour 100 d'alcali volatil à 21 degrés, pour l'extrait tirant 12 degrés. Le dosage est en rapport avec la plus ou moins grande concentration du liquide.

À partir de ce moment, le mélange est remué trois fois par jour avec une spatule ou par tout autre moyen ; l'essentiel est d'exposer, autant que possible, toutes les parties de la liqueur à l'action de l'air.

Pour cette opération, qui est d'une très-grande importance, je donne la préférence à un tonneau muni d'un robinet, portant à son extrémité inférieure une grille semblable à celle d'un arrosoir. Le robinet est ouvert trois fois par jour, et la liqueur est reçue dans un baquet.

En passant par la grille, la liqueur, qui tombe en filets, se trouve exposée dans toutes ses parties à l'action de l'oxygène.

Au moyen d'une pompe à main, cette liqueur est reportée dans le tonneau.

Au deuxième ou troisième jour, le principe colorant commence à se développer et suit une marche progressive jusqu'à ce qu'il ait atteint le maximum de son développement, ce qui a lieu après quarante-cinq à cinquante jours.

Lorsque l'orseille est parvenue à ce point, pour obtenir des teintes plus violettes ou plus rouges, on fait une légère addition de soude pour les nuances violettes, ou pour les rouges on met un peu d'acide.

Le dosage varie selon l'intensité des teintes à obtenir.

Afin de faire connaître la différence qui existe entre mon procédé et ceux suivis jusqu'à ce jour, je vais donner quelques détails sur ces derniers ; ils feront ressortir tous les avantages qui doivent résulter de l'emploi de mes nouveaux procédés.

Pour préparer l'orseille par les procédés connus, on nettoie et l'on pile les lichens ; après quoi ils sont portés dans une cage, où ils sont arrosés avec de l'ammoniaque faible ou bien de l'urine, de manière à en former une pâte épaisse. Dans ce dernier cas, on fait une addition de chaux. L'on fait macérer pendant deux ou trois jours, en ayant soin de remuer plusieurs fois par jour.

Lorsque la couleur est bien développée, cette orseille en pâte est livrée à la teinture, ou bien elle subit une préparation qui la rend propre à l'impression des étoffes.

À cet effet, on traite cette orseille par plusieurs décoctions aqueuses pour en retirer le colorant sous forme d'extrait liquide, que l'on fait évaporer jusqu'au degré de concentration désiré.

Il suffit de comparer les deux procédés pour reconnaître les inconvénients de ce dernier et les avantages du mien. En effet, la plante du lichen qui reste dans la pâte, et la chaux que l'on y fait entrer absorbent en pure perte une partie des agents chimiques, et, dans les expéditions, les frais de transport, surtout pour l'exportation, sont plus que doublés par les matières solides qui sont inutiles, et qui même, dans certaines conditions, occasionnent une fermentation qui détruit le colorant.

Dans son emploi en teinture, pour dissoudre cette pâte et en extraire la couleur, il faut procéder par plusieurs ébullitions, qui ont l'inconvénient d'altérer le colorant et d'occasionner de grands frais de combustibles, tandis que pour employer ma nouvelle orseille, de l'eau tiède suffit.

10° *Sur l'emploi de l'aniline dans la teinture, principalement dans celle de la soie, par M. BOLLEY, de Zurich.*

A ma connaissance, on n'a encore rien publié dans les journaux industriels sur la teinture avec les produits d'oxydation que l'aniline fournit par l'action du chromate de potasse et de l'acide sulfurique, si ce n'est peut-être une annonce faite depuis peu par M. C. Calvert, de Manchester, qui nous apprend que M. Perkins a pris une patente pour un procédé propre à teindre avec l'aniline. Avant que cette indication, d'ailleurs fort vague, me parvint, j'avais été informé dans l'automne de 1857, par une communication verbale de M. Hoffmann, de Londres, qu'on fabriquait actuellement une grande quantité d'aniline en Angleterre, dans le but d'en préparer une matière colorante bleue, mais sans toutefois être parvenu à me procurer des renseignements sur le procédé et sur la manière dont on fixait cette matière sur la fibre.

Un petit échantillon de soie colorée en violet soumis à mon inspection et provenant des teintureries de Lyon, m'a déterminé à entreprendre quelques expériences pour reproduire cette nuance sur soie. J'ai d'abord conjecturé à l'inspection de cet échantillon qu'il pouvait bien avoir été teint avec le principe appelé Pittacall par M. Reichenbach et dont M. W.-H. de Kurrer, dans son ouvrage publié en 1858 et intitulé *Nouveautés dans les arts de la teinture et de l'impression*, a dit ce qui suit :

« Le pittacall a été découvert par M. Reichenbach, de Blansko, qui l'a extrait du goudron de bois. Ce corps se présente sous l'aspect d'une belle matière colorante bleue par ticulière, mais qui a reçu jusqu'à présent peu d'applications en teinture.

» Pour obtenir cette matière colorante, on sépare l'acide pyroligneux qui s'est formé avec le goudron dans la distillation du bois, on dissout la matière oléagineuse dans l'alcool, et on décompose la solution par l'eau de baryte, il se forme aussitôt un précipité brun foncé qui, après la dessiccation, présente une masse bleue ressemblant beaucoup à l'indigo et qui, comme celui-ci, prend quand on le frotte un aspect cuivré.

» Le pittacall a une telle ressemblance avec l'indigo, qu'on peut aisément le confondre avec celui-ci, mais il s'en distingue surtout par la manière dont il se comporte avec les réactifs. Il est sans odeur et sans saveur, insoluble dans l'eau, où il reste simplement suspendu, mais on peut toutefois le recueillir sur un filtre fin. Il est soluble dans les acides et forme aussi des solutions colorées. Avec l'acide acétique, il fournit une solution rouge rosé intense, d'où on peut le précipiter de nouveau de couleur bleue par les alcalis. Ce changement de couleur s'opère par les plus petites quantités d'acide ou d'alcali, et, en conséquence, M. Reichenbach l'a proposé comme un réactif bien plus sensible encore que le papier de tournesol.

» La couleur du pittacall ne s'altère nullement par son exposition à l'air ou à la lumière, propriété qui le recommande hautement dans la teinture. Avec le sous-acétate de plomb, le sel d'étain, l'acétate d'alumine et le sulfate de cuivre ammoniacal, il donne des couleurs violettes. Le pittacall, si on en excepte M. Reichenbach, est un corps qui n'a encore été préparé ou examiné par aucun autre chimiste. Sa préparation, d'ailleurs, est incertaine et les indications sur la quantité du produit très-contradictoires, au point qu'il me paraît plus que douteux que ce corps existe, car malgré que ses propriétés et son mode de préparation ne soient encore connus que d'une manière fort imparfaite, il est certain qu'il aurait pu être employé comme point de départ pour des expérience curieuses de teinture. »

C'est dans cette conviction que j'ai abandonné le pittacall et entrepris des expériences sur l'aniline. A cet égard, je suis parvenu à produire de très-belles nuances, absolument semblables, sous le rapport des caractères, à celle de l'échantillon lyonnais, mais différentes sous le rapport de l'intensité des tons.

J'ai préparé l'aniline, tant avec l'indigo et la potasse caustique, qu'avec le nitrobenzole, la limaille de fer et l'acide acétique, et c'est de cette dernière manière qu'on a obtenu des tons violets les plus beaux et les mieux caractérisés. Re-

lativement à cette préparation et aux propriétés de l'aniline, je crois devoir renvoyer à tous les ouvrages sur la chimie organique, mais j'entrerai dans quelques détails sur la manière dont cette substance se comporte avec les agents d'oxydation, ainsi que sur celle des produits de son oxydation vis-à-vis les fibres organiques transformées en fils, du moins autant que le permettront mes expériences encore incomplètes.

Comme agent de réaction sur l'aniline, les chimistes ont employé depuis longtemps une solution de chlorure de chaux, et on a prétendu que le précipité bleu qui se forme tout d'abord n'avait pas de fixité. L'acide chromique agit absolument de même que le chlorure de chaux; la couleur de la liqueur dans laquelle est suspendue la matière colorante éliminée, a néanmoins une coloration moins caractérisée, le précipité lui-même, à raison de la couleur de la liqueur, ne paraît pas violet ou bleu, et le magma est plutôt brun rougeâtre.

Je me suis assuré que quand on ajoute de l'eau de chlore (le chlorure de chaux m'ayant paru beaucoup moins propre à cet objet) à une solution fort étendue d'un sel d'aniline, mais en évitant un excès, la couleur se transforme peu à peu en violet et est assez fixe. Elle vire davantage au rouge lorsqu'on rend la liqueur fortement acide et surtout lorsqu'on la chauffe.

M. Calvert s'exprime ainsi qu'il suit, relativement à la patente de M. Perkins : « Son procédé consiste à dissoudre les sulfates d'aniline, de cumidine ou de toluidine dans l'eau, puis à saturer l'acide sulfurique de ces sels par une suffisante quantité de bichromate de potasse. Après avoir abandonné le tout au repos pendant douze heures, on recueille un précipité brun qu'on lave avec de l'essence de goudron de houille et qu'on dissout dans l'esprit de bois. Cette solution à laquelle on ajoute un peu d'acide tartrique ou d'acide oxalique constitue le bain de teinture. »

Je ne puis alléguer aucune expérience personnelle sur la légitimité de ce procédé et sur les avantages qu'il peut présenter. Il n'est pas de teinturier qui ne soit en mesure d'en faire l'essai, mais il me semble qu'il y aurait profit, au lieu de précipiter la matière colorante, de la laver et de la redissoudre, à pouvoir la produire immédiatement sur la fibre.

La matière colorante violette de l'aniline est ce qu'on appelle une couleur substantive, c'est-à-dire qu'elle adhère à la fibre sans l'intermédiaire d'un mordant. C'est du moins ce que semblent démontrer mes expériences, lorsque la matière colorante est formée en présence de la fibre. En est-il de même lorsqu'elle est dissoute dans l'esprit de bois? C'est là un point qui est resté obscur dans la note de M. Calvert.

La teinture avec cette matière ne présente pas de difficultés. Pour cela, la soie préalablement imprégnée d'eau est introduite dans une solution étendue d'aniline qu'on a un peu auparavant mélangée à une petite quantité d'eau de chlore (dont l'odeur, dans le cas où on n'en a pas versé en excès, disparaît à l'instant) et on abandonne pendant plusieurs heures la soie dans le bain. Une élévation de température favorise la précipitation de la matière colorante.

Quant à la concentration de la solution d'aniline, à sa force et à la quantité de l'eau de chlore, je ne puis pour le moment présenter aucune indication précise, parce que la matière m'a fait défaut, mais je pense qu'il n'y aura aucune difficulté à trouver les rapport les plus convenables. Un fait, du reste, d'une grande importance pour le développement ultérieur de ce procédé de teinture, c'est que même les solutions étendues d'aniline fournissent encore des tons assez intenses, point intéressant pour l'industrie, car l'aniline sera toujours d'un prix élevé tant qu'on n'aura pas découvert de nouvelles sources ou de nouveaux moyens pour se la procurer. Avec le chromate de potasse et l'acide sulfurique, mes expériences ont présenté des résultats moins avantageux, parce que la couleur paraît toujours trop rouge et un peu plus terne que quand elle est produite par l'eau de chlore. Le violet que j'ai obtenu, de même que celui de l'échantillon lyonnais, est bien plus fixe et solide à la lumière que le violet de campêche et d'orseille.

Cette note était déjà à l'impression, lorsqu'on m'a communiqué un échantillon d'une liqueur rouge carmin qui a été mise dans le commerce par M. Guinon et compagnie, de Lyon, sous le nom de *pourpre française*. Cette liqueur a une réaction légèrement acide, et, indépendamment d'un peu d'acide acétique, on y découvre des traces seulement de quelques autres acides. Dans sa manière générale de se comporter, cette liqueur présente assez d'analogie avec celle qu'on obtient avec une dissolution d'aniline, l'eau de chlore et un peu d'acide tartrique. En ajoutant de l'acide caustique à la solution anilique mélangée à l'eau de chlore, on obtient un précipité brun qui, recueilli sur un filtre et lavé avec un peu d'eau, est parfaitement soluble dans une solution faible d'acide tartrique et d'acide oxalique. Cette solution ne se distingue pas par son aspect et ses propriétés, de celle qui provient de Lyon. L'esprit de bois est donc inutile comme agent de solution, et en effet on n'en trouve pas de traces dans la pourpre française.

FIN.

TABLE DES MATIÈRES.

Teinturier.

TROISIÈME PARTIE.

APPENDICE.

FIN DE LA TABLE.

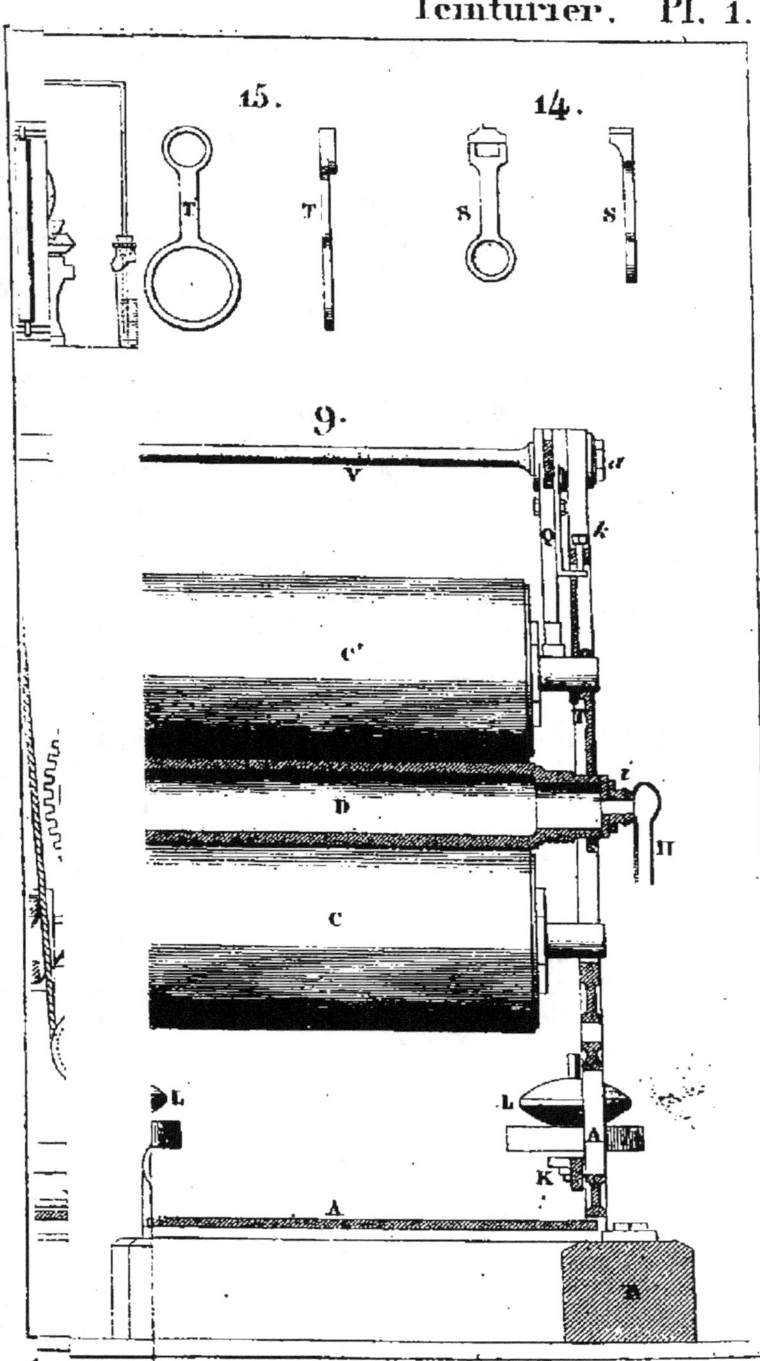
15.
14.
9.
T
T
S
S
V
a
Q
k
e'
i
D
H
c
L
L
A
K
A
B

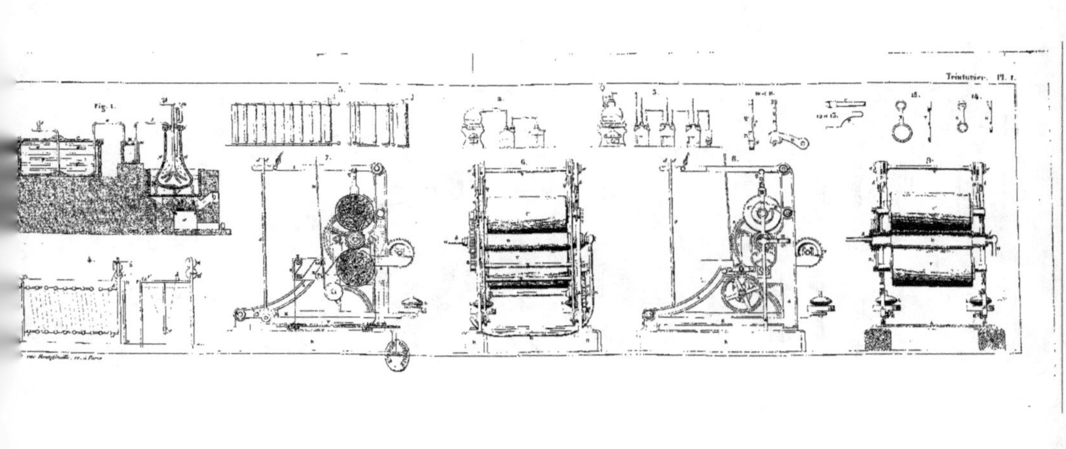

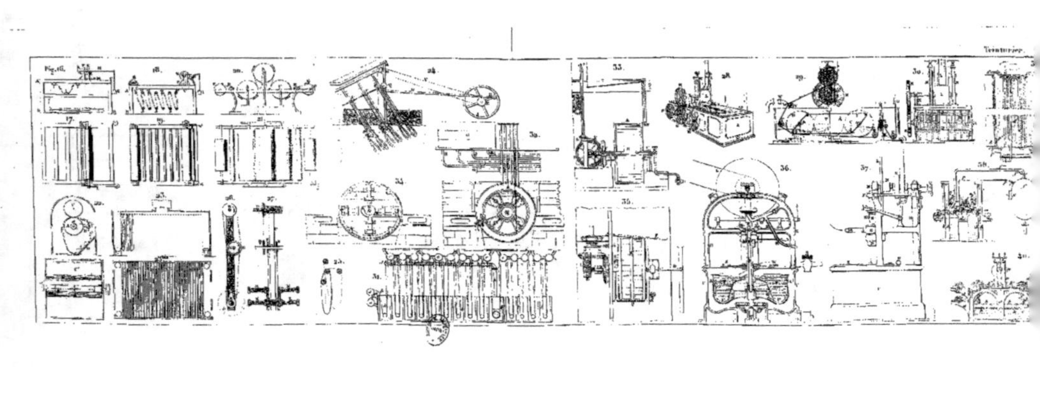

Teinturerie.

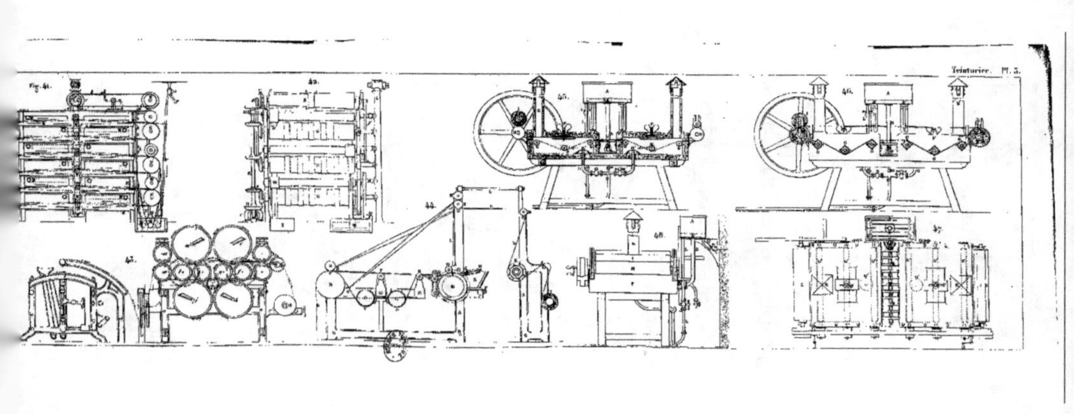

Teinturier. Pl. 5.
Fig. 41.
42.
43.
44.
45.
46.
47.
48.

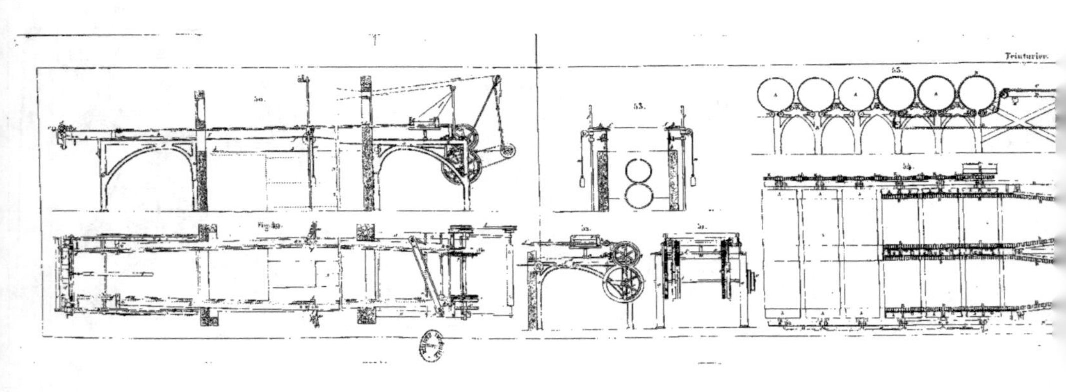
Teinturier.

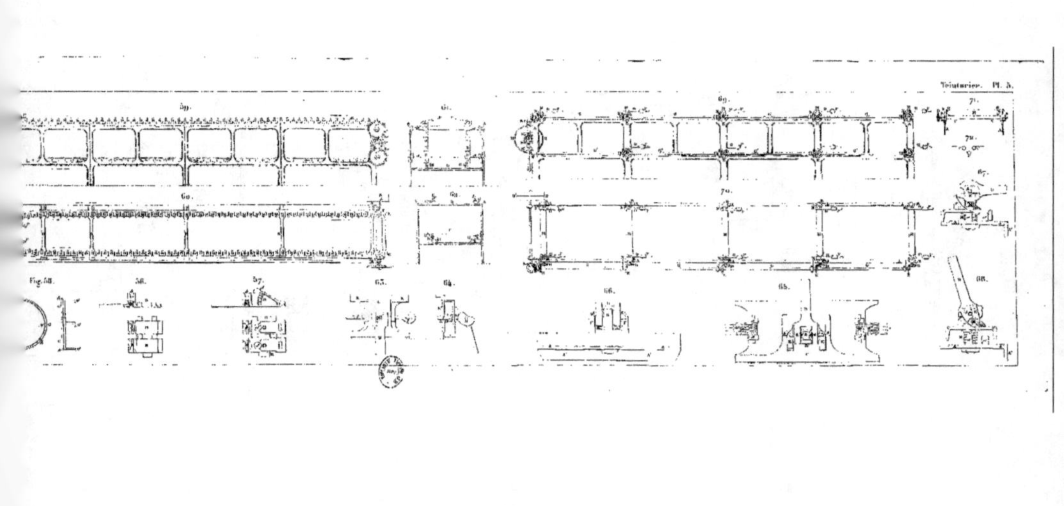

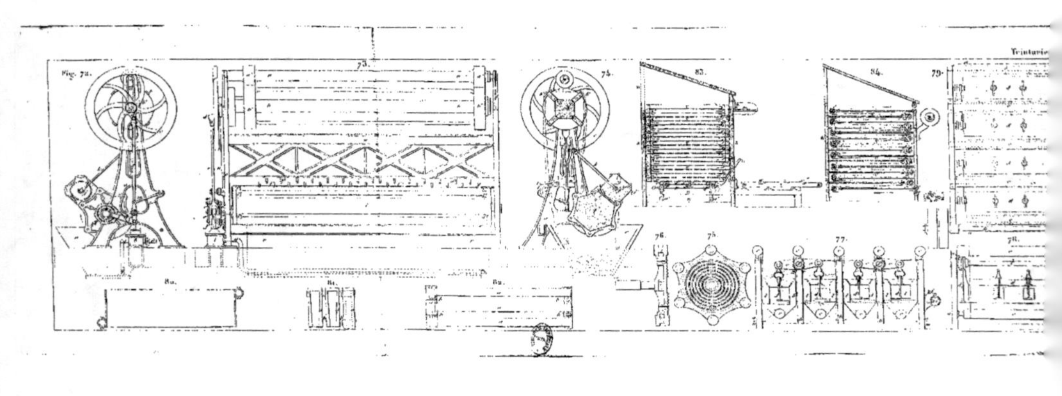

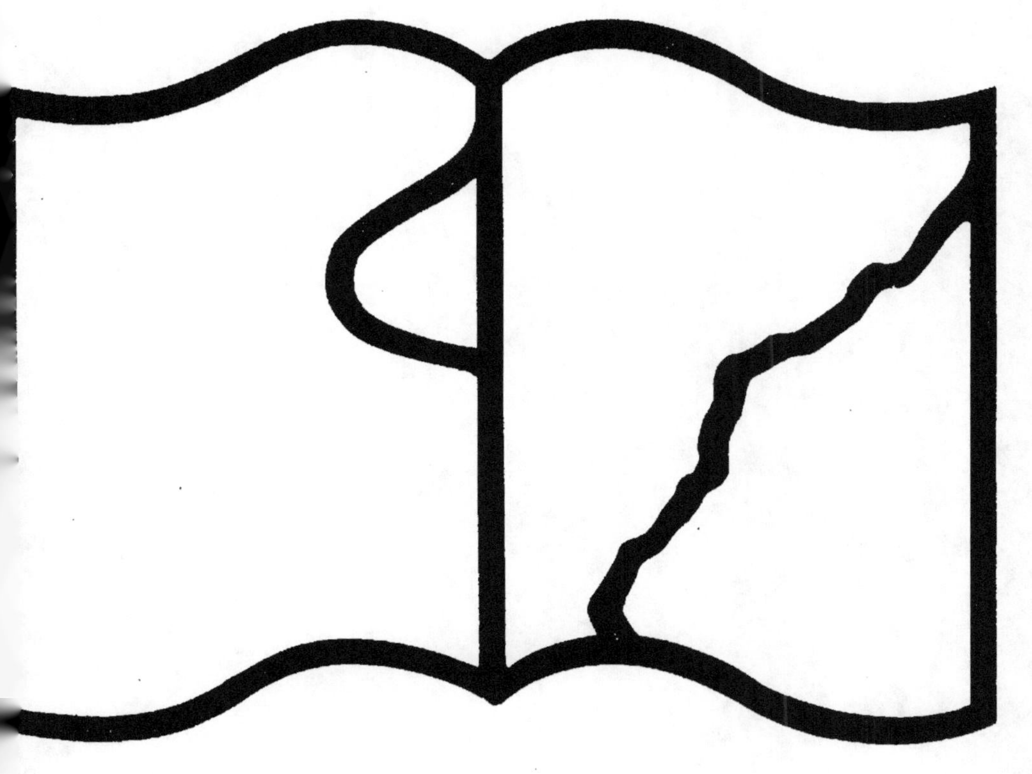

Texte détérioré — reliure défectueuse

NF Z 43-120-11